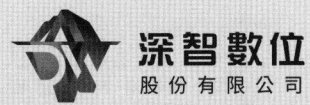

前言

為什麼寫這本書

　　作為一名擁有超過 12 年研發經驗的 Linux C/C++ 後端開發工程師，我深刻地意識到這個領域所面臨的挑戰和機遇。在閱讀大量資料之後，我發現市面上雖然有很多關於 UNIX 和 Linux 程式設計的圖書，但更多的是 Linux 系統運行維護手冊，缺乏針對後端開發和專案實踐的圖書。因此，我決定撰寫這本書，以填補這個空缺，為這個領域的讀者提供一個全面而實用的指南。

　　本書從實踐出發，提供具體的案例和實現程式，幫助讀者了解後端開發的實際工作流程和常用工具，以及如何在實踐中掌握 Linux C/C++ 後端開發的核心技能。值得強調的是，市面上還沒有完整描述如何從 0 到 1 建構 Linux C/C++ 後端微服務叢集的書，而本書將透過實踐案例和詳細的程式，幫助讀者從 0 到 1 建構一個完整的後端微服務叢集。

　　初學者可以透過閱讀本書快速掌握 Linux C/C++ 後端開發的核心技能，並直接從事相關職位的研發工作。對初級、中級或高級後端開發工程師來說，本書也能夠幫助他們快速提升技術水準，完善自身的技術知識系統，掌握 Linux 後端開發的技術。無論是想要入門 Linux 後端開發，還是想要深入了解這個領域的讀者，本書都將為您提供有價值的內容。

i

目標讀者

在閱讀本書之前，我建議讀者應具備一定的電腦理論基礎、Linux 基礎、C/C++ 語言基礎。將會有助讀者更進一步地理解本書中的概念和實踐案例。本書的目標讀者主要包括以下幾類人員。

- C/C++ 開發人員。
- Linux 後端開發人員。
- 大專院校電腦相關專業的師生及教育訓練學校的學員。
- 對 Linux 後端開發感興趣，或希望從事 Linux 後端開發的人員。

如何閱讀

本書從內容上可分為三大部分：基礎部分、進階部分和高級部分。

基礎部分（第 1～6 章）的內容主要包括 Linux 後端開發概述、開發環境架設、伺服器運行維護、shell 程式設計簡介、實現簡易 shell 以及使用 Git 管理程式等方面的知識。對初學者來說，這些內容是非常有幫助的。

進階部分（第 7～10 章）的內容主要包括 C/C++ 程式的編譯、連結、執行與偵錯，後端服務撰寫，網路通訊基礎以及 I/O 模型與併發等方面的知識。這些內容將幫助讀者更深入地理解 Linux C/C++ 後端開發的關鍵技術和實踐方法。

高級部分（第 11～14 章）的內容主要包括公共程式提煉、應用層協定設計與實現、MyRPC 框架設計與實現以及微服務叢集等方面的知識。這些內容將幫助讀者更深入地了解 Linux C/C++ 後端開發的高級技術。

初學者可以從頭開始閱讀，按照章節順序逐步深入，先掌握基礎部分的知識，再逐步學習進階部分和高級部分的內容。這樣讀者就可以建立起一個完整的知識系統，快速掌握 Linux C/C++ 後端開發的核心技能。

有一定基礎的讀者則可以跳過基礎部分，直接從進階部分開始閱讀。

已經掌握進階部分內容的讀者，則可以直接跳躍到高級部分，學習更加高級和實用的知識。

勘誤與建議

由於本人水準有限，本書難免存在一些疏漏或描述不當的地方，我非常歡迎讀者批評指正。

本書的全部程式可以從我的 GitHub 專案「BackEnd」上下載，專案連結為 https:// github.com/wanmuc/BackEnd。如果您對本書的內容有更好的意見和建議，您可以在 GitHub 上留言，我會認真回覆您的回饋。

致謝

在此，我要特別感謝人民郵電出版社的編輯，他們的幫助使我能夠順利地完成本書的全部內容。他們的專業知識和耐心指導，讓我深刻地領悟到了編輯工作的艱辛和重要性。

同時，我也要感謝我的家人和朋友，感謝他們一直以來對我的支援和鼓勵，讓我能夠堅定地走在自己的職業道路上。沒有他們的陪伴和支援，我不可能完成這本書的寫作。

最後，我要向所有熱愛軟體開發的工程師致以崇高的敬意。正是你們的努力和創造，推動了軟體行業的不斷發展和進步。我希望本書能夠成為廣大軟體工程師有價值的學習資料，幫助他們更進一步地掌握 Linux C/C++ 後端開發的核心技術。

註：一些圖中的英文沒有翻譯，是為了和程式碼一致，也是為了和一些開發文件一致。

第 1 章 概述

1.1 本書不會涉及的內容 1-2
1.2 本書專注的內容 1-2
1.3 為什麼這麼安排 1-2
1.4 Linux 是什麼 1-3
1.5 後端開發是什麼 1-4
1.6 您將學到什麼 1-5
1.7 程式目錄結構說明 1-5
    1.7.1 目錄 MyRPC 1-6
    1.7.2 第三方相依 1-7
1.8 如何學習 Linux 後端開發 1-7
    1.8.1 堅持不懈的心態 1-7
    1.8.2 以問題作為切入點 1-7
    1.8.3 動手實踐和創造 1-8
1.9 本章小結 1-8

4.7	選擇與判斷 4-12
	4.7.1　test 命令與判斷符號「[]」.. 4-12
	4.7.2　if 敘述 4-14
	4.7.3　case 敘述 4-16
4.8	迴圈 4-17
	4.8.1　while 迴圈 4-17
	4.8.2　until 迴圈 4-18
	4.8.3　for 迴圈 4-19
	4.8.4　break 敘述和 continue 敘述 4-20
4.9	函數 4-21
4.10	命令選項 4-22
4.11	本章小結 4-23

第 5 章　實現簡易 shell

5.1	實現的特性 5-2
5.2	執行邏輯 5-2
5.3	實現原理 5-2
	5.3.1　命令列解析 5-2
	5.3.2　特性實現 5-3
	5.3.3　函數介紹 5-3
5.4	程式實作 5-7
5.5	特性測試 5-21
5.6	本章小結 5-23

第 6 章　使用 Git 管理程式

6.1	初始化 6-2
	6.1.1　安裝 Git 工具 6-2

	6.1.2 設置使用者名稱和電子郵件	6-2
	6.1.3 建立倉庫	6-3
	6.1.4 建立 readme.md 檔案	6-3
	6.1.5 建立 .gitignore 檔案	6-3
6.2	核心概念	6-4
6.3	常用操作	6-5
	6.3.1 查看當前倉庫的狀態	6-5
	6.3.2 增加檔案	6-6
	6.3.3 刪除檔案	6-7
	6.3.4 回退變更	6-8
	6.3.5 查看提交日誌	6-8
	6.3.6 查看差異	6-9
	6.3.7 分支管理	6-10
	6.3.8 其他操作	6-13
6.4	團隊協作	6-14
	6.4.1 同步程式倉庫	6-14
	6.4.2 建立自己的分支	6-15
	6.4.3 推送分支到遠端倉庫	6-15
	6.4.4 發起合入請求	6-15
	6.4.5 發佈變更	6-16
6.5	本章小結	6-16

第 7 章 編譯、連結、執行與偵錯

7.1	單檔案程式的編譯與連結	7-2
	7.1.1 前置處理階段	7-3
	7.1.2 編譯階段	7-6
	7.1.3 組合語言階段	7-7

	7.1.4 連結階段 7-8
	7.1.5 ELF 概述 7-8
	7.1.6 符號解析與重定位 7-11
7.2	專案工程的編譯與連結 7-17
	7.2.1 makefile 7-19
	7.2.2 一個實例 7-21
	7.2.3 實現簡易的 make 命令 7-29
	7.2.4 常用的編譯和連結選項 7-41
7.3	動態連結與靜態連結 7-46
7.4	Linux 動態連結程式庫規範 7-47
	7.4.1 動態連結程式庫的命名 7-48
	7.4.2 動態連結程式庫的三個不同名稱 7-48
	7.4.3 動態連結程式庫的管理 7-50
7.5	自訂的動態連結程式庫 7-53
	7.5.1 相關原始程式碼 7-53
	7.5.2 生成攜帶「so name」的動態連結程式庫 7-54
	7.5.3 生成不攜帶「so name」的動態連結程式庫 7-57
7.6	處理程序的記憶體模型 7-58
	7.6.1 處理程序的虛擬位址空間版面配置 7-58
	7.6.2 堆疊與堆積的區別 7-59
	7.6.3 經典問題剖析 7-60
7.7	偵錯工具 7-67
	7.7.1 gdb 的啟動 7-67
	7.7.2 gdb 常用命令 7-68
7.8	本章小結 7-72

第 8 章 後端服務撰寫

8.1 守護處理程序 8-2
    8.1.1 什麼是守護處理程序 8-2
    8.1.2 守護處理程序如何撰寫 8-2
    8.1.3 程式實現 8-5
8.2 設置資源限制 8-8
8.3 訊號處理 8-9
8.4 載入配置功能 8-11
8.5 命令列參數解析 8-11
8.6 日誌輸出功能 8-12
8.7 服務啟停指令稿 8-13
    8.7.1 載入系統附帶的 shell 函數 8-16
    8.7.2 服務相關變數宣告 8-16
    8.7.3 服務啟動函數 8-17
    8.7.4 服務停止函數 8-17
    8.7.5 服務重新啟動函數 8-17
    8.7.6 服務狀態查看函數 8-17
    8.7.7 case 敘述 8-18
8.8 本章小結 8-18

第 9 章 網路通訊基礎

9.1 TCP/IP 協定層概述 9-2
9.2 物理層與資料連結層 9-5
    9.2.1 物理層 9-5
    9.2.2 資料連結層 9-6
9.3 網路層 9-6
    9.3.1 網際協定的特點 9-6

x

	9.3.2	IP 資料封包格式	9-7
	9.3.3	IP 位址	9-10
	9.3.4	路由選擇	9-15
	9.3.5	ARP 與 RARP	9-17
	9.3.6	ICMP	9-26
9.4	傳輸層		9-45
	9.4.1	UDP	9-45
	9.4.2	TCP	9-48
9.5	網路程式設計介面		9-71
	9.5.1	TCP 網路通訊的基本流程	9-71
	9.5.2	socket 網路程式設計	9-73
9.6	TCP 經典異常場景分析		9-85
	9.6.1	場景 1：Address already in use	9-85
	9.6.2	場景 2：Connection refused	9-85
	9.6.3	場景 3：Broken pipe	9-87
	9.6.4	場景 4：Connection timeout	9-87
	9.6.5	場景 5：Connection reset by peer	9-90
9.7	本章小結		9-90

第 10 章 I/O 模型與併發

10.1	I/O 模型概述		10-2
	10.1.1	阻塞 I/O	10-2
	10.1.2	非阻塞 I/O	10-2
	10.1.3	I/O 多工	10-3
	10.1.4	非同步 I/O	10-3
10.2	併發實例——EchoServer		10-4
	10.2.1	Echo 協定	10-4

xi

	10.2.2	程式碼協同 10-10
	10.2.3	benchmark 工具 10-29
	10.2.4	單處理程序 10-33
	10.2.5	多處理程序 10-35
	10.2.6	多執行緒 10-37
	10.2.7	處理程序池 1 10-38
	10.2.8	處理程序池 2 10-40
	10.2.9	執行緒池 10-42
	10.2.10	簡單的領導者 - 跟隨者模型 10-43
	10.2.11	I/O 多工之 select(單處理程序)- 阻塞 I/O 10-45
	10.2.12	I/O 多工之 poll(單處理程序)- 阻塞 I/O 10-49
	10.2.13	I/O 多工之 epoll(單處理程序)- 阻塞 I/O 10-53
	10.2.14	I/O 多工之 epoll(單處理程序)-Reactor 10-63
	10.2.15	I/O 多工之 epoll(單處理程序)-Reactor-ET 模式 10-67
	10.2.16	I/O 多工之 epoll(單處理程序)-Reactor- 程式碼協同池 10-69
	10.2.17	I/O 多工之 epoll(執行緒池)-Reactor 10-73
	10.2.18	I/O 多工之 epoll(執行緒池)-Reactor-HSHA 10-76
	10.2.19	I/O 多工之 epoll(執行緒池)-Reactor-MS 10-81
	10.2.20	I/O 多工之 epoll(處理程序池)-Reactor- 程式碼協同池 10-85
10.3	基準性能對比與分析 10-90
	10.3.1	非 I/O 重複使用模型對比 10-90
	10.3.2	I/O 重複使用模型對比 10-91
	10.3.3	epoll 下 LT 模式和 ET 模式對比 10-92
	10.3.4	epoll 下程式碼協同池模式和非程式碼協同池模式對比 10-92
	10.3.5	HSHA 模式下工作執行緒和 I/O 執行緒寫入應答對比 10-93
	10.3.6	MS 模式下 MainReactor 執行緒是否監聽讀取事件對比 10-94
	10.3.7	epoll 下動態和固定逾時時間對比 10-94

		10.3.8	epoll 下處理程序池和執行緒池對比	10-95
10.4		本章小結		10-96

第 11 章 公共程式提煉

11.1	參數列表	11-2
11.2	命令列參數解析	11-3
11.3	字串	11-9
11.4	設定檔讀取	11-11
11.5	延遲執行	11-15
11.6	單例範本	11-15
11.7	百分位數計算	11-16
11.8	堅固的 I/O	11-17
11.9	時間處理	11-19
11.10	狀態碼	11-20
11.11	轉換	11-22
11.12	socket 選項	11-24
11.13	「龍套」	11-25
11.14	日誌	11-28
11.15	服務鎖	11-32
11.16	本章小結	11-34

第 12 章 應用層協定設計與實現

12.1		協定概述		12-2
12.2		協定分類		12-3
		12.2.1	按編碼方式對協定進行分類	12-3
		12.2.2	按邊界劃分方式對協定進行分類	12-4

xiii

12.3	協定評判	12-5
12.4	自訂協定的優缺點	12-6
	12.4.1 優點	12-6
	12.4.2 缺點	12-6
12.5	協定設計	12-6
	12.5.1 協定訊息格式	12-6
	12.5.2 協定設計權衡	12-8
12.6	預備知識	12-9
	12.6.1 大小端	12-9
	12.6.2 位元組序	12-10
	12.6.3 位元組序的互轉	12-12
	12.6.4 記憶體物件與版面配置	12-14
	12.6.5 指標類型的本質	12-14
	12.6.6 序列化與反序列化	12-16
12.7	其他協定	12-18
	12.7.1 HTTP 訊息格式	12-18
	12.7.2 RESP 訊息格式	12-19
12.8	協定實現	12-21
	12.8.1 協定編解碼抽象	12-22
	12.8.2 MySvr 實現	12-24
	12.8.3 HTTP 實現	12-33
	12.8.4 RESP 實現	12-40
	12.8.5 混合協定實現	12-48
	12.8.6 共通性總結	12-51
12.9	本章小結	12-53

第 13 章 MyRPC 框架設計與實現

13.1 框架概述 13-2

13.2 併發模型 13-3

13.3 框架具體實現 13-4

    13.3.1 　服務啟動流程 13-5

    13.3.2 　事件分發流程 13-12

    13.3.3 　伺服器端請求處理流程 13-23

    13.3.4 　用戶端請求處理流程 13-39

    13.3.5 　分散式呼叫堆疊追蹤 13-60

    13.3.6 　逾時管理 13-66

    13.3.7 　本機程式碼協同變數管理 13-66

    13.3.8 　業務層的併發 13-67

13.4 範例服務 Echo 13-68

    13.4.1 　目錄結構劃分 13-69

    13.4.2 　服務描述檔案 13-70

    13.4.3 　服務啟動 13-71

    13.4.4 　業務處理 13-71

    13.4.5 　配置與說明文件 13-73

    13.4.6 　通用的服務啟停指令稿 13-77

    13.4.7 　介面測試 13-80

13.5 工具集合 13-80

    13.5.1 　服務程式生成工具 myrpcc 13-81

    13.5.2 　介面測試工具 myrpct 13-106

    13.5.3 　介面壓力測試工具 myrpcb 13-112

13.6 本章小結 13-120

第 14 章 微服務叢集

14.1 叢集架構概述 14-2

14.2 持久化層 14-3

    14.2.1 Redis 服務 14-3

    14.2.2 authstore 服務 14-4

    14.2.3 userstore 服務 14-7

14.3 業務邏輯層 14-14

    14.3.1 auth 服務 14-14

    14.3.2 user 服務 14-19

14.4 連線層 14-27

    14.4.1 目錄結構 14-27

    14.4.2 程式與配置 14-28

    14.4.3 介面測試 14-30

14.5 本章小結 14-31

第 15 章 回顧總結

15.1 6 種思維模式 15-2

    15.1.1 不要被程式語言所限制 15-2

    15.1.2 掌握多種程式語言是必然的 15-3

    15.1.3 電腦本身就是一個狀態機 15-3

    15.1.4 動手是最好的實踐 15-3

    15.1.5 依靠工具提高效率和品質 15-3

    15.1.6 像工匠一樣為自己創造工具 15-4

15.2 寫在最後 15-4

1

概述

在本章中,我們將介紹本書的內容安排與取捨、Linux 後端開發的概念,以及透過閱讀本書可以學習到哪些技能。此外,我們還將分享如何更高效率地學習 Linux C/C++ 後端開發,以幫助讀者更進一步地掌握本書所涉及的知識和技能。

1 概述

1.1 本書不會涉及的內容

在本書中,我們不會詳細介紹 Linux 作業系統(後文簡稱 Linux 系統)的發展史,也不會涉及 Linux 系統安裝過程的介紹,更不會深入講解 Linux 系統的繁雜運行維護操作。其次,我們既不會列出一個命令的所有選項,也不會事無巨細地羅列一堆詳盡的系統 API(除非有必要)。最後,本書不會涉及 C/C++ 語法和 STL(Standard Template Library,標準範本函數庫)的講解,讀者需要具備一定的 C/C++ 程式設計基礎。

1.2 本書專注的內容

在 1.1 節中,我們說明了本書不會涉及的內容。那麼,本書所專注的內容是什麼呢?本書將專注於以下幾個方面。

- 首先,本書將系統化地介紹 Linux 後端開發技能樹,幫助讀者理清 Linux 後端開發的系統結構和技能要求。
- 其次,本書將詳細解析 Linux 後端開發涉及的要點和核心概念,幫助讀者深入理解 Linux C/C++ 後端開發的關鍵技術和實踐方法。
- 再次,本書將分享 Linux 後端開發的實戰經驗,幫助讀者避開前人踩過的坑,更加高效率地完成自己的工作。
- 最後,本書將介紹 Linux 後端開發過程中涉及的、最實用的、能覆蓋絕大部分工作場景的操作、命令和輔助工具,幫助讀者快速掌握 Linux C/C++ 後端開發的實用技巧。

1.3 為什麼這麼安排

本書內容之所以如此安排,主要基於以下 5 點考慮。

- 第 1，Linux 系統簡單了解即可，不必投入過多的精力。因為這不是本書的重點，並且已有大量其他優秀的圖書涉及此方面內容。因此，我們沒有對此進行冗長的贅述，以免浪費讀者的時間。

- 第 2，本書專注於 Linux C/C++ 後端開發的核心技術和實踐方法，而非瑣碎的裝機過程。就好比程式設計師不必過於關注電腦維修和系統安裝等技能，因為在現實中，伺服器出現問題通常會有專門的 IT 運行維護人員來處理。而在雲端原生的雲端運算時代，雲端主機基本上不需要自己維護。如果您入職的是標頭網際網路公司，這樣的公司通常會給每個開發人員分配一台高性能的雲端主機。

- 第 3，熟悉掌握技術要點和核心概念是優秀 Linux 後端開發人員有別於普通 Linux 後端開發人員的關鍵，也是您在遇到疑難問題時能否有解決想法的重要基礎。因此，本書將重點介紹 Linux 後端開發涉及的技術要點和核心概念，幫助讀者深入理解關鍵技術和實踐方法。

- 第 4，Linux 系統下的命令和選項繁多，但最實用、最常用的命令和選項只有少數幾個。因此，本書將重點介紹最核心、最實用的命令和選項，而非讓讀者費力地全部記住。即使遇到特殊需求，查詢命令的說明手冊也可以很快地解決。

- 最後，儘管 Linux 系統 API 龐大且冗雜，但開發中常用的 API 不多。因此，在後續的內容中，我們僅在編碼涉及相關 API 時才進行詳細介紹。如果純粹地按照分類來羅列 API 並進行講解，則無法加深您對 API 的理解。只有在實際問題的上下文環境中進行講解，才能使您對一個 API 有更深入的認識，從而知道在什麼場景下使用這個 API。

1.4 Linux 是什麼

前面我們已經討論了很多關於 Linux 的內容，那麼 Linux 到底是什麼呢？下面我們簡介一下 Linux。

1 概述

- Linux 由林納斯·托瓦茲（Linux Torvalds）於 1991 年 10 月 5 日首次發佈，隨後在全世界程式設計師的貢獻下不斷發展壯大。

- Linux 是一種自由、免費、開放原始碼、支援多使用者多工、性能穩定的網路作業系統。它具有高度的可訂製性和靈活性，能夠適應不同的應用場景和需求。

- Linux 是目前後端服務部署的慣用伺服器，在服務端應用廣泛。它被廣泛應用於 Web 伺服器、資料庫伺服器、雲端運算、虛擬化等領域，是現代網際網路基礎設施的重要組成部分。

- 雖然存在許多不同的 Linux 分支版本，但它們都使用了 Linux 核心。這些 Linux 分支版本在作業系統的功能、介面、應用程式等方面存在差異，但它們都遵循相同的 Linux 核心原理和基本操作。

1.5 後端開發是什麼

後端開發是一種從事服務端程式開發的職業，旨在透過電腦語言操作伺服器上的資源（如 CPU、記憶體、磁碟 I/O、頻寬等），為 B 端（瀏覽器）和 C 端（App 或桌面應用）使用者提供高可靠、高性能的網路服務。我們經常聽到的 B/S 架構、C/S 架構中的 S（Server）就是指後端，這是後端服務的大的統稱。目前最常見、應用最廣的後端服務就是 HTTP/HTTPS 服務，很多開放平臺都是透過 HTTP/HTTPS 對外提供服務的，如快遞查詢、股票查詢、天氣查詢等網路服務。

雖然後端服務對外看來可能只是一個網路服務，但為 100 個使用者提供服務與為上百萬、上千萬乃至上億使用者提供服務相比，差異是有天壤之別的。您的服務請求資料很可能需要經過十幾台伺服器，多個不同的子系統進行協作處理。電子商務公司曾統計過，10 筆電子商務交易消耗的能源可以煮熟一個雞蛋。一筆電子商務交易會涉及很多的伺服器，其複雜程度可見一斑。

在為大規模（千萬等級或億等級）使用者提供服務時，後端需要整合大量的伺服器資源，以對外提供高可靠、高併發和高性能的服務。這非常考驗研發人員的編碼、設計和架構能力，而這些能力也不是一蹴而就的，必須經過專案工程的歷練和洗禮才能達到。標頭網際網路公司的研發人員，都是在使用者和業務規模持續快速發展的過程中，透過不斷地解決一個又一個技術難題而成長起來的。

1.6 您將學到什麼

本書將圍繞以下基礎知識展開。

- 從架設開發環境到操作和管理 Linux 系統。
- 從操作和管理 Linux 系統到使用 Git 管理程式。
- 從使用 Git 管理程式到服務的編譯、連結、執行和偵錯。
- 從服務的編譯、連結、執行和偵錯到後端程式的執行機制。
- 從後端程式的執行機制到網路通訊基礎。
- 從網路通訊基礎到 I/O 模型與併發。
- 從 I/O 模型與併發到公共程式的提煉。
- 從公共程式的提煉到應用層協定的設計與實現。
- 從應用層協定的設計與實現到建構自己的 RPC 框架——MyRPC。
- 從建構自己的 RPC 框架——MyRPC，到建構簡單的微服務叢集。

在整本書的說明過程中，我們將透過 MyRPC 這個 RPC 框架，串聯起後端開發的核心基礎知識，讓您逐步掌握如何建構一個簡單的微服務叢集。

1.7 程式目錄結構說明

本書全部程式都儲存在 GitHub 上，網址為 https://github.com/wanmuc/Back-End。下面我們對程式目錄進行展開。

1 概述

```
BackEnd
├── Chapter03
├── Chapter04
├── Chapter05
├── Chapter07
├── Chapter08
├── Chapter09
├── Chapter10
├── Chapter12
├── LICENSE
├── MyRPC
└── readme.md
```

目錄 Chapter03～Chapter05 和目錄 Chapter07～Chapter10 分別儲存了第 3～5 章和第 7～10 章的程式，目錄 Chapter12 只儲存了一些獨立的範例程式，第 11 章和第 12～14 章的程式則儲存在目錄 MyRPC 中，因為第 11 章和第 12～14 章的程式都是用來實現 MyRPC 框架的。

1.7.1 目錄 MyRPC

目錄 MyRPC 需要特別說明，展開後如下：

```
MyRPC
├── common
├── core
├── protocol
├── service
├── test
├── thirdparty
└── tool
```

子目錄 common 為第 11 章提煉的公共程式，子目錄 protocol 為第 12 章「應用層協定設計與實現」的程式，子目錄 core 和子目錄 tool 為第 13 章「MyRPC 框架設計與實現」的程式，子目錄 service 為第 14 章「微服務叢集」的程式，子目錄 test 為所有的單元測試程式，子目錄 thirdparty 為相依的第三方程式或服務。

1.7.2 第三方相依

MyRPC 框架相依的第三方程式或服務，位於目錄 MyRPC 的子目錄 thirdparty 下，下面對子目錄 thirdparty 展開如下：

```
thirdparty
├── jsoncpp-src-0.5.0.tar.gz
├── protobuf-cpp-3.6.1.tar.gz
├── readme.md
├── redis-stable.tar.gz
└── snappy-1.0.5.tar.gz
```

MyRPC 框架相依的第三方程式或服務包括 JSON、Protocol Buffers、Redis 和 Snappy，readme.md 檔案中有對應的安裝和使用指南，這裡不再贅述。

1.8 如何學習 Linux 後端開發

該如何學習 Linux 後端開發呢？這裡有 3 點建議。

1.8.1 堅持不懈的心態

由於 Linux 系統的學習曲線比較陡峭，而 Linux 後端開發更是如此，因此需要有堅持不懈的心態，並做好相應的心理準備。如果您對此有濃厚的興趣，那就更畢竟興趣是最好的老師。

1.8.2 以問題作為切入點

在粗略學習過 Linux 系統的相關知識後，您可能會感到很迷茫，不知道接下來該學習什麼。此時，我們應該以問題或困惑作為切入點，因為每當我們遇到問題或感到困惑時，就表明相關的基礎知識我們沒有掌握好，而且這些基礎知識是很實用的，否則也不會讓我們遇到。

 概述

在解決問題後，我們應該深入思考，思考為什麼會出現這樣的問題，問題的根本原因是什麼，以後應該如何規避，還有哪些相關的基礎知識我們沒有熟悉，後續可以有針對性地進行系統化學習。

1.8.3 動手實踐和創造

電腦是一門非常注重實踐的學科，因此在學習過程中需要經常動手，進行編碼實踐和驗證。遇到硬核心的技術點，自己程式實作是最高效的學習方式。在本書的後續內容中，您將看到很多這樣的實現。舉例來說，自己程式實作 shell、make、arp、ping、traceroute 等功能。透過這些實現，您將更深入地理解這些技術，並且能夠更加熟練地運用它們。

1.9 本章小結

本章綜合性地介紹了 Linux 後端開發的概念，同時對本書的內容安排進行了整體介紹，分享了我們在內容取捨方面的決策過程，以便大家在後續的閱讀中能做到有的放矢，提高閱讀效率。此外，本章還對全書程式的目錄結構進行了說明。最後，我們總結了學習 Linux 後端開發的方法和經驗。

開發環境架設

　　無論從事何種類型的開發，都需要一套適合的開發環境。對於 Linux C/C++ 後端開發，同樣如此。正所謂「工欲善其事，必先利其器」，我們當然也需要優秀的工具來輔助開發。在本書中，我們選擇在 macOS 作業系統上進行開發，並使用其他輔助軟體來完成整個開發過程。目前，很多領先大廠、外商以及一些創業公司都提供 Mac 電腦作為後端開發的本機開發機。當然，將使用 Windows 作業系統的電腦作為本機開發機也是可以的。

 開發環境架設

2.1 本機開發環境

本節將介紹如何架設本機開發環境，本機開發環境主要分為三部分：程式編輯器、終端管理器和測試工具。我們將主要針對 macOS 作業系統介紹，同時也會順帶介紹 Windows 作業系統下的相關工具。

2.1.1 程式編輯器

程式編輯器的選擇應該根據個人習慣來決定，只要使用順手即可。對於 C++ 程式編輯器，常用的有 VSCode、CLion、Vim、Source Insight、Sublime 等。當然，除了這些程式編輯器，還有許多其他程式編輯器可供選擇，有些只支援 Windows 平臺，有些則同時支援 macOS 和 Windows 兩個平臺。

2.1.2 終端管理器

如果使用的是 macOS 作業系統，則推薦使用 iTerm2 作為終端管理器。雖然 Mac 電腦附帶終端管理軟體，但使用起來並不是很方便，而 iTerm2 則可以完全替代 Mac 電腦附帶的終端管理軟體。如果使用的是 Windows 作業系統，則推薦使用 Xshell。Xshell 功能強大，許多公司都在使用它。

2.1.3 測試工具

並沒有固定的測試工具，需要根據不同的場景進行選擇。舉例來說，在測試 HTTP/HTTPS 介面時，既可以使用命令列測試工具 curl，也可以使用帶有使用者互動介面的 Postman。在某些場景下，我們需要自行開發命令列測試工具。在第 13 章中，我們將介紹如何開發相關的測試工具。

2.2 遠端執行環境

我們撰寫的 C/C++ 程式需要在 Linux 系統上進行編譯和連結，並且最終需要將得到的二進位可執行檔部署到 Linux 系統上才能對外提供服務。因此，一個可用且穩定的 Linux 系統對於我們學習 Linux C/C++ 後端開發是至關重要的。

推薦使用雲端伺服器作為服務執行環境。大家可以選擇在 Amazon、阿里雲或 Azure、Google 上購買相關的雲端伺服器，基礎配置即可滿足需求。我們主要考慮以下幾點：

- 當下處於雲端運算時代，雲端運算已經成為基礎設施，雲端伺服器也已經非常流行。許多熱門的 App 和服務平臺已經完成了「上雲端」。在雲端伺服器上開發並執行程式，可以讓我們順便熟悉雲端環境並趕上技術趨勢，為日後工作或遷移服務到雲端上提前做好準備。

- 沒有必要在個人電腦上安裝 Linux 系統；更沒有必要先安裝虛擬機器，再在虛擬機器上安裝 Linux 系統。因為這樣會浪費很多的時間和精力，而且如果過程不順利，還可能帶來不小的挫敗感，讓您對學習 Linux 後端開發心生怯意。

- 雲端伺服器價格不貴，最低配置的雲端伺服器，一年的費用僅幾百元。此外，目前大的雲端伺服器廠商為了爭奪使用者，對大學生這批潛在的使用者推出了很多優惠政策。在校生可以購買一台雲端伺服器來學習，何樂而不為？

- 雲端伺服器具有完整的配置，包括內外網和頻寬等，無須我們自己維護。這樣可以讓我們從煩瑣的配置和系統運行維護中解放出來，專注於後端開發。

關於如何購買 Linux 雲端伺服器，大家可以自行去各大雲端服務平臺上操作。筆者在本書中使用的是雲端伺服器，作業系統為 CentOS。

2 開發環境架設

雲端伺服器初始化

購買完 Linux 雲端伺服器後，就會得到雲端伺服器的公網 IP、root 帳號及密碼等資訊。接下來，需要對雲端伺服器進行初始化，並做一些安全設置。因為公網上的伺服器面臨各種安全威脅，而我們的雲端伺服器是部署在公網上的，所以需要對它進行一些基礎的安全加固。

1．登入雲端伺服器

如果你的本機開發機是 Mac 電腦，則可以開啟 iTerm2 終端軟體，並使用 ssh 命令登入到 Linux 雲端伺服器。

```
ssh root@ip
```

在上述命令中，你需要將「ip」替換為你的雲端伺服器的真實公網 IP。當執行上述命令時，系統會要求你輸入與 root 帳號對應的密碼。輸入正確的密碼後，你就可以登入到這台雲端伺服器了。

如果你是 Windows 使用者，則可以使用 Xshell 登入到這台雲端伺服器。在 Xshell 上新增一個階段，在階段屬性中填寫對應的公網 IP、root 帳號及密碼，就可以順利登入這台雲端伺服器了。

2．安裝 gcc 和 g++

C/C++ 是編譯型語言，C/C++ 原始程式需要經過編譯器的編譯和連結，才能生成二進位的可執行檔。在 Linux 系統下，C、C++ 對應的編譯器分別為 gcc 和 g++。在登入到雲端伺服器後，使用 root 使用者安裝 gcc 和 g++。

```
[root@VM-114-245-centos ~]# yum -y install gcc-c++
……省略一些安裝過程的輸出……
[root@VM-114-245-centos ~]# yum -y install gcc
……省略一些安裝過程的輸出……
```

2-4

3．劃分不同使用者

為了避免越權操作並控制存取風險，我們需要為不同的許可權劃分不同用途的帳號。在 Linux 系統下，許多知名服務都不推薦直接使用 root 使用者執行，因為一旦配置人員存在疏忽或服務自身帶有邏輯漏洞，就可能會給駭客帶來可乘之機。如果服務使用 root 使用者執行且剛好有漏洞被駭客利用，則系統很可能被駭客入侵並被直接獲取到 root 使用者的許可權。這種危害是巨大的。

舉個例子，Redis 的配置更新漏洞。Redis 提供了用戶端動態更新服務設定檔的功能，這本是一件好事。但是當 Redis 配置人員不熟悉網路服務，把服務監聽在公網且沒有設置強式密碼或沒有設置密碼時，如果 Redis 服務又是以 root 使用者啟動的，問題就來了。駭客可以輕易地暴力破解你的密碼，或直接連線你的 Redis 服務，使用 Redis 動態更新服務設定檔的功能，覆蓋掉 SSH 服務的配置認證資訊，把入侵主機加入 SSH 服務信任的主機中，再使用 SSH 用戶端，就可以直接連線你的伺服器。你可能會疑惑，為什麼 Redis 服務能覆蓋掉 SSH 服務的配置認證資訊？這是因為，Redis 服務是以 root 使用者啟動的，Redis 服務進而具備了 root 許可權，可以對系統檔案進行讀寫。由此可見，在非必要的情況下，我們應該儘量避免使用 root 使用者來啟動對外服務。

我們可以建立一個名為 backend 的使用者，專門用於管理後端服務。在 root 使用者下，我們可以使用 useradd 命令來建立使用者。

```
[root@VM-114-245-centos ~]# useradd backend
```

4．使用隨機長密碼

為了防止密碼被駭客暴力破解（列舉密碼），我們應該避免使用簡單的短密碼，尤其是對具有重要許可權的帳戶而言。建議給之前建立的 backend 使用者設置一個隨機的、較長的密碼，雖然不太容易記住，但相對來說更加安全。

在 Linux 系統下，我們可以使用 mkpasswd 工具生成任意長度的隨機密碼。因為 mkpasswd 不是 CentOS 附帶的工具，所以我們需要先安裝 expect 軟體套件。我們可以使用 yum 命令來安裝這個軟體套件，安裝完成後，執行 mkpasswd 命

開發環境架設

令以生成長度為 30 個字元的隨機密碼。在 mkpasswd 命令中，我們可以使用 -s 選項來指定特殊字元的個數，使用 -l 選項來指定密碼的長度。

```
[root@VM-114-245-centos ~]# yum -y install expect
……省略一些安裝過程的輸出……
[root@VM-114-245-centos ~]# mkpasswd -s -0 -l 30
9vqqydRwwygmsAgabkk7kxykymxrhn
```

接下來，我們可以在 root 使用者下使用 passwd 命令來修改 backend 使用者的密碼。

```
[root@VM-114-245-centos ~]# passwd backend
Changing password for user db.
New password:
Retype new password:
passwd: all authentication tokens updated successfully.
```

有些讀者可能會產生疑惑，為什麼在輸入密碼時沒有看到任何字元？這是 Linux 系統的安全機制所致。為了保證密碼的安全性，Linux 系統在輸入密碼的過程中不會顯示輸出密碼原文，也不會顯示輸出星號或其他字元，以防止密碼被偷窺或推斷出密碼長度。這也表現了 Linux 系統設計人員的用心良苦，畢竟安全是非常重要的。

5．開啟認證，修改預設通訊埠

許多後端服務不對外開放，而只在內部開放。其中最典型的服務就是資料庫服務。這類服務絕不能監聽在公網上，而應該監聽在內網或本機回環位址 127.0.0.1 上。對於可以開啟認證的服務，一定要開啟認證。同時，我們應該儘量避免在預設通訊埠上開放服務，以免被駭客使用通訊埠掃描工具探測你的伺服器上是否存在知名服務。因為一旦駭客發現了這些服務，就有可能透過挖掘相關的安全性漏洞來攻擊你的伺服器。所以，我們要時刻保持警惕，不要讓駭客有機可乘。

在我們的雲端伺服器上，提供遠端登入服務的 sshd 服務預設監聽在知名的 22 號通訊埠上。為了避免被駭客探測到，我們可以使用 vi 命令列編輯器修改

sshd 服務設定檔 /etc/ssh/sshd_ config 中 Port 的預設值，然後重新啟動 sshd 服務即可。

```
# 使用 vi 修改 sshd 服務設定檔 /etc/ssh/sshd_config，下面忽略了使用 vi 修改配置的互動
[root@VM-114-245-centos ~]# vi /etc/ssh/sshd_config
# 重新啟動 sshd 服務
[root@VM-114-245-centos ~]# service sshd restart
Stopping sshd:                                      [  OK  ]
Starting sshd:                                      [  OK  ]
[root@VM-114-245-centos ~]#
```

在修改了 sshd 服務的監聽通訊埠並重新啟動後，我們需要使用 -p 選項來指定具體的通訊埠編號以登入雲端伺服器。舉例來說，如果把 sshd 服務的監聽通訊埠編號修改成 1822，那麼新的 ssh 登入命令就需要修改為 ssh -p 1822 username@ip，其中的「username」和「ip」需要替換為具體的真實值。如果是在 Windows 系統下使用 Xshell 登入雲端伺服器，那麼只需要修改 Xshell 中階段的通訊埠屬性即可。

2.3 本章小結

本章介紹了如何架設開發環境，包括本機開發環境和遠端執行環境，並介紹了如何對伺服器進行基礎的安全加固。這些內容對開發人員來說非常重要，它們可以幫助我們更高效率地進行開發，並保障資料和程式的安全。

開發環境架設

MEMO

伺服器運行維護

　　透過前面的準備工作，我們現在已經擁有了一臺屬於自己的雲端伺服器。接下來，我們需要學習如何操作和管理這台雲端伺服器，並在其上進行 C/C++ 開發。這是非常重要的一步，它可以幫助我們更進一步地利用雲端伺服器進行開發和部署。

　　相較於 B 端或 C 端開發，Linux 後端開發不會有直接的介面回饋，也不會像其他領域那樣快速建立成就感。特別是在前期學習枯燥的命令列操作時，我們需要有足夠的耐心和毅力。但是，只要我們堅持下去，就能夠在學習 Linux 後端開發的道路上走得更遠。希望大家能夠保持信心，堅持不懈，相信自己一定可以成為優秀的 Linux 後端開發工程師。

3 伺服器運行維護

本章將向大家介紹如何在 shell 下執行命令，實現對 Linux 系統的操作和管理。我們將提供最實用的操作和管理命令，幫助大家從枯燥的命令列互動中快速建立成就感並堅持下來。此外，我們還將簡單介紹 Linux 系統下使用廣泛的命令列編輯器 vi。

3.1 什麼是 shell

當我們使用帳戶和密碼透過認證驗證後，就可以進入 Linux 系統指定的 shell 程式了。在 Linux 系統中，預設的 shell 程式是 bourne again shell，簡稱 bash。bash 可以接收所有來自終端的輸入，並具備命令列解析的功能，在讀取到使用者的輸入後，就可以執行相關的命令。與此同時，bash 還支援一套語法，可以撰寫符合這套語法的指令稿程式，以實現更加複雜的功能。在 Linux 系統中，bash 是最常用的 shell 程式，因為它具有廣泛的應用和良好的相容性。在第 4 章中，我們將重點介紹 shell 程式設計。

shell 作為使用者和 Linux 系統之間的橋樑，向使用者開放了操作 Linux 系統的介面，以允許使用者透過執行各種各樣的命令來完成對 Linux 系統的操作和管理。雖然也可以透過在程式中呼叫系統函數或函數庫來操作 Linux 系統，但最終程式都需要透過 shell 來啟動執行。圖 3-1 是 Linux 系統系統結構的示意圖，它可以更進一步地幫助我們了解 Linux 系統的組成結構。

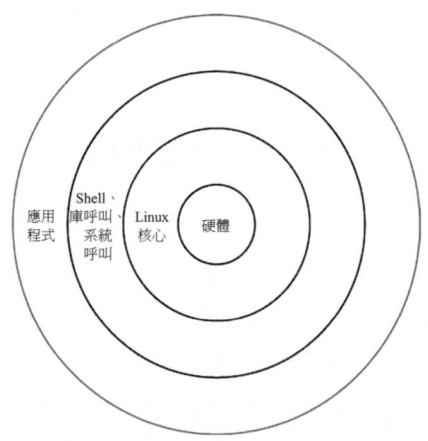

▲ 圖 3-1　Linux 系統系統結構的示意圖

當使用者登入時，Linux 系統會根據 /etc/ passwd 檔案中的配置來確定所使用的 shell 程式。該檔案中的每一行資料對應著一個具體的使用者配置，這些配置使用冒號進行分隔，最後一個欄位即為登入使用的 shell 程式。

```
[root@VM-114-245-centos ~]# cat /etc/passwd
root:x:0:0:root:/root:/bin/bash
bin:x:1:1:bin:/bin:/sbin/nologin
daemon:x:2:2:daemon:/sbin:/sbin/nologin
backend:x:500:501::/home/backend:/bin/bash
……省略部分輸出……
```

從 /etc/passwd 檔案的內容中我們可以看到，root 和 backend 使用者的登入 shell 都是 bash，bash 位於 /bin 目錄下。此外，我們還可以看到一個特殊的 shell 程式——nologin，這個 shell 程式表明該使用者被禁止登入。

3.2 shell 下的命令列

對那些平時主要在 Windows 系統下工作和學習的使用者來說，初次使用命令列可能會感到有些不習慣，因為他們習慣了介面化的操作方式。但是，在 Linux 系統下，命令列是最方便、最強大的工具。它可以實現許多介面化操作無法實現的功能，這也是 Linux 系統的一大優勢。在後續的學習中，大家將逐漸感受到這一點。

3.2.1 命令列的組成

Linux 應用程式都是透過在 shell 下執行命令來執行的。在 shell 看來，它們就是一個個命令列，而這些命令列都遵循著同一套規則。正是這套規則，讓我們能夠舉一反三，即使遇到不熟悉的命令，也能夠快速掌握並使用。通常情況下，一個命令列由 3 個基本要素組成：命令、選項和參數。命令列的基本模式如圖 3-2 所示。

3 伺服器運行維護

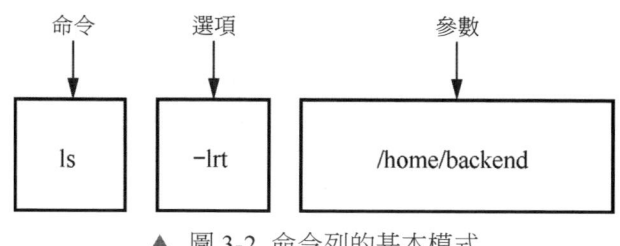

▲ 圖 3-2 命令列的基本模式

表 3-1 對命令列的 3 個基本要素進行了詳細的描述。

▼ 表 3-1 命令列的組成

基本要素	是否必選	含義
命令	是	要執行的 shell 內建命令、可執行程式或 shell 指令稿
選項	否	讓命令執行特定功能，會因不同的命令而不同，有的選項還可以再指定具體的選項參數。選項有長短之分，以「-」開頭的是短選項，以「--」開頭的是長選項
參數	否	執行命令所需要的輸入參數

3.2.2 大部分命令具備的共通性

大部分命令具備的共通性如下。

1．幫助選項

通常情況下，大部分命令會提供諸如 -h 的短選項或諸如 --help 的長選項，這兩個選項的功能通常是相同的。它們會列出這個命令的功能描述、具體的使用方法、各個不同選項、不同參數的含義等等。舉例來說，我們可以在 shell 下執行 who --help 命令，從而查看 who 命令的說明文件。

例 3-1：查看 who 命令的說明文件。

```
[root@VM-114-245-centos ~]# who --help
Usage: who [OPTION]... [ FILE | ARG1 ARG2 ]
Print information about users who are currently logged in.
```

3-4

```
-a, --all          same as -b -d --login -p -r -t -T -u
-b, --boot         time of last system boot
-d, --dead         print dead processes
……省略部分輸出……
```

2．互動式命令的退出

在 Linux 系統下，有很多互動式命令，如 more、top、man 等。當我們在 shell 下執行這些命令時，它們並不會立即退出，而是進入命令自身的互動狀態，等待使用者繼續輸入。在完成操作後，我們可以按 q 鍵來退出互動式命令，回到當前的 shell 環境中。如果按 q 鍵無法退出當前命令，可以嘗試按【Ctrl + c】複合鍵。這會給當前處理程序發送 SIGINT 訊號，當前處理程序接收到 SIGINT 訊號後會退出，訊號的相關基礎知識我們將在後續的內容中介紹。

3.2.3 使用 man 命令查詢線上手冊

當使用 Linux 系統時，可以使用 man 命令來查詢線上手冊。man 命令可以格式化輸出命令的使用手冊頁，當遇到不熟悉的命令時，可以使用 man 命令來查看對應命令的使用手冊。man 是 manual 的縮寫，它可以幫助你快速了解命令的使用方法。Linux 系統下的標準線上手冊分為 8 個章節，每個章節都包含了不同的命令類型和主題。當使用 man 命令時，可以透過數字參數來指定只在具體的章節中進行查詢。表 3-2 列出了這 8 個章節的內容。

▼ 表 3-2 標準線上手冊的 8 個章節

章節編號	內容
1	可執行命令或 shell 命令
2	系統呼叫
3	庫呼叫
4	裝置和特殊的檔案
5	檔案格式及約定

（續表）

章節編號	內容
6	遊戲
7	雜項
8	系統管理命令

假如在撰寫程式時使用了 write 系統呼叫，但是忘記了相關的呼叫細節或需要包含哪些標頭檔，這時可以在 shell 中執行 man 2 write 命令，查看 write 系統呼叫的詳細資訊。man 命令是互動式命令，可以使用【Ctrl + d】複合鍵進行翻頁，查看完相關資訊後，按 q 鍵即可退出 man 命令。如果提示找不到對應的手冊，則可以在 shell 中執行 yum install -y man- pages 命令，安裝缺失的 man 手冊。yum 是 CentOS 下常用的軟體套件管理命令，在後面的內容中會有更詳細的介紹。使用 man 命令可以幫助你快速了解命令的使用方法和細節，提高程式設計效率。

3.2.4 命令和檔案補全

bash shell 擁有命令和檔案補全功能，可以透過按下【Tab】鍵來實現。

- 當輸入部分命令名稱時，可以按下【Tab】鍵來補全命令名稱。
- 當輸入部分檔案名稱時，可以按下【Tab】鍵來補全檔案名稱。
- 當輸入部分命令名稱時，可以連續按兩次【Tab】鍵來顯示所有以當前輸入為首碼的命令。

這些補全功能可以幫助你快速輸入命令和檔案名稱，減少輸入錯誤並節省時間。

3.2.5 命令列的萬用字元和特殊符號

為了方便命令列的使用，bash shell 提供了許多有用的萬用字元和特殊符號（見表 3-3）。

3.2 shell 下的命令列

▼ 表 3-3 萬用字元與特殊符號

符號	含義
*	匹配零個或任意多個任意字元
?	匹配一個任意字元
|	管道符號，用於連接兩個命令
\	跳脫符號，用於還原特殊符號和萬用字元
;	連續命令分隔符號，用於分隔要連續執行的命令
~	表示當前使用者的 home 目錄
-	表示使用者上一次所在的目錄
``	具有執行命令並傳回結果的功能，被包含的內容為要執行的命令，$() 具有與此相同的功能
''	單引號，被包含的內容不會進行變數替換
""	雙引號，被包含的內容會進行變數替換

3.2.6 內建命令與外部命令

內建命令被建構在 shell 中，不需要額外建立處理程序並等待處理程序結束，因此內建命令的執行速度快、效率高。舉例來說，cd 就是一個內建命令。而外部命令則沒有被建構在 shell 中，外部命令以單獨檔案的形式存在，當外部命令被執行時，新的處理程序會被建立，外部命令在新的處理程序中執行。

內建命令和外部命令的最大區別就是性能。外部命令需要額外建立新的處理程序，因此執行速度相對較慢；而內建命令則不需要建立新的處理程序，因此執行速度較快。我們可以使用 type 命令來判斷一個命令是否為內建命令。type 命令可以告訴我們一個命令是內建命令、別名還是外部命令，這對於我們選擇合適的命令非常有幫助。

```
[root@VM-114-245-centos ~]# type cd
cd is a shell builtin
[root@VM-114-245-centos ~]# type type
```

3-7

```
type is a shell builtin
[root@VM-114-245-centos ~]#
```

3.3 基本的命令操作

本節將向大家介紹最實用的基本命令操作，這些命令操作能夠滿足日常開發、測試、偵錯的大部分需求。同時，我們還會介紹最常用的命令選項。在本節中，有些命令操作需要大家自行建立一些檔案和目錄，而有些命令操作的輸出會因為執行環境的不同而不同，因此有可能與筆者例子中的輸出並不完全一致。但無論如何，我們都會盡力讓這些命令操作盡可能地適用於不同的環境和場景。

3.3.1 螢幕相關

shell 中的所有輸入都會在終端顯示，命令的標準輸出和錯誤輸出也會在終端顯示，螢幕相關的操作非常頻繁，其中清除螢幕和顯示輸出操作最常用。

1．清除螢幕操作

清除螢幕操作使用的是 clear 命令。

例 3-2：clear 命令可以清空當前終端的輸出。clear 命令並不是將輸出往上移動，而是透過向終端發送控制字元來清空當前終端的螢幕緩衝區，從而實現清空終端輸出的效果。

```
[root@VM-114-245-centos ~]# clear
[root@VM-114-245-centos ~]#
```

2．顯示輸出操作

顯示輸出操作使用的是 echo 命令。

例 3-3：echo 命令可以將其後的參數輸出到終端螢幕，並自動換行。echo 命令可以輸出字串、變數、命令的結果等。

```
[root@VM-114-245-centos ~]# echo "hello linux"
hello linux
```

例 3-4：echo 命令在增加 -n 選項後不會自動換行。

```
[root@VM-114-245-centos ~]# echo -n "hello linux"
hello linux[root@VM-114-245-centos ~]#
[root@VM-114-245-centos ~]#
```

3.3.2 目錄和檔案相關

在 Linux 系統中，目錄和檔案是以樹狀結構來組織的。根目錄為「/」，其他所有的目錄和檔案都是從根目錄開始的。目錄之間使用「/」分隔，例如「/usr/bin/bash」表示根目錄下的 usr 目錄下的 bin 目錄下的 bash 檔案。在 Linux 系統中，每個目錄都可以包含其他目錄和檔案，這樣就形成了一個樹狀結構。每個目錄下都有「.」和「..」兩個特殊的目錄，「.」表示目前的目錄，「..」表示上一級目錄。現在讓我們來看一下相關的命令。

1．查看當前的工作目錄

查看當前的工作目錄使用的是 pwd 命令。

例 3-5：pwd 命令的含義是「print working directory」，我們可以看到當前的工作目錄為「/root」。

```
[root@VM-114-245-centos ~]# pwd
/root
[root@VM-114-245-centos ~]#
```

2．查看傳回路徑中的檔案名稱部分

查看傳回路徑中的檔案名稱部分使用的是 basename 命令。

例 3-6：basename 命令的含義是「strip directory and suffix from filenames」，它可以從檔案名稱中刪除目錄和副檔名資訊，只保留檔案名稱部分。常用的命令格式為 basename NAME [SUFFIX]。其中，NAME 是要處理的檔案名稱，SUFFIX 是要刪除的副檔名。

```
[root@VM-114-245-centos ~]# basename /usr/bin/cd
cd
[root@VM-114-245-centos ~]# basename /usr/local/include/stdio.h
stdio.h
[root@VM-114-245-centos ~]# basename /usr/local/include/stdio.h .h
stdio
[root@VM-114-245-centos ~]#
```

3．查看目錄下的內容

查看目錄下的內容使用的是 ls 命令。

例 3-7：ls 命令的含義是「list directory contents」，它可以列出指定目錄下的檔案和子目錄。當我們不攜帶目錄參數時，ls 命令會預設顯示目前的目錄下的內容。l 選項表示以長格式顯示，t 選項表示以修改時間進行排序，r 選項表示反向排列。

```
[root@VM-114-245-centos ~]# ls -lrt
total 148
-rw-r--r-- 1 root root 107466 Mar 12  2010 jsoncpp-src-0.5.0.tar.gz
-rw-r--r-- 1 root root   5328 Nov  9 11:48 install.log.syslog
-rw-r--r-- 1 root root  14292 Nov  9 11:50 install.log
-rw------- 1 root root   2095 Nov  9 11:50 anaconda-ks.cfg
drwxr-xr-x 3 root root   4096 Mar 29 22:48 svn
drwxr-xr-x 2 root root   4096 Apr 26 19:58 test
[root@VM-114-245-centos ~]#
```

4．修改檔案許可權

在 ls 命令的輸出中，每行檔案資訊分為 7 個欄位，它們分別為檔案類型與許可權、連結數、所有者、所屬使用者群組、檔案大小（以位元組為單位）、檔案最後修改時間、檔案名稱。其中，第一個欄位的 10 個字元裡包含了檔案類型和許可權資訊，通常我們會有修改檔案許可權和歸屬的需求。在介紹如何修改檔案許可權之前，我們首先詳細介紹第一個欄位的含義。第一個欄位的解析如圖 3-3 所示。

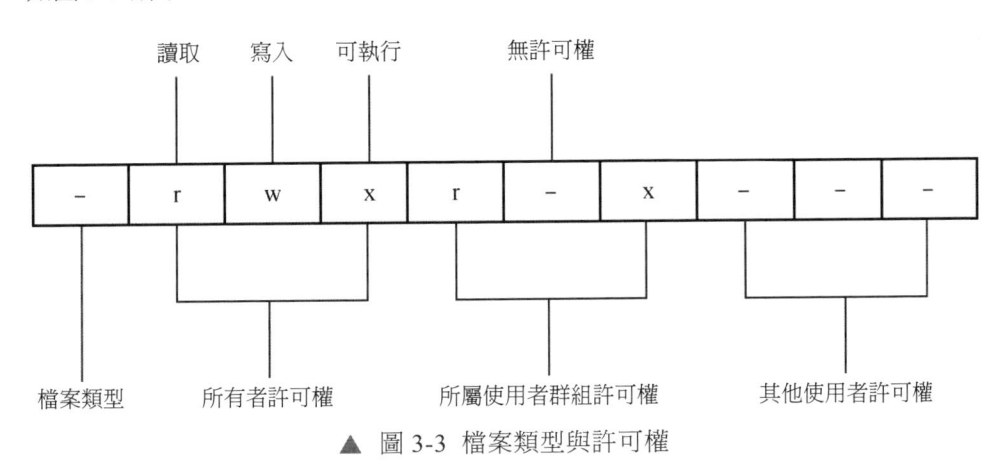

```
    讀取  寫入  可執行      無許可權
┌─┬─┬─┬─┬─┬─┬─┬─┬─┬─┐
│-│r│w│x│r│-│x│-│-│-│
└─┴─┴─┴─┴─┴─┴─┴─┴─┴─┘
檔案類型  所有者許可權  所屬使用者群組許可權  其他使用者許可權
```

▲ 圖 3-3 檔案類型與許可權

第一個字元表示檔案類型，Linux 檔案類型有 5 種：[-] 代表檔案、[d] 代表目錄、[l] 代表連結檔案、[b] 代表區塊裝置檔案、[c] 代表字元裝置檔案。後面的 9 個字元分為 3 組，分別是所有者許可權、所屬使用者群組許可權、其他使用者許可權。每組許可權從左到右分別是讀取許可權位元、寫入許可權位元、可執行許可權位元。如果對應的位元有許可權，就分別顯示「r」「w」「x」；否則顯示「-」，表示無許可權。舉例來說，假設一個檔案的許可權為 -rw-r--r--，這表示該檔案的所有者具有讀寫許可權，所群組和其他人只有讀取許可權。

需要注意的是，對目錄來說，可執行許可權位元代表是否具有進入該目錄的許可權。如果沒有目錄的讀取許可權，那麼使用者雖然可以進入該目錄，但是無法查看該目錄中的檔案和子目錄。

每組許可權也可以用一個 3 位元的二進位數字來表示：讀取許可權位元是「0x4」，即第 3 個二進位位元；寫入許可權位元是「0x2」，即第 2 個二進位位元；執行許可權位元是「0x1」，即第 1 個二進位位元。有許可權的話，對應的二進位位元為 1，否則為 0。舉例來說，所有者有讀寫許可權和可執行許可權時，對應的是 0x7（0x4 + 0x2 + 0x1）；所屬使用者群組有讀取許可權和可執行許可權時，對應的是 0x5(0x4 + 0x1)。

現在讓我們透過幾個範例來看看如何修改檔案的許可權。

例 3-8：chmod 命令的含義是「change file mode bits」，第一個參數為最新許可權位元，第二個參數為要修改的檔案。修改 root 使用者 home 目錄下的 svn 資料夾的許可權為「700」，即只有所有者才有讀寫許可權和可執行許可權。

```
[root@VM-114-245-centos ~]# chmod 700 ./svn
[root@VM-114-245-centos ~]# ls -lrt
total 156
-rw-r--r-- 1 root root 107466 Mar 12  2010 jsoncpp-src-0.5.0.tar.gz
-rw-r--r-- 1 root root   5328 Nov  9  2016 install.log.syslog
-rw------- 1 root root   2095 Nov  9  2016 anaconda-ks.cfg
drwx------ 4 root root   4096 Apr 30 22:45 svn
-rw-r--r-- 1 root root      5 May 13 23:05 test.sh
[root@VM-114-245-centos ~]#
```

例 3-9：給 root 使用者 home 目錄下的 test.sh 檔案增加可執行許可權，「+x」中的「+」是增加的意思，「x」表示執行許可權，相應地，「-」是刪除的意思，「r」表示讀取許可權，「w」表示寫入許可權。

```
[root@VM-114-245-centos ~]# chmod +x ./test.sh
[root@VM-114-245-centos ~]# ls -lrt
total 160
-rw-r--r-- 1 root root 107466 Mar 12  2010 jsoncpp-src-0.5.0.tar.gz
-rw-r--r-- 1 root root   5328 Nov  9  2016 install.log.syslog
-rw------- 1 root root   2095 Nov  9  2016 anaconda-ks.cfg
drwx------ 4 root root   4096 Apr 30 22:45 svn
-rwxr-xr-x 1 root root      5 May 13 23:05 test.sh
[root@VM-114-245-centos ~]#
```

5．修改檔案歸屬

修改檔案歸屬使用的是 chown 命令。

例 3-10：chown 命令的含義是「change file owner and group」，第一個參數表示最新的歸屬使用者和歸屬群組，將它們用「:」進行分隔，第二個參數為要修改的檔案。把 test.sh 檔案的所有者和所群組都修改成 backend。

```
[root@VM-114-245-centos ~]# chown backend:backend ./test.sh
[root@VM-114-245-centos ~]# ls -lrt
total 160
-rw-r--r-- 1 root       root        107466 Mar 12  2010 jsoncpp-src-0.5.0.tar.gz
-rw-r--r-- 1 root       root          5328 Nov  9  2016 install.log.syslog
-rw------- 1 root       root          2095 Nov  9  2016 anaconda-ks.cfg
drwx------ 4 root       root          4096 Apr 30 22:45 svn
-rw-r--r-- 1 root       root         14292 May  1 09:37 install.log
-rwxr-xr-x 1 backend    backend          5 May 13 23:05 test.sh
```

例 3-11：只修改檔案所有者，把 test.sh 檔案的所有者修改成 root。

```
[root@VM-114-245-centos ~]# chown root ./test.sh
[root@VM-114-245-centos ~]# ls -lrt
total 160
-rw-r--r-- 1 root       root        107466 Mar 12  2010 jsoncpp-src-0.5.0.tar.gz
-rw-r--r-- 1 root       root          5328 Nov  9  2016 install.log.syslog
-rw------- 1 root       root          2095 Nov  9  2016 anaconda-ks.cfg
drwx------ 4 root       root          4096 Apr 30 22:45 svn
-rw-r--r-- 1 root       root         14292 May  1 09:37 install.log
-rwxr-xr-x 1 root       backend          5 May 13 23:05 test.sh
```

6．切換目錄

切換目錄使用的是 cd 命令。

例 3-12：cd 命令的含義是「change directory」，用於切換到指定的目錄。

```
[root@VM-114-245-centos ~]# cd /
[root@VM-114-245-centos /]#
```

例 3-13：切換到當前使用者的 home 目錄，這裡使用了特殊符號「~」，「~」表示當前使用者的 home 目錄。也可以直接執行 cd 命令，cd 命令不帶任何參數執行時會直接切換到當前使用者的 home 目錄。

```
[root@VM-114-245-centos /]# cd ~
[root@VM-114-245-centos ~]#
```

例 3-14：切換回使用者上一次所在的目錄，這裡使用了特殊符號「-」，「-」表示使用者上一次所在的目錄。

```
[root@VM-114-245-centos ~]# cd /home/backend
[root@VM-114-245-centos backend]# cd -
/root
[root@VM-114-245-centos ~]#
```

7．拷貝檔案或目錄

拷貝檔案或目錄使用的是 cp 命令。

例 3-15：cp 命令的含義是「copy」，r 選項表示遞迴拷貝目錄，f 選項表示強制覆蓋檔案。

```
[root@VM-114-245-centos svn]# ls
mycode  test.c  test1.c
[root@VM-114-245-centos svn]# cp -rf mycode mycode.bak
```

8．建立目錄

建立目錄使用的是 mkdir 命令。

例 3-16：mkdir 命令的含義是「make directories」，增加了 p 選項後的 mkdir 命令表示在必要時直接建立父目錄，並且目錄存在時也不顯示出錯。

```
[root@VM-114-245-centos ~]# mkdir /root/mktest/dir
mkdir: cannot create directory '/root/mktest/dir': No such file or directory
[root@VM-114-245-centos ~]# mkdir -p /root/mktest/dir
[root@VM-114-245-centos ~]#
```

9．移動或重新命名目錄

移動或重新命名目錄使用的是 mv 命令。

例 3-17：mv 命令的含義是「move (rename) files」。建立 test 目錄，然後對 test 目錄進行重新命名，新目錄名為 test.bak，最後把壓縮檔 jsoncpp-src-0.5.0.tar.gz 移到 test.bak 目錄下。

```
[root@VM-114-245-centos ~]# mkdir test
[root@VM-114-245-centos ~]# mv test test.bak
[root@VM-114-245-centos ~]# mv jsoncpp-src-0.5.0.tar.gz test.bak
```

10・刪除檔案或目錄

刪除檔案或目錄使用的是 rm 命令。

例 3-18：rm 命令的含義是「remove」，r 選項表示遞迴刪除，f 選項表示強制刪除而不需要確認，使用 rm 命令時要慎重，執行之前要多看幾眼命令，防止刪除重要的目錄。筆者在工作中就遇到過同事使用 rm -rf 誤刪除線上伺服器根目錄的情況。

```
[root@VM-114-245-centos ~]# rm -rf test.bak
```

11・建立空檔案或修改檔案時間戳記

建立空檔案或修改檔案時間戳記使用的是 touch 命令。

例 3-19：touch 命令的含義是「change file timestamps」，即修改檔案的時間戳記。如果檔案不存在，則建立一個空檔案，touch 命令經常用來建立一個空檔案。

```
[root@VM-114-245-centos ~]# touch install.log
```

12・查看檔案的 MD5 值、SHA1 值或 SHA256 值

透過查看檔案的 MD5 值、SHA1 值或 SHA256 值在傳輸前後是否一致，可以判斷檔案在傳送過程中是否被篡改過。

例 3-20：md5sum 命令的含義是「compute and check MD5 message digest」，md5sum 的後面直接跟檔案名稱參數。

```
[root@VM-114-245-centos ~]# md5sum ./install.log
ee8fbedf1977bc88a8b9516a6b83b20b  ./install.log
```

例 3-21：sha1sum 命令的含義是「compute and check SHA1 message digest」，sha1sum 的後面直接跟檔案名稱參數。

```
[root@VM-114-245-centos ~]# sha1sum ./install.log
161501b85dd16647b9daa780670ea1c826227914  ./install.log
```

例 3-22：sha256sum 命令的含義是「compute and check SHA256 message digest」，sha256sum 的後面直接跟檔案名稱參數。

```
[root@VM-114-245-centos ~]# sha256sum ./install.log
908a9bac73e8ae4c7881e7804e246e7b485e25d12922ac55a294fbdf8603918a  ./install.log
```

13．對字串求 MD5 值、SHA1 值和 SHA256 值

對字串求 MD5 值、SHA1 值和 SHA256 值，在驗證 MD5、SHA1 和 SHA256 演算法是否正確時特別有用。

例 3-23：使用管道機制，先使用 echo 命令輸出字串，記住一定要增加 -n 選項，這樣就不會額外輸出換行了，最後使用 md5sum、sha1sum 和 sha256sum 命令對字串求值，管道機制將在後面的內容中介紹。

```
[root@VM-114-245-centos ~]# echo -n "abcde123" | md5sum
7bc6c31880aeda581aa34e218af25753  -
[root@VM-114-245-centos ~]# echo -n "abcde123" | sha1sum
3bf264855de091c7c87ff95bc1710d1fe6dd08c9  -
[root@VM-114-245-centos ~]# echo -n "abcde123" | sha256sum
3332e5eea07ab9d93cd59e3748b9746f66c8abc3a7a126a5c1965ff8525e00ba  -
[root@VM-114-245-centos ~]#
```

14．查看檔案內容之 cat 命令

查看檔案的全部內容使用的是 cat 命令。

例 3-24：cat 命令的含義是「concatenate files and print on the standard output」，n 選項表示輸出對應的每行行號。

```
[root@VM-114-245-centos ~]# cat -n install.log
    1  Installing libgcc-4.4.7-17.el6.x86_64
```

```
    2 warning: libgcc-4.4.7-17.el6.x86_64: Header V3 RSA/SHA1 Signature,
key ID c105b9de: NOKEY
    3 Installing setup-2.8.14-20.el6_4.1.noarch
    4 Installing filesystem-2.4.30-3.el6.x86_64
……省略部分輸出……
```

15．查看檔案內容之 more 命令

分頁查看檔案內容使用的是 more 命令。

例 3-25：more 命令的含義是「file perusal filter for crt viewing」，常用於在大檔案中查詢特定的內容。more 命令是互動式命令，在進入 more 命令後，在互動式命令中可以使用【Ctrl + d】複合鍵來快速翻頁，也可以使用「/」+ 單字來進行單字搜尋，按 q 鍵即可退出 more 命令回到當前 shell 中。

```
[root@VM-114-245-centos ~]# more install.log
Installing libgcc-4.4.7-17.el6.x86_64
warning: libgcc-4.4.7-17.el6.x86_64: Header V3 RSA/SHA1 Signature, key ID
c105b9de: NOKEY
Installing setup-2.8.14-20.el6_4.1.noarch
……省略部分輸出……
```

16．輸出檔案的頭幾行

輸出檔案的頭幾行使用的是 head 命令。

例 3-26：head 命令的含義是「output the first part of files」，選項數字 3 表示輸出檔案的頭 3 行。

```
[root@VM-114-245-centos ~]# head -3 install.log
Installing libgcc-4.4.7-17.el6.x86_64
warning: libgcc-4.4.7-17.el6.x86_64: Header V3 RSA/SHA1 Signature, key ID
c105b9de: NOKEY
Installing setup-2.8.14-20.el6_4.1.noarch
[root@VM-114-245-centos ~]#
```

17．輸出檔案的末尾幾行

輸出檔案的末尾幾行使用的是 tail 命令。

例 3-27：tail 命令的含義是「output the last part of files」，選項數字 3 表示輸出檔案末尾的 3 行。

```
[root@VM-114-245-centos ~]# tail -3 install.log
Installing compat-libstdc++-33-3.2.3-69.el6.i686
Installing libstdc++-4.4.7-17.el6.i686
*** FINISHED INSTALLING PACKAGES ***[root@VM-114-245-centos ~]#
[root@VM-114-245-centos ~]#
```

例 3-28：為 tail 命令增加 f 選項，就可以即時查看檔案的輸出，這對於追蹤日誌非常有用。tail 命令執行之後，只要日誌有更新，就能在終端看到且是即時的，再按【Ctrl + c】複合鍵，就可以退出 tail 命令回到當前 shell 中。

```
[root@VM-114-245-centos ~]# tail -5f ./install.log
Installing gamin-0.1.10-9.el6.i686
Installing glib2-2.28.8-5.el6.i686
Installing compat-libstdc++-33-3.2.3-69.el6.i686
Installing libstdc++-4.4.7-17.el6.i686
*** FINISHED INSTALLING PACKAGES ***
```

18．搜尋檔案

搜尋檔案使用的是 find 命令。

例 3-29：find 命令的含義是「search for files in a directory hierarchy」，name 選項表示要匹配的檔案名稱，or 選項表示或的關係。下面這筆命令將從根目錄「/」開始遍歷整個目錄樹，搜尋 .h 和 .c 檔案。

```
[root@VM-114-245-centos ~]# find / -name '*.c' -or -name '*.h'
/home/background/test/test.c
/root/test/test.c
/usr/include/assert.h
/usr/include/kdb.h
/usr/include/netinet/if_fddi.h
……省略部分輸出……
```

19．統計檔案的行數、單字數和位元組數

統計檔案相關資料使用的是 wc 命令。

例 3-30：wc 命令的含義是「print newline, word, and byte counts for each file」，wc 命令支援從標準輸入讀取資料並進行統計。

```
[root@VM-114-245-centos ~]# wc /usr/include/stdio.h
  942   4413  31568 /usr/include/stdio.h
[root@VM-114-245-centos ~]#
```

20．確定檔案類型，並輸出詳細資訊

確定檔案類型，並輸出詳細資訊使用的是 file 命令。

例 3-31：file 命令的含義是「determine file type」，用於確定檔案的類型。

```
[root@VM-114-245-centos ~]# file /bin/bash
/bin/bash: ELF 64-bit LSB executable, x86-64, version 1 (SYSV), dynamically
linked (uses shared libs), for GNU/Linux 2.6.32, stripped
[root@VM-114-245-centos ~]#
```

21．確認命令的二進位程式、來源和 man 手冊檔案

確認命令的二進位程式、來源和 man 手冊檔案使用的是 whereis 命令。

例 3-32：whereis 命令的含義是「locate the binary, source, and manual page files for a command」。

```
[root@VM-114-245-centos ~]# whereis whereis
whereis: /usr/bin/whereis /usr/share/man/man1/whereis.1.gz
[root@VM-114-245-centos ~]#
```

22．打包壓縮、解壓縮解壓

打包壓縮、解壓縮解壓使用的是 tar 命令。

例 3-33：tar 命令的含義是「saves many files together into a single tape or disk archive」。當使用 tar 命令進行打包壓縮時，c 選項表示建立新的、歸檔的打類

別檔案，z 選項表示使用 gzip 進行壓縮，f 選項表示指定生成的打類別檔案名稱。jsoncpp-src-0.5.0.tgz 是 f 選項對應的參數，即要生成的打類別檔案名稱，jsoncpp-src-0.5.0 是對應要打包的資料夾。

```
[root@VM-114-245-centos ~]# tar -czf jsoncpp-src-0.5.0.tgz jsoncpp-src-0.5.0
```

例 3-34：當使用 tar 命令進行解壓縮解壓時，x 選項表示對打包檔案進行解壓縮，z 選項表示使用 gzip 進行解壓，f 選項表示指定解壓縮的檔案名稱。jsoncpp-src-0.5.0.tgz 是 f 選項對應的參數，即要解壓縮的檔案名稱。

```
[root@VM-114-245-centos ~]# tar -xzf jsoncpp-src-0.5.0.tgz
```

3.3.3 處理程序相關

由於服務都以處理程序的方式在作業系統中執行，因此在日常工作中，處理程序相關的操作十分常用，現在讓我們來介紹一下處理程序相關的命令。

1．查看執行的處理程序

查看執行的處理程序使用的是 ps 命令。

例 3-35：ps 命令的含義是「report a snapshot of the current processes」，e 選項表示輸出所有的處理程序，f 選項表示進行全格式輸出。

```
[root@VM-114-245-centos ~]# ps -ef
UID        PID  PPID  C STIME TTY          TIME CMD
root         1     0  0 Apr26 ?        00:00:01 /sbin/init
root         2     0  0 Apr26 ?        00:00:00 [kthreadd]
root         3     2  0 Apr26 ?        00:00:00 [migration/0]
root         4     2  0 Apr26 ?        00:00:04 [ksoftirqd/0]
root         5     2  0 Apr26 ?        00:00:00 [stopper/0]
……省略部分輸出……
```

2・透過關鍵字過濾某個指定程式是否在執行

透過關鍵字過濾某個指定程式是否在執行，可以使用 ps 和 grep 命令，並配合管道機制來實現。

例 3-36：首先透過 ps -ef 輸出所有正在執行的處理程序；然後將它們透過管道傳輸給 grep 過濾命令進行處理，過濾出包含「ssh」的輸出行；最後使用 grep 過濾掉包含「grep」的輸出行。管道機制在後面的章節中有詳細介紹。

```
[root@VM-114-245-centos ~]# ps -ef | grep ssh | grep -v grep
root       731     1  0 Apr29 ?       00:00:00 /usr/sbin/sshd
root      6377   731  0 08:52 ?       00:00:00 sshd: root@pts/0
[root@VM-114-245-centos ~]#
```

3・查看某個執行處理程序的所有 pid

查看某個執行處理程序的所有 pid 使用的是 pidof 命令。

例 3-37：pidof 命令的含義是「find the process ID of a running program」。

```
[root@VM-114-245-centos ~]# pidof sshd
32067 5573 731
[root@VM-114-245-centos ~]#
```

4・殺掉某個程式的所有處理程序

殺掉某個程式的所有處理程序使用的是 killall 命令。

例 3-38：killall 命令的含義是「kill processes by name」。

```
[root@VM-114-245-centos ~]# killall programName
```

5・強殺一個指定 pid 的處理程序

強殺一個指定 pid 的處理程序使用的是 kill 命令。

例 3-39：kill 命令的含義是「terminate a process」，選項數字 9 表示發送的是「SIGKILL」訊號，處理程序不能忽略也不能捕捉 SIGKILL 訊號，只能強制退出，訊號的內容在後續章節中有詳細介紹。使用管道機制過濾出我們想要強殺的處理程序的 pid，使用 kill -9 強殺 pid 為 29065 的 test 處理程序。

```
[root@VM-114-245-centos ~]# ps -ef | grep test | grep -v grep
root      29065      1 96 May10 ?        3-08:57:16 ./test
[root@VM-114-245-centos ~]# kill -9 29065
```

3.3.4 網路相關

由於所有服務都是透過網路來對外提供的，因此在日常工作中，網路相關的操作也十分常用，現在讓我們來介紹一下網路相關的命令。

1．查看網路配置

查看網路配置使用的是 ifconfig 命令。

例 3-40：ifconfig 命令的含義是「configure a network interface」，沒有參數時表示輸出當前網路配置。

```
[root@VM-114-245-centos ~]# ifconfig
eth0     Link encap:Ethernet   HWaddr 52:54:00:5C:49:96
         inet addr:10.105.114.245  Bcast:10.105.127.255  Mask:255.255.192.0
         UP BROADCAST RUNNING MULTICAST  MTU:1500  Metric:1
         RX packets:2693370 errors:0 dropped:0 overruns:0 frame:0
         TX packets:1551125 errors:0 dropped:0 overruns:0 carrier:0
         collisions:0 txqueuelen:1000
         RX bytes:254540408 (242.7 MiB)  TX bytes:2292334406 (2.1 GiB)
……省略部分輸出……
```

2．查看當前伺服器開啟了哪些網路監聽

查看當前伺服器開啟了哪些網路監聽使用的是 netstat 命令。

例 3-41：netstat 命令的含義是「print network connections, routing tables, interface statistics」，l 選項表示只顯示監聽的通訊端，n 選項表示顯示點分 IP 而非域名，p 選項表示顯示處理程序 id 和程式名稱，t 選項表示顯示 TCP 的連接情況。

```
[root@VM-114-245-centos ~]# netstat -nlpt
Active Internet connections (only servers)
Proto Recv-Q Send-Q Local Address          Foreign Address        State
   PID/Program name
tcp        0      0 0.0.0.0:1822           0.0.0.0:*              LISTEN
   3618/sshd
……省略部分輸出……
```

3.3.5 系統相關

作業系統是一個動態執行的系統，所有的服務都執行在作業系統之上。因此，即時掌握作業系統的動態就變得尤為重要，尤其是一些關鍵指標，例如 CPU、記憶體和磁碟的使用情況等。現在讓我們來介紹一下系統相關的命令。

1．查看記憶體使用概況

查看記憶體使用概況使用的是 free 命令。

例 3-42：free 命令的含義是「display amount of free and used memory in the system」。total 表示總記憶體量，used 表示當前記憶體使用總量，free 表示當前記憶體剩餘量，shared 表示共用記憶體總量，buffers 表示寫入快取總量，cached 表示讀取快取總量。free 命令輸出的第 3 行的 used 表示去掉了系統 buffers 和 cache 後的統計量，是應用真實佔用的總記憶體；free 命令輸出的第 3 行的 free 表示加上系統 buffers 和 cache 後的統計量，是系統扣除應用佔用後的可用總記憶體；最後的 Swap 是交換空間使用整理，通常一旦使用了交換空間，就說明系統記憶體不足，Swap 的值通常為 0。

```
[root@VM-114-245-centos ~]# free -h
               total       used       free     shared    buffers     cached
Mem:            996M       928M        68M       184K       135M       281M
-/+ buffers/cache:         511M       485M
Swap:             0B         0B         0B
```

2．查看磁碟使用情況

查看磁碟使用情況使用的是 df 命令。

例 3-43：df 命令的含義是「report file system disk space usage」，h 選項表示以人類易讀的單位顯示大小。

```
[root@VM-114-245-centos ~]# df -h
Filesystem      Size  Used Avail Use% Mounted on
/dev/vda1       20G   4.0G  15G  22%  /
```

3．計算檔案磁碟空間的使用情況

計算檔案磁碟空間的使用情況使用的是 du 命令。

例 3-44：du 命令的含義是「estimate file space usage」，選項 max-depth=1 表示只計算當前下一級目錄的磁碟空間大小，h 選項表示使用人類易讀的格式來顯示磁碟佔用空間的大小。

```
[root@VM-114-245-centos usr]# du --max-depth=1 -h
13M     ./sbin
15M     ./include
283M    ./share
……省略部分輸出……
```

4．查看系統執行處理程序的動態清單

查看系統執行處理程序的動態清單使用的是 top 命令。

例 3-45：top 命令的含義是「display Linux tasks」。top 命令是互動式命令，top 命令類似於 Windows 系統中的工作管理員，它預設按照各個處理程序的 CPU 佔用率從大到小對它們進行排序。在 top 命令中，可以按【Shift + m】複合鍵，對所有的處理程序按照記憶體佔用率進行排序。如果想改變為原來的按 CPU 佔用率進行排序的方式，按【Shift + p】複合鍵即可。按 q 鍵可以退出 top 命令。

```
[root@VM-114-245-centos ~]# top
top - 12:36:50 up 4 days, 22:50,  3 users,  load average: 0.00, 0.00, 0.00
Tasks:  93 total,   1 running,  92 sleeping,   0 stopped,   0 zombie
Cpu(s):  2.0%us,  1.0%sy,  0.0%ni, 97.0%id,  0.0%wa,  0.0%hi,  0.0%si,  0.0%st
Mem:    1020128k total,   952012k used,    68116k free,   138992k buffers
```

```
Swap:         0k total,        0k used,        0k free,    289832k cached

  PID USER      PR  NI  VIRT  RES  SHR S %CPU %MEM   TIME+   COMMAND
 4847 db        20   0 1000m  80m 6708 S  0.7  8.1  36:14.98 mongod
 4628 db        20   0 1066m  80m 7040 S  0.3  8.1  37:19.02 mongod
 4719 db        20   0 1062m  78m 6820 S  0.7  7.9  37:43.04 mongod
……省略部分輸出……
```

5・查看處理器相關統計資訊

查看處理器相關統計資訊使用的是 mpstat 命令。

例 3-46：mpstat 命令的含義是「report processors related statistics」，P 選項指定對哪個 CPU 進行統計，ALL 為 P 選項對應的參數，表示對所有 CPU 進行統計，參數 2 表示每次統計的時間間隔（單位為秒）。

```
[root@VM-114-245-centos ~]# mpstat -P ALL 2
Linux 2.6.32-642.6.2.el6.x86_64 (VM-114-245-centos )  05/01/17  _x86_64_(1 CPU)

12:56:27     CPU   %usr  %nice   %sys %iowait   %irq  %soft %steal %guest  %idle
12:56:29     all   2.01   0.00   1.01    0.00   0.00   0.00   0.00   0.00  96.98
12:56:29       0   2.01   0.00   1.01    0.00   0.00   0.00   0.00   0.00  96.98
……省略部分輸出……
```

6・查看系統可用的 CPU 核心數

查看系統可用的 CPU 核心數使用的是 nproc 命令。

例 3-47：nproc 命令的含義是「print the number of processing units available」，我們的雲端伺服器只有一個 CPU 核心。

```
[root@VM-114-245-centos ~]# nproc
1
[root@VM-114-245-centos ~]#
```

3.3.6 使用者相關

在運行維護伺服器的過程中，免不了新增使用者、刪除使用者或維護使用者資訊，現在讓我們來介紹一下使用者相關的命令。

1．增加使用者

增加使用者使用的是 useradd 命令。

例 3-48：useradd 命令的含義是「create a new user or update default new user information」，當使用 useradd 命令增加使用者時，系統會自動在 /home 目錄下建立一個名稱與使用者名稱相同的子目錄，作為所增加使用者的 home 目錄。以下面的命令為例，系統會建立子目錄 /home/test 作為 test 使用者的 home 目錄。

```
[root@VM-114-245-centos home]# useradd test
[root@VM-114-245-centos home]#
```

2．刪除使用者

刪除使用者使用的是 userdel 命令。

例 3-49：userdel 命令的含義是「delete a user account and related files」，當使用 userdel 命令刪除使用者時，r 選項表示移除使用者的 home 目錄，也就是刪除 /home/test 這個目錄。

```
[root@VM-114-245-centos home]# userdel -r test
[root@VM-114-245-centos home]#
```

3．修改使用者密碼

修改使用者密碼使用的是 passwd 命令。

例 3-50：passwd 命令的含義是「update user's authentication tokens」，當使用 passwd 命令修改使用者密碼時，後面跟著的參數是要修改密碼的使用者名稱。也可以不加參數，這表示修改當前使用者的密碼。Linux 系統為了安全起見，輸入的密碼都是不顯示輸出的。

```
[root@VM-114-245-centos home]# passwd backend
Changing password for user backend.
New password:
Retype new password:
passwd: all authentication tokens updated successfully.
```

4．切換當前使用者

切換當前使用者使用的是 su 命令。

例 3-51：su 命令的含義是「run a shell with substitute user and group IDs」，可以使用 su 命令建立一個子 shell，並在這個子 shell 中切換成指定的新使用者。同樣，為了安全起見，密碼也是不顯示輸出的。

```
[root@VM-114-245-centos home]$ su backend
Password:
[backend@VM-114-245-centos home]$
```

5．查看當前系統有哪些使用者登入

查看當前系統有哪些使用者登入使用的是 who 命令。

例 3-52：who 命令的含義是「show who is logged on」。

```
[root@VM-114-245-centos test]# who
root     pts/0     Sep 10 08:37 (27.38.28.233)
root     pts/1     Sep 10 10:52 (27.38.28.224)
root     pts/2     Sep 10 09:59 (163.125.244.221)
root     pts/3     Sep 10 10:52 (163.125.66.250)
root     pts/4     Sep 10 11:04 (163.125.66.186)
[root@VM-114-245-centos test]#
```

3.3.7 命令執行相關

基本上，Linux 伺服器的維護都是透過在 shell 中執行命令來實現的，現在讓我們來介紹一下相關的命令和操作。

1．查看執行歷史

查看執行歷史使用的是 history 命令。

例 3-53：history 命令的含義是「print history commands」，首先使用 export 命令設置當前階段的 HISTTIMEFORMAT 環境變數，然後使用由 history 命令和 tail 命令組成的管道命令查看最後 5 行執行的歷史命令，環境變數的內容將在後續章節中介紹。

```
[root@VM-114-245-centos ~]# export HISTTIMEFORMAT="%F %T  "
[root@VM-114-245-centos ~]# history | tail -5
 2992  2022-05-14 10:58:08 root history
 2993  2022-05-14 10:58:16 root history
 2994  2022-05-14 10:58:18 root history
 2995  2022-05-14 11:03:52 root export HISTTIMEFORMAT="%F %T  "
 2996  2022-05-14 11:04:00 root history | tail -5
[root@VM-114-245-centos ~]#
```

2．在歷史命令中搜尋命令

在歷史命令中搜尋命令是使用【Ctrl + r】複合鍵來實現的。

例 3-54：首先按【Ctrl + r】複合鍵，進入 shell 的搜尋命令互動，然後輸入所要搜尋的命令的關鍵字，找到之後，按【Tab】鍵選中它們並退出搜尋命令互動。如果找不到，可以按【Esc】鍵退出搜尋命令互動。下面舉例說明，首先輸入所要搜尋的命令的關鍵字 grep。

```
[root@VM-114-245-centos ~]#
(reverse-i-search)'grep': ps -ef | grep test | grep -v grep
```

然後按【Tab】鍵，即可選中我們之前搜尋的命令。

```
[root@VM-114-245-centos ~]# ps -ef | grep test | grep -v grep
```

3．快速刪除當前輸入的命令

在 shell 中按【Ctrl + u】複合鍵，即可把我們當前在命令終端輸入的命令全部清空。

4．中斷當前命令的輸入或中斷當前正在執行的程式

中斷當前命令的輸入或中斷當前正在執行的程式是使用【Ctrl + c】複合鍵來實現的。

例 3-55：我們輸入了一行要執行的命令，但是我們現在並不想馬上執行它，也不想把這筆辛辛苦苦輸入的命令清空。此時，【Ctrl + c】複合鍵就派上用場了。

首先輸入命令。

```
[root@VM-114-245-centos ~]# ps -ef | grep test | grep -v grep
```

然後按【Ctrl + c】複合鍵，就能做到在不執行命令的情況下還能保留輸入的命令。

```
[root@VM-114-245-centos ~]# ps -ef | grep test | grep -v grep^C
[root@VM-114-245-centos ~]#
```

例 3-56：在執行一個互動式命令或其他命令時，我們可以使用【Ctrl + c】複合鍵來快速中斷當前執行的命令。假設我們正在即時查看日誌 install.log 的輸出，如果不再需要查看這個日誌，可以使用【Ctrl + c】複合鍵來退出。

```
[root@VM-114-245-centos ~]# tail -3f install.log
Installing compat-libstdc++-33-3.2.3-69.el6.i686
Installing libstdc++-4.4.7-17.el6.i686
*** FINISHED INSTALLING PACKAGES ***
^C
[root@VM-114-245-centos ~]#
```

5．強制退出當前命令的執行

當使用【Ctrl + c】複合鍵無法退出當前執行的命令時，我們也可以嘗試使用【Ctrl + \】複合鍵來強制退出。

6 · 標準輸入結束

當執行從標準輸入接收資料的命令時，如果想在完成資料的輸入後再退出命令，而非使用複合鍵【Ctrl + c】或【Ctrl + \】這兩種野蠻的方式來退出，則可以使用【Ctrl + d】複合鍵。它不會觸發訊號，而是表示一個特殊的輸入值 EOF（End Of File），也就是表明輸入的結束。對應的命令能感知到輸入結束，並正常退出。

7 · 背景執行

有時，我們需要讓命令在背景執行，這通常有兩種實現方式。第一種實現方式是在命令的後面追加 & 符號，例如 command &。當以這種方式執行時，命令會在背景執行。但是，如果當前終端關閉或退出，背景執行的命令就會收到 SIGHUP 訊號並退出，執行被中斷。為了避免這種情況發生，我們可以使用第二種實現方式——在命令的前面使用 nohup 命令來啟動要執行的命令，並在結尾追加 & 符號，例如 nohup command &。當以這種方式執行時，命令會在背景執行，並且 SIGHUP 訊號會被忽略，命令的執行不會被中斷。需要注意的是，命令的輸出預設會被寫入目前的目錄的 nohup.out 檔案。

3.3.8 日期相關

在日常工作中，我們經常需要處理和日期相關的資料，日期操作是使用 date 命令來實現的，下面讓我們來看一下常見的日期操作。

1 · 獲取當前系統時間的時間戳記

獲取當前系統時間的時間戳記使用的是 date 命令。

```
[root@VM-114-245-centos ~]# date +%s
1661560715
[root@VM-114-245-centos ~]#
```

2・將時間戳記轉換成人類讀取的時間格式

date 命令還可以把時間戳記（單位為秒）轉換成人類讀取的時間格式，%Y、%m、%d、%H、%M、%S 都是預留位置，分別用於輸出年、月、日、時、分、秒。

```
[root@VM-114-245-centos ~]# date -d @1661560715 +"%Y-%m-%d %H:%M:%S"
2022-08-27 08:38:35
[root@VM-114-245-centos ~]#
```

3・將人類讀取的時間格式轉換成時間戳記

```
[root@VM-114-245-centos ~]# date -d "2022-08-27 08:38:35" +%s
1661560715
[root@VM-114-245-centos ~]#
```

3.4 man 的替代工具

man 手冊是非常完整的，但是它的缺點也很明顯，就是太長了。而在絕大部分情況下，我們只想找到特定的用法。那麼，有沒有簡化易讀的手冊呢？tldr 就是一個簡化易讀的手冊工具，tldr 是「too long didn't read」的縮寫，它簡化了事無巨細的 man 手冊，只列出命令最常用的演示範例。舉例來說，我們可以使用 tldr 查看 cd 命令的常見使用方法。

```
[root@VM-114-245-centos ~]# tldr cd
  cd
  Change the current working directory.
  More information: https://manned.org/cd.
  - Go to the specified directory:
    cd path/to/directory
  - Go up to the parent of the current directory:
    cd ..
  - Go to the home directory of the current user:
    cd
  - Go to the home directory of the specified user:
    cd ~username
```

```
- Go to the previously chosen directory:
  cd -
- Go to the root directory:
  cd /
[root@VM-114-245-centos ~]#
```

tldr 不是 Linux 系統附帶的工具，所以需要我們進行額外的安裝才能使用。tldr 可以使用 pip3 來安裝，執行 pip3 install tldr 命令即可。需要注意的是，如果你還沒有安裝 pip3，則需要先執行 yum install python3-pip 命令來安裝 pip3。

3.5 命令黏合劑：管道機制

命令列的強大之處在於提供了一種高度靈活的方式來組合和操作命令。透過使用管道，我們可以將多個命令連接在一起，將一個命令的輸出作為另一個命令的輸入，從而實現更加複雜和強大的功能。

3.5.1 如何使用管道

在 shell 下，可透過「|」符號將多個命令串聯起來實現管道功能。一個命令涉及標準輸入、標準輸出和標準錯誤，在管道機制中，「|」符號只能將上一個命令產生的標準輸出傳遞給下一個命令的標準輸入，而標準錯誤是被忽略的。舉例來說，命令 ls -lrt /usr/bin | grep "^l" 可以過濾出 /usr/bin 目錄下的所有連結檔案，這個管道命令的執行過程如圖 3-4 所示。

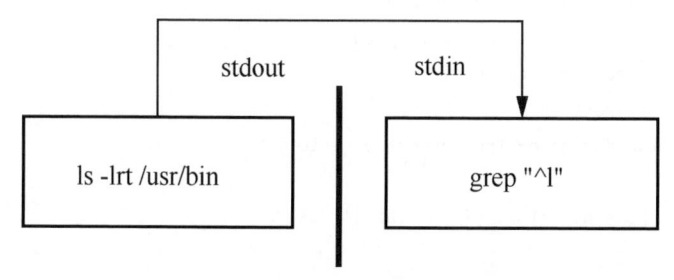

▲ 圖 3-4 管道命令的執行過程

3.5.2 行過濾命令 grep

　　一些命令輸出的內容過多，而我們有時候只關心其中的一小部分內容，並且往往因為輸出過多而無法快速找到需要的關鍵資訊。此時，grep 命令就能夠幫助我們過濾掉不需要的內容，而只保留我們需要的部分。grep 命令支援基於正規表示法的過濾，並且可以根據使用者指定的正規表示法規則來匹配需要的內容。表 3-4 列出了最常用的正規表示法規則。

▼ 表 3-4 最常用的正規表示法規則

正規表示法規則	含義
keyword	匹配包含指定關鍵字（keyword）的行
^keyword	匹配以指定字關鍵字（keyword）開頭的行
keyword$	匹配以指定字關鍵字（keyword）結尾的行
*	匹配前一個字元重複出現零次或無限多次，比如，「go*」能夠匹配「go」「goo」「gooo」。正規表示法的 * 和命令列的萬用字元 * 在表示零個或任意多個字元時是不一樣的，請不要混淆
.	匹配任意一個字元，空格也算，比如，「te.t」既匹配「test」，也匹配「te t」
[charSet]	匹配指定字元集中的任意一個字元，比如，「a[ba]a」匹配的是「aba」「aaa」
[^charSet]	匹配不包含指定字元集中的任意一個字元，比如，對於「a[^ba]a」，「aba」和「aaa」是不匹配的，「aca」是匹配的
[b-e]	匹配一個指定的字元集，這個字元集採用範圍的方式來表示，比如，[0-9] 表示任意一個數字，[A-Z] 表示任意一個大寫字母
\\{n,m\\}	對於前一個字元，匹配連續的 $n \sim m$ 個，比如，「a\\{2,3\\}」匹配的是「aa」和「aaa」
\\{n\\}	對於前一個字元，匹配連續的 n 個，比如「ba\\{2\\}」匹配的是「baa」
\\{$n,$\\}	對於前一個字元，匹配連續的 n 個及以上，比如，「ba\\{2,\\}」匹配的是「baa」「baaa」「baaaa」等

3 伺服器運行維護

下面讓我們來看幾個常見的例子。

例 3-57：過濾包含指定的關鍵字，ps -ef 會輸出所有的處理程序資訊，grep 命令會過濾出包含 sshd 的命令。

```
[root@VM-114-245-centos ~]# ps -ef | grep sshd
root       731     1  0 Apr29 ?        00:00:00 /usr/sbin/sshd
root     21233   731  0 22:04 ?        00:00:00 sshd: root@pts/0
root     21297 21273  0 22:04 pts/0    00:00:00 grep sshd
[root@VM-114-245-centos ~]#
```

例 3-58：過濾不包含指定的關鍵字，v 選項表示不包含指定的關鍵字，對之前的輸出再過濾掉第三行的輸出。

```
[root@VM-114-245-centos ~]# ps -ef | grep sshd | grep -v grep
root       731     1  0 Apr29 ?        00:00:00 /usr/sbin/sshd
root     21233   731  0 22:04 ?        00:00:00 sshd: root@pts/0
```

例 3-59：過濾掉空行以及以「#」開頭的行。

```
[root@VM-114-245-centos ~]# cat /etc/init.d/sshd | grep -v '^#' | grep -v '^$'
. /etc/rc.d/init.d/functions
[ -f /etc/sysconfig/sshd ] && . /etc/sysconfig/sshd
RETVAL=0
prog="sshd"
lockfile=/var/lock/subsys/$prog
KEYGEN=/usr/bin/ssh-keygen
SSHD=/usr/sbin/sshd
……省略部分輸出……
```

例 3-60：在 /etc/passwd 檔案中匹配 roo。

```
[root@VM-114-245-centos ~]# grep 'ro\{2\}' /etc/passwd
root:x:0:0:root:/root:/bin/bash
operator:x:11:0:operator:/root:/sbin/nologin
[root@VM-114-245-centos ~]#
```

3.5.3 文字分析處理工具 awk

awk 作為 Linux 系統中的文字分析處理工具，在命令列中常常用於資訊的分割和提取，並且通常被應用到管道中。awk 功能強大且語法複雜，這裡僅介紹 awk 的幾種常見用法。如果想了解更多關於 awk 的使用方法，可以查看 awk 的說明手冊。

awk 最常用的命令格式為「awk [-F separator] 'commands' file」，其中 [-F separator] 是可選部分，在需要指定欄位分隔符號時使用。預設情況下，awk 使用空格作為欄位分隔符號。commands 是 awk 的提取動作，通常使用 awk 的 print 命令來提取指定欄位。file 是 awk 要分析處理的輸入檔案。

awk 每次從檔案或標準輸入中讀取一行資料，然後根據指定的分隔符號對該資料進行劃分，將它們分成不同的欄位，分別標記為 \$1、\$2、\$3、……、\$n。這些欄位組成了一筆記錄，對這筆完整的記錄使用 \$0 進行標記。然後，awk 讀取下一行資料並進行處理，直至檔案末尾或標準輸入結束。

awk 的 commands 由模式和動作組成，其中模式可以是任意的條件陳述式，甚至是正規表示法等。模式有兩個特殊的標記：BEGIN 和 END。BEGIN 用於標記文字處理之前的動作，而 END 用於標記文字處理之後的動作。通常情況下，我們可以在 BEGIN 標記的動作中輸出欄位描述，而在 END 標記的動作中輸出統計資訊。

在 awk 中，我們可以透過使用 '~' 符號來啟用正規表示法。對應的正規表示法跟在其後，並使用一對「/」包含起來。舉例來說，如果想要匹配「bash」，則需要在 awk 中輸入「/bash/」。

在 awk 中，還有一些內建變數可以使用，最為常用的是 NF 和 NR。NF 表示每行記錄對應有多少個欄位，而 NR 則表示當前正在處理的是第幾筆記錄。這些內建變數可以在 awk 的 commands 中直接使用，以方便我們進行文字處理和分析。

下面讓我們來看幾個例子。

例 3-61：獲取系統使用者的登入 shell，cat 命令輸出 /etc/passwd 的內容，awk 指定分隔符號為 ':'，並提取第一個欄位和最後一個欄位。

```
[root@VM-114-245-centos ~]# cat /etc/passwd | awk -F ':' 'BEGIN{print "user\
tshell\n-------------"} {print $1"\t"$NF} END{print "-------------"}'
user    shell
-------------
root    /bin/bash
bin     /sbin/nologin
daemon  /sbin/nologin
……省略部分輸出……
-------------
[root@VM-114-245-centos ~]#
```

例 3-62：過濾使用 bash 作為登入 shell 的使用者，awk 指定分隔符號為 ':'，當最後一個欄位匹配 bash 時輸出第一個欄位。

```
[root@VM-114-245-centos ~]# cat /etc/passwd | awk -F ':' '{if ($NF ~ /bash/)
print $1}'
root
backend
[root@VM-114-245-centos ~]#
```

3.5.4 串流編輯命令 sed

sed 是一個串流編輯命令，它透過行號或正規表示法來提取要編輯的文字，支援對文字進行刪除、替換、追加等操作。需要特別注意的是，sed 預設不會修改輸入檔案，它操作的只是一份副本，編輯後的文字都是輸出到終端的。與 grep、awk 一樣，sed 是重要的文字過濾工具，它們通常在一行管道命令中配合使用，以實現更加複雜的文字處理和分析。

sed 最常用的命令格式為「sed 'commands' file」，其中 file 是輸入檔案，commands 是要執行的動作，包括對文字的提取規則和編輯行為，編輯行為緊接在提取規則之後，旨在對提取的文字進行編輯。表 3-5 和表 3-6 分別舉出了 sed 中常用的提取規則和編輯行為。

3.5 命令黏合劑：管道機制

▼ 表 3-5 sed 中常用的提取規則

提取規則	含義
b	b 為行號，提取第 b 行資料
$	$ 表示最後一行，提取最後一行資料
b,e	b 和 e 都為行號，提取從第 b 行到第 e 行的資料
/re/	re 為正規表示法，提取匹配正規表示法的行

▼ 表 3-6 sed 中常用的編輯行為

編輯行為	含義
s/find-re/replace/g	對匹配的文字進行替換，第一對斜杠包含的是匹配要被替換掉的文字的正規表示法，第二對斜杠包含的是替換使用的新文字。g 表示全域替換，如果沒有 g，則只替換每行中的第一個匹配項
i\txt	在匹配的行前增加 txt 文字
a\txt	在匹配的行後增加 txt 文字
d	刪除匹配的行
p	輸出匹配的行

下面讓我們來看幾個例子。

例 3-63：查看 /etc/passwd 檔案中的第 1～5 行資料。

```
[root@VM-114-245-centos ~]# sed -n '1,5p' /etc/passwd
root:x:0:0:root:/root:/bin/bash
bin:x:1:1:bin:/bin:/sbin/nologin
daemon:x:2:2:daemon:/sbin:/sbin/nologin
adm:x:3:4:adm:/var/adm:/sbin/nologin
lp:x:4:7:lp:/var/spool/lpd:/sbin/nologin
[root@VM-114-245-centos ~]#
```

3-37

例 3-64：刪除 /etc/passwd 檔案中的第 1 ～ 20 行資料，輸出剩餘的資料。

```
[root@VM-114-245-centos ~]# sed '1,20d' /etc/passwd
sshd:x:74:74:Privilege-separated SSH:/var/empty/sshd:/sbin/nologin
dbus:x:81:81:System message bus:/:/sbin/nologin
tcpdump:x:72:72::/:/sbin/nologin
syslog:x:498:498::/home/syslog:/bin/false
backend:x:500:501::/home/backend:/bin/bash
[root@VM-114-245-centos ~]#
```

例 3-65：匹配 /etc/passwd 檔案中包含 "root" 文字的行並輸出。

```
[root@VM-114-245-centos ~]# sed -n '/root/p' /etc/passwd
root:x:0:0:root:/root:/bin/bash
operator:x:11:0:operator:/root:/sbin/nologin
[root@VM-114-245-centos ~]#
```

例 3-66：把 /etc/passwd 檔案中第 1 ～ 12 行的 "root" 文字替換成 "myroot"，g 表示全部替換，最後使用 grep 進行過濾。

```
[root@VM-114-245-centos ~]# sed '1,12s/root/myroot/g' /etc/passwd | grep myroot
myroot:x:0:0:myroot:/myroot:/bin/bash
operator:x:11:0:operator:/myroot:/sbin/nologin
[root@VM-114-245-centos ~]#
```

例 3-67：在 /etc/passwd 檔案中出現過 "root" 文字的行的後面增加一個 sedAppend。

```
[root@VM-114-245-centos ~]# sed '/root/a\sedAppend' /etc/passwd
root:x:0:0:root:/root:/bin/bash
sedAppend
bin:x:1:1:bin:/bin:/sbin/nologin
daemon:x:2:2:daemon:/sbin:/sbin/nologin
……省略部分輸出……
```

例 3-68：在 /etc/passwd 檔案中出現過 "root" 文字的行的前面增加一個 sedInsert。

```
[root@VM-114-245-centos ~]# sed '/root/i\sedInsert' /etc/passwd
sedInsert
root:x:0:0:root:/root:/bin/bash
bin:x:1:1:bin:/bin:/sbin/nologin
daemon:x:2:2:daemon:/sbin:/sbin/nologin
……省略部分輸出……
```

3.5.5 參數傳遞命令 xargs

　　xargs 是一個非常有用的命令列工具，它可以從標準輸入中讀取資訊，並以【Tab】鍵、空格和分行符號作為分隔符號提取參數，實現標準輸入到參數列表的轉換。xargs 還可以控制每次傳遞多少個參數給命令，以避免參數過多導致命令列過長的問題發生。

　　xargs 的兩大功能如下：把「標準輸入」轉換成「參數列表」，然後傳遞給隨後的命令；調整參數傳遞規則。xargs 最難理解的就是第一個功能，下面我們透過一個具體的例子來詳細講解這個功能。程式清單 3-1 實現了類似 cat 命令的功能，原始程式碼在 mycat.c 檔案中。

➜ 程式清單 3-1　實現類似 cat 命令的功能

```c
#include <errno.h>
#include <fcntl.h>
#include <stdio.h>
#include <string.h>

int catFile(char* fileName) {
  // 以唯讀的方式開啟檔案
  int fd = open(fileName, O_RDONLY);
  // 傳回值小於 0，說明文件開啟失敗
  if (fd < 0) {
    return -1;
  }
  char c;
  int ret = 0;
  while (1) {
    // 從檔案中讀取一個字元
```

```c
    ret = read(fd, &c, 1);
    // 成功讀取到一個字元
    if (1 == ret) {
      printf("%c", c);
      continue;
    }
    // 傳回 0，表示檔案讀取完
    if (0 == ret) {
      return 0;
    }
    // 傳回值既不是 0，也不是 1，表示發生錯誤，直接退出 while 迴圈
    break;
  }
  // 發生錯誤，直接傳回 -1
  return -1;
}
int main(int argc, char** argv) {
  // 當只有一個參數時，從標準輸入中讀取資料
  if (argc <= 1) {
    char c;
    // 只要讀取到一個字元，就輸出到終端
    while (scanf("%c", &c) != EOF) {
      printf("%c", c);
    }
    return 0;
  }
  // 傳入 main 函數的參數列表，第一個參數是程式名稱
  // 實際的參數個數需要減 1
  argc--;
  // 參數多於 5 個時顯示出錯並退出
  if (argc > 5) {
    fprintf(stderr, "Argc=%d,Too Many Arguments\n", argc);
    return -1;
  }
  int ret = 0;
  int i = 0;
  // 按照參數順序讀取檔案內容並輸出到終端
  for (i = 1; i <= argc; ++i) {
    ret = catFile(argv[i]);
```

```
    if (ret != 0) {
        // 若發生錯誤，系統會把錯誤碼設置在 errno 這個全域變數中
        //strerror 函數用於輸出錯誤碼對應的錯誤資訊
        fprintf(stderr, "%s\n", strerror(errno));
        return -1;
    }
  }
  return 0;
}
```

我們先來看一下在管道命令中使用 xargs 和不使用 xargs 的區別。

使用 gcc 對 mycat.c 進行編譯，生成可執行程式 mycat，o 選項表示指定生成的可執行檔名為 mycat，否則 gcc 生成的預設可執行檔名為 a.out。

```
[root@VM-114-245-centos Chapter03]# gcc -o mycat mycat.c
[root@VM-114-245-centos Chapter03]# ls
mycat  mycat.c
[root@VM-114-245-centos Chapter03]#
```

執行管道命令 "ls *.c | ./mycat"，可以看到，mycat 只是原封不動地輸出了 ls 命令的執行結果。

```
[root@VM-114-245-centos Chapter03]# ls *.c | ./mycat
mycat.c
[root@VM-114-245-centos Chapter03]#
```

在管道命令中增加 xargs，執行 "ls *.c | xargs ./mycat"，可以看到，mycat 輸出了 mycat.c 檔案的內容。

```
[root@VM-114-245-centos Chapter03]# ls *.c | xargs ./mycat
#include <errno.h>
#include <fcntl.h>
#include <stdio.h>
#include <string.h>

int catFile(char* fileName) {
……省略部分輸出……
```

為什麼使用 xargs 和不使用 xargs 會有這樣的區別？這是因為 mycat 既可以接收來自命令參數列表的資料，也可以接收來自標準輸入的資料。當不使用 xargs 時，「ls *.c」的標準輸出被管道轉換成了 mycat 的標準輸入，並被 mycat 原封不動地輸出到終端；而當使用 xargs 時，「ls *.c」的標準輸出先被管道轉換成標準輸入，然後標準輸入被 xargs 轉換成了參數列表傳遞給 mycat，mycat 從參數列表中獲取要開啟的檔案並輸出 mycat.c 檔案的內容。具體的過程如圖 3-5 所示。

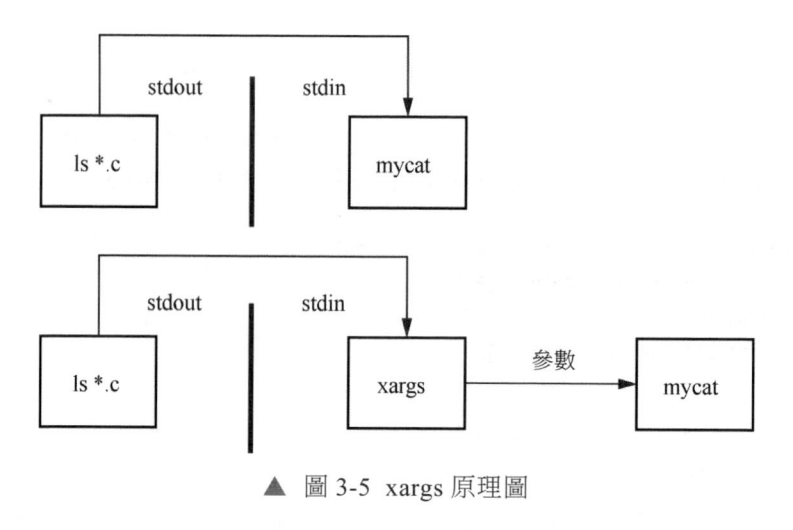

▲ 圖 3-5 xargs 原理圖

下面讓我們來看幾個例子。

例 3-69：在指定目錄下查詢所有的 .c 檔案是否包含指定的關鍵字，這樣在修改專案的某個介面時，就可以快速定位哪些地方有使用並需要修改。在管道命令中，grep 的 n 選項表示輸出行數。

```
[root@VM-114-245-centos ~]# find ./ -name '*.c' | xargs grep -n 'printf'
./mycat.c:21:          printf("%c", c);
./mycat.c:44:          printf("%c", c);
……省略部分輸出……
```

例 3-70：複製 /usr/include 目錄下所有的 .h 檔案到當前的 include 目錄下，xargs 的 I 選項表示指定參數替換串。以下命令中的參數替換串為「params」，也就是說，xargs 在傳遞參數給 cp 時，會將「params」用真實的參數替換掉。

```
[root@VM-114-245-centos ~]# mkdir include
[root@VM-114-245-centos ~]# find /usr/include/ -name '*.h' | xargs -I params
cp params ./include
```

例 3-71：統計指定檔案的行數，用於平時統計專案程式總行數。在管道命令中，首先使用 xargs 和 cat 把所有的檔案內容輸出到標準輸出，然後使用 wc 統計一共有多少行。wc 是行數、字數、字元數統計命令，l 選項用來統計行數。

```
[root@VM-114-245-centos include]# find ./ -name '*.h' | xargs cat | wc -l
263418
[root@VM-114-245-centos include]#
```

例 3-72：與例 3-71 一樣，統計指定檔案的行數，但是用 mycat 程式替代 cat 程式。首先把 mycat 程式發佈到 /usr/bin 目錄下，/usr/bin 是 shell 搜尋可執行檔的預設路徑之一，然後使用管道命令進行統計。在這裡，我們給 xargs 指定了 n 選項，它的參數值是一個數字，這個數字表明每次最多傳遞多少個參數給後面的命令，因為 mycat 最多接收 5 個參數，所以 n 選項的參數值不能大於 5。

```
[root@VM-114-245-centos Chapter03]# cp ./mycat /usr/bin
[root@VM-114-245-centos Chapter03]# cd /usr/include/
[root@VM-114-245-centos include]# find ./ -name '*.h' | xargs -n 5 mycat
| wc -l
263418
[root@VM-114-245-centos include]#
```

3.5.6 其他常用的輔助命令

除了前面介紹的幾個命令經常配合管道一起使用，還有兩個常用的輔助命令，它們分別是 sort 命令和 uniq 命令。

1．sort 命令

sort 命令可以對檔案或標準輸入進行排序，常被應用於管道命令中。以下是一個對使用者名稱進行排序，並取排序後的前 5 個使用者名稱的例子。

例 3-73：cat 命令輸出 /etc/passwd 檔案中的內容，awk 命令過濾出 /etc/passwd 檔案中的使用者名稱欄位，sort 命令對使用者名稱進行排序，head 命令輸出前 5 個使用者名稱。

```
[root@VM-114-245-centos ~]# cat /etc/passwd | awk -F ':' '{print $1}' | sort | head -5
abrt
adm
backend
bin
daemon
[root@VM-114-245-centos ~]#
```

2．uniq 命令

uniq 命令既可以實現行查重的功能，也可以只輸出重複的行。通常情況下，uniq 命令可以和 sort 命令一起使用，以進行行去重或輸出重複的行，使用 d 選項可以只輸出有重複的行，使用 u 選項可以只輸出不重複的行。以下是一個例子。

例 3-74：awk 命令過濾出 /etc/passwd 檔案中的登入 shell，sort 命令對登入 shell 進行排序，uniq 命令用於行查重，d 選項輸出重複的行，u 選項輸出不重複的行。

```
[root@VM-114-245-centos ~]# awk -F ':' '{print $NF}' /etc/passwd | sort | uniq -d
/bin/bash
/sbin/nologin
[root@VM-114-245-centos ~]# awk -F ':' '{print $NF}' /etc/passwd | sort | uniq -u
/bin/false
/bin/sync
/sbin/halt
/sbin/shutdown
[root@VM-114-245-centos ~]#
```

3.6 命令輸入 / 輸出的重定向

有時，我們希望對命令的執行結果進行儲存，而不只是輸出到終端螢幕上。shell 為了滿足這種需求，提供了重定向功能。我們先來看一下 shell 中提供的一些特殊的檔案描述符號和檔案，具體如表 3-7 所示。

▼ 表 3-7 一些特殊的檔案描述符號和檔案

檔案描述符號或檔案	含義
0	標準輸入檔案描述符號，預設連結的是鍵盤，是命令的標準輸入
1	標準輸出檔案描述符號，預設連結的是終端螢幕，是命令的標準輸出
2	標準錯誤檔案描述符號，預設連結的是終端螢幕，是命令的標準錯誤
/dev/null	Linux 系統中的「黑洞」裝置，類似於 Windows 系統中的垃圾資源回收筒，寫入 /dev/null 的資料都會被忽略

對命令的輸入 / 輸出進行重定向，其實就是對標準輸入、標準輸出和標準錯誤進行重定向，常用的重定向方法如表 3-8 所示。

▼ 表 3-8 常用的重定向方法

重定向方法	含義
cmd > outputFile	將命令的標準輸出，以覆蓋的方式重定向到 outputFile 中
cmd >> outputFile	將命令的標準輸出，以追加的方式重定向到 outputFile 中
cmd 1>outputFile	將命令的標準輸出，以覆蓋的方式重定向到 outputFile 中
cmd 1>>outputFile	將命令的標準輸出，以追加的方式重定向到 outputFile 中
cmd 2>outputFile	將命令的標準錯誤，以覆蓋的方式重定向到 outputFile 中
cmd 2>>outputFile	將命令的標準錯誤，以追加的方式重定向到 outputFile 中
cmd > outputFile 2>&1	將命令的標準輸出和標準錯誤，以覆蓋的方式重定向到 outputFile 中

（續表）

重定向方法	含義
cmd >> outputFile 2>&1	將命令的標準輸出和標準錯誤，以追加的方式重定向到 outputFile 中
cmd >> outputFile 2> "/dev/null"	將命令的標準輸出，以追加的方式重定向到 outputFile 中，並忽略標準錯誤
cmd < inputFile > outputFile	命令以 inputFile 作為標準輸入，並將標準輸出以覆蓋的方式重定向到 outputFile 中

在執行重定向命令時，我們可能需要確認命令是否按照預期執行，從而得到我們想要的結果。然而，由於輸出已經被重定向到檔案中，我們無法直接查看命令的輸出。為了解決這個問題，我們可以使用 tee 命令，它可以從標準輸入中讀取資料，並將資料分別寫入檔案和標準輸出。舉例來說，假設我們想要從 /etc/passwd 檔案中過濾出以 bash 作為登入 shell 的使用者資訊，並將結果儲存到 bashUser 檔案中，但同時也想查看我們的過濾命令是否有效，此時可以執行 cat /etc/passwd | grep bash | tee bashUser。

3.7 命令的連續執行

在 shell 中，我們可以在一行輸入中同時包含多筆命令，只需要使用「;」將各個命令分隔開即可。在執行時，每筆命令會按照輸入的順序逐筆執行。以下是一個例子。

例 3-75：首先使用 echo 命令在終端輸出 "rookie"，然後顯示當前的工作目錄，最後切換到 /root/BackEnd 目錄。

```
[root@VM-114-245-centos ~]# echo "rookie" ; pwd ; cd ./BackEnd
rookie
/root
[root@VM-114-245-centos BackEnd]#
```

如果各個命令的執行存在相依關係，則可以使用「&&」和「||」兩個字串來連接這些命令。假設命令 1 需要在命令 2 之前執行，並且只有在命令 1 執行成功後才能執行命令 2，則可以使用「&&」連接這兩個命令；如果只有在命令 1 執行失敗後才能執行命令 2，則可以使用「||」連接這兩個命令。以下是兩個具體的例子。

例 3-76：如果 ls 命令執行成功，就執行 echo 命令，提示檔案存在。

```
[root@VM-114-245-centos ~]# ls -lrt bashUser && echo "bashUser is exist"
-rw-r--r-- 1 root root 75 Aug 30 07:34 bashUser
bashUser is exist
[root@VM-114-245-centos ~]#
```

例 3-77：如果 cd 命令執行不成功，就執行 echo 命令，提示目錄不存在。

```
[root@VM-114-245-centos ~]# cd noExistDir || echo "dir is not exist"
-bash: cd: noExistDir: No such file or directory
dir is not exist
[root@VM-114-245-centos ~]#
```

3.8 vi 編輯器簡介

vi 是一款在 Linux 系統中得到廣泛使用的互動式命令列編輯器，它提供了豐富且高效的編輯操作，並支援訂製化的配置。雖然 vi 編輯器的學習曲線非常陡峭，但是一旦掌握了 vi 編輯器的基本操作，它就可以被當作 IDE 使用。在開發過程中，我們通常使用 vi 編輯器來編輯一些檔案，最常編輯的是設定檔。如果已經習慣了在 IDE 中進行檔案的編輯或程式的撰寫，那麼剛開始使用 vi 編輯器時可能會很不習慣，需要多操作幾次才能熟練掌握。但是，我們通常只需要掌握 vi 編輯器常用的編輯功能就可以了。

vi 編輯器在命令列下有兩種模式：命令模式和編輯模式。當我們開始執行 vi 命令時，就會進入命令模式。在命令模式下，我們可以使用各種命令來操作檔案，如移動游標、刪除文字、複製貼上等。在命令模式下，輸入「i」「a」等字母可以進入編輯模式;在編輯模式下,按【Esc】鍵可以進入命令模式,【Esc】鍵可以連續按多次,效果是一樣的。

vi 編輯器常用操作如表 3-9 所示。

▼ 表 3-9 vi 編輯器常用操作

操作	含義
在命令模式下輸入「i」字母	進入編輯模式,在游標當前位置插入文字
在命令模式下輸入「I」字母	進入編輯模式,在游標所在行的行首插入文字
在命令模式下輸入「a」字母	進入編輯模式,在游標當前位置的下一個字元處插入文字
在命令模式下輸入「A」字母	進入編輯模式,在游標所在行的行尾插入文字
在命令模式下輸入「o」字母	進入編輯模式,在游標所在行的下一行插入新行,並在新行的行首插入文字
在命令模式下輸入「O」字母	進入編輯模式,在游標所在行的上一行插入新行,並在新行的行首插入文字
在編輯模式下按【Esc】鍵,可以連續按多次	進入命令模式
在命令模式下輸入「0」	當前輸入游標跳到行首
在命令模式下按「$」鍵	當前輸入游標跳到行尾
在命令模式下輸入「k」(up)、「j」(down)、「h」(left)、「l」(right)字母	對輸入游標進行上、下、左、右移動
在命令模式下輸入「:」和一個數字	輸入游標會快速定位到指定數字所在的行
在命令模式下輸入「gg」	輸入游標會快速定位到第一行
在命令模式下輸入「G」	輸入游標會快速定位到最後一行
在命令模式下輸入「u」	撤銷上一次在編輯模式下執行的操作
在命令模式下按「x」	刪除當前游標後面的字元
在命令模式下按「nx」	n 為整數,刪除當前游標後面的 n 個字元

（續表）

操作	含義
在命令模式下按「dd」	刪除當前游標所在的行
在命令模式下按「ndd」	n 為整數，刪除當前游標後面的 n 行
在命令模式下輸入「:w」	儲存當前的修改並寫入檔案
在命令模式下輸入「:q!」	退出 vi 編輯器並撤銷所有的修改
在命令模式下輸入「:wq」	儲存修改並退出 vi 編輯器
在命令模式下輸入「:help」	顯示相關命令的幫助

如果大家想了解更多關於 vi 編輯器的使用方法，可以查看 vi 編輯器的說明手冊，這裡不再深入展開。

3.9 本章小結

本章主要圍繞「伺服器運行維護」這個主題，介紹了 shell、shell 下命令列的通用格式和一些共識、不同類型的常用命令、shell 強大的管道機制、命令的重定向機制、命令的連續執行以及 vi 編輯器的使用方法。透過這種循序漸進的方式，我們希望大家能夠快速建立成就感，並且能夠堅持下去，在 Linux 後端開發的道路上越走越遠。

3 伺服器運行維護

MEMO

shell 程式設計簡介

　　除了提供強大的命令列功能，shell 還支援指令碼語言。我們可以透過撰寫 shell 指令稿來實現更複雜的功能。在本章中，我們將對 Linux 系統下的 shell 程式設計做一個簡要的介紹。透過學習本章內容，大家可以掌握基本的 shell 程式設計技巧，並且能夠撰寫一些不太複雜的 shell 指令稿來完成工作中的任務。

4 shell 程式設計簡介

4.1 什麼是 shell 程式設計

　　shell 程式設計就是撰寫符合 shell 語法的指令檔。shell 語法具有普通程式語言中的大部分特性，例如循序執行、變數定義、選擇、判斷、迴圈、函數定義等。在 shell 程式設計中，除了能夠使用 shell 的語言特性，還可以使用 shell 強大的命令列功能。另外，shell 是直譯型語言，不像 C/C++ 語言那樣需要經過編譯、連結後才可以執行，而是在撰寫完之後就可以直接在 shell 中執行。shell 免編譯的便利性及其與 Linux 系統良好的契合性，使得它非常適合用來撰寫一些指令稿用於系統維護、系統監控、服務啟停等。

4.2「hello world」程式

　　在本章的後續內容中，我們將基於 bash 這個 shell，進行 shell 程式設計的學習。需要注意的是，bash 在 Linux 系統中是預設的 shell，因此大部分 Linux 系統預設安裝了 bash。下面是一個簡單的輸出「hello world」的指令稿。

```
[root@VM-114-245-centos ~]# cd ShellScript/
[root@VM-114-245-centos ShellScript]# cat helloworld.sh
#!/bin/bash
STR="hello world"
echo $STR
[root@VM-114-245-centos ShellScript]#
```

　　以上指令稿中的第 1 行為「#!/bin/bash」，這一行宣告我們使用 /bin/bash 來執行這個指令稿，這個宣告必須放在第 1 行，否則系統會使用當前預設的 shell 來執行這個指令稿。

　　第 2 行定義 STR 變數並賦值為「hello world」。最後使用 echo 命令向終端輸出變數 STR 的值「hello world」，這裡使用「$」來引用變數 STR 的值。在這個例子中，我們沒有顯式地設置指令稿的傳回值，預設傳回 0。當然，我們也可以顯式地執行「exit 0」來指定指令稿的傳回值為 0。

4.3 shell 的執行過程

當我們執行指令檔時，作業系統會解析指令檔的第一行，獲取「#!」之後的命令作為指令稿執行的解譯器。然後執行指令稿的完整命令，作為解譯器的命令列參數來執行解譯器。最後實現指令檔的執行。下面讓我們來看一個具體的例子。

catmyself.sh 指令稿用於輸出指令稿自身的內容，它還能輸出其他檔案的內容，下面讓我們來看一下它的內容。

```
#!/bin/cat
echo "myself"
```

執行 catmyself.sh 指令稿：

```
[root@VM-114-245-centos ShellScript]# chmod +x ./catmyself.sh
[root@VM-114-245-centos ShellScript]# ./catmyself.sh helloworld.sh
#!/bin/cat
echo "myself"
#!/bin/bash
STR="hello world"
echo $STR
[root@VM-114-245-centos ShellScript]#
```

執行效果和命令 /bin/cat ./catmyself.sh helloworld.sh 是完全一樣的。當執行命令 ./catmyself. sh helloworld.sh 時，作業系統獲取到指令稿的解譯器為 /bin/cat，然後把執行指令稿的完整命令 ./catmyself.sh helloworld.sh 作為解譯器 /bin/cat 的命令列參數來執行解譯器，最後執行的命令就是 /bin/cat ./catmyself.sh helloworld.sh。

4.4 偵錯

如果指令稿出現語法錯誤或沒有按照我們的預期執行，該如何偵錯呢？其實 bash 命令中直接提供了這樣的功能，在使用 bash 執行命令時，帶上 x 選項就

4 shell 程式設計簡介

可以追蹤指令稿的每一步執行。如果想要偵錯之前寫的 helloworld.sh 指令稿，可以執行以下操作。

```
[root@VM-114-245-centos ShellScript]# bash -x ./helloworld.sh
+ STR='hello world'
+ echo hello world
hello world
[root@VM-114-245-centos ShellScript]#
```

上面的命令會以追蹤模式執行 helloworld.sh 指令稿，並輸出每一步執行的命令和結果，以幫助我們快速定位問題所在。此外，還有一個常用的 e 選項，它的作用如下：在指令稿執行過程中，如果有命令執行失敗，則立即終止指令稿的執行，這在定位指令稿執行失敗時特別高效。

4.5 執行方式的不同

指令稿通常有 3 種不同的執行方式，不同的執行方式會有完全不同的執行效果。下面分別對這 3 種執行方式介紹。

4.5.1 直接執行

在直接執行之前，需要先給指令稿增加可執行許可權。如果一個指令稿所在的目錄不在環境變數 PATH 中，就需要使用絕對路徑或相對路徑執行這個指令稿；反之，無論在哪個目錄下，都可以直接執行這個指令稿。4.6.1 節將介紹環境變數的內容。舉例來說，我們的第一個指令稿 helloworld.sh 可以使用以下方式來執行。

```
# 給指令稿 helloworld.sh 增加可執行許可權。
[root@VM-114-245-centos ShellScript]# chmod +x helloworld.sh
# 使用相對路徑執行。
[root@VM-114-245-centos ShellScript]# ./helloworld.sh
hello world
[root@VM-114-245-centos ShellScript]# pwd
/root/Script
```

```
# 使用絕對路徑執行。
[root@VM-114-245-centos ShellScript]# /root/Script/helloworld.sh
hello world
[root@VM-114-245-centos ShellScript]#
```

4.5.2 使用 bash 來執行

可以使用 bash 來執行，當然也可以使用其他 shell 來執行，比如 zsh。指令稿作為輸入參數，此時指令稿不必具備可執行許可權，使用 bash 來執行和直接執行的效果是一樣的。如下所示，我們可以透過執行類似的操作來執行指令稿 helloworld.sh。

```
[root@VM-114-245-centos ShellScript]# bash ./helloworld.sh
hello world
[root@VM-114-245-centos ShellScript]# bash /root/Script/helloworld.sh
hello world
[root@VM-114-245-centos ShellScript]#
```

4.5.3 使用 source 或英文點號「.」來執行

無論是直接執行還是使用 bash 來執行指令稿，都是使用 fork 出來的子處理程序來執行指令稿。由於子處理程序的操作不會影響到父處理程序，因此指令稿中的操作不會對當前使用者登入的 shell 產生任何影響。我們可以使用 source 或英文點號「.」來執行指令稿，且不要求指令稿具備可執行許可權，這樣指令稿就會在當前使用者登入的 shell 中執行，而非 fork 出一個子處理程序並在這個子處理程序中執行，此時指令稿中的操作就能對當前使用者登入的 shell 產生影響。仍以前面的指令稿 helloworld.sh 為例。

```
#直接執行指令稿，透過 fork 出子處理程序來執行。
[root@VM-114-245-centos ShellScript]# ./helloworld.sh
hello world
#STR 變數只存在於子處理程序中，使用者登入的父處理程序中沒有 STR 變數，因此輸出空串。
[root@VM-114-245-centos ShellScript]# echo $STR

[root@VM-114-245-centos ShellScript]#
```

4 shell 程式設計簡介

```
# 使用 source 執行指令稿,在使用者當前登入的處理程序中執行。
[root@rVM-114-245-centos ShellScript]# source ./helloworld.sh
hello world
#STR 變數存在於當前使用者登入的處理程序中,因此在使用 echo 輸出 STR 變數的內容時,會再次輸出「hello
#world」。
[root@VM-114-245-centos ShellScript]# echo $STR
hello world
[root@VM-114-245-centos ShellScript]#
```

4.6 變數

使用者登入的 shell 為指令稿提供了一個執行環境,這個執行環境定義了許多變數,這些變數可以分為 4 類:環境變數、自訂變數、參數變數和特殊變數。接下來,我們將分別介紹這些變數的含義。

4.6.1 環境變數

環境變數是儲存在當前登入 shell 中的公共資料,任何在當前登入 shell 中執行的程式和指令稿都可以存取環境變數。通常情況下,環境變數儲存的是系統的一些公用資訊,例如可執行程式的搜尋路徑、動態函數庫的搜尋路徑、當前使用者名稱等。環境變數是以「variable=value」形式表示的字串集合,因此環境變數可以作為儲存公共配置資訊的地方。

我們可以透過在 shell 中執行 env 命令來查看當前登入 shell 的環境變數。透過使用 export variable 命令或 declare -x variable 命令,我們可以將其他非環境變數設置為環境變數。但是,新增的環境變數只在當前登入的 shell 中有效。如果我們想讓某些變數在每次登入 shell 後都自動成為環境變數,則可以修改登入使用者的 home 目錄下的 .bash_profile 檔案(我們配置的登入 shell 為 bash),在其中增加新增變數的定義,然後增加 export variable 命令或 declare -x variable 命令。

每次使用者登入時,bash 都會自動執行當前使用者的 home 目錄下的 .bash_profile 檔案,完成使用者自訂的配置。常用的環境變數如表 4-1 所示。

▼ 表 4-1 常用的環境變數

環境變數	含義
HOSTNAME	主機名稱
HOME	當前登入使用者的 home 目錄，使用 cd ~ 或 cd 命令可以直接切換到 home 目錄
PATH	可執行檔的查詢路徑集合，路徑之間使用冒號「:」分隔
SHELL	當前使用的 shell 的名稱
HISTSIZE	歷史命令儲存的筆數
PWD	當前的工作目錄
OLDPWD	上一次的工作目錄，執行 cd- 命令會跳躍到這個目錄
USER	當前登入的使用者
LD_LIBRARY_PATH	動態連結程式庫的搜尋路徑集合，路徑之間使用冒號「:」分隔

4.6.2 自訂變數

除了環境變數，在 shell 中，我們還需要一些自訂變數來儲存檔案路徑、檔案名稱、使用者輸入、臨時結果、命令執行結果等資訊。shell 變數是弱類型變數，使用時不需要宣告類型，shell 會自動解析。當然，我們也可以強制宣告變數的類型。

我們可以使用 variable=value 來設置變數，其中 variable 為變數名稱，value 為變數值。需要特別注意的是，在上面的等式中，等號的左右不能有任何空格，因為如果有空格的話，shell 就會將其解析為命令。如果 value 中有空格，則可以使用單引號或雙引號將其包含起來。舉例來說，我們可以使用 STR="hello world" 來設置一個名為 STR 的變數。

變數名稱可以由英文字母和數字組成，但開頭不能是數字。變數可以用於儲存命令的執行結果，命令放在 value 部分，使用兩個反引號「`」或「$()」包含起來。舉例來說，我們可以使用 USER_NAME=`whoami` 或 USER_NAME=$(whoami) 來儲存當前使用者名稱。

4 shell 程式設計簡介

在 shell 中，使用單引號包含的 value 中的字元都是純粹的字元，不會有任何特殊的含義。而使用雙引號包含的 value 中的特殊字元則保留原來的語義，比如「\」為跳脫字元，「$」和「${}」為變數引用。舉例來說，如果我們設置一個名為 NAME 的變數，值為 rookie，在 shell 中執行 echo 'my name is $NAME'，則輸出的是「my name is $NAME」，因為單引號中的變數名稱不會被解析；而如果執行 echo "my name is $NAME"，則輸出的是「my name is rookie」，因為雙引號中的變數名稱會被解析為對應的值。

當需要在變數的內容上進行累加時，可以採用 variable=${variable}add-Content 的方式。舉例來說，我們經常需要修改可執行路徑集合的環境變數 PATH，在 PATH 環境變數的後面增加其他路徑。此時，我們可以使用 PATH=${PATH}:/usr/local/bin 的方式，把 /usr/local/bin 增加到環境變數 PATH 中。

變數的值可以使用 echo 命令輸出，我們也可以使用 $variable 或 ${variable} 來引用變數的值。第二種方式是為了防止變數的後面跟著其他字元，導致無法辨識真正的變數名稱。舉例來說，我們可以使用 echo "$USER_NAME" 或 echo " ${USER_NAME}IS ROOT" 來輸出變數的值。

當變數不再使用時，可以使用 unset 命令來清除變數。舉例來說，我們可以使用 unset USER_NAME 來清除名為 USER_NAME 的變數。

如果需要進行強制型態宣告，可以使用 declare 命令。舉例來說，使用 declare -i variable 可以宣告變數 variable 的類型為整數（integer），使用 declare -a variable 可以宣告變數 variable 的類型為陣列。

set 為 bash 的內建命令，用於顯示當前 shell 中的所有變數和函數，包括環境變數、自訂變數和函數。利用 set 命令，我們可以查看當前 shell 中所有變數的名稱和值，以及函數的定義。

4.6.3 特殊變數

在 shell 中，有一些特殊的變數，這些特殊變數都是透過「$」來標識的。表 4-2 列出了一些常見的特殊變數。

▼ 表 4-2 一些常見的特殊變數

特殊變數	含義
$0	表示執行的指令稿的名稱
$n	n 為整數，n 大於 0 時，表示指令稿的第 n 個輸入參數；n 大於或等於 10 時，需要使用 ${n} 這種方式來引用
$#	表示指令稿輸入參數的個數，不包括 $0
$*	表示全部的輸入參數，不包括 $0，當使用 "" 將 $* 包含起來時，所有的參數將被當作一個整體
$@	表示全部的輸入參數，不包括 $0，當使用 "" 將 $@ 包含起來時，各個參數是分開的
$?	上一筆命令的執行結果，0 表示成功，非 0 表示失敗
$$	當前處理程序的 pid

下面是一個使用特殊變數的例子。

```
[root@VM-114-245-centos ShellScript]# cat specialVar.sh
#!/bin/bash
echo "parameters count=$#"
echo "script name=$0"
for param in "$*"
do
    echo $param
done
for param in "$@"
do
    echo $param
done
if [ $? == 0 ] ; then
    echo "last  command execution successful"
```

4 shell 程式設計簡介

```
else
    echo "last  command execution failure"
fi
[root@VM-114-245-centos ShellScript]#
[root@VM-114-245-centos ShellScript]# bash ./specialVar.sh 1 2 3 4 5
parameters count=5
script name=./specialVar.sh
1 2 3 4 5
1
2
3
4
5
last  command execution successful
[root@VM-114-245-centos ShellScript]#
```

　　上面的指令稿使用了迴圈和判斷敘述，我們將在後面的內容中講解它們。在指令稿 specialVar. sh 中，當輸出特殊變數 $* 和 $@ 時，我們使用 for 迴圈來遍歷參數列表。當使用 for 迴圈輸出「$*」時，所有的參數被當作一個整體「1 2 3 4 5」輸出；而當使用 for 迴圈輸出「$@」時，所有的參數被分別輸出。

4.6.4 在 C 語言中作業環境變數

1．遍歷環境變數

　　環境變數實際被放在 main 函數中的呼叫堆疊參數 argv 的後面。我們可以透過遍歷的方式來查看所有的環境變數。程式清單 4-1 遍歷了環境變數並輸出，原始程式碼在 getallenv.c 檔案中。

➔ 程式清單 4-1 遍歷環境變數並輸出

```
#include <stdio.h>
int main(int argc, char* argv[]) {
  int i = 0;
  //i 從 argc + 1 開始，跳過輸入參數的結束標記串，直至到達環境變數的結束標記串
  for (i = argc + 1; argv[i] != '\0'; ++i) {
    printf("%s\n", argv[i]);
```

```
  }
  return 0;
}
```

2．獲取、設置和清除環境變數

Linux 系統提供了 getenv、setenv 和 unsetenv 函數來直接獲取、設置和清除環境變數。

```
#include <stdlib.h>
char *getenv(const char *name);
int setenv(const char *name, const char *value, int overwrite);
int unsetenv(const char *name);
```

當使用 setenv 函數設置環境變數時，呼叫中的第三個參數表示如果環境變數的值已經存在，是否使用新值進行覆蓋。overwrite 非 0 表示覆蓋，為 0 表示不覆蓋。

4.6.5 查看處理程序執行時期的環境變數

在 Linux 系統中，我們可以查看處理程序當前使用的環境變數，因為 Linux 系統會把每個執行處理程序的記憶體資訊映射到 /proc/pid 目錄下，pid 是執行處理程序的處理程序 id，所以我們可以透過瀏覽 /proc/pid 目錄下的資訊來查看處理程序執行時期的環境變數。下面是查看當前執行的處理程序所使用環境變數的內容的命令。

```
# 使用 $$ 獲取當前處理程序的 pid，然後使用 cat 查看處理程序環境變數的記憶體映射，
# 最後透過管道，使用替換命令 tr 把環境變數中的字串結束符號 '\0' 替換成 '\n'。
[root@VM-114-245-centos ~]# cat /proc/$$/environ | tr -s '\0' '\n'
LANG=zh_CN.UTF-8
USER=root
LOGNAME=root
HOME=/root
PATH=/usr/local/sbin:/usr/local/bin:/sbin:/bin:/usr/sbin:/usr/bin
MAIL=/var/mail/root
=/bin/bash
```

4 shell 程式設計簡介

```
SSH_CLIENT=119.147.12.200 4010 1822
SSH_CONNECTION=119.147.12.200 4010 10.104.114.245 1822
SSH_TTY=/dev/pts/0
TERM=xterm-256color
[root@VM-114-245-centos ~]#
```

4.7 選擇與判斷

shell 作為一門程式語言，當然也具有選擇與判斷的特性。

4.7.1 test 命令與判斷符號「[]」

我們在前面說過，shell 和 Linux 系統有良好的契合性，這一點從 test 命令和判斷符號「[]」就可以得到表現。test 命令提供了許多能快速判斷系統相關屬性、資料屬性、邏輯運算等的功能，如果判斷成立，則傳回 true，否則傳回 false。下面讓我們透過一個簡單的例子來說明一下。首先從終端獲取使用者的輸入，然後判斷使用者輸入的是否為一個目錄，最後判斷當前使用者對這個目錄是否具備讀寫許可權和執行許可權。

```
[root@VM-114-245-centos ShellScript]# cat dirCheck.sh
#!/bin/bash
#read 命令從終端獲取輸入並儲存到 dir 變數中，p 選項表示先在終端顯示提示訊息 "please input
#the directory name : "
read -p "please input the directory name : " dir
# 判斷 dir 是否存在，如果不存在，則提示錯誤資訊並退出
test ! -e $dir && echo "$dir is not exist" && exit 1
# 判斷 dir 是否為目錄，如果不是目錄，則提示錯誤資訊並退出
test ! -d $dir && echo "$dir is not a directory" && exit 1
# 判斷當前使用者是否有讀取目錄的許可權
test -r $dir && echo "$USER can read the $dir"
# 判斷當前使用者是否有寫入目錄的許可權
test -w $dir && echo "$USER can write the $dir"
# 判斷當前使用者是否有執行目錄的許可權
test -x $dir && echo "$USER can execution the $dir"
[root@VM-114-245-centos Script]# bash dirCheck.sh
```

```
please input the directory name : /usr/bin
root can read the /usr/bin
root can write the /usr/bin
root can execution the /usr/bin
[root@VM-114-245-centos ShellScript]#
```

test 命令的常見範例及其含義如表 4-3 所示。

▼ 表 4-3 test 命令的常見範例及其含義

範例	含義
test -e file	判斷 file 是否存在
test -d file	判斷 file 是否為目錄
test -f file	判斷 file 是否為檔案
test -S file	判斷 file 是否為 socket 檔案
test -L file	判斷 file 是否為連結檔案
test -r file	判斷當前使用者是否有讀取 file 的許可權
test -w file	判斷當前使用者是否有寫入 file 的許可權
test -x file	判斷當前使用者是否有執行 file 的許可權
test -z str	判斷 str 字串是否為空
test str1 == str2	判斷字串 str1 和 str2 是否相等
test str2 != str2	判斷字串 str1 和 str2 是否不相等
test a -eq b	判斷整數 a 和 b 是否相等
test a -ne b	判斷整數 a 和 b 是否不相等
test a -ge b	判斷整數 a 是否大於或等於整數 b
test a -le b	判斷整數 a 是否小於或等於整數 b
test a -gt b	判斷整數 a 是否大於整數 b
test a -lt b	判斷整數 a 是否小於整數 b
test ! condition	判斷 condition 是否不成立,例如「test ! -e /usr/bin」

shell 程式設計簡介

（續表）

範例	含義
test condition1 -a condition2	判斷 condition1 和 condition2 是否同時成立，例如「test -x /usr/bin -a -d /usr/bin」
test condition1 -o condition2	判斷 condition1 和 condition2 中是否至少有一個成立，例如「test -x /usr/bin -o -f /usr/bin」

在 shell 中，可以使用判斷符號「[]」來替換 test 命令。舉例來說，「test -d file」可以使用「[-d file]」來替換。需要特別注意的是，「[」的後面和「]」的前面至少應保留一個空格。因為「[」在本質上是 bash 的內建命令，「[」的後面都是命令的參數，所以必須加空格。判斷功能大部分是在 if 敘述中使用的。現在讓我們來介紹指令稿中 if 敘述的使用方法。

4.7.2 if 敘述

if 敘述用於邏輯判斷，可以根據不同的判斷結果執行不同的分支敘述。在 shell 中，if 敘述的語法有以下 3 種。需要注意的是，if、then 和 fi 是 shell 中的關鍵字，fi 用於標識 if 敘述的結束。

```
# 單次判斷形式 1
if [ condition ] ; then
    something
fi
# 單次判斷形式 2
if [ condition ]
then something
fi
# 單次判斷形式 3
if [ condition ] ; then something ; fi
# 兩次判斷
if [ condition ] ; then
    something
else
    other thing
fi
```

```
# 多次判斷
if [ condition1 ] ; then
    condition1 something
elif [ condition2 ] ; then
    condition2 something
else
    other thing
fi
```

在 if 敘述中，分號「;」用於敘述分隔。如果沒有分號，則需要將 then 寫在下一行。在極端情況下，可以將所有敘述寫在同一行，並用分號分隔，但這種方式的可讀性不好。

條件判斷既可以是 4.7.1 節介紹的判斷敘述，也可以是一個命令。只要這個命令執行成功，就認為條件成立。下面是 3 個範例。

例 4-1：判斷檔案是否存在。

```
[root@VM-114-245-centos ShellScript]# cat ifDemo1.sh
#!/bin/bash
if [ $# -ne 1 ] ; then
    echo "please input one file"
    exit 1
fi
if ls -lrt $1 ; then
    echo "$1 is exist"
fi
[root@VM-114-245-centos ShellScript]#
```

例 4-2：判斷使用者輸入的是否為目錄。

```
[root@VM-114-245-centos ShellScript]# cat ifDemo2.sh
#!/bin/bash
if [ $# -ne 1 ] ; then
    echo "please input one directory"
    exit 1
fi
# 判斷使用者輸入的第一個參數是否為一個目錄
if [ -d "$1" ] ; then echo "$1 is directory" ; else echo "$1 is not directory" ;
```

4-15

4 shell 程式設計簡介

```
fi
[root@VM-114-245-centos ShellScript]#
```

　　例 4-3：判斷整數的範圍。

```
[root@VM-114-245-centos ShellScript]# cat ifDemo3.sh
#!/bin/bash
if [ $# -ne 1 ] ; then
    echo "please input one interger"
    exit 1
fi
# 判斷使用者輸入的第一個參數是否大於或等於 10
if [ "$1" -ge 10 ] ; then
    echo "$1 >= 10"
elif [ "$1" -ge 5 ] ; then    # 判斷使用者輸入的第一個參數是否大於或等於 5 且小於 10
    echo "5 <= $1 < 10"
else
    echo "$1 < 5"
fi
[root@VM-114-245-centos ShellScript]#
```

4.7.3 case 敘述

　　當需要根據一個變數的值進行多個不同的邏輯處理時，if 敘述可能會變得十分煩瑣。這時，可以使用指令稿中的 case 敘述來簡化程式。case 敘述的語法如下。

```
case $variable in  #case 和 in 為關鍵字
    "value1")      # 小括號「)」為關鍵字，若匹配 value1，則執行相關敘述，每個匹配都以
                   # 兩個連續的分號「;;」結束
        something about value1
        ;;
    "value2")
        something about value2
        ;;
    *)         # 當 case 敘述中的其他值都不匹配時，就匹配這個星號「*」
        default
        ;;
esac #esac 為關鍵字，用於標識 case 敘述的結束
```

4-16

case 敘述會將變數的值與各個模式進行匹配，如果匹配成功，則執行對應的分支敘述。如果所有模式都不匹配，則執行最後一個星號「*」所對應的分支敘述。下面我們舉個例子，展示如何使用 case 敘述。

```
[root@VM-114-245-centos ShellScript]# cat ./caseDemo.sh
#!/bin/bash
# 從終端的標準輸入中讀取使用者的輸入並儲存到 gender 變數中
read -p "please input you gender : " gender
case $gender in
    "female") # 匹配 female
        echo "your select gender is female"
        ;;
    "male")    # 匹配 male
        echo "your select gender is male"
        ;;
    *) # 輸入有誤，輸出提示訊息
        echo "Usage $0 {female|male}"
        ;;
esac
[root@VM-114-245-centos ShellScript]#
```

4.8　迴圈

　　除了選擇與判斷的特性，程式語言的另一個不可或缺的特性就是迴圈。shell 支援 3 種迴圈，其中包括定長迴圈和不定長迴圈。下面我們逐一介紹這 3 種迴圈。

4.8.1　while 迴圈

　　while 迴圈是一種不定長迴圈，只要條件滿足，就會一直執行迴圈敘述。while 迴圈敘述的語法如下。

```
while [ condition ]  #while 為迴圈關鍵字
do          # 迴圈開始
    something        # 迴圈本體
done    # 迴圈結束
```

4 shell 程式設計簡介

　　while、do 和 done 是關鍵字，需要注意的是，迴圈敘述要放在 do 和 done 之間，且 do 和 done 必須成對出現。在每次迴圈之前，都會先判斷條件是否滿足。只有當條件滿足時，才會執行迴圈敘述。當條件不滿足時，迴圈結束。下面我們使用 while 迴圈敘述來輸出九九乘法表。

```
[root@VM-114-245-centos ShellScript]# cat whileDemo.sh
#!/bin/bash
i=1         # 初始化 i 的值為 1
while [ $i -le 9 ]      # 外層迴圈，只要 i 的值小於或等於 9，外層迴圈就一直進行下去
do
    j=1
    while [ $j -le $i ]   # 內層迴圈，只要 j 的值小於或等於 i 的值，內層迴圈就一直進行下去
    do
        temp=$(($i*$j))    # 計算 i*j 的值並儲存到 temp 變數中，指令稿中的 $(()) 可以執行算數運算
        echo -n "$i * $j = $temp   "
        j=$(($j+1))    # 對 j 的值累計加 1
    done
    i=$(($i+1))          # 對 i 的值累計加 1
    echo
done
[root@VM-114-245-centos ShellScript]#
```

4.8.2　until 迴圈

　　until 迴圈也是一種不定長迴圈，但 until 迴圈與 while 迴圈相反，只有當條件不滿足時，才會執行迴圈敘述。until 迴圈敘述的語法如下。

```
until [ condition ]  #until 為迴圈關鍵字
do       # 迴圈開始
    something    # 迴圈本體
done     # 迴圈結束
```

　　需要注意的是，迴圈敘述也要放在 do 和 done 之間，且 do 和 done 必須成對出現。在每次迴圈之前，都會先判斷條件是否不滿足。只有當條件不滿足時，才會執行迴圈敘述。當條件滿足時，迴圈結束。我們仍然以九九乘法表為例，但使用 until 迴圈來輸出，這次我們倒著輸出九九乘法表。

```
[root@VM-114-245-centos ShellScript]# cat untilDemo.sh
#!/bin/bash
i=9              # 初始化 i 的值為 9
until [ $i -le 0 ]           # 當 i 的值小於或等於 0 時，停止外層迴圈
do
    j=1    # 初始化 j 的值為 1
    until [ $j -gt $i ]      # 當 j 的值大於 i 的值時，停止內層迴圈
    do
        temp=$(($j*$i))
        echo -n "$i * $j = $temp   "
        j=$(($j+1))      # 對 j 的值累計加 1
    done
    i=$(($i-1))          # 對 i 的值累計減 1
    echo
done
[root@VM-114-245-centos ShellScript]#
```

4.8.3 for 迴圈

while 迴圈和 until 迴圈都是不定長迴圈，而 shell 則透過 for 迴圈來支援定長迴圈。for 迴圈敘述的語法如下。

```
# 語法 1
for variable in conditons    #for 和 in 是關鍵字，每一次執行迴圈本體時，就會從 conditions
# 裡取出一個值，賦值給 variable 變數，conditions 可以是其他命令的執行結果
do       # 迴圈開始
    something    # 迴圈本體，在這裡可以處理 variable 變數
done     # 迴圈結束
# 語法 2
for (( 初始化敘述；迴圈終止判斷敘述；執行的步進值 ))
do       # 迴圈開始
    something    # 迴圈本體
done     # 迴圈結束
```

下面我們來看一下 for 迴圈的幾個例子。

```
[root@VM-114-245-centos ShellScript]# cat forDemo1.sh
#!/bin/bash
```

```
files=$(ls /usr/bin/)      #將 "ls /usr/bin" 的執行結果儲存到變數 files 中
for file in $files         #遍歷 files 這個結果集
do
    if [ -L "/usr/bin/$file" ] ; then    #如果某個檔案是連結檔案,就輸出一筆提示訊息
        echo "$file is link file"
    fi
done
[root@VM-114-245-centos Script]#
[root@VM-114-245-centos Script]# cat forDemo2.sh
#!/bin/bash
sum=0
for i in $(seq 1 100)    #seq 命令用於生成 1～100 的序列,for 迴圈可以遍歷這個序列
do
    sum=$(($i+$sum))     #sum 用於累加 i 的和
done
echo "sum=$sum"
[root@VM-114-245-centos ShellScript]#
[root@VM-114-245-centos ShellScript]# cat forDemo3.sh
#!/bin/bash
sum=0
for ((i=1;i<=100;i+=1))  #i 從 1 開始,只要 i 的值小於或等於 100,就一直執行迴圈敘述,i 每次遞增 1
do
    sum=$(($sum+$i))     #sum 用於累加 i 的和
done
echo "sum=$sum"
[root@VM-114-245-centos ShellScript]#
```

4.8.4 break 敘述和 continue 敘述

和其他程式語言一樣,shell 也提供了 break 敘述和 continue 敘述,用於控制迴圈的執行流程。下面讓我們來看兩個例子。

例 4-4:使用 break 敘述退出迴圈。

```
[root@VM-114-245-centos ShellScript]# cat breakDemo.sh
#!/bin/bash
sum=0
for i in $(seq 1 100)    #seq 命令用於生成 1～100 的序列,for 迴圈可以遍歷這個序列
```

```
do
    sum=$(($i+$sum))      #sum 用於累加 i 的和
    if [ $i -eq 10 ] ; then    #當 i 等於 10 時,退出迴圈
        break
    fi
done
echo "sum=$sum"
[root@VM-114-245-centos ShellScript]#
```

例 4-5:使用 continue 敘述直接跳過迴圈。

```
[root@VM-114-245-centos ShellScript]# cat continueDemo.sh
#!/bin/bash
sum=0
for i in $(seq 1 100)    #seq 命令用於生成 1～100 的序列,for 迴圈可以遍歷這個序列
do
    if [ $i -eq 10 ] ; then    #當 i 等於 10 時,直接跳過迴圈
        continue
    fi
    sum=$(($i+$sum))      #sum 用於累加 i 的和
done
echo "sum=$sum"
[root@VM-114-245-centos ShellScript]
```

4.9 函數

函數能夠對大量重複使用的敘述進行提煉,實現敘述的重複使用。在 shell 中,函數的宣告語法如下。

```
function name()      #function 是一個關鍵字,它可以省略
{
    something
}
```

在 shell 中,函數在使用前需要先定義。函數和指令稿一樣,也可以擁有自己的參數列表,其中 $0 表示函數名稱,$1 表示第一個參數,依此類推。下面讓我們來看一個例子。

4 shell 程式設計簡介

```
[root@VM-114-245-centos ShellScript]# cat functionDemo.sh
#!/bin/bash
# 定義 getsum 函數
function getsum()
{
    echo "function name=$0"
    sum=0
    for i in $(seq 1 $1)
    do
        sum=$(($sum+$i))
    done
    echo "input=$1,sum=$sum"
}
# 呼叫 getsum 函數
getsum 10
getsum 100
[root@VM-114-245-centos ShellScript]#
```

4.10 命令選項

和其他程式語言一樣，shell 也支援對命令選項進行解析，從而實現更複雜的功能。bash 透過內建命令 getopts 來實現命令選項的解析，但只能處理短的命令選項。下面讓我們來看一個具體的例子。

```
[root@VM-114-245-centos ShellScript]# cat getoptsDemo.sh
#!/bin/bash
# getopts 命令的使用方法：選項後面帶「:」的表示該選項有對應的參數。
# getopts 命令會將輸入的 -b 和 -d 選項分別賦值給 arg 變數，以便後續處理。
while getopts "bd:" arg
do
    case $arg in
    b)
        echo "set the b options"
        ;;
    d)
        echo "d option's parameter is $OPTARG"
        ;;
```

4-22

```
        ?)
        echo "$arg :no support this arguments!"
    esac
done
[root@VM-114-245-centos ShellScript]#
```

4.11 本章小結

　　本章介紹了 shell 程式設計中涉及的主要內容,包括什麼是 shell、指令稿的執行過程、執行與偵錯、變數定義、不和類型變數的差別和作用、選擇與判斷、迴圈、函數,以及命令選項的使用方法。shell 程式設計能力是 Linux 後端開發人員必須掌握的技能之一,它對於一些運行維護職位而言尤為重要。

MEMO

5

實現簡易 shell

　　在第 3 章和第 4 章的內容中，我們介紹了如何在 shell 中使用命令來完成對 Linux 系統的日常操作，以及如何撰寫指令稿。然而，大家對 shell 的理解可能還不夠深刻。為了幫助大家加深對 shell 執行機制的理解，在本章中，我們將動手建構一個簡易的 shell，讓大家知其然的同時，也能夠知其所以然。這個簡易的 shell，我們命名為 myshell。

5 實現簡易 shell

5.1 實現的特性

myshell 並不具備完整 shell 的全部功能。作為一個演示 shell，它將具有以下 6 個功能特性。

- 支援管道功能。
- 支援 shell 的執行。
- 支援內建命令的執行，例如 cd、pwd、exit、env 等。
- 支援外部命令的執行，例如 ls、mkdir、clear 等。
- 支援透過左右游標鍵，來實現游標的左右移動。
- 支援透過上下游標鍵，來實現歷史命令的上下翻閱。

5.2 執行邏輯

shell 是一個無窮迴圈的程式。當使用者進入 shell 後，就會陷入無窮迴圈。shell 會一直等待使用者的輸入。使用者完成命令的輸入後，shell 會對當前命令進行解析，解析完命令後，就會執行對應的命令，並將命令的輸出發送到終端。然後，shell 會再次等待使用者輸入下一筆命令，如此循環往復。

5.3 實現原理

本節將介紹 shell 的基本實現原理，並從不同的維度介紹。

5.3.1 命令列解析

命令列解析是實現 shell 需要解決的第一個問題。命令列的解析與程式語言的詞法分析、語法分析類似，主要分為兩個步驟。

- 按照既定的 token 規則，使用有限狀態機一個一個字元地解析輸入的命令列，將其解析成 token 串流。

- 從頭開始遍歷 token 串流，對其進行分割，將其分割成一行筆命令，並最終傳回整個命令集合。

5.3.2 特性實現

下面介紹 shell 特性的實現原理，旨在讓大家有一個巨觀的認識，以便高效率地閱讀後續內容。

- 對內建命令，直接透過系統呼叫來實現，舉例來說，呼叫 chdir 函數來實現 cd 功能、呼叫 getcwd 函數來獲取目前的目錄、呼叫 exit 函數來實現 shell 的退出。

- 對於外部命令和 shell，透過 fork、execl、waitpid 這三個呼叫來實現。其中，fork 用於建立子處理程序，execl 使用 bash 命令來執行外部命令和指令稿，waitpid 用於等待子處理程序執行結束並獲取執行結果。

- 對於管道功能，透過 pipe 呼叫來實現父子處理程序之間的通訊，dup2 用來實現標準輸入和標準輸出的重定向。

- 對於游標上、下、左、右移動鍵的功能，需要修改終端的屬性，從而即時獲取使用者輸入的每個字元，並透過游標上、下、左、右移動鍵的輸入組合映射來捕捉相關的事件，進而做出相應的處理。

5.3.3 函數介紹

為了實現 myshell 相關特性，我們需要使用 chdir、getcwd、basename、exit、fork、execl、waitpid、pipe、dup2、tcgetattr、tcsetattr、setenv 共計 12 個關鍵的系統函數或函數庫的函數。接下來，我們將對這 12 個函數逐一介紹。

1．chdir 函數

chdir 函數用於切換工作目錄，它的函數宣告如下。

```
#include <unistd.h>
int chdir(const char *path);
```

呼叫失敗時傳回 –1，呼叫成功時傳回 0 並切換到指定的目錄。

2．getcwd 函數

getcwd 函數用於獲取當前的工作目錄，它的函數宣告如下。

```
#include <unistd.h>
char *getcwd(char *buf, size_t size);
```

呼叫失敗時傳回 NULL，呼叫成功時傳回當前的工作目錄。

3．basename 函數

basename 函數用於傳回路徑中的檔案名稱部分，它的函數宣告如下。

```
#include <libgen.h>
char *basename(char *path);
```

basename 呼叫是不會失敗的。

4．exit 函數

exit 函數用於終止處理程序的執行，它的函數宣告如下。

```
#include <stdlib.h>
void exit(int status);
```

exit 呼叫不會傳回任何值，處理程序直接退出。

5．fork 函數

fork 函數用於建立子處理程序，它的函數宣告如下。

```
#include <unistd.h>
pid_t fork(void);
```

呼叫失敗時傳回 –1；呼叫成功時，則透過複製當前父處理程序的方式建立一個新的子處理程序。fork 呼叫成功後，子處理程序和父處理程序都會傳回值。我們可以透過 fork 呼叫的傳回值來判斷是從父處理程序傳回還是從子處理程序傳回。從父處理程序傳回時，傳回值為子處理程序的 pid；從子處理程序傳回時，傳回值為 0。

6．execl 函數

execl 函數用於執行子命令，它的函數宣告如下。

```
#include <unistd.h>
int execl(const char *path, const char *arg, ...);
```

呼叫失敗時傳回 –1；呼叫成功時，使用新的程式鏡像替換當前執行處理程序的程式鏡像，在新的程式碼中執行而不會傳回，就好比我們有一台執行中的 DVD 影碟機（執行的處理程序），我們用新光碟（新的程式鏡像）替換了舊光碟（當前的程式鏡像）並播放新的內容（執行新的程式碼）。

7．waitpid 函數

waitpid 函數用於等待指定處理程序退出，它的函數宣告如下。

```
#include <sys/types.h>
#include <sys/wait.h>
pid_t waitpid(pid_t pid, int *status, int options);
```

呼叫失敗時傳回 –1，呼叫成功時傳回指定等待處理程序的 pid。

8．pipe 函數

pipe 函數用於建立匿名管道，匿名管道可以用於父子處理程序之間的通訊，以及傳遞子命令的標準輸出資料到父處理程序，它的函數宣告如下。

```
#include <unistd.h>
int pipe(int fd[2]);
```

呼叫失敗時傳回 –1；呼叫成功時傳回 0，並傳回兩個連結匿名管道的檔案描述符號——fd[0] 用於從匿名管道讀取資料，fd[1] 用於向匿名管道中寫入資料。

9．dup2 函數

dup2 函數用於重定向子命令的標準輸入和標準輸出,它的函數宣告如下。

```
#include <unistd.h>
int dup2(int oldfd, int newfd);
```

dup2 函數在檔案操作中十分常用。它的作用是將 newfd 重定向到 oldfd 所指向的檔案,從而使得 newfd 和 oldfd 指向同一個檔案。如果呼叫成功,dup2 函數會傳回新的檔案描述符號,也就是說,newfd 檔案描述符號變成 oldfd 檔案描述符號的副本。需要注意的是,這裡的複製並不是對值進行複製,而是將兩個檔案描述符號連結到相同的檔案。從函數呼叫看,dup2 呼叫傳遞的不是指標,因此不會改變 oldfd 和 newfd 的值。如果呼叫失敗,dup2 函數會傳回 –1。

10．tcgetattr 函數和 tcsetattr 函數

tcgetattr 函數和 tcsetattr 函數分別用於獲取和設置終端標準輸入、標準輸出、標準錯誤的屬性。

```
#include <termios.h>
#include <unistd.h>
int tcgetattr(int fd, struct termios *termios_p);
int tcsetattr(int fd, int optional_actions, const struct termios *termios_p);
```

由於終端的預設模式是行緩衝,因此在程式中無法即時獲取使用者一個個輸入的字元,也就無法捕捉游標的上、下、左、右移動事件。在 myshell 中,我們需要使用 tcsetattr 函數來調整標準輸入的屬性,關閉標準輸入模式和顯示輸出,以便能夠捕捉這些事件並做出相應的處理。

11．setenv 函數

setenv 函數用於修改或新增環境變數,它的函數宣告如下。

```
#include <stdlib.h>
int setenv(const char *name, const char *value, int overwrite);
```

在 setenv 函數的參數列表中，name 表示環境變數的名稱，value 表示具體的環境變數值，overwrite 參數則用於指示是否進行覆蓋。若 overwrite 的值非 0，則對環境變數的值進行強制覆蓋；不然若環境變數已經存在，則不對其進行修改。

5.4 程式實作

程式清單 5-1 實現了 myshell，原始程式碼在 myshell.cpp 檔案中。

➜ 程式清單 5-1 實現 myshell

```cpp
#include <libgen.h>
#include <stdlib.h>
#include <string.h>
#include <sys/time.h>
#include <sys/types.h>
#include <sys/wait.h>
#include <termios.h>
#include <unistd.h>

#include <iostream>
#include <string>
#include <unordered_map>
#include <vector>
using namespace std;

typedef struct HistoryCmd {
  size_t index;                    // 索引
  string execTime;                 // 執行時間
  string cmdLine;                  // 執行的命令列內容
} HistoryCmd;

size_t historyCmdPos = 0;          // 當前歷史命令在 historyCmdLines 中的下標
vector<HistoryCmd> historyCmdLines; // 用於儲存歷史命令
unordered_map<string, string> envs; // 用於儲存環境變數
struct termios oldAttr, newAttr;   // 終端屬性
```

5 實現簡易 shell

```cpp
enum ParserStatus {
  INIT = 1,                          // 初始狀態
  PIPE = 2,                          // 管道
  WORD = 3,                          // 單字
};

void initEnvs(int argc, char **argv) {
  while (argv[++argc]) {             // 命令列參數之後就是環境變數
    string item = argv[argc];
    int pos = item.find("=");
    if (pos != string::npos) {
      envs[item.substr(0, pos)] = item.substr(pos + 1);
    }
  }
  envs["SHELL"] = "myshell";
  // 呼叫 setenv 函數，直接更新 SHELL 這個環境變數
  setenv("SHELL", "myshell", 1);
  tcgetattr(STDIN_FILENO, &oldAttr);              // 獲取終端屬性
  newAttr = oldAttr;
  newAttr.c_lflag &= ~(ICANON | ECHO);            // 關閉標準輸入模式和顯示輸出
  tcsetattr(STDIN_FILENO, TCSANOW, &newAttr);     // 設置終端屬性
}

string getEnv(string name) {
  if (envs.find(name) != envs.end()) {
    return envs[name];
  }
  return "";
}

string getPath() {
  char path[2048]{0};
  getcwd(path, 2048);
  return path;
}

void updatePwd(string newPwd) {
  envs["OLDPWD"] = envs["PWD"];
  envs["PWD"] = newPwd;
```

```cpp
}

void env() {
  for (const auto &item : envs) {
    cout << item.first << "=" << item.second << endl;
  }
}

void cd(vector<string> &cmd) {
  string path = "";
  if (cmd.size() == 1) {        //cd 命令沒有參數時，跳躍到 home 目錄
    path = getEnv("HOME");
  } else {
    path = cmd[1];
  }
  if (path == ".") {            // 如果是目前的目錄，則不用處理
    return;
  }
  if (path == "~") {            // 跳躍到 home 目錄
    path = getEnv("HOME");
  } else if (path == "-") {     // 傳回之前的舊目錄
    path = getEnv("OLDPWD");
    cout << path << endl;       // 輸出要跳躍的目錄
  }
  int ret = chdir(path.c_str());
  if (ret) {
    cout << "myshell: cd: " << path << ": " << strerror(errno) << endl;
    return;
  }
  updatePwd(path);              // 更新 PWD 這個環境變數
}

void pwd(vector<string> &cmd) { cout << getPath() << endl; }

void history(vector<string> &cmd) {
  for (const auto &item : historyCmdLines) {
    cout << item.index << " " << item.execTime << " " << item.cmdLine << endl;
  }
}
```

5 實現簡易 shell

```cpp
void printCmdLinePrefix() {
  string pwd = getPath();
  string user = getEnv("USER");
  string hostName = getEnv("HOSTNAME");
  string base = "";
  if (pwd == getEnv("HOME")) {    // 如果是 home 目錄，則顯示「～」
    base = "~";
  } else {
    base = basename((char *)pwd.c_str());
  }
  if (hostName == "") {
    hostName = "myshell";
  }
  cout << user << "@" << hostName << " "
       << "\033[32m" << base << "\033[0m"
       << " $ ";
}

void parserToken(string &cmdLine, vector<string> &tokens) {
  int32_t status = INIT;
  string token = "";
  auto addToken = [&token, &tokens]() {
    if (token != "") {
      tokens.push_back(token);
      token = "";
    }
  };
  for (const auto &c : cmdLine) {    // 透過有限狀態機來解析命令列
    if (status == INIT) {
      if (isblank(c)) {
        continue;
      }
      if (c == '|') {
        status = PIPE;
      } else {
        status = WORD;
      }
      token.push_back(c);
```

```cpp
    } else if (status == PIPE) {
      if (isblank(c)) {
        addToken();
        status = INIT;
      } else if (c == '|') {
        token.push_back(c);
        status = WORD;
      } else {
        addToken();
        token.push_back(c);
        status = WORD;
      }
    } else {
      if (isblank(c)) {
        status = INIT;
        addToken();
      } else if (c == '|') {
        status = PIPE;
        addToken();
        token.push_back(c);
      } else {
        token.push_back(c);   // 還是維持在 WORD 的狀態
      }
    }
  }
  addToken();
}

void parserCmd(vector<string> &tokens, vector<vector<string>> &cmd) {
  vector<string> oneCmd;
  tokens.push_back("|");   //tokens 最後固定增加一個管道標識，以方便後面的解析
  for (const auto &token : tokens) {
    if (token != "|") {
      oneCmd.push_back(token);
      continue;
    }
    if (oneCmd.size() > 0) {
      cmd.push_back(oneCmd);
      oneCmd.clear();
```

5 實現簡易 shell

```cpp
    }
  }
}

void setHistory(string cmdLine) {
  if (cmdLine == "") return;    // 空命令不記錄
  struct timeval curTime;
  char temp[100] = {0};
  gettimeofday(&curTime, NULL);
  strftime(temp, 99, "%F %T", localtime(&curTime.tv_sec));
  HistoryCmd historyCmd;
  historyCmd.index = historyCmdPos++;
  historyCmd.execTime = temp;
  historyCmd.cmdLine = cmdLine;
  historyCmdLines.push_back(historyCmd);
}

void parser(string &cmdLine, vector<vector<string>> &cmd) {
  vector<string> tokens;
  parserToken(cmdLine, tokens);
  parserCmd(tokens, cmd);
}

string getCommand(const vector<string> &cmd) {
  string command = "";
  for (int i = 0; i < cmd.size(); i++) {
    command = command + cmd[i] + " ";
  }
  return command;
}

void execExternalCmd(vector<string> &cmd) {
  string file = cmd[0];
  pid_t pid = fork();
  if (pid < 0) {
    cout << "myshell: " << file << ": " << strerror(errno) << endl;
    return;
  }
  if (pid == 0) {  // 子處理程序，使用子處理程序執行外部命令
```

```cpp
        // 呼叫 execl，使用 bash 來執行單獨的子命令，第一個參數是 bash 程式的絕對路徑，相當於
        // 執行 "bash -c command"
        //execl 執行後，就會陷入 bash 命令中，bash 命令執行失敗時才會傳回
        execl("/bin/bash", "bash", "-c", getCommand(cmd).c_str(), nullptr);
        exit(1);    //bash 命令執行失敗，直接呼叫 exit 進行退出
    }
    int status = 0;
    int ret = waitpid(pid, &status, 0);    // 父處理程序呼叫 waitpid，等待子處理程序執行子命
                                           // 令結束，並獲取子命令的執行結果
    if (ret != pid) {
        cout << "myshell: " << file << ": " << strerror(errno) << endl;
    }
}

void execSingleCmd(vector<string> &cmd) {
    if (cmd[0] == "exit") {
        tcsetattr(STDIN_FILENO, TCSANOW, &oldAttr);    // 恢復終端屬性
        exit(0);                                        // 直接退出
    } else if (cmd[0] == "env") {
        env();
    } else if (cmd[0] == "cd") {
        cd(cmd);
    } else if (cmd[0] == "pwd") {
        pwd(cmd);
    } else if (cmd[0] == "history") {
        history(cmd);
    } else {
        execExternalCmd(cmd);            // 執行外部命令
    }
}

void myPipe(const vector<string> &cmd, int &input, int &output, pid_t &childPid) {
    int pfd[2];
    if (pipe(pfd) < 0) { // 用於建立匿名管道的兩個檔案描述符號，pfd[0] 用於讀取，pfd[1] 用於寫入
        return;
    }
    pid_t pid = fork();                  // 呼叫 fork 來建立子處理程序
    if (pid < 0) {
```

5 實現簡易 shell

```cpp
      return;
    }
    if (0 == pid) {                    // 子處理程序
      if (input != -1) {
        dup2(input, STDIN_FILENO);    // 重定向標準輸入
        close(input);
      }
      dup2(pfd[1], STDOUT_FILENO);    // 重定向標準輸出
      close(pfd[0]);
      close(pfd[1]);
      execl("/bin/bash", "bash", "-c", getCommand(cmd).c_str(), (char *)0);
      exit(1);
    }
    // 執行到這裡就是父處理程序了
    close(pfd[1]);
    childPid = pid;       // 傳回子處理程序的 pid
    output = pfd[0];      // 傳回父處理程序管道的「讀取檔案描述符號」，從這個檔案描述符號中可以獲取
                          // 子命令的標準輸出
}

void printOutput(int output) {
    char c;
    while (read(output, &c, 1) > 0) {
        cout << c;
    }
}

void execPipeCmd(vector<vector<string>> &cmd) {
    int input = -1;
    int output = -1;
    int status = 0;
    pid_t childPid = 0;
    bool result = true;
    for (const auto &oneCmd : cmd) {
        myPipe(oneCmd, input, output, childPid);
        // 呼叫 waitpid，等待子處理程序執行子命令結束，並獲取子命令的執行結果
        int ret = waitpid(childPid, &status, 0);
        //waitpid 呼叫成功時，傳回的是結束子處理程序的 pid
        if (ret != childPid) {
```

5.4 程式實作

```cpp
      cout << "myshell: " << oneCmd[0] << ": " << strerror(errno) << endl;
      result = false;
      break;
    }
    // 判斷子命令的執行結果,是否為正常退出且退出碼是否為 0
    //WIFEXITED 用於判斷子命令是否為正常退出,WEXITSTATUS 用於判斷正常退出的退出碼
    if (!WIFEXITED(status) || WEXITSTATUS(status) != 0) {
      result = false;
      break;
    }
    // 這裡比較關鍵,使用子命令的標準輸出資料連結的檔案描述符號 output 給 input 賦值
    // 在執行下一個子命令時,子命令的標準輸入會被重定向到 input
    // 即實現了把上一個子命令的標準輸出傳遞給下一個子命令的標準輸入的功能
    input = output;
  }
  if (result) printOutput(output);
}

void execCmd(vector<vector<string>> &cmd) {
  if (cmd.size() <= 0) return;
  if (cmd.size() == 1) {
    execSingleCmd(cmd[0]);
  } else {
    execPipeCmd(cmd);
  }
}

void backSpace(int &cursorPos, string &cmdLine) {
  if (cursorPos <= 0) return;            // 游標已經到最左邊了
  if (cursorPos == cmdLine.size()) {     // 游標在輸入的最後
    cursorPos--;
    printf("\b \b");
    cmdLine = cmdLine.substr(0, cmdLine.size() - 1);
    return;
  }
  // 執行到這裡,說明游標處在輸入的中間,需要刪除游標前面的字元,並把游標後面的字元
  // 都向前移動一格
  string tail = cmdLine.substr(cursorPos);
  cursorPos--;
```

5-15

```cpp
    printf("\b");                                          // 退一格
    for (size_t i = cursorPos; i < cmdLine.size(); i++) {  // 刪除後面的輸出
        printf(" ");
    }
    for (size_t i = cursorPos; i < cmdLine.size(); i++) {  // 游標回退
        printf("\b");
    }
    printf("%s", tail.c_str());   // 輸出，實現將游標後面的字元都向前移動一格
    for (size_t i = 0; i < tail.size(); i++) {   // 游標再回退
        printf("\b");
    }
    cmdLine.erase(cursorPos, 1);    // 刪除 cmdLine 中的字元
}

void clearPrefixCmdLine(int &cursorPos, string &cmdLine) {
    for (int i = 0; i < cursorPos; i++) {     // 將游標移到輸入的起點
        printf("\b");
    }
    for (size_t i = 0; i < cmdLine.size(); i++) {   // 清空輸入的內容
        printf(" ");
    }
    for (size_t i = 0; i < cmdLine.size(); i++) {   // 游標退回到輸入的起點
        printf("\b");
    }
    cmdLine = cmdLine.substr(cursorPos);
    printf("%s", cmdLine.c_str());
    for (size_t i = 0; i < cmdLine.size(); i++) {   // 游標退回到輸入的起點
        printf("\b");
    }
    cursorPos = 0;
}

void clearCmdLine(int &cursorPos, string &cmdLine) {
    for (size_t i = cursorPos; i < cmdLine.size(); i++) {  // 清空游標後面的內容
        printf(" ");
    }
    for (size_t i = cursorPos; i < cmdLine.size(); i++) {  // 游標回退
        printf("\b");
    }
```

```cpp
    while (cursorPos > 0) {    // 清空終端當前行輸出的內容
        // 透過將游標回退一格,然後輸出空白符號,最後再回退一格的方法來實現命令列輸入中最後一
        // 個字元的清除
        printf("\b \b");
        cursorPos--;
    }
    cmdLine = "";              // 清空命令列
}

void cursorMoveHead(int &cursorPos) {
    for (int i = 0; i < cursorPos; i++) {
        printf("\033[1D");
    }
    cursorPos = 0;
}

void cursorMoveLeft(int &cursorPos, bool &convert) {
    if (cursorPos > 0) {
        printf("\033[1D");   // 游標左移一格的組合
        cursorPos--;
    }
    convert = false;
}

void cursorMoveRight(int &cursorPos, int cmdLineLen, bool &convert) {
    if (cursorPos < cmdLineLen) {
        printf("\033[1C");   // 游標右移一格的組合
        cursorPos++;
    }
    convert = false;
}

void printChar(char ch, int &cursorPos, string &cmdLine) {
    if (cursorPos == cmdLine.size()) {   // 游標在輸入的尾部,將字元插入尾部
        putchar(ch);
        cursorPos++;
        cmdLine += ch;
        return;
    }
```

```cpp
    // 執行到這裡，說明游標處在輸入的中間，除了輸出當前字元，還需要把後面的字元往後移動一格
    string tail = cmdLine.substr(cursorPos);
    cmdLine.insert(cursorPos, 1, ch);
    cursorPos++;
    printf("%c%s", ch, tail.c_str());
    for (size_t i = 0; i < tail.size(); i++) {     // 游標需要退回到插入的位置
      printf("\033[1D");
    }
  }
}

void showPreCmd(int &curHistoryCmdPos, int &cursorPos, string &cmdLine,
bool &convert) {
  if (historyCmdLines.size() > 0 && curHistoryCmdPos > 0) {   // 有歷史命令才處理
    clearCmdLine(cursorPos, cmdLine);
    curHistoryCmdPos--;
    cmdLine = historyCmdLines[curHistoryCmdPos].cmdLine;
    cursorPos = cmdLine.size();
    printf("%s", cmdLine.c_str());    // 輸出選中的歷史命令列
  }
  convert = false;
}

void showNextCmd(int &curHistoryCmdPos, int &cursorPos, string &cmdLine,
bool &convert) {
  if (historyCmdLines.size() > 0 && curHistoryCmdPos < historyCmdLines.
  size() - 1) {   // 有歷史命令才處理
    clearCmdLine(cursorPos, cmdLine);
    curHistoryCmdPos++;
    cmdLine = historyCmdLines[curHistoryCmdPos].cmdLine;
    cursorPos = cmdLine.size();
    printf("%s", cmdLine.c_str());    // 列印被選擇的歷史命令列
  }
  convert = false;
}

void getCmdLine(string &cmdLine) {
  char ch;
  cmdLine = "";
  constexpr char kBackspace = 127;        // 回退鍵
```

5.4 程式實作

```cpp
constexpr char kEsc = 27;                      // 跳脫序列的標識：kEsc
constexpr char kCtrlA = 1;                     //【Ctrl + a】-> 將輸入游標移到行首
constexpr char kCtrlU = 21;                    //【Ctrl + u】-> 清空游標前的輸入
bool convert = false;                          // 是否進入跳脫字元
int cursorPos = 0;                             // 游標位置，初始化為 0
int curHistoryCmdPos = historyCmdLines.size(); // 當前歷史命令的位置
while (true) {
  ch = getchar();
  if (ch == kEsc) {
    convert = true;
    continue;
  }
  if (ch == kBackspace) {
    backSpace(cursorPos, cmdLine);
    continue;
  }
  if (ch == kCtrlA) {
    cursorMoveHead(cursorPos);
    continue;
  }
  if (ch == kCtrlU) {
    clearPrefixCmdLine(cursorPos, cmdLine);
    continue;
  }
  if (ch == '\n') {
    putchar(ch);
    return;
  }
  if (convert && ch == 'A') {   // 上移游標：上一行歷史命令
    showPreCmd(curHistoryCmdPos, cursorPos, cmdLine, convert);
    continue;
  }
  if (convert && ch == 'B') {   // 下移游標：下一行歷史命令
    showNextCmd(curHistoryCmdPos, cursorPos, cmdLine, convert);
    continue;
  }
  if (convert && ch == 'C') {   // 右移游標
    cursorMoveRight(cursorPos, cmdLine.size(), convert);
    continue;
```

```
    }
    if (convert && ch == 'D') {    // 左移游標
      cursorMoveLeft(cursorPos, convert);
      continue;
    }
    if (convert && ch == '[') {    // 跳脫字元,不再輸出「[」
      continue;
    }
    if (isprint(ch)) {
      printChar(ch, cursorPos, cmdLine);
    }
  }
}

int main(int argc, char **argv) {
  initEnvs(argc, argv);            // 初始化環境變數
  string cmdLine = "";
  while (true) {
    printCmdLinePrefix();          // 輸出 shell 命令列提醒首碼
    getCmdLine(cmdLine);           // 獲取使用者輸入的命令列
    vector<vector<string>> cmd;
    setHistory(cmdLine);           // 設置歷史執行命令
    parser(cmdLine, cmd);          // 解析命令列
    execCmd(cmd);                  // 執行命令列
  }
  return 0;
}
```

　　這個簡易的 shell 有 500 多行程式,實現了一個完整的命令列解析和執行的過程。其中比較特別的是,我們自己維護了大部分環境變數的內容。其次,對命令列的解析可能不太好理解,大家可以多看幾遍,但本質上就是一個有限狀態機。有限狀態機常用於實現文字解析、語言解析、協定解析等,大家必須掌握好這種程式設計模式。在後續的內容中,我們也會在需要時應用這種程式設計模式。為了讓大家更進一步地理解有限狀態機這種程式設計模式,我們舉出了 shell 命令列解析的狀態機遷移圖,如圖 5-1 所示。

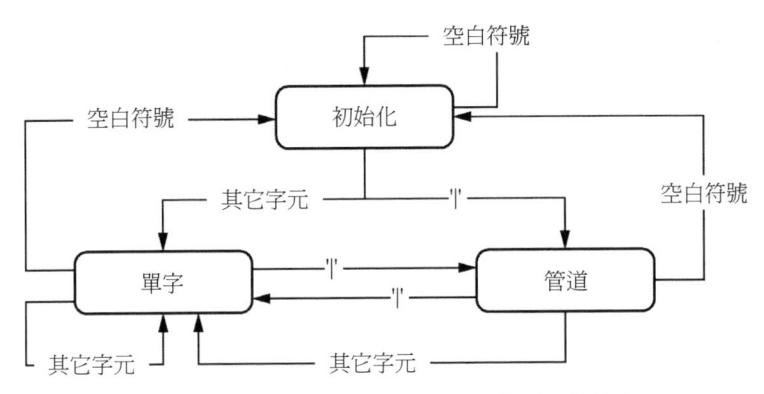

▲ 圖 5-1 shell 命令列解析的狀態機遷移圖

需要特別說明的是，上、下、左、右 4 個游標移動鍵對應的 ASCII 碼不是單一字元，而是由 3 個字元組成的組合碼。每個方向的游標鍵對應的 3 個 ASCII 碼組合為 0x1b + 0x5b + X。其中，0x1b 是「eac」的 ASCII 碼值，0x5b 是「[」的 ASCII 碼值，X 則對應 4 個大寫字母——A（up）、B（down）、C（right）、D（left）。

5.5 特性測試

程式已經寫完了，現在讓我們來編譯、執行、測試一下程式吧！

```
// 編譯 myshell.cpp，因為程式中使用了 C++11 的特性，所以必須增加編譯選項「-std=c++11」
[root@VM-114-245-centos Chapter05]# g++ -o myshell -std=c++11 myshell.cpp
// 執行 myshell，陷入 myshell 的無窮迴圈
[root@VM-114-245-centos Chapter05]# ./myshell
root@VM-114-245-centos Chapter05 $ echo $SHELL
myshell
root@VM-114-245-centos Chapter05 $ pwd
/root/BackEnd/Chapter05
root@VM-114-245-centos Chapter05 $ cd
root@VM-114-245-centos ~ $ cd -
/root/BackEnd/Chapter05
root@VM-114-245-centos Chapter05 $ ls -lrt
total 116
-rw-r--r-- 1 root root    7717 Sep  4 15:47 myshell.cpp
```

5 實現簡易 shell

```
-rwxr-xr-x 1 root root 104120 Sep  4 17:58 myshell
root@VM-114-245-centos Chapter05 $ touch test.sh
root@VM-114-245-centos Chapter05 $ echo "#!/bin/bash" >> test.sh
root@VM-114-245-centos Chapter05 $ echo "echo hello world" >> test.sh
root@VM-114-245-centos Chapter05 $ chmod +x ./test.sh
root@VM-114-245-centos Chapter05 $ ./test.sh
hello world
root@VM-114-245-centos Chapter05 $ ps -ef | grep sshd
root      3618     1  0 Aug24 ?        00:01:00 /usr/sbin/sshd
root      5022  3618  0 14:36 ?        00:00:00 sshd: root@pts/0
root     24290  3618  0 16:52 ?        00:00:00 sshd: root@pts/1
root     32484  3618  0 17:51 ?        00:00:00 sshd: root@pts/2
root@VM-114-245-centos Chapter05 $ ps -ef | grep sshd | wc -l
4
root@VM-114-245-centos Chapter05 $ history
0 2023-04-30 06:17:24 echo $SHELL
1 2023-04-30 06:17:28 pwd
2 2023-04-30 06:17:30 cd
3 2023-04-30 06:17:37 cd -
4 2023-04-30 06:17:55 ls -lrt
5 2023-04-30 06:18:08 touch test.sh
6 2023-04-30 06:18:16 echo "#!/bin/bash" >> test.sh
7 2023-04-30 06:18:22 echo "echo hello world" >> test.sh
8 2023-04-30 06:18:27 chmod +x ./test.sh
9 2023-04-30 06:18:31 ./test.sh
10 2023-04-30 06:18:38 ps -ef | grep sshd
11 2023-04-30 06:18:46 ps -ef | grep sshd | wc -l
12 2023-04-30 06:18:52 history
root@VM-114-245-centos Chapter05 $
```

可以看到，myshell 能夠支援內建命令、外部命令、shell 指令稿的執行，並且還實現了管道的特性。游標的操作是動態的，我們無法演示，大家可以自行在 myshell 中操作游標，驗證相關的功能。

5.6 本章小結

　　本章實現了一個簡易的 shell——myshell，透過 myshell，我們可以更深入地理解 shell 的工作原理和實現邏輯。我們首先確定了 myshell 需要支援的特性，然後介紹了 myshell 的實現邏輯和工作原理。在 5.3 節中，我們詳細介紹了關鍵技術點和函數呼叫。最後，我們舉出了 myshell 的實現程式，僅 500 多行的程式就實現了 myshell 的全部功能。

5 實現簡易 shell

MEMO

6

使用 Git 管理程式

　　在日常工作和學習中，我們通常需要撰寫很多程式，如基礎函數庫程式、測試程式、工具程式等。如果不加以妥善管理，這些程式可能會嚴重影響我們的工作效率，尤其是在大型專案中。使用程式管理工具可以有效解決這個問題，它可以避免我們在寫程式時，發現自己之前已經寫過類似的程式，但找不到原始程式碼放在哪裡的窘境。同時，程式管理工具還可以幫助我們逐步累積並完善自己的程式庫，豐富自己的程式設計「工具箱」，使得我們在開發過程中事半功倍，快速架設專案。

6 使用 Git 管理程式

目前,很多開發團隊使用 Git 作為程式管理工具,Git 也是目前使用最廣泛的分散式版本控制系統。Linux 系統的核心程式就是使用 Git 來管理的,本書所有的程式也是使用 Git 來管理的,並託管在 GitHub 上。本章將介紹 Git 的常用操作,下面讓我們一起開啟 Git 學習之旅吧!

6.1 初始化

本節將詳細介紹 Git 初始化的相關操作。

6.1.1 安裝 Git 工具

首先,我們需要安裝 Git 工具。在終端執行以下命令即可完成 Git 工具的安裝。我們安裝的是 1.7.1 版本的 Git,後續操作都將基於此版本進行。

```
[root@VM-114-245-centos ~]# yum -y install git
[root@VM-114-245-centos ~]# git --version
git version 1.7.1
[root@VM-114-245-centos ~]#
```

6.1.2 設置使用者名稱和電子郵件

安裝完 Git 工具之後,我們需要使用 git 命令來設置使用者名稱和電子郵件。命令如下。

```
git config --global user.name "your name"
git config --global user.email "your email"
```

我們使用 global 選項來設置全域配置,這表示該配置將適用於本機上所有的 Git 倉庫。當然,我們也可以為某些特定的倉庫單獨設置不同的配置。每當提交 Git 時,我們都會帶上這個使用者名稱和電子郵件資訊,以便後續追蹤變更是由誰提交的。

6.1.3 建立倉庫

在 Git 版本管理中，倉庫是基本單位。既可以根據自己的需要，將所有程式放在一個大倉庫中；也可以根據服務、功能、專案或組織結構，將程式分別儲存在不同的小倉庫中。有些公司喜歡大倉庫模式，而有些公司則喜歡小倉庫模式。這兩種模式各有優缺點，但並不影響 Git 的使用。只是工作流程稍有不同，我們只需要掌握 Git 的常用操作即可。

那麼，如何建立倉庫呢？其實很簡單。首先，我們需要建立一個空目錄，然後在這個空目錄下執行 git init 命令即可。

```
[root@VM-114-245-centos ~]# mkdir BackEnd && cd BackEnd && git init
Initialized empty Git repository in /root/BackEnd/.git/
[root@VM-114-245-centos BackEnd]#
```

這樣我們就建立了一個空的 Git 倉庫。其中，/root/BackEnd/.git 目錄包含了 Git 正常執行所需的所有資訊，它用於追蹤和管理版本倉庫。通常情況下，我們不應該直接編輯該目錄下的檔案，以免無法正常使用 Git 管理倉庫。

6.1.4 建立 readme.md 檔案

預設情況下，我們會在 Git 倉庫的根目錄下增加一個名為 readme.md 的檔案。這個檔案用於對倉庫的內容進行綜合性的說明和介紹，通常包括使用說明、安裝指引、簡單的演示程式等。在實際工作中，可以根據需要決定是否增加 readme.md 檔案。readme.md 檔案通常採用 Markdown 格式。Markdown 是一種輕量級標記語言，跨平臺，易讀易寫。

6.1.5 建立 .gitignore 檔案

在開發過程中，我們會產生很多中間檔案、IDE 軟體自動生成的檔案以及一些儲存著敏感資訊的檔案。我們並不希望這些檔案被增加到倉庫中，那麼應該怎麼處理呢？其實方法也很簡單，就是在倉庫中新增一個 .gitignore 檔案，並

6 使用 Git 管理程式

在這個 .gitignore 檔案中增加想要忽略的檔案。如此一來，這些檔案就不會被增加到倉庫中。

在 GitHub 上，有一些通用的 .gitignore 配置可以直接使用，讀者可在 GitHub 上搜尋 gitignore。當然，.gitignore 檔案本身也是需要提交到倉庫中的。

6.2 核心概念

在本節中，我們將介紹一些核心概念，以便大家在後續的學習過程中能做到有的放矢。本質上，Git 追蹤的是「變更」，而非檔案。不管是新增檔案、修改檔案，還是刪除檔案，都可以認為是「變更」操作。

1．工作區

工作區用於儲存還未提交到暫存區的「變更」。可以透過執行 git add file 命令，把工作區中的變更提交到暫存區。在工作區，有「變更」的檔案的狀態都是「未追蹤」的。

2．暫存區

暫存區用於儲存還未提交到本機倉庫的「變更」。可以透過執行 git commit -m "commit message" 命令，把暫存區的變更提交到本機倉庫。

3．本機倉庫

本機倉庫是變更在本地（本機）最終「落地」（持久化）的地方。

4．遠端倉庫

遠端倉庫類似於中心化的版本倉庫，用於協作開發。既可以作為複製來源，也可以將本機倉庫的內容推送到遠端倉庫。

透過上面的介紹，我們可以看出，變更的流動是沿著工作區、暫存區、本機倉庫、遠端倉庫一直提交的。也就是說，我們在工作區進行修改後，需要將變更透過 git add 命令提交到暫存區，再透過 git commit 命令提交到本機倉庫。最後，我們可以透過 git push 命令將本機倉庫的變更推送到遠端倉庫，與其他人共用。Git 上的變更流動如圖 6-1 所示。

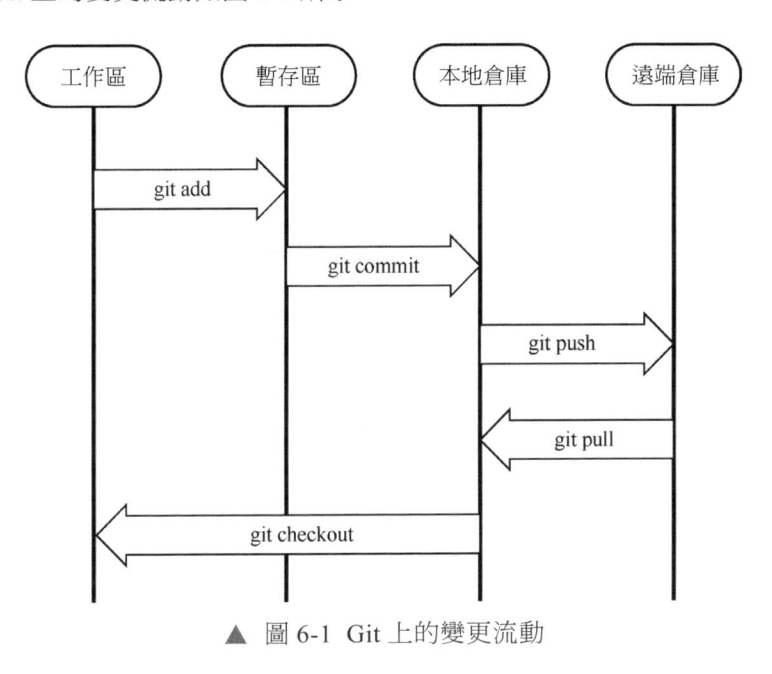

▲ 圖 6-1　Git 上的變更流動

6.3　常用操作

在本節中，我們將介紹 Git 的常用操作。掌握這些操作後，就可以愉快地提交程式了！

6.3.1　查看當前倉庫的狀態

git status 命令用於查看當前倉庫的狀態。以本書的 Git 程式倉庫為例，我們可以透過 git status 命令來查看當前倉庫中的變更情況。

```
[root@VM-114-245-centos BackEnd]# git status
On branch main
Your branch is up to date with 'origin/main'.
```

6 使用 Git 管理程式

```
nothing to commit, working tree clean
[root@VM-114-245-centos BackEnd]#
```

從上面的輸出中可以看出,當前的本機倉庫(即當前倉庫)和遠端倉庫的內容是一致的,工作區也是乾淨的。如果工作區有變更,git status 命令的輸出就會有相關提示,讓我們知道哪些檔案發生了變化,以及應該如何處理這些變化。

6.3.2 增加檔案

為了將檔案增加到本機倉庫中,我們需要首先透過 git add 命令將檔案變更提交到暫存區,然後透過 git commit 命令將暫存區的檔案變更最終提交到本機倉庫。下面我們以本書的 Git 程式倉庫為例,演示如何增加一個 readme.md 檔案。

```
[root@VM-114-245-centos BackEnd]# cat readme.md
# 這是 Linux 後端開發實踐相關程式倉庫
[root@VM-114-245-centos BackEnd]# git status
# On branch main
# Untracked files:
#   (use "git add <file>..." to include in what will be committed)
#
#       readme.md
nothing added to commit but untracked files present (use "git add" to track)
[root@VM-114-245-centos BackEnd]# git add readme.md
[root@VM-114-245-centos BackEnd]# git status
# On branch main
# Changes to be committed:
#   (use "git reset HEAD <file>..." to unstage)
#
#       new file:   readme.md
#
[root@VM-114-245-centos BackEnd]# git commit -m "add readme.md"
[main e6f2828] add readme.md
 1 files changed, 2 insertions(+), 0 deletions(-)
 create mode 100644 readme.md
[root@VM-114-245-centos BackEnd]# git status
# On branch main
```

```
# Your branch is ahead of 'origin/main' by 1 commit.
#
nothing to commit (working directory clean)
[root@VM-114-245-centos BackEnd]#
```

在 Git 倉庫目錄下建立並編輯完 readme.md 檔案的內容後，我們可以透過執行 git status 命令來查看當前倉庫的狀態。如果 readme.md 處於未追蹤的狀態，則需要透過 git add readme. md 命令將其提交到暫存區。接下來，我們可以透過 git commit -m "add readme.md" 命令將 readme.md 提交到本機倉庫，並在命令列中看到以下提示：1 個檔案發生了變更，新增了 2 行，刪除了 0 行。最後，再次執行 git status 命令，就會發現工作目錄是乾淨的，已經沒有需要提交的內容了。

6.3.3 刪除檔案

要刪除檔案，我們可以先執行 rm 命令，將其從工作區中刪除；再執行 git commit 命令，將刪除操作提交到本機倉庫。這個過程與增加檔案類似。下面我們以刪除 readme.md 檔案為例，演示如何在 Git 倉庫中刪除一個檔案。

```
[root@VM-114-245-centos BackEnd]# git rm readme.md
rm 'readme.md'
[root@VM-114-245-centos BackEnd]# git commit -m "remove readme.md"
[root@VM-114-245-centos BackEnd]# git status
# On branch main
# Your branch is ahead of 'origin/main' by 2 commits.
#
nothing to commit (working directory clean)
[root@VM-114-245-centos BackEnd]#
```

從上面的操作中可以看到，刪除檔案和增加檔案的區別就在於起始命令不同。增加檔案需要使用 git add 命令將檔案變更提交到暫存區，而刪除檔案則需要使用 rm 命令將檔案從工作區中刪除。然後，我們都需要透過 git commit 命令將變更提交到本機倉庫。

6 使用 Git 管理程式

6.3.4 回退變更

當我們提交的變更有問題時，就需要執行回退操作。但是，回退操作的執行方式會因為變更所在位置的不同而有所區別。當變更在工作區、暫存區或本機倉庫中時，回退操作是不同的。下面讓我們分別來看一下這些操作。

1．工作區

如果變更已經提交到了工作區，則可以透過執行 git checkout -- file 命令，對 file 檔案（這裡的 file 代指檔案的名稱）的變更進行回退。這個命令會將 file 檔案修復到最近一次提交的狀態，從而撤銷提交到工作區的變更。

2．暫存區

如果變更已經提交到了暫存區，則需要執行兩個命令來對檔案的變更進行回退。首先，我們需要執行 git reset HEAD file 命令，將 file 檔案從暫存區中移除，使其回到工作區。然後，我們需要執行 git checkout -- file 命令，將 file 檔案修復到最近一次提交的狀態，從而撤銷提交到暫存區的變更。

3．本機倉庫

如果變更已經提交到了本機倉庫，則可以透過執行 git reset --hard commit_id 命令來直接回退變更。commit_id 表示一次在本機倉庫中的提交，可以透過 git log 命令來查看。執行 git reset --hard commit_id 命令後，提交到本機倉庫的變更都會被撤銷，並回到指定的提交狀態。

6.3.5 查看提交日誌

我們可以透過 git commit 命令將變更提交到本機倉庫。但是，如果想要查看提交記錄，則需要使用 git log 命令。

需要注意的是，git log 命令會列出所有提交記錄的清單，而且這個清單中的提交記錄是按照提交的先後排列的。如果想要查看某個特定的提交記錄，可以使用 git show commit_id 命令，其中的 commit_id 是需要查看的提交記錄的唯一識別碼。

```
[root@VM-114-245-centos BackEnd]# git log
commit e6f282894b9d3ad86b054d0c147586172be7672a
Author: wanmuc <769535441@qq.com>
Date:   Thu Sep 8 07:03:45 2022 +0800

    add readme.md
……省略部分輸出……
```

git log 命令的輸出顯示了每次提交的 commit_id、提交人的使用者名稱、電子郵件、時間和備註等資訊。如果只想查看 commit_id 和對應的備註資訊，可以給 git log 命令設置 --pretty=oneline 選項。

需要注意的是，在執行本機倉庫的回退操作之後，在指定回退的 commit_id 之後提交的記錄透過 git log 命令是查看不到的。此時，我們可以使用 git reflog 命令來查看本機倉庫中的所有歷史提交記錄，且不受回退操作的影響。

6.3.6 查看差異

Git 支援查看工作區和暫存區的差異，可以使用 git diff file 命令來比較 file 檔案在工作區和暫存區之間的差異。舉例來說，如果我們對 readme.md 檔案進行了修改，假設增加了一個「的」字，則可以使用 git diff reade.md 命令來查看具體的差異。

```
[root@VM-114-245-centos BackEnd]# git diff readme.md
diff --git a/readme.md b/readme.md
index 0e38c09..6f498cc 100644
--- a/readme.md
+++ b/readme.md
@@ -1,2 +1,2 @@
- 這是 Linux 後端開發實踐相關程式倉庫
+ 這是 Linux 後端開發實踐相關的程式倉庫
[root@VM-114-245-centos BackEnd]#
```

6.3.7 分支管理

相較於其他傳統中心化的版本控制系統，Git 有一個非常大的優勢，就是強大的分支管理功能。Git 的分支管理功能可以讓團隊成員在不同的分支上並行工作，從而提高開發效率。

1．建立並切換到新分支

通常情況下，我們不會在 Git 的主幹分支上提交程式。此時，我們需要建立一個新的分支來進行開發。可以透過執行 git checkout -b branch_name 命令來建立名為 branch_ name 的新分支。這個命令同時還會建立並切換到新的分支。

如果想要分兩步執行，可以先執行 git branch branch_name 命令來建立分支，再執行 git checkout branch_name 命令來切換到新的分支。

需要注意的是，建立新的分支可以讓我們在不影響主幹分支的情況下進行開發和測試。在開發完成後，我們可以將建立的分支合併到主幹分支上，並刪除不再需要的分支。

2．查看分支

有時候，我們需要同時處理多個需求，每個需求都有一個對應的分支。在這種情況下，我們可以使用 git branch 命令來查看當前倉庫下的所有分支清單。

執行 git branch 命令會列出所有的本機分支，並在當前分支的旁邊用符號「*」標記出當前所在的分支。如果想要查看遠端分支，可以使用 git branch -r 命令。如果想要同時查看本機分支和遠端分支，可以使用 git branch -a 命令。

3．切換分支

當存在多個分支時，我們可以使用 git checkout branch_name 命令來進行分支的切換，從而切換到指定的分支。這個命令會將當前分支切換到名為 branch_ name 的分支上。

4・刪除分支

分支管理對並行開發非常友善，研發人員可以建立自己的分支，並在自己的分支上提交程式，而不會對他人造成影響。等到開發和測試完畢後，可以將分支合併到主幹分支上，然後刪除不再需要的分支。

要刪除分支，可以執行 git branch -D branch_name 命令。這個命令會強制刪除名為 branch_name 的分支，即使這個分支上存在未合併的提交記錄。

5・fetch 分支

Git 的 fetch 命令用於獲取與遠端倉庫相關的分支，fetch 命令的主要用法如下。

- git fetch remote_repo：用於獲取指定遠端倉庫上所有分支最新的 commit_id，並更新到本機倉庫的 .git/FETCH_HEAD 檔案中。
- git fetch remote_repo remote_branch_name：用於獲取遠端倉庫上指定分支最新的 commit_id，並更新到本機倉庫的 .git/FETCH_HEAD 檔案中。
- git fetch remote_repo remote_branch_name:local_branch_name：用於獲取遠端倉庫上指定分支最新的 commit_id，然後更新到本機倉庫的 .git/FETCH_HEAD 檔案中。最後，在本機倉庫中建立一個名為 local_branch_name 的本機分支，本機分支 local_branch_name 的變更內容和遠端分支 remote_branch_name 的變更內容是一致的。

本機倉庫的 .git/FETCH_HEAD 檔案中儲存了執行 fetch 命令時從遠端倉庫獲取的分支的最新版本。需要注意的是，fetch 命令不會將遠端分支合併到本機分支上。

6・merge 分支

如果想要將指定分支的變更內容合併到當前分支上，可以使用 git merge branch_name 命令。這個命令會將 branch_name 分支的變更內容合併到當前分支上。

如果指定分支的變更內容和當前分支的變更內容沒有衝突,Git 會自動完成合併。但如果存在衝突,Git 會提示無法自動合併,並指出哪些分支的變更存在衝突。在這種情況下,需要手動解決衝突,然後執行 add 和 commit 命令來提交變更。

7．rebase 分支

當主幹分支合併完其他分支的修改之後,我們需要在自己的分支上同步這些最新的變更。在這種情況下,可以執行 rebase 操作,比如執行 git rebase master 命令,從而在最新的主幹分支上應用當前分支所有的提交。

如果當前分支的提交和最新的主幹分支的變更有衝突,rebase 操作就會被中斷,並提示哪些檔案存在衝突。在這種情況下,需要首先手動解決衝突,然後執行 add 命令,將解決衝突的檔案增加到暫存區。最後,可以執行 git rebase --continue 命令,繼續執行之前被中斷的 rebase 操作。如果後續又出現衝突,則需要按照上述步驟再次解決衝突。

8．push 分支

通常情況下,本機倉庫都會連結一個遠端倉庫。我們可以使用 git remote -v 命令來查看本機倉庫連結的遠端倉庫資訊。

在本機倉庫的分支完成程式的開發、偵錯和測試之後,就可以將程式合併到主幹分支。在合併到主幹分支之前,需要將本機分支推送到遠端倉庫。我們可以使用 git push origin branch_name 命令將本機分支推送到遠端倉庫。

如果需要強制使用本機分支覆蓋遠端分支,可以在 push 命令的後面增加 -f 選項。舉例來說,執行 git push -f origin branch_name 命令。

9．pull 分支

與 push 相反,pull 用於將遠端分支的變更同步到本機分支。git pull 命令實際上是兩個命令的集合,一個是 git fetch,另一個是 git merge。因此,執行 git pull 相當於執行 git fetch origin current_branch_name 和 git merge FETCH_HEAD。

需要注意的是，如果在合併變更的過程中出現衝突，則需要首先解決衝突，然後再合併變更。解決衝突的方法和之前提到的一樣，需要首先手動解決衝突；然後執行 add 命令，將解決衝突的檔案增加到暫存區；最後執行 commit 命令，提交變更。

6.3.8 其他操作

除了前面介紹的常用操作，還有一些其他需要關注的操作，這裡我們統一再介紹一下。

1．一次性提交暫存區所有修改

當暫存區中有很多檔案的變更都未提交時，透過先後執行 add 和 commit 命令來將變更提交到本機倉庫是低效的。我們可以使用 git commit -am "commit all once" 命令來一次性將變更提交到本機倉庫。

需要注意的是，如果要提交的變更中包含新增的檔案，則需要先執行 add 命令，對這些新增檔案進行追蹤。在執行 commit 命令之前，可以使用 git status 命令來查看當前暫存區和工作區的狀態，以確保所有需要提交的變更都已經被增加到暫存區。

2．更正最近一次提交的備註

如果最近的一次提交操作漏提交了某個檔案的變更，或想要重新修改提交資訊，而不想新增提交記錄，可以使用 commit 命令的 --amend 選項。舉例來說，執行 git commit --amend -m "amend the last commit" 命令。

3．查看每一行的變更是由誰提交的

有時候，當複盤一些問題時，需要確認某些變更是由誰提交的。此時，可以使用 git blame file 命令來查看 file 檔案的每一行的變更是由誰提交的。

git blame 命令可以顯示指定檔案的每一行的變更歷史，包括提交者、提交時間和提交資訊等。透過查看 git blame 命令的輸出，可以快速定位某個變更是由誰提交的，以及提交時間和提交資訊等。

6 使用 Git 管理程式

4．對檔案名稱進行重新命名

如果需要對檔案進行重新命名，只需要執行 git mv oldfilename newfilename 命令，然後執行 git commit 命令，將變更提交到本機倉庫即可。

5．提交空目錄

因為 Git 只關注檔案的變動，所以一個目錄中如果沒有任何檔案，Git 就無法辨識它，並且不會將其提交到倉庫中。但是，透過在空目錄中建立一個名為 .gitkeep 的檔案，就可以讓 Git 辨識這個目錄，並將其提交到倉庫中。

建立 .gitkeep 檔案的目的是佔據空目錄中的檔案，使得 Git 能夠辨識該目錄並將其提交到倉庫中。同時，我們還要確保 .gitignore 檔案中沒有遮罩 .gitkeep 檔案的配置，否則 Git 將無法辨識該目錄。

需要注意的是，.gitkeep 檔案本身並不具有特殊的作用，它只是一個佔位檔案，用於讓 Git 辨識空目錄。如果目錄中已經存在其他檔案，則不需要建立 .gitkeep 檔案。

6.4 團隊協作

現在的專案基本上是由多人協作完成的。Git 十分適合多人協作開發，本節將簡介在團隊中如何使用 Git 來完成協作開發。

在團隊中使用 Git 進行協作開發時，需要遵循一些基本的規則和流程。首先，團隊成員需要協商好使用的分支模型和分支命名規範，以確保每個人都能夠理解和遵守這些規則。其次，團隊成員需要定期進行程式的審查和合併，以確保程式的品質和穩定性。最後，團隊成員需要及時溝通和協作，共同解決問題和提高工作效率。

6.4.1 同步程式倉庫

使用 git clone remote_repo_uri 命令可以把指定的遠端倉庫的程式同步到本機。remote_repo_uri 通常支援 HTTPS 和 SSH 協定。當使用 HTTPS 協定時，需要先輸入使用者名稱和密碼，以進行身份驗證；而當使用 SSH 協定時，則需要在帳戶中增加 ssh key，以進行身份驗證。

6.4.2 建立自己的分支

在把遠端倉庫同步到本機倉庫後，我們需要使用 git checkout -b branch_name 命令來建立自己的分支。有的團隊對分支命名有嚴格的標準，舉例來說，若開發新特性，則分支名稱必須以 feature 作為首碼；若修復 bug，則分支名稱必須以 fix 作為首碼。

在建立自己的分支時，應該根據具體的任務和需求來選擇合適的分支名稱，以便團隊成員能夠快速理解和辨識。同時，還應該遵守團隊的分支管理規範，舉例來說，及時刪除不需要的分支，避免分支名稱重複等。

6.4.3 推送分支到遠端倉庫

在自己的分支上完成程式的開發、測試、偵錯之後，需要將自己的分支推送到遠端倉庫，這時需要執行 push 命令。透過執行 push 命令，可以將本機分支的變更同步到遠端倉庫中，以便團隊的其他成員進行協作開發或程式審查。

需要注意的是，在執行 push 命令之前，請確保本機分支的變更已經得到充分的測試和偵錯，以避免將不穩定或有問題的程式推送到遠端倉庫中，影響整個團隊的工作效率和程式品質。

6.4.4 發起合入請求

在把自己的分支推送到遠端倉庫後，就可以發起將自己的分支合併到倉庫主幹的合入請求。這時，分支的變更就進入了程式審查階段，團隊的其他成員會對分支的變更進行審核和評估，以確保程式的品質和穩定性。

在程式審查階段，團隊成員會對程式進行檢查和審查，包括但不限於程式風格、命名規範、註釋說明、功能實現、性能最佳化等方面。如果發現問題或不足之處，他們會及時提出建議和改進意見，以便分支的變更能夠滿足團隊的需求和要求。

6 使用 Git 管理程式

最後，只有當程式審查沒有問題時，程式才會被正式合入主幹，否則需要解決問題後才能合入。

6.4.5 發佈變更

當變更合入主幹後，就進入了發佈流程。現在的網際網路標頭企業都有完整的營運發佈平臺，研發人員可以透過這些平臺自助完成變更的發佈。

6.5 本章小結

在本章中，我們介紹了 Git 的初始化安裝、核心概念、常用操作以及如何在團隊協作中使用 Git。為了幫助讀者掌握本章介紹的內容，這裡向大家介紹一個用於練習 Git 操作的開放原始碼專案——GitHug，讀者可在 GitHub 上搜尋 GitHug。

GitHug 是一個基於命令列的遊戲，它可以幫助開發者快速掌握 Git 的操作。透過完成這個遊戲中的任務，玩家可以了解 Git 的基本概念、常用命令和操作流程，從而提高 Git 的使用技能和效率。

// 7

編譯、連結、
執行與偵錯

　　在使用 C/C++ 開發程式時，編譯、連結是非常重要的步驟。編譯器會將原始程式碼轉為機器碼，連結器會將編譯器生成的目的檔案和函數庫檔案組合成可執行檔。讀者需要深入理解這個過程，才能更進一步地掌握 C/C++ 程式設計。

　　對於生成的可執行檔的格式，我們需要了解其內部結構，以便在偵錯時更進一步地定位問題。此外，了解處理程序記憶體模型也是非常重要的，因為我們需要知道程式在執行時期如何使用記憶體，以及如何避免記憶體洩漏和記憶體讀寫異常等。

7 編譯、連結、執行與偵錯

總之，深入理解 C/C++ 在 Linux 系統下的編譯、連結、執行與偵錯是非常重要的，這樣才能寫出更高效、更穩定的程式，並更進一步地解決一些疑難問題。

7.1 單檔案程式的編譯與連結

通常情況下，我們會撰寫一些簡單的測試程式或工具，並將所有的程式放在一個 .c 檔案或 .cpp 檔案中，然後使用 gcc 或 g++ 來編譯、連結並生成指定名稱（用 -o 選項指定）的可執行檔。程式清單 7-1 舉出了一個簡單的「hello world」程式，原始程式碼在 helloworld.c 檔案中。

➜ 程式清單 7-1　在終端輸出「hello world」

```
#include <stdio.h>
int main(int argc, char* argv[]) {
  static const char* name = "rookie";
  printf("%s hello world\n", name);
  return 0;
}
```

先使用 gcc 編譯並生成可執行檔 helloworld，再執行 helloworld，相關的命令如下。

```
[root@VM-114-245-centos Chapter07]# gcc -o helloworld helloworld.c
[root@VM-114-245-centos Chapter07]# ./helloworld
rookie hello world
[root@VM-114-245-centos Chapter07]#
```

在使用 gcc/g++ 命令來完成 C/C++ 編譯和連結的工作時，我們可以根據需要指定不同的編譯和連結選項。gcc/g++ 是 Linux 系統下封裝了 C/C++ 程式編譯和連結過程的工具。

具體來說，gcc/g++ 會將原始程式碼檔案編譯成中間程式檔案（.o 檔案），然後將這些中間程式檔案連結成可執行檔。在編譯和連結過程中，我們可以指

7-2

定不同的選項來控制編譯和連結的行為。圖 7-1 是一個簡單的編譯和連結過程的示意圖（以 helloworld.c 為例）。

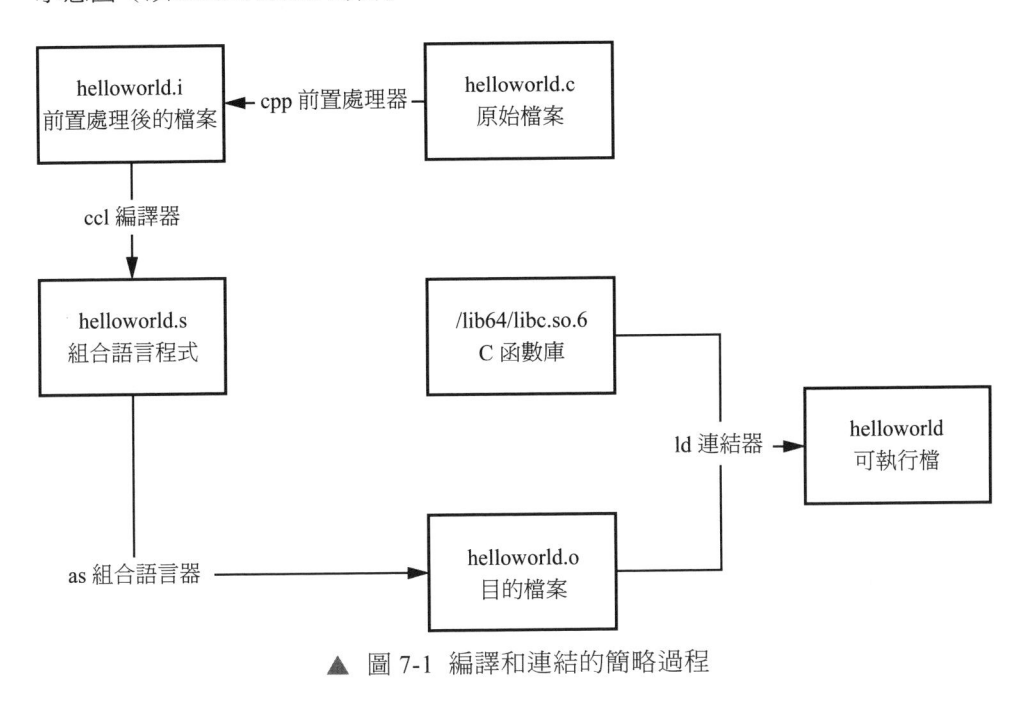

```
┌─────────────┐                    ┌─────────────┐
│ helloworld.i│ ◄── cpp 前置處理器 ─│ helloworld.c│
│前置處理後的檔案│                    │  原始檔案    │
└─────────────┘                    └─────────────┘
      │
      │ cc1 編譯器
      ▼
┌─────────────┐      ┌─────────────┐
│ helloworld.s│      │/lib64/libc.so.6│
│ 組合語言程式 │      │  C 函數庫    │─────┐
└─────────────┘      └─────────────┘     │
      │                                   │
      │                              ld 連結器  ┌─────────────┐
      │                                   ├──►│ helloworld  │
      │                                   │   │  可執行檔   │
      │ as 組合語言器    ┌─────────────┐  │   └─────────────┘
      └────────────────►│ helloworld.o│──┘
                        │   目的檔     │
                        └─────────────┘
```

▲ 圖 7-1 編譯和連結的簡略過程

　　整個編譯和連結的過程可以分為 4 個不同的階段：前置處理階段、編譯階段、組合語言階段和連結階段。

7.1.1 前置處理階段

　　前置處理階段由 cpp 來完成，這裡的 cpp 不是「c plus plus」的意思，而是「the C Preprocessor」的意思。cpp 會在編譯之前對原始檔案進行處理。它會對自訂和預先定義的巨集進行展開，把包含的標頭檔內容插入當前原始檔案，並根據前置處理指令包含不同的程式，或設置傳遞給編譯器的參數。

　　我們可以使用 gcc 的 -E 和 -v 選項來查看整個前置處理過程。其中，-E 選項表示只對原始檔案做前置處理，-v 選項表示顯示詳細的前置處理過程。此外，-o 選項表示將前置處理後的結果輸出到 helloworld.i 檔案中。相關的命令和輸出如下所示。由於輸出內容過多，我們省略了部分輸出。

7 編譯、連結、執行與偵錯

```
[root@VM-114-245-centos Chapter07]# gcc -E -v -o helloworld.i helloworld.c
-I/usr/local/jsoncpp/include
…… 省略部分輸出 ……
#include <...> search starts here:
 /usr/local/jsoncpp/include
 /usr/lib/gcc/x86_64-redhat-linux/4.8.5/include
 /usr/local/include
 /usr/include
End of search list.
…… 省略部分輸出 ……
```

　　從上面的輸出中可以看出，系統標頭檔搜尋路徑包括「/usr/local/jsoncpp/include」、「/usr/lib/ gcc/x86_64-redhat-linux/4.8.5/include」、「/usr/local/include」和「/usr/include」。其中，「/usr/ local/jsoncpp/include」是透過 gcc 的 -I 選項指定的自訂標頭檔搜尋路徑。前置處理的結果被輸出到 helloworld.i 檔案中，我們可以使用 cat 命令來查看前置處理後的結果。

　　在編譯複雜專案時，如果遇到莫名其妙的顯示出錯，則需要確認某個原始檔案具體包含了哪些標頭檔以定位顯示出錯問題。我們可以使用 gcc 的 -M 選項來找出某個原始檔案在前置處理階段具體包含了哪些標頭檔。以之前的 helloworld.c 為例，我們可以使用以下命令來定位 helloworld.c 在前置處理階段具體包含了哪些標頭檔。

```
[root@VM-114-245-centos Chapter07]# g++ -E helloworld.c | grep '^#' | awk '{print $3}' | sort | uniq | grep '\.h'
"/usr/include/bits/stdio_lim.h"
"/usr/include/bits/sys_errlist.h"
"/usr/include/bits/types.h"
"/usr/include/bits/typesizes.h"
"/usr/include/bits/wordsize.h"
"/usr/include/features.h"
"/usr/include/_G_config.h"
"/usr/include/gnu/stubs-64.h"
"/usr/include/gnu/stubs.h"
"/usr/include/libio.h"
"/usr/include/stdc-predef.h"
"/usr/include/stdio.h"
```

```
"/usr/include/sys/cdefs.h"
"/usr/include/wchar.h"
"/usr/lib/gcc/x86_64-redhat-linux/4.8.5/include/stdarg.h"
"/usr/lib/gcc/x86_64-redhat-linux/4.8.5/include/stddef.h"
[root@VM-114-245-centos Chapter07]#
```

cpp 前置處理器在處理原始檔案時，會在標頭檔插入的地方加入行標記。行標記的格式為「# linenum filename flags」，其中，「#」為固定字元，linenum 為行號，filename 為檔案名稱，flags 為標識位元。因此，我們可以透過上面的管道命令來過濾出包含的標頭檔。

flags 可能包含零個到多個標識，如果包含多個標識，則各個標識之間使用空格分隔。一共有 4 種不同的標識，它們分別為「1」「2」「3」「4」。標識「1」表示開始進入檔案；標識「2」表示傳回到檔案；標識「3」表示後面緊接的程式來自系統標頭檔；標識「4」表示後面緊接的程式被一個隱式的 extern "C" 所包含，也就是說，相關的函數符號在目的檔案中是按照 C 語言規則生成的。

我們可以截取 helloworld.i 中的部分內容來說明行標記的格式和含義。舉例來說，假設 helloworld.i 中包含以下內容。

```
# 768 "/usr/include/stdio.h" 3 4
extern int fseeko (FILE *__stream, __off_t __off, int __whence);
extern __off_t ftello (FILE *__stream) ;
```

第一行為行標記，其中，768 表示檔案 /usr/include/stdio.h 的第 768 行，標識「3」和「4」分別表示後面的程式是系統標頭檔內容，函數符號採用 C 語言規則生成。

這個行標記告訴我們，後面的程式是在檔案 /usr/include/stdio.h 的第 768 行處插入的，它們是系統標頭檔內容，相關的函數符號是採用 C 語言規則生成的。透過這個行標記，我們可以更進一步地理解 cpp 前置處理器在處理原始檔案時的行為。

7.1.2 編譯階段

編譯階段相對簡單，由編譯器 cc1 把前置處理後的檔案內容轉換成組合語言程式。我們可以使用 gcc 的 -S 選項來實現編譯的過程。-S 選項表示只做編譯處理，生成的組合語言程式碼如下。

```
[root@VM-114-245-centos Chapter07]# gcc -S -o helloworld.s helloworld.i
[root@VM-114-245-centos Chapter07]# cat helloworld.s
    .file    "helloworld.c"
    .section .rodata
.LC0:
    .string  "%s hello world\n"
    .text
    .globl   main
    .type    main, @function
main:
.LFB0:
    .cfi_startproc
    pushq    %rbp
    .cfi_def_cfa_offset 16
    .cfi_offset 6, -16
    movq%rsp, %rbp
    .cfi_def_cfa_register 6
    subq$16, %rsp
    movl%edi, -4(%rbp)
    movq%rsi, -16(%rbp)
    movqname.2180(%rip), %rax
    movq%rax, %rsi
    movl$.LC0, %edi
    movl$0, %eax
    callprintf
    movl$0, %eax
    leave
    .cfi_def_cfa 7, 8
    ret
    .cfi_endproc
.LFE0:
    .size    main, .-main
```

```
        .section.rodata
.LC1:
        .string "rookie"
        .data
        .align 8
        .type    name.2180, @object
        .size    name.2180, 8
name.2180:
        .quad    .LC1
        .ident   "GCC: (GNU) 4.8.5 20150623 (Red Hat 4.8.5-44)"
        .section.note.GNU-stack,"",@progbits
[root@VM-114-245-centos Chapter07]
```

從組合語言程式碼中我們可以找到一些有用的資訊。舉例來說，我們可以找到 main 函數的定義，原始檔案名稱「helloworld.c」，以及字串常數「%s hello world」的宣告。

具體來說，組合語言程式碼中的「.file」指令表示原始檔案名稱，「.string」指令表示字串常數的宣告，main 函數的定義則透過標籤「.globl main」和「.type main, @function」來表示。

7.1.3 組合語言階段

緊接著，組合語言器 as 會把 helloworld.s 的內容翻譯成機器指令，這些機器指令按照 ELF（Executable and Linking Format）被打包成可重定位的二進位目的檔案。我們可以使用 gcc 的 -c 選項來實現目的檔案的生成，file 命令用於查看目的檔案的資訊，相關命令如下。

```
[root@VM-114-245-centos Chapter07]# gcc -c -o helloworld.o helloworld.s
[root@VM-114-245-centos Chapter07]# file ./helloworld.o
./helloworld.o: ELF 64-bit LSB relocatable, x86-64, version 1 (SYSV), not stripped
[root@VM-114-245-centos Chapter07]#
```

在 file 命令的輸出中，「ELF 64-bit LSB relocatable」表示 64 位元的、格式為 ELF 的可重定位檔案，「x86-64」表示 x86-64 架構，「not stripped」表示檔案中的符號和偵錯資訊未被刪除。

ELF 是一種常用的二進位檔案格式，它支援動態連結和加載，可以用於生成可執行檔、共用函數庫和可重定位檔案等。64 位元的 ELF 是一種針對 64 位元處理器的二進位檔案格式，它支援更大的記憶體定址空間和更高的性能。

x86-64 是一種常用的 64 位元處理器架構，它是 x86 架構的擴充，支援更多的暫存器、更大的記憶體定址空間和更高的性能。

檔案中的符號和偵錯資訊可以用於偵錯和分析程式。如果需要生成發佈版本的程式，可以使用 strip 命令刪除這些資訊，以減小程式的大小。

7.1.4 連結階段

因為 helloworld.c 中引用了標準 C 函數庫中的 printf 函數，所以在最後的連結階段，ld 連結器會把 printf 函數符號位於 libc.so.6 函數庫中的重定位和符號表資訊複製到最終的可執行檔 helloworld 中。gcc 連結時函數庫的搜尋路徑在使用 -v 選項時會顯示出來，libc.so.6 函數庫就是在這些路徑中進行搜尋的。我們可以使用下面的管道命令找出預設函數庫的搜尋路徑。

```
[root@VM-114-245-centos Chapter07]# gcc -v -o helloworld helloworld.o 2>
&1 | grep LIBRARY_PATH | awk -F "=" '{print $2}' | tr -s ':' '\n'
/usr/lib/gcc/x86_64-redhat-linux/4.8.5/
/usr/lib/gcc/x86_64-redhat-linux/4.8.5/../../../../lib64/
/lib/../lib64/
/usr/lib/../lib64/
/usr/lib/gcc/x86_64-redhat-linux/4.8.5/../../../
/lib/
/usr/lib/
[root@VM-114-245-centos Chapter07]#
```

7.1.5 ELF 概述

在整個編譯和連結的過程中，連結階段最複雜，它主要完成符號的解析和重定位。在連結階段，輸入輸出檔案的格式都是 ELF，只是類型不同而已。舉例來說，helloworld.o 為可重定位的目的檔案，/lib64/libc.so.6 為共用的目的檔案，helloworld 為可執行檔。

7.1 單檔案程式的編譯與連結

ELF 身為常用的二進位檔案格式，支援動態連結和加載，可以用於生成可執行檔、共用函數庫和可重定位檔案等。ELF 檔案由三部分組成：ELF 標頭（ELF Header）、程式標頭組（Program Headers）和節標頭組（Section Headers）。

ELF 標頭是 ELF 檔案的標頭資訊，包括檔案類型、機器架構、入口位址以及程式標頭組和節標頭組的偏移、數量等資訊。

程式標頭組描述了程式的載入和執行過程，包括可載入區段（LOAD）、動態連結區段（DYNAMIC）、符號表區段（SYMTAB）等。

節標頭組描述了 ELF 檔案的節資訊，包括節的名稱、大小、屬性、偏移等。

在連結階段，連結器需要對輸入檔案進行符號解析和重定位，以便生成正確的輸出檔案。符號解析是指查詢和解析輸入檔案中的符號，包括函數、變數和常數等。重定位是指修改輸入檔案中的符號引用，以便正確地連結到目的檔案中的符號。透過符號解析和重定位，連結器可以生成正確的可執行檔或共用函數庫，以便程式正確地執行。

1．ELF 標頭

ELF 標頭中包含了整個 ELF 檔案的整理資訊。以可執行檔 helloworld 為例，我們可以使用 readelf 命令來查看可執行檔 helloworld 的 ELF 標頭資訊。其中，-h 選項表示只查看 ELF 標頭資訊，對應的命令如下。

```
[root@VM-114-245-centos Chapter07]# readelf -h ./helloworld
ELF 標頭：
  Magic：  7f 45 4c 46 02 01 01 00 00 00 00 00 00 00 00 00
  類別：                              ELF64
  資料：                              2 補數，小端序 (little endian)
  版本：                              1 (current)
  OS/ABI：                            UNIX - System V
  ABI 版本：                          0
  類型：                              EXEC（可執行檔）
  系統架構：                          Advanced Micro Devices X86-64
  版本：                              0x1
  進入點位址：             0x400440
  程式標頭起點：           64 (bytes into file)
```

7-9

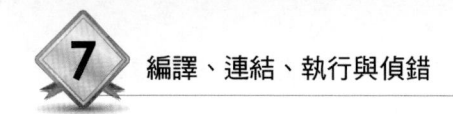

```
    Start of section headers:          6488 (bytes into file)
    標識：                 0x0
    本標頭的大小：          64（位元組）
    程式標頭大小：          56（位元組）
    Number of program headers:         9
    節標頭大小：            64（位元組）
    節標頭數量：            30
    字串表索引節標頭：      29
[root@VM-114-245-centos Chapter07]#
```

ELF 標頭中包含了許多關於 ELF 檔案的資訊，其中包括 ELF 類別、位元組序、版本、檔案類型、程式入口位址、程式標頭組大小、節標頭組大小與個數等資訊。透過 ELF 標頭中的這些資訊，我們可以了解 ELF 檔案的基本屬性和特徵，以便更進一步地理解和使用 ELF 檔案。

2．ELF 檔案中關鍵的節

我們可以使用 readelf 命令來查看 ELF 檔案中的所有節標頭資訊，只需要在命令中增加 -S 選項即可。舉例來說，使用命令「readelf -S ./helloworld」可以查看可執行檔 helloworld 中的所有節標頭資訊，由於輸出內容較多，這裡不再展示。

連結器主要依靠 ELF 檔案中的節標頭組來完成符號解析和重定位，其中關鍵的節包括以下幾個。

（1）.text 節

文字區段，其中儲存了程式編譯和組合語言後的二進位機器指令。

（2）.data 節

用於儲存初始化的全域變數或函數靜態變數。需要特別說明的是，函數中的非靜態區域變數既不儲存在 .data 節中，也不儲存在 .bss 節中，而是動態地儲存在處理程序的執行堆疊中。

（3）.bss 節

和 .data 節相反，.bss 節用於儲存未初始化的全域變數或函數靜態變數，儲存空間中各位元組的值都會被設置為 0。

（4）.rodata 節

用於儲存只讀取資料，例如 helloworld.c 中 printf 函數輸出的字串常數 "%s hello world\n"。

（5）.symtab 節

用於儲存程式中定義和引用的函數及全域變數符號資訊。

（6）.strtab 節

用於儲存 .symtab 節中符號對應的符號名稱的字串表，其中的每個字串都以 '\0' 結尾。

（7）.shstrtab 節

用於儲存各個節標頭的節名稱表。

除了上面這些關鍵的節，ELF 檔案中還包含其他節，這些節主要用於連結時指導連結器完成連結、程式執行時期指導動態連結程式庫完成載入以及提供程式執行時期的偵錯資訊。這些節的作用相對較小，但它們在程式的開發和偵錯過程中同樣具有重要的作用。

7.1.6 符號解析與重定位

連結器解析符號引用的方式是，對每個符號引用與可重定位的目的檔案中的符號定義進行連結。符號的定義和引用可能在同一個可重定位的目的檔案中，也可能分別在不同的可重定位目的檔案中。在生成可執行檔時，連結器會給程式中的符號重新分配一個唯一的記憶體位址，並修改每個符號的引用，使得每個符號的引用指向正確的記憶體位址，從而完成整個重定位過程。這種方式可

7 編譯、連結、執行與偵錯

以確保程式在執行時期能夠正確地存取和使用符號,並且可以避免符號重複定義和引用的問題。

1．符號的分類

所有的符號都是在可重定位的目的檔案中定義和引用的。按照符號定義和引用位置的不同以及符號存取範圍的不同,可以把符號分為三類。

- 目的檔案中定義的可被其他目的檔案引用的全域符號,這些符號包括非靜態全域變數和非靜態全域函數,例如 helloworld.c 中的 main 函數。

- 目的檔案中引用的定義在其他目的檔案中的全域符號,這些符號對應於定義在其他目的檔案中的非靜態全域變數和非靜態全域函數,統稱為外部符號,例如 helloworld.c 中呼叫的 printf 函數。

- 只能在目的檔案中引用的帶有 static 修飾的符號,這些符號包括帶有 static 修飾的全域函數、帶有 static 修飾的全域變數以及帶有 static 修飾的函數內部的靜態區域變數,例如 helloworld.c 中 main 函數裡的靜態區域變數 name。

2．函數符號的生成

函數符號的生成是在生成組合語言程式碼的編譯階段完成的。因為 C++ 支援多載（overload）和重寫（override）,所以 C++ 中函數符號的生成與 C 有所不同。在 C++ 中,每個函數都會生成一個唯一的符號,這個符號包括函數名稱和參數類型列表。這個過程被稱為函數名稱修飾。函數名稱修飾的目的是避免函數名稱衝突,因為 C++ 中允許函數名稱相同但參數類型不同的情況。在 C 中,函數名稱不會被修飾,因為 C 不支援函數多載。

（1）C 函數符號的生成

C 函數在目的檔案中的符號與原始程式碼中的函數名稱是一樣的。使用 nm 命令可以查看 helloworld.o 中的函數符號。

```
[root@VM-114-245-centos Chapter07]# nm ./helloworld.o
0000000000000000 T main
```

```
0000000000000000 d name.2180
                 U printf
[root@VM-114-245-centos Chapter07]#
```

　　C 語言不允許定義函數名稱一樣但參數不同的多個函數，否則在連結階段會顯示出錯。這是因為同一個符號會有多個定義，而連結器不知道對這個符號的引用對應的是哪個定義。因此，C 語言中不允許出現這種情況，每個函數必須有一個唯一的名稱。這也是 C++ 引入函數名稱修飾的原因—支援函數多載。

　　（2）C++ 函數符號的生成

　　C++ 的多載（overload）特性支援函數名稱相同但參數不同的多個函數。由於連結器無法支援一個符號有多個定義，因此 g++ 在編譯期間會根據參數清單的不同，對函數符號進行一定的修改，以保證函數符號的唯一性。這個過程發生在把原始程式碼轉換成組合語言程式碼的編譯階段。下面是一個例子。

```
[root@VM-114-245-centos Chapter07]# cat symbol.cpp
#include <stdio.h>
int fun(int a, int b, char* c) { return 0; }
int main() {
  fun(0, 0, NULL);
  return 0;
}
[root@VM-114-245-centos Chapter07]# g++ -c -o symbol.o symbol.cpp
[root@VM-114-245-centos Chapter07]# nm symbol.o | grep fun
0000000000000000 T _Z3funiiPc
[root@VM-114-245-centos Chapter07]# c++filt _Z3funiiPc
fun(int, int, char*)
[root@VM-114-245-centos Chapter07]#
```

　　從上面的例子中可以看出，函數 fun 在編譯成目的檔案之後，其函數符號發生了改變，變為「_Z3funiiPc」，使用 c++filt 命令可以還原其在原始程式碼中原始的函數名稱。從其新的函數符號可以得出，g++ 對非類別的內建函數符號的修改規則如下：首先加上一個「_Z」首碼；然後加上一個函數名稱，函數名稱之前有一個數字，這個數字代表函數名稱的長度；最後加上一個參數列表，例如「iiPc」。其中，i 表示 int 類型的參數；P 是一個參數修飾符號，表示後面的參數為指標；c 表示 char 類型的參數。這種函數名稱修飾方式可以確保函數符號的唯一性，並且支援函數多載。

C++ 的重寫（override）特性允許在類別的繼承系統中的父類別和子類別之間，定義一個具有相同函數名稱和參數列表的函數，通常這個函數在父類別中會被宣告為虛函數。重寫再加上虛函數的呼叫機制，使得 C++ 具備了執行時期多態，也就是人們常說的 C++ 動態多態。

對於類別的成員函數，g++ 對其函數符號的修改規則與非類別的函數符號的修改規則類似，只不過函數符號的中間多了一個以字母 N 開頭的類別域修飾，且參數列表的前面多了一個「E」。下面讓我們來看一個例子。

```
[root@VM-114-245-centos Chapter07]# cat symbol2.cpp
#include <iostream>
using namespace std;

class A {
 public:
  virtual void print() {}
};
class B : public A {
 public:
  void print() {}
};
int main() {
  B b;
  b.print();
  return 0;
}
[root@VM-114-245-centos Chapter07]# g++ -c symbol2.cpp
[root@VM-114-245-centos Chapter07]# nm symbol2.o | grep print
0000000000000000 W _ZN1A5printEv
0000000000000000 W _ZN1B5printEv
[root@VM-114-245-centos Chapter07]# c++filt _ZN1A5printEv
A::print()
[root@VM-114-245-centos Chapter07]# c++filt _ZN1B5printEv
B::print()
[root@VM-114-245-centos Chapter07]#
```

3．ELF 相關工具

下面介紹一些 ELF 相關工具。

（1）ldd

ldd 命令用於查看可執行程式或動態函數庫相依的動態函數庫，常用於判斷可執行程式在執行載入動態函數庫時，是否能連結到正確目錄下的動態函數庫。在一些複雜的線上環境中，同一個函數庫的不同版本可能部署在多個不同的目錄下。這時，如果可執行程式沒有連結到正確目錄下的動態函數庫，程式執行時期大機率會出問題，不是程式崩潰，就是出現一些其他莫名其妙的問題。我們可以使用 ldd 命令來查看「hello world」程式相依的動態函數庫。

```
[root@VM-114-245-centos Chapter07]# ldd ./helloworld
    linux-vdso.so.1 =>  (0x00007ffd861c5000)
    libc.so.6 => /lib64/libc.so.6 (0x00007f423fca1000)
    /lib64/ld-linux-x86-64.so.2 (0x00007f424006f000)
[root@VM-114-245-centos Chapter07]#
```

我們可以看到，「hello world」程式相依了 libc.so.6、linux-vdso.so.1 等動態函數庫。透過 ldd 命令，我們可以查看程式相依的動態函數庫是否正確，以及是否能夠正確連結到對應目錄下的動態函數庫。

（2）nm

nm 命令用於查看 ELF 檔案符號表中的符號，包括定義和引用的符號。nm 命令會為每個符號輸出 3 個欄位，第 1 個欄位是符號值（symbol value），第 2 個欄位是符號類型（symbol type），第 3 個欄位是符號名稱（symbol name）。nm 命令非常實用，常用於在編譯和連結時定位符號相關的顯示出錯問題，查看對應的動態函數庫或可重定位的目的檔案是否包含預期的符號。符號的常見類型如表 7-1 所示。

▼ 表 7-1 符號的常見類型

符號的類型	含義
T/t	定義在 .text 節中的符號
U	未定義的符號，即外部符號
R/r	定義在 .rodata 節中的符號，即只讀取資料
D/d	定義在 .data 節中的符號，即初始化的全域變數或函數靜態區域變數

（3）strip

strip 命令用於刪除 ELF 檔案中的符號資訊和偵錯資訊，以減小 ELF 檔案的大小。需要特別注意的是，不要使用 strip 命令刪除動態函數庫，比如 C 動態函數庫，否則會導致相依這些動態函數庫的程式無法執行。strip 命令常用於減小所發佈程式的大小。

（4）strings

strings 命令用於查看 ELF 檔案中的字串資訊，比如查詢某些加解密程式中的加解密 key，前提是，這些 key 是明文字串且被強制寫入在程式中。透過 strings 命令，我們可以輸出這些字串，但需要自行猜測哪些字串是加解密 key。

（5）readelf

readelf 命令是查看 ELF 檔案資訊的強力工具，它能查看 ELF 檔案中的全部資訊，當然也能查看指定的資訊。比如，-s 選項可以實現和 nm 命令一樣查看 ELF 檔案符號的功能，-S 選項只查看所有的節標頭資訊，-h 選項只查看 ELF 標頭資訊。其他選項的用法可以使用 man 命令來查看，也可直接使用 tldr 命令來查看 readelf 的常見用法。

（6）objdump

objdump 命令是另一個查看 ELF 檔案資訊的工具，它也支援查看 ELF 檔案中的各種資訊。使用 -h 選項可以查看所有的節標頭資訊，使用 -t 選項可以查看符號表的內容，使用 -T 選項可以查看呼叫的動態連結程式庫的符號。其他選項可以參考 objdump 的 man 手冊或使用 --help 選項來查看。同樣，也可以使用 tldr 命令來查看 objdump 的常見用法。

7.2 專案工程的編譯與連結

在實際的 C/C++ 專案工程中，一個程式通常由多個程式檔案組成，應該如何編譯專案工程的程式呢？假設我們的專案中有 3 個原始檔案和兩個標頭檔，它們分別為 sort.c、print.c、main.c、sort.h 和 print.h。

- sort.h

排序標頭檔。

```
#pragma once
void mySort(int* data, int len);
```

- sort.c

排序原始檔案。

```
#include "sort.h"
#include <stdlib.h>
int myCmp(const void *lvalue, const void *rvalue) {
  int lIntValue = *(int *)lvalue;
  int rIntValue = *(int *)rvalue;
  return lIntValue - rIntValue;
}
void mySort(int *data, int len) { qsort((void *)data, len, sizeof(int), myCmp); }
```

- print.h

輸出標頭檔。

```
#pragma once
void myPrint(int* data, int len);
```

7 編譯、連結、執行與偵錯

- print.c

輸出原始檔案。

```c
#include "print.h"
#include <stdio.h>
void myPrint(int* data, int len) {
  int i = 0;
  for (i = 0; i < len; ++i) {
    printf("%d ", data[i]);
  }
  printf("\n");
}
```

- main.c

程式入口檔案。

```c
#include "print.h"
#include "sort.h"
int main() {
  int data[8] = {10, 20, 25, 2, 234, 13, 3, 1};
  mySort(data, sizeof(data) / sizeof(int));
  myPrint(data, sizeof(data) / sizeof(int));
  return 0;
}
```

我們可以手動完成整個編譯和連結的過程。

```
[root@VM-114-245-centos make_learn]# gcc -c sort.c
[root@VM-114-245-centos make_learn]# gcc -c print.c
[root@VM-114-245-centos make_learn]# gcc -c main.c
[root@VM-114-245-centos make_learn]# gcc -o main main.o print.o sort.o
[root@VM-114-245-centos make_learn]# ./main
1 2 3 10 13 20 25 234
[root@VM-114-245-centos make_learn]#
```

7.2.1 makefile

在專案開發中，我們經常需要修改原始程式碼檔案，如果每次修改都需要手動進行編譯和連結，顯然非常耗時和低效。那麼，有沒有什麼快捷的方式，使得我們能夠根據程式檔案的變更來完成程式的重新編譯和連結呢？

在 Linux 系統中，make 命令是一個十分常用的自動化編譯工具，它可以解決上述問題，即自動完成程式的編譯和連結。我們只需要撰寫一個名為「makefile」的檔案，在這個檔案中包含整個程式的編譯、連結規則，然後執行 make 命令，make 命令就會在目前的目錄下搜尋 makefile 檔案並解析執行其中的編譯、連結命令，從而完成整個程式的編譯和連結。

makefile 檔案在本質上就是一個編譯、連結指令稿，其中包含了所有的編譯、連結規則，並且定義了程式中各個程式檔案之間的相依關係和編譯、連結選項。make 命令就是 makefile 這個指令稿的解析器和執行器，make 和 makefile 的關係，同 shell 和 shell 指令稿的關係類似。我們可以在 makefile 檔案中定義多個規則，每個規則對應一個目的檔案或可執行檔。每個規則還包含了編譯、連結命令和相依關係，當某個程式檔案被修改時，make 命令會自動檢測該程式檔案的相依關係，並重新編譯、連結所有受影響的目的檔案，從而保證整個程式的正確性和一致性。

make 命令並不是每次都簡單地重新執行 makefile 檔案中的所有編譯、連結命令，如果是這樣的話，就和 shell 指令稿沒有區別了。相反，make 命令會根據原始程式碼檔案的變更情況，只重新編譯必要的目的檔案並重新連結生成可執行檔，從而提高了編譯、連結的效率。如果修改了某個 .c 檔案，那麼對應的目的檔案就會被重新編譯生成。如果原始程式碼檔案沒做任何變更，那麼 make 命令不會執行 makefile 檔案中的任何編譯、連結命令，而只在終端輸出當前的可執行檔是最新檔案的提示。

makefile 的語法非常龐雜，其中包含了許多的命令、變數、函數、條件陳述式、迴圈敘述等，需要花費大量的時間與精力來學習和掌握。下面介紹最常用的 makefile 語法，以便大家在日後的開發中能夠靈活地使用和修改 makefile 檔案，進而應付日常絕大多數工作的需要。

7 編譯、連結、執行與偵錯

1．makefile 的基本語法

makefile 的基本語法如下。

```
target : prerequisites
    command
```

- target 既可以是一個可執行檔,也可以是目的檔案,甚至可以是一個偽目標(只是一個標籤用於標記一個命令)。

- prerequisites 是生成 target 所相依的檔案列表。具體來說,當 target 為可執行程式時,prerequisites 為目的檔案列表;當 target 為目的檔案時,prerequisites 為原始程式碼檔案列表;當 target 為偽目標時,prerequisites 為空或 command 為空,也可以使用 .PHONY 顯式地宣告 target 為偽目標。

- command 是 target 連結的所要執行的命令,需要特別注意的是,command 必須以一個【Tab】鍵開頭。當 target 為可執行程式或目的檔案時,command 為生成 target 所需要執行的編譯和連結命令;當 target 為偽目標時,command 僅為 target 這個標籤連結的所要執行的命令而已。

從 makefile 的基本語法可以看出,makefile 檔案描述的就是一種相依關係和生成規則。在 makefile 檔案中,每個規則都包含了 target、prerequisites 和 command,用於指定生成目的檔案所相依的檔案清單和生成規則。

2．make 命令的工作方式

- make 命令會在目前的目錄下查詢名為「makefile」的檔案,當然也可以使用 -f 選項指定特定的檔案為 makefile 檔案。

- 如果沒有找到 makefile 檔案,make 命令就會顯示出錯,提示找不到 makefile 檔案。如果找到了 makefile 檔案,預設情況下,make 命令會把 makefile 檔案中出現的第一個 target 作為最終生成的目標。當然,我們也可以在執行 make 命令時,指定生成特定的 target。

- make 命令會根據 makefile 檔案中描述的相依關係和最終所要生成的 target 來執行相應的命令,最後生成目的檔案。具體來說,如果 target 是最新生成的,那麼 make 命令不會執行 makefile 檔案中的任何命令;如果 target 不存在或 target 不是最新的，那麼 make 命令會執行 makefile 檔案中生成 target 所連結的命令，並根據需要遞迴地執行生成其他相依檔案的命令；如果 target 連結的某些原始程式碼檔案被修改，或 target 的某些相依檔案缺失，那麼 make 命令會生成最新的相依檔案，並執行 makefile 檔案中生成 target 所連結的命令。

- make 命令在執行編譯和連結的過程中，不會理會連結命令的錯誤，而只處理相依關係。如果相依的檔案無法生成，make 命令會直接顯示出錯並退出；不然 make 命令會根據 makefile 檔案中描述的相依關係，遞迴地執行連結的命令，直至生成最終的 target。

7.2.2 一個實例

以之前包含 3 個原始檔案和兩個標頭檔的那個專案為例，下面我們透過不同版本的 makefile 檔案來實現專案的編譯和連結，從而讓大家逐步了解 makefile 相關的實用語法。

1．第 1 版 makefile

我們先來看一下最簡單的 makefile 如何撰寫。

```
mySort : main.o sort.o print.o
  gcc -g -o mySort main.o sort.o print.o
main.o : main.c
  gcc -g -c main.c -o main.o
sort.o : sort.c
  gcc -g -c sort.c -o sort.o
print.o : print.c
  gcc -g -c print.c -o print.o
clean :
  rm -rf mySort main.o sort.o print.o
.PHONY : clean
```

我們的第 1 版 makefile 非常簡單明了。它的最終目標是生成名為 mySort 的目的檔案，目的檔案 mySort 相依於 main.o、sort.o、print.o 這 3 個目的檔案，而這 3 個目的檔案也都各自有自己的生成命令。此外，我們還顯式地宣告了 clean

為一個偽目標，用於清除編譯和連結過程中產生的目的檔案和最終的 mySort 目的檔案。

然而，按照這種方式撰寫的 makefile，在每次向專案中增加新的原始程式碼時，都需要手動修改 mySort 目的檔案的相依列表，並為新的原始程式碼新增相依關係描述。這種方式難以維護和擴充，因此我們需要更加智慧和靈活的 makefile 撰寫方式。

2·第 2 版 makefile

第 1 版的 makefile 過於簡單，且不夠靈活，我們可以嘗試做一些最佳化。讓我們來看一下第 2 版的 makefile。

```
OBJS = main.o sort.o print.o
CC = gcc
CFLAGS = -g
TARGET = mySort
$(TARGET) : $(OBJS)
    $(CC) $(CFLAGS) -o $@ $^
$(OBJS) : %.o : %.c
    $(CC) $(CFLAGS) -c $< -o $@
clean :
    rm -rf $(TARGET) $(OBJS)
.PHONY : clean
```

在第 2 版的 makefile 中，我們使用了 3 種常見的 makefile 語法，包括使用者自訂變數、自動化變數以及靜態模式。下面分別介紹這 3 種不同的 makefile 語法。

- 使用者自訂變數

在定義使用者自訂變數時需要注意，變數名稱是有大小寫區分的。舉例來說，**OBJS** 和 **OBJs** 是兩個不同的變數。變數名稱可以包含數字、字元、底線，也可以以數字開頭，但不能包含「:」「=」「#」和空白符號（如定位字元、確認符號、分行符號）。

7.2 專案工程的編譯與連結

在第 2 版的 makefile 中，我們定義了 4 個使用者自訂變數，分別是 OBJS、CC、CFLAGS 和 TARGET。它們分別表示目的檔案清單、編譯連結器、編譯連結標記和最終生成的目的檔案。和 shell 變數類似，使用者自訂變數在引用時需要使用一對圓括號包含起來，並在前面加上「$」符號。

- 自動化變數

在第 2 版的 makefile 中，我們使用了一些奇怪的字串，比如「$^」「$<」「$@」等。這些字串都是 makefile 自動化變數，它們代表 makefile 中的一些常用資訊。

具體來說，「$^」表示相依檔案列表，「$<」表示相依檔案列表中的第 1 個檔案，「$@」表示最終所要生成的檔案。因此，在「$(CC) $(CFLAGS) -o $@ $^」中，「$@」表示的是 $(TARGET)，也就是 mySort；「$^」表示的是 $(OBJS)，也就是「main.o sort.o print.o」。而「$<」表示的是 %.c，它在靜態模式下會被擴充成對應的原始檔案。

透過使用這些自動化變數，我們可以自動化地生成目的檔案連結的命令，從而簡化了 makefile 的撰寫。同時，這些自動化變數還可以幫助我們自動化地處理相依關係，從而避免了手動修改 makefile 的煩瑣工作。

- 靜態模式

在第 2 版的 makefile 中，我們看到了一種奇怪的相依關係表達方式——「$(OBJS) : %.o : %.c」，這種相依關係表達方式被稱為靜態模式。靜態模式是一種能夠更靈活地定義多個目標的相依關係和生成規則的語法。它的語法格式如下。

```
<targets>:<target-pattern>:<prerequisites-patterns>
```

targets 表示目標集合，在第 2 版的 makefile 中，targets 為「main.o sort.o print.o」。

target-pattern 表示目標的匹配模式。舉例來說，%.o 表示以 .o 結尾的目標，也就是說，匹配過濾後的目標集合為「main.o sort.o print.o」。

7-23

prerequisites-patterns 表示目標的相依模式，在第 2 版的 makefile 中，目標的相依模式為 %.c，匹配後的目標使用相依模式 %.c 來生成相依檔案清單，也就是將目標中的 .o 使用 .c 替換，然後生成對應的相依檔案列表。

「$(OBJS) : %.o : %.c」按照靜態模式的語法展開之後的內容如下。

```
main.o : main.c
  gcc -g -c main.c -o main.o
sort.o : sort.c
  gcc -g -c sort.c -o sort.o
print.o : print.c
  gcc -g -c print.c -o print.o
```

相較於第 1 版的 makefile，第 2 版 makefile 的相依關係描述更加簡潔，同時使用者自訂變數的使用也讓 makefile 的修改更加直接明了。

3．第 3 版 makefile

在第 2 版 makefile 的基礎上是否可以進一步最佳化？讓我們來看一下第 3 版 makefile 的實現。

```
SOURCES = $(wildcard *.c)
OBJS = $(patsubst %.c,%.o,$(SOURCES))
TARGET = mySort
CC = gcc
CFLAGS = -g
$(TARGET) : $(OBJS)
  $(CC) $(CFLAGS) -o $@ $^
$(OBJS) : %.o : %.c
  $(CC) $(CFLAGS) -c $< -o $@
clean :
  rm -rf $(OBJS) $(TARGET)
.PHONY : clean
```

第 3 版的 makefile 使用了 wildcard 函數和 patsubst 函數。我們先來看一下第 3 版 makefile 中新使用的語法。

```
${<function> <arguments>} 或 $(<function> <arguments>)
```

其中，<function> 為函數名稱，<arguments> 為參數列表。函數名稱和參數列表之間使用空格分隔，參數列表中的各個參數使用逗點分隔。函數呼叫以 $ 開頭，用一對圓括號或大括號包含函數名稱和參數列表。

- wildcard 函數

makefile 中也存在和 shell 中一樣的萬用字元，比如 * 和 ?。但是，makefile 中的萬用字元只能在目標和相依檔案清單中展開，在定義變數時是不會展開的。這時，wildcard 函數就派上用場了。wildcard 函數是萬用字元擴充函數，$(wildcard *.c) 表示目前的目錄下所有以 .c 結尾的檔案。

- patsubst 函數

patsubst 函數是模式字串替換函數，它的函數呼叫格式為 $(patsubst pattern,replacement, text)。它會查詢 text 中匹配 pattern 的單字，然後使用 replacement 進行替換，最後傳回被替換後的字串。pattern 可以包含萬用字元 %，% 代表任意長度的字串。如果 replacement 中也包含萬用字元 %，那麼 replacement 中的 % 就是 pattern 中的 % 所代表的字串。

以第 3 版 makefile 中的 $(patsubst %.c,%.o,$(SOURCES)) 函數呼叫為例，對 $(SOURCES) 進行展開，可以得到 $(patsubst %.c,%.o,main.c print.c sort.c)，patsubst 函數將傳回字串「main.o print.o sort.o」。

第 3 版 makefile 已經比較通用了，在專案目錄下增加或刪除任何檔案都不需要修改 makefile。

4．第 4 版 makefile

我們已經迭代了 3 版 makefile，但是第 3 版的 makefile 並不完全通用，還可以進一步最佳化。比如，原始程式碼檔案（簡稱原始檔案）只能匹配 .c 檔案，並且只能匹配目前的目錄下的檔案，以及僅支援 C 程式的編譯。下面介紹通用版的 makefile，其中的內容如下。

```
TARGET = mySort
CFLAGS = -g -O2 -Wall -Werror -pipe -m64                    # C 編譯選項
CXXFLAGS = -g -O2 -Wall -Werror -pipe -m64 -std=c++11       # C++ 編譯選項
```

7 編譯、連結、執行與偵錯

```
LDFLAGS =        # 連接選項
INCFLAGS =       # 標頭檔目錄
SRCDIRS = .      # 原始檔案目錄
ALONE_SOURCES =  # 單獨的原始檔案


CC = gcc         # C 編譯器
CXX = g++        # C++ 編譯器
SRCEXTS = .c .C .cc .cpp .CPP .c++ .cxx .cp  # 原始檔案類型擴充：以 .c 為副檔名的是 C
                                             # 原始檔案,其他的是 C++ 原始檔案
HDREXTS = .h .H .hh .hpp .HPP .h++ .hxx .hp  # 標頭檔類型擴充

ifeq ($(TARGET),)   # 如果 TARGET 為空,則取目前的目錄的 basename 作為目標名稱
  TARGET = $(shell basename $(CURDIR))  # 取當前路徑名稱中的最後一個名稱, CURDIR
                                         # 是 make 的內建變數,它自動會被設置為目前的目錄
  ifeq ($(TARGET),)
    TARGET = a.out
  endif
endif
ifeq ($(SRCDIRS),)    # 如果原始檔案目錄為空,則預設目前的目錄為原始檔案目錄
  SRCDIRS = .
endif

# foreach 函數用於遍歷原始檔案目錄,針對每個原始檔案目錄,呼叫 addprefix 函數以增加目錄首碼,
# 生成各種指定原始檔案副檔名類型的通用匹配模式 (類似於正規表示法)
# 使用 wildcard 函數對每個目錄下的檔案進行萬用字元擴充,最後得到所有的 TARGET 相依的原始檔案
# 列表並儲存到 SOURCES 中
SOURCES = $(foreach d,$(SRCDIRS),$(wildcard $(addprefix $(d)/*,$(SRCEXTS))))
SOURCES += $(ALONE_SOURCES)
# 和上面的 SOURCES 類似
HEADERS = $(foreach d,$(SRCDIRS),$(wildcard $(addprefix $(d)/*,$(HDREXTS))))
SRC_CXX = $(filter-out %.c,$(SOURCES))    # 過濾掉 C 語言相關的原始檔案,用於判斷是采
                                           # 用 C 編譯還是 C++ 編譯
# 目的檔案列表,先呼叫 basename 函數以獲取原始檔案的首碼,再呼叫 addsuffix 函數以增加 .o 副檔名
OBJS = $(addsuffix .o, $(basename $(SOURCES)))
# 定義編譯和連結過程中使用的變數
COMPILE.c    = $(CC) $(CFLAGS)   $(INCFLAGS) -c
COMPILE.cxx  = $(CXX) $(CXXFLAGS) $(INCFLAGS) -c
LINK.c       = $(CC)  $(CFLAGS)
LINK.cxx     = $(CXX) $(CXXFLAGS)
```

7.2 專案工程的編譯與連結

```
all: $(TARGET)      # all 生成的相依規則，用於生成 TARGET
objs: $(OBJS)       # objs 生成的相依規則，用於生成各個連結使用的目的檔案
.PHONY: all objs clean help debug

# 下面是生成目的檔案的通用規則
%.o:%.c
    $(COMPILE.c) $< -o $@
%.o:%.C
    $(COMPILE.cxx) $< -o $@
%.o:%.cc
    $(COMPILE.cxx) $< -o $@
%.o:%.cpp
    $(COMPILE.cxx) $< -o $@
%.o:%.CPP
    $(COMPILE.cxx) $< -o $@
%.o:%.c++
    $(COMPILE.cxx) $< -o $@
%.o:%.cp
    $(COMPILE.cxx) $< -o $@
%.o:%.cxx
    $(COMPILE.cxx) $< -o $@

$(TARGET): $(OBJS)   # 最終目的檔案的相依規則
ifeq ($(SRC_CXX),)                  # C 程式
    $(LINK.c)   $(OBJS) -o $@ $(LDFLAGS)
    @echo Type $@ to execute the program.
else                                # C++ 程式
    $(LINK.cxx) $(OBJS) -o $@ $(LDFLAGS)
    @echo Type $@ to execute the program.
endif

clean:
    rm $(OBJS) $(TARGET)
help:
    @echo ' 通用 makefile 用於編譯 C/C++ 程式  版本編號 1.0'
    @echo
    @echo 'Usage: make [TARGET]'
    @echo 'TARGETS:'
```

```
        @echo '   all         （相當於直接執行 make 命令）編譯並連結'
        @echo '   objs        只編譯，不連結'
        @echo '   clean       清除目的檔案和可執行檔'
        @echo '   debug       顯示變數，用於偵錯'
        @echo '   help        顯示說明資訊'
        @echo
debug:
        @echo 'TARGET      :' $(TARGET)
        @echo 'SRCDIRS     :' $(SRCDIRS)
        @echo 'SOURCES     :' $(SOURCES)
        @echo 'HEADERS     :' $(HEADERS)
        @echo 'SRC_CXX     :' $(SRC_CXX)
        @echo 'OBJS        :' $(OBJS)
        @echo 'COMPILE.c   :' $(COMPILE.c)
        @echo 'COMPILE.cxx :' $(COMPILE.cxx)
        @echo 'LINK.c      :' $(LINK.c)
        @echo 'LINK.cxx    :' $(LINK.cxx)
```

通用版的 makefile 由 3 部分組成。第 1 部分是編譯目標的定義，在這部分，我們定義了編譯目標變數 TARGET，它的值暫時為空。

第 2 部分是自訂設置，一般我們只需要修改這部分的內容。在這部分，我們需要設置 C 和 C++ 的編譯選項、連結選項、標頭檔搜尋路徑、原始檔案目錄、單獨的原始檔案等。

第 3 部分是固定設置，我們不需要修改這部分的內容。這裡引入了幾個 makefile 內建函數的呼叫，它們分別是 foreach 函數、addprefix 函數、addsuffix 函數、filter-out 函數和 basename 函數。下面我們分別介紹這幾個函數的功能。

- foreach 函數

foreach 函數用於完成遍歷操作，它的函數呼叫格式為 $(foreach <var>,<list>,<text>)。foreach 函數會從 list 變數清單中一個一個獲取變數並儲存到 var 變數中，然後執行 text 包含的運算式，我們在 text 包含的運算式中可以使用 var 變數。

- addprefix 函數

addprefix 函數用於增加首碼，它的函數呼叫格式為 $(addprefix <prefix>, <name1 name2 name3 …>)。addprefix 函數會在名稱序列中每個名稱的前面增加 <prefix> 首碼。

- addsuffix 函數

addsuffix 函數用於增加尾碼，它的函數呼叫格式為 $(addsuffix <suffix>,<name1 name2 name3 …>)。addsuffix 函數會在名稱序列中每個名稱的後面增加 <suffix> 尾碼。

- filter-out 函數

filter-out 函數用於從一個字串中剔除指定模式的資料，它的函數呼叫格式為 $(filter- out <pattern1 pattern2 …>,<text>)。filter-out 函數會把 text 中匹配模式序列中任意模式的資料剔除。

- basename 函數

這裡的 basename 函數不是 shell 中的 basename 命令，它在 makefile 語法中用於獲取首碼，它的函數呼叫格式為 $(basename <name1 name2 …>)，basename 函數會取出名稱序列中每個名稱的首碼。

7.2.3 實現簡易的 make 命令

在前面的學習中，我們已經掌握了 makefile 如何撰寫以及 make 命令的使用方法。為了加深大家的理解，下面實現一個簡易的 make 命令，我們將其命名為 mymake。

mymake 將實現 make 命令的以下功能。

- 解析 makefile 檔案並進行基本語法的驗證。
- 支援指定特定的目標，並執行連結的命令。
- 分析目標之間的相依關係，並遞迴地完成對目標的編譯。

7 編譯、連結、執行與偵錯

- 根據原始檔案的變更來決定哪些目標需要重新編譯，實現原始程式變更時的增量編譯。

下面我們來看一下具體的程式實現，一共有 5 個原始程式碼檔案，它們分別 是 mymake. cpp、makefileparser.cpp、makefileparser.h、makefiletarget.cpp 和 makefiletarget.h。其中，mymake.cpp 為程式執行的入口檔案，makefileparser.cpp 和 makefileparser.h 實現了 makefile 的解析，makefiletarget.cpp 和 makefiletarget. h 實現了目標之間相依關係的分析以及目標的建構。

程式清單 7-2 ～程式清單 7-6 展示了相關內容。

➜ 程式清單 7-2 makefile 解析標頭檔 makefileparser.h

```
#pragma once
#include <assert.h>
#include <iostream>
#include <string>
#include <vector>
namespace MyMake {
enum ParserStatus {
  INIT = 1,    // 初始化狀態
  COLON = 2,   // 冒號
  IDENTIFIER = 3,   // 識別字（包括關鍵字）-> .PHONY mymake.cpp mymake.o
  TAB = 4,    //【Tab】鍵
  CMD = 5,    // 要執行的命令
};
typedef int TokenType;
typedef struct Token {
  int32_t line_pos;        //token 在行中的位置
  int32_t line_number;     //token 在 makefile 檔案中的第幾行
  std::string text;        //token 的文字內容
  TokenType token_type;    //token 的類型，使用 ParserStatus 列舉賦值
  void Print() {
    std::cout << "line_number[" << line_number << "],line_pos[" << line_pos
              << "],token_type[" << GetTokenTypeStr() << "],text[" << text
              << "]" << std::endl;
  }
  std::string GetTokenTypeStr() {
    if (token_type == COLON) {
```

```cpp
      return "COLON";
    }
    if (token_type == IDENTIFIER) {
      return "IDENTIFIER";
    }
    if (token_type == TAB) {
      return "TAB";
    }
    if (token_type == CMD) {
      return "CMD";
    }
    assert(0);
  }
} Token;
class Parser {
 public:
  bool ParseToToken(std::string file_name, std::vector<std::vector<Token>>&
    tokens);
 private:
  void parseLine(std::string line, int32_t line_number, std::string& token,
    ParserStatus& parseStatus, std::vector<Token>& tokens_list);
};
} //namespace MyMake
```

→ 程式清單 7-3 makefile 解析原始檔案 makefileparser.cpp

```cpp
#include "makefileparser.h"
#include <fstream>
using namespace std;
namespace MyMake {
bool Parser::ParseToToken(string file_name, vector<vector<Token>>& tokens_list) {
  if (file_name == "") return false;
  ifstream in;
  in.open(file_name);
  if (not in.is_open()) return false;
  string token = "";
  string line;
  ParserStatus parse_status = INIT;
  int32_t line_number = 1;
  while (getline(in, line)) {
```

```cpp
      line += '\n';
      vector<Token> tokens;
      parseLine(line, line_number, token, parse_status, tokens);
      line_number++;
      if (tokens.size() > 0) {
        tokens_list.push_back(tokens);
      }
    }
    return true;
}
void Parser::parseLine(std::string line, int32_t line_number, std::string&
    token, ParserStatus& parse_status, std::vector<Token>& tokens) {
    auto getOneToken = [&token, &tokens, &parse_status, line_number](ParserStatus
new_status, int32_t pos) {
      if (token != "") {
        Token t;
        t.line_pos = pos;
        t.line_number = line_number;
        t.text = token;
        t.token_type = parse_status;
        tokens.push_back(t);
      }
      token = "";
      parse_status = new_status;
    };
    int32_t pos = 0;
    for (size_t i = 0; i < line.size(); i++) {
      char c = line[i];
      if (parse_status == INIT) {
        if (c == ' ' || c == '\n') continue;
        if (c == '\t') {          // 【Tab】鍵
          parse_status = TAB;
        } else if (c == ':') {    // 冒號
          parse_status = COLON;
        } else {                  // 其他字元
          parse_status = IDENTIFIER;
        }
        token = c;
        pos = i;
```

7.2 專案工程的編譯與連結

```
  } else if (parse_status == COLON) {
    if (c == ' ' || c == '\n') {
      getOneToken(INIT, pos);
      continue;
    }
    if (c == '\t') {
      getOneToken(TAB, pos);
    } else if (c == ':') {
      getOneToken(COLON, pos);
    } else {
      getOneToken(IDENTIFIER, pos);
    }
    token = c;
    pos = i;
  } else if (parse_status == IDENTIFIER) {
    if (c == ' ' || c == '\n') {
      getOneToken(INIT, pos);
      continue;
    }
    if (c == '\t') {
      getOneToken(TAB, pos);
      token = c;
      pos = i;
    } else if (c == ':') {
      getOneToken(COLON, pos);
      token = c;
      pos = i;
    } else {
      token += c;
    }
  } else if (parse_status == TAB) {
    if (isblank(c)) {       // 過濾掉【Tab】鍵之後的空白符號
      continue;
    }
    getOneToken(CMD, pos);   // 其他不可為空白符號的部分就是命令
    token = c;
    pos = i;
  } else if (parse_status == CMD) {
    if (c == '\n') {
```

7-33

```
          getOneToken(INIT, pos);
        } else {
          token += c;
        }
      } else {
        assert(0);
      }
    }
  }
} //namespace MyMake
```

→ 程式清單 7-4　makefile 目標定義標頭檔 makefiletarget.h

```
#pragma once
#include <map>
#include <string>
#include <vector>
#include "makefileparser.h"
namespace MyMake {
class Target {
 public:
  Target(std::string name) : name_(name), is_real_(false) {}
  void SetIsReal(bool is_real) { is_real_ = is_real; }
  void SetRelateCmd(std::string relate_cmd) {
     relate_cmds_.push_back(relate_cmd); }
  void SetLastUpdateTime(int64_t last_update_time) {
     last_update_time_ = last_update_time; }
  void SetRelateTarget(Target* target) { relate_targets_.push_back(target); }
  bool IsNeedReBuild();
  int ExecRelateCmd();
  int64_t GetLastUpdateTime();
  std::string Name() { return name_; }
  static Target* QueryOrCreateTarget(
     std::map<std::string, Target*>& name_2_target, std::string name);
  static Target* GenTarget(std::map<std::string, Target*>& name_2_target,
     std::vector<std::vector<Token>>& tokens_list);
  static int BuildTarget(Target* target);

 private:
  int execCmd(std::string cmd);
```

```cpp
private:
  std::string name_;          // 目標名稱
  bool is_real_;              // 是否為真實的目標，舉例來說，在「mymake.o : mymake.cpp」中，
                              //mymake.o 是真實的目標，mymake.cpp 是虛擬的目標
  int64_t last_update_time_;                  // 目標最後更新的時間
  std::vector<std::string> relate_cmds_;      // 目標連結的命令
  std::vector<Target*> relate_targets_;       // 相依的目標清單
};
}  //namespace MyMake
```

➜ 程式清單 7-5　makefile 目標實現原始檔案 makefiletarget.cpp

```cpp
#include "makefiletarget.h"
#include <stdio.h>
#include <sys/stat.h>
#include <sys/types.h>
#include <sys/wait.h>
#include <unistd.h>
namespace MyMake {
bool Target::IsNeedReBuild() {
  if (not is_real_) {        // 非真實的目標不用重建
    return false;
  }
  if (name_ == ".PHONY") {   // 虛擬的目標則需要重建
    return true;
  }
  if (relate_cmds_.size() <= 0) {    // 是真實目標但不是 .PHONY，沒有連結命令的目
                                     // 標，直接顯示出錯
    std::cout << "mymake: Nothing to be done for '" << name_ << "'."
           << std::endl;
    exit(4);
  }
  if (relate_targets_.size() <= 0) {    // 相依的目標為空，需要重建，如 clean
    return true;
  }
  last_update_time_ = GetLastUpdateTime();
  for (size_t i = 0; i < relate_targets_.size(); i++) {
    relate_targets_[i]->last_update_time_ =
        relate_targets_[i]->GetLastUpdateTime();
    // 檔案不存在（last_update_time_ 的值為 -1）或相依的目標已經更新
```

```cpp
    if (relate_targets_[i]->last_update_time_ == -1 || relate_targets_[i]
->last_update_time_ > last_update_time_) {
      return true;
    }
    if (relate_targets_[i]->IsNeedReBuild()) {    // 再次檢查相依的目標是否需要重建
      return true;
    }
  }
  return false; // 所有相依的目標的更新時間都小於等於當前目標的更新時間，當前目標不用重建
}
int Target::ExecRelateCmd() {
  if (not IsNeedReBuild()) {    // 目標不用建構，直接傳回 0
    return 0;
  }
  int result = 0;
  for (auto& cmd : relate_cmds_) {
    result = execCmd(cmd);
    if (result) {
      std::cout << "mymake: *** [" << name_ << "] Error " << result
                << std::endl;
      exit(3);
    }
  }
  return 0;
}
int64_t Target::GetLastUpdateTime() {
  struct stat file_stat;
  std::string target_name = "./" + name_;
  if (stat(target_name.c_str(), &file_stat) == -1) {
    return -1;
  }
  return file_stat.st_mtime;
}
int Target::execCmd(std::string cmd) {
  pid_t pid = fork();
  if (pid < 0) {
    perror("call fork failed.");
    return -1;
  }
```

```cpp
  if (0 == pid) {
    std::cout << cmd << std::endl;
    execl("/bin/bash", "bash", "-c", cmd.c_str(), nullptr);
    exit(1);
  }
  int status = 0;
  int ret = waitpid(pid, &status, 0);   // 父處理程序呼叫 waitpid，等待子處理程序執行子命
                                        // 令結束，並獲取子命令的執行結果
  if (ret != pid) {
    perror("call waitpid failed.");
    return -1;
  }
  if (WIFEXITED(status) && WEXITSTATUS(status) == 0) {
    return 0;
  }
  return WEXITSTATUS(status);
}
Target* Target::QueryOrCreateTarget(
  std::map<std::string, Target*>& name_2_target,
  std::string name) {
  if (name_2_target.find(name) == name_2_target.end()) {
    name_2_target[name] = new Target(name);
  }
  return name_2_target[name];
}
Target* Target::GenTarget(std::map<std::string, Target*>& name_2_target,
                          std::vector<std::vector<Token>>& tokens_list) {
  Target* root = nullptr;
  Target* target = nullptr;
  for (auto& tokens : tokens_list) {
    if (tokens[0].token_type == IDENTIFIER) {   // 一個目標
      if (tokens.size() <= 1 || tokens[1].token_type != COLON) {   // 目標
                                                                   // 之後必須是冒號
        // 語法錯誤
        std::cout << "makefile:" << tokens[0].line_number
                  << ": *** missing separator.  Stop." << std::endl;
        exit(1);
      }
      target = QueryOrCreateTarget(name_2_target, tokens[0].text);
```

```cpp
      for (size_t i = 2; i < tokens.size(); i++) {    // 建立相依的目標
        Target* relate_target = QueryOrCreateTarget(name_2_target,
            tokens[i].text);
        target->SetRelateTarget(relate_target);
      }
      target->SetIsReal(true);
      if (nullptr == root) {
        root = target;    // 第一個目標是多叉樹的根節點
      }
      continue;
    }
    if (tokens[0].token_type == TAB) {    // 一筆命令
      if (tokens[0].line_pos != 0) {    // 【Tab】鍵必須在開頭位置
        std::cout << "makefile:" << tokens[0].line_number
                << ": *** tab must at line begin.  Stop." << std::endl;
        exit(3);
      }
      if (tokens.size() == 1) {        // 一行空命令，直接過濾
        continue;
      }
      assert(tokens.size() == 2);
      if (target == nullptr) {
        std::cout << "makefile:" << tokens[0].line_number
                << ": *** recipe commences before target.  Stop."
                << std::endl;
        exit(2);
      }
      assert(tokens[1].token_type == CMD);
      target->SetRelateCmd(tokens[1].text);
      continue;
    }
    // 語法錯誤
    std::cout << "makefile:" << tokens[0].line_number
            << ": *** missing separator.  Stop." << std::endl;
    exit(1);
  }
  return root;
}
int Target::BuildTarget(Target* target) {
```

```cpp
    if (target->relate_targets_.size() <= 0) { // 葉子節點，直接執行自身連結的命
                                                // 令並傳回，比如 mymake.cpp 這個目標
      return target->ExecRelateCmd();
    }
    for (auto& relate_target : target->relate_targets_) {   // 建構相依的目標
      BuildTarget(relate_target);
    }
    return target->ExecRelateCmd();     // 建構完相依的目標，執行對目標自身進行建構的命令
  }
} //namespace MyMake
```

→ 程式清單 7-6　mymake 入口程式檔案 mymake.cpp

```cpp
#include <fstream>
#include <iostream>
#include "makefileparser.h"
#include "makefiletarget.h"
using namespace std;
bool GetMakeFileName(string &makefile_name) {
  ifstream in;
  in.open("./makefile");    // 優先判定 makefile 檔案
  if (in.is_open()) {
    makefile_name = "./makefile";
    return true;
  }
  in.open("./Makefile");
  if (in.is_open()) {
    makefile_name = "./Makefile";
    return true;
  }
  return false;
}
int main(int argc, char *argv[]) {
  MyMake::Parser parser;
  vector<vector<MyMake::Token>> tokens_list;
  string makefile_name;
  // 判斷 makefile 檔案是否存在
  if (not GetMakeFileName(makefile_name)) {
    cout << "mymake: *** No targets specified and no makefile found.  Stop."
         << endl;
```

```
      return -1;
    }
    // 詞法分析
    if (not parser.ParseToToken(makefile_name, tokens_list)) {
      cout << "ParseToToken failed" << endl;
      return -1;
    }
    // 語法分析，生成編譯相依樹（多叉樹），並完成簡單的語法驗證
    map<string, MyMake::Target *> name_2_target;
    MyMake::Target *build_target = MyMake::Target::GenTarget(name_2_target,
      tokens_list);
    if (argc >= 2) {
      string build_name = string(argv[1]);
      if (name_2_target.find(build_name) == name_2_target.end()) {
        cout << "mymake: *** No rule to make target '" << build_name
             << "'.  Stop." << endl;
        exit(-1);
      }
      build_target = name_2_target[build_name];
    }
    // 執行編譯操作，深度優先遍歷多叉樹，在編譯過程中，需要判斷目標是否需要重建
    if (build_target->IsNeedReBuild()) {
      return MyMake::Target::BuildTarget(build_target);   // 一個深度優先遍歷的
                                                          // 建構過程
    }
    cout << "mymake: '" << build_target->Name() << "' is up to date." << endl;
    return 0;
}
```

mymake 會首先判斷 makefile 檔案是否存在，如果存在，則執行解析操作並完成詞法分析。接下來，執行語法分析，生成編譯相依樹，並完成簡單的語法驗證。最後，使用深度優先遍歷演算法遍歷編譯相依樹，完成對目標的建構。

對程式清單 7-2～程式清單 7-6 進行編譯，並透過執行 make 命令來測試 mymake 程式相關的功能。

```
// 執行 make 命令，完成對 mymake 程式的編譯
[root@VM-114-245-centos mymake]# make
g++ -g -std=c++11 -c mymake.cpp -o mymake.o
```

```
g++ -g -std=c++11 -c makefileparser.cpp -o makefileparser.o
g++ -g -std=c++11 -c makefiletarget.cpp -o makefiletarget.o
g++ -g -std=c++11 -o mymake mymake.o makefileparser.o makefiletarget.o
// 執行 mymake 命令，編譯 mymake 程式自身
[root@VM-114-245-centos mymake]# ./mymake
mymake: 'mymake' is up to date.
[root@VM-114-245-centos mymake]# rm -rf *.o
// 在刪除所有的 .o 檔案之後，重新執行 mymake 命令
[root@VM-114-245-centos mymake]# ./mymake
g++ -g -std=c++11 -c mymake.cpp -o mymake.o
g++ -g -std=c++11 -c makefileparser.cpp -o makefileparser.o
g++ -g -std=c++11 -c makefiletarget.cpp -o makefiletarget.o
g++ -g -std=c++11 -o mymake mymake.o makefileparser.o makefiletarget.o
[root@VM-114-245-centos mymake]#  rm -rf makefileparser.o
// 在單獨刪除一個 .o 檔案之後，重新執行 mymake 命令
[root@VM-114-245-centos mymake]#   ./mymake
g++ -g -std=c++11 -c makefileparser.cpp -o makefileparser.o
g++ -g -std=c++11 -o mymake mymake.o makefileparser.o makefiletarget.o
// 指定清理目標，執行連結的清理操作
[root@VM-114-245-centos mymake]# ./mymake clean
rm -rf mymake mymake.o makefileparser.o makefiletarget.o
[root@VM-114-245-centos mymake]#
```

從執行結果來看，mymake 成功實現了我們預期的所有功能。有趣的是，mymake 還可以用於生成自身，這一點和自舉非常相似。

7.2.4 常用的編譯和連結選項

下面讓我們來看一下在專案工程中，經常會涉及的編譯和連結選項。了解這些選項能讓我們在平時的研發過程中，做到有的放矢。

1．動態連結程式庫選項

C/C++ 程式會經常使用到動態連結程式庫，動態函數庫有系統的、第三方的，也有自訂的。在使用動態連結程式庫時，需要指定兩個連結選項，它們分別為 -l 選項和 -L 選項，當然還有其他常用選項。

- -l 選項

-l 選項指定要連結哪個動態函數庫，假設我們在程式中使用了 pthread 系列的多執行緒函數，則在連結時需要指定 -lpthread 這個選項。

- -L 選項

-L 選項指明了動態函數庫所在的目錄。-L 選項幾乎被用於指明第三方動態函數庫或自訂動態函數庫所在的目錄，因為第三方的或自訂的動態函數庫都有自己獨立的儲存目錄。

- -rdynamic 選項

-rdynamic 選項用於指示連結器載入所有的符號到最終的可執行檔中，而不管這些符號是否被使用。這個選項在程式使用到 dl 系列動態連結程式庫符號的載入函數時需要指定，否則在呼叫 dl 系列函數時，就可能出現某些符號找不到的錯誤訊息。

- 「-Wl,-rpath」選項

在「-Wl,-rpath」選項中，-Wl 表示給連結器傳遞參數，傳遞的參數為逗點後面的 -rpath。-rpath 為實際傳遞給連結器的參數，它用於指定執行時期動態連結程式庫優先的搜尋路徑，這條搜尋路徑的資訊被儲存在可執行檔中。比如，我們可以使用命令「gcc -g -o mySort main.o print.o sort.o -Wl,-rpath=/usr/local/lib」來編譯 mySort 程式，再透過使用 strings 命令，我們可以看到 /usr/local/lib 被儲存在可執行檔 mySort 中。

```
[root@VM-114-245-centos make_learn]# gcc -g -o mySort main.o print.o sort.o
-Wl,-rpath=/usr/local/lib
[root@VM-114-245-centos make_learn]# strings ./mySort | grep /usr/local/lib
/usr/local/lib
[root@VM-114-245-centos make_learn]#
```

- -I 標頭檔選項

-I 標頭檔選項在專案工程中最為常見。當編譯到引用了動態函數庫符號的原始程式碼時，就需要指定 -I 標頭檔選項，用於指明引用的動態函數庫符號宣告的標頭檔所在的目錄。

2．巨集選項

巨集選項是編譯的開關，透過這些開關，我們可以選擇性地實現程式不同的功能。

- -D 巨集選項

-D 巨集選項在編譯階段使用，用於影響前置處理的結果。它能夠在編譯階段就動態選擇程式實現的功能。程式清單 7-7 是一個簡單的例子。

→ 程式清單 7-7　一個簡單的例子

```
#include <stdio.h>
int main() {
#ifdef TEST
  printf("TEST is set\n");
#else
  printf("TEST not set\n");
#endif
  return 0;
}
```

下面我們來看看在使用和不使用 -D 選項的情況下，程式的執行結果有何不同。

```
[root@VM-114-245-centos Chapter07]# gcc -o macro macro.c
[root@VM-114-245-centos Chapter07]# ./macro
TEST not set
[root@VM-114-245-centos Chapter07]# gcc -o macro macro.c -DTEST
[root@VM-114-245-centos Chapter07]# ./macro
TEST is set
[root@VM-114-245-centos Chapter07]#
```

- -DMACRO=VALUE

從上面的執行結果中可以看出，當增加 -DTEST 選項時，巨集的定義會被傳遞到原始程式碼檔案 macro.c 中。當然，我們也可以像在程式中給巨集指定值一樣，在編譯參數中給巨集指定值。舉例來說，如果想要指定 TEST 巨集的值為

7 編譯、連結、執行與偵錯

2，那麼可以使用 -DTEST=2 選項。大家可以自行測試這個功能，這裡不再提供測試程式。

- -DNDEBUG 選項

-DNDEBUG 選項用於關閉 assert 斷言函數。當我們使用 -DNDEBUG 選項進行編譯時，程式中的 assert 斷言函數都會失效，不會進行任何檢查。

assert 斷言函數通常用於在程式中進行偵錯和錯誤處理。它會檢查一個條件是否成立，如果這個條件不成立，則輸出一筆錯誤資訊，並終止程式的執行。在開發階段，我們通常會開啟 assert 斷言函數，以便及早發現程式中的問題。但在發佈程式時，我們通常會關閉 assert 斷言函數，以提高程式的性能。

3・偵錯與警告選項

在程式開發過程中，我們難免需要對程式進行偵錯，並且需要編譯器幫助我們檢查程式中的錯誤。此時，偵錯與警告選項就派上用場了。

- -g 選項

-g 選項用於在編譯時生成偵錯資訊。這些偵錯資訊可以被偵錯工具（如 gdb）用來進行程式偵錯。在使用 gdb 進行偵錯時，我們可以查看程式的原始程式碼、變數的值、函數的呼叫堆疊等資訊，從而更方便地進行偵錯。

需要注意的是，使用 -g 選項會增大程式的大小，因為編譯器會將偵錯資訊嵌入可執行檔。因此，在發佈程式時，我們通常會關閉 -g 選項，以減小程式的大小。

- -Wall 選項

-Wall 選項是用於生成所有警告資訊的編譯選項。它可以幫助我們發現可能隱藏的問題，從而提高程式的品質。

具體來說，-Wall 選項會生成所有的警告資訊，包括一些常見的程式設計錯誤，如未宣告的變數、未使用的變數、類型不匹配等。這些警告資訊可以幫助我們發現程式中的潛在問題，從而及早地進行修復，避免在後期出現更嚴重的問題。

- -Werror 選項

-Werror 選項是一個非常嚴格的編譯選項，它能夠將所有的警告資訊當作錯誤進行處理。當我們使用 -Werror 選項時，任何一筆警告資訊都會導致編譯和連結失敗，直到所有的警告問題都被解決為止。

通常情況下，我們會將 -Werror 選項和 -Wall 選項一起使用。這樣可以確保我們的程式沒有任何潛在的問題，從而提高程式的品質。使用 -Werror 選項可以強制我們解決所有的警告問題，避免出現一些低級的程式錯誤。

- -Wextra 選項

只開啟 -Wall 選項是不夠嚴格的，-Wextra 選項是對 -Wall 選項的補充。

-Wall 選項雖然能夠生成大量的警告資訊，但並不包括所有的警告類型。這時，我們可以使用 -Wextra 選項來對 -Wall 選項進行補充。

具體來說，-Wextra 選項包括一些沒有被 -Wall 選項包含在內的警告類型，如未使用的函數、未使用的參數、類型轉換等。使用 -Wextra 選項可以幫助我們發現更多潛在的問題，從而提高程式的品質。

4．其他選項

-pipe 選項是一個非常有用的編譯選項，它可以指示編譯器使用管道機制代替暫存檔案。當我們使用 -pipe 選項時，編譯器在前置處理、編譯、組合語言這三個階段都會使用管道機制，而非產生暫存檔案。

使用 -pipe 選項可以減少不必要的磁碟 I/O，從而提高編譯速度。因為磁碟 I/O 通常是編譯過程中的瓶頸之一，使用管道機制可以避免產生大量的暫存檔案，從而減少磁碟 I/O 方面的銷耗。

需要注意的是，使用 -pipe 選項可能會佔用更多的記憶體，因為編譯器需要將資料儲存在記憶體中，而非寫入暫存檔案。因此，在使用 -pipe 選項時，我們需要確保系統有足夠的記憶體可用。

7.3 動態連結與靜態連結

編譯器在生成可執行程式的連結階段有兩種連結方式，分別是動態連結和靜態連結。

動態連結是指在程式執行時期，將程式和動態函數庫分開編譯，程式在執行時期需要動態函數庫的支援，動態函數庫的符號表資訊和重定位資訊會被儲存在動態函數庫檔案中，程式只需要儲存對動態函數庫的引用即可。這種方式可以減小程式的大小，但需要在執行時期載入動態函數庫，可能會影響程式的啟動速度。

靜態連結是指在程式編譯時，將程式和靜態程式庫一起編譯，靜態程式庫中的目的檔案會被直接複製到程式中，程式不需要相依外部的動態函數庫。這種方式可以提高程式的啟動速度，但會增大程式的大小。

靜態程式庫在本質上是一堆相關的、可重定位的目的檔案的歸檔檔案，它們被打包在一起，形成一個單獨的檔案。靜態程式庫中的目的檔案包含了一些函數和變數的定義及實現，這些函數和變數可以被其他程式引用及呼叫。

因為靜態連結是把使用的所有號都複製到可執行檔中，所以生成的可執行檔相對於動態連結生成的可執行檔要大很多，我們可以使用靜態連結的方式，對 7.1 節中的 helloworld.c 進行重新連結，然後進行對比。

```
[root@VM-114-245-centos Chapter07]# gcc -o helloworld helloworld.c
[root@VM-114-245-centos Chapter07]# gcc -static -o helloworld.2 helloworld.c
[root@VM-114-245-centos Chapter07]# ls -lrt
total 904
-rw-r--r-- 1 root root      111 Sep 10 21:03 symbol.cpp
-rw-r--r-- 1 root root      189 Sep 10 21:03 symbol2.cpp
-rw-r--r-- 1 root root      144 Sep 10 21:03 helloworld.c
drwxr-xr-x 2 root root     4096 Sep 10 21:11 make_learn
-rwxr-xr-x 1 root root     6725 Sep 11 08:47 helloworld
-rwxr-xr-x 1 root root   894565 Sep 11 08:47 helloworld.2
[root@VM-114-245-centos Chapter07]# ldd ./helloworld.2
        not a dynamic executable
[root@VM-114-245-centos Chapter07]#
```

-static 選項表示採用靜態連結的方式生成可執行檔。從上面的操作結果中可以看出，使用靜態連結方式生成的可執行檔 helloworld.2 的大小是動態連結方式生成的可執行檔 helloworld 的 100 多倍。

靜態程式庫會導致系統記憶體空間和儲存空間的浪費。首先，從可執行檔的大小來看，靜態程式庫會將所有的目的檔案都打包到一個檔案中，因此可執行檔會變得非常大，從而浪費儲存空間。其次，當系統執行靜態連結的程式的多個處理程序時，靜態程式庫中相同的程式和資料會被多次載入到記憶體中，這也會浪費記憶體空間，因為記憶體是一種缺乏資源。最後，靜態程式庫的維護和更新也是一個很大的問題。每次更新靜態程式庫都需要重新連結所有相關的程式並發佈，當程式達到一定數量時，將會是一場「災難」。因此，在實際開發中，我們通常使用動態連結的方式來避免這些問題。

動態連結程式庫是為了解決靜態連結庫存在的缺點而被提出來的。採用動態連結的可執行檔在執行時期，會將所相依的動態函數庫載入到系統記憶體中，並將動態函數庫映射到自身處理程序的記憶體位址空間，然後重定位對動態函數庫中定義的符號的引用。因為使用了映射的方式而非直接載入到記憶體，所以動態函數庫在系統記憶體中只有一份副本，而不管有多少連結了它的處理程序在執行。

7.4 Linux 動態連結程式庫規範

隨著動態連結機制在 Linux 系統中被廣泛應用，Linux 系統中存在著大量的動態連結程式庫。如果沒有一套統一的規範來組織和管理這些動態連結程式庫，就會給後期的升級和維護帶來巨大的麻煩。

為了解決這個問題，人們為 Linux 系統制定了一套動態連結程式庫的規範，其中定義了一些標準的動態連結程式庫命名、路徑、符號表等規則，以及一些標準的系統呼叫和函數庫函數，使得不同的 Linux 發行版本可以共用同一套動態連結程式庫，從而提高了程式的可攜性和相容性。

7.4.1 動態連結程式庫的命名

為了方便對動態連結程式庫進行統一管理，Linux 系統有一套動態連結程式庫的命名規則，命名規則為「libname.so.x.y.z」，其中 lib 為首碼，name 為函數庫名稱，x 為主版本編號，y 為次版本編號，z 為發佈版本編號，x、y、z 共同組成了動態連結程式庫的版本編號。

這種命名規則採用了語義化的版本編號，主版本編號表示重大的功能升級，主版本編號不相同的函數庫之間是不相容的；次版本編號表示函數庫的增量升級，原來的介面保持不變，只是新增了其他介面，主版本編號相同，次版本編號高的函數庫向後相容次版本編號低的函數庫；發佈版本編號通常表示對函數庫性能的提升和 bug 的修復，介面不會發生任何改變，故主版本編號和次版本編號都相同，發佈版本編號不同的函數庫是完全相容的。

這種版本編號的命名規則可以方便我們區分不同版本的動態連結程式庫，並且可以避免不同版本的動態連結程式庫之間的衝突。同時，也可以方便我們管理和維護動態連結程式庫，以及保證函數庫的相容性和穩定性。

7.4.2 動態連結程式庫的三個不同名稱

在安裝完某個開放原始碼函數庫後，我們經常會看到動態連結程式庫在安裝目錄下有三個不同名稱的函數庫檔案。這三個函數庫檔案之間有密切的關係，它們發揮著不同的作用。

以 libprotobuf 函數庫為例，libprotobuf 函數庫是 Google 資料通信協定 protobuf 的動態連結程式庫，它在安裝目錄下有三個不同名稱的函數庫檔案，它們的內容如下。

```
[root@VM-114-245-centos ~]# cd /usr/local/protobuf/lib
[root@VM-114-245-centos lib]# ls -lrt | grep protobuf.so
-rwxr-xr-x 1 root root 30667544 2月  25 21:34 libprotobuf.so.17.0.0
lrwxrwxrwx 1 root root       21 2月  25 21:34 libprotobuf.so.17 -> libprotobuf.so.17.0.0
lrwxrwxrwx 1 root root       21 2月  25 21:34 libprotobuf.so -> libprotobuf.so.17.0.0
[root@VM-114-245-centos lib]#
```

1．動態連結程式庫的「real name」

libprotobuf 函數庫的第一個函數庫名稱檔案為 libprotobuf.so.17.0.0，這個名稱為函數庫的「real name」，它以 Linux 系統中的動態連結程式庫名稱規範來命名，是真實的 libprotobuf 函數庫檔案。「real name」是動態連結程式庫的實際檔案名稱，它包含了動態連結程式庫的版本編號和函數庫名稱，是動態連結程式庫的實際檔案。

2．動態連結程式庫的「linker name」

libprotobuf 函數庫的第三個函數庫名稱檔案為 libprotobuf.so，這個名稱為函數庫的「linker name」。「linker name」是程式在連結動態函數庫時使用的名稱，它是程式編譯時使用的名稱，而非程式執行時期使用的名稱。

當使用 gcc 編譯器生成程式時，如果增加了 -lprotobuf 選項，gcc 編譯器就會對 protobuf 進行擴充，給 protobuf 增加一個 lib 首碼和一個 .so 副檔名，使得 libprotobuf 函數庫的「linker name」為 libprotobuf.so。然後，程式會到動態連結程式庫指定的搜尋路徑和預設搜尋路徑中，搜尋這個名為 libprotobuf.so 的函數庫並進行連結。

3．動態連結程式庫的「so name」

libprotobuf 函數庫的第二個函數庫名稱檔案為 libprotobuf.so.17，這個檔案是一個指向 libprotobuf.so.17.0.0 的軟連結，名稱則為 libprotobuf 函數庫的「so name」。函數庫的「so name」可以在生成函數庫時由連結器指定，比如 libprotobuf 函數庫的「so name」，就是透過給編譯器增加「-Wl,-soname,libprotobuf.so.17」這個參數來實現的，-Wl 表示給連結器傳遞參數，「-soname,libprotobuf.so.17」表示給連結器傳遞一個值為 libprotobuf.so.17 的 soname 參數。我們可以使用命令「objdump -p /usr/local/protobuf/lib/libprotobuf.so.17.0.0|grep SONAME」來查看記錄在真實 libprotobuf 函數庫中的「so name」。

```
[root@VM-114-245-centos lib]# objdump -p /usr/local/protobuf/lib/libprotobuf.so.17.0.0 | grep SONAME
  SONAME               libprotobuf.so.17
[root@VM-114-245-centos lib]#
```

7 編譯、連結、執行與偵錯

「so name」的命名規則如下：去掉函數庫的次版本編號和發佈版本編號，只保留主版本編號。當然，一個函數庫也可以沒有「so name」，在專案工程中，很多自訂的函數庫都沒有「so name」，因為這些函數庫都不對外發佈，只在內部使用。

一個程式在編譯和連結時，如果相依於一個有「so name」的動態連結程式庫，那麼這個「so name」會被儲存到程式中，在用 ldd 查看程式相依的動態連結程式庫時，我們可以看到，相依的動態連結程式庫名稱就是這個「so name」；如果在編譯和連結時相依一個沒有「so name」的動態連結程式庫，那麼被儲存到程式中的函數庫名稱就是「linker name」，在用 ldd 查看程式相依的動態連結程式庫時，我們可以看到的相依函數庫名稱就是函數庫的「linker name」。

「so name」記錄了動態連結程式庫的主版本資訊，程式在啟動時，透過函數庫的「so name」來載入正確的函數庫（主版本一致，次版本和發佈版本最高的函數庫），使用「so name」命名的檔案是對應真實動態連結程式庫的軟連結，使用動態連結程式庫管理工具 ldconfig 可以維護攜帶「so name」的動態函數庫的這個軟連結，當一個動態連結程式庫存在主版本相同、次版本和發佈版本不同的多個動態函數庫時，ldconfig 工具可以使得「so name」的動態函數庫軟連結指向次版本和發佈版本最高的、真實的動態連結程式庫。

綜上所述，動態連結程式庫的三個不同名稱的函數庫檔案（一個真實檔案，兩個軟連結）是在不同階段使用的，「real name」用於生成真實的動態連結程式庫檔案，「linker name」用於在編譯器的連結階段搜尋動態連結程式庫，「so name」用於在程式啟動時載入主版本相同且次版本和發佈版本最高的動態連結程式庫。

7.4.3 動態連結程式庫的管理

Linux 系統中存在著大量的動態連結程式庫，有效地管理這些動態連結程式庫是非常重要的。下面從部署、工具、搜尋三個方面介紹一些管理動態連結程式庫的方法。

7.4 Linux 動態連結程式庫規範

1・部署

Linux 系統附帶的動態連結程式庫通常部署在 /lib、/usr/lib、/lib64、/usr/lib64 這 4 個目錄下，其中 /lib 和 /usr/lib 是 32 位元函數庫的預設搜尋路徑，/lib64 和 /usr/lib64 是 64 位元函數庫的預設搜尋路徑。比如，libc 函數庫就部署在 /lib64 目錄下。

對於第三方的動態連結程式庫或自訂的動態連結程式庫，可以選擇部署在這 4 個目錄中的任何一個目錄之下，也可以選擇部署在其他目錄下，通常 /usr/local/lib 或 /usr/local/lib64 是不錯的選擇。第三方函數庫中的大部分預設安裝在 /usr/local/lib 或 /usr/local/lib64 目錄下，當然也有在 /usr/local 目錄下單獨建立屬於自己的子目錄的情況。

2・工具

Linux 系統提供了 ldconfig 工具，用於配置程式啟動時動態連結程式庫載入器所需要的軟連結和快取，它主要完成以下兩個任務。

- 根據動態連結程式庫中儲存的「so name」建立對應的軟連結來指向真實的動態連結程式庫。如果一個動態連結程式庫在生成時沒有設置「so name」，則 ldconfig 不會建立對應的軟連結。ldconfig 按照 /etc/ld.so.conf 檔案中配置的路徑，外加 /lib、/lib64、/usr/lib、/usr/lib64 這 4 個路徑，搜尋遍歷出這些目錄下的動態連結程式庫，並為搜尋到的所有動態連結程式庫生成或更新軟連結（有「so name」的才需要）。

- 建立動態連結程式庫的快取檔案 /etc/ld.so.cache，以便動態連結程式庫載入器快速讀取動態連結程式庫。ldconfig 會掃描預設搜尋路徑下的動態連結程式庫和 /etc/ld.so.conf 檔案中指定的搜尋路徑下的動態連結程式庫，並將它們的路徑和「so name」資訊寫入快取檔案。這樣在程式啟動時，動態連結程式庫載入器就可以快速讀取快取檔案，找到需要載入的動態連結程式庫。

如果動態連結程式庫發佈在系統函數庫目錄（/lib、/usr/lib、/lib64、/usr/lib64）下，則可以直接執行 ldconfig 來更新函數庫軟連結和函數庫快取檔案。

7 編譯、連結、執行與偵錯

如果動態連結程式庫發佈在其他目錄下，則首先需要在 /etc/ld.so.conf 中新增這個目錄，然後執行 ldconfig 來更新函數庫軟連結和函數庫快取檔案。這樣系統就能夠找到新增加的動態連結程式庫並載入它們了。

3．搜尋

在實際工作中，編譯環境和線上生產環境是分開部署的，當我們把編譯環境中生成的程式發佈到線上生產環境中時，會經常遇到程式因為找不到動態連結程式庫而啟動失敗的情況，顯示出錯資訊類似於「error while loading shared libraries: libxxx.so: cannot open shared object file: No such file or directory」。為了解決這類問題，我們需要對程式在啟動時搜尋動態連結程式庫的機制有更深入的了解。

動態連結程式庫載入器按照一定的順序到不同的目錄中進行搜尋，當搜尋到需要的動態連結程式庫時，就終止對這個動態連結程式庫的搜尋。在實際工作中，我們常常遇到在多個目錄下存在多個動態連結程式庫的不同版本，而程式在啟動時因為載入了錯誤目錄下的動態連結程式庫，使得程式退出或出現一些莫名其妙的問題。因此，動態連結程式庫搜尋的目錄順序十分重要。動態連結程式庫按照以下目錄順序進行搜尋。

- 生成程式時給連結器指定 -rpath 選項的目錄集合。
- 環境變數 LD_LIBRARY_PATH（如果有設置）指定的目錄集合。
- /etc/ld.so.conf 設定檔中配置的目錄。
- /lib 目錄。
- /lib64 目錄。
- /usr/lib 目錄。
- /usr/lib64 目錄。

如果在搜尋完上面所有的目錄後，還找不到動態連結程式庫，則動態連結程式庫載入器會報找不到動態連結程式庫的錯誤，這會導致程式無法啟動。

7-52

需要特別注意的是，如果程式相依的動態連結程式庫攜帶「so name」，則動態連結程式庫載入器在搜尋動態連結程式庫時，會使用「so name」來匹配動態連結程式庫檔案；如果程式相依的動態連結程式庫不攜帶「so name」，則動態連結程式庫載入器在搜尋動態連結程式庫時，會使用「linker name」來匹配動態連結程式庫檔案。

7.5 自訂的動態連結程式庫

除了使用系統附帶的或開放原始碼的動態連結程式庫，我們也可以根據需求訂製自己的動態連結程式庫。gcc/g++ 支援編譯動態連結程式庫，只需要在編譯選項中增加 -shared 和 -fPIC 選項即可。-shared 選項表示生成一個動態連結程式庫，-fPIC 選項表示生成「位置無關」的程式。為了方便在處理程序中管理動態連結程式庫，並提升記憶體位址空間的使用率，動態連結程式庫在不同的處理程序中，會被映射到不同的記憶體位址空間，因此動態連結程式庫的程式需要是「位置無關」的。下面讓我們來看一個具體的例子。

7.5.1 相關原始程式碼

程式清單 7-8 ～程式清單 7-10 展示了與自訂動態連結程式庫相關的原始程式碼。

➜ 程式清單 7-8 標頭檔 swap.h

```
#pragma once
void swap(int* a, int* b);
```

➜ 程式清單 7-9 原始檔案 swap.c

```
#include "swap.h"
void swap(int* a, int* b) {
  int temp = *a;
  *a = *b;
  *b = temp;
}
```

7 編譯、連結、執行與偵錯

➜ 程式清單 7-10　程式入口檔案 main.c

```
#include <stdio.h>

#include "swap.h"
int main() {
  int a = 10;
  int b = 100;
  swap(&a, &b);
  printf("a=%d,b=%d\n", a, b);
  return 0;
}
```

7.5.2　生成攜帶「so name」的動態連結程式庫

我們可以透過執行 gcc 命令來生成自己的動態連結程式庫 libswap.so.1.0.0。

```
[root@VM-114-245-centos lib_learn]# gcc -shared -fPIC -Wl,-soname,libswap
so.1 -o libswap.so.1.0.0 swap.c
[root@VM-114-245-centos lib_learn]# objdump -p ./libswap.so.1.0.0 | grep SONAME
   SONAME               libswap.so.1
[root@VM-114-245-centos lib_learn]#
```

以上命令生成的動態連結程式庫 libswap.so.1.0.0 攜帶了「so name」,「so name」為 libswap.so.1。

接下來,我們可以使用 gcc 來完成連結自訂動態連結程式庫的工作。

```
[root@VM-114-245-centos lib_learn]# gcc -o mySwap main.c -lswap -L./
/usr/bin/ld: cannot find -lswap
collect2: error: ld returned 1 exit status
[root@VM-114-245-centos lib_learn]# ln -s ./libswap.so.1.0.0 ./libswap.so
[root@VM-114-245-centos lib_learn]# gcc -o mySwap main.c -lswap -L./
[root@VM-114-245-centos lib_learn]#
```

在使用 gcc 編譯器生成 mySwap 程式並連結 swap 動態連結程式庫時,我們會遇到 ld 連結器顯示出錯的問題。這是因為編譯器在連結時使用了 swap 動態連結程式庫的「linker name」,但 swap 動態連結程式庫的軟連結檔案並不存在。

7-54

7.5 自訂的動態連結程式庫

　　為了解決這個問題，我們需要建立 swap 動態連結程式庫的「linker name」的軟連結檔案。一旦我們完成了這個步驟，再次執行編譯和連結操作時，就可以成功生成 mySwap 程式了。

```
[root@VM-114-245-centos lib_learn]# cp ./mySwap /usr/bin
[root@VM-114-245-centos lib_learn]# ls libswap.so*
libswap.so  libswap.so.1.0.0
[root@VM-114-245-centos lib_learn]# cp libswap.so* /usr/lib64/
```

　　在之前的操作中，我們已經成功生成了 swap 動態連結程式庫以及相依它的 mySwap 程式。現在，我們可以執行上面的 3 筆命令來完成 mySwap 程式和 swap 動態連結程式庫的發佈。

```
[root@VM-114-245-centos lib_learn]# mySwap
mySwap: error while loading shared libraries: libswap.so.1: cannot open shared object file: No such file or directory
[root@VM-114-245-centos lib_learn]# ldd mySwap
        linux-vdso.so.1 =>  (0x00007ffcfa908000)
        libswap.so.1 => not found
        libc.so.6 => /lib64/libc.so.6 (0x00007f1f2bd8c000)
        /lib64/ld-linux-x86-64.so.2 (0x00007f1f2c128000)
[root@VM-114-245-centos lib_learn]# ls -lrt /usr/lib64/libswap.so*
-rwxr-xr-x 1 root root 6003 Sep 11 11:33 /usr/lib64/libswap.so.1.0.0
-rwxr-xr-x 1 root root 6003 Sep 11 11:33 /usr/lib64/libswap.so
[root@VM-114-245-centos lib_learn]# ldconfig
[root@VM-114-245-centos lib_learn]# ls -lrt /usr/lib64/libswap.so*
-rwxr-xr-x 1 root root 6003 Sep 11 11:33 /usr/lib64/libswap.so.1.0.0
-rwxr-xr-x 1 root root 6003 Sep 11 11:33 /usr/lib64/libswap.so
lrwxrwxrwx 1 root root   16 Sep 11 11:37 /usr/lib64/libswap.so.1 -> libswap.so.1.0.0
[root@VM-114-245-centos lib_learn]# ./mySwap
a=100,b=10
[root@VM-114-245-centos lib_learn]#
```

　　在第一次執行 mySwap 程式時，程式啟動失敗了，並提示無法開啟動態連結程式庫。雖然我們已經將「libswap.so」和「libswap.so.1.0.0」發佈到了系統預設的動態連結程式庫搜尋路徑 /usr/lib64 中，但是顯示出錯資訊提示，找不到的動態連結程式庫名為 libswap.so.1 而非 libswap. so.1.0.0。

7-55

這個問題可以透過使用 ldconfig 工具來解決。ldconfig 工具會根據動態連結程式庫的「so name」生成對應的軟連結，從而使得程式能夠正確地找到所需的動態連結程式庫。在執行 ldconfig 命令後，我們可以看到，系統在 /usr/lib64 目錄下生成了一個名為 libswap.so.1 的軟連結，它指向 libswap.so.1.0.0 這個動態連結程式庫。

這樣一來，mySwap 程式就能夠正常執行了。因此，ldconfig 工具可以解決動態連結程式庫的「so name」不匹配導致的程式啟動失敗問題。

```
[root@VM-114-245-centos lib_learn]# gcc -shared -fPIC -Wl,-soname,libswap.so.1 -o libswap.so.1.2.0 swap.c
[root@VM-114-245-centos lib_learn]# gcc -shared -fPIC -Wl,-soname,libswap.so.1 -o libswap.so.1.2.12 swap.c
[root@VM-114-245-centos lib_learn]# cp ./libswap.so.1.2.0 /usr/lib64
[root@VM-114-245-centos lib_learn]# cp ./libswap.so.1.2.12 /usr/lib64
[root@VM-114-245-centos lib_learn]# ls -lrt /usr/lib64/libswap.so*
-rwxr-xr-x 1 root root 6003 Sep 11 11:33 /usr/lib64/libswap.so.1.0.0
-rwxr-xr-x 1 root root 6003 Sep 11 11:33 /usr/lib64/libswap.so
lrwxrwxrwx 1 root root   16 Sep 11 11:37 /usr/lib64/libswap.so.1 -> libswap.so.1.0.0
-rwxr-xr-x 1 root root 6003 Sep 11 12:26 /usr/lib64/libswap.so.1.2.0
-rwxr-xr-x 1 root root 6003 Sep 11 12:27 /usr/lib64/libswap.so.1.2.12
[root@VM-114-245-centos lib_learn]# ldconfig
[root@VM-114-245-centos lib_learn]# ls -lrt /usr/lib64/libswap.so*
-rwxr-xr-x 1 root root 6003 Sep 11 11:33 /usr/lib64/libswap.so.1.0.0
-rwxr-xr-x 1 root root 6003 Sep 11 11:33 /usr/lib64/libswap.so
-rwxr-xr-x 1 root root 6003 Sep 11 12:26 /usr/lib64/libswap.so.1.2.0
-rwxr-xr-x 1 root root 6003 Sep 11 12:27 /usr/lib64/libswap.so.1.2.12
lrwxrwxrwx 1 root root   17 Sep 11 12:27 /usr/lib64/libswap.so.1 -> libswap.so.1.2.12
[root@VM-114-245-centos lib_learn]#
```

如果存在多個動態連結程式庫，它們的主版本編號相同，但次版本編號或發佈版本編號不同，則可以使用 ldconfig 命令來更新動態連結程式庫的「so name」軟連結，以便讓它指向最新版本的動態連結程式庫。

7.5 自訂的動態連結程式庫

在上述操作中，在執行了 ldconfig 命令後，我們可以看到，libswap.so.1 這個軟連結最終指向版本編號最新的動態連結程式庫 libswap.so.1.2.12。這樣我們就可以確保程式使用的是最新版本的動態連結程式庫，從而避免了版本不相容導致的問題。

7.5.3　生成不攜帶「so name」的動態連結程式庫

如何生成不攜帶「so name」的動態連結程式庫呢？我們現在來看一下如何操作。

```
[root@VM-114-245-centos lib_learn]# gcc -shared -fPIC -o libswap2.so swap.c
[root@VM-114-245-centos lib_learn]# gcc -o mySwap2 main.c -lswap2 -L./
[root@VM-114-245-centos lib_learn]# cp ./libswap2.so /usr/lib64
[root@VM-114-245-centos lib_learn]# cp ./mySwap2 /usr/bin
[root@VM-114-245-centos lib_learn]# ldd mySwap2
        linux-vdso.so.1 =>  (0x00007ffd94ffe000)
        libswap2.so (0x00007fdbb0d3c000)
        libc.so.6 => /lib64/libc.so.6 (0x00007fdbb09a1000)
        /lib64/ld-linux-x86-64.so.2 (0x00007fdbb0f3e000)
[root@VM-114-245-centos lib_learn]# mySwap2
a=100,b=10
[root@VM-114-245-centos lib_learn]#
```

從上面的操作中可以看出，由於生成的動態連結程式庫 swap2 不攜帶「so name」，因此我們不需要執行 ldconfig 命令來更新軟連結，因而也就無法為動態連結程式庫 swap2 更新軟連結。這是因為動態連結程式庫 swap2 不攜帶「so name」，透過執行 ldd 命令我們可以看到，mySwap2 中記錄的 swap2 動態連結程式庫的名稱是 libswap2.so，它是 swap2 動態連結程式庫的「linker name」。

在專案工程中，自訂的動態連結程式庫大部分不攜帶「so name」。這是因為，這些自訂的動態連結程式庫通常只在內部使用，沒有明確的版本規劃，並且升級時通常要求向後相容。因此，使用不攜帶「so name」的方式生成的動態連結程式庫，在管理和發佈上相對簡單一些。

7-57

7.6 處理程序的記憶體模型

程式一旦在 shell 中啟動，就會變成處理程序。也就是說，程式在被載入到記憶體之後，就成了一個處理程序。在系統任務排程的過程中，處理程序不斷地執行。在 Linux 系統中，每個處理程序都有自己獨立的虛擬位址空間，就好像它獨佔了整個記憶體一樣。

處理程序在執行的過程中，會不斷地呼叫函數、退出函數、分配記憶體、釋放記憶體等。如果想要用 C/C++ 撰寫高品質、高性能的程式，就必須對處理程序的記憶體模型有所了解。

處理程序的記憶體模型包括程式碼部分、資料區段、堆積、堆疊等部分。這些部分在處理程序執行的過程中，會不斷地被分配和釋放。了解處理程序的記憶體模型，可以幫助我們更進一步地理解程式的執行過程，並且能夠幫助我們最佳化程式的性能。

總之，對處理程序的記憶體模型有所了解，是撰寫高品質、高性能程式的必要條件之一。

7.6.1 處理程序的虛擬位址空間版面配置

下面講解處理程序的虛擬位址空間版面配置，圖 7-2 展示了 Linux 系統下處理程序典型的虛擬位址空間版面配置。

1．核心空間

預留給 Linux 核心的位址空間，這部分位址空間處理程序無法使用。

2．環境變數

處理程序在啟動之後會攜帶當前 shell 的環境變數，環境變數緊接在命令列參數之後。

3．命令列參數

處理程序在 shell 中啟動時攜帶的參數，用於呼叫 main 函數。

4．呼叫堆疊

處理程序在進行函數呼叫時會動態伸縮的儲存空間，僅限於在函數內部存取。

5．動態連結程式庫映射區

用於在載入動態連結程式庫時，映射動態連結程式庫到處理程序的記憶體位址空間。

6．記憶體堆積

處理程序可以隨時動態申請和釋放的儲存空間，可透過 malloc、free 等系統記憶體相關函數操作，全域可存取。

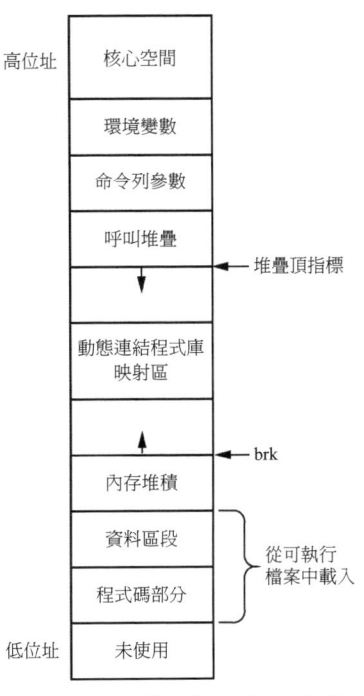

▲ 圖 7-2　處理程序典型的虛擬位址空間版面配置

7．資料區段

從可執行檔中載入，由可執行檔的 .data 節（初始化的全域變數或函數靜態變數）、.bss 節（未初始化的全域變數或函數靜態變數）、.rodata 節（只讀取資料）組成，.bss 節的內容會被全部初始化為 0。

8．程式碼部分

從可執行檔中載入，主要由可執行檔的 .text 節組成，包含程式中所有的程式。

7.6.2　堆疊與堆積的區別

堆疊和堆積是處理程序記憶體模型中的兩個重要概念，它們之間的區別表現在以下三個方面。

7-59

1．申請方式

堆積由我們按需分配和釋放，比如在宣告指標變數 data 時，「int * data = (int *) malloc (sizeof(int))」就分配了一塊堆積記憶體。C++ 中的 new 也可以用於分配記憶體，new 和 malloc 的區別在於，new 除了分配記憶體，還會在分配的記憶體上呼叫類別的建構函數。而堆疊由程式自動進行擴充和收縮，程式在擴充和收縮堆疊時，只需要操作堆疊頂指標。比如，當我們在函數中宣告一個區域變數「int32_t a」時，程式將自動在堆疊上分配一塊 4 位元組的空間用於儲存 a 變數；而當退出函數時，a 變數的儲存空間將自動被釋放。

2．記憶體分配和釋放的效率

堆積由系統統一管理，一般採用鏈式儲存，分配的空間是不連續的，記憶體在分配和釋放時都需要遍歷鏈結串列，時間複雜度為 $O(n)$。而堆疊由處理程序自動分配和釋放，且分配的空間是連續的，由於每次只需要操作堆疊頂指標，時間複雜度為 $O(1)$。

3．大小的限制

堆積能分配的大小總量，受限於系統記憶體資源的大小，由於系統堆積管理機制中記憶體碎片的存在，處理程序所能分配的堆積大小總量，是小於系統記憶體總量的。而堆疊的大小限制由系統參數控制，在 Linux 主機上執行 ulimit -s 命令，即可看到系統堆疊大小的限制，CentOS 雲端主機的堆疊大小限制為 8MB。

7.6.3 經典問題剖析

在 Linux C/C++ 後端開發的面試中，經常出現一些和記憶體相關的經典問題。下面讓我們對這些經典問題進行詳細的剖析。需要注意的是，這裡的程式假定在 Linux 64 位元主機上執行。

1．C/C++ 中的「大小，長度」問題

最常見的一類問題是舉出變數或物件佔用的記憶體大小。

7.6 處理程序的記憶體模型

問題 7.1：計算顯式緩衝區的 sizeof 值和 strlen 值。

```
char buf[10] = "hello";
size_t a = sizeof(buf);
size_t b = strlen(buf);
```

a 的值為 10，b 的值為 5，這是因為 sizeof(buf) 計算的是字元陣列 buf 的大小，即為 10 位元組；而 strlen(buf) 計算的是字串 "hello" 的長度，即為 5 個字元。

問題 7.2：計算隱式緩衝區的 sizeof 值和 strlen 值。

```
char buf[] = "hello";
size_t a = sizeof(buf);
size_t b = strlen(buf);
```

a 的值為 6，b 的值為 5，這是因為字元陣列 buf 的大小在編譯期就已經確定了，它的大小剛好能儲存字串 "hello"，而字串預設後面還有一個 '\0' 字元，它佔用 1 位元組，故 sizeof(buf) 為 6，strlen(buf) 為 5。

問題 7.3：計算參數的 sizeof 值。

```
void fun(void * p, char data[10]) {
    size_t a = sizeof(p);
    size_t b = sizeof(data);
}
```

a 的值為 8，b 的值也為 8，這是因為，a 為指標的大小，在 64 位元主機上，指標的長度為 8 位元組。有人會產生疑問，為什麼 b 的值不是 10，而是 8 呢？這是因為，當我們在 C/C++ 中傳遞陣列參數時，該操作會退化成傳遞指標，這其實也很好理解。在傳遞參數的時候，沒必要複製所有的陣列元素，那樣太低效了。傳遞陣列頭指標即可，在函數中，透過陣列頭指標就可以存取陣列中的任意元素。

問題 7.4：計算空類別物件的大小。

```
class A {
    //nothing.
```

7-61

7 編譯、連結、執行與偵錯

```
};
A a;
size_t asize= sizeof(a);
```

　　asize 的值為 1，這是因為，即使 a 為空類別物件，它也是一個變數，仍然需要佔用儲存空間。在這種情況下，編譯器給空類別物件 a 分配了 1 位元組的空間，因此 asize 的值為 1。這是為了確保每個物件在記憶體中都有一個唯一的位址，從而方便程式進行存取和操作。

　　問題 7.5：計算只有一個 int32_t 普通成員的類別 B 物件的大小。

```
class B : public A {
    int32_t data;
};
B b;
size_t bsize = sizeof(b);
```

　　bsize 的值為 4，這是因為，B 不再是一個空類別，它的物件中儲存著一個 int32_t 類型的變數 data。因為 B 類別中有資料成員，所以編譯器會為 B 類別的物件分配空間，而非像空類別一樣只分配 1 位元組的空間。因此，bsize 的值為 4。

　　問題 7.6：計算繼承了類別 B 且比類別 B 多一個 int32_t 靜態成員的類別 C 物件的大小。

```
class C : public B {
    static int32_t staticData;
};
C c;
size_t csize = sizeof(c);
```

　　csize 的值為 4，這是因為，類別的靜態成員變數是類別共用的，不佔用類別物件的儲存空間。在 C++ 中，類別的靜態成員變數相當於 C 語言中的靜態變數，但被限定在類別的命名空間中。因此，無論建立多少個 C 類別物件，都只有一個靜態成員變數，它的儲存空間是共用的。所以 C 類別物件的大小為 4，不包括靜態成員變數的大小。

7-62

7.6 處理程序的記憶體模型

問題 7.7：計算繼承了類別 C 且比類別 C 多一個普通成員函數的類別 D 物件的大小。

```
class D : public C {
    void fun() {};
};
D d;
size_t dsize = sizeof(d);
```

dsize 的值為 4，這是因為，類別的普通成員函數只是 .text 節中的一段執行程式，由類別的所有物件共用，且不佔用物件的儲存空間。因此，無論建立多少個 D 類別物件，它們都共用同一個函數，不會佔用額外的儲存空間。所以此時，D 類別物件的大小還是 4。

問題 7.8：計算繼承了類別 D 且比類別 D 多一個虛成員函數的類別 E 物件的大小。

```
class E : public D {
    virtual void funV() {};
};
E e;
size_t esize = sizeof(e);
```

esize 的值為 16，這是由兩個因素決定的。第一個因素是，類別 E 中引入了虛函數，類別 E 的物件需要一個虛表指標來實現多態，在 64 位元主機上，一個指標佔用 8 位元組。那麼 8 位元組加上之前的 4 位元組，也就是 12 位元組，為什麼最後的結果是 16 位元組呢？這就要說起第二個因素：記憶體對齊。由於記憶體對齊要求類別物件的大小是最大成員大小的整數倍，因此在這種情況下，編譯器會在類別物件的末尾增加 4 位元組的填充位元組，使得類別物件的大小為 16 位元組。因此，esize 的值為 16。

問題 7.9：計算繼承了類別 E 且比類別 E 多一個靜態成員函數的類別 F 物件的大小。

```
class F : public E {
    static void funS() {};
```

7-63

```
};
F f;
size_t fsize = sizeof(f);
```

fsize 的值為 16，這是因為靜態成員函數和普通成員函數一樣，也是 .text 節中的一段執行程式，不佔用類別物件的儲存空間。靜態成員函數被限定在類別的命名空間中，因此，無論建立多少個 F 類別物件，靜態成員函數的儲存空間都是共用的，不會佔用額外的記憶體。因此，fsize 的值為 16。

2．如何正確地分配記憶體

記憶體的分配是 C/C++ 面試中出現頻率較高的題目，尤其是如何正確地分配記憶體。

```
void * malloc1() {
    char buf[100];
    return (void *)buf;
}
void * malloc2(size_t size) {
    return malloc(size);
}

void malloc3(size_t size, void * p) {
    p = malloc(size);
}
void malloc4(size_t size, void ** p) {
    *p = malloc(size);
}
```

關於 malloc 函數的使用，有以下幾點需要澄清。首先，函數 malloc1 是錯誤的，因為它傳回的是堆疊變數的位址。如果對它指向的位址進行讀寫，程式列為的結果將是未定義的，程式很可能崩潰，因為此時堆疊變數的空間已經被回收（堆疊頂指標變了）。其次，函數 malloc2 是正確的，因為它傳回的是 malloc 函數申請的堆積空間的位址。

7.6 處理程序的記憶體模型

接下來，我們需要澄清一個概念：任何的參數傳遞在本質上都是值拷貝，任何參數都是堆疊變數。參數傳遞方式有兩種：值傳遞和指標傳遞。透過指標傳遞，可以改變指標指向的變數。當參數類型為指標時，傳遞的是指標變數的值，透過將 * 操作符號作用在指標變數上，可以影響指標變數指向的其他變數的值。

基於上述概念，我們可以得出以下結論：函數 malloc3 是錯誤的，因為沒有 * 操作符號被作用在 p 上，單純對 p 執行賦值操作只會影響到局部的堆疊變數 p 的值，而不會對函數 malloc3 外部的變數有任何影響；函數 malloc4 是正確的，因為有 * 操作符號被作用在 p 上，可透過對 *p 進行賦值來修改傳遞給 p 的參數，使它指向申請的堆積空間。

3．如何確定處理程序中堆疊的「生長」方向以及堆積的「生長」方向

在 Linux 系統下，處理程序的堆疊是從高位址向低位址分配空間，堆積則採用相反的分配方向。如何證明呢？如果對處理程序的記憶體模型有深刻的認識，這其實不難，我們只需要撰寫兩個簡單的驗證程式即可證明。

（1）驗證堆疊的「生長」方向

驗證程式在程式清單 7-11 中。

→ 程式清單 7-11　原始檔案 stack.c

```c
#include <malloc.h>
#include <stdio.h>
void fun2(int* pb) {
  int a;
  printf("stack alloc direction[%s]\n", &a > pb ? "Up" : "Down");
}
void fun1() {
  int b;
  fun2(&b);
}
int main() {
  fun1();
  return 0;
}
```

編譯與執行結果如下所示。

```
[root@VM-114-245-centos Chapter07]# gcc -o stack stack.c
[root@VM-114-245-centos Chapter07]# ./stack
stack alloc direction[Down]
[root@VM-114-245-centos Chapter07]#
```

為了驗證堆疊的「生長」方向，只需要連續地巢狀結構呼叫兩個函數，然後在第二個巢狀結構呼叫的函數中，比較上一層函數中變數位址的大小和當前函數中變數位址的大小即可。

（2）驗證堆積的「生長」方向

驗證程式在程式清單 7-12 中。

→ 程式清單 7-12　原始檔案 heap.c

```
#include <malloc.h>
#include <stdio.h>
#include <unistd.h>
int main() {
  void* a = sbrk(10);   // 調整堆積頂指標 brk
  void* b = sbrk(20);
  printf("heap alloc direction[%s]\n", b > a ? "Up" : "Down");
  return 0;
}
```

編譯與執行結果如下所示。

```
[root@VM-114-245-centos Chapter07]# gcc -o heap heap.c
[root@VM-114-245-centos Chapter07]# ./heap
heap alloc direction[Up]
[root@VM-114-245-centos Chapter07]#
```

為了驗證堆積的「生長」方向，只需要連續地呼叫兩次 sbrk 函數，擴充記憶體堆積的大小，然後比較兩次傳回的堆積頂位址的大小即可。

7.7 偵錯工具

由於程式本身的複雜性和不可預測性，免不了出現一些 bug，此時就需要使用偵錯工具來定位問題。在 Linux 系統下，我們主要使用 gdb 這個工具來偵錯工具。

我們可以使用 gdb 來偵錯執行中的處理程序，也可以直接使用 gdb 啟動程式並偵錯，還可以使用 gdb 來查看 coredump 檔案以定位程式崩潰的原因。gdb 的功能非常強大，它可以使偵錯的處理程序在指定的中斷點停住，停住之後，可以查看當前執行環境，它甚至可以動態改變處理程序的執行環境。在使用 gdb 偵錯工具之前，程式在編譯時必須增加 -g 選項，這樣在生成的可執行檔中才會保留偵錯資訊，否則 gdb 基本上無法偵錯工具。

7.7.1 gdb 的啟動

偵錯執行中的程式：可以執行 gdb -p pid 或 gdb program pid 命令。另外，也可以先執行 gdb 命令，在進入 gdb 互動命令列後，再執行 attach pid 命令來進行偵錯。

直接使用 gdb 啟動程式並偵錯：可以執行 gdb program 命令。此時，gdb 會在目前的目錄下搜尋 program 程式（這裡的 program 是程式的名稱），如果沒有找到，則在環境變數 PATH 中進行查詢。在進入 gdb 互動命令列後，執行 run 命令以啟動 program 程式，run 命令的後面可以攜帶一些參數，這些參數會被傳遞給 program 程式。

查看 coredump 檔案：可以先執行 gdb program corefile 命令，在進入 gdb 互動命令列後，再執行 gdb 支援的各種命令，透過分析 coredump 這個「崩潰」現場來定位程式「崩潰」的原因。

7.7.2 gdb 常用命令

下面讓我們結合一個實例來介紹 gdb 常用命令。在程式清單 7-13 中，我們撰寫了一個求前 n 個正整數之和的程式。

➜ 程式清單 7-13 計算前 n 個正整數的和

```c
#include <stdio.h>

int getSum(int n) {
  int i = 0;
  int sum = 0;
  for (i = 1; i <= n; ++i) {
    sum += i;
  }
  return sum;
}
int main(int argc, char** argv) {
  int n = 10;
  if (argc >= 2) {
    n = atoi(argv[1]);
  }
  int sum = getSum(n);
  printf("sum = %d\n", sum);
  return 0;
}
```

如果大家的主機上沒有安裝 gdb，則可以透過執行 yum -y install gdb 命令來進行 gdb 的安裝。接下來，我們編譯、連結這個程式，並使用 gdb 進行偵錯。相關操作如下所示，我們將在 gdb 操作的過程中增加相關命令的介紹說明，這些介紹說明以「//」開頭。

```
[root@VM-114-245-centos Chapter07]# gcc -g -o gdb_test gdb_test.c
[root@VM-114-245-centos Chapter07]# gdb gdb_test
GNU gdb (GDB) Red Hat Enterprise Linux 7.6.1-120.el7
Copyright (C) 2013 Free Software Foundation, Inc.
……省略部分輸出……
Reading symbols from /root/BackEnd/Chapter07/gdb_test...done.
```

//list 命令用於查看原始程式碼。「list first,last」會顯示指定的起始行和結束行;「list
//linenum」以指定的行號為中心,顯示 10 行;「list function」以指定的函數為中心,顯示
//10 行,直接執行 list 命令則顯示剩下的行。
```
(gdb) list 1,10
1           #include <stdio.h>
2
3           int getSum(int n) {
4             int i = 0;
5             int sum = 0;
6             for (i = 1; i <= n; ++i) {
7               sum += i;
8             }
9             return sum;
10          }
(gdb) list main
7               sum += i;
8             }
9             return sum;
10          }
11
12          int main(int argc, char** argv) {
13            int n = 10;
14            if (argc >= 2) {
15              n = atoi(argv[1]);
16            }
(gdb) list
17            int sum = getSum(n);
18            printf("sum = %d\n", sum);
19            return 0;
20          }
```
//break 命令用於設置中斷點。「break linenum」在當前檔案的第 linenum 行設置中斷點,「break
//function」在函數 function 被呼叫時設置中斷點,「break file:linenum」在指定檔案的第
//linenum 行設置中斷點。
```
(gdb) break 13
Breakpoint 1 at 0x400548: file gdb_test.c, line 13.
(gdb) break 15
Breakpoint 2 at 0x400555: file gdb_test.c, line 15.
(gdb) break 5
Breakpoint 3 at 0x400512: file gdb_test.c, line 5.
```

7 編譯、連結、執行與偵錯

```
(gdb) break gdb_test.c:7
Breakpoint 4 at 0x400522: file gdb_test.c, line 7.
//info break 命令用於查看設置的所有中斷點資訊。
(gdb) info break
Num     Type           Disp Enb Address            What
1       breakpoint     keep y   0x0000000000400548 in main at gdb_test.c:13
2       breakpoint     keep y   0x0000000000400555 in main at gdb_test.c:15
3       breakpoint     keep y   0x0000000000400512 in getSum at gdb_test.c:5
4       breakpoint     keep y   0x0000000000400522 in getSum at gdb_test.c:7
//run 命令用於啟動程式，並把 100 這個參數傳遞給程式。我們可以看到，啟動後的程式停在我們之
// 前設置的第 1 個中斷點處。
(gdb) run 100
Starting program: /root/BackEnd/Chapter07/gdb_test 100

Breakpoint 1, main (argc=2, argv=0x7fffffffe5b8) at gdb_test.c:13
13          int n = 10;
//info threads 命令用於查看當前處理程序中所有的執行緒資訊，並為每個執行緒分配一個 id。
(gdb) info threads
  Id   Target Id         Frame
* 1    process 25036 "gdb_test" main (argc=2, argv=0x7fffffffe028) at gdb_test.c:13
//thread id 命令用於切換到指定 id 的執行緒。
(gdb) thread 1
[Switching to thread 1 (process 25036)]
#0  main (argc=2, argv=0x7fffffffe028) at gdb_test.c:13
13          int n = 10;
//print 命令用於輸出變數的值，我們可以看到，100 這個參數確實被傳遞給了程式。
(gdb) print argv[1]
$1 = 0x7fffffffe81f "100"
//next 命令用於單步執行程式的下一行敘述。
(gdb) next
14          if (argc >= 2) {
(gdb) next

Breakpoint 2, main (argc=2, argv=0x7fffffffe5b8) at gdb_test.c:15
15              n = atoi(argv[1]);
(gdb) next
17          int sum = getSum(n);
//info local 命令用於查看當前函數中區域變數的值。
(gdb) info local
```

```
n = 100
sum = 0
//step 命令用於進入函數偵錯。
(gdb) step
getSum (n=100) at gdb_test.c:4
4           int i = 0;
//bt 命令用於查看當前呼叫堆疊，可以看出，當前我們位於 getSum 函數中，main 函數在第 17 行處調
// 用了 getSum 函數。
(gdb) bt
#0   getSum (n=100) at gdb_test.c:4
#1   0x000000000040057a in main (argc=2, argv=0x7fffffe5b8) at gdb_test.c:17
//frame 命令用於切換當前的呼叫堆疊幀。
(gdb) frame 1
#1   0x00000000004005f3 in main (argc=2, argv=0x7fffffe438) at gdb_test.c:17
17          int sum = getSum(n);
(gdb) frame 0
#0   getSum (n=100) at gdb_test.c:4
4           int i = 0;
//set var 命令用於設置變數的值，這也正是 gdb 的強大之處，gdb 可以動態改變執行環境。
(gdb) set var n = 50
(gdb) print n
$2 = 50
//call 命令可以用於在當前堆疊呼叫其他函數，它還可以用於驗證在指定環境下，某些函數的執行是
// 否符合預期。
(gdb) call printf("hello gdb\n")
hello gdb
$3 = 10
//continue 命令用於繼續執行程式，直至遇到下一個中斷點或程式執行結束。
(gdb) continue
Continuing.

Breakpoint 3, getSum (n=50) at gdb_test.c:5
5           int sum = 0;
//condition 命令用於設置條件中斷點，語法為「condition break_num stop_condition」，
// 其中，break_num 為之前設置的某個中斷點的編號，stop_condition 為中斷點停止條件。執行
//info break 命令，我們可以看到，編號為 4 的中斷點的後面有一行描述——「stop only if i == 40」。
(gdb) condition 4 i == 40
(gdb) info break
Num     Type           Disp Enb Address             What
1       breakpoint     keep y   0x0000000000400548 in main at gdb_test.c:13
```

```
            breakpoint already hit 1 time
2           breakpoint     keep y   0x0000000000400555 in main at gdb_test.c:15
            breakpoint already hit 1 time
3           breakpoint     keep y   0x0000000000400512 in getSum at gdb_test.c:5
            breakpoint already hit 1 time
4           breakpoint     keep y   0x0000000000400522 in getSum at gdb_test.c:7
            stop only if i == 40
(gdb) continue
Continuing.

Breakpoint 4, getSum (n=50) at gdb_test.c:7
7             sum += i;
// 可以看到，在執行 continue 命令後，設置的第 4 個中斷點確實在 i 值為 40 時停了下來。
(gdb) print i
$4 = 40
//finish 命令用於退出當前函數，作用和 step 命令相反。
(gdb) finish
Run till exit from #0  getSum (n=50) at gdb_test.c:7
0x000000000040057a in main (argc=2, argv=0x7fffffffe5b8) at gdb_test.c:17
17          int sum = getSum(n);
Value returned is $5 = 1275
//delete 命令用於刪除中斷點，delete 命令的後面需要攜帶所要刪除中斷點的編號。
(gdb) delete 1 2 3 4
//shell 命令可以在 gdb 中執行，shell 命令的後面可以攜帶所要執行的命令。下面執行的命令作用相當於
//「強殺」當前 gdb 處理程序。要退出當前的 gdb 處理程序，執行 quit 命令也是可以的。
(gdb) shell kill -9 $(pidof gdb)
Killed
[root@VM-114-245-centos Chapter07]#
```

7.8 本章小結

在本章中，我們介紹了單檔案程式的編譯與連結、專案工程的編譯與連結、動態連結和靜態連結的含義與區別、Linux 動態連結程式庫的規範、如何自訂動態連結程式庫、Linux 系統中處理程序的記憶體分配以及如何使用 gdb 偵錯工具。透過學習本章的內容，大家可以解決在工作和學習中遇到的與編譯、連結、執行和偵錯相關的絕大部分問題。

8

後端服務撰寫

　　後端對外提供的服務，通常由許多不同的微服務組成，它們在同一個架構內互相通訊協作，每個微服務各司其職，共同對外提供高效、穩定的服務。本章將從處理程序的角度，向大家介紹如何撰寫標準的後端服務，後端服務應該具備哪些功能，以及如何實現這些功能。

8 後端服務撰寫

8.1 守護處理程序

由於後端服務是需要 7×24 小時對外提供服務的,因此它們通常以守護處理程序的方式執行在背景。

8.1.1 什麼是守護處理程序

當我們登入 shell 後,就會連結一個終端,從這個終端啟動的所有處理程序都將和這個終端連結,這個終端稱為這些處理程序的控制終端。控制終端可以向這些處理程序發送相關的訊號,舉例來說,按下【Ctrl + c】複合鍵會給當前執行的處理程序發送 SIGINT 訊號,處理程序在收到 SIGINT 訊號後,預設就會退出。當終端關閉時,相關的處理程序也會退出。

與此不同的是,守護處理程序是獨立於終端且不受終端控制的處理程序,可以長期在背景執行。守護處理程序可以週期性地執行一些任務,或監聽一些關注的事件,直至系統關閉或處理程序被使用者關閉,抑或處理程序異常退出。

Linux 後端服務通常是透過守護處理程序來實現的,因為後端服務需要提供 7×24 小時長期穩定的對外服務,處理程序不能隨意退出。守護處理程序的特點極佳地滿足了後端服務的要求。

8.1.2 守護處理程序如何撰寫

接下來,我們看一下如何建立一個守護處理程序。建立守護處理程序的具體流程如圖 8-1 所示。

1．重置檔案建立遮罩

重置檔案建立遮罩可以防止守護處理程序在建立檔案時繼承父處理程序的檔案許可權,而父處理程序又禁止了某些許可權,導致需要這些許可權的建立操作失敗。設置檔案建立遮罩為 0，可以保證守護處理程序建立的檔案具有正確的許可權，從而避免這種情況的發生。

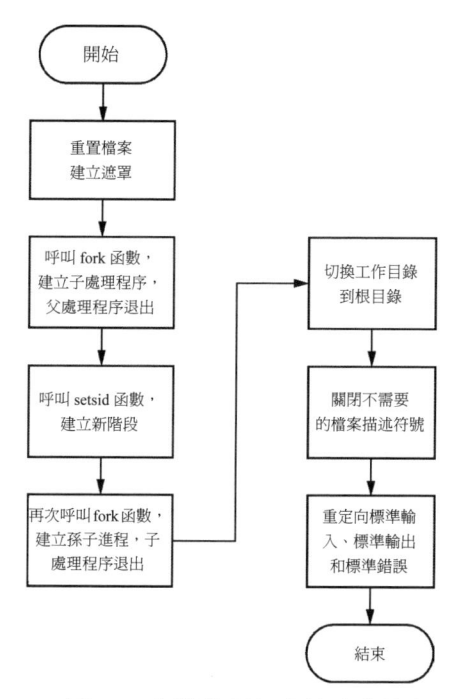

```
開始
  ↓
重置檔案
建立遮罩
  ↓
呼叫 fork 函數，      →   切換工作目錄
建立子處理程序，          到根目錄
父處理程序退出            ↓
  ↓                    關閉不需要
呼叫 setsid 函數，       的檔案描述符號
建立新階段                ↓
  ↓                    重定向標準輸
再次呼叫 fork 函數，     入、標準輸出
建立孫子進程，子     →   和標準錯誤
處理程序退出              ↓
                        結束
```

▲ 圖 8-1 守護處理程序的建立流程

2．呼叫 fork 函數，建立子處理程序，父處理程序退出

處理程序啟動後，呼叫 fork 函數，建立子處理程序。如果呼叫失敗，則傳回 −1，對應的子處理程序也不會建立，生成守護處理程序失敗；如果呼叫成功，則建立一個子處理程序，fork 函數會在父子處理程序中分別傳回一次——在父處理程序中傳回子處理程序的處理程序 id，在子處理程序中則傳回 0。然後父處理程序退出，子處理程序繼續執行。

為了能夠呼叫 setsid 函數，脫離當前的終端，我們需要建立子處理程序。父處理程序是當前處理程序組的組長處理程序，而組長處理程序呼叫 setsid 函數會失敗。因此，我們需要在子處理程序中呼叫 setsid 函數，建立一個新的階段，並

8-3

將子處理程序設置為該階段的首處理程序和組長處理程序。這樣守護處理程序就可以脫離當前的終端，成為一個獨立的處理程序。

3．呼叫 setsid 函數，建立新階段

子處理程序由於不是處理程序組的組長處理程序，因此可以成功地呼叫 setsid 函數。在呼叫 setsid 函數後，系統會建立一個新的階段，當前子處理程序將變成這個新階段的首處理程序，此外還會建立一個新的處理程序組。當前子處理程序是該處理程序組的組長處理程序，最為關鍵的是，當前子處理程序沒有控制終端，從而真正地脫離了終端的控制。登入 shell、處理程序組、階段和控制終端之間的關係如圖 8-2 所示。

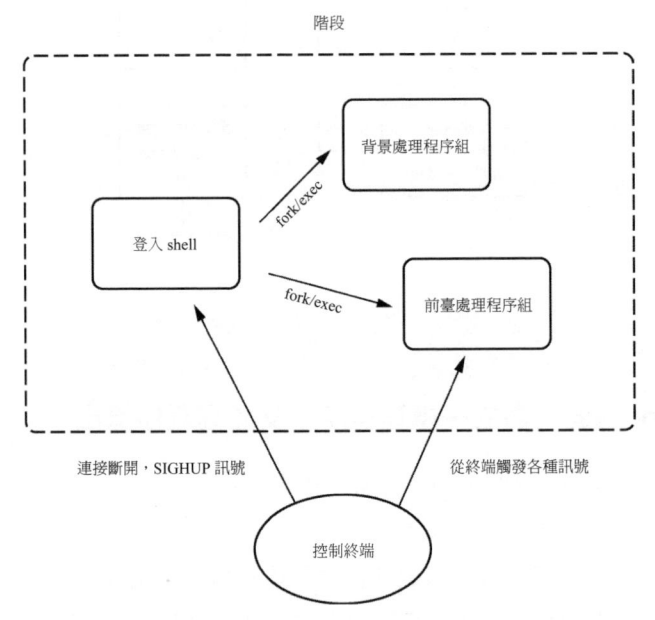

▲ 圖 8-2 登入 shell、處理程序組、階段和控制終端之間的關係

4．再次呼叫 fork 函數，建立孫子處理程序，子處理程序退出

因為當前子處理程序作為階段首處理程序是可以再次開啟終端的，所以這裡再次呼叫 fork 函數，建立孫子處理程序。然後子處理程序退出，孫子處理程序作為最終的守護處理程序繼續執行。此時的孫子處理程序不是階段首處理程序，因此無法開啟終端，從而真正地成為一個守護處理程序。

5．切換工作目錄到根目錄

如果不切換到根目錄，處理程序將一直在之前工作目錄所在的檔案系統中引用檔案，導致該檔案系統無法卸載。因此，為了避免這種情況的發生，我們需要在守護處理程序中切換工作目錄到根目錄。這樣守護處理程序就不會再佔用之前工作目錄所在的檔案系統資源了。

6．關閉不需要的檔案描述符號

孫子處理程序會從子處理程序那裡繼承許多已經開啟的檔案描述符號，而這些檔案描述符號對當前孫子處理程序來說是無用的。如果不關閉這些檔案描述符號，就可能導致檔案描述符號洩露，最終導致系統資源的浪費。因此，我們需要在守護處理程序中關閉不需要的檔案描述符號，以確保系統資源得到有效利用。

7．重定向標準輸入、標準輸出和標準錯誤

標準輸入、標準輸出和標準錯誤通常指向控制終端。在守護處理程序中，由於沒有連結的終端，這些標準串流也就沒有意義了。我們需要將標準輸入、標準輸出和標準錯誤重定向到一個特殊裝置上，通常是 /dev/null。這個特殊裝置相當於 Windows 系統中的資源回收筒，它會忽略所有寫入它的資料，也就是說，守護處理程序將忽略標準輸入、標準輸出和標準錯誤。

8.1.3 程式實現

根據前面介紹的守護處理程序建立流程，我們撰寫了相關的實現程式，見程式清單 8-1。

8 後端服務撰寫

→ 程式清單 8-1　原始檔案 daemon.c

```c
#include <errno.h>
#include <fcntl.h>
#include <stdio.h>
#include <stdlib.h>
#include <string.h>
#include <unistd.h>

int daemonInit() {
  pid_t pid = 0;
  // 設置檔案建立遮罩為 0
  umask(0);
  // 第一次呼叫 fork 函數，建立子處理程序
  pid = fork();
  if (pid < 0) {
    printf("first call fork failed. errorMsg[%s]\n", strerror(errno));
    return -1;
  } else if (pid != 0) {
    exit(0);   // 第一次呼叫 fork 函數，從父處理程序中傳回，父處理程序直接退出
  }
  // 第一次呼叫 fork 函數，從子處理程序中傳回，呼叫 setsid 函數，建立新階段並脫離終端
  pid = setsid();
  if (pid < 0) {
    printf("call setsid failed. errorMsg[%s]\n", strerror(errno));
    return -1;
  }
  // 第二次呼叫 fork 函數，建立孫子處理程序
  pid = fork();
  if (pid < 0) {
    printf("second call fork failed. errorMsg[%s]\n", strerror(errno));
    return -1;
  } else if (pid != 0) {
    exit(0);   // 第二次呼叫 fork 函數，從子處理程序中傳回，子處理程序直接退出
  }
  // 從孫子處理程序中傳回，切換工作目錄到根目錄
  if (chdir("/") < 0) {
    printf("call chdir failed. errorMsg[%s]\n", strerror(errno));
    return -1;
  }
```

```c
  int i = 0;
  // 關閉從子處理程序繼承的檔案描述符號
  for (i = 0; i < getdtablesize(); i++) {
    close(i);
  }
  // 在關閉所有的檔案描述符號後，再連續開啟 3 個檔案描述符號
  // 因為 open 函數每次都傳回處理程序最小的未開啟的檔案描述符號
  // 所以相當於將標準輸入 (fd 為 0)、標準輸出 (fd 為 1) 和標準錯誤 (fd 為 2) 重定向到 "/dev/null"
  int fd0 = open("/dev/null", O_RDWR);
  int fd1 = open("/dev/null", O_RDWR);
  int fd2 = open("/dev/null", O_RDWR);
  if (!(0 == fd0 && 1 == fd1 && 2 == fd2)) {
    printf("unexpectd file desc %d %d %d\n", fd0, fd1, fd2);
    return -1;
  }
  return 0;
}

int main() {
  if (0 == daemonInit()) {
    while (1) {
      sleep(1);
    }
  }
  return 0;
}
```

當然，我們也可以直接呼叫 daemon 這個函數庫函數，如程式清單 8-2 所示。

→ **程式清單 8-2 直接呼叫 daemon 函數庫函數**

```c
#include <unistd.h>
int main() {
  // 第一個參數 0 表示將工作目錄切換到根目錄
  // 第二個參數 0 表示重定向標準輸入、標準輸出和標準錯誤到 "/dev/null"
  if (0 == daemon(0, 0)) {
    while (1) {
      sleep(1);
    }
  }
}
```

8 後端服務撰寫

```
    return 0;
}
[root@VM-114-245-centos Chapter08]# gcc -o daemon daemon.c
[root@VM-114-245-centos Chapter08]# ./daemon
[root@VM-114-245-centos Chapter08]# ps -ef | grep daemon
dbus       1095       1  0 Aug24 ?        00:00:00 dbus-daemon --system
root      24751       1  0 11:51 ?        00:00:00 ./daemon
root      24766  31242  0 11:51 pts/1     00:00:00 grep daemon
[root@VM-114-245-centos Chapter08]#
```

使用 gcc 對 daemon.c 進行編譯和連結，最後執行 daemon 服務程式，daemon 服務已經成功地在背景執行。

8.2 設置資源限制

背景服務程式通常需要操作大量的系統資源，以對外提供服務，因此我們需要調整對應的資源限制，提升後端服務程式的處理能力。後端服務程式需要關注的、主要被限制的資源類型如表 8-1 所示。

▼ 表 8-1 主要被限制的資源類型

資源類型	含義
core file size	core 檔案的最大值
open files	處理程序可以開啟的檔案描述符號的最大值

在開發程式的過程中，程式崩潰是一個常見的問題。幸運的是，在 Linux 系統中，我們可以利用「崩潰現場」功能來記錄程式崩潰時的執行環境上下文。這個資訊被記錄在一個名為 coredump 的檔案中。預設情況下，coredump 檔案的大小被限制為 0，這表示無法生成 coredump 檔案。為了能夠記錄「崩潰現場」，方便定位問題，我們需要將 coredump 檔案的大小限制設置為 unlimited，也就是不限制 coredump 檔案的大小。通常情況下，我們可以透過呼叫系統函數 setrlimit 來調整這個限制。這樣就能夠記錄更多的資訊，幫助我們更進一步地解決程式崩潰問題。

對連線使用者連接的後端服務來說，需要開啟大量的檔案描述符號以進行網路通訊。預設情況下，可開啟的最大檔案描述符號數通常是不夠的。為了滿足後端服務的需求，需要透過呼叫系統函數 setrlimit 或執行 ulimit 命令來調整檔案描述符號的數量限制。這樣可以確保後端服務能夠處理更多的連接請求。

除了檔案描述符號的數量和 coredump 檔案的大小受到限制，系統還有其他資源限制，如 CPU 時間限制、記憶體限制等。通常情況下，這些資源的限制採用預設值即可。我們可以透過在 shell 中執行「ulimit -a」命令來查看當前所有資源的限制。

8.3 訊號處理

訊號是作業系統提供的一種非同步通知機制，可用於處理程序間通訊。在後端服務處理程序中，處理訊號是非常重要的，以確保服務的穩定性。當處理程序接收到訊號時，可以採取以下三種不同的處理動作。

- 忽略訊號。對於一些無關緊要的訊號，可以直接忽略。
- 捕捉訊號。對於一些預設行為不符合預期的訊號，需要捕捉它們並修改其行為，以確保處理程序能夠正常執行。
- 執行系統預設行為。對於一些嚴重的錯誤訊號，處理程序必須退出或生成 coredump 檔案，此時執行系統預設行為是最好的選擇。

需要特別注意的訊號是 SIGKILL 和 SIGSTOP，這兩個訊號既不可以忽略，也不可以捕捉，它們向使用者提供了強制終止處理程序和強制停止處理程序的方法。因此，在處理訊號時，需要根據不同的訊號類型採取不同的處理方式，以確保處理程序能夠正常執行並提供穩定的服務。

在開發過程中，我們常常會遇到各種訊號。表 8-2 列出了開發過程中常見的訊號。

8 後端服務撰寫

▼ 表 8-2 開發過程中常見的訊號

訊號	觸發條件	系統預設行為	推薦的處理方式
SIGABRT	當呼叫 abort 函數時，當前處理程序會收到該訊號	處理程序退出並生成 coredump 檔案	保留預設動作
SIGCHLD	當處理程序退出時，該處理程序的父處理程序將收到該訊號	忽略該訊號	保留預設動作或捕捉訊號以獲取子處理程序的退出狀態
SIGHUP	終端退出時	處理程序退出	保留預設動作或捕捉訊號以便平滑退出
SIGINT	按【Ctrl + c】複合鍵時	處理程序退出	保留預設動作或捕捉訊號以便平滑退出
SIGKILL	執行 kill -9 命令以「殺死」處理程序時	處理程序強制退出	該訊號不可捕捉，不可忽略，處理程序只能強制退出
SIGPIPE	對已經關閉的管道或 SOCK_STREAM 通訊端執行寫入操作時	處理程序退出	忽略該訊號或捕捉訊號以輸出相關偵錯資訊
SIGQUIT	按【Ctrl + \】複合鍵時	處理程序退出並生成 coredump 檔案	保留預設動作或捕捉訊號以便平滑退出
SIGSEGV	當處理程序中發生無效的記憶體引用時	處理程序退出並生成 coredump 檔案	保留預設動作
SIGSTOP	使用 gdb 偵錯處理程序時	處理程序強制停止	該訊號不可捕捉，不可忽略，處理程序只能強制停止
SIGTERM	執行 kill 命令以停止處理程序時	處理程序退出	保留預設動作或捕捉訊號以便平滑退出
SIGUSR1	執行 kill -10 命令，給處理程序發訊號時	處理程序退出	捕捉訊號，進行自訂處理
SIGUSR2	執行 kill -12 命令，給處理程序發訊號時	處理程序退出	捕捉訊號，進行自訂處理

Linux 系統支援的訊號遠不只表 8-2 中列出的那些，我們可以透過在 shell 中執行 kill -l 命令來查看 Linux 系統支援的所有訊號。kill 命令用於給指定處理程序發送指定的訊號，以實現對處理程序的控制。

平滑退出是指處理程序在處理完最後一個請求後退出，而非在請求處理過程中收到訊號時直接退出。這種方式可以確保處理程序能夠正常完成任務，避免資料遺失或服務中斷等，提高服務的可靠性和穩定性。因此，我們需要謹慎處理訊號，確保處理程序能夠正常退出並提供穩定的服務。

8.4　載入配置功能

後端服務的很多行為都要求具備可擴充性，而部分可擴充性是透過配置來實現的。因此，後端服務通常都會具備載入配置的功能，以便靈活配置服務，滿足不同的需求。

一般來說，後端服務至少需要支援本機設定檔的讀取，最常見的設定檔格式為 ini。較為高級的做法是提供一個分散式的配置系統，後端可以透過網路通訊來即時獲取服務最新的配置，這樣就可以快速回應變化的需求，提高服務的靈活性和可擴充性。

在第 11 章中，我們將實現 ini 格式的設定檔讀取類別，以便在後端服務中使用。

8.5　命令列參數解析

後端服務的動態擴充能力還可以透過命令列參數來實現。因此，後端服務需要具備解析命令列參數的能力，以便靈活配置服務，滿足不同的需求。

在第 11 章中，我們將實現命令列參數的解析類別，以便在後端服務中使用。

8.6 日誌輸出功能

日誌是每個後端服務必不可少的功能。透過日誌，我們可以分析使用者行為，定位 bug，並及時發現和解決問題。由於後端服務處理程序都是守護處理程序，它們和終端是脫離的，因此日誌都被輸出到檔案中。日誌可以分為不同等級，而不同等級的日誌含義是不同的。常見的日誌等級如表 8-3 所示。

▼ 表 8-3 常見的日誌等級

日誌等級	說明	範例
trace	追蹤日誌，輸出執行路徑資訊，用於確認執行路徑等	[TRACE] 2023-03-10 09:51:25:198044 19882,20230310095125127000000001807014 (0:distributedtrace.hpp:PrintTraceInfo:34):[1] Direct.Echo.EchoMySelf-[533us,0,0,success]
debug	偵錯日誌，輸出定位問題的偵錯資訊，用於確認 bug 等	[DEBUG] 2023-03-10 09:51:25:198003 19882,20230310095125127000000001807014 (0:echohandler.h:MySvrHandler:25):EchoMySelf ret[0],req[{"message":"hello"}],resp[{"message":"hello"}]
info	資訊日誌，輸出關鍵資訊，用於確認核心程式是否執行過等	[INFO] 2023-03-10 09:49:12:337307 19856,20230310094912127000000000126812 6 (servicelock.hpp:lock:34):lock pidFile[/home/backend/lock/subsys/echo] success. pid[19856]
warn	警告日誌，輸出警告資訊，用於提示服務當前處於異常狀態	[WARN] 2023-03-10 09:46:56:869352 22832,20230310094656127000000001626548 (handler.hpp:operator():40):releaseConn peer close connection, events=EPOLLIN
error	錯誤日誌，輸出錯誤資訊，用於提示服務發生了嚴重的問題	[ERROR] 2023-03-10 09:52:38:427650 21252,20230310095238127000000001244812 (service.cpp:Run:37):service already running

在後端服務中，我們需要根據不同的情況選擇不同的日誌等級，以便更進一步地記錄和分析服務的執行情況。同時，我們還需要考慮日誌的大小和數量，以避免日誌過大或過多，影響服務的性能和穩定性。

在第 11 章中，我們將實現自己的日誌類別，以便在後端服務中使用。

8.7 服務啟停指令稿

當啟動或停止後端服務時，通常需要進行一些參數或設置的配置。為了方便執行這些操作，每個後端服務都會配備相應的啟動和停止指令稿（簡稱啟停指令稿）。這些指令稿可能會包含一些必要的參數，比如通訊埠編號、日誌等級、設定檔路徑等，以便在啟動服務時進行配置。

此外，這些指令稿還可以用於自動化部署和更新服務，從而減少手動操作的時間和風險。透過自動化部署和更新服務，我們可以快速地部署和更新服務，提高服務的可靠性和穩定性，同時減少人力和時間成本。

因此，服務啟停指令稿是後端服務開發中不可或缺的一部分。在開發過程中，我們需要根據不同的需求和場景，撰寫不同的啟停指令稿，以便靈活配置服務，滿足不同的需求。同時，我們還需要考慮指令稿的可靠性和穩定性，以確保服務能夠正常啟動和停止，提高服務的可靠性和穩定性。

後端服務的啟停指令稿並不複雜，一般具備 4 個功能：啟動服務、停止服務、查看服務當前狀態、重新啟動服務。這些功能可以透過指令稿中的命令來實現，以便我們操作服務。

以前面的 daemon 程式為例，下面對服務啟停指令稿的內容展開介紹。在此之前，daemon 程式需要先發佈到 /usr/bin 目錄下。現在讓我們來看一下這個啟停指令稿（/etc/init.d/daemon）的具體內容。

```
#!/bin/bash
# 載入系統封裝好的函數
source /etc/init.d/functions
GREEN='\033[1;32m' # 綠色
```

後端服務撰寫

```
RES='\033[0m'
SRV="daemon"
# daemon 程式的絕對路徑
PROG="/usr/bin/$SRV"
# 鎖檔案
LOCK_FILE="/home/backend/lock/$SRV"
RET=0
# 服務啟動函數
function start() {
    mkdir -p /home/backend/lock
    # 鎖檔案不存在，說明服務沒有啟動
    if [ ! -f $LOCK_FILE ]; then
        echo -n $"Starting $PROG: "
        # 啟動服務，success 和 failure 函數是系統封裝的 shell 函數，success 函數在終端輸出
        # 「[OK]」，failure 函數則在終端輸出「[FAILED]」
        $PROG && success || failure
        RET=$?
        # 建立鎖檔案
        touch $LOCK_FILE
        echo
    else
        # 獲取服務處理程序 id，如果獲取成功，則表明服務已經在執行，否則啟動服務
        PID=$(pidof $PROG)
        if [ ! -z "$PID" ] ; then
            echo -e "$SRV(${GREEN}$PID${RES}) is already running…"
        else
            # 服務處理程序 id 不存在，啟動服務
            echo -n $"Starting $PROG: "
            $PROG && success || failure
            RET=$?
            echo
        fi
    fi
    return $RET
}
# 服務停止函數
function stop() {
    # 鎖檔案不存在，說明服務已經停止
    if [ ! -f $LOCK_FILE ]; then
```

```
            echo "$SRV is stopd"
            return $RET
    else
        echo -n $"Stopping $PROG: "
        # killproc 函數是系統封裝好的 shell 函數，用於停止服務
        killproc $PROG
        RET=$?
        # 刪除鎖檔案
        rm -f $LOCK_FILE
        echo
        return $RET
    fi
}
# 服務重新啟動函數
function restart() {
    stop        # 先停止服務
    start       # 再重新啟動服務
}
# 服務狀態查看函數
function status() {
    if [ ! -f $LOCK_FILE ] ; then
        echo "$SRV is stoped"
    else
        PID=$(pidof $PROG)
        if [ -z "$PID" ] ; then
            echo "$SRV dead but locked"
        else
            echo -e "$SRV(${GREEN}$PID${RES}) is running…"
        fi
    fi
}
case "$1" in
start)
    start
    ;;
stop)
    stop
    ;;
restart)
```

```
    restart
    ;;
status)
    status
    ;;
*)
    echo $"Usage: $0 {start|stop|restart|status}"
    exit 1
esac
exit $RET
```

為了更進一步地介紹服務啟停指令稿的內容，我們將其劃分成 7 個部分，以便逐一介紹。

8.7.1 載入系統附帶的 shell 函數

服務啟停指令稿開頭的「source /etc/init.d/functions」命令用於匯入系統附帶的定義在 /etc/ init.d/functions 指令檔中的 shell 函數，以便在後面的 shell 指令稿中呼叫這些函數。

在服務啟停指令稿中，我們可以使用 success 和 failure 函數，這兩個函數分別用於向終端輸出「[OK]」和「[FAILED]」。

8.7.2 服務相關變數宣告

這部分最常見的變數包括帶絕對路徑的服務名稱和鎖檔案。其中，鎖檔案用於判斷服務是否被正常停止。當服務啟動成功時，就會建立鎖檔案；而當服務被停止時，就會刪除鎖檔案。也就是說，如果服務異常退出或被手動「強殺」的話，鎖檔案是不會被刪除的。因此，當服務不存在時，可以透過判斷鎖檔案是否存在，來判斷服務是否被正常停止。

除了剛才提到的常見變數，不同的服務可能還需要再配置一些其他特定的變數，這些變數的具體配置需要根據具體的服務來確定。舉例來說，某個服務可能需要配置日誌路徑等。因此，在撰寫服務啟停指令稿時，需要根據具體的服務需求，配置相應的變數和參數，以便更進一步地管理和維護服務。

8.7.3 服務啟動函數

　　start 函數用於啟動服務。start 函數的邏輯如下：先判斷鎖檔案是否存在，如果鎖檔案不存在，則表明服務沒有啟動，這時執行服務啟動命令以啟動服務，並建立鎖檔案。如果鎖檔案存在，則表明服務啟動過但沒有被停止，這時再判斷服務是否存在。如果服務存在，則輸出服務已經在執行中的提示訊息，否則執行服務啟動命令。

8.7.4 服務停止函數

　　stop 函數用於停止服務。stop 函數的邏輯如下：先判斷鎖檔案是否存在，如果鎖檔案不存在，則表明服務已經被停止，輸出服務已經被停止的提示訊息。如果鎖檔案存在，則表明服務沒有被停止，這時執行服務停止命令以停止服務，最後刪除鎖檔案。

8.7.5 服務重新啟動函數

　　restart 函數用於重新啟動服務。restart 函數的邏輯非常簡單，就是先呼叫 stop 函數來停止服務，再呼叫 start 函數來啟動服務。

8.7.6 服務狀態查看函數

　　status 函數用於查看服務的狀態，服務存在三種狀態。

- 當鎖檔案不存在時，表明服務已經被停止。
- 當鎖檔案存在但服務不存在時，表明服務是異常退出的或是被手動「強殺」的。
- 鎖檔案存在且服務正常執行。

8.7.7 case 敘述

case 敘述的邏輯簡單明了，就是根據服務啟停指令稿攜帶的不同參數，執行不同的函數。服務啟停指令稿有兩種使用方式：一種是直接執行指令稿，比如 /etc/init.d/daemond start；另一種是透過 service 命令來啟動，比如 service daemond start，service 命令會自動執行指令稿 /etc/ init.d/daemond 並把 start 參數傳遞給這個指令稿。

透過上面的介紹，我們發現撰寫服務啟停指令稿並不難，只需要按照邏輯寫好不同的部分即可。不同服務啟停指令稿的主要差異表現在啟停命令的不同，而其他部分的邏輯大體相同。因此，在撰寫服務啟停指令稿時，可以先參考其他已有的指令稿，再根據具體的服務需求進行相應的修改和調整。

8.8 本章小結

在本章中，我們介紹了如何撰寫標準的後端守護處理程序，包括需要調整的資源限制、常見的訊號及其處理方式、設定檔、命令列參數解析和日誌輸出等內容。此外，我們還詳細介紹了如何撰寫服務啟停指令稿，包括服務的啟動、停止、重新啟動和查看狀態等功能的實現。以上內容可以幫助我們更進一步地管理和維護後端服務，提高服務的可靠性和穩定性。

9
網路通訊基礎

　　後端服務通常是透過整合許多伺服器來對外提供服務的。除了內部伺服器之間必須透過網路來進行通訊，對外提供的服務也是透過網路來實現的。因此，後端開發人員必須熟練掌握網路通訊和網路程式設計技術。本章的主要內容包括 TCP/IP 協定層、TCP 網路程式設計介面和 TCP 經典異常場景分析。

9 網路通訊基礎

9.1 TCP/IP 協定層概述

在網路通訊所使用的各種協定中，TCP 和 IP 這兩個協定最為重要。我們經常聽到的 TCP/IP 協定層並不單指傳輸控制協定（Transmission Control Protocol，TCP）或網際協定（Internet Protocol，IP），而指的是整個網路通訊堆疊上的一整套協定。雖然不同的電腦上執行著不同類型的作業系統，但它們都遵循同一套 TCP/IP 網路通訊協定層（簡稱 TCP/IP 協定層），這使得全球數以億計的電腦能夠自由通訊。

TCP/IP 協定層是一種網路通訊協定層。雖然 OSI（Open System Interconnection）參考模型對網路通訊進行了分層，將網路通訊設計成了 7 層的協定層，但在專案實踐中，各大作業系統廠商和開放原始碼組織實現的是 5 層的協定層。圖 9-1 將 OSI 參考模型的 7 層協定層和專案實踐中的 5 層協定層做了對比。

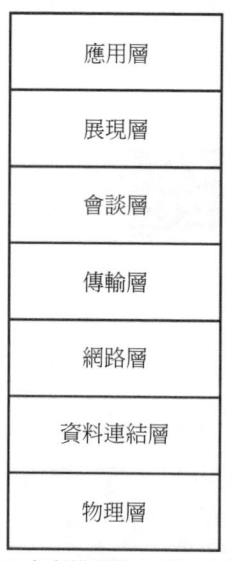

OSI 參考模型的 7 層協定層	專案實踐中的 5 層協定層
應用層	應用層
展現層	
會談層	
傳輸層	傳輸層
網路層	網路層
資料連結層	資料連結層
物理層	物理層

▲ 圖 9-1 網路通訊協定棧

9.1 TCP/IP 協定層概述

接下來，我們將以專案實踐中的 5 層協定層為基礎，對網路通訊進行討論。我們可以在雲端伺服器上執行 wget 命令（wget 是一個非互動的 Web 服務資源下載器），例如 wget http://www.baidu.com，將會發起一個獲取百度首頁的 HTTP 請求。在這個過程中，HTTP 請求將從雲端主機發出並被發送到百度 Web 伺服器，如圖 9-2 所示。

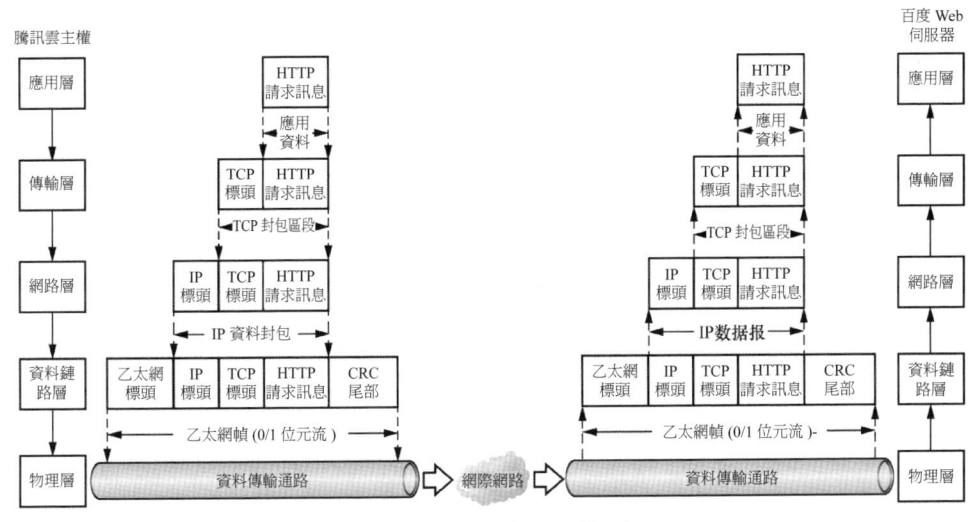

▲ 圖 9-2 網路通訊簡圖

在圖 9-2 中，HTTP 請求訊息在雲端主機上被從上到下逐層封裝，並最終封裝成乙太網幀。然後，它被轉換成實體訊號，並透過物理層的資料傳輸通路被發送到網際網路上。由於整個網際網路是由不同的廣域網路和區域網透過路由裝置互聯起來的，因此網際網路上的實體訊號並不是漫無目的地被傳輸的。

當實體訊號被傳輸到路由裝置時，它會被路由裝置逐層向上解封到網路層。然後，路由裝置根據網路層的 IP 標頭資訊和本機路由表資訊，對 HTTP 訊息從網路層向下再次進行封裝，並轉發到下一個路由裝置。HTTP 請求訊息就這樣，經由網際網路上的多個路由裝置，在使用相同的機制進行處理和轉發之後，最終到達百度 Web 伺服器。最後，HTTP 請求訊息被從下到上逐層解封，最終由作業系統將 HTTP 請求投遞給對應的 Web 服務處理程序。

9 網路通訊基礎

整個網路通訊過程—從 HTTP 請求從雲端主機發出到被百度 Web 伺服器接收,與我們平時使用的快遞服務非常相似。

假設我們使用順豐快遞來郵寄合約,那麼合約就好比應用層資料(HTTP 請求訊息)。我們將合約放入順豐的檔案袋中,並貼上郵件的收發位址和收發人資訊,這就好比將應用層資料封裝成 TCP 封包區段。TCP 封包區段包含著郵件收發人(目的通訊埠和來源通訊埠)的資訊,然後 TCP 封包區段被封裝成 IP 資料封包。IP 資料封包包含著郵件的收發位址(目的 IP 位址和來源 IP 位址)資訊。快遞員在收走我們的快遞後,就會把快遞帶回本機的分揀中心。這就好比 IP 資料封包被封裝成乙太網幀,然後被轉換成實體訊號,並透過物理層的資料傳輸通路到達路由裝置。

快遞在到達本地的分揀中心後,分揀中心會根據快遞的收件人位址,把快遞發送到下一個合適的分揀中心。這就好比 HTTP 請求訊息在被路由裝置接收後,又被轉發到下一個路由裝置。快遞經過多個分揀中心,最終到達收件人所在地區的分揀中心,由快遞員將快遞派送到收件位址,這就好比將 HTTP 請求訊息傳輸到目的主機。收件人拿到快遞後,拆開檔案袋,取出合約,這就好比目的主機對 HTTP 請求訊息從下到上逐層解封,得到應用層的 HTTP 請求訊息並最終投遞給 Web 服務處理程序。

縱觀整個 HTTP 請求訊息的簡略網路通訊過程,我們可以看出,應用層的 HTTP 請求訊息在網路通訊協定層上會不斷地從上到下封裝,並從下到上解封。HTTP 請求訊息在來源主機上,從應用層不斷向下封裝到物理層,在網際網路上則被中間的網路裝置(主要是路由器)進行了至少下三層的解封和封裝。HTTP 請求訊息在到達目的主機後,從物理層逐層向上解封到應用層。在網路通訊協定層中,不同層的協定各司其職,協作完成整個複雜的通訊過程。

最後讓我們來看一下在專案實踐中,網路通訊協定層的各個層中主要協定的分佈,如圖 9-3 所示。

9-4

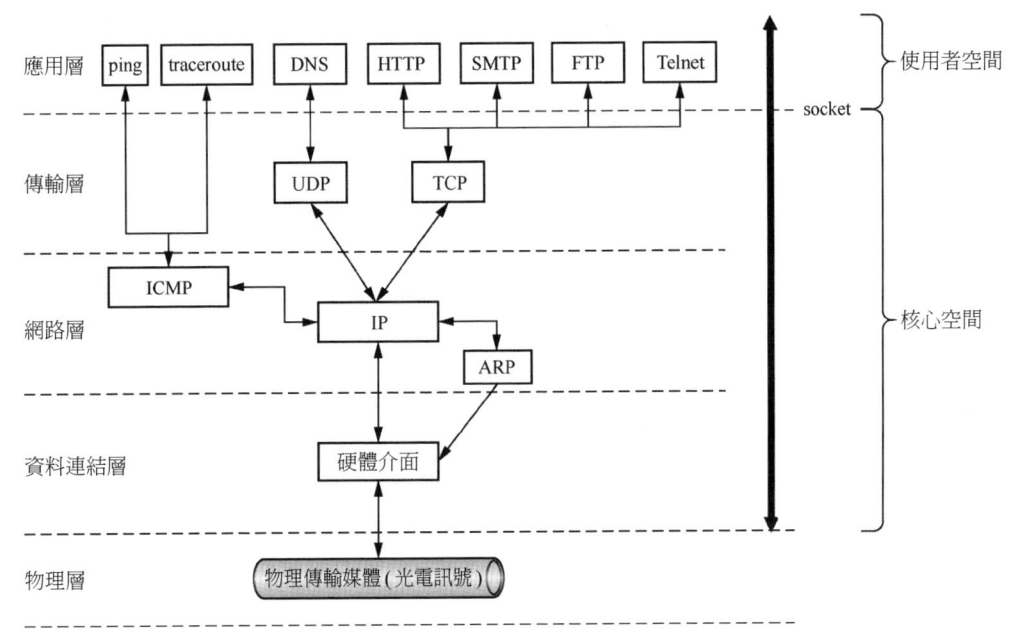

▲ 圖 9-3 網路通訊協定層的各個層中主要協定的分佈

9.2 物理層與資料連結層

　　物理層與資料連結層處在網路通訊協定層的底層，它們共同解決了物理世界中資料傳輸通路的問題。物理層負責將數位訊號轉為實體訊號，並將其傳輸到物理媒體上，如電纜、光纖等。資料連結層則負責將資料幀從一個節點傳輸到另一個節點，並處理資料幀的錯誤和重傳等問題。

9.2.1 物理層

　　物理層處在網路通訊協定層的最底層，負責將資料連結層的 0/1 位元流轉換成光電訊號等實體訊號，並在傳輸媒體中傳播。比如，通訊光纖中傳播的是光訊號，通訊基站和手機終端之間傳播的是電磁波訊號。物理層為資料連結層遮罩了傳輸媒體的差異，確保原始的 0/1 位元流可以在各種傳輸媒體上傳輸，為網路節點之間提供了資料傳輸通路，使得具體的傳輸媒體對資料連結層透明。資

9 網路通訊基礎

料連結層不需要考慮網路節點之間具體的傳輸媒體是什麼。工作在物理層的常見裝置有集線器、中繼器、數據機等。

9.2.2 資料連結層

資料連結層簡稱鏈路層，負責完成網路中兩個相鄰節點之間點對點的資料傳輸。鏈路層協定會把網路層的 IP 資料封包封裝成乙太網幀，並在乙太網幀中攜帶控制資訊，完成資訊同步、差錯驗證等功能，使得鏈路層對網路層透明。網路層的任何 0/1 位元流組合都能夠順利透過鏈路層。由於實際的網路環境中存在著各種干擾，因此物理層是不可靠的。鏈路層在物理層提供的 0/1 位元流的基礎上，透過差錯控制，使得有差錯的物理線路變成了無差錯的資料連結並提供給網路層。工作在鏈路層的常見裝置有橋接器、乙太網交換機等。

9.3 網路層

網路層負責提供網際網路上不同主機（可能在同一個網路或不同的網路中）之間的通訊服務。網路層要解決的核心問題是如何標識不同的主機和不同異質網路之間的路由選擇。由於網路層中主要的協定是網際協定（Internet Protocol，IP），因此網路層也稱為 IP 層或網際層。當然，除了網際協定，網路層中還有其他輔助協定，比如 ARP（Address Resolution Protocol，位址解析通訊協定）、RARP（Reverse Address Resolution Protocol，反向位址轉換協定）、ICMP（Internet Control Message Protocol，網際網路控制封包協定）等。工作在網路層的主要裝置是路由器。

9.3.1 網際協定的特點

網際協定（IP）傳輸的是 IP 資料封包，具有無連接、不可靠、無序的特點。無連接是指每個 IP 資料封包的處理都是獨立的，互不連結；不可靠是指不保證 IP 資料封包一定能成功地到達目的主機，IP 資料封包可能會因為路由器接收佇列已滿、鏈路層乙太網幀驗證失敗等而不能到達目的主機；無序是指來源主機上發送的 IP 資料封包，並不會按序到達目的主機，IP 資料封包可能會因為遺失重傳、不同的路由選擇、網路延遲抖動等而不能按序到達目的主機。資料傳輸的連接、可靠、有序是由上層的 TCP 提供的。

9.3.2 IP 資料封包格式

IP 資料封包格式如圖 9-4 所示，IP 資料封包有 20 位元組的固定標頭，標頭還支援可選選項，資料部分的具體內容則由上層協定決定。現在讓我們來分析一下 IP 資料封包標頭各個欄位的內容。

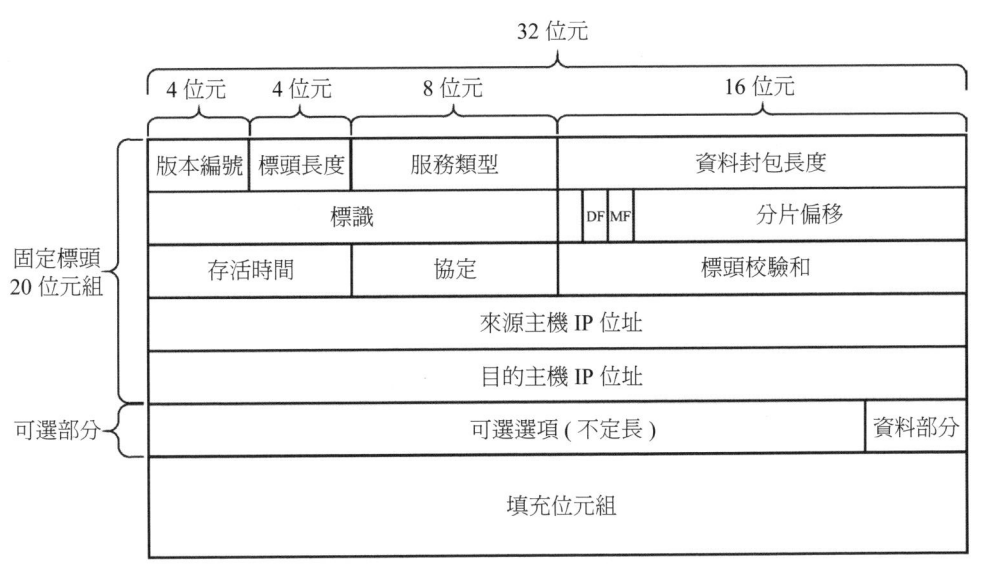

▲ 圖 9-4 IP 資料封包格式

1．版本編號

佔 4 位元，目前使用的協定版本編號為 4，即 IPv4。

2．標頭長度

佔 4 位元，它的值表示 IP 資料封包標頭由多少個 32 位元組成。因為它的最大值為 15，所以 IP 標頭最長為 60 位元組（15×4 位元組）。普通 IP 資料封包（沒有任何其他選項）的標頭佔 20 位元組，也就是說，此時標頭長度欄位的值為 5。

3．服務類型

佔 8 位元，用於標識 IP 資料封包做路由選擇時，對網路延遲、可靠性、輸送量等的「偏好」，但該欄位通常不使用。

4．資料封包長度

佔 16 位元，它的值表示整個 IP 資料封包的總長度，包括標頭長度。因為單位為位元組，所以 IP 資料封包的最大長度為 65 535（$2^{16}-1$）位元組。透過總長度和標頭長度，我們就可以知道資料部分在 IP 資料封包中的起始位置和對應的長度。我們知道，長度越長，資料封包的傳輸效率越高，因為此時的有效酬載越大。雖然一個 IP 資料封包最長為 65 535 位元組，但是由於受到鏈路層的框架格式中資料部分最大長度的限制，IP 資料封包的長度在大部分情況下達不到 65 535 位元組。在鏈路層的框架格式中，資料部分的最大長度稱為 MTU（Maximum Transfer Unit）。以得到普遍應用的乙太網為例，它的 MTU 為 1500。當 IP 資料封包的長度大於 MTU 時，IP 資料封包會被分片。分片機制是透過 IP 資料封包中的標識、DF/MF 標識、分片偏移這三個欄位來實現的。

5．標識

佔 16 位元，用於唯一標識主機發送的每一個資料封包，它是一個計數器。每發送一個資料封包，它的值就加 1。當資料封包被分片時，它會被複製到所有的分片資料封包中。在目的主機上，分片的資料封包是透過標識欄位來重組的。

6．DF/MF 標識

佔 3 位元，第 1 位元是保留位元，用於後續擴充協定使用；第 2 位元是 DF（Don't Fragment）標識位元，值為 0 時表示可以分片，值為 1 時表示不可以分片；第 3 位元是 MF（More Fragment）標識位元，值為 0 時表示資料封包的所有分片中的最後一個分片，或表示資料封包根本沒有分片，值為 1 時表示資料封包分片中的某個分片，且後續還有其他分片。

7．分片偏移

佔 13 位元，表示當資料封包被分片時，每個分片資料封包的資料部分在來源資料報中的偏移。它以 8 位元組為偏移單位。

8．存活時間

佔 8 位元，表示資料封包所能經過的路由器的最大數量，也稱為存活時間（Time To Live，TTL）。資料封包每經過一個路由器，它的值就減 1。當它的值減為 0 時，資料封包會被當前路由器丟棄。當前路由器還會給發送資料封包的來源主機發送 ICMP 逾時封包，以告知來源主機資料封包發送逾時。

9．協定

佔 8 位元，它表示資料部分使用的是什麼協定，也就是上層使用的協定。常見的協定有 TCP（Transmission Control Protocol，值為 6）、UDP（User Datagram Protocol，值為 17）、ICMP（Internet Control Message Protocol，值為 1）等。

10．標頭校驗和

佔 16 位元，用於驗證資料封包在傳輸過程中，資料封包標頭是否發生差錯。之所以只驗證資料封包標頭，主要基於以下兩點考慮。第一，降低路由器性能損耗，路由器可以快速完成資料封包驗證，然後轉發，進而降低整個網際網路資訊通訊的性能損耗。第二，資料封包的資料部分的差錯驗證，交由具體的上層協定解決。ICMP、UDP 和 TCP 在它們各自的標頭都包含了驗證標頭和資料的校驗和欄位。

11．來源主機 IP 位址

佔 32 位元，用於標識發送資料封包的來源主機的 IP 位址。

12．目的主機 IP 位址

佔 32 位元，用於標識資料封包所要到達的目的主機的 IP 位址。

13．可選選項

佔用 1 位元組到 40 位元組不等，主要用於路由選路限制、路由追蹤（經過路由器時的時間戳記和路由器 IP 位址）等設置。在為資料封包標頭增加完可選選項欄位後，如果不滿足 32 位元的邊界要求，則需要增加值為 0 的位元組作為填充位元組，以保證資料封包標頭的長度為 32 位元的倍數。

14．資料部分

資料部分是網際協定的有效酬載部分，由上層協定填寫，對網際協定透明。網際協定只負責將資料封包從來源主機傳輸到目的主機，而不關心資料封包中的具體內容。因此，資料部分可以由上層協定自由填寫，如 TCP、UDP 等協定。

9.3.3 IP 位址

一個 IP 位址唯一標識了網際網路上的一台主機（或一個路由器），IP 位址由 32 位元組成。IP 位址常用點分十進位的形式來表示，也就是先將每 8 位元轉換成十進位數字，再用點號進行分隔。舉例來說，在登入家用路由器時，我們使用的 IP 位址可能是「192.168.0.1」或「192.168.1.1」。點分十進位的形式易於人們理解和記憶，電腦則使用類似 32 位元整數的結構來儲存和處理 IP 位址。

1．IP 位址的編址方式

IP 位址的編址方式經歷了 3 次迭代更新，下面讓我們來看一下這 3 種不同的編址方式。

（1）分類的 IP 位址編址方式

一個 32 位元的 IP 位址最早被劃分成兩部分，一部分是網路編號，另一部分是主機編號。IP 位址一共被分為 A 類、B 類、C 類、D 類、E 類位址 5 類。具體的分類標準如圖 9-5 所示。

9.3 網路層

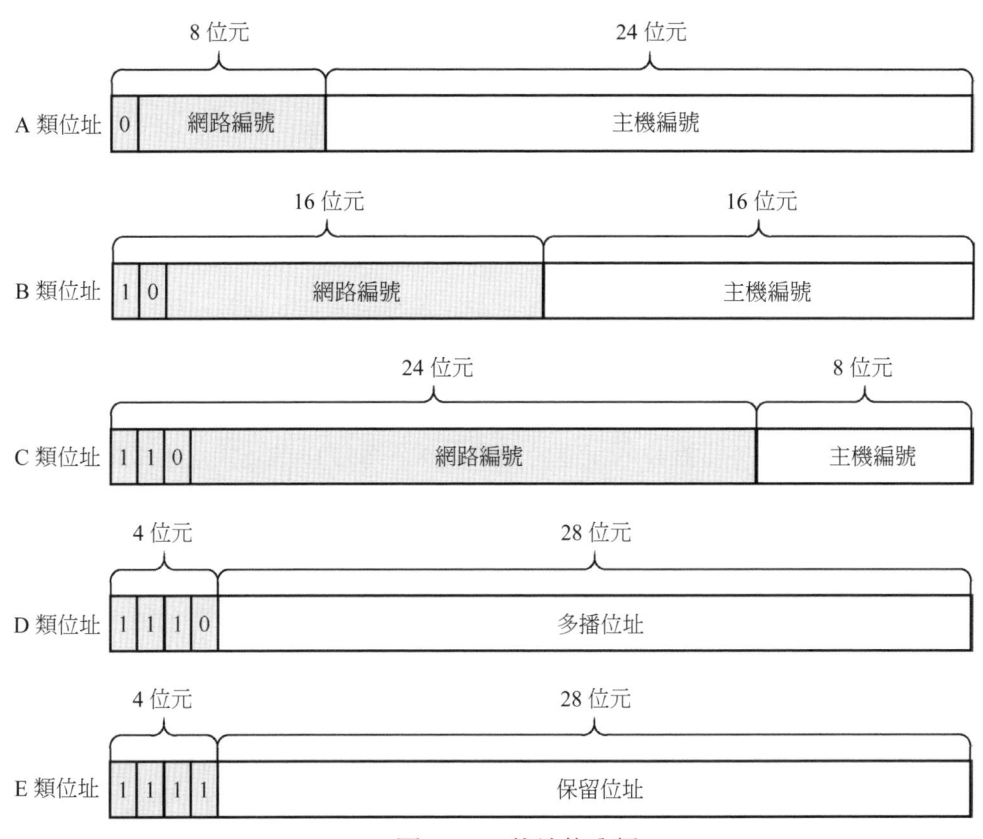

▲ 圖 9-5 IP 位址的分類

A 類、B 類、C 類位址的主機編號分別佔用 3 位元組、2 位元組和 1 位元組，網路編號使用首碼進行區分。A 類位址的網路編號的二進位首碼為 0，B 類的為 10，C 類的是 110。D 類位址為多播位址；E 類位址為保留位址，用於後續的擴充使用。從 A 類、B 類、C 類位址的編址方式可以看出，A 類位址佔據了整個 IP 位址空間的 50%、B 類位址佔據了 25%、C 類位址佔據了 12.5%。

（2）子網劃分

分類的 IP 位址編址方式導致 IP 位址存在巨大的浪費。舉例來說，當一個機構分配到一個 A 類位址的網路編號時，它就有了 1600 多萬個不同的 IP 位址，但實際上只有少量被使用。為了解決分類的 IP 位址的低使用率問題，人們引入了「子網編號」欄位。子網編號欄位是透過從主機編號中劃分出部分位元來支

9-11

9 網路通訊基礎

援的。子網編號欄位的新增，使得二級的 IP 位址結構變成了三級的 IP 位址結構，分配機制也更為靈活。由於子網編號並不改變原來分類的 IP 位址的網路編號，因此對於 IP 資料封包的路由選擇影響並不大，只是在對內網路中多了一次子網轉發。

（3）無分類的 IP 位址編址方式

為了進一步提高 IP 位址的使用率並減小網際網路核心網路中路由器的路由表大小，無分類的 IP 位址編址方式被研究出來。無分類的 IP 位址編址方式摒棄了三級的 IP 位址結構，而是回歸二級的 IP 位址結構，但和分類的 IP 位址編址方式所不同的是，不再對 IP 位址進行分類。無分類的 IP 位址由「網路首碼」和「主機編號」組成，這種方式使得 IP 位址的分配更為靈活，IP 位址的使用率獲得了提高。

因為無分類的 IP 位址編址方式可以為一個網路分配更多的 IP 位址，所以相對傳統的分類的 IP 位址編址方式，網際網路核心網路中的路由器的多個路由項可以合併處理，從而減小了路由器中路由表的大小。無分類的 IP 位址編址方式使用網路遮罩來確認一個具體 IP 位址的網路首碼，網路遮罩同樣使用 IP 位址來表示。網路遮罩的網路首碼部分的位元都是 1，主機編號部分的位元都是 0。舉例來說，當網路首碼有 18 位元時，對應的網路遮罩為「255.255.192.0」；當網路首碼有 23 位元時，對應的網路遮罩為「255.255.254.0」。

2．主機 IP 配置

我們知道，所有要連線網際網路的伺服器都必須有 IP 位址。那麼，這個伺服器相關的 IP 配置儲存在哪裡？具體該如何配置呢？我們以雲端伺服器為例來說明一下。首先，我們可以透過執行 ifconfig 命令來查看伺服器的網路介面資訊。從 ifconfig 命令的輸出中可以看到，雲端伺服器上有兩個網路介面，其中一個是 eth0 介面，另一個是網路本機 loopback 介面。

```
[root@VM-114-245-centos ~]# ifconfig
eth0      Link encap:Ethernet   HWaddr 52:54:00:5C:49:96
          inet addr:10.104.114.245  Bcast:10.104.127.255  Mask:255.255.192.0
          inet6 addr: fe80::5054:ff:fe5c:4996/64 Scope:Link
```

9.3 網路層

```
              UP BROADCAST RUNNING MULTICAST   MTU:1500   Metric:1
              RX packets:11113162 errors:0 dropped:0 overruns:0 frame:0
              TX packets:10604558 errors:0 dropped:0 overruns:0 carrier:0
              collisions:0 txqueuelen:1000
              RX bytes:2541658979 (2.3 GiB)   TX bytes:1930916983 (1.7 GiB)

lo            Link encap:Local Loopback
              inet addr:127.0.0.1  Mask:255.0.0.0
              inet6 addr: ::1/128 Scope:Host
              UP LOOPBACK RUNNING  MTU:65536  Metric:1
              RX packets:0 errors:0 dropped:0 overruns:0 frame:0
              TX packets:0 errors:0 dropped:0 overruns:0 carrier:0
              collisions:0 txqueuelen:0
              RX bytes:0 (0.0 b)  TX bytes:0 (0.0 b)

[root@VM-114-245-centos ~]#
```

網路本機 loopback 介面主要用於測試本機網路通訊協定層是否正常。任何發送給本機 loopback IP 位址 127.0.0.1 的資料都不會出現在網路中。而 eth0 介面則是乙太網網路卡。現在，讓我們來看一下 eth0 這個乙太網網路卡的 IP 配置。eth0 的 IP 配置儲存在 /etc/sysconfig/network-scripts/ ifcfg-eth0 這個檔案中。該檔案的內容如下。

```
[root@VM-114-245-centos ~]# cat /etc/sysconfig/network-scripts/ifcfg-eth0
# Created by cloud-init on instance boot automatically, do not edit.
#
BOOTPROTO=none
DEFROUTE=yes
DEVICE=eth0
GATEWAY=10.104.64.1
HWADDR=52:54:00:5c:49:96
IPADDR=10.104.114.245
NETMASK=255.255.192.0
NM_CONTROLLED=no
ONBOOT=yes
TYPE=Ethernet
USERCTL=no
[root@VM-114-245-centos ~]#
```

9-13

9 網路通訊基礎

其中，DEVICE 欄位是網路介面名稱；NM_CONTROLLED 欄位表示是否接受網路管理器託管，yes 表示接受，no 表示不接受；ONBOOT 欄位表示是否開機啟用該網路介面，yes 表示啟用，no 表示不啟用；IPADDR 欄位是網路介面配置的 IP 位址；NETMASK 欄位則是 IPADDR 欄位的網路遮罩（透過 NETMASK 和 IPADDR 欄位，我們可以確認網路介面 eth0 配置在哪個網路上。在這裡，網路介面 eth0 配置在 10.104.64.0 這個網路上）；GATEWAY 欄位配置的是閘道的 IP 位址。

3．特殊的 IP 位址

在 IP 位址空間中，有一些特殊的 IP 位址，現在我們就分別介紹一下它們。

（1）0.0.0.0

通常作為網路服務監聽的 IP 位址，表示接收所有從本機網路介面傳送過來的 IP 資料封包。

（2）127.0.0.1

本機 loopback 測試 IP 位址，主要用於測試本機主機的網路通訊協定層是否正常。

（3）專用位址

專用位址只能用於內網通訊，而不能用於和網際網路上的其他主機進行通訊。簡單來說，專用位址只能用作內網 IP 位址，而不能作為外網 IP 位址。專用位址包括以下三個位址區塊：10.0.0.0 ～ 10.255.255.255、172.16.0.0 ～ 172.31.255.255、192.168.0.0 ～ 192.168.255.255。

4．IP 位址的特點

每個 IP 位址都包含兩個資訊：一個是這個 IP 位址所屬的網路編號，這個網路編號由 IP 位址和網路遮罩共同決定；另一個是這個 IP 位址在網路上的主機編號。

因為網路是擁有相同網路編號的主機的集合，所以同一個網路中的主機或路由器必須具有相同的網路編號。不同的網路必須使用路由器進行連接，路由器至少需要擁有兩個以上的不同的 IP 位址。

那些使用集線器（工作在物理層）和乙太網交換機（工作在資料連結層）連接的多個網路仍然屬於同一個網路，因為它們具有相同的網路編號。集線器和乙太網交換機擴充的是單一網路的邊界，而路由器擴充的是互聯在一起的網路的邊界。

9.3.4 路由選擇

IP 位址解決了網路和主機標識的問題，那麼網路層剩下的核心問題就是如何在網路中轉發 IP 資料封包，以使 IP 資料封包能夠順利地從來源網路的來源主機到達目的網路的目的主機。這個 IP 資料封包轉發的過程被稱為「路由選擇」。

如果 IP 資料封包的來源 IP 位址和目的 IP 位址不在同一個網路中，則需要透過路由器進行轉發來完成交付，稱為「間接路由」；如果 IP 資料封包的來源 IP 位址和目的 IP 位址在同一個網路中，IP 資料封包將直接被交付給目的主機，IP 資料封包的交付不需要路由器的參與，稱為「直接路由」。

路由選擇的步驟如下。

- 首先，在路由表中搜尋匹配的目的主機地址。
- 其次，在路由表中搜尋匹配的目的網路位址。
- 最後，如果沒有匹配的目的主機地址和目的網路位址，則搜尋是否有預設的路由記錄。

每台主機上都有一個路由轉發表（簡稱路由表），它記錄了 IP 資料封包的轉發規則。在雲端主機上執行「route -n」命令，就可以輸出該主機上的路由表，路由表的資訊如下。

9 網路通訊基礎

```
[root@VM-114-245-centos ~]# route -n
Kernel IP routing table
Destination     Gateway         Genmask         Flags Metric Ref    Use Iface
10.104.64.0     0.0.0.0         255.255.192.0   U     0      0        0 eth0
169.254.0.0     0.0.0.0         255.255.0.0     U     1002   0        0 eth0
0.0.0.0         10.104.64.1     0.0.0.0         UG    0      0        0 eth0
[root@VM-114-245-centos ~]#
```

路由表中最為重要的 5 個欄位是 Destination、Gateway、Genmask、Flags 和 Iface。Destination 欄位為目的主機或目的網路，值為 0.0.0.0 時表示預設的路由記錄；Gateway 欄位為閘道，值為 0.0.0.0 時，表示該路由為直接路由；Genmask 欄位為網路遮罩，用於確認要轉發的 IP 資料封包是否和路由表中的 Destination 欄位匹配；Flags 欄位用於給路由記錄做標識，U 表示該路由記錄是啟用的，G 表示轉發到一個路由器，即間接路由；Iface 欄位表示使用的是哪個本機網路介面。

下面我們根據上面的路由表配置來講兩個實際的例子。

假設我們給主機 10.104.114.24 發送 IP 資料封包。首先進行目的主機的匹配，未發現匹配的路由記錄；然後進行目的網路的匹配，匹配到路由表中的第一項。這個路由是直接路由，使用 eth0 介面發送。因為是直接路由，所以在資料連結層使用的物理位址就是目的主機的物理位址。

假設我們給主機 14.215.177.39 發送 IP 資料封包。首先進行目的主機的匹配，未發現匹配的路由記錄；然後進行目的網路的匹配，也沒有匹配的路由記錄；最後只能匹配到路由表中的預設路由，它位於路由表中的第三項，是一個間接路由，使用 eth0 介面發送。因為是間接路由，所以在資料連結層使用的物理位址實際上是閘道 10.104.64.1 的物理位址。

9.3.5 ARP 與 RARP

資料連結層使用的是物理位址而非 IP 位址，因此存在網路層的 IP 位址和資料連結層的物理位址之間的動態映射問題。在網路通訊協定層中，ARP（位址解析通訊協定）和 RARP（逆位址解析通訊協定）就是用來解決這個問題的。

ARP 解決的是 IP 位址到物理位址的映射問題，已被廣泛應用於網路通訊中。由於 ARP 在網路通訊協定層中是自動執行的，因此它對應用層來說是透明的。

RARP 解決的是物理位址到 IP 位址的映射問題，在早期無磁碟的系統中，用於完成 IP 位址的動態匹配。這是因為系統中沒有磁碟用於儲存主機的 IP 配置，所以需要使用 RARP 來解決系統引導時 IP 位址的配置問題。由於 RARP 的局限性，它後來被 BOOTP（Bootstrap Protocol）所替代。又由於 BOOTP 需要人工配置，它後來被更為便利，也是目前廣泛應用的 DCHP（Dynamic Host Configuration Protocol，動態主機設定通訊協定）所替代。家用的路由器基本使用 DCHP 來為連線路由器的個人電腦、筆記型電腦電腦、手機等裝置動態分配 IP 位址。

由於 RARP 已經被淘汰，因此這裡重點介紹 ARP。我們將從 ARP 快取、ARP 格式、ARP 程式設計實例 3 個方面展開介紹。

1．ARP 快取

ARP 在網路通訊協定層中是自動執行的，因此每台主機上都有一個 ARP 快取，它儲存著最近活躍的 IP 位址和物理位址之間的映射，ARP 快取中的每一項都有一個過期時間。透過執行「arp -a」命令，我們可以查看主機上的 ARP 快取。下面是在雲端伺服器上執行該命令後得到的輸出。

```
[root@VM-114-245-centos ~]# arp -a
? (169.254.0.55) at fe:ee:ff:ff:ff:ff [ether] on eth0
? (10.104.64.1) at fe:ee:ff:ff:ff:ff [ether] on eth0
? (169.254.0.4) at fe:ee:ff:ff:ff:ff [ether] on eth0
? (169.254.0.138) at fe:ee:ff:ff:ff:ff [ether] on eth0
[root@VM-114-245-centos ~]#
```

2 · ARP 格式

以乙太網物理位址的解析為例，ARP 格式如圖 9-6 所示。需要注意的是，協定圖中的硬體位址和物理位址的含義是一樣的。

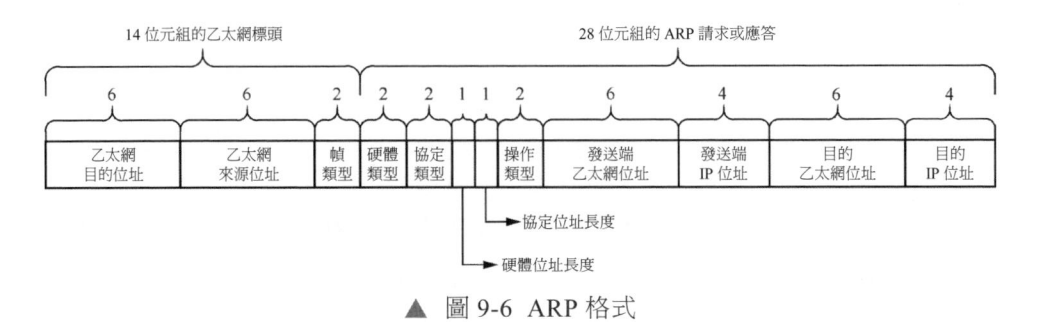

▲ 圖 9-6 ARP 格式

（1）乙太網目的位址

佔用 6 位元組，由於 ARP 請求是廣播封包，因此如果是 ARP 請求封包，則乙太網目的地址欄位的所有位元都是 1。同一網路中的其他所有主機都會收到這個請求，但路由器不會轉發這個請求。ARP 請求只能在本機網路中傳播。如果是 ARP 應答封包，則對應之前發出 ARP 請求的主機的乙太網物理位址。

（2）乙太網來源位址

佔用 6 位元組，對應發送 ARP（請求或應答）封包的主機的乙太網物理位址。

（3）框架類型

佔用 2 位元組，ARP 的框架類型欄位的值為 "0x0806"。

（4）硬體類型

佔用 2 位元組，乙太網的硬體類型欄位的值為 "0x0001"。

（5）協定類型

佔用 2 位元組，IPv4 協定類型欄位的值為 "0x0800"。

9.3 網路層

（6）硬體位址長度

佔用 1 位元組，乙太網硬體位址長度為 6。

（7）協定位址長度

佔用 1 位元組，IPv4 協定位址長度為 4。

（8）操作類型

佔用 2 位元組，操作類型欄位用於標識 ARP 封包的操作類型，值為 1 時表示 ARP 請求封包，值為 2 時表示 ARP 應答封包。

（9）發送端乙太網位址

佔用 6 位元組，對應發送 ARP 封包的主機的乙太網物理位址。

（10）發送端 IP 位址

佔用 4 位元組，對應發送 ARP 封包的主機的 IP 位址。

（11）目的乙太網位址

佔用 6 位元組，如果是 ARP 請求封包，則目的乙太網地址欄位的所有位元都是 1；如果是 ARP 應答封包，則對應之前發送 ARP 請求的主機的乙太網物理位址。

（12）目的 IP 位址

佔用 4 位元組，對應接收 ARP 封包的主機的 IP 位址。

3．ARP 程式設計實例

理解一個協定最好的方式就是實際編碼操作一下協定訊息。在圖 9-3 中，我們可以看出，Linux 作業系統暴露給應用層，操作網路通訊協定層中底層協定的介面為 socket 介面。現在讓我們程式實作 ARP 請求的發送和 ARP 應答的接收。在實例程式中，涉及的主要資料結構為結構 ifreq 和 sockaddr_ll。

ifreq 結構位於「net/if.h」標頭檔中，它是呼叫 ioctl 函數以獲取或設置網路介面資訊時的參數。其中，ifrn_name 欄位為網路介面名稱，在呼叫 ioctl 函數時，聯合體 ifr_ifrn 的 ifrn_name 欄位為必設欄位。而在使用 ioctl 函數獲取網路介面屬性時，函數 ioctl 呼叫成功後，聯合體 ifr_ifru 的相關屬性欄位就會被設置，我們也就可以從對應的欄位中獲取自己需要的資訊。ifreq 結構的內容如下。

```
/* 用於通訊端 ioctl 的介面請求結構，必須以 ifr_name 成員變數開頭，其他部分可能是特定於某些介面的  */
#define IF_NAMESIZE     16
struct ifreq
{
# define IFHWADDRLEN    6
# define IFNAMSIZ       IF_NAMESIZE
    union
    {
        char ifrn_name[IFNAMSIZ];    /* 介面名稱，例如 "en0" */
    } ifr_ifrn;
    union
    {
        struct sockaddr ifru_addr;
        struct sockaddr ifru_dstaddr;
        struct sockaddr ifru_broadaddr;
        struct sockaddr ifru_netmask;
        struct sockaddr ifru_hwaddr;
        short int ifru_flags;
        int ifru_ivalue;
        int ifru_mtu;
        struct ifmap ifru_map;
        char ifru_slave[IFNAMSIZ];   /* 正好符合大小要求 */
        char ifru_newname[IFNAMSIZ];
        __caddr_t ifru_data;
    } ifr_ifru;
};
```

sockaddr_ll 結構位於「netpacket/packet.h」標頭檔中，用於存放裝置無關的物理層位址。在實例程式中，它被用來連結 eth0 這個網路介面，然後作為呼叫 bind 函數的參數之一，將 eth0 和 socket 原始通訊端綁定起來。綁定 eth0

9.3 網路層

後,就可以直接使用函數 send 和 recv 分別發送 ARP 請求和接收 ARP 應答了。sockaddr_ll 結構的內容如下。

```c
/* sockaddr_ll 是與裝置無關的物理層位址 */
struct sockaddr_ll {
    unsigned short sll_family;    /* 始終為 AF_PACKET */
    unsigned short sll_protocol;  /* 物理層協定 */
    int            sll_ifindex;   /* 介面編號 */
    unsigned short sll_hatype;    /* 標頭類型 */
    unsigned char  sll_pkttype;   /* 封包類型 */
    unsigned char  sll_halen;     /* 位址長度 */
    unsigned char  sll_addr[8];   /* 物理層位址 */
};
```

程式清單 9-1 舉出了完整的 ARP 實例程式,原始程式碼在 myarp.cpp 檔案中。

→ **程式清單 9-1 ARP 實例程式**

```cpp
#include <arpa/inet.h>
#include <net/if.h>
#include <netpacket/packet.h>
#include <stdio.h>
#include <string.h>
#include <sys/ioctl.h>
#include <sys/socket.h>
#include <sys/types.h>
#include <iostream>
using namespace std;

int main(int argc, char *argv[]) {
  if (argc != 2) {
    cout << "param invalid!" << endl;
    cout << "Usage: myarp 10.104.64.1" << endl;
    return -1;
  }
  int packetSock = socket(AF_PACKET, SOCK_RAW, htons(0x0806));
  if (packetSock < 0) {
    perror("call packet sock failed!");
```

```c
    return -1;
  }
  struct ifreq ifReq;          // 網路介面請求
  struct sockaddr_ll llAddr;   // 裝置無關的物理位址
  memset(&ifReq, 0x0, sizeof(ifReq));      // 初始化網路介面請求
  memset(&llAddr, 0x0, sizeof(llAddr));    // 初始化物理位址
  memcpy(ifReq.ifr_name, "eth0", 4);       // 設置要請求的網路介面名稱
  if (ioctl(packetSock, SIOCGIFINDEX, &ifReq) != 0) {  // 獲取 eth0 的內部索引
    perror("call ioctl failed!");
    return -1;
  }
  llAddr.sll_ifindex = ifReq.ifr_ifindex;
  llAddr.sll_protocol = htons(0x0806);
  llAddr.sll_family = AF_PACKET;
  if (bind(packetSock, (struct sockaddr *)&llAddr, sizeof(llAddr)) < 0) {
    perror("call bind failed!");
    return -1;
  }
  if (ioctl(packetSock, SIOCGIFADDR, &ifReq) != 0) {   // 獲取 eth0 的 IP 位址
    perror("call ioctl failed!");
    return -1;
  }
  struct in_addr srcAddr, dstAddr;
  srcAddr = ((struct sockaddr_in *)&(ifReq.ifr_addr))->sin_addr;
  inet_pton(AF_INET, argv[1], &dstAddr);
  if (ioctl(packetSock, SIOCGIFHWADDR, &ifReq) != 0) { // 獲取 eth0 的硬體位址
    perror("call ioctl failed!");
    return -1;
  }
  const size_t ethAddrLen = 6;     // 乙太網位址長度為 6 位元組
  const size_t arpPktLen = 42;     //ARP 請求封包的大小為 42(14 + 28) 位元組
  uint8_t arpPkt[arpPktLen] = {0}; //ARP 請求封包的位元組流緩衝區
  char srcMacAddr[ethAddrLen] = {0};
  memcpy(srcMacAddr, ifReq.ifr_hwaddr.sa_data, ethAddrLen);

  uint8_t *pkt = arpPkt;
  // 設置乙太網標頭
  memset(pkt, 0xff, ethAddrLen);            // 設置乙太網目的位址為廣播位址
  pkt += ethAddrLen;
```

9.3 網路層

```
memcpy(pkt, srcMacAddr, ethAddrLen);    // 設置乙太網來源位址為 eth0 的 MAC 位址
pkt += ethAddrLen;
*(uint16_t *)pkt = htons(0x0806);       // 設置乙太網框架類型為 ARP
pkt += 2;

// 設置 arp 請求
*(uint16_t *)pkt = htons(0x0001);   // 設置硬體類型為乙太網
pkt += 2;
*(uint16_t *)pkt = htons(0x0800);   // 設置協定類型為 IP
pkt += 2;
*pkt = ethAddrLen;                       // 設置乙太網位址長度
++pkt;
*pkt = sizeof(struct in_addr);      // 設置 IP 位址長度
++pkt;
*(uint16_t *)pkt = htons(0x0001);   // 設置為 ARP 請求
pkt += 2;
memcpy(pkt, srcMacAddr, ethAddrLen);        // 設置發送端乙太網 MAC 位址
pkt += ethAddrLen;
*(uint32_t *)pkt = *(uint32_t *)&srcAddr;   // 設置發送端 IP 位址
pkt += 4;
memset(pkt, 0xff, ethAddrLen);      // 設置目的乙太網位址為廣播位址
pkt += ethAddrLen;
*(uint32_t *)pkt = *(uint32_t *)&dstAddr;   // 設置目的 IP 位址
ssize_t ret = send(packetSock, &arpPkt, arpPktLen, 0);   // 發送 ARP 請求
if (ret != arpPktLen) {
  perror("send arp request failed!");
  return -1;
}
ret = recv(packetSock, &arpPkt, arpPktLen, 0);   // 接收 ARP 應答
if (ret != arpPktLen) {
  perror("recv arp reply failed!");
  return -1;
}
pkt = arpPkt;
pkt += 14;   // 跳過乙太網幀標頭
pkt += 14;   // 跳到發送端 IP 位址的首位元組
cout << inet_ntoa(*(struct in_addr *)pkt) << " is at ";   // 輸出 IP 位址
pkt -= 6;    // 跳回發送端乙太網地址欄位的首位元組
for (int i = 0; i < ethAddrLen; ++i) {              // 輸出乙太網位址
```

9-23

```
    if (i == ethAddrLen - 1) {
      printf("%02x\n", pkt[i]);
    } else {
      printf("%02x:", pkt[i]);
    }
  }
  return 0;
}
```

- 首先,驗證輸入參數,輸入參數必須有兩個,其中第 2 個參數是要獲取對應物理位址的 IP 位址。

- 其次,建立原始通訊端。其中,AF_PACKET 參數表示建立的通訊端用於操作裝置層(資料連結層)的 packet 介面;SOCK_RAW 參數表示建立的 socket 為原始通訊端,發送的資料封包必須包含鏈路層標頭;htons(0x0806) 參數表示原始通訊端使用的是協定 ARP,0x0806 則是 ARP 的框架類型值。我們需要呼叫 htons 函數,以便將 0x0806 轉換成網路位元組序,因為網路傳輸的位元組流要求是網路位元組序的。在實例程式中,還有許多其他的 htons 呼叫,也都基於這個原因。

- 再次,使用 ioctl 函數獲取網路介面 eth0 的內部索引,並使用 bind 函數將 packetSock 通訊端和 eth0 綁定在一起。呼叫 ioctl 函數,獲取網路介面 eth0 的 IP 位址和乙太網 MAC 位址(又稱物理位址或硬體位址)。

- 最後,設置乙太網幀標頭的各個欄位,並設置 ARP 請求的各個欄位。發送設置好的 ARP 請求,接收 ARP 應答,輸出 ARP 應答的結果。

雖然設置「乙太網幀標頭」和「ARP 請求」以及解析「ARP 應答」的程式可能不太容易理解,但是這種編碼和解碼協定資料的通用方式非常重要。理解這種通用方式可以加深我們對協定的理解,從而更快地掌握其他協定資料的編碼和解碼。

為了幫助大家理解這種通用編/解碼的實現方式,這裡將詳細解釋「乙太網幀標頭」的設置過程,如圖 9-7 所示。設置「ARP 請求」的過程與此類似,解析「ARP 應答」的過程則是相反的,我們不再贅述。

9.3 網路層

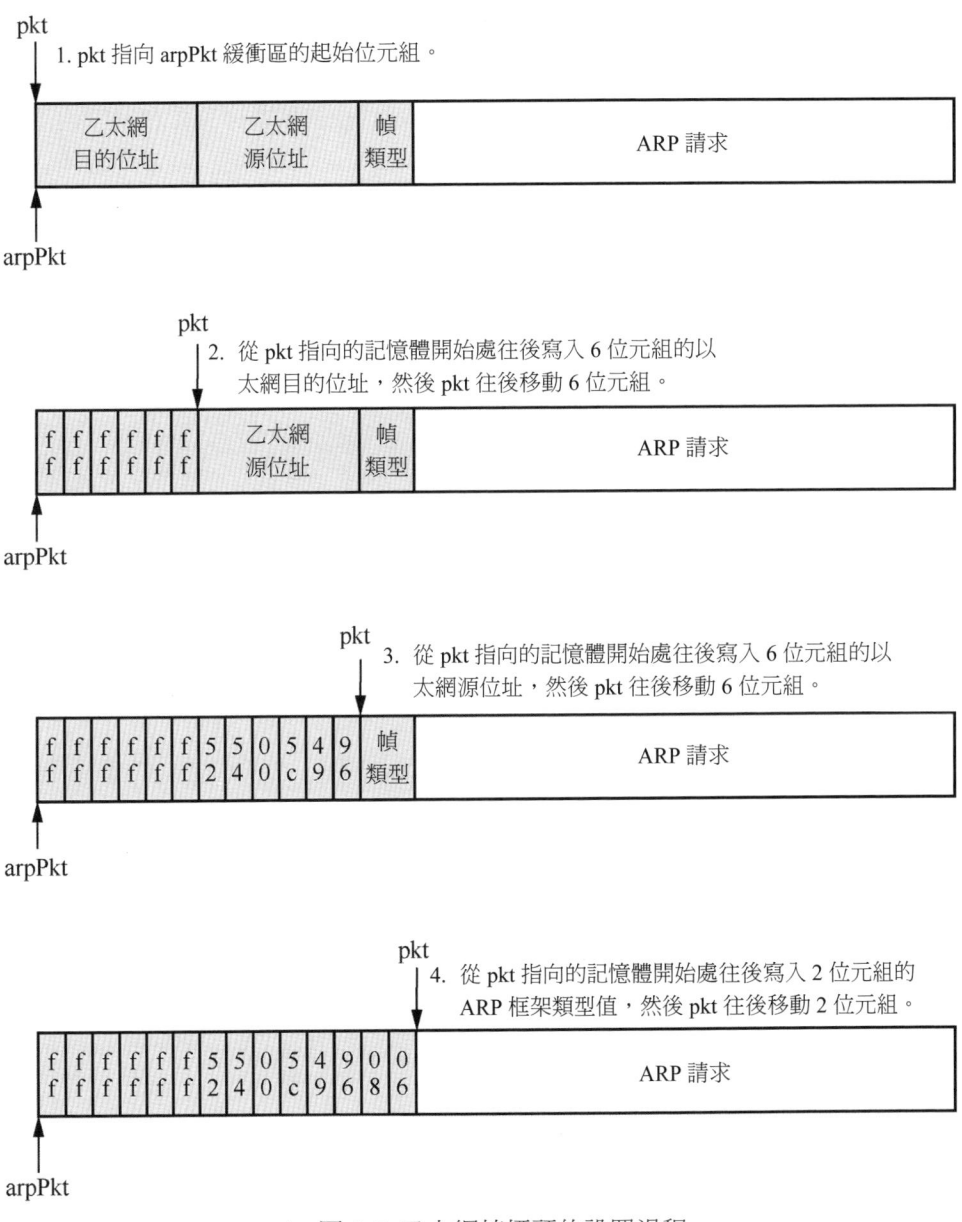

pkt
↓ 1. pkt 指向 arpPkt 緩衝區的起始位元組。

| 乙太網
目的位址 | 乙太網
源位址 | 幀
類型 | ARP 請求 |

↑
arpPkt

　　　　　pkt
　　　　　↓ 2. 從 pkt 指向的記憶體開始處往後寫入 6 位元組的以
　　　　　　　太網目的位址，然後 pkt 往後移動 6 位元組。

| f | f | f | f | f | f | 乙太網
源位址 | 幀
類型 | ARP 請求 |

↑
arpPkt

　　　　　　　　　　　pkt
　　　　　　　　　　　↓ 3. 從 pkt 指向的記憶體開始處往後寫入 6 位元組的以
　　　　　　　　　　　　　太網源位址，然後 pkt 往後移動 6 位元組。

| f | f | f | f | f | f | 5 | 5 | 0 | 5 | 4 | 9 | 幀
類型 | ARP 請求 |
| | | | | | | 2 | 4 | 0c | 　 | 9 | 6 | | |

↑
arpPkt

　　　　　　　　　　　　　　pkt
　　　　　　　　　　　　　　↓ 4. 從 pkt 指向的記憶體開始處往後寫入 2 位元組的
　　　　　　　　　　　　　　　　ARP 框架類型值，然後 pkt 往後移動 2 位元組。

| f | f | f | f | f | f | 5 | 5 | 0 | 5 | 4 | 9 | 0 | 0 | ARP 請求 |
| | | | | | | 2 | 4 | 0c | 　 | 9 | 6 | 8 | 6 | |

↑
arpPkt

▲ 圖 9-7 乙太網幀標頭的設置過程

　　一個協定必須有讀取和寫入的過程，並且讀寫入操作必須按照協定規定的格式進行。在電腦中，可以對協定資料進行讀寫的地方主要是記憶體、網路 I/O 和檔案系統。協定資料在記憶體中以非緊湊的記憶體物件的形式存在（受記憶

9-25

9 網路通訊基礎

體對齊的影響）；而在網路 I/O 和檔案系統中，協定資料則以緊湊的位元組流的形式存在。因此，在實現任何協定時，都需要解決「非緊湊的記憶體物件」和「緊湊的位元組流」之間的相互轉換問題，這種相互轉換被稱為序列化和反序列化。下面編譯並執行這個實例程式，命令如下。

```
/* 首先執行 route -n 命令，查看預設閘道器是多少，然後編譯我們的實例程式，最後使用實例程式
myarp 查詢預設閘道器的 MAC 位址。*/
[root@VM-114-245-centos Chapter09]# route -n
Kernel IP routing table
Destination     Gateway         Genmask         Flags Metric Ref    Use Iface
10.104.64.0     0.0.0.0         255.255.192.0   U     0      0        0 eth0
169.254.0.0     0.0.0.0         255.255.0.0     U     1002   0        0 eth0
0.0.0.0         10.104.64.1     0.0.0.0         UG    0      0        0 eth0
[root@VM-114-245-centos Chapter09]# g++ -o myarp myarp.cpp
[root@VM-114-245-centos Chapter09]# ./myarp 10.104.64.1
10.104.64.1 is at fe:ee:ff:ff:ff:ff
[root@VM-114-245-centos Chapter09]#
```

從上面的執行結果中可以看出，雲端伺服器預設閘道器「10.104.64.1」的 MAC 位址為「fe:ee:ff:ff:ff:ff」。

9.3.6 ICMP

網際控制封包協定（Internet Control Message Protocol，ICMP）用於網路差錯的報告和網路資訊的查詢。雖然 ICMP 是位於網際協定（IP）之上的高層協定，但由於它能使網路層及時感知到網路的異常，並能對網路中的主機和通訊路由進行探索，因此 ICMP 通常被歸為網路層協定。

由於 ICMP 位於 IP 之上，因此 ICMP 封包是封裝在 IP 資料封包內部的，如圖 9-8 所示。

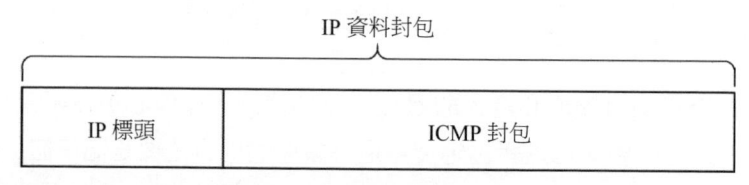

▲ 圖 9-8 封裝在 IP 資料封包內部的 ICMP 封包

9.3 網路層

　　ICMP 封包格式如圖 9-9 所示。所有 ICMP 封包的前 4 位元組包含著相同的 3 個欄位：1 位元組的類型欄位、1 位元組的程式欄位和 2 位元組的校驗和欄位。除去前 4 位元組，ICMP 封包的其餘內容會因類型和程式的不同而有所不同。

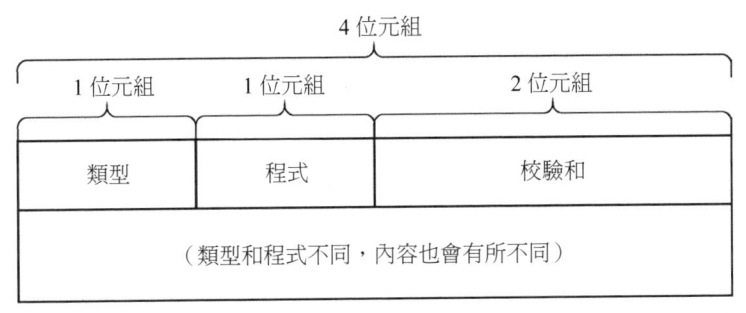

▲ 圖 9-9　ICMP 封包格式

1．常見的 ICMP 封包

　　ICMP 封包可以分為查詢封包和差錯封包兩類，常見的 ICMP 封包如表 9-1 所示。

▼ 表 9-1　常見的 ICMP 封包

類型值	ICMP 封包類型
3	目的不可達（差錯封包）
4	源點抑制（差錯封包）
5	路由重定向（差錯封包）
11	逾時（差錯封包）
12	參數錯誤（差錯封包）
9	路由資訊通告（查詢封包）
10	路由資訊請求（查詢封包）
8/0	回應要求 / 應答（查詢封包）
13/14	時間戳記請求 / 應答（查詢封包）
17/18	位址遮罩請求 / 應答（查詢封包）

9 網路通訊基礎

ICMP 差錯封包能使網路層及時感知到 IP 資料封包無法交付（目的不可達）、IP 資料封包被丟棄（來源點抑制）、IP 路由改變（路由重定向）、IP 資料封包發送逾時（逾時）以及 IP 資料封包不合法（參數錯誤）等異常情況。ICMP 差錯封包的格式是統一的，如圖 9-10 所示，具體包含出錯的 IP 資料封包的標頭和 IP 資料封包酬載資料部分的前 8 位元組。接收到 ICMP 差錯封包的系統，可以根據 IP 資料封包的標頭確定出錯的上層協定（是 TCP 還是 UDP），並根據 IP 資料封包酬載資料部分的前 8 位元組確定系統中連結的使用者處理程序（此部分包含 TCP 或 UDP 的來源通訊埠）。

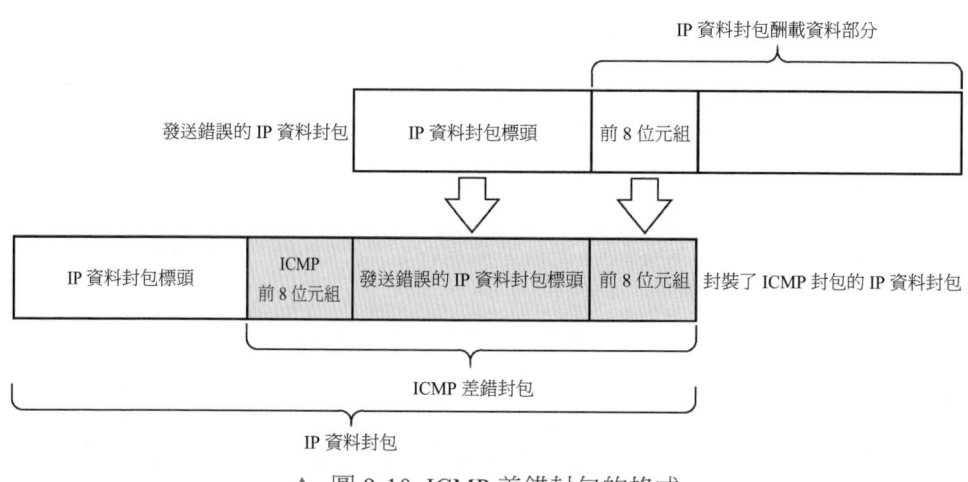

▲ 圖 9-10 ICMP 差錯封包的格式

為了防止 ICMP 差錯封包產生廣播風暴，以下幾種情況不會產生 ICMP 差錯封包。

- 對 ICMP 差錯封包不再產生 ICMP 差錯封包。

- 如果來源位址為 0.0.0.0、loopback 位址、多播位址或廣播位址，則 IP 資料封包不會產生 ICMP 差錯封包。

- 如果目的位址為多播位址或廣播位址，則 IP 資料封包不會產生 ICMP 差錯封包。

- 如果帶有分片標識的 IP 資料封包不是第一個分片，則不會產生 ICMP 差錯封包。

ICMP 查詢封包使網路層具備了以下能力：主機探測（回應要求 / 應答）、路由更新與查詢（路由資訊通告 / 路由資訊請求）、時間查詢（時間戳記請求 / 應答）以及 IP 位址遮罩查詢（位址遮罩請求 / 應答）。

2．ICMP 應用之 ping 實現

我們平時用於探測主機是否線上的 ping 程式，就是透過 ICMP 的回應要求 / 應答來實現的。ping 程式為用戶端，被 ping 的主機為伺服器端，現在的主機都在核心中直接支援 ping 服務。下面讓我們來實現一個簡單的 ping 程式，在編碼之前，我們先來看一下 ICMP 回應要求 / 應答的封包格式，如圖 9-11 所示。

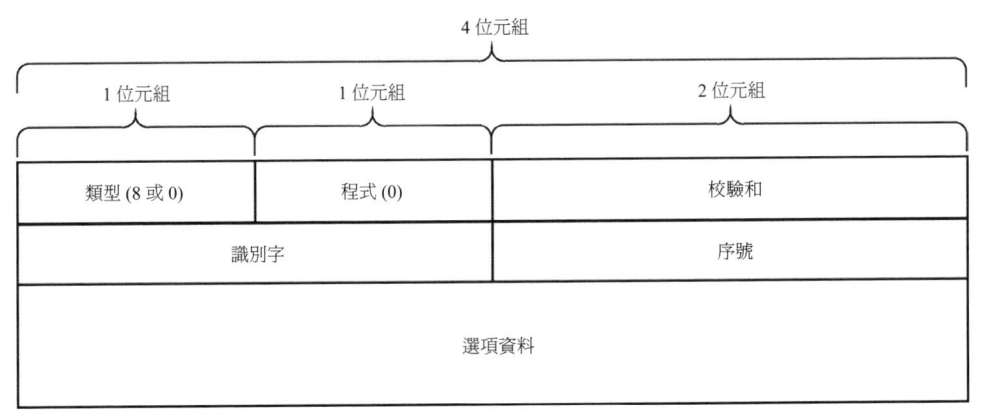

1 位元組	1 位元組	2 位元組
類型 (8 或 0)	程式 (0)	校驗和
識別字		序號
選項資料		

▲ 圖 9-11 ICMP 回應要求 / 應答的封包格式

ping 用戶端程式的邏輯是，每隔 1 秒發送一個 ICMP 回應要求封包，在接收到 ICMP 顯示輸出應答封包時，在終端輸出應答封包資訊。等到退出時，在終端輸出 ICMP 回應要求與應答的整理資訊。

由於系統在 ICMP 顯示輸出應答封包中原封不動地傳回 ICMP 回應要求封包中的識別字、序號和選項資料，因此在 ICMP 回應要求封包中，識別字欄位使用用戶端處理程序 ID 填寫，用於判斷接收到的 ICMP 顯示輸出應答是否為之前發送的 ICMP 回應要求的應答；序號欄位從 1 開始，每發送一個 ICMP 回應要求封包，就累加 1，用於統計發送 ICMP 回應要求的個數；至於選項資料，則使用一個 4 位元組大小的當前系統時間填寫，用於計算 ICMP 資料封包的 RTT（Round Trip Time）大小。

簡單 ping 工具的實現如程式清單 9-2 所示，原始程式碼在 myping.cpp 檔案中。

→ 程式清單 9-2　簡單 ping 工具的實現

```
#include <arpa/inet.h>
#include <assert.h>
#include <errno.h>
#include <netdb.h>
#include <netinet/in.h>
#include <signal.h>
#include <stdint.h>
#include <stdio.h>
#include <string.h>
#include <sys/socket.h>
#include <sys/time.h>
#include <sys/types.h>
#include <unistd.h>
#include <iostream>
#include <numeric>
#include <vector>
using namespace std;

typedef void (*signalHanler)(int signo);
const int16_t ICMP_ECHO_TYPE_REQ{8};
const int16_t ICMP_ECHO_TYPE_RESP{0};
const int16_t ICMP_ECHO_CODE{0};
const size_t IP_PROTO_MAX_SIZE{1500};
const size_t ICMP_ECHO_PKT_SIZE{8 + 4 + 4};
bool running{true};
char ipStr[1024]{0};
class PingBase {
 public:
  static void sigHandler(int signum) { running = false; }
  static void signalDeal(int signum, signalHanler handler) {
    struct sigaction act;
    act.sa_handler = handler;
    sigemptyset(&act.sa_mask);
    act.sa_flags = 0;
    assert(0 == sigaction(signum, &act, NULL));
```

9.3 網路層

```
    }
    static void signalDealReg() {
        signalDeal(SIGTERM, sigHandler);    // 當「殺死」處理程序時,觸發的訊號
        signalDeal(SIGINT, sigHandler);     // 當處理程序在前臺執行時期,按【Ctrl + c】組合
                                            // 鍵觸發的訊號
        signalDeal(SIGQUIT, sigHandler);    // 當處理程序在前臺執行時期,按【Ctrl + \】組合
                                            // 鍵觸發的訊號
    }
    static bool getAddrInfo(char *host, struct sockaddr_in *addr) {
        if (NULL == host || NULL == addr) return false;
        in_addr_t inaddr;
        struct hostent *he = NULL;
        bzero(addr, sizeof(sockaddr_in));
        addr->sin_family = AF_INET;
        inaddr = inet_addr(host);
        if (inaddr != INADDR_NONE) {
            memcpy(&addr->sin_addr, &inaddr, sizeof(inaddr));
        } else {
            he = gethostbyname(host);
            if (NULL == he) {
                return false;
            } else {
                memcpy(&addr->sin_addr, he->h_addr, he->h_length);
            }
        }
        return true;
    }
    uint16_t getCheckSum(uint8_t *pkt, size_t size) {
        uint32_t sum = 0;
        uint16_t checkSum = 0;
        while (size > 1) {
            sum += (*(uint16_t *)pkt);
            pkt += 2;
            size -= 2;
        }
        if (1 == size) {
            *(uint8_t *)(&checkSum) = *pkt;
            sum += checkSum;
        }
```

```cpp
      sum = (sum >> 16) + (sum & 0xffff);
      sum += (sum >> 16);
      checkSum = ~sum;
      return checkSum;
   }
   void setPid(pid_t pid) { this->pid = pid; }
 public:
   uint16_t pid{0};
   uint16_t sendCount{0};
   uint16_t recvCount{0};
   double rttMin{0.0};
   double rttMax{0.0};
   vector<double> rtts{};
   struct timeval beginTime;
};
class PingSend : public PingBase {
 public:
   void setIcmpPkt(uint8_t *pkt) {
      uint8_t *checkSum = NULL;
      *pkt = ICMP_ECHO_TYPE_REQ;     // 設置類型欄位
      ++pkt;
      *pkt = ICMP_ECHO_CODE;         // 設置程式欄位
      ++pkt;
      checkSum = pkt;
      *(uint16_t *)pkt = 0;          // 校驗和先設置為 0
      pkt += 2;
      *(uint16_t *)pkt = htons(pid);           // 設置識別字
      pkt += 2;
      *(uint16_t *)pkt = htons(++sendCount);   // 設置序號
      pkt += 2;
      // 設置選項資料
      struct timeval tv;
      gettimeofday(&tv, NULL);
      *(uint32_t *)pkt = htonl((uint32_t)tv.tv_sec);   // 設置秒
      pkt += 4;
      *(uint32_t *)pkt = htonl(tv.tv_usec);            // 設置微妙
      // 重新設置校驗和
      *(uint16_t *)checkSum = getCheckSum(checkSum - 2, ICMP_ECHO_PKT_SIZE);
   }
```

```cpp
  void run(struct sockaddr_in *addr, int32_t wFd) {
    int sockFd = 0;
    uint8_t pkt[ICMP_ECHO_PKT_SIZE];
    sockFd = socket(AF_INET, SOCK_RAW, IPPROTO_ICMP);
    if (sockFd < 0) {
      perror("call socket failed!");
      write(wFd, &sendCount, sizeof(sendCount));
      return;
    }
    while (running) {
      setIcmpPkt(pkt);
      sendto(sockFd, pkt, ICMP_ECHO_PKT_SIZE, 0, (struct sockaddr *)addr,
        (socklen_t)sizeof(*addr));
      sleep(1);
    }
    write(wFd, &sendCount, sizeof(sendCount));
  }
};
class PingRecv : public PingBase {
 public:
  void respStat(double rtt) {
    if (rtts.size() <= 0) {
      rttMin = rtt;
      rttMax = rtt;
    }
    rttMin = rtt < rttMin ? rtt : rttMin;
    rttMax = rtt > rttMax ? rtt : rttMax;
    rtts.push_back(rtt);
  }
  double getIntervalMs(struct timeval begin, struct timeval end) {
    if ((end.tv_usec -= begin.tv_usec) < 0) {
      end.tv_usec += 1000000;
      end.tv_sec -= 1;
    }
    end.tv_sec -= begin.tv_sec;
    return end.tv_sec * 1000.0 + end.tv_usec / 1000.0;
  }
  double getRtt(uint8_t *icmpOpt) {
    struct timeval current;
```

```cpp
    struct timeval reqSendTime;
    gettimeofday(&current, NULL);
    reqSendTime.tv_sec = ntohl(*(uint32_t *)icmpOpt);
    reqSendTime.tv_usec = ntohl(*(uint32_t *)(icmpOpt + 4));
    return getIntervalMs(reqSendTime, current);
}
double getTotal() {
    struct timeval current;
    gettimeofday(&current, NULL);
    return getIntervalMs(beginTime, current);
}
void dealResp(uint8_t *pkt, ssize_t len) {
    if (len <= 0) return;
    // 獲取 IP 資料封包標頭長度
    ssize_t ipHeaderLen = ((*pkt) & 0x0f) << 2;
    // 判斷 IP 資料封包的協定欄位是否為 ICMP 封包
    if (IPPROTO_ICMP != *(pkt + 9)) return;
    // 驗證 ICMP 封包長度
    if (len - ipHeaderLen != ICMP_ECHO_PKT_SIZE) return;
    uint8_t *pIcmp = pkt + ipHeaderLen;
    if (*pIcmp != ICMP_ECHO_TYPE_RESP) return;
    uint16_t tempPid = ntohs(*(uint16_t *)(pIcmp + 4));
    uint16_t sendId = ntohs(*(uint16_t *)(pIcmp + 6));
    if (tempPid != pid) return;
    uint8_t ttl = *(pkt + 8);
    double rtt = getRtt(pIcmp + 8);
    respStat(rtt);    // 統計 ICMP 應答
    printf("%d bytes from %s: icmp_seq=%u, ttl=%u, rtt=%.3f ms\n",
        ICMP_ECHO_PKT_SIZE, ipStr, sendId, ttl, rtt);
}
void printReport() {
    double sum = std::accumulate(rtts.begin(), rtts.end(), 0.0);
    double avg = sum / rtts.size();
    double loss = 0;
    if (sendCount > 0) {
        loss = (sendCount - (uint16_t)rtts.size()) / (double)sendCount;
        loss *= 100;
    }
    int64_t totalTime = (int64_t)getTotal();
```

```cpp
      printf("\n-- %s ping statistics ---\n", ipStr);
      printf("%u packets transmitted, %u received, %.2f%% packet loss, time
         %ldms\n", sendCount, rtts.size(), loss, totalTime);
      if (rtts.size() > 0) {
         printf("rtt min/avg/max = %.3f/%.3f/%.3f ms\n", rttMin, avg, rttMax);
      }
   }
   void run(struct sockaddr_in *addr, int32_t rFd) {
      int sockFd = 0;
      uint8_t pkt[IP_PROTO_MAX_SIZE];
      socklen_t len = sizeof(*addr);
      gettimeofday(&beginTime, NULL);
      sockFd = socket(AF_INET, SOCK_RAW, IPPROTO_ICMP);
      while (running) {
         ssize_t n = recvfrom(sockFd, pkt, IP_PROTO_MAX_SIZE, 0, (struct
            sockaddr *)addr, (socklen_t *)&len);
         if (n < 0) {
            if (EINTR == errno) {   // 若呼叫被中斷，則繼續
               continue;
            } else {
               perror("call recvfrom failed!");
            }
         }
         dealResp(pkt, n);  // 這裡收到的封包為 IP 資料封包，其中包含 IP 資料封包標頭
      }
      read(rFd, &sendCount, sizeof(sendCount));
      printReport();
   }
};
int main(int argc, char *argv[]) {
   if (argc != 2) {
      cout << "param invalid!" << endl;
      cout << "Usage: myping www.baidu.com" << endl;
      return -1;
   }
   int fd[2];
   int ret = 0;
   struct sockaddr_in addr;
   pid_t childPid = 0;
```

```cpp
    if (!PingBase::getAddrInfo(argv[1], &addr)) {
        cout << "myping: unknown host " << argv[1] << endl;
        return -1;
    }
    ret = pipe(fd);        // 建立匿名管道,用於父子處理程序間通訊
    if (ret != 0) {
        cout << "call pipe() failed! error msg:" << strerror(errno) << endl;
        return -1;
    }
    inet_ntop(AF_INET, &addr.sin_addr, ipStr, 1024);
    cout << "ping " << argv[1] << " (" << ipStr << ") " << endl;
    childPid = fork();   // 建立子處理程序
    if (childPid < 0) {
        cout << "call fork() failed! error msg:" << strerror(errno) << endl;
        return -1;
    }
    PingBase::signalDealReg();
    if (0 == childPid) {  // 子處理程序
        close(fd[0]);          // 關閉匿名管道讀取端
        PingSend pingSend;
        pingSend.setPid(getpid() & 0xffff);    //ICMP 的識別字只有 16 位元,故這裡只取子
                                               // 處理程序的 PID 的低 16 位元
        pingSend.run(&addr, fd[1]);            // 子處理程序用於發送 ICMP 回應要求
    } else {                                   // 父處理程序
        close(fd[1]);                          // 關閉匿名管道寫入端
        PingRecv pingRecv;
        pingRecv.setPid(childPid & 0xffff);    //ICMP 的識別字只有 16 位元,故這裡只取子進
                                               // 程的 PID 的低 16 位元
        pingRecv.run(&addr, fd[0]);            // 父處理程序用於接收 ICMP 顯示輸出應答
    }
    return 0;
}
```

由於只有 root 帳號才有許可權建立原始 socket,因此需要使用 root 帳號編譯和執行 myping 程式。myping 程式的編譯和執行結果如下。

```
[root@VM-114-245-centos Chapter09]# g++ -std=c++11 -o myping myping.cpp
[root@VM-114-245-centos Chapter09]# ./myping www.baidu.com
ping www.baidu.com (14.215.177.38)
```

9.3 網路層

```
24 bytes from 14.215.177.38: icmp_seq=1, ttl=54, rtt=4.502 ms
24 bytes from 14.215.177.38: icmp_seq=2, ttl=54, rtt=4.808 ms
24 bytes from 14.215.177.38: icmp_seq=3, ttl=54, rtt=4.801 ms
24 bytes from 14.215.177.38: icmp_seq=4, ttl=54, rtt=4.890 ms
24 bytes from 14.215.177.38: icmp_seq=5, ttl=54, rtt=4.761 ms
24 bytes from 14.215.177.38: icmp_seq=6, ttl=54, rtt=4.765 ms
24 bytes from 14.215.177.38: icmp_seq=7, ttl=54, rtt=4.792 ms
24 bytes from 14.215.177.38: icmp_seq=8, ttl=54, rtt=4.788 ms
24 bytes from 14.215.177.38: icmp_seq=9, ttl=54, rtt=4.797 ms
24 bytes from 14.215.177.38: icmp_seq=10, ttl=54, rtt=4.875 ms
^C
--- 14.215.177.38 ping statistics ---
10 packets transmitted, 10 received, 0.00% packet loss, time 9432ms
rtt min/avg/max = 4.502/4.778/4.890 ms
[root@VM-114-245-centos Chapter09]#
```

myping 程式的邏輯非常簡單，就是由 PingBase、PingSend 和 PingRecv 這三個類別來實現相關功能。在 main 函數中，首先驗證參數的有效性，然後呼叫 fork 函數，建立一個子處理程序。子處理程序陷入無窮迴圈，每隔 1 秒發送一個 ICMP 回應要求；父處理程序也陷入無窮迴圈，並且一直在接收 ICMP 顯示輸出應答。每當父處理程序接收到一個 ICMP 顯示輸出應答時，就將相關資訊輸出到終端。當父子處理程序接收到需要退出的訊號時，子處理程序透過匿名管道將發送的 ICMP 回應要求的個數發送給父處理程序，然後退出；父處理程序讀取匿名管道中的資料，確認子處理程序發送的 ICMP 回應要求的個數，並最終將統計資訊輸出到終端。

3．ICMP 應用之 traceroute 實現

ICMP 的另一個常見應用是 traceroute 工具，它用於探測當前主機到指定主機的網路路由。我們知道，每當 IP 資料封包經過一個路由器時，TTL 欄位的值就會減 1。當 TTL 欄位的值變為 0 時，當前路由器就會向來源主機發送一個 ICMP 逾時封包。traceroute 工具可以利用 ICMP 逾時封包來即時探測網路路由。初始時，traceroute 工具會發送一個 TTL 欄位值為 1 的 IP 資料封包到指定的目的主機。後面每發送一個 IP 資料封包，TTL 欄位的值就累加 1，直至收到目的

9-37

9 網路通訊基礎

主機的正常應答,或達到可以嘗試的最大路由長度。在此過程中,我們會收到由網路中的路由器發送回來的 ICMP 逾時封包。

我們撰寫的 traceroute 工具沒有複雜的各種選項。當 ICMP 回應要求封包未達到目的主機前,TTL 欄位的值就減為 0 時,我們會收到 ICMP 逾時封包;當 ICMP 回應要求封包到達目的主機時,我們將收到 ICMP 顯示輸出應答封包。我們可以嘗試的最大路由長度為 30。對於每一個 TTL 欄位值,我們都會嘗試發送 3 個 ICMP 回應要求並接收 ICMP 顯示輸出應答。

簡單 traceroute 工具的實現如程式清單 9-3 所示,原始程式碼在 mytraceroute.cpp 檔案中。

➡ 程式清單 9-3 簡單 traceroute 工具的實現

```
#include <arpa/inet.h>
#include <errno.h>
#include <netdb.h>
#include <netinet/in.h>
#include <stdint.h>
#include <stdio.h>
#include <string.h>
#include <sys/socket.h>
#include <sys/time.h>
#include <sys/types.h>
#include <unistd.h>
#include <iostream>
using namespace std;

const int16_t ICMP_ECHO_TYPE_REQ{8};
const int16_t ICMP_ECHO_TYPE_RESP{0};
const int16_t ICMP_ECHO_CODE{0};
const int16_t ICMP_TIME_OUT_TYPE{11};
const int16_t ICMP_TIME_OUT_INTRANS_CODE{0};
const size_t ICMP_ECHO_PKT_SIZE{8 + 4 + 4};
const size_t IP_PROTO_MAX_SIZE{1500};
class TraceRoute {
 public:
  bool init(char *host) {
```

```
    if (NULL == host) return false;
    in_addr_t inaddr;
    struct hostent *he = NULL;
    bzero(&addr, sizeof(sockaddr_in));
    addr.sin_family = AF_INET;
    inaddr = inet_addr(host);
    if (inaddr != INADDR_NONE) {
      memcpy(&addr.sin_addr, &inaddr, sizeof(inaddr));
    } else {
      he = gethostbyname(host);
      if (NULL == he) {
        return false;
      } else {
        memcpy(&addr.sin_addr, he->h_addr, he->h_length);
      }
    }
    sinAddrSize = sizeof(addr.sin_addr);
    return true;
  }
  uint16_t getCheckSum(uint8_t *pkt, size_t size) {
    uint32_t sum = 0;
    uint16_t checkSum = 0;
    while (size > 1) {
      sum += (*(uint16_t *)pkt);
      pkt += 2;
      size -= 2;
    }
    if (1 == size) {
      *(uint8_t *)(&checkSum) = *pkt;
      sum += checkSum;
    }
    sum = (sum >> 16) + (sum & 0xffff);
    sum += (sum >> 16);
    checkSum = ~sum;
    return checkSum;
  }
  double getIntervalMs(struct timeval begin, struct timeval end) {
    if ((end.tv_usec -= begin.tv_usec) < 0) {
      end.tv_usec += 1000000;
```

9 網路通訊基礎

```c
      end.tv_sec -= 1;
    }
    end.tv_sec -= begin.tv_sec;
    return end.tv_sec * 1000.0 + end.tv_usec / 1000.0;
  }
  double getRtt(uint8_t *icmpOpt) {
    struct timeval current;
    struct timeval reqSendTime;
    gettimeofday(&current, NULL);
    reqSendTime.tv_sec = ntohl(*(uint32_t *)icmpOpt);
    reqSendTime.tv_usec = ntohl(*(uint32_t *)(icmpOpt + 4));
    return getIntervalMs(reqSendTime, current);
  }
  double getRtt() { return getIntervalMs(sendTime, recvTime); }
  bool checkSelfPkt(uint8_t *icmp) {
    uint16_t pid = ntohs(*(uint16_t *)(icmp + 4));
    uint16_t seq = ntohs(*(uint16_t *)(icmp + 6));
    if (this->pid == pid && this->seq == seq) {
      return true;
    }
    return false;
  }
  void setIcmpPkt(uint8_t *pkt, int16_t seq) {
    uint8_t *checkSum = NULL;
    *pkt = ICMP_ECHO_TYPE_REQ;    // 設置類型欄位
    ++pkt;
    *pkt = ICMP_ECHO_CODE;        // 設置程式欄位
    ++pkt;
    checkSum = pkt;
    *(uint16_t *)pkt = 0;         // 校驗和先設置為 0
    pkt += 2;
    *(uint16_t *)pkt = htons(pid); // 設置識別字
    pkt += 2;
    *(uint16_t *)pkt = htons(seq); // 設置序號
    pkt += 2;
    // 設置選項資料
    gettimeofday(&sendTime, NULL);
    *(uint32_t *)pkt = htonl((uint32_t)sendTime.tv_sec);  // 設置秒
    pkt += 4;
```

9.3 網路層

```
    *(uint32_t *)pkt = htonl(sendTime.tv_usec);              // 設置微妙
    // 重新設置校驗和
    *(uint16_t *)checkSum = getCheckSum(checkSum - 2, ICMP_ECHO_PKT_SIZE);
}

void sendIcmpEchoReq(int sockFd, int16_t seq, int ttl) {
    uint8_t pkt[ICMP_ECHO_PKT_SIZE];
    setIcmpPkt(pkt, seq);
    setsockopt(sockFd, IPPROTO_IP, IP_TTL, &ttl, sizeof(ttl));
    sendto(sockFd, pkt, ICMP_ECHO_PKT_SIZE, 0, (struct sockaddr *)&addr,
        (socklen_t)sizeof(addr));
}

void dealResp(int recvFd, uint8_t *pkt, ssize_t len, bool &ifBreak, bool &done) {
    if (len <= 0) return;
    // 獲取 IP 資料封包標頭長度
    ssize_t ipHeaderLen = ((*pkt) & 0x0f) << 2;
    // 判斷 IP 資料封包的協定欄位是否為 ICMP 封包
    if (IPPROTO_ICMP != *(pkt + 9)) return;
    // 驗證 ICMP 封包長度
    if (len - ipHeaderLen < ICMP_ECHO_PKT_SIZE) return;
    // 跳過 IP 資料封包標頭
    uint8_t *icmp = pkt + ipHeaderLen;
    char ipAddr[16];
    double rtt = 0;
    // 傳輸中逾時 (IP 標頭中的 TTL 欄位值變為 0，ICMP 類型欄位值為 11，程式欄位值為 0)
    if (ICMP_TIME_OUT_TYPE == *icmp && ICMP_TIME_OUT_INTRANS_CODE ==
*(icmp + 1)) {
        ssize_t timeOutIpHeaderLen = ((*(icmp + 8)) & 0x0f) << 2;
        icmp = icmp + 8 + timeOutIpHeaderLen;   // 這裡需要跳過 ICMP 逾時封包的標頭
                                                // 和來源 IP 資料封包的標頭，才能獲取來源
                                                //ICMP 封包的前 8 位元組的起始位置
        if (!checkSelfPkt(icmp)) return;
        rtt = getRtt();
        ifBreak = true;
    } else if (ICMP_ECHO_TYPE_RESP == *icmp) {   // 正常的 ICMP 應答封包
        if (!checkSelfPkt(icmp)) return;
        rtt = getRtt(icmp + 8);
        done = true;
    }
```

```cpp
    if (!(done || ifBreak)) return;
    if (memcmp(&recvAddr.sin_addr, &lastAddr.sin_addr, sinAddrSize) != 0) {
      cout << " " << inet_ntop(AF_INET, &recvAddr.sin_addr, ipAddr, 16)
           << flush;
    }
    lastAddr = recvAddr;
    printf(" (%.3fms)", rtt);
  }
  void recvIcmpEchoResp(int recvFd, bool &done) {
    int64_t preTime = time(NULL);
    struct timeval timeout;
    bzero(&timeout, sizeof(timeout));
    timeout.tv_sec = 1;
    setsockopt(recvFd, SOL_SOCKET, SO_RCVTIMEO, (char *)&timeout,
        sizeof (timeout));   // 設置接收逾時時間為1秒
    uint8_t pkt[IP_PROTO_MAX_SIZE];
    socklen_t len = sizeof(recvAddr);
    bool ifBreak = false;
    while (true) {
      ssize_t n = recvfrom(recvFd, pkt, IP_PROTO_MAX_SIZE, 0, (struct
          sockaddr *)&recvAddr, (socklen_t *)&len);
      gettimeofday(&recvTime, NULL);
      dealResp(recvFd, pkt, n, ifBreak, done);
      if (ifBreak || done) {
        break;
      }
      int64_t curTime = time(NULL);
      if (curTime - preTime >= 1) {
        cout << " *" << flush;   // 逾時
        break;
      }
    }
  }
  void run(char *host) {
    pid = getpid() & 0xffff;
    cout << "traceroute to " << host << "(" << inet_ntoa(addr.sin_addr)
         << "), 30 hops max" << endl;
    int sendFd = 0;
    int recvFd = 0;
    sendFd = socket(AF_INET, SOCK_RAW, IPPROTO_ICMP);
```

```cpp
      if (sendFd < 0) {
        perror("call socket failed!");
        return;
      }
      recvFd = socket(AF_INET, SOCK_RAW, IPPROTO_ICMP);
      if (recvFd < 0) {
        perror("call socket failed!");
        return;
      }
      bool done = false;
      seq = 0;
      for (int ttl = 1; ttl <= 30; ++ttl) {
        printf("%2d ", ttl);
        fflush(stdout);
        for (int i = 0; i < 3; ++i) {
          sendIcmpEchoReq(sendFd, ++seq, ttl);
          recvIcmpEchoResp(recvFd, done);
        }
        cout << endl;
        if (done) {
          break;
        }
      }
    }
  private:
    int16_t pid{0};
    int16_t seq{0};
    size_t sinAddrSize{0};
    struct timeval sendTime;
    struct timeval recvTime;
    struct sockaddr_in addr;
    struct sockaddr_in recvAddr;
    struct sockaddr_in lastAddr;
};
int main(int argc, char *argv[]) {
  if (argc != 2) {
    cout << "param invalid!" << endl;
    cout << "Usage: mytraceroute www.baidu.com" << endl;
    return -1;
```

```
    }
    TraceRoute route;
    if (!route.init(argv[1])) {
      cout << "mytraceroute: unknown host " << argv[1] << endl;
      return -1;
    }
    route.run(argv[1]);
    return 0;
}
```

mytraceroute 程式的編譯和執行結果如下。

```
[root@VM-114-245-centos Chapter09]# g++ -std=c++11 -o mytraceroute
mytraceroute.cpp
[root@VM-114-245-centos Chapter09]# ./mytraceroute www.baidu.com
traceroute to www.baidu.com(14.119.104.254), 30 hops max
 1  9.134.108.112 (0.208ms) (0.135ms) (0.127ms)
 2  9.31.73.59 (0.718ms) (0.682ms) (0.661ms)
 3  * * *
 4  * * *
 5  * 10.196.18.77 (1.732ms) *
 6  10.200.16.169 (1.553ms) (1.372ms) (1.430ms)
 7  10.196.2.101 (1.273ms) (1.487ms) (1.521ms)
 8  * * *
 9  113.108.209.201 (3.211ms) (2.986ms) (2.980ms)
10  * 121.14.14.162 (4.656ms) *
11  121.14.67.190 (6.980ms) (6.791ms) (7.732ms)
12  * * *
13  * * *
14  14.119.104.254 (4.383ms) (4.275ms) (4.117ms)
[root@VM-114-245-centos Chapter09]#
```

mytraceroute 程式首先驗證參數，然後進行 30 次迴圈。對於每一個 TTL 欄位值，我們都嘗試發送 3 個 ICMP 回應要求並接收 ICMP 顯示輸出應答。如果收到 ICMP 顯示輸出應答，就輸出相應的資訊。如果 ICMP 顯示輸出應答是從指定的 IP 位址傳回的，則程式執行結束。

9.4 傳輸層

傳輸層負責提供相同主機內或不同主機之間的點對點通訊服務。與網路層提供的主機之間的通訊服務不同，傳輸層解決的是主機中不同處理程序之間通訊的問題。在通訊過程中，傳輸層在向下傳遞資料到網路層時，會重複使用網路層提供的主機之間的通訊服務；而當網路層向上傳遞資料到傳輸層時，資料會被排程到不同的處理程序。

傳輸層有兩個不同的協定：TCP 和 UDP（User Datagram Protocol，使用者資料封包通訊協定）。TCP 提供連線導向的、可靠的、無邊界的位元組流服務，UDP 提供不需連線導向的、不可靠的（盡最大努力交付的）、有邊界的資料封包服務。

相比 UDP，TCP 更為複雜，應用也更廣泛。大部分背景服務透過 TCP 來提供服務。幾乎所有主流的資料庫透過 TCP 來對外提供服務，儘管不同資料庫在應用層上的協定有所不同。

9.4.1 UDP

UDP 的三個關鍵特性是無連接、不可靠、有邊界。UDP 基於 IP，新增了通訊埠和應用層資料驗證功能。

1．UDP 格式

UDP 使用者資料封包被封裝在 IP 資料封包中，如圖 9-12 所示。

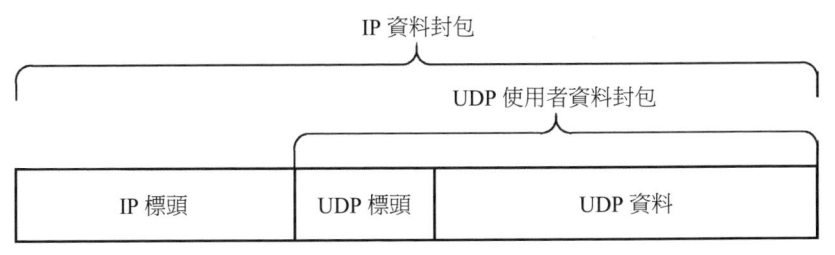

▲ 圖 9-12 封裝在 IP 資料封包中的 UDP 使用者資料封包

9 網路通訊基礎

UDP 格式如圖 9-13 所示，其中有 8 位元組的 UDP 標頭，UDP 資料部分的內容由應用層決定。現在，讓我們來分析一下 UDP 標頭各個欄位的內容。

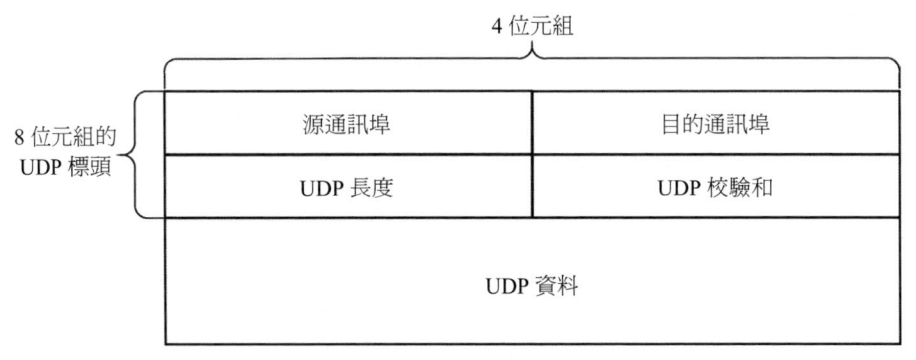

```
                    ← 4 位元組 →
           ┌─────────────────┬─────────────────┐
8 位元組的  │    源通訊埠      │    目的通訊埠    │
UDP 標頭   ├─────────────────┼─────────────────┤
           │    UDP 長度     │    UDP 校驗和    │
           ├─────────────────┴─────────────────┤
           │            UDP 資料              │
           └─────────────────────────────────┘
```

▲ 圖 9-13 UDP 格式

（1）來源通訊埠

佔 16 位元，用於標識發送 UDP 使用者資料封包的來源主機使用的通訊埠。

（2）目的通訊埠

佔 16 位元，用於標識接收 UDP 使用者資料封包的目的主機使用的通訊埠。

（3）UDP 長度

佔 16 位元，表示 UDP 使用者資料封包的長度。UDP 長度可以為 8，此時 UDP 資料部分的長度為 0。

（4）UDP 校驗和

佔 16 位元，用於驗證 UDP 使用者資料封包在傳輸過程中是否發生了差錯，如果有差錯，則被丟棄。UDP 校驗和的計算方式和 IP 標頭中校驗和的計算方式是一致的，所不同的是，UDP 校驗和覆蓋了 UDP 標頭和 UDP 資料部分，並且在計算過程中引入了一個 12 位元組長的虛擬標頭。UDP 校驗和在計算時使用的各個欄位如圖 9-14 所示。

虛擬標頭由 5 部分組成：32 位元的來源 IP 位址、32 位元的目的 IP 位址、8 位元的全 0 欄位、8 位元的協定值欄位（UDP 值為 17）以及 16 位元的 UDP 長度。在計算 UDP 校驗和時，增加一個虛擬標頭是為了多驗證來源 IP 位址和目的 IP 位址。需要特別說明的是，虛擬標頭只參與 UDP 校驗和的計算，而不會出現在傳輸資料中。

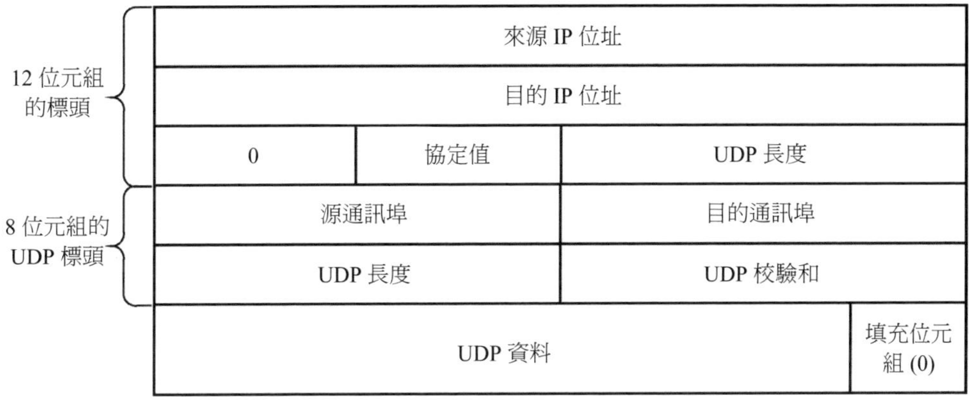
12 位元組
的標頭
8 位元組的
UDP 標頭
來源 IP 位址
目的 IP 位址
0
協定值
UDP 長度
源通訊埠
目的通訊埠
UDP 長度
UDP 校驗和
UDP 資料
填充位元
組 (0)

▲ 圖 9-14 UDP 校驗和在計算時使用的各個欄位

2．無連接

UDP 在發送資料之前不需要預先建立連接，在發送完資料後也不需要釋放連接。由於沒有建立連接和釋放連接的操作，因此資料傳輸延遲更小，佔用的系統資源也更少（用戶端和伺服器端不需要使用記憶體資源來維護連接的狀態機）。

3．不可靠

UDP 發送的使用者資料封包是盡最大努力交付的，並且沒有像 TCP 那樣的逾時重傳機制，因此使用者資料封包存在遺失的可能性。

4．有邊界

每次發送和接收的使用者資料封包都是一個完整的封包。如果 UDP 攜帶的使用者資料長度過大，IP 層會對其進行分片，這會增加傳輸延遲並降低傳輸效率。反之，如果使用者資料長度過小，小於 IP 標頭和 UDP 標頭的長度之和，則有效的使用者資料傳輸率小於 50%，網路頻寬得不到有效利用。

9.4.2 TCP

TCP 的三個關鍵特性是連線導向、可靠、無邊界。TCP 為應用層提供了連線導向的、可靠的位元組流服務。TCP 是網路通訊協定層中最複雜的部分，它解決了 IP 層無狀態、無連接、不可靠的問題。

1．TCP 格式

TCP 封包區段封裝在 IP 資料封包中，如圖 9-15 所示。

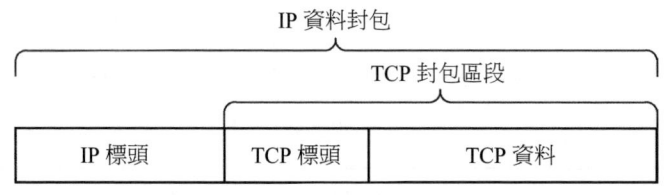

▲ 圖 9-15 封裝在 IP 資料封包中的 TCP 封包區段

TCP 格式如圖 9-16 所示，TCP 封包區段被封裝在 IP 資料封包中，並且至少包含 20 位元組的固定標頭。下面讓我們來分析一下 TCP 格式中各個欄位的內容。

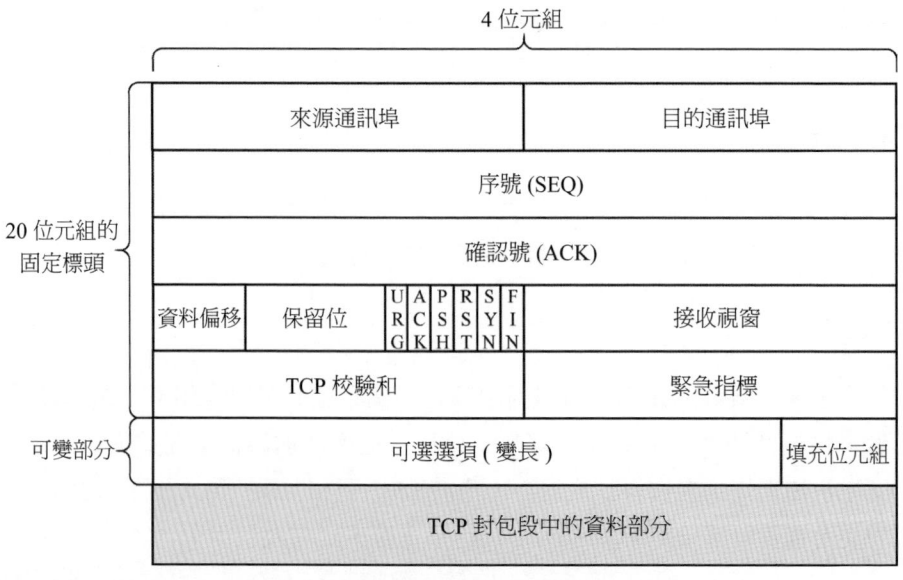

▲ 圖 9-16 TCP 格式

9.4 傳輸層

（1）來源通訊埠

佔 16 位元，用於標識發送 TCP 封包區段的來源主機的通訊埠。

（2）目的通訊埠

佔 16 位元，用於標識接收 TCP 封包區段的目的主機的通訊埠。

（3）序號

佔 32 位元，表示發送的 TCP 封包區段中資料部分的第一個位元組在 TCP 位元組流服務中的序號。它的設定值範圍為 $0 \sim 2^{32} - 1$。當序號達到 $2^{32} - 1$ 時，它就會重新從 0 開始。也就是說，序號用於對 TCP 位元組流服務中分段傳輸的位元組進行編號。

（4）確認編號

佔 32 位元，用於表明發送端期望下一次收到對端 TCP 封包區段中資料部分的第一個位元組的序號（即序號）。確認編號的另一個含義是，對端發送的確認編號之前的位元組都已經被正常接收。

（5）資料偏移

佔 4 位元，表示 TCP 封包區段中的資料部分在 TCP 封包區段中的偏移量。實際上，資料偏移欄位的值等於 TCP 標頭的長度，但 4 位元的值並不是真實的資料偏移，真實的資料偏移還需要乘以 4。因此，真實的資料偏移最大為 60（15×4）。也就是說，TCP 標頭的長度必須是 4 的倍數，且最大長度為 60 位元組。由於 TCP 標頭至少有 20 位元組，因此資料偏移的最小值為 5，而非 0。

（6）保留位元

佔 6 位元，這 6 位元是為了 TCP 未來的擴充而保留的，目前它們的值都被設置為 0。

（7）URG

表示緊急指標欄位生效。

（8）ACK

表示確認編號欄位生效。

（9）PSH

表示接收端應儘快將封包交付給應用層。

（10）RST

表示重置連接。

（11）SYN

表示當前的 TCP 封包區段是建立連接時的同步封包區段，也就是主動發起 TCP 連接的初始封包區段。

（12）FIN

表示發送端已經完成資料發送任務。

（13）接收視窗

佔 16 位元，用於 TCP 的流量控制，表示從確認編號開始，發送端當前所能夠接收的最大位元組數。接收視窗的最大值為 65 535 位元組。為了支援更大的接收視窗，TCP 在標頭的可選選項中提供了視窗擴大選項。

（14）TCP 校驗和

佔 16 位元，覆蓋整個 TCP 封包區段，包括 TCP 標頭和 TCP 資料部分。TCP 校驗和的計算方式與 UDP 校驗和的計算方式相同，都使用一個 12 位元組的虛擬標頭。不同之處在於，虛擬標頭中的協定值欄位為 6（對應 TCP 值為 6）。

9.4 傳輸層

（15）緊急指標

佔 16 位元，只有當 URG 標識位元設置為 1 時，緊急指標才會生效。緊急指標是一個正向的偏移量，將序號欄位的值加上緊急指標欄位的值，就可以指向 TCP 資料中緊急資料的最後一個位元組。緊急指標提供了在 TCP 封包區段中發送緊急資料的解決方案。

（16）可選選項

最常見的可選選項是最大封包區段長度（Maximum Segment Size，MSS），通常在設置 SYN 標識位元的 TCP 連接建立封包區段中進行設置。MSS 選項表明了本端所能夠接收的最大 TCP 資料部分長度。MSS 的大小應該適中，過小會導致網路使用率低下，過大則會在 IP 層被分片，從而增大由於傳輸錯誤而需要重傳的機率。因此，MSS 應盡可能大，但不能超過 IP 層的最大傳輸單元（Maximum Transmission Unit，MTU），以避免在 IP 層被分片。

（17）TCP 封包區段中的資料部分（簡稱 TCP 資料）

TCP 資料用於傳輸應用層發送和接收的資料。TCP 除對 TCP 資料進行合法性驗證（校驗和）之外，不會對 TCP 資料進行額外的處理，TCP 資料的解析完全由應用層負責。當然，TCP 資料也是可選的。舉例來說，在 TCP 連接建立過程中，所有 TCP 封包區段都可以只包含 TCP 標頭而不包含 TCP 資料。

2．連線導向

TCP 是連線導向的。在傳輸任何資料之前，通訊雙方都需要先建立連接。在資料傳輸結束後，則需要關閉連接並釋放相關資源。

（1）建立連接

TCP 建立連接的過程，也稱為「TCP 三次交握」。TCP 三次交握的過程如圖 9-17 所示。

9 網路通訊基礎

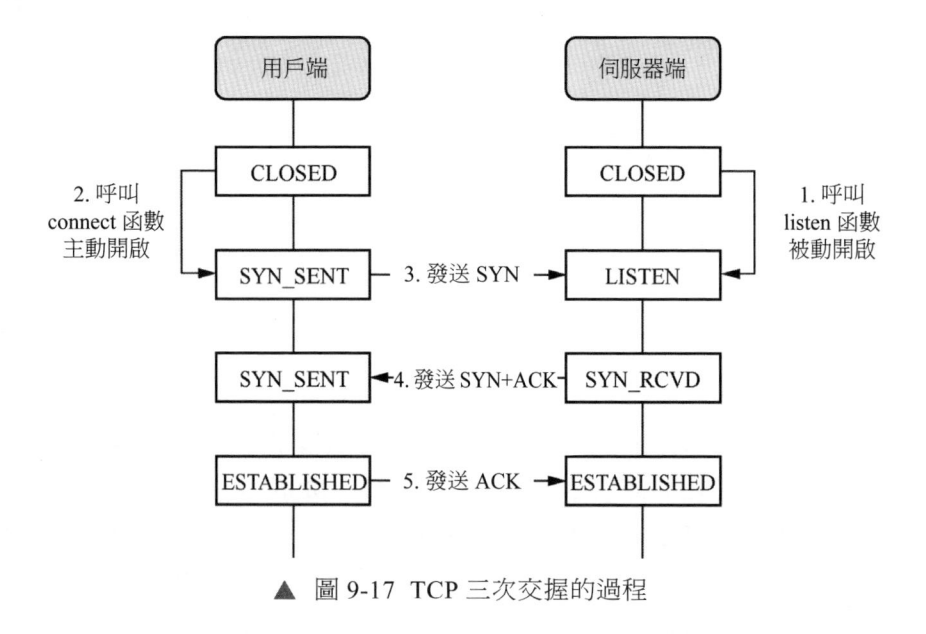

```
    用戶端                               伺服器端

    CLOSED                              CLOSED
2. 呼叫                                              1. 呼叫
connect 函數                                          listen 函數
主動開啟                                              被動開啟
   SYN_SENT  ──── 3. 發送 SYN ────▶    LISTEN

   SYN_SENT ◀──── 4. 發送 SYN+ACK ──── SYN_RCVD

   ESTABLISHED ── 5. 發送 ACK ────▶    ESTABLISHED
```

▲ 圖 9-17 TCP 三次交握的過程

- 伺服器端執行被動開啟操作，在某個 IP 位址和通訊埠上監聽 TCP 連接請求，伺服器端的 TCP 連接狀態從 CLOSED 變為 LISTEN。

- 用戶端執行主動開啟操作，向伺服器端發送一個帶有 SYN 標識位元的 TCP 封包區段，用戶端的 TCP 連接狀態從 CLOSED 變為 SYN_SENT。

- 第一次交握：伺服器端在接收到帶有 SYN 標識位元的 TCP 封包區段後，回覆一個帶有 SYN 和 ACK 標識位元的 TCP 封包區段給用戶端，伺服器端的 TCP 連接狀態從 LISTEN 變為 SYN_RCVD。

- 第二次交握：用戶端接收到帶有 SYN 和 ACK 標識位元的 TCP 封包區段後，向伺服器端回覆一個帶有 ACK 標識位元的 TCP 封包區段，用戶端的 TCP 連接狀態從 SYN_SENT 變為 ESTABLISHED。

- 第三次交握：伺服器端在接收到帶有 ACK 標識位元的 TCP 封包區段後，伺服器端的 TCP 連接狀態從 SYN_RCVD 變為 ESTABLISHED。

上面簡要描述了 TCP 連接建立的過程。在上述過程中，我們省略了 TCP 封包區段的確認編號和序號，以及 TCP 封包區段可能遺失和被重發的邏輯。TCP 封包區段的逾時重發機制稍後介紹。

大家可能會有疑問：「為什麼建立 TCP 連接需要三次交握，而非一次交握、二次交握或 4 次交握？」這也是面試中常被問到的問題之一。現在，讓我們利用反證法來解答這個問題。

- 假設只要一次交握就可以完成 TCP 連接的建立，如果 SYN 的 TCP 封包區段遺失，則伺服器端沒有這個 TCP 連接的資訊，用戶端後續的 TCP 封包區段將無法正常發送到伺服器端，因為伺服器端認為這個 TCP 連接是不存在的。

- 假設只要兩次交握就可以完成 TCP 連接的建立，如果 SYN+ACK 的 TCP 封包區段遺失，則用戶端認為 TCP 連接失敗，而伺服器端認為 TCP 連接成功，導致伺服器端的 TCP 連接無法釋放，從而浪費伺服器端的資源。

- 假設需要 4 次交握才能完成 TCP 連接的建立，這雖然沒有問題，但會降低資料傳輸效率。實際上，三次交握也可以認為是 4 次交握，只不過伺服器端在第二次交握時需要將 SYN 和 ACK 放在同一個 TCP 封包區段中進行發送。

TCP 三次交握的核心思想是透過最少次數的 TCP 封包區段傳輸，保證從用戶端到伺服器端以及從伺服器端到用戶端兩個方向上資料的可靠傳輸。因此，三次交握機制既保證了資料的雙向可靠傳輸，又保證了較高的資料傳輸效率。

（2）同時開啟

兩個應用程式同時主動發起 TCP 連接並成功建立 TCP 連接是可能的。這種情況稱為 TCP 連接的同時開啟。同時開啟要求雙方的應用程式將本機通訊埠綁定到對方發起連接的通訊埠。舉例來說，應用程式 A 將本機通訊埠綁定到 666 通訊埠，並向應用程式 B 所在主機的 888 通訊埠發起 TCP 連接。應用程式 B 將本機通訊埠綁定到 888 通訊埠，並向應用程式 A 所在主機的 666 通訊埠發起連接。TCP 處理了同時開啟的邏輯，並且只會建立一條 TCP 連接，而非兩條。TCP 連接同時開啟的過程如圖 9-18 所示。

▲ 圖 9-18 TCP 連接同時開啟的過程

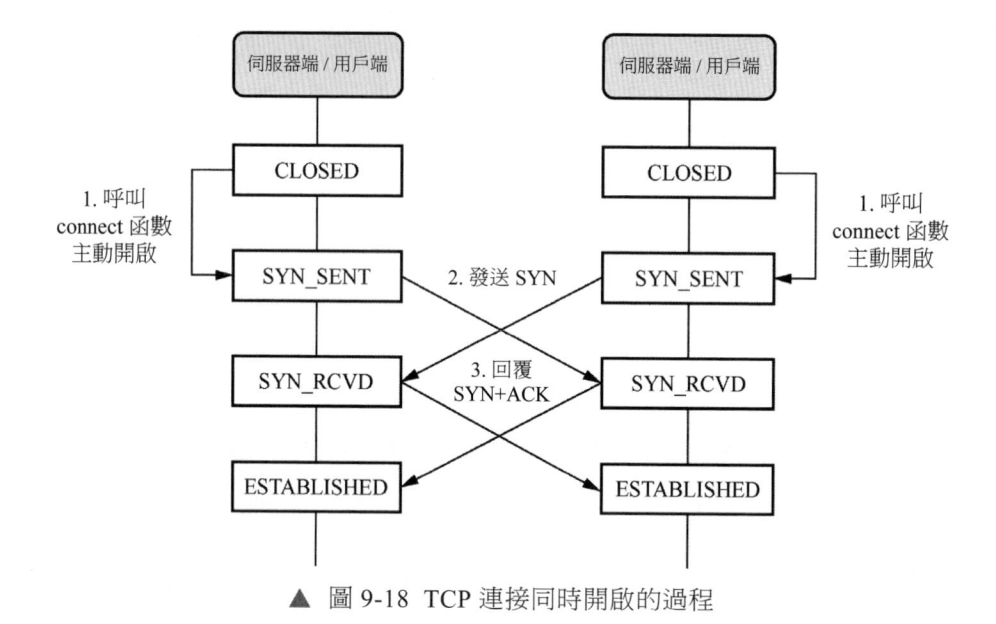

- 兩個應用程式幾乎同時呼叫 connect 函數，發起主動連接，發送 SYN，然後進入 SYN_SENT 狀態。

- 兩個應用程式在接收到 SYN 後，回覆 SYN+ACK，然後進入 SYN_RCVD 狀態。

- 兩個應用程式在接收到 SYN+ACK 後，進入 ESTABLISHED 狀態。

同時開啟相比正常的三次交握多一個封包區段。在同時開啟的場景下，TCP 連接的兩端沒有一端是用戶端或伺服器端。此時，TCP 連接的任何一端既是用戶端，也是伺服器端。

（3）關閉連接

TCP 關閉連接的過程，也就是我們通常所說的「TCP 四次揮手」。關閉連接需要 4 次揮手的原因在於，TCP 是全雙工的，資料可以在兩個方向上進行傳輸。因此，在關閉連接時，需要在兩個傳輸方向上分別確認傳輸的資料都已經被對端接收完畢。每個傳輸方向的關閉都是透過一個 FIN 和一個 ACK 完成的。當發送 FIN 時，表示發送端已經沒有資料要傳輸了；當發送 ACK 時，表示對端傳輸的資料都已經被正常接收。TCP 四次揮手的過程如圖 9-19 所示。

9.4 傳輸層

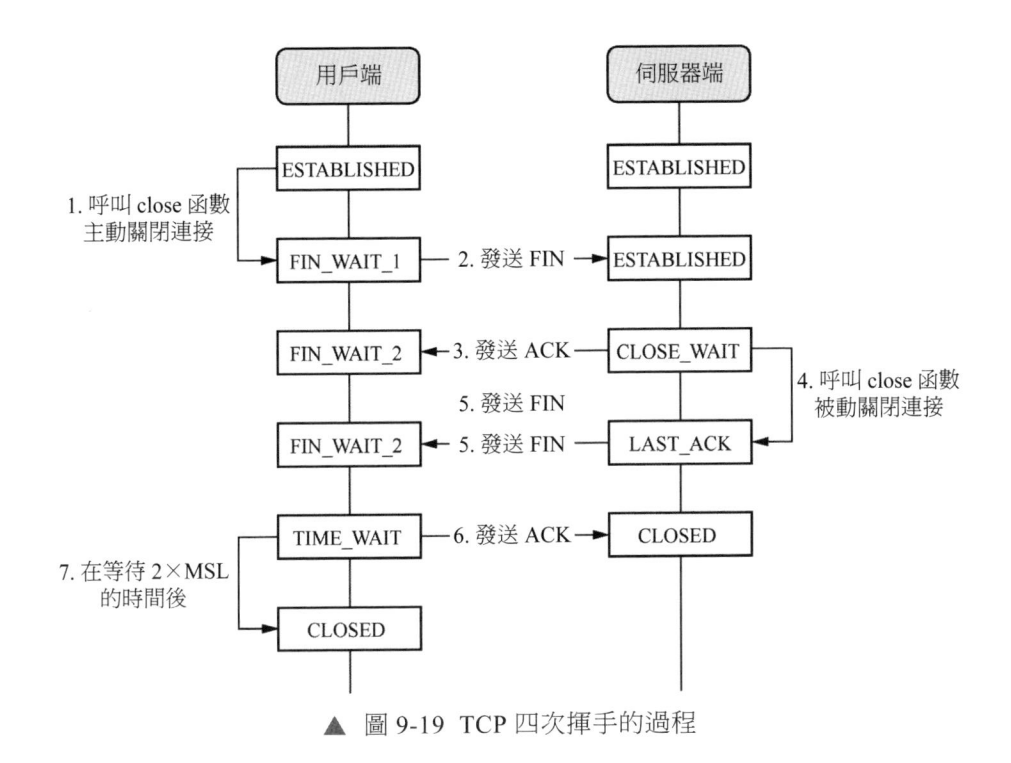

```
            用戶端                    伺服器端
              │                        │
         ESTABLISHED              ESTABLISHED
              │                        │
1.呼叫close函數│                        │
  主動關閉連接│                        │
              │                        │
         FIN_WAIT_1 ──2.發送 FIN──→ ESTABLISHED
              │                        │
         FIN_WAIT_2 ←──3.發送 ACK── CLOSE_WAIT
              │                        │
              │                        │ 4.呼叫close函數
              │         5.發送 FIN     │ 被動關閉連接
              │                        │
         FIN_WAIT_2 ←──5.發送 FIN── LAST_ACK
              │                        │
         TIME_WAIT ──6.發送 ACK──→ CLOSED
              │
7.在等待2×MSL │
  的時間後    │
              │
           CLOSED
```

▲ 圖 9-19 TCP 四次揮手的過程

- 用戶端和伺服器端正常進行雙向資料傳輸，用戶端請求結束後，主動關閉連接。此時，用戶端和伺服器端的 TCP 連接狀態都為 ESTABLISHED。

- 第 1 次揮手：用戶端主動呼叫 close 函數關閉連接，並發送一個帶 FIN 標識位元的 TCP 封包區段給伺服器端。用戶端的 TCP 連接狀態從 ESTABLISHED 變為 FIN_WAIT_1。

- 第 2 次揮手：伺服器端在接收到帶 FIN 標識位元的 TCP 封包區段後，回覆一個帶 ACK 標識位元的 TCP 封包區段給用戶端。伺服器端的 TCP 連接狀態從 ESTABLISHED 變為 CLOSE_WAIT，而用戶端在接收到帶 ACK 標識位元的 TCP 封包區段後，TCP 連接狀態從 FIN_WAIT_1 變為 FIN_WAIT_2。

- 第 3 次揮手：伺服器端被動呼叫 close 函數關閉連接，並向用戶端發送一個帶 FIN 標識位元的 TCP 封包區段。伺服器端的 TCP 連接狀態從 CLOSE_WAIT 變為 LAST_ACK。

9-55

- 第 4 次揮手：用戶端在接收到帶 FIN 標識位元的 TCP 封包區段後，TCP 連接狀態從 FIN_WAIT_2 變為 TIME_WAIT，並向伺服器端回覆一個帶 ACK 標識位元的 TCP 封包區段。伺服器端在接收到帶 ACK 標識位元的 TCP 封包區段後，TCP 連接狀態從 LAST_ACK 變為 CLOSED。

- 用戶端在等待 2×MSL（Maximum Segment Lifetime，網路中 TCP 封包區段的最大存活時間）的時間後，TCP 連接狀態從 TIME_WAIT 變為 CLOSED。

除了用戶端可以主動關閉連接，伺服器端也可以主動關閉連接。主動關閉連接的一方會進入 TIME_WAIT 狀態。

（4）同時關閉

正如我們在前面所提到的，建立 TCP 連接的雙方可以同時開啟，同樣，TCP 連接也支援同時關閉，儘管這種情況比較少見。TCP 連接同時關閉的過程如圖 9-20 所示。

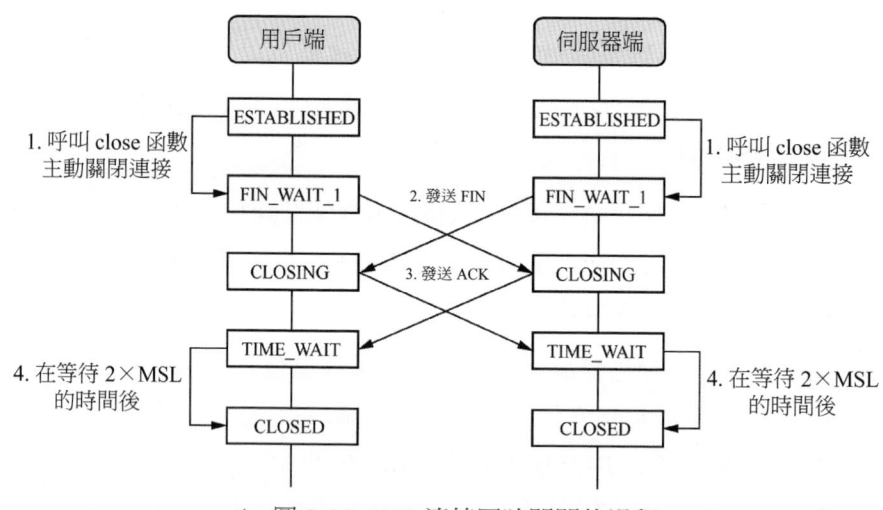

▲ 圖 9-20 TCP 連接同時關閉的過程

- TCP 連接上的伺服器端和用戶端幾乎同時呼叫 close 函數，主動關閉連接並發送 FIN，然後進入 FIN_WAIT_1 狀態。

- 在接收到對端發送的 FIN 後，伺服器端和用戶端各自回覆 ACK，並進入 CLOSING 狀態。

9.4 傳輸層

- 在各自接收到對端最後發送的 ACK 之後，服務端器和用戶端進入 TIME_WAIT 狀態。

- 伺服器端和用戶端在等待 2×MSL 的時間後，進入 CLOSED 狀態。

（5）TCP 連接狀態機

TCP 連接從建立到傳輸資料，再到最終關閉，用戶端和伺服器端始終處於某種狀態。這些狀態的轉移組成了 TCP 連接狀態機，如圖 9-21 所示。

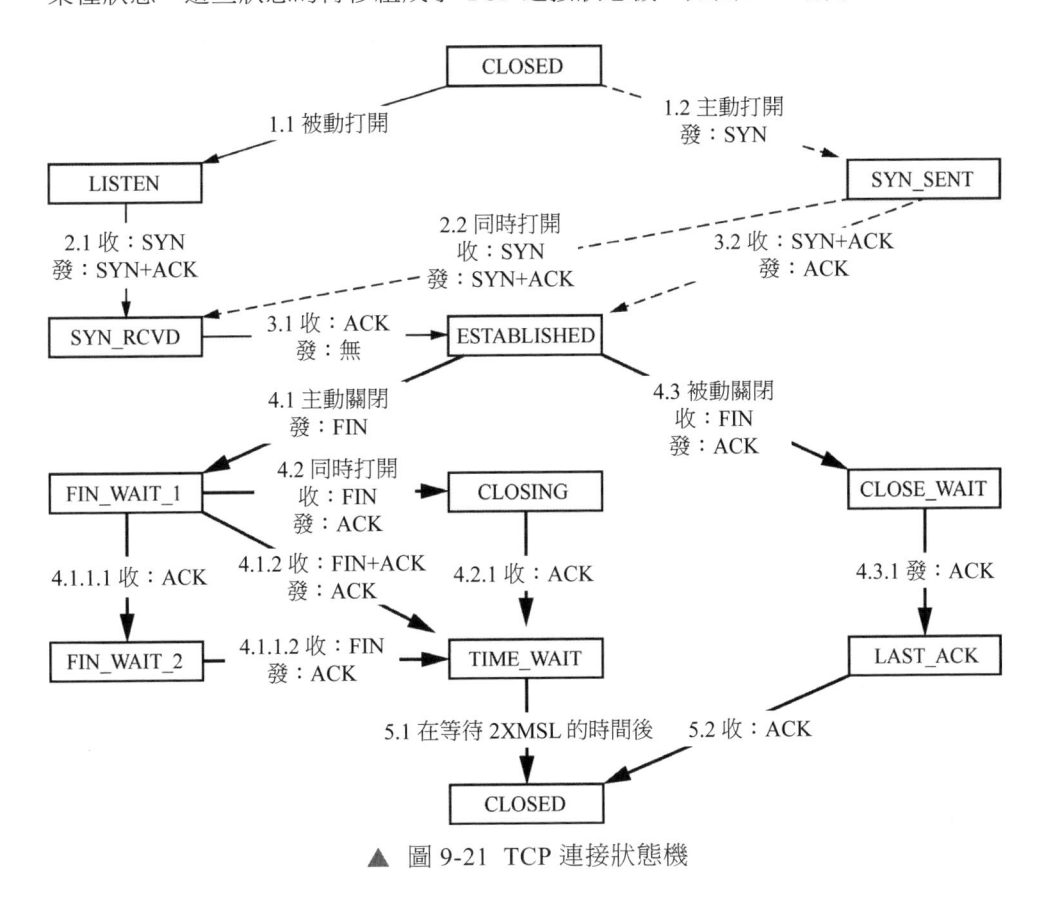

▲ 圖 9-21 TCP 連接狀態機

圖 9-21 中的細實線部分表示伺服器端的狀態轉移，虛線部分表示用戶端的狀態轉移，粗實線部分表示用戶端和伺服器端共有的狀態轉移。下面分別介紹 TCP 連接狀態機中各個不同的狀態。

9-57

9 網路通訊基礎

- CLOSED：一個虛擬的起始或終止狀態，表示沒有連接。

- LISTEN：伺服器端在任意通訊埠開始進行監聽，被動等待用戶端連接的到來。

- SYN_SENT：用戶端透過 connect 函數呼叫，向伺服器端發送 SYN 封包，主動發起 TCP 連接請求，然後進入此狀態。

- SYN_RCVD：伺服器端在 LISTEN 狀態下接收到 SYN 封包，然後進入此狀態；或 TCP 連接的兩端同時開啟，在接收到對端發送的 SYN 封包後，從 SYN_SENT 狀態進入此狀態。

- ESTABLISHED：在經過 TCP 三次交握後，伺服器端從 SYN_RCVD 狀態進入此狀態，用戶端則從 SYN_SENT 狀態進入此狀態；或當 TCP 連接同時開啟時，TCP 連接的兩端在經過 4 次封包的互動後進入此狀態。在此狀態下，TCP 連接的兩端可以進行應用層資料的全雙工傳輸。

- FIN_WAIT_1：伺服器端或用戶端主動呼叫 close 函數關閉連接，發送 FIN 封包，表示本端的應用層資料已經全部發送完。

- FIN_WAIT_2：主動關閉 TCP 連接的一端，在 FIN_WAIT_1 狀態下接收到對端的 ACK 確認封包後，進入此狀態。在此狀態下，本端的 TCP 連接處於半關閉狀態，此時本端還可以接收對端發送的應用層資料，但不能再向對端發送應用層資料。

- CLOSE_WAIT：被動關閉 TCP 連接的一端，在接收到 FIN 封包後，發送 ACK 確認封包並進入此狀態。在此狀態下，本端的 TCP 連接同樣處於半關閉狀態。和 FIN_WAIT_2 狀態所不同的是，此時本端還可以向對端發送應用層資料，但不能接收對端發送的應用層資料。

- CLOSING：TCP 連接同時關閉，即本端在主動關閉時，對端也主動關閉。此時，本端在發送完 FIN 封包後，才接收到對端的 FIN 封包，最後發送 ACK 確認封包，進入此狀態。

- LAST_ACK：被動關閉 TCP 連接的一端，在發送完全部的應用層資料後，向主動關閉 TCP 連接的一端發送 FIN 封包，等待最後的 ACK 確認封包，進入此狀態。

- TIME_WAIT：主動關閉 TCP 連接的一端，在接收到對端發送的 FIN 封包後，發送 ACK 確認封包，進入此狀態。TIME_WAIT 狀態在經過 2×MSL 的時間後，變為 CLOSED 狀態。

（6）需要特別關注的狀態

- CLOSE_WAIT：如果在系統中發現大量處於 CLOSE_WAIT 狀態的 TCP 連接，則說明應用程式的 TCP 連接處於被動關閉狀態，但沒有呼叫 close 函數來關閉 TCP 連接。此時應用程式存在 bug，並且可能存在 TCP 控制碼洩露的風險。大量處於 CLOSE_WAIT 狀態的 TCP 連接會佔用大量的本機通訊埠和 fd（檔案描述符號）。

- TIME_WAIT：為什麼說 TIME_WAIT 狀態需要特別關注呢？因為處於 TIME_WAIT 狀態的 TCP 連接四元組（用戶端 IP 位址和通訊埠，伺服器端 IP 位址和通訊埠）不能再使用。而在大部分 TCP 實現中，除此之外，TIME_WAIT 狀態下的 TCP 連接的本端通訊埠也不可以再使用。TIME_WAIT 狀態將維持 2×MSL 的時間，這是為了保證以下兩點：第一，使得當前 TCP 連接上延遲的封包區段在網路中全部消失，從而不影響後續重複使用當前 TCP 連接四元組的新建 TCP 連接；第二，對端在等待對 FIN 確認的 ACK 逾時時，會重新發送 FIN，在重發的 FIN 不再遺失的情況下，維持 2×MSL 的時間能保證至少接收到重發的 FIN 一次，並重新發送 ACK，防止這個 ACK 遺失，儘量讓 TCP 連接完成 4 次揮手，使得用戶端和伺服器端的資源都被順利釋放。因為主動關閉 TCP 連接的一端會進入 TIME_WAIT 狀態，所以無論是伺服器端還是用戶端，都有可能進入 TIME_WAIT 狀態。TIME_WAIT 狀態有時也稱為 2MSL 等候狀態。MSL 在實現中常用的值為 30 秒、1 分鐘或 2 分鐘。因此，TIME_WAIT 狀態會維持 1～4 分鐘的時間。

（7）TIME_WAIT 狀態帶來的影響

- TIME_WAIT 狀態對用戶端的影響：由於用戶端使用隨機分配的通訊埠，因此 TIME_WAIT 狀態對用戶端基本沒有大的影響。當用戶端重新啟動並向伺服器端發起新的連接時，就會自動選擇其他可用的通訊埠。但是，如果用戶端在短時間內發起大量的短連接，那麼在極端情況下有可能導致本機通訊埠被耗盡。畢竟，本機通訊埠最多只有 65 535 個，如果本機通訊埠被耗盡，則用戶端無法再發起新的連接。

- TIME_WAIT 狀態對伺服器端的影響：由於伺服器端使用固定的通訊埠（熟知的或協商好的通訊埠），因此如果我們主動停止伺服器端程式並嘗試重新啟動伺服器端程式，就會報 Address already in use 的錯誤。重新啟動伺服器端程式之所以會顯示出錯，是因為伺服器端監聽的本機通訊埠是處於 TIME_WAIT 狀態的連接的一部分。因此，在 TIME_WAIT 狀態還未結束之前，無法重新啟動伺服器端程式，通常需要等待 1 ～ 4 分鐘。在實際的通訊端程式設計中，我們可以透過設置 SO_REUSEADDR 選項來重複使用處於 TIME_WAIT 狀態的本機通訊埠，這樣伺服器端程式重新啟動就不用等待 1 ～ 4 分鐘了。

3．可靠性

IP 是不可靠的，因為 IP 資料封包在網路中傳輸時可能發生延遲、被丟棄或亂序。因此，TCP 需要透過一系列機制來保證 TCP 資料的可靠傳輸。TCP 透過逾時重傳、滑動視窗、壅塞控制和連接 keep alive4 套機制來保證 TCP 資料傳輸的可靠性。下面依次介紹這 4 套機制。

（1）逾時重傳

由於發送資料的 TCP 封包區段或確認資料的 TCP 封包區段在網路傳輸過程中可能會遺失或發生延遲，因此 TCP 在發送完一個 TCP 封包區段後，就會啟動一個計時器。當計時器逾時時，如果還沒有收到對應的 TCP 確認封包區段，就對之前的 TCP 封包區段進行重傳。

在逾時重傳中，一個重要的問題是，如何確定重傳逾時時間（Retransmission Time Out，RTO）？一種直接的方法是，先看一個 TCP 封包區段從發送到被確認需要多長時間。只有知道了這個時間，才能設置好 RTO。在 TCP 中，我們把這個時間定義為往返時間（Round-Trip Time，RTT）。RTT 的測量非常簡單，可以使用和 ping 命令一樣的方法，在所發送的 TCP 封包區段的標頭加入一個時間戳記。接收端在回覆 TCP 確認封包區段時會帶上這個時間戳記。這樣，發送端在接收到 TCP 確認封包區段之後，就可以準確地測量出 RTT，這個時間不會因為接收端和發送端的系統時間不一致而受到影響。

現在，我們已經能夠準確地測量 RTT 了，那麼是否可以簡單地把最近測量得到的 RTT 乘以一個參數當作 RTO 呢？答案是否定的。因為網路是動態波動的，上述簡單的處理方式很可能導致 RTO 太大或太小。RTO 太大會導致 TCP 封包區段無法及時重傳，使得網路輸送量降低，頻寬使用率也降低。反之，如果 RTO 太小，則會使過多無效的 TCP 封包區段（接收端已經接收過）被重發，浪費網路頻寬。在嚴重的情況下，甚至會增加網路負擔，導致網路壅塞。

那麼，TCP 到底是如何計算 RTO 的呢？TCP 使用了自我調整演算法，它會對封包區段的 RTT 進行採樣，然後用採樣的 RTT 來更新一個最新的 RTTs（平滑的 RTT，s 表示 smoothed，因為 RTTs 是 RTT 的加權平均值，所以得到的結果更為平滑，而不像最新測量出的 RTT 那樣波動較大）。在進行初始計算時，RTTs 的值取為最新採樣的 RTT。後續每得到最新採樣的 RTT，就使用公式〔新的 RTTs = $(1 - \alpha) \times$ 舊的 RTTs + $\alpha \times$ 當前採樣的 RTT〕更新 RTTs。RFC 2988 推薦 α 的設定值為 1/8。

當然，RTO 的設置值應該大於上述計算得到的 RTTs。RFC 2988 推薦使用公式（RTO = RTTs + $4 \times$ RTTd）來計算 RTO。其中，RTTd 是 RTT 的偏差絕對值的加權平均值。在進行初始計算時，RTTd 的值取為最新測量的 RTT 值的一半。後續每得到最新採樣的 RTT，就使用公式〔新的 RTTd = $(1 - \beta) \times$ 舊的 RTTd + $\beta \times$ |RTTs − 當前採樣的 RTT|〕更新 RTTd。β 的推薦設定值為 1/4。

RTO 的計算還必須考慮逾時重傳的場景。因為在經過逾時重傳之後，當接收到對應的 ACK 時，無法確認這個 ACK 是對之前發送封包區段的確認還是對重傳封包區段的確認。所以，此時無法準確測量當前 RTT 的樣本值。對於這種場景，TCP 提供了 Karn 演算法來對 RTO 的計算進行修正。Karn 演算法是這樣處理逾時重傳場景的：對於重傳的封包區段，不採用其 RTT 樣本值，封包區段每重傳一次，就將 RTO 增大一些。典型的做法是將 RTO 的值加倍。

9 網路通訊基礎

上述 RTO 的計算方法首先考慮了平滑的 RTT，其次考慮了平滑的 RTT 的平均值偏差，最後處理了逾時重傳場景。實踐證明，這種計算方法是較為合理的。逾時重傳機制極佳地解決了封包區段延遲和遺失的問題。

（2）滑動視窗

TCP 連接建立之後，伺服器端和用戶端就可以進行通訊了。但是，TCP 在進行資料傳輸時，資料並不是任意發送的，而是透過滑動視窗機制來實現按序交付和流量控制。

為了方便介紹 TCP 的滑動視窗機制，我們假設只在一個方向上進行資料傳輸，即 S 為發送資料的發送方，R 為接收資料的接收方。滑動視窗的單位都是位元組。為了便於描述，我們假定滑動視窗的位元組編號從 1 開始。

當前，S 的發送視窗大小為 10，收到的確認編號是 6。序號 1～5 的資料都已經被 R 接收，R 期望收到的下一個序號為 6。S 的發送視窗的前 5 位元組已經發送但還未收到確認。當前，R 的接收視窗大小為 10。到序號 5 為止的資料都已經交付給主機並發送了確認。R 還接收到序號為 8 和 9 的資料，這些資料是未按序達到的。

根據前面提到的資訊，我們可以建構出 S 的發送滑動視窗和 R 的接收滑動視窗，它們分別如圖 9-22 和圖 9-23 所示。

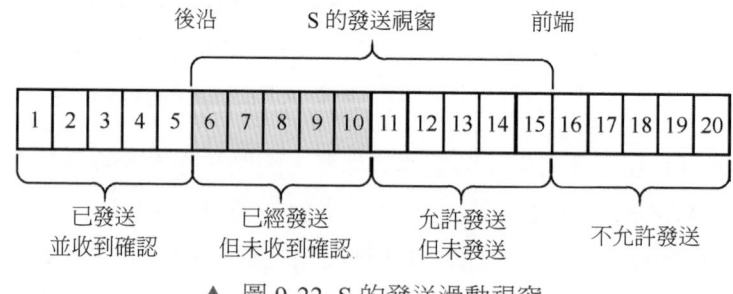

▲ 圖 9-22 S 的發送滑動視窗

9.4 傳輸層

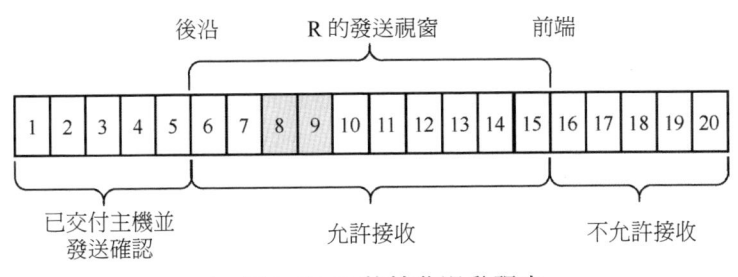

```
        後沿    R的發送視窗    前端
  ┌─┬─┬─┬─┬─┬─┬─┬─┬─┬─┬─┬─┬─┬─┬─┬─┬─┬─┬─┬─┐
  │1│2│3│4│5│6│7│8│9│10│11│12│13│14│15│16│17│18│19│20│
  └─┴─┴─┴─┴─┴─┴─┴─┴─┴─┴─┴─┴─┴─┴─┴─┴─┴─┴─┴─┘
   已交付主機並     允許接收            不允許接收
   發送確認
```

▲ 圖 9-23 R 的接收滑動視窗

S 的發送視窗有一個前端和後沿，它們共同確認了發送視窗的位置。後沿只會不動（沒有收到新的確認）或前移（收到新的確認），但不會後移，因為不存在取消先前收到的確認的情況。前端通常會不斷地前移，也有可能不動。不動有兩種情況：沒收到新的確認，接收方通告的視窗大小也沒變；收到新的確認，但接收方通告的視窗變小了，使得前端剛好不動。在接收方通告的視窗變小，並且沒收到新的確認的情況下，前端會向後收縮。但 TCP 標準不主張這麼處理，因為在前端向後收縮之前，發送視窗中的資料，有很多可能已經被發送出去了，現在又要收縮視窗，不讓發送，這樣會引入異常。

對接收方 R，它的接收滑動視窗分為三部分：第一部分是已經交付給上層應用程式並發送確認的資料；第二部分是未確認但允許接收的資料；第三部分是未準備好儲存空間，因而不允許接收的資料。第二部分就是 R 的接收視窗。在 R 的接收視窗中，對未按序達到的資料，TCP 標準並無明確的處理方法。一般來說 TCP 的實現會把未按序達到的資料儲存在接收視窗中，等接收到缺失的資料後，再按序交付給上層的應用程式。

TCP 是全雙工的，TCP 連接的兩端各自維護著一個發送視窗和一個接收視窗，它們在資料傳輸過程中動態地「滑動著」。我們通常希望資料傳輸得快一些，但是，如果發送端資料傳輸得過多或過快，會導致接收端無法及時接收資料，從而造成資料遺失。滑動視窗機制可以透過動態調整視窗大小，控制發送端發送資料的速率，讓發送端的資料發送不要過快，以便接收端來得及接收，最終實現 TCP 連接點對點的流量控制。

（3）壅塞控制

在電腦網路中，資源總是有限的，比如鏈路容量（頻寬）、中間路由節點的快取、鏈路上各個節點處理器的性能等。當整個網路的通訊資源需求大於網路中所能提供的資源時，就會出現壅塞現象，並且壅塞會因為 TCP 重傳機制等而趨於惡化。壅塞控制就是控制注入網路中的資料，使得網路中的鏈路和節點不至於超載。雖然壅塞控制和流量控制關係密切，但它們之間還是有區別的，壅塞控制是一個全域的過程，而流量控制是對點對點資料傳輸速率的控制。

TCP 壅塞控制通常由 4 個演算法配合完成，它們分別是慢開始、壅塞避免、快重傳和快恢復。

在正式介紹壅塞控制演算法之前，我們先假設接收方的接收快取總是足夠大，從而能夠接收我們發送的所有資料，這樣發送視窗的大小便由壅塞程度決定。

1）慢開始與壅塞避免

發送方透過維護一個名為 cwnd 的壅塞視窗變數來動態調整網路的壅塞程度。慢開始演算法的想法很簡單，在 TCP 連接開始傳輸資料時，不能馬上向網路中注入太多的資料，因為這很可能立即導致網路壅塞。更好的做法是採用試探的方式，先發少量的資料，再逐漸增大發送視窗，即從小到大，逐步增大壅塞視窗變數 cwnd 的值。

一般來說在剛開始發送 TCP 封包區段時，先將 cwnd 的值設置為一個 MSS 的大小，然後每當收到一個對新封包區段的確認時，就將 cwnd 增加一個 MSS 的大小。在每經過一次 RTT 後，cwnd 就會加倍，壅塞視窗將呈現出 2 的指數級增大效果。所以「慢開始」並不慢，它的慢指的是初始發送 TCP 封包區段時，僅把壅塞視窗變數 cwnd 設置為一個 MSS 的大小。

當然，cwnd 不能無限制增大。為了防止 cwnd 過大而導致網路壅塞，發送方還維護了一個慢開始門限（slow start threshold）變數 ssthresh。慢開始門限的用法如下：

- 當 cwnd < ssthresh 時,使用慢開始演算法。
- 當 cwnd > ssthresh 時,停止慢開始演算法,使用壅塞避免演算法。
- 當 cwnd = ssthresh 時,既可以使用慢開始演算法,也可以使用壅塞避免演算法。

壅塞避免演算法的想法也非常簡單,即緩慢地增大壅塞視窗。在每經過一次 RTT 後,壅塞視窗變數 cwnd 僅增加一個 MSS 的大小,而非加倍,此時壅塞視窗將呈現出線性增大效果。

不管是慢開始階段還是壅塞避免階段,網路都可能出現壅塞。當沒有按時收到確認封包,觸發逾時重傳時,就把慢開始門限變數 ssthresh 設置為出現壅塞時壅塞視窗變數 cwnd 的一半(最小值為兩個 MSS 的大小),然後把壅塞視窗變數 cwnd 重置為一個 MSS 的大小,重新執行慢開始演算法與壅塞避免演算法,如圖 9-24 所示。

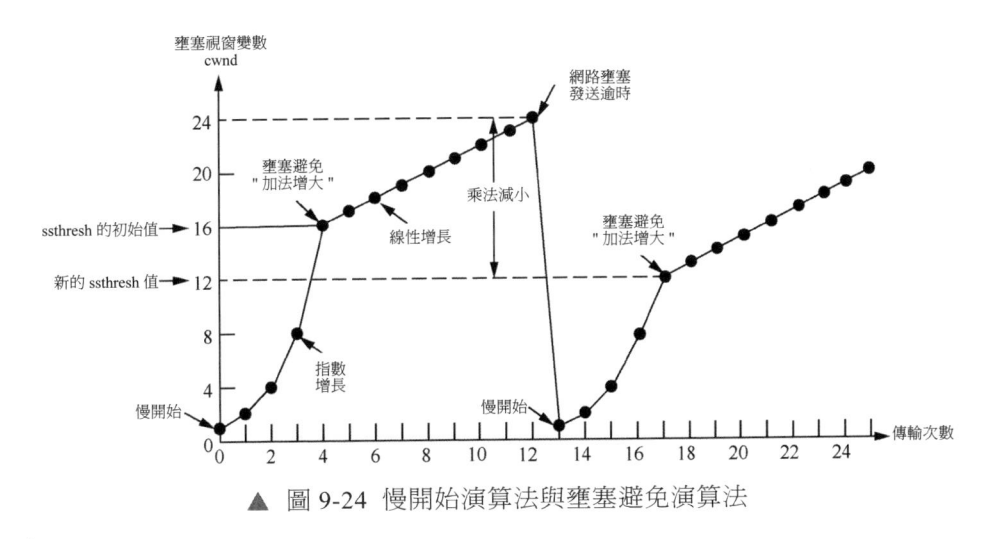

▲ 圖 9-24 慢開始演算法與壅塞避免演算法

2)快重傳與快恢復

慢開始演算法和壅塞避免演算法在發生網路壅塞時,會快速減少注入網路中的封包區段,並將 ssthresh 重置為當前 cwnd 的一半,而將 cwnd 重置為一個 MSS 的大小。這確實可以避免網路壅塞,但過於敏感,網路頻寬無法得到充分利用。

9 網路通訊基礎

為了提高頻寬使用率，業內新增了快重傳和快恢復的壅塞控制演算法。快重傳演算法要求接收方在收到亂序的封包區段後，立即發送重複的確認。當發送方連續收到三個重複的確認時，就立即發送對方還未接收到的封包區段，而非等到逾時重發，快重傳過程如圖 9-25 所示。

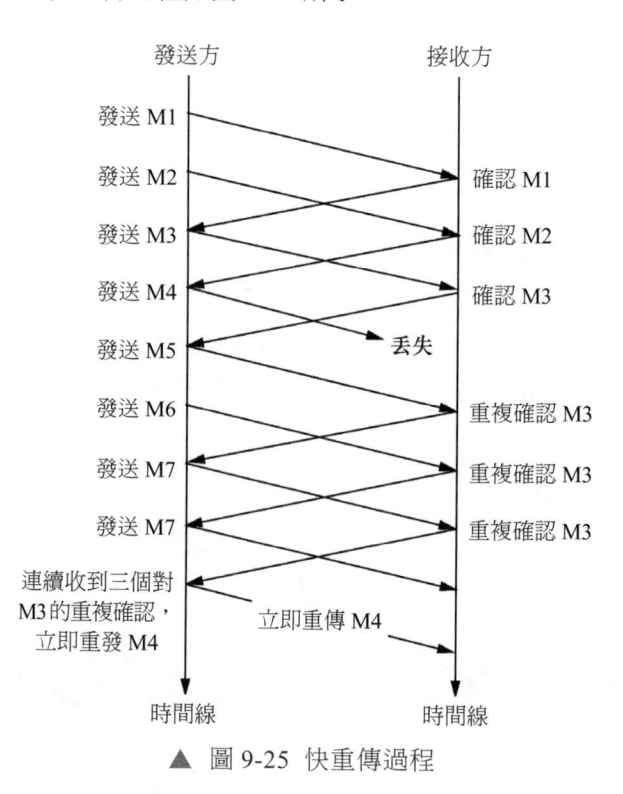

```
發送方                          接收方
發送 M1
發送 M2                         確認 M1
發送 M3                         確認 M2
發送 M4                         確認 M3
發送 M5          丟失
發送 M6                         重複確認 M3
發送 M7                         重複確認 M3
發送 M7                         重複確認 M3
連續收到三個對
M3 的重複確認，    立即重傳 M4
立即重發 M4
時間線                          時間線
```

▲ 圖 9-25　快重傳過程

快重傳演算法並不是單獨使用的，它需要和快恢復演算法配合使用。快恢復演算法有兩個要點。

- 當發送方連續收到三個重複的確認時，就執行「乘法減小」，把 ssthresh 設置為當前 cwnd 的一半。這是為了提前預防網路壅塞的發生，但接下來並不執行慢開始演算法。

- 發送方認為此時網路並未發生壅塞，因為如果發生了網路壅塞，就不會連續收到重複的確認。所以發送方不執行慢開始演算法，而是把 cwnd 設置為 ssthresh 的大小，然後執行壅塞避免演算法。快重傳與快恢復過程如圖 9-26 所示。

▲ 圖 9-26 快重傳與快恢復過程

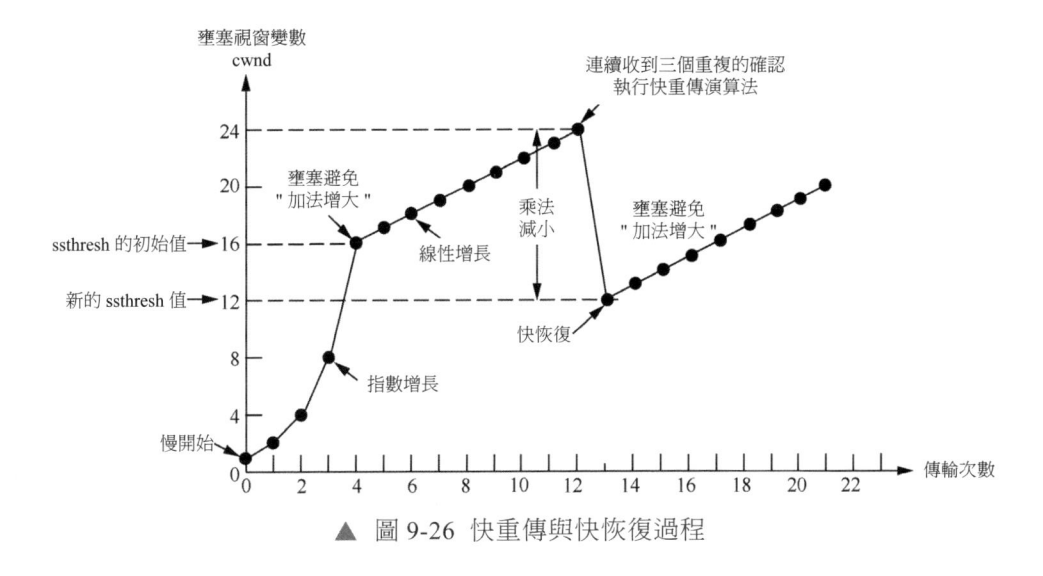

採用快恢復演算法後，壅塞控制只會在 TCP 連接建立和逾時重傳時才會使用慢開始演算法。

在之前的假設中，我們認為接收方總是有足夠大的快取空間，因此發送視窗等於壅塞視窗。但實際上，接收方的快取空間是有限的。接收方會透過 TCP 封包區段標頭的接收視窗欄位，將自己的接收視窗變數 rwnd 通告給發送方。

如果將流量控制和壅塞控制綜合考慮，則發送方的發送視窗不能大於接收方的接收視窗和壅塞視窗的最小值。

- 當 rwnd < cwnd 時，發送方的發送視窗受限於接收方的接收視窗大小。
- 當 cwnd < rwnd 時，發送方的發送視窗受限於壅塞視窗的大小。

換句話說，rwnd 和 cwnd 中較小的值限制著發送方資料的發送速率。

綜上所述，壅塞控制是一種在不過度犧牲 TCP 連接上的資料傳輸速率的前提下，保證其他 TCP 連接對網路資源公平使用的方法。

（4）連接 keep alive

TCP 允許建立連接後不進行資料通信。這表示用戶端在與伺服器端建立連接後，可以不進行任何應用層的資料傳輸，數小時、數天甚至數月後，連接仍然保持。中間路由器可以重新啟動或崩潰,網線可以拔掉再插上,只要 TCP 連接兩端的主機沒有重新啟動,連接就一直保持。

這種特性雖然對用戶端是無害的,但對伺服器端是有害的。假設用戶端崩潰並重新啟動或關機,而此時伺服器端無法感知到這種變化,如果伺服器端一直等待用戶端的請求,那麼與用戶端綁定的資源(如 socket fd、記憶體緩衝區等)就永遠無法釋放。當這種用戶端大量出現時,伺服器端的資源就會被耗盡,最終無法為其他正常用戶端提供服務。

為了解決這個問題,保證伺服器端的資源能及時地被釋放,儘管 TCP 規範中沒有連接 keep alive 的內容,但人們在具體的實現中引入了連接 keep alive 機制。這種機制的工作方式如下:在 TCP 連接空閒超過一段時間後,就發起一個 TCP 連接 keep alive 探測封包。如果收到這個 TCP 連接 keep alive 探測封包的應答,則認為連接仍然有效;否則間隔一段時間後,再次發起 TCP 連接 keep alive 探測封包。如果連續多次未收到 TCP 連接 keep alive 探測封包的應答,則認為連接失效,並向應用層報告錯誤。

TCP 連接 keep alive 機制能讓伺服器端及時可靠地釋放相關的系統資源。除了 TCP 連接 keep alive 機制,我們還可以在應用層實現類似於定時「心跳」的功能來探測 TCP 連接的狀態。

4·無邊界

TCP 提供的是無邊界的位元組流服務。建立了 TCP 連接的兩端,在連接不斷開的情況下,可以源源不斷地讀取和寫入位元組流。TCP 對應用層的資料只做透明傳輸,應用層需要根據自己的協定(無論是知名協定還是自訂協定)對位元組流進行解析,進而從位元組流中拆分出各種不同的應用層資料封包。應用層資料封包的邊界需要應用層協定自己來界定,具體如何界定取決於應用層協定的設計。在後面的章節中,我們將介紹如何設計並實現自己的應用層協定。

5·TCP 的傳輸效率

透過上面的介紹,我們知道 TCP 已經能夠向應用層提供連線導向的、可靠的、無邊界的位元組流服務。但在實踐中,我們發現在某些場景下,TCP 的傳

9.4 傳輸層

輸效率特別低下。為了解決這些問題，TCP 針對不同的場景提供了相應的解決方案。

(1) 糊塗視窗綜合征

假設伺服器端的處理性能很差，在接收緩衝區滿了之後，每次只能從接收緩衝區中讀取 1 位元組的資料進行處理，然後向發送方發送 ACK 進行確認。此時，伺服器端的接收視窗大小被更新為 1 位元組，發送方緊接著又發送 1 位元組的資料，伺服器端接收後回覆 ACK 進行確認，但伺服器端的接收視窗仍然更新為 1 位元組。如此往復下去，導致網路傳輸效率極低。如果 IP 資料封包標頭和 TCP 資料封包標頭都是固定的 20 位元組，並且都沒有擴充內容，則每次 TCP 封包區段的網路傳輸有效酬載率僅為 1/41，即不到 2.5%。TCP 將這種問題稱為「糊塗視窗綜合征」。

為了解決這種問題，我們可以讓接收方的接收緩衝區有足夠的空間來存放一個最大的封包區段，或在接收緩衝區有一半的空閒空間時再發出 ACK 進行確認。

(2) Nagle 演算法

對於互動式的應用程式，在網路上傳輸大量的小包會導致網路傳輸效率低下。為了解決這個問題，TCP 採用了 Nagle 演算法，該演算法致力於減少小包在網路中的傳輸。

具體來說，Nagle 演算法的工作方式如下：如果應用程式逐位元組地將要發送的資料發送到 TCP 發送緩衝區，那麼 TCP 將首先發送第 1 位元組的資料，然後快取後續進入 TCP 發送緩衝區的資料，直至收到第 1 位元組資料的 ACK 確認封包。此時，TCP 將把發送緩衝區中剩餘的資料拼成一個封包區段發送出去，並快取後續要發送的資料，直至前一個封包區段得到確認。Nagle 演算法不會無限制地快取要發送的資料，當要發送的資料量達到發送視窗大小的一半，或已經達到最大的封包區段長度時，TCP 將立即發送一個封包區段。

需要注意的是，Nagle 演算法是自我調整的，資料確認得越快，就發得越快，並且能有效提高頻寬使用率。但 Nagle 演算法會增加整體資料傳輸的延遲。

9 網路通訊基礎

（3）延遲的 ACK

如果對接收的每個封包區段都單獨發送一個 ACK 進行確認，代價將很大。因此，TCP 實現了延遲的 ACK，即 ACK 的發送會被延遲一段時間。如果這段時間內有資料要發送給對端，則捎帶上 ACK；如果沒有，則等到延遲時間到期後，立即發送 ACK。延遲發送 ACK 的好處如下。

- 對於請求 - 應答式的應用程式，總是能在發送應答資料的同時捎帶上 ACK，不必單獨發送 ACK。
- 在延遲時間內，如果有多個封包區段到達，則可以進行 ACK 的累積確認。

（4）Nagle 演算法與延遲的 ACK 的「邂逅」

我們知道，Nagle 演算法會在應用層把一個請求資料封包分多次發送，每次只發送一小部分資料（小於最大封包長度），而非將所有資料一次性發送出去。TCP 緩衝區中的資料在發送時，需要等到前一個封包區段得到確認之後才能發送下一個封包區段。同時，對端也會延遲 ACK 的確認，導致 TCP 緩衝區中的資料無法發送，直至對端延遲時間到期並發送 ACK 進行確認，才能發送後續的資料。這會造成不必要的延遲。

為了避免這種不必要的延遲，我們可以在應用層一次性把請求資料封包發送出去。但這並不保險，因為 TCP 緩衝區中的資料仍然可能被分多次發送，只要 Nagle 演算法生效，就會有這種不必要的延遲產生。更穩妥的做法是關閉 Nagle 演算法。在網路程式設計中，可以使用 TCP 通訊端選項 TCP_NODELAY 來關閉 Nagle 演算法。具體如何實現，我們將在後續的內容中介紹。

開啟 Nagle 演算法能提升網路頻寬的有效輸送量，但相應的延遲也會變大。關閉 Nagle 演算法後，延遲會變小，但網路頻寬的有效輸送量會降低。因此，在具體的開發過程中，大家需要結合自身應用的特點來加以取捨。如果應用是延遲敏感的，則建議關閉 Nagle 演算法。

9.5 網路程式設計介面

在之前的內容中，我們向大家介紹了很多與TCP/IP協定層相關的理論知識。在本節中，我們將介紹實現基於TCP通訊的網路服務時需要使用哪些網路程式設計介面，為後續介紹併發程式設計內容的章節打好基礎。

9.5.1 TCP 網路通訊的基本流程

最常見的 TCP 網路通訊互動如圖 9-27 所示，我們先來了解一下 TCP 網路通訊最基本的流程。

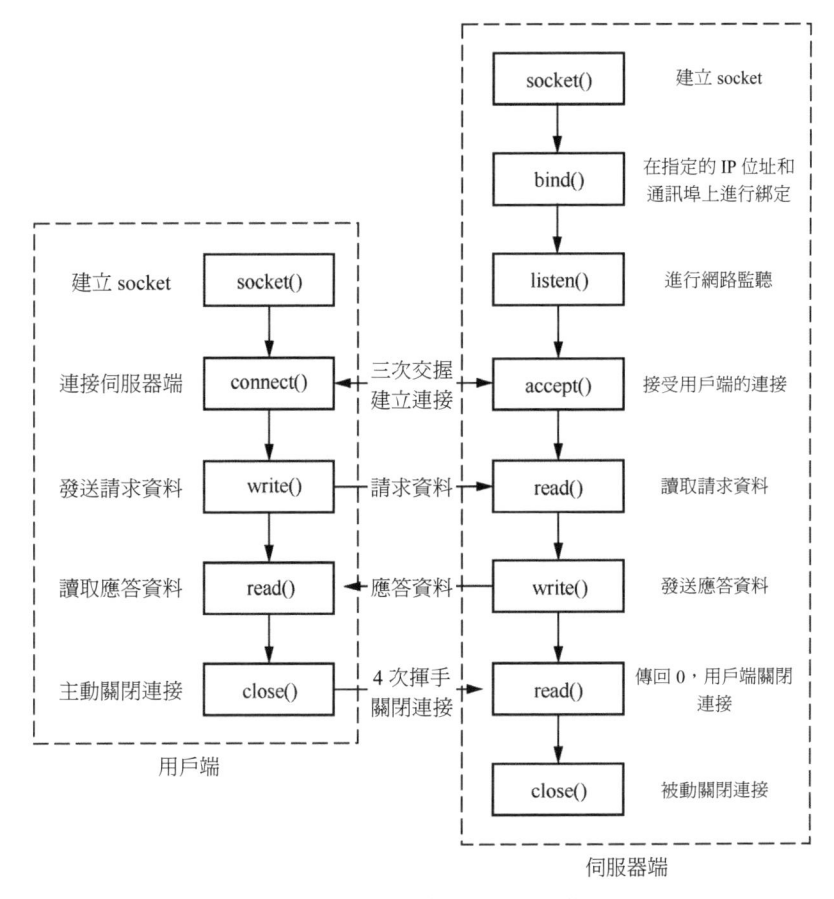

▲ 圖 9-27 TCP 網路通訊互動圖

9 網路通訊基礎

在圖 9-27 中，我們可以看到採用短連接時，用戶端和伺服器端如何完成一次請求和應答的互動。具體流程如下所述。

1．伺服器端

- 呼叫 socket 函數，建立用於 TCP 網路監聽的 socket（通訊端）。
- 呼叫 bind 函數，將 socket 檔案描述符號綁定到指定的 IP 位址和通訊埠上。
- 呼叫 listen 函數，在網路上開啟監聽，等待用戶端連接的到來。
- 呼叫 accept 函數，進入阻塞狀態，直到有用戶端連接完成三次交握時才傳回，或當呼叫顯示出錯時才傳回。
- 呼叫 read 相關的系列函數，從用戶端的 TCP 連接上讀取用戶端的請求資料。通常需要進行多次呼叫，直到讀取完一個完整的請求為止。
- 進行請求處理，然後呼叫 write 相關的系列函數，將應答資料寫到用戶端的 TCP 連接上。通常需要進行多次呼叫，直到寫完所有應答資料為止。
- 當呼叫 read 相關的系列函數時，如果傳回 0，則表明用戶端關閉了連接，需要直接呼叫 close 函數以關閉和用戶端連結的本機 socket 檔案描述符號。

2．用戶端

- 呼叫 socket 函數，建立用於和伺服器端通訊的 socket。
- 呼叫 connect 函數，在經過 TCP 三次交握後，與伺服器端建立起連接。
- 呼叫 write 相關的系列函數，將請求資料寫入建立的 TCP 連接。通常需要進行多次呼叫，直到請求資料全部寫完為止。
- 呼叫 read 相關的系列函數，從建立的 TCP 連接中讀取應答資料。通常需要進行多次呼叫，直到讀取完一個完整的應答為止。
- 用戶端接收完應答資料後，呼叫 close 函數，關閉與伺服器端之間的 TCP 連接。

9.5.2 socket 網路程式設計

在 Linux 系統中，所有的 I/O 操作都需要透過檔案抽象層來實現，包括網路通訊。為了實現網路通訊，Linux 系統提供了 socket 這個抽象介面。透過這個介面，我們可以使用一系列的 API 來完成網路通訊。

1．socket 網路位址結構

sockaddr 是網路位址的通用結構，用於表示網路位址。

```
struct sockaddr {
    sa_family_t sin_family;    // 位址族
    char sa_data[14];          // 包含了 IP 位址和通訊埠資訊，14 位元組
}
```

所有 socket API 輸入參數中的網路位址類型都是這個結構的指標，這樣就統一了 socket API 的呼叫方式。sin_family 是位址族的常見值，常用的有 AF_UNIX 和 AF_INET，分別代表 UNIX 域本機通訊端位址和 IPv4 位址。

sockaddr_in 是 IPv4 專用的網路位址結構。

```
struct sockaddr_in {
  short sin_family;            // 位址族 AF_INET
  unsigned short sin_port;     //16 位元的通訊埠編號
  struct in_addr sin_addr;     //32 位元的 IP 位址
  char sin_zero[8];            // 不使用的填充位元組
};
struct in_addr {
  in_addr_t s_addr;   //32 位元的 IP 位址
};
```

sockaddr_un 是 UNIX 域本機通訊端的位址結構。

```
#define UNIX_PATH_MAX 108
struct sockaddr_un {
  sa_family_t sun_family;         // 協定族 AF_UNIX
  char sun_path[UNIX_PATH_MAX];   // 路徑名稱
};
```

9 網路通訊基礎

在 socket 網路程式設計中，我們實際使用的是 sockaddr_in 和 sockaddr_un 這兩個位址結構。在呼叫 socket API 時，我們通常先獲取對應變數的指標，之後再將其轉換成 sockaddr 結構的指標。

2．IP 位址轉換

前面介紹了 socket 的網路位址結構，其中包含了一個 IP 位址。那麼，這個 IP 位址應該如何設置呢？在 Linux 系統中，我們可以使用一系列函數來操作 IP 位址，其中常用的有以下 3 個。

```
#include <sys/socket.h>
#include <netinet/in.h>
#include <arpa/inet.h>
int inet_aton(const char *cp, struct in_addr *inp);
in_addr_t inet_addr(const char *cp);
char *inet_ntoa(struct in_addr in);
```

inet_aton 函數的作用是將參數 cp 指向的點分十進位 IP 位址轉換成 in_addr 指向的二進位 IP 位址。如果位址有效，則傳回非 0 值；不然傳回 0。

inet_addr 函數的作用與 inet_aton 函數類似，也是將 cp 指向的點分十進位 IP 位址轉換成二進位 IP 位址，並透過傳回值加以傳回。如果 cp 指向一個無效的位址，則函數呼叫傳回 INADDR_NONE。

inet_ntoa 函數完成的是 inet_aton 函數的逆操作，也就是將二進位 IP 位址轉換成點分十進位 IP 位址。由於傳回的 char * 指向的是靜態配置的快取，因此 inet_ntoa 函數是不可重入的。同時，如果多次呼叫該函數，則最後一次呼叫的結果會覆蓋之前所有呼叫的結果。

3．位元組序轉換

在介紹 ARP 和 RARP 時，我們使用 htons 函數來實現本機位元組序到網路位元組序的轉換。除了 htons 函數，我們還可以使用其他相關的函數，它們的原型如下：

9.5 網路程式設計介面

```
#include <arpa/inet.h>
uint32_t htonl(uint32_t hostlong);
uint16_t htons(uint16_t hostshort);
uint32_t ntohl(uint32_t netlong);
uint16_t ntohs(uint16_t netshort);
```

函數 htonl 和 htons 分別用於將 32 位元和 16 位元的不帶正負號的整數從本機位元組序轉為網路位元組序；而函數 ntohl 和 ntohs 則分別用於將 32 位元和 16 位元的不帶正負號的整數從網路位元組序轉為本機位元組序，相當於函數 htonl 和 htons 的逆操作。

在設置 sockaddr_in 網路位址的 sin_port 欄位時，需要呼叫 htons 函數，將本機位元組序的網路通訊埠轉為網路位元組序，以便正確地傳輸資料。

4．socket API 相關的函數

在上面的內容中，我們已經完成了對 socket 位址的介紹。接下來，讓我們學習一下 socket API 相關的函數。

（1）socket 函數

socket 函數用於建立進行通訊的 socket 檔案描述符號，它和通訊的一端連結。函數原型如下。

```
#include <sys/types.h>
#include <sys/socket.h>
int socket(int domain, int type, int protocol);
```

1）domain

即通訊域，又稱為協定族（protocol family）。常用的協定族有 AF_UNIX、AF_LOCAL、AF_INET 等。AF_UNIX 和 AF_LOCAL 代表 UNIX 域本機通訊端，用於本機通訊；AF_INET 代表 IPv4 位址，用於在 IPv4 網路上進行通訊。需要注意的是，domain 的值限定了呼叫 bind 函數時可以綁定的通信位址，例如 AF_INET 只能使用 IPv4 位址，AF_UNIX 和 AF_LOCAL 只能使用本機絕對路徑名稱作為位址。

2）type

即 socket 的類型，用於定義通訊的語義。常用的 socket 類型有 SOCK_STREAM、SOCK_DGRAM 等。SOCK_STREAM（流式 socket）提供了有效的、可靠的、全雙工的、連線導向的位元組流語義，對應的是 TCP 服務；SOCK_DGRAM（資料封包 socket）提供了有最大長度限制的、不需連線的、不可靠訊息的語義，對應的是 UDP 服務。

3）protocol

即應用在 socket 上的協定類型，在前面兩個參數的限定之下的協定集合裡，再選擇一個具體的協定。在大部分情況下，protocol 的值只有一個選擇，因此可以設置為 0，表示選擇預設的協定。

4）傳回值

函數呼叫成功時，傳回一個 socket 檔案描述符號，否則傳回 −1 並設置 errno。

（2）bind 函數

在建立 socket 時，雖然指定了具體的協定，但並沒有指定具體使用哪個 socket 位址。將一個 socket 和 socket 位址綁定的過程稱為給 socket 命名，bind 函數旨在完成這個命名過程。在伺服器端程式中，當需要對外提供網路服務時，就要呼叫 bind 函數來命名 socket。只有綁定了位址，用戶端才知道如何連接它。而用戶端通常不需要給 socket 命名，而是採用匿名的方式，系統會自動分配一個可用的 socket 位址。當然，用戶端也可以顯式地給 socket 命名。bind 函數的函數原型如下。

```
#include <sys/types.h>
#include <sys/socket.h>
int bind(int sockfd, const struct sockaddr *addr, socklen_t addrlen);
```

9.5 網路程式設計介面

1）sockfd

socket 函數傳回的 socket 檔案描述符號。sockfd 雖然已經和具體的協定族連結在一起，但還沒有和具體的協定位址綁定。

2）addr

sockfd 要綁定的具體協定位址，類型則是通用的網路位址結構 sockaddr 的指標。

3）addrlen

具體協定位址結構的長度，單位為位元組。

4）傳回值

綁定成功時傳回 0，否則傳回 -1 並設置 errno。

（3）listen 函數

listen 函數用於在指定的 socket 上開啟連接監聽。函數原型如下。

```
#include <sys/types.h>
#include <sys/socket.h>
int listen(int sockfd, int backlog);
```

1）sockfd

要開啟連接監聽的 socket 檔案描述符號。

2）backlog

sockfd 上允許的等待正式被連接的佇列的最大長度。

3）傳回值

監聽成功時傳回 0，否則傳回 -1 並設置 errno。

（4）accept 函數

accept 函數用於從指定的 socket 上接收一個連接。當呼叫成功時，它會傳回一個新的 socket 連接的檔案描述符號。函數原型如下。

```
#include <sys/types.h>
#include <sys/socket.h>
int accept(int sockfd, struct sockaddr *addr, socklen_t *addrlen);
```

1）sockfd

由 socket 函數建立，使用 bind 函數綁定位址，並開啟了連接監聽的 socket 檔案描述符號。如果 sockfd 沒有被設置成非阻塞的，accept 呼叫就會一直被阻塞，直至有連接到來。如果 sockfd 被設置成非阻塞的，accept 呼叫就會立即傳回。此時，如果沒有連接到來，accept 呼叫會失敗，errno 則被設置成 EAGAIN 或 EWOULDBLOCK。

2）addr

指向通用位址結構 sockaddr 的指標，作為一個傳出參數，它是使用連接另一端的位址資訊來設置的。如果 addr 的值為 NULL，則表示不需要這個位址資訊，此時參數 addrlen 需要設置為 NULL。

3）addrlen

在傳遞參數 addr 時，參數 addrlen 需要設置為 addr 指標指向的實際位址結構的大小（單位為位元組）。作為一個傳出參數，在 accept 函數傳回後，addrlen 會被更新為連接另一端的位址資訊的實際大小（單位為位元組）。

4）傳回值

如果連接接收成功，則傳回一個非負的整數值，這個整數值是接收連接的 socket 檔案描述符號，否則傳回 −1 並設置 errno。

9.5 網路程式設計介面

（5）connect 函數

connect 函數用於在指定的 socket 檔案描述符號上發起連接請求。如果 socket 檔案描述符號的類型是 SOCK_DGRAM，即資料封包，則 connect 函數完成的是收發資料封包位址的綁定。函數原型如下。

```
#include <sys/types.h>
#include <sys/socket.h>
int connect(int sockfd, const struct sockaddr *addr, socklen_t addrlen);
```

1）sockfd

socket 函數傳回的 socket 檔案描述符號。

2）addr

要連接或綁定的位址資訊。

3）addrlen

指標 addr 指向的實際位址結構的大小（單位為位元組）。

4）傳回值

當連接或綁定成功時，傳回 0，否則傳回 −1 並設置 errno。

（6）read 函數

read 函數可以從檔案描述符號中讀取資料。除了可以從普通的檔案描述符號中讀取資料，read 函數也支援從 socket 檔案描述符號中讀取資料。函數原型如下。

```
#include <unistd.h>
ssize_t read(int fd, void *buf, size_t count);
```

1）fd

要讀取資料的檔案描述符號。

9-79

2）buf

要讀取資料所在的快取位址。

3）count

預期要讀取的資料的長度，單位為位元組。

4）傳回值

若呼叫成功，則傳回讀取到的資料的長度（單位為位元組）。長度為 0 表示已經讀到檔案的末尾。對 socket 檔案描述符號來說，長度為 0 表示對端主動關閉了連接。當然，所傳回資料的長度也可能小於預期長度，比如讀取操作在讀取部分資料之後被訊號中斷了。呼叫失敗時則傳回 −1 並設置 errno。

（7）write 函數

write 函數用於向檔案描述符號中寫入資料。除了可以向普通的檔案描述符號中寫入資料，write 函數也支援向 socket 檔案描述符號中寫入資料。函數原型如下。

```
#include <unistd.h>
ssize_t write(int fd, const void *buf, size_t count);
```

1）fd

要寫入資料的檔案描述符號。

2）buf

要寫入資料所在的快取位址。

3）count

預期要寫入的資料的長度，單位為位元組。

9.5 網路程式設計介面

4）傳回值

若呼叫成功，則傳回成功寫入的位元組數。傳回 0 表示什麼也沒寫入。當然，所寫入資料的長度可能小於 count，比如寫入操作在寫入部分資料之後被訊號中斷了。呼叫失敗時則傳回 −1 並設置 errno。

（8）close 函數

close 函數用於關閉檔案描述符號。當透過 socket 完成通訊之後，就可以呼叫 close 函數來關閉連接。函數原型如下。

```
#include <unistd.h>
int close(int fd);
```

1）fd

要關閉的檔案描述符號。

2）傳回值

關閉成功則傳回 0，關閉失敗則傳回 −1 並設置 errno。

5．socket 選項的獲取與設置

socket 支援很多選項，我們可以透過下面的兩個函數來獲取或設置這些選項。它們的函數原型如下。

```
#include <sys/types.h>
#include <sys/socket.h>
int getsockopt(int sockfd, int level, int optname, void *optval, socklen_t
   *optlen);
int setsockopt(int sockfd, int level, int optname, const void *optval,
   socklen_t optlen);
```

（1）sockfd

連結的 socket 檔案描述符號。

（2）level

要設置的選項歸屬哪個協定，比如 SOL_SOCKET（通用 socket 選項，和具體協定無關）、IPPROTO_TCP（TCP 選項）等。

（3）optname

int 類型的值，代表不同的選項，比如 SO_RCVTIMEO 和 SO_SNDTIMEO，它們分別代表讀寫資料的逾時時間選項。

（4）optval 和 optlen

它們分別代表要操作選項的值和長度，我們可以看到，optval 的類型是 void*，這是因為不同選項的數值型態是不同的，所以 optval 的類型是 void* 這種通用指標。

（5）傳回值

當設置或獲取選項成功時，傳回 0，否則傳回 −1 並設置 errno。

在表 9-2 中，我們列出了 socket 的常用選項。

▼ 表 9-2 socket 的常用選項

level	optname	optval 的數值型態	描述
IPPROTO_IP	IP_TTL	int	存活時間
IPPROTO_TCP	TCP_NODELAY	int	禁止 Nagle 演算法
IPPROTO_TCP	TCP_KEEPIDLE	int	連接 keep alive，連接允許的持續閒置時間，單位為秒
IPPROTO_TCP	TCP_KEEPINTVL	int	連接 keep alive，keep alive 探測封包發送間隔，單位為秒
IPPROTO_TCP	TCP_KEEPCNT	int	連接 keep alive，keep alive 探測封包發送次數
SOL_SOCKET	SO_REUSEADDR	int	重用地址

9.5 網路程式設計介面

（續表）

level	optname	optval 的數值型態	描述
SOL_SOCKET	SO_REUSEPORT	int	重用通訊埠
SOL_SOCKET	SO_ERROR	int	獲取並清除 socket 錯誤
SOL_SOCKET	SO_RCVBUF	int	TCP 接收緩衝區的大小
SOL_SOCKET	SO_SNDBUF	int	TCP 發送緩衝區的大小
SOL_SOCKET	SO_RCVTIMEO	timeval	接收資料的逾時時間
SOL_SOCKET	SO_SNDTIMEO	timeval	發送資料的逾時時間
SOL_SOCKET	SO_LINGER	linger	如果還有資料未發送，則延遲關閉連接
SOL_SOCKET	SO_KEEPALIVE	int	週期性發送 keep alive 封包來維持連接

下面我們重點介紹 3 個比較晦澀的選項—SO_REUSEADDR、SO_REUSEPORT 和 SO_LINGER。

SO_REUSEADDR 選項是針對 bind 呼叫的。我們知道，TCP 連接狀態機有一個名為 TIME_WAIT 的狀態，而 TIME_WAIT 狀態通常會持續 1～4 分鐘的時間。其間，處於 TIME_WAIT 狀態的 TCP 連接連結的本機位址是不可以重用的。如果此時使用這個本機位址，呼叫 bind 函數就會顯示出錯，並提示「Address already in use」。這對伺服器端來說是不可接受的，因為服務一旦關閉（主動關閉 TCP 連接，TCP 連接會進入 TIME_WAIT 狀態），在 1～4 分鐘的時間內，服務是無法啟動的。

為了解決這個問題，Linux 系統提供了 SO_REUSEADDR 選項。這樣就算有處於 TIME_ WAIT 狀態的 TCP 連接，也可以重用本機位址，這樣服務就能啟動成功。當然，這個選項的設置要在呼叫 bind 函數之前進行。

需要注意的是，雖然 SO_REUSEADDR 選項能在 TIME_WAIT 狀態下重用本機位址，但它並不支援將多個處理程序或執行緒同時綁定到相同的本機位址上。此時，呼叫 bind 函數一樣會提示「Address already in use」。

9 網路通訊基礎

為了解決 SO_REUSEADDR 選項無法支援將多個處理程序或執行緒同時綁定到相同的本機位址上的問題，Linux 系統在後續版本中提供了 SO_REUSEPORT 選項。SO_REUSEPORT 選項支援將多個處理程序或執行緒同時綁定到相同的本機位址上。這個選項也給網路併發程式設計提供了新的想法。

SO_LINGER 選項用於控制當 TCP 連接中還有尚未發送的資料時，呼叫 close 函數關閉 socket 的行為。預設情況下，close 呼叫將立即傳回，Linux 系統中的 TCP 模組負責把 TCP 發送緩衝區中尚未發送的資料發送給對端。

SO_LINGER 選項是使用下面的結構進行設置的。

```
#include <sys/socket.h>
struct linger
{
    int l_onoff;      // 非 0 值表示開啟，0 表示關閉
    int l_linger;     // 滯留時間
}
```

- l_onoff 設置為 0，此時 SO_LINGER 選項不生效，close 呼叫保持預設的行為。

- l_onoff 設置為非 0 值，l_linger 的值為 0，此時 SO_LINGER 選項生效，close 呼叫立即傳回，TCP 模組則丟棄 TCP 發送緩衝區中尚未發送的資料（如果有的話），並給 TCP 連接的對端發送一個帶 RST 標識位元的 TCP 封包區段。在這種情況下，TCP 連接會跳過 TIME_WAIT 狀態，直接進入 CLOSED 狀態。

- l_onoff 設置為非 0 值，l_linger 的值大於 0，此時的 socket 如果是阻塞的，則 close 呼叫的最長阻塞時間為 l_linger 的值。如果 TCP 發送緩衝區中沒有待發送的資料，或資料都已經發送完畢且對端也確認了，則 close 呼叫會提前傳回。而如果 socket 是非阻塞的，則 close 呼叫會立即傳回。我們可以透過 close 呼叫的傳回值和 errno 來判斷是否有資料還未完成發送。

9.6 TCP 經典異常場景分析

在日常研發過程中，我們經常會遇到一些 TCP 上的顯示出錯，卻無法快速定位問題的根本原因（簡稱根因）。其實，TCP 上的很多顯示出錯都有明確的原因。只要我們知道了顯示出錯的根因，就能夠快速排錯。本節將使用以下兩個工具，詳細分析 TCP 常見的異常場景。

- telnet：用於快速發起 TCP 連接，並且可以觀察顯示出錯資訊。
- tcpdump：TCP 抓取封包工具，用於查看 TCP 封包區段的互動細節。

9.6.1 場景 1：Address already in use

這是大家在自測中經常遇到的錯誤。這個錯誤的根因是，當服務啟動時，要監聽的通訊埠已經被另一個服務佔用（沒有啟用 REUSEPORT 選項）。此時，可以先使用 netstat -lnpt | grep port 命令來查看通訊埠被哪個服務佔用了，再使用 killall -9 或 kill -9 命令強制殺死（簡稱「強殺」）該服務，最後再啟動自己的服務。

9.6.2 場景 2：Connection refused

這個錯誤經常在和下游業務聯調時出現。這個錯誤的根因是，對端沒有在對應的通訊埠上開啟監聽（下游服務崩潰或服務沒有啟動）。下面讓我們來分析一下整個 TCP 封包區段的互動過程。

- 用戶端在發出請求前需要建立連接。為了建立連接，用戶端先向對端發送了 TCP SYN 封包區段。
- 對端在接收到建立連接的 TCP SYN 封包區段後，發現對應的通訊埠並沒有服務在監聽，於是傳回一個 RST（重置）封包區段。
- 用戶端在接收到這個 RST 封包區段之後，傳回 ECONNREFUSED 的錯誤碼。

9 網路通訊基礎

1．舉個例子

- 確保沒有服務在通訊埠 6666 上開啟監聽。

- 使用終端工具，開啟兩個命令列終端。

- 在其中一個命令列終端執行命令（需要先切換到 root 使用者）tcpdump -i lo port 6666，進行抓取封包。

- 在另一個命令列終端執行命令 telnet 127.0.0.1 6666，進行連接測試。

2．結果分析

- tcpdump 抓取封包的輸出如下。

```
[root@VM-114-245-centos ~]# tcpdump -i lo port 6666
tcpdump: verbose output suppressed, use -v or -vv for full protocol decode
listening on lo, link-type EN10MB (Ethernet), capture size 65535 bytes
08:42:44.921437 IP VM-114-245-centos.58846 > VM-114-245-centos.ircu-2:
Flags [S], seq 139459144, win 65495, options [mss 65495,sackOK,TS val
1379197798 ecr 0,nop,wscale 6], length 0
08:42:44.921464 IP VM-114-245-centos.ircu-2 > VM-114-245-centos.58846:
Flags [R.], seq 0, ack 139459145, win 0, length 0
```

根據抓取封包結果，對端在接收到 TCP SYN 封包區段之後，馬上回覆了一個 RST 封包區段。

- telnet 命令的輸出如下。

```
[root@VM-114-245-centos ~]# telnet 127.0.0.1 6666
Trying 127.0.0.1...
telnet: connect to address 127.0.0.1: Connection refused
```

根據 telnet 命令的輸出我們可以看到，對端在接收到 RST 封包區段之後，輸出了「Connection refused」的顯示出錯資訊。

9.6.3 場景 3：Broken pipe

這個錯誤是在 TCP 連接的對端已經關閉連接的情況下觸發的。對端關閉連接之後，TCP 連接進入半關閉狀態。當我們向這個半關閉的 TCP 連接繼續寫入資料時，就會報這個錯誤。此時，處理程序會收到 SIGPIPE 訊號，而 SIGPIPE 訊號的預設處理動作是退出處理程序。因此，當發現網路服務莫名其妙地自己退出時，就可以考慮這種現象是不是這個場景導致的。

要避免 Broken pipe 錯誤導致的處理程序退出問題，方法其實很簡單。可以修改 SIGPIPE 訊號的預設處理邏輯，忽略這個訊號或簡單地輸出一筆日誌即可。這樣就可以避免處理程序因為這個錯誤而退出了。

9.6.4 場景 4：Connection timeout

這個錯誤也很常見，它在網路出現抖動（RTT 比較大）或建立連接的 TCP SYN 封包區段被防火牆丟棄時經常出現。如果使用作業系統預設的逾時策略，則 connect 函數會被阻塞很久，具體多久由系統參數 net.ipv4.tcp_syn_retries 決定。因為 connect 函數長時間被阻塞，使得服務的工作處理程序或執行緒被耗盡，最終導致服務雪崩不可用的情況，在生產環境中也屢見不鮮。

為了避免這種情況發生，我們可以透過設置連接的逾時時間來解決。我們可以使用非阻塞的 connect 函數，並設置一個較短的逾時時間，如果在這個較短的逾時時間內連接沒有建立成功，則傳回一個錯誤。這樣可以避免長時間的阻塞，從而降低服務「雪崩」的風險。

1．舉個例子

- 使用終端工具，開啟兩個命令列終端。
- 在其中一個命令列終端執行命令（需要先切換到 root 使用者）tcpdump host 8.8.8.8，進行抓取封包。
- 在另一個命令列終端執行命令 date && telnet 8.8.8.8 || date，進行連接測試。

2・結果分析

- tcpdump 抓取封包的輸出如下。

```
[root@VM-114-245-centos ~]# tcpdump host 8.8.8.8
tcpdump: verbose output suppressed, use -v or -vv for full protocol decode
listening on eth0, link-type EN10MB (Ethernet), capture size 65535 bytes
08:51:04.375899 IP 10.104.114.245.59600 > dns.google.telnet: Flags [S],
seq 1523302428, win 14600, options [mss 1460,sackOK,TS val 1379697253 ecr
0,nop,wscale 6], length 0
08:51:05.375777 IP 10.104.114.245.59600 > dns.google.telnet: Flags [S],
seq 1523302428, win 14600, options [mss 1460,sackOK,TS val 1379698253 ecr
0,nop,wscale 6], length 0
08:51:07.375753 IP 10.104.114.245.59600 > dns.google.telnet: Flags [S],
seq 1523302428, win 14600, options [mss 1460,sackOK,TS val 1379700253 ecr
0,nop,wscale 6], length 0
08:51:11.375775 IP 10.104.114.245.59600 > dns.google.telnet: Flags [S],
seq 1523302428, win 14600, options [mss 1460,sackOK,TS val 1379704253 ecr
0,nop,wscale 6], length 0
08:51:19.375753 IP 10.104.114.245.59600 > dns.google.telnet: Flags [S],
seq 1523302428, win 14600, options [mss 1460,sackOK,TS val 1379712253 ecr
0,nop,wscale 6], length 0
08:51:35.375752 IP 10.104.114.245.59600 > dns.google.telnet: Flags [S],
seq 1523302428, win 14600, options [mss 1460,sackOK,TS val 1379728253 ecr
0,nop,wscale 6], length 0
```

- telnet 命令的輸出如下。

```
[root@VM-114-245-centos ~]# date && telnet 8.8.8.8 || date
Fri Oct 21 08:51:04 CST 2022
Trying 8.8.8.8...
telnet: connect to address 8.8.8.8: Connection timed out
Fri Oct 21 08:52:07 CST 2022
```

從 telnet 命令執行前後輸出的時間資訊中可以看出，telnet 命令在被阻塞了 63 秒之後才逾時。經過多次測試我們發現，每次都是 63 秒。這是因為連接的預設逾時時間是由系統參數 net.ipv4.tcp_syn_retries 決定的。執行命令 cat /proc/sys/net/ipv4/tcp_syn_retries 後可以看到，當前系統組態值為 5，也就是說，SYN 封包最多重試 5 次，如果在重試 5 次之後還沒有收到 ACK，則認為連接逾時。

9.6 TCP 經典異常場景分析

根據 tcpdump 抓取封包的輸出，我們可以逐筆分析。

- 08:51:04，telnet 用戶端發出第 1 個 SYN 封包。
- 08:51:05，1 秒逾時之後發出第 2 個 SYN 封包（第 1 次重試）。
- 08:51:07，2 秒逾時之後發出第 3 個 SYN 封包（第 2 次重試）。
- 08:51:11，4 秒逾時之後發出第 4 個 SYN 封包（第 3 次重試）。
- 08:51:19，8 秒逾時之後發出第 5 個 SYN 封包（第 4 次重試）。
- 08:51:35，16 秒逾時之後發出第 6 個 SYN 封包（第 5 次重試）。
- 32 秒之後，第 5 次重試也逾時了，connect 呼叫傳回連接逾時的錯誤碼 ETIMEDOUT。

1 + 2 + 4 + 8 + 16 + 32 = 63，所以每一次的連接操作都會在 63 秒之後逾時。

3・自訂連接的逾時時間

當我們需要自訂連接的逾時時間時，可以按照以下步驟進行。

- 把 socket 函數傳回的 fd 設置成非阻塞的。使用 fcntl 函數將 socket 設置為非阻塞模式，這樣後續的 connect 呼叫就不會阻塞處理程序。
- 呼叫 connect 函數，此時 connect 函數會立即傳回並顯示出錯，然後判斷錯誤碼是否為 EINPROGRESS。
- 如果錯誤碼不是 EINPROGRESS，則表示連接失敗，可以直接傳回錯誤。
- 如果錯誤碼是 EINPROGRESS，則表示 TCP 三次交握還在進行中，尚未完成，需要等待連接建立完成。
- 此時，呼叫 poll 函數監控 fd 是否寫入，並設置對應的逾時時間，這個逾時時間就是我們自訂的連接逾時時間。
- 如果 poll 呼叫失敗，則表示連接操作失敗。
- 如果 poll 呼叫逾時，則表示連接操作逾時。

9-89

9 網路通訊基礎

- 如果 poll 呼叫在逾時之前傳回，fd 寫入並且 fd 上沒有其他錯誤，則表示連接建立成功，順利和對端完成了 TCP 三次交握。

9.6.5 場景 5：Connection reset by peer

這個錯誤通常在讀取 TCP 連接上的資料時出現，根因是在讀取並等待資料的過程中收到了對端的 RST 封包。通常是對端在關閉連接時主動發送了 RST 封包。

RST 封包是 TCP 中的一種控制封包，用於強制關閉連接。當對端發送 RST 封包時，表示對端不再接收本端發送的資料，同時也不再發送資料給本端。如果本端在此之後繼續發送資料，就會收到 RST 封包，連接將被強制關閉。

9.7 本章小結

在本章中，我們詳細介紹了網路通訊的基礎知識以及與網路程式設計相關的基礎知識。我們從協定層開始，自底向上分別介紹了物理層、資料連結層、網路層、傳輸層，並透過 ARP、ICMP 的程式設計實例加深了大家對網路層協定的理解。我們還介紹了網路程式設計常用的 API 函數，包括 socket、bind、listen、accept、connect、send、recv 等函數。

在本章的最後，我們為大家分析了 TCP 經典的異常場景，包括連接逾時、連接重置、連接中斷等情況，並介紹了如何透過程式自訂連接的逾時時間。

透過本章的學習，大家應該對網路通訊和網路程式設計有了更深入的理解，並且能夠更加熟練地使用網路程式設計常用的 API 函數，同時還能夠更進一步地處理網路程式設計中的異常情況。

10

I/O 模型與併發

　　對網際網路公司來說，使用者規模通常都是幾十萬、幾百萬，甚至達到千萬等級，標頭網際網路公司的使用者人數更是以億計。為了給大規模的使用者提供服務，基於成本的考慮，我們需要充分利用單伺服器的資源，給更多的使用者提供服務。為此，我們需要透過高效的併發模型，讓單伺服器能夠支援上萬、十萬甚至百萬的使用者連接。

10　I/O 模型與併發

後端程式透過網路對外提供服務，因此網路 I/O 模型是後端開發人員必須掌握的基礎知識。不同的網路 I/O 模型存在著明顯的性能差異，只有充分理解不同 I/O 模型的性能差異，才能撰寫出性能更好的併發服務。網路 I/O 的讀取 / 寫入操作分為兩個階段：等待 I/O 就緒（讀取或寫入）以及完成核心態和使用者態之間資料的複製。不同網路 I/O 模型的差異主要集中在這兩個階段。

10.1　I/O 模型概述

本節將對 4 種常見的 I/O 模型進行概述，旨在讓大家對 I/O 模型有一個整體的認知。

10.1.1　阻塞 I/O

在 Linux 系統中，socket 上的讀取 / 寫入操作預設都是阻塞的。在這種模型下，一個使用者態的處理程序在執行 socket 讀取 / 寫入操作時，會陷入核心態並被暫停，直到 socket 上有資料讀取或寫入時，這個處理程序才會從核心態切換回使用者態，並完成資料在核心態和使用者態之間的複製。

在阻塞 I/O 模型下，讀取 / 寫入操作會導致處理程序被暫停，進而導致服務性能低下，因為處理程序無法充分利用 CPU。

10.1.2　非阻塞 I/O

為了解決阻塞 I/O 暫停等待導致服務性能低下的問題，Linux 系統提供了非阻塞 I/O。在非阻塞 I/O 模型下，使用者態的處理程序在執行 socket 讀取 / 寫入操作時，如果沒有資料讀取或資料不寫入，那麼讀取 / 寫入操作會立即傳回，並設置 errno。因此，在非阻塞 I/O 模型下，需要迴圈多次執行讀取 / 寫入操作，才能完成預期的資料讀取 / 寫入。

10.1.3 I/O 多工

當需要處理大量用戶端連接時，採用每個連接對應一個執行緒或處理程序的方式效率不高，且作業系統可能不允許建立那麼多的執行緒或處理程序。為了解決這個問題，Linux 系統提供了 I/O 多工模型。在 I/O 多工模型下，一個處理程序可以同時監測多個 socket 的 I/O 是否就緒（讀取或寫入），只要其中任何一個就緒就傳回，從而可以不被阻塞地完成對應的 I/O 操作。I/O 多工的優勢在於能夠同時處理多個連接，但在連接數不多的情況下，其性能相對其他 I/O 模型並不完全佔優。

10.1.4 非同步 I/O

無論是阻塞 I/O、非阻塞 I/O 還是 I/O 多工，都需要模型在使用者態自行發起並完成 I/O 操作，這種需要自行發起並完成 I/O 操作的模型就是同步 I/O 模型。但是，也可以只發起請求，在告訴作業系統要讀取 / 寫入的資料後，就什麼都不管，讓作業系統自己默默地完成後續的操作，之後再通知服務，這種模型就是非同步 I/O 模型。

在非同步 I/O 模型下，在處理程序發起 I/O 操作之後，就可以立刻去處理其他事情。從核心的角度看，在接收到非同步 I/O 操作之後，核心會立刻傳回，不會對處理程序造成任何阻塞。核心會等待 I/O 就緒，然後完成資料的讀取 / 寫入。當操作完成之後，核心會向處理程序發送一個訊號，通知處理程序 I/O 操作完成了。

然而，非同步 I/O 模型在實際應用中的使用並不多，原因在於訊號機制存在著一些限制。比如，每個處理程序只有一個訊號（SIGPOLL 或 SIGIO）可以用於非同步處理，並且我們在訊號處理函數中也不推薦執行複雜的操作。

10 I/O 模型與併發

10.2 併發實例——EchoServer

在第 9 章中，我們介紹了網路程式設計常用的 API 函數，10.1 節介紹了 4 種常見的 I/O 模型。本節將正式開始併發實例的程式設計，我們將使用不同的併發模型來實現 EchoServer 這個顯示輸出服務，並對比不同併發模型的性能。

需要特別說明的是，本節中所有併發模型的程式範例都採用通用 makefile 進行編譯，因此我們不再展示 makefile 檔案。

10.2.1 Echo 協定

EchoServer 是一個顯示輸出服務，為了對外提供服務，我們需要定義一個應用層協定，我們稱之為 Echo 協定。Echo 協定非常簡單，由兩部分組成。第一部分是長度為 4 位元組的協定標頭，用於標識協定本體長度。第二部分是變長的協定本體。Echo 協定的編解碼如程式清單 10-1 所示，原始程式碼在 codec.hpp 檔案中。

➡ 程式清單 10-1 Echo 協定的編解碼

```
#pragma once
#include <arpa/inet.h>
#include <string.h>
#include <strings.h>
#include <unistd.h>
#include <list>
#include <string>
namespace EchoServer {
enum DecodeStatus {
  HEAD = 1,    // 解析協定標頭（協定本體長度）
  BODY = 2,    // 解析協定本體
  FINISH = 3,  // 完成解析
};
class Packet {
 public:
  Packet() = default;
  ~Packet() {
```

10.2 併發實例——EchoServer

```
    if (data_) delete[] data_;
    len_ = 0;
  }
  void Alloc(size_t size) {
    if (data_) delete[] data_;
    len_ = size;
    data_ = new uint8_t[len_];
  }
  uint8_t *Data() { return data_; }
  ssize_t Len() { return len_; }
 public:
  uint8_t *data_{nullptr};    // 二進位緩衝區
  ssize_t len_{0};            // 緩衝區的長度
};
class Codec {
 public:
  ~Codec() {
    if (msg_) delete msg_;
  }
  void EnCode(const std::string &msg, Packet &pkt) {
    pkt.Alloc(msg.length() + 4);
    *(uint32_t *)pkt.Data() = htonl(msg.length());   // 將協定本體長度轉換成網
                                                     // 絡位元組序
    memmove(pkt.Data() + 4, msg.data(), msg.length());
  }
  void DeCode(uint8_t *data, size_t len) {
    uint32_t decodeLen = 0;               // 本次解析的位元組長度
    reserved_.append((const char *)data, len);
    uint32_t curLen = reserved_.size();   // 還有多少位元組需要解析
    data = (uint8_t *)reserved_.data();
    if (nullptr == msg_) msg_ = new std::string("");
    while (curLen > 0) {   // 只要還有未解析的網路位元組流，就持續解析
      bool decodeBreak = false;
      if (HEAD == decode_status_) {   // 解析協定標頭
        decodeHead(&data, curLen, decodeLen, decodeBreak);
        if (decodeBreak) break;
      }
      if (BODY == decode_status_) {   // 若解析完協定標頭，則解析協定本體
        decodeBody(&data, curLen, decodeLen, decodeBreak);
```

```cpp
            if (decodeBreak) break;
        }
    }
    if (decodeLen > 0) {           // 刪除本次解析完的資料
        reserved_.erase(0, decodeLen);
    }
    if (reserved_.size() <= 0) {   // 及時釋放空間
        reserved_.reserve(0);
    }
}
bool GetMessage(std::string &msg) {
    if (nullptr == msg_) return false;
    if (decode_status_ != FINISH) return false;
    msg = *msg_;
    delete msg_;
    msg_ = nullptr;
    return true;
}
private:
bool decodeHead(uint8_t **data, uint32_t &curLen, uint32_t &decodeLen,
    bool &decodeBreak) {
    if (curLen < 4) {    // 將協定標頭固定為 4 位元組
        decodeBreak = true;
        return true;
    }
    body_len_ = ntohl(*(uint32_t *)(*data));
    curLen -= 4;
    (*data) += 4;
    decodeLen += 4;
    decode_status_ = BODY;
    return true;
}
bool decodeBody(uint8_t **data, uint32_t &curLen, uint32_t &decodeLen,
    bool &decodeBreak) {
    if (curLen < body_len_) {
        decodeBreak = true;
        return true;
    }
    msg_->append((const char *)*data, body_len_);
```

```
      curLen -= body_len_;
      (*data) += body_len_;
      decodeLen += body_len_;
      decode_status_ = FINISH;
      body_len_ = 0;
      return true;
    }
 private:
    DecodeStatus decode_status_{HEAD};      // 當前解析狀態
    std::string reserved_;                   // 未解析的網路位元組流
    uint32_t body_len_{0};                   // 當前訊息的協定本體長度
    std::string *msg_{nullptr};              // 解析的訊息
 };
 }  // 命名空間 EchoServer
```

　　我們使用不到 120 行的程式，就實現了 Echo 協定的編解碼。其中，Codec 類別用於訊息的編解碼，它採用了狀態機的方法來解析請求資料，並提供了流式解析的 DeCode 函數；Packet 類別實現了二進位資料封包的封裝。

　　我們還對訊息的接收和發送、socket 選項的設置、建立用於監聽的 socket、用戶端連接的接收等常用操作進行了函數封裝，相關程式在程式清單 10-2 中，原始程式碼在 common.hpp 檔案中。

→ 程式清單 10-2 常用操作的函數封裝

```
#pragma once
#include <assert.h>
#include <fcntl.h>
#include <sys/sysinfo.h>
#include <functional>
#include "codec.hpp"
namespace EchoServer {
int GetNProcs() { return get_nprocs(); }            // 獲取系統有多少個可用的 CPU
bool SendMsg(int fd, const std::string message) {   // 在阻塞 I/O 模式下發送應答訊息
    EchoServer::Packet pkt;
    EchoServer::Codec codec;
    codec.EnCode(message, pkt);
    ssize_t sendLen = 0;
    while (sendLen != pkt.Len()) {
```

```cpp
    ssize_t ret = write(fd, pkt.Data() + sendLen, pkt.Len() - sendLen);
    if (ret < 0) {
      if (errno == EINTR) continue;   // 中斷的情況可以重試
      perror("write failed");
      return false;
    }
    sendLen += ret;
  }
  return true;
}
bool RecvMsg(int fd, std::string &message) {   // 在阻塞 I/O 模式下接收請求訊息
  uint8_t data[4 * 1024];
  EchoServer::Codec codec;
  while (not codec.GetMessage(message)) {   // 如果還未獲取完整的訊息,則繼續迴圈
    ssize_t ret = read(fd, data, 4 * 1024);// 一次最多讀取 4KB
    if (ret <= 0) {
      if (errno == EINTR) continue;   // 中斷的情況可以重試
      perror("read failed");
      return false;
    }
    codec.DeCode(data, ret);
  }
  return true;
}
void SetNotBlock(int fd) {
  int oldOpt = fcntl(fd, F_GETFL);
  assert(oldOpt != -1);
  assert(fcntl(fd, F_SETFL, oldOpt | O_NONBLOCK) != -1);
}
void SetTimeOut(int fd, int64_t sec, int64_t usec) {
  struct timeval tv;
  tv.tv_sec = sec;      // 秒
  tv.tv_usec = usec;    // 微秒,1 秒等於 $10^6$ 微秒
  assert(setsockopt(fd, SOL_SOCKET, SO_RCVTIMEO, &tv, sizeof(tv)) != -1);
  assert(setsockopt(fd, SOL_SOCKET, SO_SNDTIMEO, &tv, sizeof(tv)) != -1);
}
int CreateListenSocket(char *ip, int port, bool isReusePort) {
  sockaddr_in addr;
  addr.sin_family = AF_INET;
```

10.2 併發實例——EchoServer

```cpp
    addr.sin_port = htons(port);
    addr.sin_addr.s_addr = inet_addr(ip);
    int sockFd = socket(AF_INET, SOCK_STREAM, 0);
    if (sockFd < 0) {
      perror("socket failed");
      return -1;
    }
    int reuse = 1;
    int opt = SO_REUSEADDR;
    if (isReusePort) opt = SO_REUSEPORT;
    if (setsockopt(sockFd, SOL_SOCKET, opt, &reuse, sizeof(reuse)) != 0) {
      perror("setsockopt failed");
      return -1;
    }
    if (bind(sockFd, (sockaddr *)&addr, sizeof(addr)) != 0) {
      perror("bind failed");
      return -1;
    }
    if (listen(sockFd, 1024) != 0) {
      perror("listen failed");
      return -1;
    }
    return sockFd;
  }
  // 在呼叫本函數之前,需要把 sockFd 設置成非阻塞的
  void LoopAccept(int sockFd, int maxConn, std::function<void(int clientFd)>
      clientAcceptCallBack) {
    while (maxConn--) {
      int clientFd = accept(sockFd, NULL, 0);
      if (clientFd > 0) {
        clientAcceptCallBack(clientFd);
        continue;
      }
      if (errno != EAGAIN && errno != EWOULDBLOCK && errno != EINTR) {
        perror("accept failed");
      }
      break;
    }
  }
}  // 命名空間 EchoServer
```

10 I/O 模型與併發

在後續的併發實例編碼中，我們將使用 codec.hpp 和 common.hpp 中封裝的類別或函數。大家可以先熟悉這些函數實現的功能，以提高後續閱讀程式的效率並減少困惑。

10.2.2 程式碼協同

執行緒是作業系統排程的基本單位，處理程序是作業系統分配資源的基本單位。對網路服務來說，網路 I/O 是主要的性能瓶頸之一。雖然可以透過多執行緒、多處理程序、執行緒池、處理程序池的方式來實現併發處理網路請求的能力，但是當我們在阻塞 I/O 模式下執行 I/O 操作時，處理程序或執行緒會被暫停，無法充分利用 CPU，CPU 使用率低，服務的併發能力不足。雖然我們還可以透過「非阻塞 I/O + 非同步回呼」的方式來充分利用 CPU，提升服務的併發處理能力，但這種方式會增加程式設計複雜度，加重工程師的心智負擔，同時也增加了偵錯難度。

為了在解決服務的併發處理能力不足的問題時，不過多帶來額外的複雜度，程式碼協同被引入進來。程式碼協同是使用者態的執行緒，它的建立、排程、銷毀成本更低，程式碼協同的排程策略也完全可以由使用者自行控制。那麼，程式碼協同是如何在提升服務併發處理能力的同時，而不過多帶來額外複雜度的呢？我們以網路請求的處理流程為例，在服務中引入程式碼協同的流程大致如圖 10-1 所示。

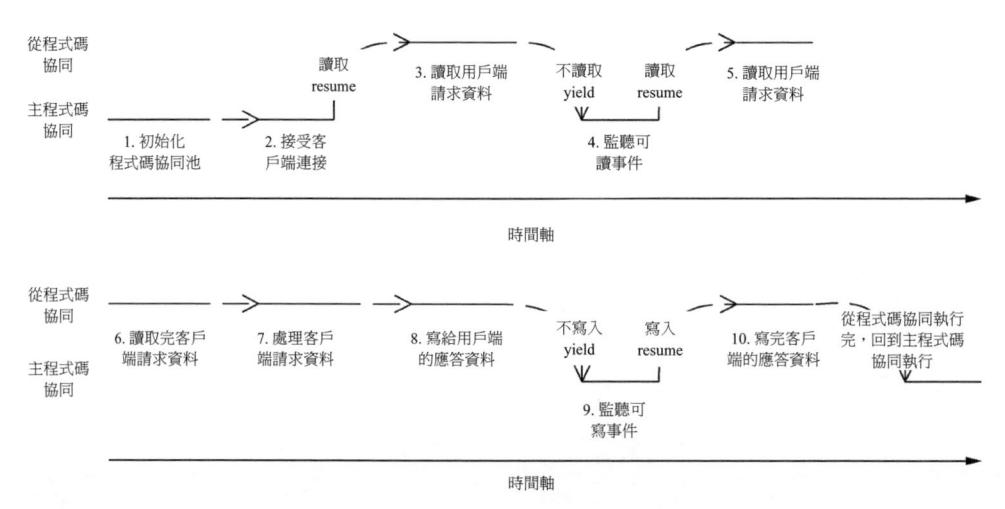

▲ 圖 10-1 在服務中引入程式碼協同的流程

10.2 併發實例——EchoServer

- 步驟 1：初始化程式碼協同池。
- 步驟 2：接受用戶端連接，將用戶端連結的 socket 設置為非阻塞模式。
- 步驟 3：在用戶端 socket 上，當第一次監聽到資料讀取時，建立從程式碼協同並將 socket 和新建的從程式碼協同連結起來，然後執行該從程式碼協同。
- 步驟 4：在從程式碼協同中迴圈執行 read 操作，當 read 操作傳回資料暫不讀取時，讓出 CPU 執行權，服務回到主程式碼協同中執行。
- 步驟 5：主程式碼協同繼續監聽用戶端 socket 上的讀取事件，當 socket 繼續讀取時，找出 socket 連結的從程式碼協同，恢復該從程式碼協同的執行。
- 步驟 6：在從程式碼協同中繼續迴圈執行 read 操作，假定在 read 操作傳回資料暫不讀取前，已經完成請求的全部資料的接收。
- 步驟 7：在從程式碼協同中解析出完整的用戶端請求，完成業務邏輯的處理，並對應答資料進行編碼，序列化成位元組流。
- 步驟 8：在從程式碼協同中開啟用戶端 socket 寫入事件的監聽，然後迴圈執行 write 操作，寫入應答資料。當 write 操作傳回資料暫不寫入時，讓出 CPU 執行權，服務回到主程式碼協同中執行。
- 步驟 9：主程式碼協同監聽用戶端 socket 上的寫入事件，當 socket 寫入時，找出 socket 連結的從程式碼協同，恢復該從程式碼協同的執行。
- 步驟 10：在從程式碼協同中繼續迴圈執行 write 操作，假定在 write 操作傳回資料暫不寫入前，已經完成應答的全部資料的發送。此時，從程式碼協同順利完成自己的使命，「功成身退」，服務回到主程式碼協同中執行。

從上面的流程中我們可以看出，程式碼協同在 I/O 暫不可用時，會及時切換當前的執行上下文，而非暫停服務，這樣就能充分利用 CPU，提供更好的併發處理能力。然而，有人可能擔心引入程式碼協同會增加程式的複雜度。實際上，我們可以透過框架的封裝來簡化整個流程。框架只需要暴露步驟 7，這樣使用框架的人員只需要專注於業務邏輯的處理即可。在後續的章節中，我們將介紹如何實現這樣的框架。

那麼，我們如何封裝自己的程式碼協同呢？程式碼協同的實現方式有很多種，我們可以使用 Linux 系統中與 ucontext 相關的系統 API 來實現程式碼協同。這裡只涉及 3 個簡單的系統 API，它們的內容如下。

1．getcontext 函數

getcontext 函數用於獲取當前執行上下文，並儲存到傳入的 ucontext_t* 指標指向的上下文結構 ucontext_t 中。它的函數原型如下。

```
#include <ucontext.h>
int getcontext(ucontext_t *ucp);
```

（1）ucp

一個指向 ucontext_t 結構的指標，用於儲存當前執行上下文的資訊。

（2）傳回值

獲取當前執行上下文成功時傳回 0，失敗時傳回 −1 並設置 errno。

2．makecontext 函數

makecontext 函數用於修改使用 getcontext 函數獲取的當前執行上下文。在呼叫 makecontext 函數之前，需要先修改獲取的當前執行上下文的堆疊成員 uc_stack 和後續執行上下文的堆疊成員 uc_link，讓 uc_stack 指向新的堆疊空間，而讓 uc_link 指向新的後續執行上下文。如果 uc_link 為 NULL，那麼在上下文被啟動執行完之後，就直接退出當前執行緒。makecontext 函數的函數原型如下。

```
#include <ucontext.h>
void makecontext(ucontext_t *ucp, void (*func)(), int argc, ...);
```

（1）ucp

一個指向 ucontext_t 結構的指標，用於指定要修改的執行上下文。

10.2 併發實例——EchoServer

（2）func

函數指標，用於指定上下文後續被啟動時想要執行的函數。

（3）argc

func 所指定的函數的參數個數。

（4）...

一個變長參數列表，傳入 argc 指定個數的參數，這個變長參數列表就是呼叫 func 的參數列表。

3．swapcontext 函數

swapcontext 函數用於儲存當前執行上下文，並切換到新的執行上下文，它的函數原型如下。

```
#include <ucontext.h>
int swapcontext(ucontext_t *oucp, ucontext_t *ucp);
```

（1）oucp

一個指向 ucontext_t 結構的指標，用於儲存當前執行上下文。

（2）ucp

一個指向 ucontext_t 結構的指標，用於指定想要切換到的新的執行上下文。

（3）傳回值

如果 swapcontext 函數執行成功，則不傳回任何值，否則傳回 −1 並設置 errno 以指示錯誤原因。需要注意的是，當 oucp 指向的上下文被啟動時，swapcontext 函數就會傳回，此時的傳回值為 0。

透過前面介紹的三個系統 API，我們可以實現自己的程式碼協同。除了基本的程式碼協同排程，我們還實現了按優先順序排程、批次並存執行和程式碼協同本機變數的特性。相關程式如程式清單 10-3 和程式清單 10-4 所示。

10-13

10 I/O 模型與併發

➔ **程式清單 10-3 標頭檔 coroutine.h**

```cpp
#pragma once
#include <stdlib.h>
#include <string.h>
#include <ucontext.h>
#include <cstdint>
#include <list>
#include <unordered_map>
namespace MyCoroutine {
constexpr int INVALID_BATCH_ID = -1;            // 無效的 batchId
constexpr int INVALID_ROUTINE_ID = -1;          // 無效的程式碼協同 id
constexpr int MAX_COROUTINE_SIZE = 102400;      // 最多建立 102 400 個程式碼協同
constexpr int MAX_BATCH_RUN_SIZE = 51200;       // 最多建立 51 200 個批次執行
constexpr int CANARY_SIZE = 512;                //canary 記憶體的大小,單位為位元組
constexpr uint8_t CANARY_PADDING = 0x88;        //canary 填充的內容
/* 1. 程式碼協同的狀態,程式碼協同的狀態轉移如下。
 *   idle->ready
 *   ready->run
 *   run->suspend
 *   suspend->run
 *   run->idle
 * 2. 批次執行的狀態,批次執行的狀態轉移如下。
 *   idle->ready
 *   ready->run
 *   run->idle
 */
enum State {
  Idle = 1,      // 空閒
  Ready = 2,     // 就緒
  Run = 3,       // 執行
  Suspend = 4,   // 暫停
};
enum ResumeResult {
  NotRunnable = 1,  // 沒有可執行的程式碼協同
  Success = 2,      // 成功喚醒一個處於暫停狀態的程式碼協同
};
enum StackCheckResult {
  Normal = 0,     // 正常
  OverFlow = 1,   // 堆疊頂溢位
```

10.2 併發實例──EchoServer

```cpp
    UnderFlow = 2,    // 堆疊底溢位
};
typedef void (*Entry)(void* arg);    // 入口函數
typedef struct LocalData {    // 程式碼協同本機變數的資料
    void* data;
    Entry freeEntry;                 // 用於釋放本機程式碼協同變數的記憶體
} LocalData;
typedef struct Coroutine {    // 程式碼協同結構
    State state;                                // 程式碼協同當前的狀態
    uint32_t priority;                          // 程式碼協同優先順序，值越小，優先順序越高
    void* arg;                                  // 程式碼協同入口函數的參數
    Entry entry;                                // 程式碼協同入口函數
    ucontext_t ctx;                             // 程式碼協同執行上下文
    uint8_t* stack;                             // 每個程式碼協同獨佔的程式碼協同堆疊，動態
分配
    std::unordered_map<void*, LocalData> local;    // 程式碼協同本機變數的儲存
    int relateBatchId;                          // 連結的 batchId
    bool isInsertBatch;              // 當前在程式碼協同中是否插入了 batchRun 的卡點
} Coroutine;
typedef struct Batch {    // 批次執行結構
    State state;                                // 批次執行的狀態
    int relateId;                               // 連結的程式碼協同 id
    std::unordered_map<int, bool> cid2finish;   // 每個連結程式碼協同的執行狀態
} Batch;
typedef struct Schedule {    // 程式碼協同排程器
    ucontext_t main;                            // 用於儲存主程式碼協同的上下文
    int32_t runningCoroutineId;                 // 執行中的從程式碼協同的 id
    int32_t coroutineCnt;                       // 程式碼協同數
    int32_t activityCnt;                        // 處於不可為空閒狀態的程式碼協同數
    bool isMasterCoroutine;                     // 當前程式碼協同是否為主程式碼協同
    Coroutine* coroutines[MAX_COROUTINE_SIZE];  // 從程式碼協同陣列池
    Batch* batchs[MAX_BATCH_RUN_SIZE];          // 批次執行陣列池
    int stackSize;                              // 程式碼協同堆疊的大小，單位為位元組
    std::list<int> batchFinishList;             // 完成了批次執行的連結程式碼協同 id
    bool stackCheck;                            // 檢測程式碼協同堆疊空間是否溢位
} Schedule;
// 建立程式碼協同
int CoroutineCreate(Schedule& schedule, Entry entry, void* arg, uint32_t
    priority = 0, int relateBatchId = INVALID_BATCH_ID);
// 判斷是否可以建立程式碼協同
```

```cpp
bool CoroutineCanCreate(Schedule& schedule);
// 讓出執行權,只能在從程式碼協同中呼叫
void CoroutineYield(Schedule& schedule);
// 恢復從程式碼協同的呼叫,只能在主程式碼協同中呼叫
int CoroutineResume(Schedule& schedule);
// 恢復指定從程式碼協同的呼叫,只能在主程式碼協同中呼叫
int CoroutineResumeById(Schedule& schedule, int id);
// 恢復從程式碼協同 batch 中程式碼協同的呼叫,只能在主程式碼協同中呼叫
int CoroutineResumeInBatch(Schedule& schedule, int id);
// 恢復被插入 batch 卡點的從程式碼協同的呼叫,只能在主程式碼協同中呼叫
int CoroutineResumeBatchFinish(Schedule& schedule);
// 判斷當前從程式碼協同是否在 batch 中
bool CoroutineIsInBatch(Schedule& schedule);
// 設置程式碼協同本機變數
void CoroutineLocalSet(Schedule& schedule, void* key, LocalData localData);
// 獲取程式碼協同本機變數
bool CoroutineLocalGet(Schedule& schedule, void* key, LocalData& localData);
// 程式碼協同堆疊使用檢測
int CoroutineStackCheck(Schedule& schedule, int id);
// 初始化一個批次執行的上下文
int BatchInit(Schedule& schedule);
// 在批次執行上下文中增加要執行的任務
void BatchAdd(Schedule& schedule, int batchId, Entry entry, void* arg,
    uint32_t priority = 0);
// 執行批次操作
void BatchRun(Schedule& schedule, int batchId);
// 初始化程式碼協同排程結構
int ScheduleInit(Schedule& schedule, int coroutineCnt, int stackSize = 8
    * 1024);
// 判斷是否還有程式碼協同在執行
bool ScheduleRunning(Schedule& schedule);
// 釋放排程器
void ScheduleClean(Schedule& schedule);
// 排程器嘗試釋放記憶體
bool ScheduleTryReleaseMemory(Schedule& schedule);
// 獲取當前執行中的從程式碼協同 id
int ScheduleGetRunCid(Schedule& schedule);
// 關閉程式碼協同堆疊檢查
void ScheduleDisableStackCheck(Schedule& schedule);
} // 命名空間 MyCoroutine
```

10.2 併發實例──EchoServer

→ 程式清單 10-4 原始檔案 coroutine.cpp

```cpp
#include "coroutine.h"
#include <assert.h>
#include <iostream>
#include "percentile.hpp"
namespace MyCoroutine {
static bool isBatchDone(Schedule& schedule, int batchId) {
  assert(batchId >= 0 && batchId < MAX_BATCH_RUN_SIZE);
  assert(schedule.batchs[batchId]->state == Run);
  for (const auto& kv : schedule.batchs[batchId]->cid2finish) {
    if (not kv.second) return false;   // 只要有一個連結的程式碼協同沒執行完,就傳回 false
  }
  return true;
}
static void CoroutineRun(Schedule* schedule) {
  schedule->isMasterCoroutine = false;
  int id = schedule->runningCoroutineId;
  assert(id >= 0 && id < schedule->coroutineCnt);
  Coroutine* routine = schedule->coroutines[id];
  routine->entry(routine->arg);   // 執行 entry 函數
  //entry 函數執行完之後,將程式碼協同狀態更新為 Idle,並標記 runningCoroutineId 為無效的 id
  routine->state = Idle;
  // 如果有連結的 batch,則更新 batch 的資訊,設置 batch 連結的程式碼協同已經執行完
  if (routine->relateBatchId != INVALID_BATCH_ID) {
    Batch* batch = schedule->batchs[routine->relateBatchId];
    batch->cid2finish[id] = true;
    //batch 都執行完了,更新 batchFinishList
    if (isBatchDone(*schedule, routine->relateBatchId)) {
      schedule->batchFinishList.push_back(batch->relateId);
    }
    routine->relateBatchId = INVALID_BATCH_ID;
  }
  schedule->activityCnt--;
  schedule->runningCoroutineId = INVALID_ROUTINE_ID;
  if (schedule->stackCheck) {
    assert(Normal == CoroutineStackCheck(*schedule, id));
  }
  // 等到這個函數執行完之後,呼叫堆疊會回到主程式碼協同中,執行 routine->ctx.uc_link 指向的上
  // 下文中的下一行指令
```

```cpp
}
static void CoroutineInit(Schedule& schedule, Coroutine* routine, Entry
  entry, void* arg, uint32_t priority, int relateBatchId) {
  routine->arg = arg;
  routine->entry = entry;
  routine->state = Ready;
  routine->priority = priority;
  routine->relateBatchId = relateBatchId;
  routine->isInsertBatch = false;
  if (nullptr == routine->stack) {
    routine->stack = new uint8_t[schedule.stackSize];
    // 填充堆疊頂 canary 內容
    memset(routine->stack, CANARY_PADDING, CANARY_SIZE);
    // 填充堆疊底 canary 內容
    memset(routine->stack + schedule.stackSize - CANARY_SIZE, CANARY_
      PADDING, CANARY_SIZE);
  }
  getcontext(&(routine->ctx));
  routine->ctx.uc_stack.ss_flags = 0;
  routine->ctx.uc_stack.ss_sp = routine->stack + CANARY_SIZE;
  routine->ctx.uc_stack.ss_size = schedule.stackSize - 2 * CANARY_SIZE;
  routine->ctx.uc_link = &(schedule.main);
  // 設置 routine->ctx 上下文要執行的函數和對應的參數
  // 這裡沒有直接使用 entry 和 arg 設置，而是多了一層 CoroutineRun 函數的呼叫
  // 這是為了在 CoroutineRun 中的 entry 函數執行完之後，將從程式碼協同的狀態更新為 Idle，並更
  // 新當前處於執行中的從程式碼協同 id 為無效 id
  // 這樣這些邏輯就可以對上層呼叫透明了
  makecontext(&(routine->ctx), (void (*)(void))(CoroutineRun), 1, &schedule);
}
int CoroutineCreate(Schedule& schedule, Entry entry, void* arg, uint32_t
  priority, int relateBatchId) {
  int id = 0;
  for (id = 0; id < schedule.coroutineCnt; id++) {
    if (schedule.coroutines[id]->state == Idle) break;
  }
  if (id >= schedule.coroutineCnt) {
    return INVALID_ROUTINE_ID;
  }
  schedule.activityCnt++;
```

10.2 併發實例——EchoServer

```
    Coroutine* routine = schedule.coroutines[id];
    CoroutineInit(schedule, routine, entry, arg, priority, relateBatchId);
    return id;
}
bool CoroutineCanCreate(Schedule& schedule) {
    int id = 0;
    for (id = 0; id < schedule.coroutineCnt; id++) {
        if (schedule.coroutines[id]->state == Idle) return true;
    }
    return false;
}
void CoroutineYield(Schedule& schedule) {
    assert(not schedule.isMasterCoroutine);
    int id = schedule.runningCoroutineId;
    assert(id >= 0 && id < schedule.coroutineCnt);
    Coroutine* routine = schedule.coroutines[schedule.runningCoroutineId];
    // 更新當前的從程式碼協同狀態為暫停
    routine->state = Suspend;
    // 當前的從程式碼協同讓出執行權，並把當前的從程式碼協同的執行上下文儲存到 routine->ctx 中
    // 執行權回到主程式碼協同中，只有當從程式碼協同被主程式碼協同 resume 時，swapcontext 才會傳回
    swapcontext(&routine->ctx, &(schedule.main));
    schedule.isMasterCoroutine = false;
}
int CoroutineResume(Schedule& schedule) {
    assert(schedule.isMasterCoroutine);
    bool isInsertBatch = true;
    uint32_t priority = UINT32_MAX;
    int coroutineId = INVALID_ROUTINE_ID;
    // 按優先順序進行排程，選擇優先順序最高的狀態為暫停的從程式碼協同來執行，並考慮是否插入了 batch 卡點
    for (int i = 0; i < schedule.coroutineCnt; i++) {
        if (schedule.coroutines[i]->state == Idle || schedule.coroutines[i]->
            state == Run){
            continue;
        }
        // 執行到這裡，schedule.coroutines[i]->state 的值為 Suspend 或 Ready
        if (not schedule.coroutines[i]->isInsertBatch && isInsertBatch) {
            coroutineId = i;
            // 沒有 batch 卡點的程式碼協同優先順序更高
```

10-19

```cpp
      priority = schedule.coroutines[i]->priority;
      isInsertBatch = false;
    } else if (schedule.coroutines[i]->isInsertBatch && not isInsertBatch) {
      // 插入了 batch 卡點的程式碼協同優先順序更低,所以這裡不再更新 isInsertBatch、priority 和
      //coroutineId
    } else {    // 都沒有插入 batch 卡點或都插入了 batch 卡點
      if (schedule.coroutines[i]->priority < priority) {
        coroutineId = i;
        priority = schedule.coroutines[i]->priority;
      }
    }
  }
  if (coroutineId == INVALID_ROUTINE_ID) return NotRunnable;
  Coroutine* routine = schedule.coroutines[coroutineId];
  // 對於插入了 batch 卡點的程式碼協同,需要再次驗證 batch 是否執行完
  if (isInsertBatch) {
    //batch 卡點連結的程式碼協同必須全部執行完
    assert(isBatchDone(schedule, routine->relateBatchId));
  }
  routine->state = Run;
  schedule.runningCoroutineId = coroutineId;
  // 從主程式碼協同切換到程式碼協同編號為 id 的程式碼協同中執行,並把當前執行上下文儲存到
schedule.main 中
  // 只有當從程式碼協同執行結束或從程式碼協同主動 yield 時,swapcontext 才會傳回
  swapcontext(&schedule.main, &routine->ctx);
  schedule.isMasterCoroutine = true;
  return Success;
}
int CoroutineResumeById(Schedule& schedule, int id) {
  assert(schedule.isMasterCoroutine);
  assert(id >= 0 && id < schedule.coroutineCnt);
  Coroutine* routine = schedule.coroutines[id];
  // 只有處於暫停狀態或就緒狀態的程式碼協同才可以喚醒
  if (routine->state != Suspend && routine->state != Ready) return NotRunnable;
  // 對於插入了 batch 卡點的程式碼協同,需要 batch 執行完才可以喚醒
  if (routine->isInsertBatch && not isBatchDone(schedule, routine->
    relateBatchId)) return NotRunnable;
  routine->state = Run;
  schedule.runningCoroutineId = id;
```

10.2 併發實例——EchoServer

```
  // 從主程式碼協同切換到程式碼協同編號為 id 的程式碼協同中執行,並把當前執行上下文儲存到
schedule.main 中
  // 只有當從程式碼協同執行結束或從程式碼協同主動 yield 時,swapcontext 才會傳回
  swapcontext(&schedule.main, &routine->ctx);
  schedule.isMasterCoroutine = true;
  return Success;
}
int CoroutineResumeInBatch(Schedule& schedule, int id) {
  assert(schedule.isMasterCoroutine);
  assert(id >= 0 && id < schedule.coroutineCnt);
  Coroutine* routine = schedule.coroutines[id];
  // 如果沒有被插入 batch 卡點,則沒有需要喚醒的 batch 程式碼協同
  if (not routine->isInsertBatch) return NotRunnable;
  int batchId = routine->relateBatchId;
  auto iter = schedule.batchs[batchId]->cid2finish.begin();
  // 恢復 batch 連結的所有從程式碼協同
  while (iter != schedule.batchs[batchId]->cid2finish.end()) {
    assert(iter->second == false);
    assert(CoroutineResumeById(schedule, iter->first) == Success);
    iter++;
  }
  return Success;
}
int CoroutineResumeBatchFinish(Schedule& schedule) {
  assert(schedule.isMasterCoroutine);
  if (schedule.batchFinishList.size() <= 0) return NotRunnable;
  while (not schedule.batchFinishList.empty()) {
    int cid = schedule.batchFinishList.front();
    schedule.batchFinishList.pop_front();
    assert(CoroutineResumeById(schedule, cid) == Success);
  }
  return Success;
}
bool CoroutineIsInBatch(Schedule& schedule) {
  assert(not schedule.isMasterCoroutine);
  int cid = schedule.runningCoroutineId;
  return schedule.coroutines[cid]->relateBatchId != INVALID_BATCH_ID;
}
void CoroutineLocalSet(Schedule& schedule, void* key, LocalData localData) {
```

```cpp
    assert(not schedule.isMasterCoroutine);   // 在從程式碼協同中才可以呼叫
    int cid = schedule.runningCoroutineId;
    auto iter = schedule.coroutines[cid]->local.find(key);
    if (iter != schedule.coroutines[cid]->local.end()) {
        iter->second.freeEntry(iter->second.data);   // 如果之前有值,則要先釋放空間
    }
    schedule.coroutines[cid]->local[key] = localData;
}
bool CoroutineLocalGet(Schedule& schedule, void* key, LocalData& localData) {
    assert(not schedule.isMasterCoroutine);   // 在從程式碼協同中才可以呼叫
    int cid = schedule.runningCoroutineId;
    auto iter = schedule.coroutines[cid]->local.find(key);
    if (iter == schedule.coroutines[cid]->local.end()) {
        // 如果不存在,則判斷是否有連結 batch
        int relateBatchId = schedule.coroutines[cid]->relateBatchId;
        if (relateBatchId == INVALID_BATCH_ID) return false;
        // 從被插入 batch 卡點的程式碼協同中查詢,進而實現部分程式碼協同間本機變數的共用
        Batch* batch = schedule.batchs[relateBatchId];
        iter = schedule.coroutines[batch->relateId]->local.find(key);
        if (iter == schedule.coroutines[batch->relateId]->local.end())
            return false;
        localData = iter->second;
        return true;
    }
    localData = iter->second;
    return true;
}
int CoroutineStackCheck(Schedule& schedule, int id) {
    assert(id >= 0 && id < schedule.coroutineCnt);
    Coroutine* routine = schedule.coroutines[id];
    assert(routine->stack);
    // 堆疊的「生長」方向,從高位址到低位址
    for (int i = 0; i < CANARY_SIZE; i++) {
        if (routine->stack[i] != CANARY_PADDING) {
            return OverFlow;
        }
        if (routine->stack[schedule.stackSize - 1 - i] != CANARY_PADDING) {
            return UnderFlow;
        }
```

10.2 併發實例――EchoServer

```cpp
  }
  return Normal;
}
int BatchInit(Schedule& schedule) {
  assert(not schedule.isMasterCoroutine);    // 在從程式碼協同中才可以呼叫
  for (int i = 0; i < MAX_BATCH_RUN_SIZE; i++) {
    if (schedule.batchs[i]->state == Idle) {
      schedule.batchs[i]->state = Ready;
      schedule.batchs[i]->relateId = schedule.runningCoroutineId;
      schedule.coroutines[schedule.runningCoroutineId]->relateBatchId = i;
      schedule.coroutines[schedule.runningCoroutineId]->isInsertBatch = true;
      return i;
    }
  }
  return INVALID_BATCH_ID;
}
void BatchAdd(Schedule& schedule, int batchId, Entry entry, void* arg,
  uint32_t priority) {
  assert(not schedule.isMasterCoroutine);
  assert(batchId >= 0 && batchId < MAX_BATCH_RUN_SIZE);
  assert(schedule. batchs[batchId]->state == Ready);
  assert(schedule.bat chs[batchId]-> relateId == schedule.runningCoroutineId);
  int id = CoroutineCreate(schedule, entry, arg, priority, batchId);
  assert(id != INVALID_ROUTINE_ID);
  schedule.batchs[batchId]->cid2finish[id] = false;    // 新增要執行的程式碼協同還沒執行完
}
void BatchRun(Schedule& schedule, int batchId) {
  assert(not schedule.isMasterCoroutine);
  assert(batchId >= 0 && batchId < MAX_BATCH_RUN_SIZE);
  assert(schedule.batchs[batchId]->relateId == schedule.runningCoroutineId);
  schedule.batchs[batchId]->state = Run;
  // 只是一個卡點，等 batch 中所有的程式碼協同都執行完了，主程式碼協同再恢復從程式碼協同的執行
  CoroutineYield(schedule);
  schedule.batchs[batchId]->state = Idle;
  schedule.batchs[batchId]->cid2finish.clear();
  schedule.coroutines[schedule.runningCoroutineId]->relateBatchId = INVALID_BATCH_ID;
  schedule.coroutines[schedule.runningCoroutineId]->isInsertBatch = false;
}
```

10-23

```cpp
int ScheduleInit(Schedule& schedule, int coroutineCnt, int stackSize) {
  assert(coroutineCnt > 0 && coroutineCnt <= MAX_COROUTINE_SIZE);
  stackSize += (CANARY_SIZE * 2);    // 增加 canary 需要的額外記憶體
  schedule.activityCnt = 0;
  schedule.stackCheck = true;
  schedule.stackSize = stackSize;
  schedule.isMasterCoroutine = true;
  schedule.coroutineCnt = coroutineCnt;
  schedule.runningCoroutineId = INVALID_ROUTINE_ID;
  for (int i = 0; i < coroutineCnt; i++) {
    schedule.coroutines[i] = new Coroutine;
    schedule.coroutines[i]->state = Idle;
    schedule.coroutines[i]->stack = nullptr;
  }
  for (int i = 0; i < MAX_BATCH_RUN_SIZE; i++) {
    schedule.batchs[i] = new Batch;
    schedule.batchs[i]->state = Idle;
  }
  return 0;
}
bool ScheduleRunning(Schedule& schedule) {
  assert(schedule.isMasterCoroutine);
  if (schedule.runningCoroutineId != INVALID_ROUTINE_ID) return true;
  for (int i = 0; i < schedule.coroutineCnt; i++) {
    if (schedule.coroutines[i]->state != Idle) return true;
  }
  return false;
}
void ScheduleClean(Schedule& schedule) {
  assert(schedule.isMasterCoroutine);
  for (int i = 0; i < schedule.coroutineCnt; i++) {
    delete[] schedule.coroutines[i]->stack;
    for (auto& item : schedule.coroutines[i]->local) {
      item.second.freeEntry(item.second.data);    // 釋放程式碼協同本機變數的記憶體空間
    }
    delete schedule.coroutines[i];
  }
  for (int i = 0; i < MAX_BATCH_RUN_SIZE; i++) {
    delete schedule.batchs[i];
```

10.2 併發實例——EchoServer

```cpp
    }
  }
  bool ScheduleTryReleaseMemory(Schedule& schedule) {
    static Percentile pct;
    pct.Stat("activityCnt", schedule.activityCnt);
    double pctValue;
    // 保持 PCT99 水準即可
    if (not pct.GetPercentile("activityCnt", 0.99, pctValue)) return false;
    int32_t releaseCnt = 0;
    // 扣除活動的程式碼協同，計算剩餘需要保留的堆疊空間記憶體的程式碼協同數
    int32_t remainStackCnt = (int32_t)pctValue - schedule.activityCnt;
    for (int i = 0; i < schedule.coroutineCnt; i++) {
      if (schedule.coroutines[i]->state != Idle) continue;
      if (nullptr == schedule.coroutines[i]->stack) continue;
      if (remainStackCnt <= 0) {                     // 沒有保留名額了
        delete[] schedule.coroutines[i]->stack;   // 釋放狀態為 Idle 的程式碼協同的堆疊記憶體
        schedule.coroutines[i]->stack = nullptr;
        for (auto& item : schedule.coroutines[i]->local) {
          item.second.freeEntry(item.second.data);// 釋放程式碼協同本機變數的記憶體空間
        }
        schedule.coroutines[i]->local.clear();
        releaseCnt++;
        if (releaseCnt >= 25) break;   // 最多釋放 25 個程式碼協同堆疊的空間，以避免耗時過長
      } else {
        remainStackCnt--;                   // 將保留名額減 1
      }
    }
    return true;
  }
  int ScheduleGetRunCid(Schedule& schedule) { return schedule.runningCoroutineId; }
  void ScheduleDisableStackCheck(Schedule& schedule) { schedule.stackCheck    = false; }
}  // 命名空間 MyCoroutine
```

  上述程式實現了一個程式碼協同排程器，其中定義了多個結構，用於儲存程式碼協同相關資料和批次執行相關資料。具體來說，LocalData 結構用於儲存程式碼協同本機變數的資料，Coroutine 結構用於儲存程式碼協同相關資料，Batch 結構用於儲存批次執行相關資料，Schedule 結構則用作程式碼協同的排程器。

10 I/O 模型與併發

上述程式還實現了多個函數，用於程式碼協同建立、程式碼協同暫停、程式碼協同啟動、程式碼協同排程器初始化、程式碼協同排程器清理、程式碼協同本機變數設置、程式碼協同本機變數獲取、建立批次任務執行上下文、新增批次執行任務、執行批次任務等。為了確保程式碼協同堆疊的安全，我們實現了程式碼協同堆疊存取異常的檢查函數，預設情況下，當發現程式碼協同堆疊存取異常時，處理程序將觸發斷言並退出。

總之，上述程式實現了一個功能齊全的程式碼協同排程器，它不僅支援程式碼協同的建立、暫停、啟動和排程等，還具有支援程式碼協同本機變數和批次執行等特性。在使用這個程式碼協同排程器時，需要注意程式碼協同堆疊的大小和安全性，以確保程式的正確性和可靠性。

在我們的程式碼協同實現中，我們使用了百分位數計算的功能，具體的程式如程式清單 10-5 所示。

➜ **程式清單 10-5　標頭檔 percentile.hpp**

```cpp
#pragma once
#include <algorithm>
#include <map>
#include <string>
#include <vector>
class Percentile {
 public:
  Percentile() = default;
  Percentile(size_t maxStatDataLen) : max_stat_data_len_(maxStatDataLen) {}
  void Stat(std::string key, int64_t value) {
    auto iter = origin_stat_data_.find(key);
    if (iter == origin_stat_data_.end()) {
      origin_stat_data_index_[key] = 0;
      origin_stat_data_[key] = std::vector<int64_t>();
      iter = origin_stat_data_.find(key);
      iter->second.reserve(max_stat_data_len_);
    }
    if (iter->second.size() < max_stat_data_len_) {
      iter->second.push_back(value);
      return;
```

10.2 併發實例——EchoServer

```cpp
    }
    iter->second[origin_stat_data_index_[key]] = value;    // 迴圈陣列
    origin_stat_data_index_[key] = (origin_stat_data_index_[key] + 1) %
      max_stat_data_len_;                                  // 更新下標
  }
  bool GetPercentile(std::string key, double pct, double &pctValue) {
    auto iter = origin_stat_data_.find(key);
    if (iter == origin_stat_data_.end()) {
      return false;
    }
    if (iter->second.size() < max_stat_data_len_) {
      return false;
    }
    std::vector<int64_t> temp = iter->second;
    std::sort(temp.begin(), temp.end());
    double x = (temp.size() - 1) * pct;
    int32_t i = (int32_t)x;
    double j = x - i;
    pctValue = (1 - j) * temp[i] + j * temp[i + 1];
    return true;
  }
private:
  size_t max_stat_data_len_{1024};  // 原始統計資料的最大長度
  std::map<std::string, std::vector<int64_t>> origin_stat_data_;  // 原始
                                                                  // 統計資料
  std::map<std::string, int32_t> origin_stat_data_index_;  // 原始統計資料的索引
};
```

百分位數計算的功能，在程式碼協同函數庫中用於統計 PCT99 水準的程式碼協同數量，並在釋放多餘的空閒程式碼協同堆疊空間時發揮了重要作用。

我們實現的程式碼協同有 4 種狀態，分別為 Idle（空閒）、Ready（就緒）、Run（執行）和 Suspend（暫停）。程式碼協同 4 種狀態的遷移狀態機如圖 10-2 所示。

```
                  退出
        ┌─────────────────────────┐
        │                         │
        ↓   初始化          激活   │        掛起
    ┌──────┐      ┌───────┐      ┌─────┐        ┌─────────┐
    │ Idle │ ───→ │ Ready │ ───→ │ Run │ ─────→ │ Suspend │
    └──────┘      └───────┘      └─────┘        └─────────┘
                                    ↑              │
                                    └──────────────┘
                                         激活
```

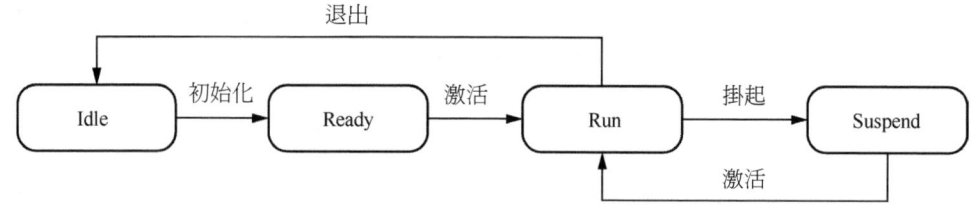

▲ 圖 10-2 程式碼協同 4 種狀態的遷移狀態機

在程式碼協同基礎上實現的批次任務只有 3 種狀態，分別為 Idle（空閒）、Ready（就緒）和 Run（執行）。批次任務 3 種狀態的遷移狀態機如圖 10-3 所示。

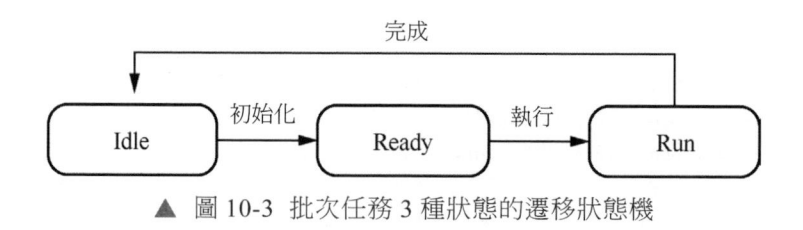

```
                    完成
        ┌─────────────────────────┐
        │                         │
        ↓   初始化          執行   │
    ┌──────┐      ┌───────┐      ┌─────┐
    │ Idle │ ───→ │ Ready │ ───→ │ Run │
    └──────┘      └───────┘      └─────┘
```

▲ 圖 10-3 批次任務 3 種狀態的遷移狀態機

批次執行的特性實現原理是在從程式碼協同中插入執行的相依卡點。只有當一個從程式碼協同的相依卡點連結的其他從程式碼協同全部執行完畢時，這個從程式碼協同才能恢復執行。此外，在一個從程式碼協同中，可以連續插入多個批次任務執行的相依卡點。需要注意的是，批次執行不能巢狀結構。透過這種方式，批次執行提供了一種自訂的併發執行能力，可以進一步提升服務性能。

程式碼協同本機變數是透過在結構 Coroutine 中定義一個名為 unordered_map 的映射來實現的。這個映射中的 key 為變數記憶體位址的指標，這種使用相同變數記憶體位址的指標，在不同的程式碼協同中獲取到的值不同，從而實現了程式碼協同之間的隔離，並進而實現了程式碼協同本機變數的特性。此外，批次執行任務中的程式碼協同也可以和被插入批次執行任務的程式碼協同共用程式碼協同本機變數。

10.2.3 benchmark 工具

　　為了比較不同併發模型方案下程式的性能差異，我們需要撰寫 benchmark 工具，用於壓力測試 EchoServer 服務，以便獲得基準的性能指標。benchmark 工具的程式如程式清單 10-6 所示。

➜ 程式清單 10-6　原始檔案 benchmark.cpp

```cpp
#include <arpa/inet.h>
#include <sys/socket.h>
#include <sys/time.h>
#include <sys/types.h>
#include <unistd.h>
#include <iostream>
#include <mutex>
#include <string>
#include <thread>
#include "../common.h"
typedef struct Stat {
  int sum{0};
  int success{0};
  int failure{0};
  int spendms{0};
} Stat;
std::mutex Mutex;
Stat FinalStat;
bool getConnection(sockaddr_in &addr, int &sockFd) {
  sockFd = socket(AF_INET, SOCK_STREAM, 0);
  if (sockFd < 0) {
    perror("socket failed");
    return false;
  }
  int ret = connect(sockFd, (sockaddr *)&addr, sizeof(addr));
  if (ret < 0) {
    perror("connect failed");
    close(sockFd);
    return false;
  }
  struct linger lin;
```

10 I/O 模型與併發

```cpp
    lin.l_onoff = 1;
    lin.l_linger = 0;
    // 設置當關閉 TCP 連接時，直接發送 RST 封包，TCP 連接直接進入 CLOSED 狀態
    if (0 == setsockopt(sockFd, SOL_SOCKET, SO_LINGER, &lin, sizeof(lin))) {
      return true;
    }
    perror("setsockopt failed");
    close(sockFd);
    return false;
}
int getSpendMs(timeval begin, timeval end) {
    end.tv_sec -= begin.tv_sec;
    end.tv_usec -= begin.tv_usec;
    if (end.tv_usec <= 0) {
      end.tv_sec -= 1;
      end.tv_usec += 1000000;
    }
    return end.tv_sec * 1000 + end.tv_usec / 1000;   // 計算執行的時間，單位為毫秒
}
void client(int theadId, Stat *curStat, char *argv[]) {
    int sum = 0;
    int success = 0;
    int failure = 0;
    int spendms = 0;
    sockaddr_in addr;
    addr.sin_family = AF_INET;
    addr.sin_port = htons(atoi(argv[1]));
    addr.sin_addr.s_addr = inet_addr(std::string("127.0.0.") + std::to_string
      (theadId + 1)).c_str());
    int msgLen = atoi(argv[2]) * 1024;
    if (msgLen <= 0) {
      msgLen = 100;   // 最少發送 100 位元組
    }
    std::string message(msgLen - 4, 'a');
    int concurrency = atoi(argv[3]) / 10;   // 每個執行緒的併發數
    int *sockFd = new int[concurrency];
    timeval end;
    timeval begin;
    gettimeofday(&begin, NULL);
```

10-30

10.2 併發實例——EchoServer

```cpp
for (int i = 0; i < concurrency; i++) {
  if (not getConnection(addr, sockFd[i])) {
    sockFd[i] = 0;
    failure++;
  }
}
auto failureDeal = [&sockFd, &failure](int i) {
  close(sockFd[i]);
  sockFd[i] = 0;
  failure++;
};
std::cout << "threadId[" << theadId << "] finish connection" << std::endl;
for (int i = 0; i < concurrency; i++) {
  if (sockFd[i]) {
    if (not EchoServer::SendMsg(sockFd[i], message)) {
      failureDeal(i);
    }
  }
}
std::cout << "threadId[" << theadId << "] finish send message" << std::endl;
for (int i = 0; i < concurrency; i++) {
  if (sockFd[i]) {
    std::string respMessage;
    if (not EchoServer::RecvMsg(sockFd[i], respMessage)) {
      failureDeal(i);
      continue;
    }
    if (respMessage != message) {
      failureDeal(i);
      continue;
    }
    close(sockFd[i]);
    success++;
  }
}
delete[] sockFd;
std::cout << "threadId[" << theadId << "] finish recv message" << std::endl;
sum = success + failure;
gettimeofday(&end, NULL);
```

10-31

```cpp
    spendms = getSpendMs(begin, end);
    std::lock_guard<std::mutex> guard(Mutex);
    curStat->sum += sum;
    curStat->success += success;
    curStat->failure += failure;
    curStat->spendms += spendms;
}
void UpdateFinalStat(Stat stat) {
    FinalStat.sum += stat.sum;
    FinalStat.success += stat.success;
    FinalStat.failure += stat.failure;
    FinalStat.spendms += stat.spendms;
}
int main(int argc, char *argv[]) {
    if (argc != 5) {
        std::cout << "invalid input" << std::endl;
        std::cout << "example: ./BenchMark 1688 1 1000 1" << std::endl;
        return -1;
    }
    int runSecond = 1;    // 壓力測試運行的總時長，單位為秒
    if (atoi(argv[4]) > runSecond) {
        runSecond = atoi(argv[4]);
    }
    timeval end;
    timeval runBeginTime;
    gettimeofday(&runBeginTime, NULL);
    int runRoundCount = 0;
    while (true) {
        Stat curStat;
        std::thread threads[10];
        for (int threadId = 0; threadId < 10; threadId++) {
            threads[threadId] = std::thread(client, threadId, &curStat, argv);
        }
        for (int threadId = 0; threadId < 10; threadId++) {
            threads[threadId].join();
        }
        runRoundCount++;
        curStat.spendms /= 10;
        UpdateFinalStat(curStat);
        gettimeofday(&end, NULL);
```

```
    std::cout << "round " << runRoundCount << " spend " << curStat.spendms
      << " ms. " << std::endl;
    if (getSpendMs(runBeginTime, end) >= runSecond * 1000) {
      break;
    }
    sleep(2);    // 每間隔兩秒,就發起下一輪壓力測試,這樣壓力測試結果更穩定
  }
  std::cout << "total spend " << FinalStat.spendms << " ms. avg spend "
            << FinalStat.spendms / runRoundCount
            << " ms. sum[" << FinalStat.sum << "],success["
            << FinalStat.success << "],failure[" << FinalStat.failure
            << "]" << std::endl;
  return 0;
}
```

當使用 benchmark 工具時,可以透過命令列參數來指定被壓力測試服務監聽的通訊埠、壓力測試請求封包的大小、併發請求的數量和壓力測試運行的總時長,預設連接的是本機 IP 位址 127.0.0.X。每一批次的壓力測試會建立 10 個執行緒,並且會併發地發起連接、SendMsg 和 RecvMsg 操作。每個執行緒執行完之後,都會更新統計資訊。由於統計資料存在併發存取,因此需要使用互斥鎖來保護臨界區。每一批次的壓力測試都會在主執行緒中呼叫 join 函數,等待所有的壓力測試執行緒執行完畢。壓力測試運行結束之後,輸出壓力測試總耗時、單批次平均耗時、請求總數、請求成功總數和請求失敗總數。

需要特別注意的一點是,在建立完連接之後,需要設置 LINGER 選項。這樣在呼叫 close 函數關閉 TCP 連接時,就會直接發送 RST 封包,使 TCP 連接直接重置,進入 CLOSED 狀態,從而不影響下一輪壓力測試。不然很多本機通訊埠會因為 TCP 連接處於 TIME_WAIT 狀態而不可用。總之,在進行壓力測試時,需要注意 TCP 連接的狀態和資源的釋放,以確保程式的正確性和可靠性。

10.2.4 單處理程序

單處理程序是最簡單的併發設計,我們使用單處理程序來完成所有用戶端連接的接受,請求資料的接收、解碼和處理,以及應答資料的編碼和發送。對應的程式如程式清單 10-7 所示。

程式清單 10-7 原始檔案 singleprocess.cpp

```cpp
#include <sys/socket.h>
#include <unistd.h>
#include <iostream>
#include "../common.hpp"
void handlerClient(int clientFd) {
  std::string msg;
  if (not EchoServer::RecvMsg(clientFd, msg)) {
    return;
  }
  EchoServer::SendMsg(clientFd, msg);
  close(clientFd);
}
int main(int argc, char* argv[]) {
  if (argc != 3) {
    std::cout << "invalid input" << std::endl;
    std::cout << "example: ./SingleProcess 0.0.0.0 1688" << std::endl;
    return -1;
  }
  int sockFd = EchoServer::CreateListenSocket(argv[1], atoi(argv[2]), false);
  if (sockFd < 0) {
    return -1;
  }
  while (true) {
    int clientFd = accept(sockFd, NULL, 0);
    if (clientFd < 0) {
      perror("accept failed");
      continue;
    }
    handlerClient(clientFd);
    close(clientFd);
  }
  return 0;
}
```

在 main 函數中，在開啟監聽之後，服務就陷入了無窮迴圈。每當接受一個用戶端連接之後，就馬上處理這個用戶端的請求，處理完請求之後就關閉連接。

由於這是一個單處理程序模型，因此只能串列地處理用戶端請求，而無法併發地處理多個用戶端請求。

10.2.5 多處理程序

最原始的單處理程序模型雖然簡單，但每次只能處理一個用戶端的請求，其他用戶端的請求只能被阻塞，請求的處理是串列的，因此服務的併發處理能力有限。為了提高服務的併發處理能力，我們可以使用多處理程序的併發模型，為每個用戶端連接都建立一個單獨的處理程序，一個處理程序服務一個用戶端。對應的程式如程式清單 10-8 所示。

→ 程式清單 10-8　原始檔案 multiprocess.cpp

```
#include <signal.h>
#include <sys/socket.h>
#include <unistd.h>
#include <iostream>
#include "../common.hpp"
void handlerClient(int clientFd) {
  std::string msg;
  if (not EchoServer::RecvMsg(clientFd, msg)) {
    return;
  }
  EchoServer::SendMsg(clientFd, msg);
  close(clientFd);
}
void childExitSignalHandler() {
  struct sigaction act;
  act.sa_handler = SIG_IGN;     // 設置訊號處理函數，這裡忽略子處理程序退出訊號
  sigemptyset(&act.sa_mask);    // 訊號遮罩設置為空
  act.sa_flags = 0;             // 標識位元設置為 0
  sigaction(SIGCHLD, &act, NULL);
}
int main(int argc, char* argv[]) {
  if (argc != 3) {
    std::cout << "invalid input" << std::endl;
    std::cout << "example: ./MultiProcess 0.0.0.0 1688" << std::endl;
    return -1;
```

```cpp
  }
  int sockFd = EchoServer::CreateListenSocket(argv[1], atoi(argv[2]), false);
  if (sockFd < 0) {
    return -1;
  }
  // 忽略子處理程序退出訊號，否則就會導致大量的僵屍處理程序，後續無法再建立子處理程序
  childExitSignalHandler();
  while (true) {
    int clientFd = accept(sockFd, NULL, 0);
    if (clientFd < 0) {
      perror("accept failed");
      continue;
    }
    pid_t pid = fork();
    if (pid == -1) {
      perror("fork failed");
      continue;
    }
    if (pid == 0) {   // 子處理程序
      handlerClient(clientFd);
      exit(0);          // 處理完請求，子處理程序直接退出
    } else {
      close(clientFd);   // 父處理程序直接關閉用戶端連接，否則檔案描述符號會洩露
    }
  }
  return 0;
}
```

在 main 函數中，在開啟監聽之後，服務就陷入了無窮迴圈。每當接受用戶端連接之後，就建立新的子處理程序為其服務。在此過程中，有 3 個細節需要特別注意。

首先，子處理程序處理完請求之後需要立即退出，否則就會導致子處理程序資源的浪費和系統資源的耗盡。

其次，父處理程序建立完子處理程序傳回後，需要關閉用戶端連接，否則檔案描述符號會洩露，從而導致系統資源的浪費。

最後，我們需要忽略子處理程序退出訊號，這樣在子處理程序退出之後，子處理程序資源就會被自動回收，從而避免出現僵屍處理程序。

10.2.6 多執行緒

多處理程序的併發模型存在的問題在於需要頻繁地建立和銷毀處理程序，而建立和銷毀處理程序的系統銷耗較高，資源佔用也較多。為了解決這個問題，我們可以使用多執行緒的併發模型，為每個用戶端連接都建立一個單獨的執行緒，一個執行緒服務一個用戶端。建立和銷毀執行緒的系統銷耗較低，資源佔用也較少。對應的程式如程式清單 10-9 所示。

→ 程式清單 10-9　原始檔案 multithread.cpp

```cpp
#include <arpa/inet.h>
#include <netinet/in.h>
#include <sys/socket.h>
#include <unistd.h>
#include <iostream>
#include <thread>
#include "../common.hpp"
void handlerClient(int clientFd) {
  std::string msg;
  if (not EchoServer::RecvMsg(clientFd, msg)) {
    return;
  }
  EchoServer::SendMsg(clientFd, msg);
  close(clientFd);
}
int main(int argc, char* argv[]) {
  if (argc != 3) {
    std::cout << "invalid input" << std::endl;
    std::cout << "example: ./MultiThread 0.0.0.0 1688" << std::endl;
    return -1;
  }
  int sockFd = EchoServer::CreateListenSocket(argv[1], atoi(argv[2]), false);
  if (sockFd < 0) {
    return -1;
  }
```

```cpp
    while (true) {
      int clientFd = accept(sockFd, NULL, 0);
      if (clientFd < 0) {
        perror("accept failed");
        continue;
      }
      std::thread(handlerClient, clientFd).detach();   // 這裡需要呼叫 detach 函數，
                                                       // 以使建立的執行緒獨立執行
    }
    return 0;
}
```

在 main 函數中，在開啟監聽之後，服務就陷入了無窮迴圈。每當接受用戶端連接之後，就建立新的執行緒為其服務。在此過程中，有一個細節需要特別注意：這裡需要呼叫 detach 函數，以使建立的執行緒獨立執行，否則執行緒執行完之後，服務就會異常終止。

10.2.7 處理程序池 1

多處理程序的併發模型需要頻繁地建立和銷毀處理程序，這會導致系統銷耗較高，資源佔用也較多。處理程序池的併發模型則預先建立指定數量的處理程序，每個處理程序不退出，而是一直為不同的用戶端提供服務。這種模型可以減少處理程序的建立和銷毀，從而提高服務的併發處理能力，降低系統銷耗和資源佔用。對應的程式如程式清單 10-10 所示。

→ 程式清單 10-10　原始檔案 processpool1.cpp

```cpp
#include <sys/socket.h>
#include <unistd.h>
#include <iostream>
#include "../common.hpp"
void handlerClient(int clientFd) {
  std::string msg;
  if (not EchoServer::RecvMsg(clientFd, msg)) {
    return;
  }
  EchoServer::SendMsg(clientFd, msg);
```

10.2 併發實例——EchoServer

```cpp
}
void handler(int sockFd) {
  while (true) {
    int clientFd = accept(sockFd, NULL, 0);
    if (clientFd < 0) {
      perror("accept failed");
      continue;
    }
    handlerClient(clientFd);
    close(clientFd);
  }
}
int main(int argc, char* argv[]) {
  if (argc != 3) {
    std::cout << "invalid input" << std::endl;
    std::cout << "example: ./ProcessPool1 0.0.0.0 1688" << std::endl;
    return -1;
  }
  int sockFd = EchoServer::CreateListenSocket(argv[1], atoi(argv[2]), false);
  if (sockFd < 0) {
    return -1;
  }
  for (int i = 0; i < EchoServer::GetNProcs(); i++) {
    pid_t pid = fork();
    if (pid < 0) {
      perror("fork failed");
      continue;
    }
    if (0 == pid) {
      handler(sockFd);    // 子處理程序陷入無窮迴圈，處理用戶端請求
      exit(0);
    }
  }
  while (true) sleep(1);   // 父處理程序陷入無窮迴圈
  return 0;
}
```

10-39

在 main 函數中，在開啟監聽之後，根據系統當前可用的 CPU 核心數，預先建立數量與之相等的子處理程序。每個子處理程序都陷入無窮迴圈，且一直監聽用戶端連接的到來並給用戶端提供服務。

10.2.8 處理程序池 2

在前面處理程序池的併發模型中，所有的子處理程序都會呼叫 accept 函數來接受新的用戶端連接。這種方式存在競爭，當新的用戶端連接到來時，多個子處理程序之間會爭奪接受連接的機會。在 2.6 版本之前的 Linux 核心中，所有子處理程序都會被喚醒，但只有一個可以呼叫 accept 函數成功，其他的則失敗並設置 EGAIN 錯誤碼。這種方式會導致不必要的系統呼叫，降低系統的性能。

在 2.6 版本及之後的 Linux 核心中，新增了互斥等待變數，只有一個子處理程序會被喚醒，從而減少了不必要的系統呼叫，提高了系統的性能。這種方式可以有效地避免不必要的系統呼叫，提高服務的併發處理能力。

雖然在 2.6 版本及之後的 Linux 核心中只有一個子處理程序被喚醒，但仍然存在互斥等待，這種方式並不夠優雅。我們可以使用 socket 的 SO_REUSEPORT 選項，讓多個處理程序同時監聽在相同的網路位址（IP 位址 + 通訊埠）上，Linux 核心會自動在多個處理程序之間進行連接的負載平衡，而不存在互斥等待行為，從而提高系統的性能和可靠性。對應的程式如程式清單 10-11 所示。

→ 程式清單 10-11　原始檔案 processpool2.cpp

```
#include <sys/socket.h>
#include <unistd.h>
#include <iostream>
#include "../common.hpp"
void handlerClient(int clientFd) {
  std::string msg;
  if (not EchoServer::RecvMsg(clientFd, msg)) {
    return;
  }
  EchoServer::SendMsg(clientFd, msg);
}
void handler(char* argv[]) {
```

```cpp
  // 將 isReusePort 設置為 true,開啟 SO_REUSEPORT 選項
  int sockFd = EchoServer::CreateListenSocket(argv[1], atoi(argv[2]), true);
  if (sockFd < 0) {
    return;
  }
  while (true) {
    int clientFd = accept(sockFd, NULL, 0);
    if (clientFd < 0) {
      perror("accept failed");
      continue;
    }
    handlerClient(clientFd);
    close(clientFd);
  }
}
int main(int argc, char* argv[]) {
  if (argc != 3) {
    std::cout << "invalid input" << std::endl;
    std::cout << "example: ./ProcessPool2 0.0.0.0 1688" << std::endl;
    return -1;
  }
  for (int i = 0; i < EchoServer::GetNProcs(); i++) {
    pid_t pid = fork();
    if (pid < 0) {
      perror("fork failed");
      continue;
    }
    if (0 == pid) {
      handler(argv);      // 子處理程序陷入無窮迴圈,處理用戶端請求
      exit(0);
    }
  }
  while (true) sleep(1);   // 父處理程序陷入無窮迴圈
  return 0;
}
```

在 main 函數中,根據系統當前可用的 CPU 核心數,預先建立數量與之相等的子處理程序。每個子處理程序都會建立自己的 socket,設置 SO_REUSEPORT

選項，並在相同的網路位址上開啟監聽。最後，每個子處理程序都陷入無窮迴圈，等待用戶端連接的到來並給用戶端提供服務。

10.2.9 執行緒池

在執行緒池的併發模型中，預先建立指定數量的執行緒，每個執行緒都不退出，一直等待用戶端連接的到來並給用戶端提供服務。這種方式可以避免頻繁地建立和銷毀執行緒，提高系統的性能和效率，同時也可以降低系統的銷耗和資源佔用。對應的程式如程式清單 10-12 所示。

➡ 程式清單 10-12　原始檔案 threadpool.cpp

```
#include <arpa/inet.h>
#include <netinet/in.h>
#include <sys/socket.h>
#include <unistd.h>
#include <iostream>
#include <thread>
#include "../common.hpp"
void handlerClient(int clientFd) {
  std::string msg;
  if (not EchoServer::RecvMsg(clientFd, msg)) {
    return;
  }
  EchoServer::SendMsg(clientFd, msg);
  close(clientFd);
}
void handler(char* argv[]) {
  // 將 isReusePort 設置為 true，開啟 SO_REUSEPORT 選項
  int sockFd = EchoServer::CreateListenSocket(argv[1], atoi(argv[2]), true);
  if (sockFd < 0) {
    return;
  }
  while (true) {
    int clientFd = accept(sockFd, NULL, 0);
    if (clientFd < 0) {
      perror("accept failed");
      continue;
```

```
    }
    handlerClient(clientFd);
  }
}
int main(int argc, char* argv[]) {
  if (argc != 3) {
    std::cout << "invalid input" << std::endl;
    std::cout << "example: ./ThreadPool 0.0.0.0 1688" << std::endl;
    return -1;
  }
  for (int i = 0; i < EchoServer::GetNProcs(); i++) {
    std::thread(handler, argv).detach();    // 呼叫 detach 函數，以使建立的執行緒獨立執行
  }
  while (true) sleep(1);                    // 主執行緒陷入無窮迴圈
  return 0;
}
```

在 main 函數中，根據系統當前可用的 CPU 核心數，預先建立數量與之相等的執行緒。每個執行緒都建立自己的 socket，設置 SO_REUSEPORT 選項，並在相同的網路位址上開啟監聽。最後，每個執行緒都陷入無窮迴圈，等待用戶端請求的到來並給用戶端提供服務。

10.2.10 簡單的領導者 - 跟隨者模型

在執行緒池的併發模型中，執行緒之間的關係是對等的。領導者 - 跟隨者模型是執行緒池併發模型的一種變形，一開始，所有的執行緒都是跟隨者，它們會「競爭就職」，獲勝的執行緒成為領導者。領導者執行緒會監聽用戶端連接的到來，並在接受用戶端的連接時，放棄領導權，由其他跟隨者「競爭就職」。此時領導者執行緒變成工作執行緒，並給新來的用戶端提供服務。對應的程式如程式清單 10-13 所示。

→ 程式清單 10-13 原始檔案 leaderandfollower.cpp

```
#include <arpa/inet.h>
#include <netinet/in.h>
#include <sys/socket.h>
```

```cpp
#include <unistd.h>
#include <iostream>
#include <mutex>
#include <thread>
#include "../common.hpp"
std::mutex Mutex;
void handlerClient(int clientFd) {
  std::string msg;
  if (not EchoServer::RecvMsg(clientFd, msg)) {
    return;
  }
  EchoServer::SendMsg(clientFd, msg);
  close(clientFd);
}
void handler(int sockFd) {
  while (true) {
    int clientFd;
    // 跟隨者等待獲取鎖，成為領導者
    {
      std::lock_guard<std::mutex> guard(Mutex);
      clientFd = accept(sockFd, NULL, 0);    // 獲取鎖，並獲取用戶端的連接
      if (clientFd < 0) {
        perror("accept failed");
        continue;
      }
    }
    handlerClient(clientFd);    // 處理每個用戶端請求
  }
}
int main(int argc, char* argv[]) {
  if (argc != 3) {
    std::cout << "invalid input" << std::endl;
    std::cout << "example: ./LeaderAndFollower 0.0.0.0 1688" << std::endl;
    return -1;
  }
  int sockFd = EchoServer::CreateListenSocket(argv[1], atoi(argv[2]), false);
  if (sockFd < 0) {
    return -1;
  }
  for (int i = 0; i < EchoServer::GetNProcs(); i++) {
```

```
        std::thread(handler, sockFd).detach();   // 這裡需要呼叫 detach 函數，以使創
                                                 // 建的執行緒獨立執行
    }
    while (true) sleep(1);   // 主執行緒陷入無窮迴圈
    return 0;
}
```

在 main 函數中，首先開啟監聽，然後根據系統當前可用的 CPU 核心數，預先建立相同數量的執行緒。主執行緒會進入一個無窮迴圈，而所有從執行緒都會嘗試獲取鎖。獲取到鎖的執行緒將開始監聽用戶端連接的到來，一旦有用戶端連接到來，該執行緒就會釋放鎖，並開始處理用戶端的請求。其他執行緒則繼續嘗試獲取鎖，並等待下一個用戶端連接的到來。執行緒的狀態遷移狀態機如圖 10-4 所示。

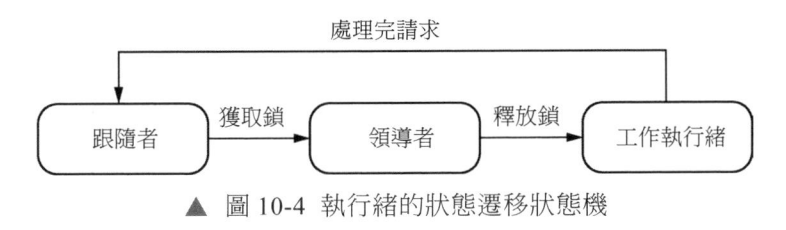

▲ 圖 10-4 執行緒的狀態遷移狀態機

10.2.11 I/O 多工之 select(單處理程序)- 阻塞 I/O

之前所有的併發模型，每次都只能監聽並操作一個用戶端連接，而 I/O 多工可以透過同時監聽多個連接上的事件，來提升服務的併發處理能力。在 Linux 系統中，最早支援的 I/O 多工介面是 select 函數。select 函數可以同時監聽多個檔案描述符號上的事件，當有事件發生時，select 函數會傳回相應的檔案描述符號，從而實現對多個連接的併發處理。需要注意的是，select 函數的檔案描述符號集合大小有限，通常預設為 1024，如果要監聽的檔案描述符號數量超過了這個限制，就需要使用其他的 I/O 多工方式。select 函數的原型如下。

```
#include <sys/time.h>
#include <sys/types.h>
#include <unistd.h>
int select(int nfds, fd_set *readfds, fd_set *writefds, fd_set *exceptfds,
```

```
    struct timeval *timeout);
void FD_CLR(int fd, fd_set *set);
int FD_ISSET(int fd, fd_set *set);
void FD_SET(int fd, fd_set *set);
void FD_ZERO(fd_set *set);
```

（1）nfds

表示監聽的檔案描述符號集合中最大的檔案描述符號值再加上 1。

（2）readfds、writefds、exceptfds

分別表示要監聽的讀取、寫入、異常事件的檔案描述符號集合。

（3）timeout

select 呼叫的逾時時間。如果 timeout 指向的時間結構的成員都設置為 0，則 select 函數立即傳回；如果 timeout 設置為 NULL，則 select 呼叫將被阻塞，直至有監聽的事件發生或呼叫失敗才會傳回。

（4）傳回值

若呼叫成功，則傳回監聽的三個檔案描述符號集合中，有事件發生的所有檔案描述符號的總數。若呼叫失敗，則傳回 −1 並設置 errno。

FD_CLR 用於清除檔案描述符號集合中指定檔案描述符號的標識位元，FD_ISSET 用於判斷檔案描述符號集合中指定檔案描述符號的標識位元是否被設置，FD_SET 用於在檔案描述符號集合中設置指定檔案描述符號的標識位元，FD_ZERO 用於清空檔案描述符號集合中所有的標識位元。以上這些都是和 select 函數相關的系統函數。

現在讓我們來看一下如何使用 select 函數實現併發服務，對應的程式如程式清單 10-14 所示。

→ 程式清單 10-14 原始檔案 select.cpp

```
#include <arpa/inet.h>
#include <netinet/in.h>
```

10.2 併發實例——EchoServer

```cpp
#include <stdio.h>
#include <stdlib.h>
#include <sys/socket.h>
#include <unistd.h>
#include <iostream>
#include <unordered_set>
#include "../common.hpp"
void updateReadSet(std::unordered_set<int> &clientFds, int &maxFd, int
  sockFd, fd_set &readSet) {
  maxFd = sockFd;
  FD_ZERO(&readSet);
  FD_SET(sockFd, &readSet);
  for (const auto &clientFd : clientFds) {
    if (clientFd > maxFd) {
      maxFd = clientFd;
    }
    FD_SET(clientFd, &readSet);
  }
}
void handlerClient(int clientFd) {
  std::string msg;
  if (not EchoServer::RecvMsg(clientFd, msg)) {
    return;
  }
  EchoServer::SendMsg(clientFd, msg);
}
int main(int argc, char *argv[]) {
  if (argc != 3) {
    std::cout << "invalid input" << std::endl;
    std::cout << "example: ./Select 0.0.0.0 1688" << std::endl;
    return -1;
  }
  int sockFd = EchoServer::CreateListenSocket(argv[1], atoi(argv[2]), false);
  if (sockFd < 0) {
    return -1;
  }
  int maxFd;
  fd_set readSet;
  EchoServer::SetNotBlock(sockFd);
```

10-47

```cpp
  std::unordered_set<int> clientFds;
  while (true) {
    updateReadSet(clientFds, maxFd, sockFd, readSet);
    int ret = select(maxFd + 1, &readSet, NULL, NULL, NULL);
    if (ret <= 0) {
      if (ret < 0) perror("select failed");
      continue;
    }
    for (int i = 0; i <= maxFd; i++) {
      if (not FD_ISSET(i, &readSet)) {
        continue;
      }
      if (i == sockFd) {   // 若監聽的 sockFd 讀取，則表示有新的連接
        EchoServer::LoopAccept(sockFd, 1024, [&clientFds](int clientFd) {
          clientFds.insert(clientFd);   // 新增到要監聽的檔案描述符號集合中
        });
        continue;
      }
      handlerClient(i);
      clientFds.erase(i);
      close(i);
    }
  }
  return 0;
}
```

在 main 函數中，首先開啟監聽，然後進入一個無窮迴圈。在每次迴圈中，都會呼叫 select 函數來等待讀取事件。在每次呼叫 select 函數前，都會更新監聽讀取事件的檔案描述符號集合。每當有新的用戶端連接到來時，就將用戶端連結的檔案描述符號放入要監聽的檔案描述符號集合中。當用戶端連接上有讀取事件時，伺服器端會處理用戶端的請求，處理完之後，關閉連接。

這種設計使得伺服器端可以同時處理多個用戶端請求，從而提高了服務的併發處理能力。透過使用 select 函數來等待讀取事件，可以避免阻塞等待用戶端連接的情況，從而提高了伺服器端的回應速度。

10.2.12 I/O 多工之 poll(單處理程序)- 阻塞 I/O

select 函數的問題在於,支援監聽的檔案描述符號數量存在上限,通常為 1024。為了支援監聽更多的檔案描述符號,Linux 系統後續新增了 poll 函數。與 select 函數不同的是,poll 函數在沒有觸碰到系統的其他限制之前,理論上支援監聽的檔案描述符號數量是沒有上限的,只要記憶體充足即可。下面讓我們來看一下 poll 函數的原型。

```
#include <poll.h>
int poll(struct pollfd *fds, nfds_t nfds, int timeout);
struct pollfd {
  int    fd;         /* 檔案描述符號 */
  short events;      /* 監聽的事件 */
  short revents;     /* 傳回的事件 */
};
```

(1) fds

指向 pollfd 結構陣列的指標,pollfd 結構定義了要監聽的檔案描述符號 fd 和對應的事件 events。poll 呼叫完成之後發生的事件,將透過 pollfd 結構的成員變數 revents 來傳回。

(2) nfds

用於指明 fds 陣列的大小。

(3) timeout

poll 呼叫的逾時時間,單位為毫秒。如果設置為負值,則 poll 呼叫將被阻塞,直至有監聽的事件發生或呼叫失敗才會傳回。

(4) 傳回值

若呼叫成功,則傳回有事件發生的檔案描述符號的總數;若呼叫失敗,則傳回 -1 並設置 errno。

表 10-1 列出了 poll 呼叫支援監聽的事件和傳回的事件。

10 I/O 模型與併發

▼ 表 10-1 poll 呼叫支援監聽的事件和傳回的事件

事件	描述	可以作為監聽事件嗎？	可以作為傳回事件嗎？
POLLIN	有資料可讀	可以	可以
POLLPRI	有緊急資料讀取，比如 TCP 的頻外資料	可以	可以
POLLOUT	資料寫入	可以	可以
POLLRDHUP	對端完全關閉了連接或只關閉了寫入端，在使用之前需要先定義 _GNU_SOURCE 巨集	可以	可以
POLLERR	有錯誤發生	不可以	可以
POLLHUP	暫停，比如，若管道的讀取端被關閉，那麼在寫入端監聽事件時就會傳回 POLLHUP 事件	不可以	可以
POLLNVAL	無效的檔案描述符號，檔案描述符號未開啟	不可以	可以

下面讓我們來看一下如何使用 poll 函數來實現 EchoServer 服務，對應的程式如程式清單 10-15 所示。

➡ 程式清單 10-15 原始檔案 poll.cpp

```
#include <arpa/inet.h>
#include <netinet/in.h>
#include <poll.h>
#include <stdio.h>
#include <stdlib.h>
#include <sys/socket.h>
#include <unistd.h>
#include <iostream>
#include <unordered_set>
#include "../common.hpp"
void updateFds(std::unordered_set<int> &clientFds, pollfd **fds, int &nfds) {
    if (*fds != nullptr) {
        delete[](*fds);
```

```cpp
  }
  nfds = clientFds.size();
  *fds = new pollfd[nfds];
  int index = 0;
  for (const auto &clientFd : clientFds) {
    (*fds)[index].fd = clientFd;
    (*fds)[index].events = POLLIN;
    (*fds)[index].revents = 0;
    index++;
  }
}
void handlerClient(int clientFd) {
  std::string msg;
  if (not EchoServer::RecvMsg(clientFd, msg)) {
    return;
  }
  EchoServer::SendMsg(clientFd, msg);
}
int main(int argc, char *argv[]) {
  if (argc != 3) {
    std::cout << "invalid input" << std::endl;
    std::cout << "example: ./Poll 0.0.0.0 1688" << std::endl;
    return -1;
  }
  int sockFd = EchoServer::CreateListenSocket(argv[1], atoi(argv[2]), false);
  if (sockFd < 0) {
    return -1;
  }
  int nfds = 0;
  pollfd *fds = nullptr;
  std::unordered_set<int> clientFds;
  clientFds.insert(sockFd);
  EchoServer::SetNotBlock(sockFd);
  while (true) {
    updateFds(clientFds, &fds, nfds);
    int ret = poll(fds, nfds, -1);
    if (ret <= 0) {
      if (ret < 0) perror("poll failed");
      continue;
```

```
    }
    for (int i = 0; i < nfds; i++) {
      if (not(fds[i].revents & POLLIN)) {
        continue;
      }
      int curFd = fds[i].fd;
      if (curFd == sockFd) {
        EchoServer::LoopAccept(sockFd, 1024, [&clientFds](int clientFd) {
          clientFds.insert(clientFd);    // 新增到要監聽的檔案描述符號集合中
        });
        continue;
      }
      handlerClient(curFd);
      clientFds.erase(curFd);
      close(curFd);
    }
  }
  return 0;
}
```

在 main 函數中，首先開啟監聽，然後進入一個無窮迴圈，並在迴圈中呼叫 poll 函數來監聽多個用戶端連接的讀取事件。在每次呼叫 poll 函數之前，我們需要更新監聽讀取事件的 fd 集合（即檔案描述符號集合），以確保程式能夠及時回應新的事件。同時，每當有新的用戶端連接請求時，我們需要將其連結的 fd 放入要監聽的 fd 集合中。當用戶端連接上有讀取事件時，我們就會處理用戶端的請求，並在處理完畢後關閉連接。這樣我們就可以實現一個高效且併發的伺服器端程式，它能夠同時處理多個用戶端的請求。

從上面的程式中可以看出，poll 函數和 select 函數的使用方式及處理邏輯類似，只是在監聽事件的設置和傳回事件的判斷上有所不同。當然，poll 函數支援更多的檔案描述符號，並且能夠處理更多的連接。無論是 poll 函數還是 select 函數，它們都用來監聽多個檔案描述符號的讀取事件，並在讀取事件發生時進行相應的處理。

10.2.13 I/O 多工之 epoll(單處理程序)- 阻塞 I/O

　　epoll 是 poll 的一種變形，它透過事件註冊和通知機制，有效提升了事件監聽效率，並且對更大數量檔案描述符號的監聽有更好的可擴充性。相較於 poll 和 select，epoll 更加高效，能夠處理更多的連接。epoll 一共提供了 3 個系統呼叫，它們的內容如下。

1．epoll_create 函數

　　epoll_create 函數用於建立 epoll 實例，並傳回與之連結的檔案描述符號。其函數原型如下。

```
#include <sys/epoll.h>
int epoll_create(int size);
```

　　（1）size

　　從 Linux 2.6.8 核心開始，epoll_create 函數的第一個參數已經被棄用，不再用於指示核心為 size 個檔案描述符號分配與監聽事件相關的儲存空間。相反，核心會自行動態地分配儲存空間。

　　（2）傳回值

　　若呼叫成功，epoll_create 函數會傳回與之連結的有效檔案描述符號；若呼叫失敗，則傳回 −1 並設置 errno。

2．epoll_ctl 函數

　　epoll_ctl 函數用於註冊、修改或刪除在指定檔案描述符號上監聽的事件。其函數原型如下。

```
#include <sys/epoll.h>
int epoll_ctl(int epfd, int op, int fd, struct epoll_event *event);
```

　　（1）epfd

　　epoll_create 函數建立的連結了 epoll 實例的檔案描述符號。

（2）op

指定要執行的操作，一共支援 3 種類型的操作。EPOLL_CTL_ADD 用於註冊檔案描述符號上監聽的事件；EPOLL_CTL_MOD 用於修改檔案描述符號上監聽的事件；EPOLL_CTL_ DEL 用於刪除對檔案描述符號上所有事件的監聽。此時，event 參數會被忽略。也可以直接將 event 參數設置為 NULL。

（3）fd

要監聽的檔案描述符號。

（4）event

指定要監聽的事件，event 是一個結構，它的內容如下。

```
typedef union epoll_data {
  void        *ptr;
  int         fd;
  __uint32_t  u32;
  __uint64_t  u64;
} epoll_data_t;
struct epoll_event {
  __uint32_t   events;       /* 要監聽的事件類型 */
  epoll_data_t data;         /* 與事件相關的資料 */
};
```

其中，events 成員表示要監聽的事件類型，可以是 EPOLLIN、EPOLLOUT、EPOLLRDHUP 等常數的逐位元或。data 成員表示與事件相關的資料，可以是一個指標或一個檔案描述符號。在後續的 epoll_wait 函數呼叫中，我們可以透過 epoll_event 結構的 data 成員來獲取與事件相關的資料。

epoll 和 poll 支援監聽的事件基本相同，epoll 事件巨集的名稱僅在對應的 poll 事件巨集名稱的前面增加了一個字母 E 作為首碼。比如，寫入事件在 epoll 中對應的巨集是 EPOLLOUT，而在 poll 中對應的巨集是 POLLOUT。除了支援與 poll 相同的事件巨集，epoll 還支援另外兩個事件，它們分別是 EPOLLET 和 EPOLLONESHOT，我們將在後面討論它們。

10.2 併發實例——EchoServer

（5）傳回值

若呼叫成功，則傳回 0；若呼叫失敗，則傳回 −1 並設置 errno。

3．epoll_wait 函數

前面介紹的兩個函數完成了 epoll 實例的建立和監聽事件的註冊，後續操作就是呼叫 epoll_wait 函數來獲取系統通知的事件集合。epoll_wait 函數的原型如下。

```
#include <sys/epoll.h>
int epoll_wait(int epfd, struct epoll_event *events, int maxevents, int
  timeout);
```

（1）epfd

epoll_create 函數建立的連結了 epoll 實例的檔案描述符號。

（2）events

epoll 傳回的觸發的事件集合，傳回的每個事件結構 epoll_event 都會攜帶之前透過 epoll_ctl 函數設置在 event 結構中的資料。這樣應用程式就可以透過 epoll_event 結構的 data 成員來獲取與事件相關的資料，並根據事件類型進行相應的處理。

（3）maxevents

每次最多傳回的事件集合的大小，因此 maxevents 的值必須大於 0。如果 maxevents 的值小於或等於 0，epoll_wait 函數將提示錯誤。因此，在呼叫 epoll_wait 函數時，需要確保 maxevents 的值大於 0，並根據實際情況將其設置為合適的值。

（4）timeout

呼叫逾時時間，單位是毫秒。如果將 timeout 設置為 0，epoll_wait 函數將立即傳回，而無論是否有事件發生。如果將 timeout 設置為 −1，epoll_wait 函數將一直被阻塞，直至有事件發生或呼叫失敗。如果將 timeout 設置為一個正整數，

epoll_wait 函數將在等待指定的時間後傳回，而無論是否有事件發生。因此，在呼叫 epoll_wait 函數時，需要根據實際情況將 timeout 設置為合適的值。

（5）傳回值

如果呼叫成功，則傳回觸發的事件集合的大小。如果逾時時間到了卻沒有觸發事件，則傳回 0。如果呼叫失敗，則傳回 -1 並設置 errno。因此，在呼叫 epoll_wait 函數時，需要檢查傳回值並根據實際情況處理錯誤。

4．水平觸發和邊緣觸發

epoll 事件的觸發模式有兩種，一種是水平觸發（預設模式），另一種是邊緣觸發。

- 在水平觸發模式下，檔案描述符號上監聽的事件只要滿足，epoll_wait 函數就會一直傳回。水平觸發關心的是事件的狀態，比如檔案描述符號的接收緩衝區只要還有資料讀取，epoll_wait 函數就會不斷地傳回讀取事件，直至應用程式處理完所有的資料。因此，在使用水平觸發模式時，需要注意及時處理事件，避免出現事件堆積的情況。

- 在邊緣觸發模式下，檔案描述符號監聽的事件只有在狀態發生變化時才會傳回。邊緣觸發關心的是事件狀態的變化，比如當檔案描述符號的接收緩衝區有資料到來時，epoll_wait 函數會傳回讀取事件，但是當後續還有資料未讀取時，則不再傳回讀取事件，除非有新的資料再次到來。因此，在使用邊緣觸發模式時，需要注意及時處理事件並及時讀取資料，否則可能出現資料遺失的情況。

需要特別注意的是，在邊緣觸發模式下，一定要將檔案描述符號設置為非阻塞的，並且需要迴圈讀寫資料，直至傳回 EAGAIN 或 EWOULDBLOCK，只有這樣才能保證所有的資料都被正確地讀取。如果不這樣做，就可能出現檔案描述符號上還有資料未讀取完，但是沒有讀取事件傳回的情況。因此，在使用邊緣觸發模式時，需要格外注意這一點。

10.2 併發實例——EchoServer

對於資料的讀寫，如果只需要進行很少次的 I/O 操作就能完成，那麼水平觸發和邊緣觸發的性能差異不明顯。但是，如果資料的讀寫需要進行多次 I/O 操作才能完成，那麼邊緣觸發的性能將優於水平觸發，因為邊緣觸發需要呼叫 epoll_wait 函數的次數更少，從而減少了系統呼叫的銷耗。因此，在選擇事件觸發模式時，需要根據實際情況考慮資料的讀寫方式和 I/O 操作的次數，從而選擇合適的事件觸發模式。

在使用非阻塞 I/O 的情況下，如果在水平觸發模式下也採用迴圈讀寫的方式，並且直至傳回 EAGAIN 或 EWOULDBLOCK，那麼水平觸發模式下的性能和邊緣觸發模式下的性能基本能夠持平，因為此時水平觸發和邊緣觸發需要呼叫 epoll_wait 函數的次數基本相同，而且都需要迴圈讀寫資料。因此，在這種情況下，選擇事件觸發模式的差異不太明顯，可以根據實際情況選擇合適的事件觸發模式。

5．EPOLLONESHOT

在多執行緒模式下，如果一個連接上的多次事件被不同的執行緒獲取，就會存在併發讀取資料的問題。為了解決這個問題，epoll 提供了事件的 EPOLLONESHOT 選項。顧名思義，如果使用該選項，那麼當監聽的事件觸發時，epoll_wait 函數只會傳回一次對應的事件，後續的事件將不再被傳回，直至應用程式重新使用 EPOLL_CTL_MOD 操作符號監聽該事件。這樣可以避免多個執行緒同時讀取同一個連接上的資料，從而避免併發讀取資料的問題。因此，在使用多執行緒模式時，需要格外注意這一點，並根據實際情況選擇是否使用 EPOLLONESHOT 選項。

6．epoll 公共程式

由於後續所有的併發模型範例程式都涉及 epoll，因此我們對一些公共程式進行了提煉和封裝。這樣可以減少後續範例程式的程式量，同時也能讓我們更加聚焦於核心的邏輯。具體來說，我們封裝了兩個標頭檔——conn.hpp 和 epollctl.hpp。其中，conn.hpp 封裝了用戶端連接管理相關程式，epollctl.hpp 封裝了 epoll 事件管理相關程式，它們的內容如程式清單 10-16 和程式清單 10-17 所示。

➜ 程式清單 10-16 標頭檔 conn.hpp

```cpp
#pragma once
#include "common.hpp"
namespace EchoServer {
class Conn {
 public:
  Conn(int fd, int epoll_fd, bool is_multi_io) : fd_(fd), epoll_fd_
    (epoll_fd), is_multi_io_(is_multi_io) {}
  bool Read() {
    do {
      uint8_t data[100];
      ssize_t ret = read(fd_, data, 100);   // 一次最多讀取 100 位元組
      if (ret == 0) {
        perror("peer close connection");
        return false;
      }
      if (ret < 0) {
        if (EINTR == errno) continue;
        if (EAGAIN == errno or EWOULDBLOCK == errno) return true;
        perror("read failed");
        return false;
      }
      codec_.DeCode(data, ret);
    } while (is_multi_io_);
    return true;
  }
  bool Write(bool autoEnCode = true) {
    if (autoEnCode && 0 == send_len_) {
      codec_.EnCode(message_, pkt_);
    }
    do {
      if (send_len_ == pkt_.Len()) return true;
      ssize_t ret = write(fd_, pkt_.Data() + send_len_, pkt_.Len() -
        send_len_);
      if (ret < 0) {
        if (EINTR == errno) continue;
        if (EAGAIN == errno && EWOULDBLOCK == errno) return true;
        perror("write failed");
        return false;
```

```
      }
      send_len_ += ret;
    } while (is_multi_io_);
    return true;
  }
  bool OneMessage() { return codec_.GetMessage(message_); }
  void EnCode() { codec_.EnCode(message_, pkt_); }
  bool FinishWrite() { return send_len_ == pkt_.Len(); }
  int Fd() { return fd_; }
  int EpollFd() { return epoll_fd_; }
 private:
  int fd_{0};              // 連結的用戶端連接的 fd
  int epoll_fd_{0};        // 連結的 epoll 實例的 fd
  bool is_multi_io_;       // 是否進行多次 I/O，直至傳回 EAGAIN 或 EWOULDBLOCK
  ssize_t send_len_{0};    // 要發送的應答資料的長度
  std::string message_;    // 對 EchoServer 來說，既是獲取的請求訊息，也是要發送的
                           // 應答訊息
  Packet pkt_;             // 發送應答訊息的二進位資料封包
  Codec codec_;            //EchoServer 協定的編解碼
};
}  // 命名空間 EchoServer
```

在 conn.hpp 標頭檔中，我們定義了一個名為 Conn 的類別，該類別封裝了用戶端連接資料的接收和發送、EchoServer 協定的編解碼等操作，並且可以連結 epoll 實例的 fd。透過 Conn 類別，我們可以方便地管理用戶端連接，從而高效率地處理多個用戶端請求。

➡ 程式清單 10-17 標頭檔 epollctl.hpp

```
#pragma once
#include "conn.hpp"
namespace EchoServer {
inline void AddReadEvent(Conn *conn, bool isET = false, bool isOneShot =
  false) {
  epoll_event event;
  event.data.ptr = (void *)conn;
  event.events = EPOLLIN;
  if (isET) event.events |= EPOLLET;
  if (isOneShot) event.events |= EPOLLONESHOT;
```

```cpp
    assert(epoll_ctl(conn->EpollFd(), EPOLL_CTL_ADD, conn->Fd(), &event) != -1);
}
inline void AddReadEvent(int epollFd, int fd, void *userData) {
    epoll_event event;
    event.data.ptr = userData;
    event.events = EPOLLIN;
    assert(epoll_ctl(epollFd, EPOLL_CTL_ADD, fd, &event) != -1);
}
inline void ReStartReadEvent(Conn *conn) {
    epoll_event event;
    event.data.ptr = (void *)conn;
    event.events = EPOLLIN | EPOLLONESHOT;
    assert(epoll_ctl(conn->EpollFd(), EPOLL_CTL_MOD, conn->Fd(), &event) != -1);
}
inline void ModToWriteEvent(Conn *conn, bool isET = false) {
    epoll_event event;
    event.data.ptr = (void *)conn;
    event.events = EPOLLOUT;
    if (isET) event.events |= EPOLLET;
    assert(epoll_ctl(conn->EpollFd(), EPOLL_CTL_MOD, conn->Fd(), &event) != -1);
}

inline void ModToWriteEvent(int epollFd, int fd, void *userData) {
    epoll_event event;
    event.data.ptr = userData;
    event.events = EPOLLOUT;
    assert(epoll_ctl(epollFd, EPOLL_CTL_MOD, fd, &event) != -1);
}
inline void ClearEvent(Conn *conn, bool isClose = true) {
    assert(epoll_ctl(conn->EpollFd(), EPOLL_CTL_DEL, conn->Fd(), NULL) != -1);
    if (isClose) close(conn->Fd());
}
inline void ClearEvent(int epollFd, int fd) {
    assert(epoll_ctl(epollFd, EPOLL_CTL_DEL, fd, NULL) != -1);
    close(fd);
}
}   // 命名空間 EchoServer
```

10.2 併發實例——EchoServer

在 epollctl.hpp 標頭檔中，我們封裝了讀取事件的監聽、寫入事件的監聽以及監聽事件的清理等操作。透過這些封裝好的函數，我們可以方便地管理 epoll 事件，從而高效率地處理多個事件。

我們已經介紹了 epoll 相關的 API 以及 epoll 公共程式的封裝，接下來讓我們看一下如何使用 epoll 實現併發模型。對應的程式如程式清單 10-18 所示。

→ 程式清單 10-18　原始檔案 epoll.cpp

```
#include <arpa/inet.h>
#include <assert.h>
#include <netinet/in.h>
#include <stdio.h>
#include <stdlib.h>
#include <sys/epoll.h>
#include <sys/socket.h>
#include <unistd.h>
#include <iostream>
#include "../epollctl.hpp"
void handlerClient(int clientFd) {
  std::string msg;
  if (not EchoServer::RecvMsg(clientFd, msg)) {
    return;
  }
  EchoServer::SendMsg(clientFd, msg);
}
int main(int argc, char *argv[]) {
  if (argc != 3) {
    std::cout << "invalid input" << std::endl;
    std::cout << "example: ./Epoll 0.0.0.0 1688" << std::endl;
    return -1;
  }
  int sockFd = EchoServer::CreateListenSocket(argv[1], atoi(argv[2]), false);
  if (sockFd < 0) {
    return -1;
  }
  epoll_event events[2048];
  int epollFd = epoll_create(1024);
  if (epollFd < 0) {
```

```
      perror("epoll_create failed");
      return -1;
    }
    EchoServer::Conn conn(sockFd, epollFd, false);
    EchoServer::SetNotBlock(sockFd);
    EchoServer::AddReadEvent(&conn);
    while (true) {
      int num = epoll_wait(epollFd, events, 2048, -1);
      if (num < 0) {
        perror("epoll_wait failed");
        continue;
      }
      for (int i = 0; i < num; i++) {
        EchoServer::Conn *conn = (EchoServer::Conn *)events[i].data.ptr;
        if (conn->Fd() == sockFd) {
          EchoServer::LoopAccept(sockFd, 2048, [epollFd](int clientFd) {
            EchoServer::Conn *conn = new EchoServer::Conn(clientFd, epollFd, false);
            EchoServer::AddReadEvent(conn);    // 監聽讀取事件，保持 fd 為阻塞 I/O
            EchoServer::SetTimeOut(conn->Fd(), 0, 500000);    // 逾時時間為 500 毫秒
          });
          continue;
        }
        handlerClient(conn->Fd());
        EchoServer::ClearEvent(conn);
        delete conn;
      }
    }
    return 0;
  }
```

在 main 函數中，首先開啟監聽，然後進入一個無窮迴圈。在迴圈中，呼叫 epoll_wait 函數等待事件的發生。每當有新的用戶端連接時，就新增監聽該用戶端連接的讀取事件。當用戶端連接上有讀取事件時，處理用戶端請求並在處理完之後關閉連接。透過在迴圈中不斷地接收新的用戶端連接並處理用戶端請求，就可以實現併發處理多個用戶端請求的目的。

10.2 併發實例——EchoServer

到目前為止，我們已經介紹了如何使用 select、poll 和 epoll 這 3 種 I/O 多工技術來實現簡單的併發服務。表 10-2 將它們做了對比。

▼ 表 10-2 select、poll、epoll 的對比

	select	poll	epoll
支援監聽的最大連接數	一般為 1024，定義在 FD_SETSIZE 巨集中	無限制，取決於記憶體的大小	無限制，取決於記憶體的大小
fd 監聽事件傳遞	每次呼叫 select 函數時傳遞三組 fd_set	每次呼叫 poll 函數時傳遞 pollfd 陣列	只需要呼叫 epoll_ctl 函數進行一次註冊，或進行少量的修改
連接就緒事件的獲取	遍歷三組 fd_set	遍歷 pollfd 陣列	直接獲取連接就緒事件
獲取就緒事件的時間複雜度	$O(n)$	$O(n)$	$O(1)$

10.2.14 I/O 多工之 epoll(單處理程序)-Reactor

在 10.2.13 節中，我們只是使用 epoll 作為用戶端連接和請求到達的觸發器，在處理使用者請求時使用的都是阻塞 I/O。使用阻塞 I/O 進行迴圈的讀寫雖然實現起來非常簡單，但也有缺點。阻塞 I/O 在 I/O 沒有就緒時會導致服務被暫停，無法充分利用 CPU，服務整體的輸送量也會受到限制。

本小節將介紹一種新的併發模型——Reactor。Reactor 併發模型使用事件進行驅動，有統一的事件管理器，支援事件監聽管理和事件觸發時的分發。當有新的連接到來以及讀取、寫入事件發生時，就會分發對應的事件到不同的處理器中。Reactor 併發模型的互動簡圖如圖 10-5 所示。

10 I/O 模型與併發

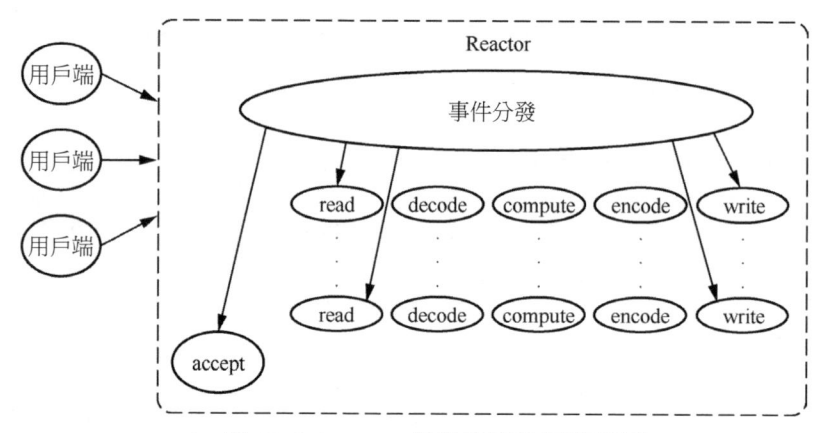

▲ 圖 10-5 Reactor 併發模型的互動簡圖

在 Reactor 併發模型中，所有的讀寫都是非阻塞的。只要讀寫入操作傳回 EAGAIN 或 EWOULDBLOCK，就結束當前的讀寫入操作，然後繼續監聽新事件的到來。因此，在同一個時間點，多個用戶端請求都在被處理，只不過不同的用戶端請求的處理進展不一樣。比如，有的用戶端請求資料已經讀取完在做業務邏輯處理，有的用戶端請求資料唯讀取了一半。這樣一來，服務就能更充分地利用 CPU，服務整體的輸送量更大。

Reactor 併發模型雖然提升了服務整體的輸送量，但是需要付出更多的「成本」。這些成本包括需要額外地對用戶端連接進行管理，需要使用更多的記憶體來儲存請求和應答資料，需要管理用戶端連接狀態遷移，並且處理請求不像阻塞 I/O 那樣是串列連續的，而是在不同的事件處理函數中斷斷續續地推進，因此程式維護成本更高。

現在讓我們來看一下具體如何實現，對應的程式如程式清單 10-19 所示。

→ 程式清單 10-19　原始檔案 epollreactorsingleprocess.cpp

```
#include <arpa/inet.h>
#include <assert.h>
#include <fcntl.h>
#include <netinet/in.h>
#include <stdio.h>
#include <stdlib.h>
```

10.2 併發實例——EchoServer

```cpp
#include <sys/epoll.h>
#include <sys/socket.h>
#include <unistd.h>
#include <iostream>
#include "../epollctl.hpp"
int main(int argc, char *argv[]) {
  if (argc != 4) {
    std::cout << "invalid input" << std::endl;
    std::cout << "example: ./EpollReactorSingleProcess 0.0.0.0 1688 1"
              << std::endl;
    return -1;
  }
  int sockFd = EchoServer::CreateListenSocket(argv[1], atoi(argv[2]), false);
  if (sockFd < 0) {
    return -1;
  }
  epoll_event events[2048];
  int epollFd = epoll_create(1024);
  if (epollFd < 0) {
    perror("epoll_create failed");
    return -1;
  }
  bool isMultiIo = (std::string(argv[3]) == "1");
  EchoServer::Conn conn(sockFd, epollFd, isMultiIo);
  EchoServer::SetNotBlock(sockFd);
  EchoServer::AddReadEvent(&conn);
  while (true) {
    int num = epoll_wait(epollFd, events, 2048, -1);
    if (num < 0) {
      perror("epoll_wait failed");
      continue;
    }
    for (int i = 0; i < num; i++) {
      EchoServer::Conn *conn = (EchoServer::Conn *)events[i].data.ptr;
      if (conn->Fd() == sockFd) {
        EchoServer::LoopAccept(sockFd, 2048, [epollFd, isMultiIo](int clientFd) {
          EchoServer::Conn *conn = new EchoServer::Conn(clientFd, epollFd,
              isMultiIo);
          EchoServer::SetNotBlock(clientFd);
```

```cpp
          EchoServer::AddReadEvent(conn);    // 監聽讀取事件
        });
        continue;
      }
      auto releaseConn = [&conn]() {
        EchoServer::ClearEvent(conn);
        delete conn;
      };
      if (events[i].events & EPOLLIN) {    // 讀取
        if (not conn->Read()) {             // 執行讀取失敗
          releaseConn();
          continue;
        }
        if (conn->OneMessage()) {                // 判斷是否要觸發寫入事件
          EchoServer::ModToWriteEvent(conn);     // 修改成隻監控寫入事件
        }
      }
      if (events[i].events & EPOLLOUT) {   // 寫入
        if (not conn->Write()) {            // 執行寫入失敗
          releaseConn();
          continue;
        }
        if (conn->FinishWrite()) {    // 若完成請求的應答寫入，則可以釋放連接
          releaseConn();
        }
      }
    }
  }
  return 0;
}
```

在 main 函數中，首先開啟監聽，然後陷入無窮迴圈，並在迴圈中呼叫 epoll_wait 函數。當接收到不同的事件時，執行不同的處理邏輯。我們使用 Conn 物件來管理用戶端連接，Conn 物件的狀態會隨著事件的觸發而遷移。一個完整請求的處理過程是在不同的讀寫函數之間跳躍。

10.2.15 I/O 多工之 epoll(單處理程序)-Reactor-ET 模式

在 10.2.14 節中，我們介紹了 Reactor 併發模型的基本原理和實現方式，使用了 epoll 預設的水平觸發模式。在本小節中，我們將使用邊緣觸發模式來實現 Reactor 併發模型。對應的程式如程式清單 10-20 所示。

→ 程式清單 10-20 原始檔案 epollreactorsingleprocesset.cpp

```
#include <arpa/inet.h>
#include <assert.h>
#include <fcntl.h>
#include <netinet/in.h>
#include <stdio.h>
#include <stdlib.h>
#include <sys/epoll.h>
#include <sys/socket.h>
#include <unistd.h>
#include <iostream>
#include "../epollctl.hpp"
int main(int argc, char *argv[]) {
  if (argc != 3) {
    std::cout << "invalid input" << std::endl;
    std::cout << "example: ./EpollReactorSingleProcessET 0.0.0.0 1688"
              << std::endl;
    return -1;
  }
  int sockFd = EchoServer::CreateListenSocket(argv[1], atoi(argv[2]),
    false);
  if (sockFd < 0) {
    return -1;
  }
  epoll_event events[2048];
  int epollFd = epoll_create(1024);
  if (epollFd < 0) {
    perror("epoll_create failed");
    return -1;
  }
  EchoServer::Conn conn(sockFd, epollFd, true);
  EchoServer::SetNotBlock(sockFd);
```

10-67

```cpp
EchoServer::AddReadEvent(&conn);
while (true) {
  int num = epoll_wait(epollFd, events, 2048, -1);
  if (num < 0) {
    perror("epoll_wait failed");
    continue;
  }
  for (int i = 0; i < num; i++) {
    EchoServer::Conn *conn = (EchoServer::Conn *)events[i].data.ptr;
    if (conn->Fd() == sockFd) {
      EchoServer::LoopAccept(sockFd, 2048, [epollFd](int clientFd) {
        EchoServer::Conn *conn = new EchoServer::Conn(clientFd, epollFd, true);
        EchoServer::SetNotBlock(clientFd);
        EchoServer::AddReadEvent(conn, true);    // 監聽讀取事件
      });
      continue;
    }
    auto releaseConn = [&conn]() {
      EchoServer::ClearEvent(conn);
      delete conn;
    };
    if (events[i].events & EPOLLIN) {    // 讀取
      if (not conn->Read()) {            // 執行非阻塞讀取
        releaseConn();
        continue;
      }
      if (conn->OneMessage()) {    // 判斷是否要觸發寫入事件
        EchoServer::ModToWriteEvent(conn, true);    // 修改成只監控寫入事件
      }
    }
    if (events[i].events & EPOLLOUT) {    // 寫入
      if (not conn->Write()) {            // 執行非阻塞寫入
        releaseConn();
        continue;
      }
      if (conn->FinishWrite()) {    // 若完成請求的應答寫入，則可以釋放連接
        releaseConn();
      }
    }
```

```
      }
    }
    return 0;
}
```

　　在 epoll 的 ET 模式下，需要迴圈執行 I/O 讀寫入操作，直至 I/O 讀寫入操作傳回 EAGAIN 或 EWOULDBLOCK。在中斷的情況下還要重新開機 I/O 讀寫入操作，否則就可能出現資料仍然可以讀寫，但是 epoll 不再傳回讀寫的事件的情況。

　　由於對程式進行了良好的封裝，我們可以看到 ET 模式程式和 LT 模式（預設模式）程式的差異，僅表現在建立連線物件和讀寫事件監聽的呼叫上，讀寫事件的監聽開啟了 ET 模式。

10.2.16　I/O 多工之 epoll(單處理程序)-Reactor-程式碼協同池

　　在 Reactor 併發模型中，所有的讀寫都是非阻塞的。因此，用戶端的請求是在不同的事件處理函數中斷斷續續推進的。這會導致處理邏輯分散、程式難以理解等問題。相較於在一個函數中處理完請求的方式，維護成本更高。

　　為了解決這些問題，我們引入了程式碼協同。前面我們已經實現了簡單的程式碼協同池。程式碼協同能夠幫助我們實現集中式的串列撰寫處理邏輯，並且還能獲得非阻塞 I/O 帶來的性能提升。那麼，在 Reactor 併發模型中，如何引入程式碼協同呢？對應的程式如程式清單 10-21 所示。

→ 程式清單 10-21　原始檔案 epollreactorsingleprocesscoroutine.cpp

```cpp
#include <arpa/inet.h>
#include <assert.h>
#include <fcntl.h>
#include <netinet/in.h>
#include <stdio.h>
#include <stdlib.h>
#include <sys/epoll.h>
#include <sys/socket.h>
```

```cpp
#include <unistd.h>
#include <iostream>
#include "../coroutine.h"
#include "../epollctl.hpp"
struct EventData {
  EventData(int fd, int epoll_fd) : fd_(fd), epoll_fd_(epoll_fd){};
  int fd_{0};
  int epoll_fd_{0};
  int cid_{MyCoroutine::INVALID_ROUTINE_ID};
  MyCoroutine::Schedule *schedule_{nullptr};
};
void EchoDeal(const std::string reqMessage, std::string &respMessage) {
  respMessage = reqMessage;
}
void handlerClient(void *arg) {
  EventData *eventData = (EventData *)arg;
  auto releaseConn = [&eventData]() {
    EchoServer::ClearEvent(eventData->epoll_fd_, eventData->fd_);
    delete eventData;  // 釋放記憶體
  };
  ssize_t ret = 0;
  EchoServer::Codec codec;
  std::string reqMessage;
  std::string respMessage;
  while (true) {        // 讀取操作
    uint8_t data[100];
    ret = read(eventData->fd_, data, 100);   // 一次最多讀取 100 位元組
    if (ret == 0) {
      perror("peer close connection");
      releaseConn();
      return;
    }
    if (ret < 0) {
      if (EINTR == errno) continue;    // 被中斷,可以重新啟動讀取操作
      if (EAGAIN == errno or EWOULDBLOCK == errno) {
        MyCoroutine::CoroutineYield(*eventData->schedule_);
        continue;
      }
      perror("read failed");
```

```cpp
      releaseConn();
      return;
    }
    codec.DeCode(data, ret);           // 解析請求資料
    if (codec.GetMessage(reqMessage)) {  // 解析出一個完整的請求
      break;
    }
  }
  EchoDeal(reqMessage, respMessage);
  EchoServer::Packet pkt;
  codec.EnCode(respMessage, pkt);
  EchoServer::ModToWriteEvent(eventData->epoll_fd_, eventData->fd_,eventData);
  ssize_t sendLen = 0;
  while (sendLen != pkt.Len()) {        // 寫入操作
    ret = write(eventData->fd_, pkt.Data() + sendLen, pkt.Len() - sendLen);
    if (ret < 0) {
      if (EINTR == errno) continue;    // 被中斷，可以重新啟動寫入操作
      if (EAGAIN == errno or EWOULDBLOCK == errno) {
        MyCoroutine::CoroutineYield(*eventData->schedule_);
        continue;
      }
      perror("write failed");
      releaseConn();
      return;
    }
    sendLen += ret;
  }
  releaseConn();
}
int main(int argc, char *argv[]) {
  if (argc != 4) {
    std::cout << "invalid input" << std::endl;
    std::cout << "example: ./EpollReactorSingleProcessCoroutine 0.0.0.0 1688 1"
              << std::endl;
    return -1;
  }
  int sockFd = EchoServer::CreateListenSocket(argv[1], atoi(argv[2]), false);
  if (sockFd < 0) {
    return -1;
```

```cpp
}
epoll_event events[2048];
int epollFd = epoll_create(1024);
if (epollFd < 0) {
  perror("epoll_create failed");
  return -1;
}
bool dynamicMsec = false;
if (std::string(argv[3]) == "1") {
  dynamicMsec = true;
}
EventData eventData(sockFd, epollFd);
EchoServer::SetNotBlock(sockFd);
EchoServer::AddReadEvent(epollFd, sockFd, &eventData);
MyCoroutine::Schedule schedule;
MyCoroutine::ScheduleInit(schedule, 10000);   // 初始化程式碼協同池
int msec = -1;
while (true) {
  int num = epoll_wait(epollFd, events, 2048, msec);
  if (num < 0) {
    perror("epoll_wait failed");
    continue;
  } else if (num == 0) {  // 沒有事件了，下次呼叫 epoll_wait 大機率被暫停
    sleep(0);    // 主動讓出 CPU
    msec = -1;   // 大機率被暫停，故這裡將逾時時間設置為 -1
    continue;
  }
  if (dynamicMsec) msec = 0;   // 下次大機率還有事件，故這裡將 msec 設置為 0
  for (int i = 0; i < num; i++) {
    EventData *eventData = (EventData *)events[i].data.ptr;
    if (eventData->fd_ == sockFd) {
      EchoServer::LoopAccept(sockFd, 2048, [epollFd](int clientFd) {
        EventData *eventData = new EventData(clientFd, epollFd);
        EchoServer::SetNotBlock(clientFd);
        EchoServer::AddReadEvent(epollFd, clientFd, eventData);
      });
      continue;
    }
    if (eventData->cid_ == MyCoroutine::INVALID_ROUTINE_ID) {
      if (MyCoroutine::CoroutineCanCreate(schedule)) {
```

```
                eventData->schedule_ = &schedule;
                eventData->cid_ = MyCoroutine::CoroutineCreate(schedule,
                    handlerClient, eventData, 0);    // 建立程式碼協同
                MyCoroutine::CoroutineResumeById(schedule, eventData->cid_);
            } else {
                std::cout << "MyCoroutine is full" << std::endl;
            }
        } else {
            MyCoroutine::CoroutineResumeById(schedule, eventData->cid_);
        }
    }
    MyCoroutine::ScheduleTryReleaseMemory(schedule);
  }
  return 0;
}
```

在 main 函數中，在開啟網路監聽之後，我們建立了大小為 10 000 的程式碼協同池，然後陷入 epoll 的無窮迴圈中，等待事件的到來。當連接事件到來時，我們將持續接受用戶端連接。當讀取事件到來時，我們將建立一個新的程式碼協同，並啟動新程式碼協同的執行。在從程式碼協同中，我們先執行非阻塞的讀取操作。如果讀取操作傳回 EAGAIN 或 EWOULDBLOCK，則從程式碼協同讓出執行權，此時回到主程式碼協同中執行。這個從程式碼協同在下一個讀取事件到來時會被重新喚醒，繼續之前中斷的流程。從程式碼協同中的寫入操作與此類似，若暫時不寫入，則讓出執行權，等待下次排程。在讀寫入操作都執行完之後，從程式碼協同也就「功成身退」，此時回到主程式碼協同中執行。

10.2.17 I/O 多工之 epoll(執行緒池)-Reactor

在 Reactor 併發模型中，所有的 I/O 操作都是非阻塞的，CPU 獲得了充分利用。在多核心情況下，我們可以啟動多個執行緒來提升服務的併發處理能力。對應的程式如程式清單 10-22 所示。

→ 程式清單 10-22 原始檔案 epollreactorthreadpoll.cpp

```cpp
#include <arpa/inet.h>
#include <assert.h>
#include <fcntl.h>
```

```cpp
#include <netinet/in.h>
#include <stdio.h>
#include <stdlib.h>
#include <sys/epoll.h>
#include <sys/socket.h>
#include <unistd.h>
#include <iostream>
#include <thread>
#include "../epollctl.hpp"
void handler(char *argv[]) {
  int sockFd = EchoServer::CreateListenSocket(argv[1], atoi(argv[2]), true);
  if (sockFd < 0) {
    return;
  }
  epoll_event events[2048];
  int epollFd = epoll_create(1024);
  if (epollFd < 0) {
    perror("epoll_create failed");
    return;
  }
  EchoServer::Conn conn(sockFd, epollFd, true);
  EchoServer::SetNotBlock(sockFd);
  EchoServer::AddReadEvent(&conn);
  while (true) {
    int num = epoll_wait(epollFd, events, 2048, -1);
    if (num < 0) {
      perror("epoll_wait failed");
      continue;
    }
    for (int i = 0; i < num; i++) {
      EchoServer::Conn *conn = (EchoServer::Conn *)events[i].data.ptr;
      if (conn->Fd() == sockFd) {
        EchoServer::LoopAccept(sockFd, 2048, [epollFd](int clientFd) {
          EchoServer::Conn *conn = new EchoServer::Conn(clientFd, epollFd, true);
          EchoServer::SetNotBlock(clientFd);
          EchoServer::AddReadEvent(conn);   // 監聽讀取事件
        });
        continue;
      }
      auto releaseConn = [&conn]() {
```

10.2 併發實例──EchoServer

```
      EchoServer::ClearEvent(conn);
      delete conn;
    };
    if (events[i].events & EPOLLIN) {    // 讀取
      if (not conn->Read()) {    // 執行非阻塞讀取
        releaseConn();
        continue;
      }
      if (conn->OneMessage()) {    // 判斷是否要觸發寫入事件
        EchoServer::ModToWriteEvent(conn);    // 修改成隻監控寫入事件
      }
    }
    if (events[i].events & EPOLLOUT) {    // 寫入
      if (not conn->Write()) {    // 執行非阻塞寫入
        releaseConn();
        continue;
      }
      if (conn->FinishWrite()) {    // 若完成請求的應答寫入，則可以釋放連接
        releaseConn();
      }
    }
  }
}
int main(int argc, char *argv[]) {
  if (argc != 3) {
    std::cout << "invalid input" << std::endl;
    std::cout << "example: ./EpollReactorThreadPool 0.0.0.0 1688" << std::endl;
    return -1;
  }
  for (int i = 0; i < EchoServer::GetNProcs(); i++) {
    std::thread(handler, argv).detach();    // 呼叫detach函數以使建立的執行緒獨立執行
  }
  while (true) sleep(1);    // 主執行緒陷入無窮迴圈
  return 0;
}
```

在 main 函數中，根據系統當前可用的 CPU 核心數，預先建立數量與之相等的工作執行緒。然後，主執行緒陷入無窮迴圈。每個工作執行緒都會建立自

10-75

己的 socket，並設置 SO_ REUSEPORT 選項，以便在相同的網路位址上開啟監聽。最後，工作執行緒陷入 epoll 的無窮迴圈，等待用戶端請求的到來，並給用戶端提供服務。

10.2.18 I/O 多工之 epoll(執行緒池)-Reactor-HSHA

前面所有的併發模型，不管是多執行緒、多處理程序、執行緒池還是處理程序池，都是同步的。網路 I/O 操作和業務邏輯操作都在同一個執行緒中進行。但是，還有一種半同步半非同步的併發模型，名為 HSHA，它將網路 I/O 操作和業務邏輯操作隔離開來，並在它們之間插入一個共用佇列用於通訊。這樣整個併發模型就被分成了三層，分別為網路 I/O 層、共用佇列層和業務邏輯層。

在 HSHA（Half Sync / Half Async）模型中，半同步指的是業務邏輯層的操作；而半非同步指的是，從業務邏輯層的角度來看，I/O 讀寫不是它自己完成的，而是透過共用佇列層最後交給網路 I/O 層來完成。因此，HSHA 模型被稱為半同步半非同步模型。需要注意的是，這裡的非同步並不是指非同步 I/O，網路層的 I/O 操作仍然是同步的。

Reactor-HSHA 模型的互動簡圖如圖 10-6 所示。

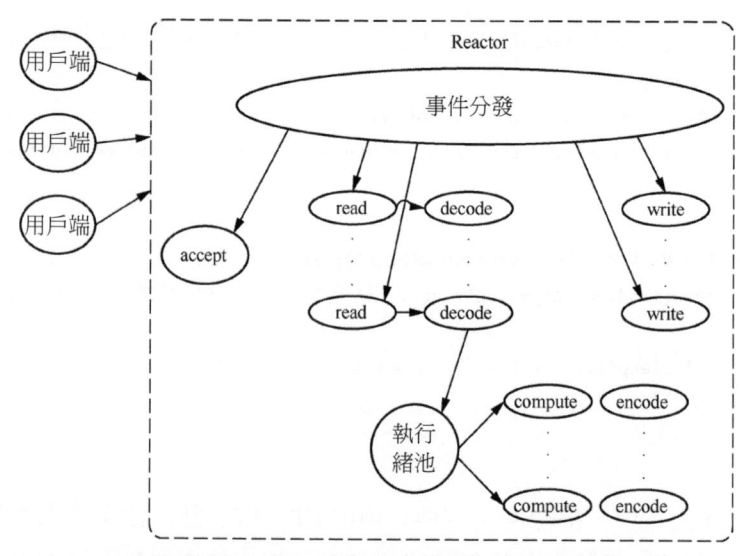

▲ 圖 10-6　Reactor-HSHA 模型的互動簡圖

10.2 併發實例——EchoServer

Reactor-HSHA 模型該如何實現呢？對應的程式如程式清單 10-23 所示。

→ **程式清單 10-23　原始檔案 epollreactorthreadpoolhsha.cpp**

```cpp
#include <arpa/inet.h>
#include <fcntl.h>
#include <netinet/in.h>
#include <stdio.h>
#include <stdlib.h>
#include <sys/epoll.h>
#include <sys/socket.h>
#include <unistd.h>
#include <condition_variable>
#include <iostream>
#include <mutex>
#include <queue>
#include <thread>
#include "../epollctl.hpp"
std::mutex Mutex;
std::condition_variable Cond;
std::queue<EchoServer::Conn *> Queue;
void pushInQueue(EchoServer::Conn *conn) {
  {
    std::unique_lock<std::mutex> locker(Mutex);
    Queue.push(conn);
  }
  Cond.notify_one();
}
EchoServer::Conn *getQueueData() {
  std::unique_lock<std::mutex> locker(Mutex);
  Cond.wait(locker, []() -> bool { return Queue.size() > 0; });
  EchoServer::Conn *conn = Queue.front();
  Queue.pop();
  return conn;
}
void workerHandler(bool directSend) {
  while (true) {
    EchoServer::Conn *conn = getQueueData();
    conn->EnCode();
    if (directSend) {  // 直接把資料發送給用戶端，而非透過 I/O 執行緒來發送
```

```
      while (not conn->FinishWrite()) {
        if (not conn->Write(false)) {
          break;
        }
      }
      EchoServer::ClearEvent(conn);
      delete conn;
    } else {
      EchoServer::ModToWriteEvent(conn);  // 監聽寫入事件，資料透過 I/O 執行緒來發送
    }
  }
}
void ioHandler(char *argv[]) {
  int sockFd = EchoServer::CreateListenSocket(argv[1], atoi(argv[2]), true);
  if (sockFd < 0) {
    return;
  }
  epoll_event events[2048];
  int epollFd = epoll_create(1024);
  if (epollFd < 0) {
    perror("epoll_create failed");
    return;
  }
  EchoServer::Conn conn(sockFd, epollFd, true);
  EchoServer::SetNotBlock(sockFd);
  EchoServer::AddReadEvent(&conn);
  int msec = -1;
  while (true) {
    int num = epoll_wait(epollFd, events, 2048, msec);
    if (num < 0) {
      perror("epoll_wait failed");
      continue;
    }
    for (int i = 0; i < num; i++) {
      EchoServer::Conn *conn = (EchoServer::Conn *)events[i].data.ptr;
      if (conn->Fd() == sockFd) {
        EchoServer::LoopAccept(sockFd, 2048, [epollFd](int clientFd) {
          EchoServer::Conn *conn = new EchoServer::Conn(clientFd, epollFd,
            true);
```

10.2 併發實例──EchoServer

```
          EchoServer::SetNotBlock(clientFd);
          EchoServer::AddReadEvent(conn, false, true);    // 監聽並開啟 oneshot
        });
        continue;
      }
      auto releaseConn = [&conn]() {
        EchoServer::ClearEvent(conn);
        delete conn;
      };
      if (events[i].events & EPOLLIN) {    // 讀取
        if (not conn->Read()) {    // 執行非阻塞讀取
          releaseConn();
          continue;
        }
        if (conn->OneMessage()) {
          pushInQueue(conn);      // 加入共用輸入佇列，有鎖
        } else {
          EchoServer::ReStartReadEvent(conn);    // 重新啟動監聽並開啟 oneshot
        }
      }
      if (events[i].events & EPOLLOUT) {    // 寫入
        if (not conn->Write(false)) {    // 執行非阻塞寫入
          releaseConn();
          continue;
        }
        if (conn->FinishWrite()) {    // 若完成請求的應答寫入，則可以釋放連接
          releaseConn();
        }
      }
    }
  }
}
int main(int argc, char *argv[]) {
  if (argc != 4) {
    std::cout << "invalid input" << std::endl;
    std::cout << "example: ./EpollReactorThreadPoolHSHA 0.0.0.0 1688 1"
              << std::endl;
    return -1;
  }
```

```
    bool directSend = (std::string(argv[3]) == "1");
    for (int i = 0; i < EchoServer::GetNProcs(); i++) {    // 建立工作執行緒
      std::thread(workerHandler, directSend).detach();
    }
    for (int i = 0; i < EchoServer::GetNProcs(); i++) {    // 建立 I/O 執行緒
      std::thread(ioHandler, argv).detach();
    }
    while (true) sleep(1);    // 主執行緒陷入無窮迴圈
    return 0;
}
```

在 main 函數中,根據系統當前可用的 CPU 核心數,預先建立數量與之相等的工作執行緒和 I/O 執行緒。然後,主執行緒陷入無窮迴圈。每個 I/O 執行緒都會建立自己的 socket,並設置 SO_REUSEPORT 選項,以便在相同的網路位址上開啟監聽。最後,I/O 執行緒陷入 epoll 的無窮迴圈。

I/O 執行緒負責監聽用戶端連接的到來以及用戶端讀取和寫入事件。當 I/O 執行緒接收完資料並解析出一個完整的請求時,它會將訊息插入共用佇列,並透過條件變數喚醒一個工作執行緒來處理請求。

工作執行緒啟動後,就會等待條件變數的通知。為了避免共用佇列中資料讀取的異常,在等待條件變數的通知時,需要再判斷共用佇列中的資料量必須大於 0 才可以傳回。工作執行緒在獲取到請求資料後,會對應答資料進行編碼。然後,既可以選擇直接將應答資料發送給用戶端,也可以選擇註冊監聽用戶端連接的寫入事件,由 I/O 執行緒完成應答資料的發送。

有些人可能會對應答資料的發送方式感到困惑。畢竟,HSHA 模型要求透過佇列來發送應答資料,但即使是 HSHA 模型的原始文獻也沒有對此進行詳細的描述。因此,我們不必過於教條,而是可以靈活變通。我們的實現支援兩種發送應答資料的方式。第一種是直接發送給用戶端,這種方式是合理的,因為此時用戶端大機率在等待應答,伺服器端的檔案描述符號也大機率是寫入的。第二種是註冊監聽用戶端連接的寫入事件,由 I/O 執行緒透過事件驅動來完成應答資料的發送。這種方式和透過佇列來發送應答資料類似,只不過沒有真正透過一個佇列而已。

10.2.19 I/O 多工之 epoll(執行緒池)-Reactor-MS

Reactor 併發模型還有一種變形，就是 Reactor-MS 模型。它將用戶端連接的接受放在單獨的 MainReactor 中，MainReactor 再將用戶端連接移交給 SubReactor 進行讀寫入操作的處理。使用單獨的執行緒來接受用戶端連接可以更快地為新的用戶端提供服務，因為同時處理的用戶端連接更多了，從而提高了服務併發度，更進一步地利用了 CPU。Reactor-MS 模型的互動簡圖如圖 10-7 所示。

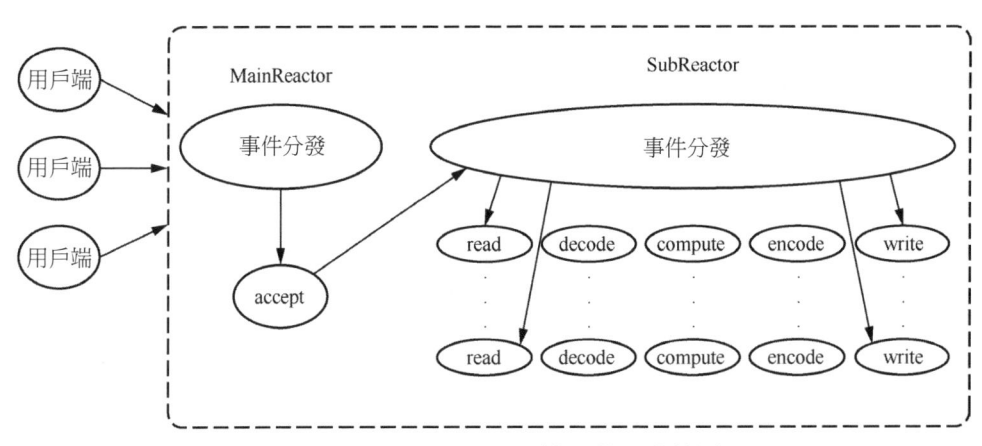

▲ 圖 10-7 Reactor-MS 模型的互動簡圖

Reactor-MS 模型具體如何實現呢？對應的程式如程式清單 10-24 所示。

→ 程式清單 10-24 原始檔案 epollreactorthreadpoolms.cpp

```
#include <arpa/inet.h>
#include <assert.h>
#include <fcntl.h>
#include <netinet/in.h>
#include <stdio.h>
#include <stdlib.h>
#include <sys/epoll.h>
#include <sys/socket.h>
#include <unistd.h>
#include <condition_variable>
#include <iostream>
```

```cpp
#include <mutex>
#include <thread>
#include "../epollctl.hpp"
int *EpollFd;
int EpollInitCnt = 0;
std::mutex Mutex;
std::condition_variable Cond;
void waitSubReactor() {
  std::unique_lock<std::mutex> locker(Mutex);
  Cond.wait(locker, []() -> bool { return EpollInitCnt >= EchoServer::
    GetNProcs(); });
  return;
}
void subReactorNotifyReady() {
  {
     std::unique_lock<std::mutex> locker(Mutex);
     EpollInitCnt++;
  }
  Cond.notify_all();
}
void addToSubReactor(int &index, int clientFd) {
  index++;
  index %= EchoServer::GetNProcs();
  // 以輪詢的方式增加到 SubReactor 執行緒中
  EchoServer::Conn *conn = new EchoServer::Conn(clientFd, EpollFd[index], true);
  EchoServer::AddReadEvent(conn);   // 監聽讀取事件
}
void MainReactor(char *argv[]) {
  waitSubReactor();   // 等待所有的 SubReactor 執行緒都啟動完畢
  int sockFd = EchoServer::CreateListenSocket(argv[1], atoi(argv[2]), true);
  if (sockFd < 0) {
    return;
  }
  epoll_event events[2048];
  int epollFd = epoll_create(1024);
  if (epollFd < 0) {
    perror("epoll_create failed");
    return;
  }
```

```cpp
    int index = 0;
    bool mainMonitorRead = (std::string(argv[3]) == "1");
    EchoServer::Conn conn(sockFd, epollFd, true);
    EchoServer::SetNotBlock(sockFd);
    EchoServer::AddReadEvent(&conn);
    while (true) {
      int num = epoll_wait(epollFd, events, 2048, -1);
      if (num < 0) {
        perror("epoll_wait failed");
        continue;
      }
      for (int i = 0; i < num; i++) {
        EchoServer::Conn *conn = (EchoServer::Conn *)events[i].data.ptr;
        if (conn->Fd() == sockFd) {    // 有用戶端連接到來
          EchoServer::LoopAccept(sockFd, 100000, [&index, mainMonitorRead,
            epollFd](int clientFd) {
            EchoServer::SetNotBlock(clientFd);
            if (mainMonitorRead) {
              EchoServer::Conn *conn = new EchoServer::Conn(clientFd,
                epollFd, true);
              EchoServer::AddReadEvent(conn);
            } else {
              addToSubReactor(index, clientFd);
            }
          });
          continue;
        }
        // 若用戶端有資料讀取，則把連接遷移到 SubReactor 執行緒中進行管理
        EchoServer::ClearEvent(conn, false);
        addToSubReactor(index, conn->Fd());
        delete conn;
      }
    }
  }
}
void SubReactor(int threadId) {
  epoll_event events[2048];
  int epollFd = epoll_create(1024);
  if (epollFd < 0) {
    perror("epoll_create failed");
```

```cpp
      return;
    }
    EpollFd[threadId] = epollFd;
    subReactorNotifyReady();
    while (true) {
      int num = epoll_wait(epollFd, events, 2048, -1);
      if (num < 0) {
        perror("epoll_wait failed");
        continue;
      }
      for (int i = 0; i < num; i++) {
        EchoServer::Conn *conn = (EchoServer::Conn *)events[i].data.ptr;
        auto releaseConn = [&conn]() {
          EchoServer::ClearEvent(conn);
          delete conn;
        };
        if (events[i].events & EPOLLIN) {   // 讀取
          if (not conn->Read()) {   // 執行非阻塞讀取
            releaseConn();
            continue;
          }
          if (conn->OneMessage()) {   // 判斷是否要觸發寫入事件
            EchoServer::ModToWriteEvent(conn);   // 修改成隻監控寫入事件
          }
        }
        if (events[i].events & EPOLLOUT) {   // 寫入
          if (not conn->Write()) {   // 執行非阻塞寫入
            releaseConn();
            continue;
          }
          if (conn->FinishWrite()) {   // 若完成請求的應答寫入，則可以釋放連接
            releaseConn();
          }
        }
      }
    }
}
int main(int argc, char *argv[]) {
  if (argc != 4) {
```

```
    std::cout << "invalid input" << std::endl;
    std::cout << "example: ./EpollReactorThreadPoolMS 0.0.0.0 1688 1"
              << std::endl;
    return -1;
  }
  EpollFd = new int[EchoServer::GetNProcs()];
  for (int i = 0; i < EchoServer::GetNProcs(); i++) {
    std::thread(SubReactor, i).detach();
  }
  int mainReactorCnt = 3;
  for (int i = 0; i < mainReactorCnt; i++) {
    std::thread(MainReactor, argv).detach();
  }
  while (true) sleep(1);   // 主執行緒陷入無窮迴圈
  return 0;
}
```

在 main 函數中,根據系統當前可用的 CPU 核心數,預先建立數量與之相等的 SubReactor 執行緒。然後,建立 3 個 MainReactor 執行緒。最後,主執行緒陷入無窮迴圈。MainReactor 執行緒會等待所有 SubReactor 執行緒都建立完 epoll 實例,才會開啟網路監聽。當 MainReactor 執行緒接受用戶端連接時,就可以直接將用戶端讀寫事件的監聽排程給 SubReactor 執行緒,也可以在監聽到讀取事件後,再將其排程給 SubReactor 執行緒。SubReactor 執行緒負責處理用戶端請求。

10.2.20 I/O 多工之 epoll(處理程序池)-Reactor- 程式碼協同池

Reactor- 程式碼協同池的併發模型同樣也存在處理程序池的版本。對應的程式如程式清單 10-25 所示。

→ 程式清單 10-25 原始檔案 epollreactorprocesspollcoroutine.cpp

```
#include <arpa/inet.h>
#include <assert.h>
#include <fcntl.h>
#include <netinet/in.h>
```

10 I/O 模型與併發

```cpp
#include <stdio.h>
#include <stdlib.h>
#include <sys/epoll.h>
#include <sys/socket.h>
#include <unistd.h>
#include <iostream>
#include "../coroutine.h"
#include "../epollctl.hpp"
struct EventData {
  EventData(int fd, int epoll_fd) : fd_(fd), epoll_fd_(epoll_fd){};
  int fd_{0};
  int epoll_fd_{0};
  int cid_{MyCoroutine::INVALID_ROUTINE_ID};
  MyCoroutine::Schedule *schedule_{nullptr};
};
void EchoDeal(const std::string reqMessage, std::string &respMessage) {
  respMessage = reqMessage;
}

void handlerClient(void *arg) {
  EventData *eventData = (EventData *)arg;
  auto releaseConn = [&eventData]() {
    EchoServer::ClearEvent(eventData->epoll_fd_, eventData->fd_);
    delete eventData;    // 釋放記憶體
  };
  ssize_t ret = 0;
  EchoServer::Codec codec;
  std::string reqMessage;
  std::string respMessage;
  while (true) {   // 讀取操作
    uint8_t data[100];
    ret = read(eventData->fd_, data, 100);   // 一次最多讀取 100 位元組
    if (ret == 0) {
      perror("peer close connection");
      releaseConn();
      return;
    }
    if (ret < 0) {
      if (EINTR == errno) continue;   // 被中斷,可以重新啟動讀取操作
```

10-86

10.2 併發實例——EchoServer

```
      if (EAGAIN == errno or EWOULDBLOCK == errno) {
        MyCoroutine::CoroutineYield(*eventData->schedule_);
        continue;
      }
      perror("read failed");
      releaseConn();
      return;
    }
    codec.DeCode(data, ret);           // 解析請求資料
    if (codec.GetMessage(reqMessage)) {  // 解析出一個完整的請求
      break;
    }
  }
  EchoDeal(reqMessage, respMessage);
  EchoServer::Packet pkt;
  codec.EnCode(respMessage, pkt);
  EchoServer::ModToWriteEvent(eventData->epoll_fd_, eventData->fd_, eventData);
  ssize_t sendLen = 0;
  while (sendLen != pkt.Len()) {  // 寫入操作
    ret = write(eventData->fd_, pkt.Data() + sendLen, pkt.Len() - sendLen);
    if (ret < 0) {
      if (EINTR == errno) continue;    // 被中斷，可以重新啟動寫入操作
      if (EAGAIN == errno or EWOULDBLOCK == errno) {
        MyCoroutine::CoroutineYield(*eventData->schedule_);
        continue;
      }
      perror("write failed");
      releaseConn();
      return;
    }
    sendLen += ret;
  }
  releaseConn();
}
void handler(char *argv[]) {
  int sockFd = EchoServer::CreateListenSocket(argv[1], atoi(argv[2]), true);
  if (sockFd < 0) {
    return;
  }
```

```cpp
epoll_event events[2048];
int epollFd = epoll_create(1024);
if (epollFd < 0) {
  perror("epoll_create failed");
  return;
}
EventData eventData(sockFd, epollFd);
EchoServer::SetNotBlock(sockFd);
EchoServer::AddReadEvent(epollFd, sockFd, &eventData);
MyCoroutine::Schedule schedule;
MyCoroutine::ScheduleInit(schedule, 10000);  // 初始化程式碼協同池
int msec = -1;
while (true) {
  int num = epoll_wait(epollFd, events, 2048, msec);
  if (num < 0) {
    perror("epoll_wait failed");
    continue;
  } else if (num == 0) {  // 沒有事件了，下次呼叫 epoll_wait 大機率被暫停
    sleep(0);   // 主動讓出 CPU
    msec = -1;  // 大機率被暫停，故這裡將逾時時間設置為 -1
    continue;
  }
  msec = 0;   // 下次大機率還有事件，故這裡將 msec 設置為 0
  for (int i = 0; i < num; i++) {
    EventData *eventData = (EventData *)events[i].data.ptr;
    if (eventData->fd_ == sockFd) {
      EchoServer::LoopAccept(sockFd, 2048, [epollFd](int clientFd) {
        EventData *eventData = new EventData(clientFd, epollFd);
        EchoServer::SetNotBlock(clientFd);
        EchoServer::AddReadEvent(epollFd, clientFd, eventData);
      });
      continue;
    }
    if (eventData->cid_ == MyCoroutine::INVALID_ROUTINE_ID) {
      if (MyCoroutine::CoroutineCanCreate(schedule)) {
        eventData->schedule_ = &schedule;
        eventData->cid_ = MyCoroutine::CoroutineCreate(schedule,
          handlerClient, eventData, 0);   // 建立程式碼協同
        MyCoroutine::CoroutineResumeById(schedule, eventData->cid_);
```

10.2 併發實例——EchoServer

```cpp
        } else {
          std::cout << "MyCoroutine is full" << std::endl;
        }
      } else {
        MyCoroutine::CoroutineResumeById(schedule, eventData->cid_);
      }
    }
    MyCoroutine::ScheduleTryReleaseMemory(schedule);    // 嘗試釋放記憶體
  }
}
int main(int argc, char *argv[]) {
  if (argc != 3) {
    std::cout << "invalid input" << std::endl;
    std::cout << "example: ./EpollReactorProcessPoolCoroutine 0.0.0.0 1688"
              << std::endl;
    return -1;
  }
  for (int i = 0; i < EchoServer::GetNProcs(); i++) {
    pid_t pid = fork();
    if (pid < 0) {
      perror("fork failed");
      continue;
    }
    if (0 == pid) {
      handler(argv);         // 子處理程序陷入無窮迴圈，處理用戶端請求
      exit(0);
    }
  }
  while (true) sleep(1);    // 父處理程序陷入無窮迴圈
  return 0;
}
```

在 main 函數中，根據系統當前可用的 CPU 核心數，預先建立數量與之相等的子處理程序。在子處理程序中開啟網路監聽之後，執行與 10.2.16 節中相同的邏輯，這裡不再贅述。

10-89

10.3 基準性能對比與分析

在前面的內容中，我們已經實現了 17 種不同的併發模型。當然，這裡並沒有列舉所有的併發模型，而只是列出了主流的那些。在本節中，我們將對這 17 種不同的併發模型進行壓力測試，對比它們的性能差異並進行分析。我們將採用分組、分特性的方式對它們進行對比。

我們使用壓力測試工具對不同的併發模型進行了測試，壓力測試工具和併發服務都執行在同一台 16 核心 32GHz 的 CentOS 雲端主機上，每個 CPU 的頻率為 2.59GHz。由於無法統一壓力測試使用的機器和環境，因此在不同的壓力測試機器或環境中，得到的壓力測試結果會存在一定的差異。即使使用相同的壓力測試機器和環境，多次壓力測試的結果也會存在一定的偏差。

在開始壓力測試之前，需要調整兩個系統組態。一個是允許開啟的檔案描述符號的最大數量，我們需要將這個配置調整為 50 萬。另一個是本機通訊埠的可分配範圍，我們需要將這個配置調整為 1024～65500。

需要特別說明的是，後續表格中的壓力測試結果「-」表示耗時過長，因此沒有展示具體的耗時。此外，我們使用程式檔案名稱來表示不同的併發模型，例如 EpollReactorSingleProcess 和 EpollReactorSingleProcessET，它們分別表示使用 epoll 實現的 Reactor 單處理程序模型以及使用 epoll 實現的 Reactor 單處理程序的邊緣觸發模型。

10.3.1 非 I/O 重複使用模型對比

我們使用 BenchMark 壓力測試工具對所有非 I/O 重複使用的模型進行了壓力測試，請求封包的大小為 100 位元組，每次壓力測試持續 30 s，並記錄不同併發量請求的平均耗時。壓力測試結果如表 10-3 所示。

▼ 表 10-3 非 I/O 重複使用模型壓力測試結果

併發量	單處理程序	多處理程序	多執行緒	處理程序池 1	處理程序池 2	執行緒池	領導者 - 跟隨者
100	1 ms	4 ms	1 ms	<1 ms	<1 ms	<1 ms	<1 ms
170	32550 ms	630 ms	575 ms	2570 ms	<1 ms	<1 ms	1179 ms
200	-	701 ms	778 ms	31069 ms	1 ms	<1 ms	8210 ms
1000	-	5527 ms	5851 ms	-	4 ms	4 ms	-
1500	-	8177 ms	8989 ms	-	7 ms	7 ms	-

從壓力測試結果中可以看出，最原始的單處理程序模型在併發量為 170 時，性能就嚴重下降了。相比之下，多處理程序和多執行緒模型表現更好。然而，處理程序池 1 模型由於處理程序在接受用戶端連接時存在鎖競爭，性能也不佳。處理程序池 2 和執行緒池模型使用了 REUSEPORT 特性，由作業系統進行連接的負載平衡，因此性能最佳。領導者 - 跟隨者模型存在多執行緒鎖競爭，性能不如處理程序池 2 和執行緒池模型優秀。

10.3.2 I/O 重複使用模型對比

我們使用 BenchMark 壓力測試工具對 select、poll 和 epoll 這三個 I/O 重複使用模型進行了壓力測試，請求封包的大小為 100 位元組，每次壓力測試持續 60 s，並記錄不同併發量請求的平均耗時。壓力測試結果如表 10-4 所示。

▼ 表 10-4 I/O 重複使用模型壓力測試結果

併發量	select	poll	epoll
1000	2556ms	2656 ms	2842 ms
2500	3228ms	3392 ms	2949 ms
10000	-	3415 ms	3229 ms
20000	-	3821 ms	3353 ms
40000	-	63372 ms	4204 ms

從壓力測試結果中可以看出，epoll 的性能是最佳的，尤其是在高併發的情況下。相比之下，select 在併發量超過 2500 時，比較容易觸碰到支援的最大 fd 數量的限制。

10.3.3 epoll 下 LT 模式和 ET 模式對比

我們使用 BenchMark 壓力測試工具對 EpollReactorSingleProcess 和 EpollReactorSingleProcessET 進行了壓力測試，請求封包的大小為 150KB，每次壓力測試持續 60 s，並記錄不同併發量請求的平均耗時。壓力測試結果如表 10-5 所示。

▼ 表 10-5 epoll 下 LT 模式和 ET 模式壓力測試結果

併發量	LT- 單次讀取	LT- 多次讀取	ET- 多次讀取
5000	4858 ms	3745 ms	3514 ms
10000	8791 ms	4675 ms	4587 ms
20000	25895 ms	6717 ms	6756 ms

從壓力測試結果中可以看出，在大包請求下，LT- 單次讀取的性能最差，因為需要呼叫更多次的 epoll_wait 函數。而在多次讀取的情況下，LT 模式和 ET 模式的性能基本持平。

10.3.4 epoll 下程式碼協同池模式和 非程式碼協同池模式對比

我們使用 BenchMark 壓力測試工具對 EpollReactorSingleProcess 和 Epoll-ReactorSingleProcess- Coroutine 進行了壓力測試，請求封包的大小為 4KB，每次壓力測試持續 60 s，並記錄不同併發量請求的平均耗時。壓力測試結果如表 10-6 所示。

▼ 表 10-6 程式碼協同池模式和非程式碼協同池模式壓力測試結果

併發量	程式碼協同池	非程式碼協同池 - 多次讀取
1000	3126 ms	3057 ms
5000	3727 ms	3437 ms
10000	3951 ms	3931 ms
20000	4881 ms	4600 ms

從壓力測試結果中可以看出，程式碼協同池模式並不優於非程式碼協同池模式。相比非程式碼協同池模式，程式碼協同池模式多了程式碼協同排程和管理的成本。

10.3.5 HSHA 模式下工作執行緒和 I/O 執行緒寫入應答對比

我們使用 BenchMark 壓力測試工具對 EpollReactorThreadPoolHSHA 的兩種不同模式——使用工作執行緒或使用 I/O 執行緒寫入應答進行了壓力測試，請求封包的大小為 4KB，每次壓力測試持續 60 s，並記錄不同併發量請求的平均耗時。壓力測試結果如表 10-7 所示。

▼ 表 10-7 HSHA 模式下工作執行緒和 I/O 執行緒寫入應答壓力測試結果

併發量	工作執行緒寫入應答	I/O 執行緒寫入應答
10000	72 ms	168 ms
20000	207 ms	355 ms
40000	657 ms	936 ms
80000	1154 ms	1853 ms
160000	2347 ms	3142 ms

10 I/O 模型與併發

從壓力測試結果中可以看出，使用工作執行緒寫入應答的性能明顯優於使用 I/O 執行緒。使用 I/O 執行緒寫入應答需要多付出鎖的成本（epoll_ctl 是執行緒安全的，內部有鎖），並且通常來說，在寫入應答資料時，socket 基本上是寫入的，大機率不需要再監聽寫入事件，直接寫入應答資料性能更佳。

10.3.6 MS 模式下 MainReactor 執行緒是否監聽讀取事件對比

我們使用 BenchMark 壓力測試工具對 EpollReactorThreadPoolMS 的兩種不同模式—MainReactor 執行緒是否監聽讀取事件進行了壓力測試，請求封包的大小為 4KB，每次壓力測試持續 60 s，並記錄不同併發量請求的平均耗時。壓力測試結果如表 10-8 所示。

▼ 表 10-8 MS 模式下 MainReactor 執行緒是否監聽讀取事件壓力測試結果

併發量	MainReactor 監聽讀取事件	MainReactor 不監聽讀取事件
10000	511 ms	480 ms
20000	541 ms	535 ms
40000	876 ms	831 ms
80000	1227 ms	1131 ms
160000	1885 ms	1686 ms

從壓力測試結果中可以看出，MainReactor 執行緒不監聽讀取事件的性能更佳。當 MainReactor 執行緒監聽讀取事件時，直到有讀取事件後，才把用戶端移交給 SubReactor 執行緒監聽，因此需要付出更多次 epoll_wait 傳回和更多次記憶體分配的成本。

10.3.7 epoll 下動態和固定逾時時間對比

我們使用 BenchMark 壓力測試工具對 EpollReactorSingleProcessCoroutine 的兩種不同模式—是否使用動態逾時時間進行了壓力測試，請求封包的大小為

25KB，每次壓力測試持續 60 s，並記錄不同併發量請求的平均耗時。壓力測試結果如表 10-9 所示。

▼ 表 10-9 epoll 下動態和固定逾時時間壓力測試結果

併發量	固定逾時時間	動態逾時時間
2500	3906 ms	3156 ms
5000	4038 ms	3488 ms
10000	4359 ms	3734 ms
20000	4459 ms	3843 ms

從壓力測試結果中可以看出，動態設置 epoll_wait 呼叫的逾時時間可以獲得更佳的性能表現。

10.3.8 epoll 下處理程序池和執行緒池對比

我們使用 BenchMark 壓力測試工具對 EpollReactorProcessPoolCoroutine（動態逾時時間）、EpollReactorThreadPool、EpollReactorThreadPoolHSHA（使用工作執行緒寫入應答）、EpollReactorThreadPoolMS（MainReactor 執行緒不監聽讀取事件）進行了壓力測試，請求封包的大小為 8KB，每次壓力測試持續 60 s，並記錄不同併發量請求的平均耗時。壓力測試結果如表 10-10 所示。

▼ 表 10-10 處理程序池和執行緒池壓力測試結果

併發量	ProcessPoolCoroutine	ThreadPool	ThreadPoolHSHA	ThreadPoolMS
20000	396 ms	185 ms	216 ms	514 ms
40000	879 ms	583 ms	564 ms	739 ms
80000	1195 ms	962 ms	1100 ms	1009 ms
160000	2380 ms	2233 ms	2257 ms	1631 ms
320000	3429 ms	3183 ms	3210 ms	2861 ms

10 I/O 模型與併發

從壓力測試結果中可以看出，處理程序池的程式碼協同模型（ProcessPool-Coroutine）性能不如執行緒池的其他模型（ThreadPool、ThreadPoolHSHA 和 ThreadPoolMS）。半同步半非同步模型相對傳統的執行緒池模型並沒有明顯的性能優勢，而主從模式下的執行緒池模型在高併發下展現出了更優的性能。因為有 main 執行緒專門接受連接，所以在高併發時連接的接受不會成為瓶頸，連接接受得快，請求就能更快地得到處理。

10.4 本章小結

在本章中，我們詳細介紹了 4 種 I/O 模型，並使用了 17 種不同的併發模型來實現顯示輸出服務。透過對不同模型的性能進行對比和壓力測試，我們深入探討了網路併發服務和程式設計實踐中的關鍵問題，為大家提供了全面的角度。這些內容對於理解網路程式設計、最佳化網路性能以及選擇合適的併發模型都具有非常重要的意義。希望這些內容能夠幫助大家更進一步地理解和應用網路程式設計及併發程式設計技術。

11

公共程式提煉

　　公共程式的提煉和封裝，可以幫助我們更加高效率地完成 RPC 框架 MyRPC（在第 13 章會介紹）的實現。這些公共程式都被定義在 Common 命名空間中，這樣可以避免命名衝突和程式混亂。雖然本章沒有舉出如何使用的範例程式，但是這些公共程式會在後續章節中被廣泛使用，因此我們需要熟練掌握它們的使用方法和注意事項。

11 公共程式提煉

需要特別說明的是，後續章節中有很多副檔名為 .hpp 的標頭檔，這種檔案表示定義和實現都放在一起，並對外只提供一個副檔名為 .hpp 的標頭檔，而不提供副檔名為 .cpp 的原始檔案。這種方式可以簡化程式結構，提高程式的可讀性和可維護性，但也需要我們更加注意程式的安全性和堅固性，以避免出現潛在的問題和漏洞。

在實現自己的 RPC 框架 MyRPC 之前，我們需要掌握這些公共程式的使用方法和原理，以便更進一步地理解後續章節的內容。同時，這些公共程式也可以在日常業務開發中廣泛使用，以提高研發效率和程式品質。

11.1 參數列表

計時器回呼函數和程式碼協同執行的入口函數所能接收的參數個數是有限的，而此類參數通常是一個 void* 類型的指標。我們一般會定義一個專用的結構，然後傳遞這個結構變數的指標給回呼函數或入口函數。但這種方式還是不夠優雅，因為每次都需要定義一個專用的結構。為了提供更通用高效的解決方案，我們封裝了 Argv 類別，對應的程式如程式清單 11-1 所示。

➡ 程式清單 11-1 標頭檔 argv.hpp

```
#pragma once
#include <assert.h>
#include <unordered_map>
namespace Common {
class Argv {
 public:
  Argv& Set(std::string name, void* arg) {
    argv_[name] = arg;
    return *this;
  }
  template <class Type>
  Type& Arg(std::string name) {
    auto iter = argv_.find(name);
    assert(iter != argv_.end());
    return *(Type*)iter->second;
```

```
  }
private:
  std::unordered_map<std::string, void*> argv_;   // 參數變數名稱到變數指標的映射
};
}  // 命名空間 Common
```

Argv 類別封裝了兩個函數：Set 函數和 Arg 函數。Set 函數用於將各種不同類型的參數與一個名稱綁定；Arg 函數則是一個範本函數，旨在透過參數類型和名稱傳回對應參數值的引用。

11.2 命令列參數解析

命令列參數解析是後端開發不可或缺的重要功能。各種命令列工具都需要實現對命令列參數的解析，並根據不同的命令列參數來實現不同的功能。為此，我們參考了 Go 語言 flag 封包的實現邏輯，並進行了通用的命令列參數解析。對應的程式如程式清單 11-2 和程式清單 11-3 所示。

➔ **程式清單 11-2　標頭檔 cmdline.h**

```
#pragma once
#include <string>
namespace Common {
namespace CmdLine {
typedef void (*Usage)();
void BoolOpt(bool* value, std::string name);
void Int64Opt(int64_t* value, std::string name, int64_t defaultValue);
void StrOpt(std::string* value, std::string name, std::string defaultValue);
void Int64OptRequired(int64_t* value, std::string name);
void StrOptRequired(std::string* value, std::string name);
void SetUsage(Usage usage);
void Parse(int argc, char* argv[]);
}  // 命名空間 CmdLine
}  // 命名空間 Common
```

11 公共程式提煉

函數 BoolOpt、Int64Opt、StrOpt 用於設置命令列可選選項，並支援指定預設值。函數 Int64OptRequired 和 StrOptRequired 則用於設置必選命令列選項。函數 SetUsage 用於設置命令列的用法說明，而函數 Parse 則用於解析命令列參數。

→ 程式清單 11-3 原始檔案 cmdline.cpp

```cpp
#include "cmdline.h"
#include <stdint.h>
#include <stdio.h>
#include <string.h>
#include <map>
namespace Common {
namespace CmdLine {
class Opt;   // 前置宣告
static Usage usage_ = nullptr;
static std::map<std::string, Opt> opts_;
enum OptType {
  INT64_T = 1,
  BOOL = 2,
  STRING = 3,
};
class Opt {
 public:
  Opt() = default;
  Opt(bool* value, std::string name, bool defaultValue, bool required) {
    init(BOOL, value, name, required);
    *(bool*)value_ = defaultValue;
  }
  Opt(int64_t* value, std::string name, int64_t defaultValue, bool required) {
    init(INT64_T, value, name, required);
    *(int64_t*)value_ = defaultValue;
  }
  Opt(std::string* value, std::string name, std::string defaultValue, bool
      required) {
    init(STRING, value, name, required);
    *(std::string*)value_ = defaultValue;
  }
  bool IsBoolOpt() { return type_ == BOOL; }
  void SetBoolValue(bool value) {
```

```cpp
      value_is_set_ = true;
      *(bool*)value_ = value;
    }
    void SetValue(std::string value) {
      if (type_ == STRING) *(std::string*)value_ = value;
      if (type_ == INT64_T) *(int64_t*)value_ = atoll(value.c_str());
      value_is_set_ = true;
    }
    bool CheckRequired() {
      if (not required_) return true;
      if (required_ && value_is_set_) return true;
      printf("required option %s not set argument\n", name_.c_str());
      return false;
    }
  private:
    void init(OptType type, void* value, std::string name, bool required) {
      type_ = type;
      name_ = name;
      value_ = (void*)value;
      required_ = required;
      if (required_) value_is_set_ = false;
    }
  private:
    OptType type_;
    std::string name_;
    void* value_;
    bool value_is_set_{true};
    bool required_{false};
};
static bool isValidName(std::string name) {
  if (name == "") return false;
  if (name[0] == '-') {
    printf("option %s begins with -\n", name.c_str());
    return false;
  }
  if (name.find("=") != name.npos) {
    printf("option %s contains =\n", name.c_str());
    return false;
  }
```

11 公共程式提煉

```cpp
    return true;
}
static int ParseOpt(int argc, char* argv[], int& parseIndex) {
  char* opt = argv[parseIndex];
  int optLen = strlen(opt);
  if (optLen <= 1) {        // 選項的長度必須大於或等於 2
    printf("option's len must greater than or equal to 2\n");
    return -1;
  }
  if (opt[0] != '-') {      // 選項必須以 '-' 開頭
    printf("option must begins with '-', %s is invalid option\n", opt);
    return -1;
  }
  opt++;      // 過濾第一個 '-'
  optLen--;
  if (*opt == '-') {
    opt++;    // 過濾第二個 '-'
    optLen--;
  }
  // 在過濾完有效的 '-' 之後，還需要檢查一下後面的內容和長度
  if (optLen == 0 || *opt == '-' || *opt == '=') {
    printf("bad opt syntax:%s\n", argv[parseIndex]);
    return -1;
  }
  // 執行到這裡，說明是一個選項，接下來判斷這個選項是否有參數
  bool hasArgument = false;
  std::string argument = "";
  for (int i = 1; i < optLen; i++) {
    if (opt[i] == '=') {
      hasArgument = true;
      argument = std::string(opt + i + 1);  // 取等號之後的內容，賦值給 argument
      opt[i] = 0;  // 這樣 opt 指向的字串就是 '=' 之前的內容
      break;
    }
  }
  std::string optName = std::string(opt);
  if (optName == "help" || optName == "h") {  // 若是 help 選項，則呼叫 _usage 函數並退出
    if (usage_) usage_();
    exit(0);
```

11.2 命令列參數解析

```cpp
    }
    auto iter = opts_.find(optName);
    if (iter == opts_.end()) {           // 選項不存在
      printf("option provided but not defined: -%s\n", optName.c_str());
      return -1;
    }
    if (iter->second.IsBoolOpt()) {    // 不需要參數的布林類型選項
      iter->second.SetBoolValue(true);
      parseIndex++;  // 跳到下一個選項
    } else {          // 需要參數的選項，參數可能在下一個命令列參數中
      if (hasArgument) {
        parseIndex++;
      } else {
        if (parseIndex + 1 < argc) {  // 選項的值在下一個命令列參數中
          hasArgument = true;
          argument = std::string(argv[parseIndex + 1]);
          parseIndex += 2;  // 跳到下一個選項
        }
      }
      if (not hasArgument) {
        printf("option needs an argument: -%s\n", optName.c_str());
        return -1;
      }
      iter->second.SetValue(argument);
    }
    return 0;
  }
  static bool CheckRequired() {
    auto iter = opts_.begin();
    while (iter != opts_.end()) {
      if (!iter->second.CheckRequired()) return false;
      iter++;
    }
    return true;
  }
  static void setOptCheck(const std::string& name) {
    if (opts_.find(name) != opts_.end()) {
      printf("%s opt already set\n", name.c_str());
      exit(-1);
```

11-7

```
    }
    if (not isValidName(name)) {
      printf("%s is invalid name\n", name.c_str());
      exit(-2);
    }
  }
  void BoolOpt(bool* value, std::string name) {
    setOptCheck(name);
    opts_[name] = Opt(value, name, false, false);
  }
  void Int64Opt(int64_t* value, std::string name, int64_t defaultValue) {
    setOptCheck(name);
    opts_[name] = Opt(value, name, defaultValue, false);
  }
  void StrOpt(std::string* value, std::string name, std::string defaultValue) {
    setOptCheck(name);
    opts_[name] = Opt(value, name, defaultValue, false);
  }
  void Int64OptRequired(int64_t* value, std::string name) {
    setOptCheck(name);
    opts_[name] = Opt(value, name, 0, true);
  }
  void StrOptRequired(std::string* value, std::string name) {
    setOptCheck(name);
    opts_[name] = Opt(value, name, "", true);
  }
  void SetUsage(Usage usage) { usage_ = usage; }

  void Parse(int argc, char* argv[]) {
    if (nullptr == usage_) {
      printf("usage function not set\n");
      exit(-1);
    }
    int parseIndex = 1;   // 這裡跳過命令名稱不解析,所以 parseIndex 從 1 開始
    while (parseIndex < argc) {
      if (ParseOpt(argc, argv, parseIndex)) {
        exit(-2);
      }
    }
```

```
    if (not CheckRequired()) {    // 驗證必設選項,非必設選項則設置為預設值
      usage_();
      exit(-1);
    }
  }
}   // 命名空間 CmdLine
}   // 命名空間 Common
```

　　Opt 類別封裝了對命令列選項的處理,支援 int64_t、bool、string 三種選項類型。所有命令列選項的資訊都儲存在 opts_ 變數中,每個命令列選項的解析由 ParseOpt 函數實現。

11.3 字串

　　C++ 標準函數庫中的 string 類別只提供了基礎的字串操作,而沒有像其他程式語言那樣提供更豐富的字串操作,如 Split、Join 等操作。為了提高效率,我們對常用的字串操作進行了封裝,對應的程式如程式清單 11-4 所示。

➜ 程式清單 11-4 標頭檔 strings.hpp

```
#pragma once
#include <assert.h>
#include <stdarg.h>
#include <stdio.h>
#include <algorithm>
#include <string>
#include <vector>
namespace Common {
class Strings {
 public:
  static void ltrim(std::string &str) {
    if (str.empty()) return;
    str.erase(0, str.find_first_not_of(" "));
  }
  static void rtrim(std::string &str) {
    if (str.empty()) return;
    str.erase(str.find_last_not_of(" ") + 1);
```

11 公共程式提煉

```cpp
  }
  static void trim(std::string &str) {
    ltrim(str);
    rtrim(str);
  }
  static void Split(std::string &str, std::string sep, std::vector<std::
string> &result) {
    if (str == "") return;
    std::string::size_type prePos = 0;
    std::string::size_type curPos = str.find(sep);
    while (std::string::npos != curPos) {
      std::string subStr = str.substr(prePos, curPos - prePos);
      if (subStr != "") {   // 不可為空串才插入
        result.push_back(subStr);
      }
      prePos = curPos + sep.size();
      curPos = str.find(sep, prePos);
    }
    if (prePos != str.length()) {
      result.push_back(str.substr(prePos));
    }
  }
  static std::string Join(std::vector<std::string> &strs, std::string sep) {
    std::string result;
    for (size_t i = 0; i < strs.size(); ++i) {
      result += strs[i];
      if (i != strs.size() - 1) {
        result += sep;
      }
    }
    return result;
  }
  static std::string StrFormat(char *format, ...) {
    char *buf = (char *)malloc(1024);
    va_list plist;
    va_start(plist, format);
    int ret = vsnprintf(buf, 1024, format, plist);
    va_end(plist);
    assert(ret > 0);
```

```
      if (ret >= 1024) {    // 緩衝區長度不足，需要重新分配記憶體
        buf = (char *)realloc(buf, ret + 1);
        va_start(plist, format);
        ret = vsnprintf(buf, ret + 1, format, plist);
        va_end(plist);
      }
      std::string result(buf);
      free(buf);
      return result;
    }
    static void ToLower(std::string &str) { transform(str.begin(), str.end(
      ), str.begin(), ::tolower); }
};  // 命名空間 Strings
}   // 命名空間 Common
```

Strings 類別封裝了 trim 系列函數，用於刪除字串前後的空白符號，此處還封裝了以下函數：Split 函數，用於字串的分割；Join 函數，用於字串的連接；StrFormat 函數，用於字串的格式化；以及 ToLower 函數，用於字串的小寫轉換。

11.4 設定檔讀取

對每個後端服務來說，設定檔都是必不可少的。相應的程式也需要具備讀取設定檔的能力。設定檔的格式有多種，包括 INI 格式、XML 格式、JSON 格式等。INI 格式簡單好用，但難以表達複雜的巢狀結構結構；XML 格式可以表達複雜的巢狀結構邏輯，但資料容錯且不易於編輯；JSON 格式易於理解，也能表達複雜的巢狀結構邏輯，但增加註釋不方便。

我們實現了最常見的 INI 格式設定檔的讀取，對應的程式如程式清單 11-5 所示。

➡ 程式清單 11-5 標頭檔 config.hpp

```
#pragma once
#include <stdlib.h>
#include <fstream>
#include <functional>
```

11 公共程式提煉

```cpp
#include <map>
#include <string>
#include "strings.hpp"
namespace Common {
class Config {
 public:
  void Dump(std::function<void(const std::string&, const std::string&, const
    std::string&)> deal) {
    auto iter = cfg_.begin();
    while (iter != cfg_.end()) {
      auto kvIter = iter->second.begin();
      while (kvIter != iter->second.end()) {
        deal(iter->first, kvIter->first, kvIter->second);
        ++kvIter;
      }
      ++iter;
    }
  }
  bool Load(std::string fileName) {
    if (fileName == "") return false;
    std::ifstream in;
    std::string line;
    in.open(fileName.c_str());
    if (not in.is_open()) return false;
    while (getline(in, line)) {
      std::string section, key, value;
      if (not parseLine(line, section, key, value)) {
        continue;
      }
      setSectionKeyValue(section, key, value);
    }
    return true;
  }
  void GetStrValue(std::string section, std::string key, std::string& value,
    std::string defaultValue) {
    if (cfg_.find(section) == cfg_.end()) {
      value = defaultValue;
      return;
    }
```

```cpp
    if (cfg_[section].find(key) == cfg_[section].end()) {
      value = defaultValue;
      return;
    }
    value = cfg_[section][key];
  }
  void GetIntValue(std::string section, std::string key, int64_t& value,
    int64_t defaultValue) {
    if (cfg_.find(section) == cfg_.end()) {
      value = defaultValue;
      return;
    }
    if (cfg_[section].find(key) == cfg_[section].end()) {
      value = defaultValue;
      return;
    }
    value = atol(cfg_[section][key].c_str());
  }
private:
  void setSectionKeyValue(std::string& section, std::string& key, std::::
    string& value) {
    if (cfg_.find(section) == cfg_.end()) {
      std::map<std::string, std::string> kvMap;
      cfg_[section] = kvMap;
    }
    if (key != "" && value != "") cfg_[section][key] = value;
  }
  bool parseLine(std::string& line, std::string& section, std::string&
    key, std::string& value) {
    static std::string curSection = "";
    std::string nodes[2] = {"#", ";"};    // 去掉註釋的內容
    for (int i = 0; i < 2; ++i) {
      std::string::size_type pos = line.find(nodes[i]);
      if (pos != std::string::npos) line.erase(pos);
    }
    Strings::trim(line);
    if (line == "") return false;
    if (line[0] == '[' && line[line.size() - 1] == ']') {
      section = line.substr(1, line.size() - 2);
```

```cpp
      Strings::trim(section);
      curSection = section;
      return false;
    }
    if (curSection == "") return false;
    bool isKey = true;
    for (size_t i = 0; i < line.size(); ++i) {
      if (line[i] == '=') {
        isKey = false;
        continue;
      }
      if (isKey) {
        key += line[i];
      } else {
        value += line[i];
      }
    }
    section = curSection;
    Strings::trim(key);
    Strings::trim(value);
    return true;
  }
 private:
  std::map<std::string, std::map<std::string, std::string>> cfg_;
}; //INI 格式設定檔的讀取
} // 命名空間 Common
```

　　Config 類別封裝了 INI 格式設定檔的載入、匯出和讀取，其中 Load 函數實現了設定檔的載入，Dump 函數實現了設定檔內容的匯出，GetStrValue 和 GetIntValue 函數分別用於讀取設定檔的內容。Config 類別的核心是 parseLine 函數，它實現了對設定檔中每一行文字的解析。當解析到 Section 時，更新當前 Section 的值；當解析到 Section 下的 Key-Value 配置時，則更新當前 Section 下的 Key-Value 配置值。所有的配置都被儲存到一個二維的映射中。

11.5 延遲執行

在很多場景中，我們需要實現統一的處理邏輯，但又不想在每條分支路徑中都執行一遍，因為這樣很容易遺漏，而且程式也存在很多容錯，可維護性和可讀性很差。為了解決這個問題，我們參考了 Go 語言的 defer 特性，實現了延遲執行的封裝，對應的程式如程式清單 11-6 所示。

➔ 程式清單 11-6　標頭檔 defer.hpp

```
#pragma once
#include <functional>
namespace Common {
class Defer {
 public:
  Defer(std::function<void(void)> func) : func_(func) {}
  ~Defer() { func_(); }
 private:
  std::function<void(void)> func_;
};
} // 命名空間 Common
```

Defer 類別的實現非常簡潔——利用 C++ 類別建構函數和析構函數這兩個在變數生命週期開始和結束時自動呼叫的函數來實現。這樣我們就可以實現延遲執行的特性，讓程式更為簡潔和易讀。

11.6 單例範本

單例範本類別用於快速且安全地獲取全域唯一的單例實體物件，並提供一個全域的存取點。常見的單例實體物件包括日誌單例物件、狀態碼單例物件等。由於單例是很常見的需求，我們封裝了一個單例範本類別，對應的程式如程式清單 11-7 所示。

11 公共程式提煉

➡ 程式清單 11-7 標頭檔 singleton.hpp

```cpp
#pragma once
namespace Common {
template <class Type>
class Singleton {   // 單例範本類別
 public:
  static Type& Instance() {
    static Type object;
    return object;
  }
};
}  // 命名空間 Common
```

Singleton 是一個範本類別，它透過靜態函數內的靜態變數的特性，實現了單例且是執行緒安全的，因為 C++ 保證了函數內的靜態變數只會被初始化一次並且也是執行緒安全的。

11.7 百分位數計算

百分位數是統計學上的概念，用於描述百分之多少的資料的分佈情況。百分位數通常使用 PCT×× 或 P×× 來表示，比如 PCT99 和 P99 都表示第 99 百分位數。百分位數在評估服務介面性能和資源池大小時是很好的指標。我們將採用下面的步驟，實現百分位數的計算。

- 步驟 1：將 n 個統計資料從小到大排序，$x(i-1)$ 表示排序後的第 i 個數。
- 步驟 2：計算指數，設 $(n-1) * P\% = i + j$，其中 P 為具體的百分位，i 為整數部分，j 為小數部分。
- 步驟 3：計算百分位數，計算公式為 $(1-j) * x(i) + j * x(i+1)$。

舉例來說，假設我們有以下一組資料：「10, 20, 30, 40, 50, 60, 70, 80, 90, 100」。現在我們想要計算它們的第 90 百分位數。首先，我們將這些資料從小到大排序：「10, 20, 30, 40, 50, 60, 70, 80, 90, 100」。然後，我們計算指數：(10

− 1)×90% = 8 + 0.1，即 i = 8，j = 0.1。最後，我們使用公式計算第 90 百分位數：(1 − 0.1)×90 + 0.1×100 = 91。因此，這組資料的第 90 百分位數為 91。

在 10.2.2 節中，我們已經實現了百分位數的計算，這裡不再展示對應的程式。具體來說，我們可以使用活躍程式碼協同數的 PCT99 百分位數來評估需要繼續保留堆疊空間記憶體的程式碼協同數。

11.8 堅固的 I/O

在進行讀寫入操作時，read 函數和 write 函數的每次呼叫，並不一定能夠完成指定大小資料的讀寫，可能唯讀取或寫入了部分資料。因此，為了完成指定大小資料的讀寫入操作，我們通常需要多次呼叫 read 函數和 write 函數。為了提供更堅固的介面，我們對 read 函數和 write 函數進行了封裝，對應的程式如程式清單 11-8 所示。

➡ 程式清單 11-8　標頭檔 robustio.hpp

```cpp
#pragma once
#include <unistd.h>
#include "utils.hpp"
namespace Common {
class RobustIo {
 public:
  RobustIo(int fd) : fd_(fd) {}
  ssize_t Write(uint8_t* data, size_t len) {
    ssize_t total = len;
    while (total > 0) {
      ssize_t ret = write(fd_, data, total);
      if (ret <= 0) {
        if (0 == ret || RestartAgain(errno)) continue;
        return -1;
      }
      total -= ret;
      data += ret;
    }
    return len;
```

```cpp
    }
    ssize_t Read(uint8_t* data, size_t len) {
        ssize_t total = len;
        while (total > 0) {
            ssize_t ret = read(fd_, data, total);
            if (0 == ret) break;
            if (ret < 0) {
                if (RestartAgain(errno)) continue;
                return -1;
            }
            total -= ret;
            data += ret;
        }
        return len - total;
    }
    void SetNotBlock() {
        Utils::SetNotBlock(fd_);
        is_block_ = false;
    }
    void SetTimeOut(int64_t timeOutSec, int64_t timeOutUSec) {
        if (not is_block_) return;   // 非阻塞的不用設置讀寫逾時時間，設置了也無效
        struct timeval tv {
            .tv_sec = timeOutSec, .tv_usec = timeOutUSec,
        };
        assert(setsockopt(fd_, SOL_SOCKET, SO_RCVTIMEO, &tv, sizeof(tv)) != -1);
        assert(setsockopt(fd_, SOL_SOCKET, SO_SNDTIMEO, &tv, sizeof(tv)) != -1);
    }
    bool RestartAgain(int err) {
        if (EINTR == err) return true;   // 被訊號中斷，可以重新啟動讀寫
        if (is_block_) return false;     // 其他情況都不可以重新啟動讀寫
        if (EAGAIN == err || EWOULDBLOCK == err) return true;
        return false;
    }
private:
    int fd_{-1};
    bool is_block_{true};   //fd_ 預設是被阻塞的
};
}   // 命名空間 Common
```

為了提供更堅固的 I/O 操作，我們提供了 RobustIo 類別的封裝。RobustIo 類別支援將檔案描述符號設置為非阻塞模式，並且提供了以下函數：Read 和 Write 函數，用於實現堅固的 I/O 讀寫；RestartAgain 函數，用於判斷在 I/O 操作失敗時是否需要重新啟動 I/O 操作；以及 SetTimeOut 函數，用於設置 socket 類型的檔案描述符號的逾時時間。

11.9 時間處理

時間處理是任何程式中都非常高頻的操作，因此為了提高效率，我們對最常見的時間操作進行了封裝，對應的程式如程式清單 11-9 所示。

➔ 程式清單 11-9 標頭檔 timedeal.hpp

```cpp
#pragma once
#include <sys/time.h>
#include <string>
namespace Common {
class TimeStat {
 public:
  TimeStat() { gettimeofday(&begin, NULL); }
  int64_t GetSpendTimeUs(bool reset = true) {
    struct timeval temp;
    struct timeval current;
    gettimeofday(&current, NULL);
    temp = current;
    temp.tv_sec -= begin.tv_sec;
    temp.tv_usec -= begin.tv_usec;
    if (temp.tv_usec < 0) {
      temp.tv_sec -= 1;
      temp.tv_usec += 1000000;
    }
    if (reset) begin = current;
    return temp.tv_sec * 1000000 + temp.tv_usec;   // 計算執行時間，單位為微秒
  }
 private:
  struct timeval begin;
};
```

11 公共程式提煉

```cpp
class TimeFormat {
 public:
  static std::string GetTimeStr(const char *format, bool hasUSec = false) {
    struct timeval curTime;
    char temp[100] = {0};
    char timeStr[100] = {0};
    gettimeofday(&curTime, NULL);
    strftime(temp, 99, format, localtime(&curTime.tv_sec));
    if (hasUSec) {
      snprintf(timeStr, 99, "%s:%06ld", temp, curTime.tv_usec);
      return std::string(timeStr);
    }
    return std::string(temp);
  }
};
}  // 命名空間 Common
```

　　為了便捷地統計程式執行的耗時，我們提供了 TimeStat 類別的封裝。TimeStat 類別封裝了耗時的統計邏輯，能夠快速統計一段程式的執行耗時，並支援重置耗時統計。此外，我們還提供了 TimeFormat 類別，其中的 GetTimeStr 函數實現了對時間格式化的封裝，並支援是否展示微秒。

11.10 狀態碼

　　後端服務在對外提供服務時，各種各樣的狀態碼是不可避免的。有些狀態碼用於標識系統錯誤，有些狀態碼用於標識業務上的邏輯錯誤。為了更進一步地管理這些狀態碼，我們提供了 StatusCode 類別的封裝，對應的程式如程式清單 11-10 所示。

➜ 程式清單 11-10　標頭檔 statuscode.hpp

```cpp
#pragma once
#include <assert.h>
#include <map>
#include <string>
#include "singleton.hpp"
```

11-20

11.10 狀態碼

```cpp
#define STATUS_CODE Common::Singleton<Common::StatusCode>::Instance()
enum STATUS_CODE_FRAME_DEF {
  SUCCESS = 0,                    // 成功
  SOCKET_CREATE_FAILED = -100,    //socket 建立失敗
  CONNECTION_FAILED = -101,       // 連接失敗
  WRITE_FAILED = -102,            // 寫入失敗
  READ_FAILED = -103,             // 讀取失敗
  NOT_SUPPORT_RPC = -300,         // 不支援的 RPC 呼叫
  SERIALIZE_FAILED = -301,        // 序列化失敗
  PARSE_FAILED = -302,            // 解析失敗
  PARAM_INVALID = -400,           // 參數無效
};
enum STATUS_CODE_REDIS_DEF {
  EMPTY_VALUE = -1000,   //value 為空
  GET_FAILED = -1001,    // 獲取失敗
  SET_FAILED = -1002,    // 設置失敗
  DEL_FAILED = -1003,    // 刪除失敗
  EXEC_FAILED = -1004,   // 執行失敗
};
namespace Common {
class StatusCode {
 public:
  StatusCode() {
    Set(SUCCESS, "success");
    Set(SOCKET_CREATE_FAILED, "socket create failed");
    Set(CONNECTION_FAILED, "connection failed");
    Set(WRITE_FAILED, "write failed");
    Set(READ_FAILED, "read failed");
    Set(NOT_SUPPORT_RPC, "not support rpc");
    Set(SERIALIZE_FAILED, "serialize failed");
    Set(PARSE_FAILED, "parse failed");
    Set(PARAM_INVALID, "param invalid");
    Set(EMPTY_VALUE, "empty value");
    Set(GET_FAILED, "get failed");
    Set(SET_FAILED, "set failed");
    Set(DEL_FAILED, "del failed");
    Set(EXEC_FAILED, "exec failed");
  }
  std::string Message(int32_t statusCode) {
```

11 公共程式提煉

```cpp
      auto iter = status_codes_.find(statusCode);
      if (iter == status_codes_.end()) {
        return "unknown";
      }
      return iter->second;
    }
  private:
    void Set(int32_t statusCode, std::string message) {
      auto iter = status_codes_.find(statusCode);
      assert(iter == status_codes_.end());
      status_codes_[statusCode] = message;
    }
  private:
    std::map<int32_t, std::string> status_codes_;
};
}  // 命名空間 Common
```

StatusCode 類別封裝了狀態碼到描述的映射連結，並對外提供了 Message 函數，用於獲取對應的狀態碼描述文案。

11.11 轉換

在不同的業務場景下，我們可能會使用不同的資料格式，因此有時需要進行不同資料格式之間的轉換。為了更方便地進行資料格式轉換，我們將轉換邏輯集中到了 Convert 類別中。Convert 類別包含了一系列用於不同資料格式之間轉換的函數，對應的程式如程式清單 11-11 所示。

→ 程式清單 11-11　標頭檔 convert.hpp

```cpp
#pragma once
#include <google/protobuf/util/json_util.h>
#include <json/json.h>
namespace Common {
class Convert {
  public:
    static bool Pb2JsonStr(const google::protobuf::Message &message, std::::
      string &jsonStr, bool addWhitespace = false) {
```

11-22

11.11 轉換

```
    google::protobuf::util::JsonPrintOptions options;
    options.add_whitespace = addWhitespace;
    options.always_print_primitive_fields = true;
    options.preserve_proto_field_names = true;
    options.always_print_enums_as_ints = true;
    return google::protobuf::util::MessageToJsonString(message, &jsonStr,
      options).ok();
  }
  static bool JsonStr2Pb(const std::string &jsonStr, google::protobuf::
    Message &message) {
    return google::protobuf::util::JsonStringToMessage(jsonStr, &message).ok();
  }
  static bool Pb2Json(const google::protobuf::Message &message, Json::
    Value &value) {
    std::string jsonStr;
    if (not Pb2JsonStr(message, jsonStr)) return false;
    Json::Reader reader;
    return reader.parse(jsonStr, value);
  }
  static bool Json2Pb(Json::Value &value, google::protobuf::Message
    &message) {
    Json::FastWriter fastWriter;
    std::string jsonStr;
    jsonStr = fastWriter.write(value);
    return JsonStr2Pb(jsonStr, message);
  }
};  // 命名空間 Convert
}  // 命名空間 Common
```

Convert 類別實現了 Protocol Buffer 訊息與 JSON 字串或 JSON 資料結構的相互轉換。其中，Pb2JsonStr 函數將一筆 Protocol Buffer 訊息轉為 JSON 字串，而 JsonStr2Pb 函數則執行相反的轉換——將一個 JSON 字串轉為 Protocol Buffer 訊息。Pb2Json 和 Json2Pb 函數也類似，但它們接收和傳回 JSON 資料結構而非 JSON 字串。Pb2Json 函數在內部呼叫了 Pb2JsonStr 函數，而 Json2Pb 函數則使用 Json::FastWriter 物件將 JSON 資料結構轉為 JSON 字串，然後呼叫 JsonStr2Pb 函數。

11-23

11 公共程式提煉

11.12 socket 選項

在網路程式設計中，我們通常需要調整或查詢與 socket 相關的選項。為了方便執行這些操作，我們對相關操作進行了封裝，提供了一系列函數，以輔助應用程式更方便地進行 socket 選項的操作，提高網路程式設計的效率。這些函數的實現如程式清單 11-12 所示。

➜ 程式清單 11-12　標頭檔 sockopt.hpp

```cpp
#pragma once
#include <assert.h>
#include <sys/types.h>
namespace Common {
class SockOpt {
 public:
  static void GetBufSize(int sockFd, int &readBufSize, int &writeBufSize) {
    int value = 0;
    socklen_t optlen;
    optlen = sizeof(value);
    assert(0 == getsockopt(sockFd, SOL_SOCKET, SO_RCVBUF, &value, &optlen));
    readBufSize = value;
    assert(0 == getsockopt(sockFd, SOL_SOCKET, SO_SNDBUF, &value, &optlen));
    writeBufSize = value;
  }
  static void SetBufSize(int sockFd, int readBufSize, int writeBufSize) {
    assert(0 == setsockopt(sockFd, SOL_SOCKET, SO_RCVBUF, &readBufSize,
      sizeof(readBufSize)));
    assert(0 == setsockopt(sockFd, SOL_SOCKET, SO_SNDBUF, &writeBufSize,
      sizeof(writeBufSize)));
  }
  static void EnableKeepAlive(int sockFd, int idleTime, int interval, int
    cnt) { int val = 1;
    socklen_t len = (socklen_t)sizeof(val);
    assert(0 == setsockopt(sockFd, SOL_SOCKET, SO_KEEPALIVE, (void *)&
      val, len));
    val = idleTime;
    assert(0 == setsockopt(sockFd, IPPROTO_TCP, TCP_KEEPIDLE, (void *)&
      val, len));
```

```
      val = interval;
      assert(0 == setsockopt(sockFd, IPPROTO_TCP, TCP_KEEPINTVL, (void *)&
        val, len));
      val = cnt;
      assert(0 == setsockopt(sockFd, IPPROTO_TCP, TCP_KEEPCNT, (void *)&val, len));
    }
    static void DisableNagle(int sockFd) {
      int noDelay = 1;
      socklen_t len = (socklen_t)sizeof(noDelay);
      assert(0 == setsockopt(sockFd, IPPROTO_TCP, TCP_NODELAY, &noDelay, len));
    }
    static int GetSocketError(int sockFd) {
      int err = 0;
      socklen_t errLen = sizeof(err);
      assert(0 == getsockopt(sockFd, SOL_SOCKET, SO_ERROR, &err, &errLen));
      return err;
    }
};  // 命名空間 SockOpt
}  // 命名空間 Common
```

　　SockOpt 類別封裝了一系列用於設置或查詢 socket 選項的函數。其中，GetBufSize 函數用於獲取 socket 的接收和發送緩衝區大小，並將結果儲存在傳入的參數 readBufSize 和 writeBufSize 中；SetBufSize 函數用於設置 socket 的接收和發送緩衝區大小，傳入的參數 readBufSize 和 writeBufSize 分別表示接收和發送緩衝區的大小；EnableKeepAlive 函數用於啟用 TCPkeep alive 機制，傳入的參數 idleTime 表示閒置時間，interval 表示發送 keep alive 訊息的時間間隔，cnt 表示發送 keep alive 訊息的次數；DisableNagle 函數用於禁用 Nagle 演算法，Nagle 演算法雖然可以緩解網路壅塞，但會增加延遲；GetSocketError 函數用於獲取 socket 的錯誤資訊，傳回值為 socket 錯誤碼。

11.13「龍套」

　　有時候，我們會有很多公共程式，但是它們難以歸類到一個特定的類別或模組中。為了方便管理這些程式，我們通常會將它們放到一個名為「龍套」的檔案中，對應的程式如程式清單 11-13 所示。

11 公共程式提煉

➜ 程式清單 11-13 「龍套」utils.cpp

```cpp
#pragma once
#include <arpa/inet.h>
#include <assert.h>
#include <fcntl.h>
#include <ifaddrs.h>
#include <netinet/tcp.h>
#include <string.h>
#include <sys/resource.h>
#include <sys/sysinfo.h>
#include <sys/time.h>
#include <unistd.h>
#include <string>
namespace Common {
class Utils {
 public:
  static std::string GetSelfName() {
    char buf[1024] = {0};
    char *begin = nullptr;
    ssize_t ret = readlink("/proc/self/exe", buf, 1023);
    assert(ret > 0);
    buf[ret] = 0;
    if ((begin = strrchr(buf, '/')) == nullptr) return std::string(buf);
    ++begin;  // 跳過 '/'
    return std::string(begin);
  }
  static std::string GetIpStr(std::string ethName) {
    struct ifaddrs *ifa = nullptr;
    struct ifaddrs *ifList = nullptr;
    if (getifaddrs(&ifList) < 0) {
      return "";
    }
    char ip[20] = {0};
    std::string ipStr = "127000000001";
    for (ifa = ifList; ifa != nullptr; ifa = ifa->ifa_next) {
      if (ifa->ifa_addr->sa_family != AF_INET) {
        continue;
      }
      if (strcmp(ifa->ifa_name, ethName.c_str()) == 0) {
```

```cpp
      struct sockaddr_in *addr = (struct sockaddr_in *)(ifa->ifa_addr);
      uint8_t *sin_addr = (uint8_t *)&(addr->sin_addr);
      snprintf(ip, 20, "%03d%03d%03d%03d", sin_addr[0], sin_addr[1],
        sin_addr[2], sin_addr[3]);
      ipStr = std::string(ip);
      break;
    }
  }
  freeifaddrs(ifList);
  return ipStr;
}
static uint32_t GetAddr(std::string ethName) {
  struct ifaddrs *ifa = nullptr;
  struct ifaddrs *ifList = nullptr;
  uint32_t ethAddr = htonl(INADDR_LOOPBACK);
  if (ethName == "any") {
    return htonl(INADDR_ANY);
  }
  if (ethName == "lo" or getifaddrs(&ifList) < 0) {
    return ethAddr;
  }
  for (ifa = ifList; ifa != nullptr; ifa = ifa->ifa_next) {
    if (ifa->ifa_addr->sa_family != AF_INET) {
      continue;
    }
    if (strcmp(ifa->ifa_name, ethName.c_str()) == 0) {
      struct sockaddr_in *addr = (struct sockaddr_in *)(ifa->ifa_addr);
      ethAddr = addr->sin_addr.s_addr;
      break;
    }
  }
  freeifaddrs(ifList);
  return ethAddr;
}
static void CoreDumpEnable() {
  struct rlimit rlim_new = {0, 0};
  rlim_new.rlim_cur = RLIM_INFINITY;
  rlim_new.rlim_max = RLIM_INFINITY;
  setrlimit(RLIMIT_CORE, &rlim_new);
```

11 公共程式提煉

```
  }
  static void SetNotBlock(int fd) {
    int oldOpt = fcntl(fd, F_GETFL);
    assert(oldOpt != -1);
    assert(fcntl(fd, F_SETFL, oldOpt | O_NONBLOCK) != -1);
  }
  static int GetNProcs() { return get_nprocs(); }
}; // 命名空間 Utils
} // 命名空間 Common
```

　　Utils 類別封裝了一系列用於實現常用功能的函數。其中，GetSelfName 函數用於獲取當前程式的名稱，先使用 readlink 函數來獲取程式的絕對路徑，再從絕對路徑中解析出程式的名稱；GetIpStr 函數用於獲取指定網路卡的 IP 位址，傳入的參數 ethName 表示網路卡名稱，先使用 getifaddrs 函數來獲取系統中所有網路卡的資訊，再遍歷網路卡列表，找到指定網路卡的 IP 位址，並將其轉為字串形式；GetAddr 函數用於獲取指定網路卡的 IP 位址，傳入的參數 ethName 表示網路卡名稱，先使用 getifaddrs 函數來獲取系統中所有網路卡的資訊，再遍歷網路卡列表，找到指定網路卡的 IP 位址，並將其轉為網路位元組序；CoreDumpEnable 函數用於啟用 core dump；SetNotBlock 函數用於將指定的檔案描述符號設置為非阻塞模式，傳入的參數 fd 表示檔案描述符號；GetNProcs 函數用於獲取系統中的 CPU 核心數。

11.14 日誌

　　日誌是每個程式必不可少的功能，透過日誌，我們能夠定位 bug、分析使用者行為等。為了方便記錄日誌，我們提供了 Logger 日誌類別的封裝，該類別包含了一系列用於記錄日誌的函數。每筆日誌都帶有等級，用於標識日誌的不同類型和重要程度。對應的程式如程式清單 11-14 所示。

➜ 程式清單 11-14　標頭檔 log.hpp

```
#pragma once
#include <fcntl.h>
#include <stdarg.h>
```

11.14 日誌

```cpp
#include <sys/stat.h>
#include <sys/types.h>
#include <string>
#include "robustio.hpp"
#include "singleton.hpp"
#include "strings.hpp"
#include "timedeal.hpp"
#include "utils.hpp"
namespace Common {
enum LogLevel {    // 日誌輸出等級
  LEVEL_TRACE = 0,
  LEVEL_DEBUG = 1,
  LEVEL_INFO = 2,
  LEVEL_WARN = 3,
  LEVEL_ERROR = 4,
};
class Logger {    // 日誌類別
 public:
  Logger() {
    std::string programName = Utils::GetSelfName();
    const char *cStr = programName.c_str();
    std::string fileName = Strings::StrFormat((char *)
      "/home/backend/log/%s/%s.log", cStr, cStr);
    fd_ = open(fileName.c_str(), O_APPEND | O_CREAT | O_WRONLY,
               S_IRUSR | S_IWUSR | S_IRGRP | S_IWGRP);    // 以追加寫入的方式開啟檔案
    assert(fd_ > 0);
    srand(time(0));
  }
  void SetLevel(LogLevel level) { level_ = level; }
  void Log(std::string logId, LogLevel level, char *format, ...) {
    if (level < level_) return;
    int32_t ret = 0;
    char *buf = (char *)malloc(1024);
    va_list plist;
    va_start(plist, format);
    ret = vsnprintf(buf, 1024, format, plist);
    va_end(plist);
    assert(ret > 0);
    if (ret >= 1024) {    // 緩衝區長度不足，需要重新分配記憶體
```

```cpp
        buf = (char *)realloc(buf, ret + 1);
        va_start(plist, format);
        ret = vsnprintf(buf, ret + 1, format, plist);
        va_end(plist);
      }
      if (logId == "") {
        logId = GetLogId();
      }
      std::string timeStr = TimeFormat::GetTimeStr("%F %T", true);
      std::string logMsg = levelStr(level) + " " + timeStr + " " +
        std::to_string(getpid()) + "," + logId + " " + buf + "\n";
      free(buf);
      RobustIo io(fd_);
      io.Write((uint8_t *)logMsg.data(), logMsg.size());
    }
    static std::string GetLogId() {
      static std::string ip = Common::Utils::GetIpStr("eth0");// 預設獲取 eth0 的 IP 位址
      std::string curTime = TimeFormat::GetTimeStr("%Y%m%d%H%M%S");
      return curTime + ip + std::to_string(rand() % 1000000);
    }

  private:
    std::string levelStr(LogLevel level) {
      if (LEVEL_TRACE == level) return "[TRACE]";
      if (LEVEL_DEBUG == level) return "[DEBUG]";
      if (LEVEL_INFO == level) return "[INFO]";
      if (LEVEL_WARN == level) return "[WARN]";
      if (LEVEL_ERROR == level) return "[ERROR]";
      return "UNKNOWN";
    }
  protected:
    LogLevel level_{LEVEL_TRACE};    // 日誌等級
    int fd_{-1};                     // 檔案控制代碼
};
} //namespace Common
#define LOGGER Common::Singleton<Common::Logger>::Instance()
#define FILENAME(x) strrchr(x, '/') ? strrchr(x, '/') + 1 : x
#define TRACE(format, ...) \
  LOGGER.Log("", Common::LEVEL_TRACE, (char *)"(%s:%s:%d):" \
```

```cpp
        format, FILENAME(__FILE__), __FUNCTION__, __LINE__, \
            ##__VA_ARGS__)
#define DEBUG(format, ...) \
  LOGGER.Log("", Common::LEVEL_DEBUG, (char *)"(%s:%s:%d):" \
        format, FILENAME(__FILE__), __FUNCTION__, __LINE__, \
            ##__VA_ARGS__)
#define INFO(format, ...) \
  LOGGER.Log("", Common::LEVEL_INFO, (char *)"(%s:%s:%d):" \
        format, FILENAME(__FILE__), __FUNCTION__, __LINE__, \
            ##__VA_ARGS__)
#define WARN(format, ...) \
  LOGGER.Log("", Common::LEVEL_WARN, (char *)"(%s:%s:%d):" \
        format, FILENAME(__FILE__), __FUNCTION__, __LINE__, \
            ##__VA_ARGS__)
#define ERROR(format, ...) \
  LOGGER.Log("", Common::LEVEL_ERROR, (char *)"(%s:%s:%d):" \
        format, FILENAME(__FILE__), __FUNCTION__, __LINE__, \
            ##__VA_ARGS__)
#define CTX_TRACE(ctx, format, ...) \
  LOGGER.Log(ctx.log_id(), Common::LEVEL_TRACE, (char *)"(%d:%s:%s:%d):"format, \
            MyCoroutine::ScheduleGetRunCid(SCHEDULE), FILENAME(__FILE__), \
            __FUNCTION__, __LINE__, ##__VA_ARGS__)
#define CTX_DEBUG(ctx, format, ...) \
  LOGGER.Log(ctx.log_id(), Common::LEVEL_DEBUG, (char *)"(%d:%s:%s:%d):"format, \
            MyCoroutine::ScheduleGetRunCid(SCHEDULE), FILENAME(__FILE__), \
            __FUNCTION__, __LINE__, ##__VA_ARGS__)
#define CTX_INFO(ctx, format, ...) \
  LOGGER.Log(ctx.log_id(), Common::LEVEL_INFO, (char *)"(%d:%s:%s:%d):"format, \
            MyCoroutine::ScheduleGetRunCid(SCHEDULE), FILENAME(__FILE__), \
            __FUNCTION__, __LINE__, ##__VA_ARGS__)
#define CTX_WARN(ctx, format, ...) \
  LOGGER.Log(ctx.log_id(), Common::LEVEL_WARN, (char *)"(%d:%s:%s:%d):"format, \
            MyCoroutine::ScheduleGetRunCid(SCHEDULE), FILENAME(__FILE__), \
            __FUNCTION__, __LINE__, ##__VA_ARGS__)
#define CTX_ERROR(ctx, format, ...) \
  LOGGER.Log(ctx.log_id(), Common::LEVEL_ERROR, (char *)"(%d:%s:%s:%d):"format, \
            MyCoroutine::ScheduleGetRunCid(SCHEDULE), FILENAME(__FILE__), \
            __FUNCTION__, __LINE__, ##__VA_ARGS__)
```

11 公共程式提煉

日誌一共有 5 個等級——TRACE、DEBUG、INFO、WARN、ERROR，它們被定義在列舉 LogLevel 中。不同等級的日誌用於不同的場景，TRACE 等級的日誌為追蹤日誌，用於輸出執行路徑資訊、確認執行路徑等；DEBUG 等級的日誌為偵錯日誌，用於輸出定位問題的偵錯資訊、確認 bug 等；INFO 等級的日誌為資訊日誌，用於輸出關鍵資訊、確認核心程式是否執行過等；WARN 等級的日誌為警告日誌，用於輸出警告資訊，提醒當前服務處於異常狀態，但服務仍可用；ERROR 等級的日誌為錯誤日誌，用於輸出錯誤資訊，提示服務發生了嚴重的問題，服務不可用。

我們可以透過 TRACE、DEBUG、INFO、WARN、ERROR 這 5 個巨集來實現不同等級日誌的輸出。此外，我們還提供了帶 CTX_ 首碼的巨集，用於支援輸出指定上下文的日誌 id。FILENAME 巨集用於刪除檔案的路徑首碼。LOGGER 巨集則透過單列範本來獲取全域唯一的 Logger 物件的引用，然後呼叫 Log 函數來輸出不同等級的日誌。在這些巨集中，我們使用了 gcc/g++ 編譯器內建的巨集 __FILE__、__FUNCTION__、__LINE__、__VA_ARGS__，它們分別代表當前所在的檔案、當前所在的函數、當前所在的程式行數、當前的可變參數列表。需要注意的是，在將 __VA_ARGS__ 傳遞給其他函數時，需要加上 ## 首碼。

11.15 服務鎖

為了保證同一個後端服務在一台伺服器上只能被啟動一個，我們提供了服務鎖，服務鎖可以透過檔案鎖的特性來實現。對應的程式如程式清單 11-15 所示。

→ 程式清單 11-15 標頭檔 servicelock.hpp

```
#pragma once
#include <string>
#include "log.hpp"
#include "robustio.hpp"
namespace Common {
class ServiceLock {
 public:
```

11.15 服務鎖

```cpp
    static bool lock(std::string pidFile) {
      int fd;
      fd = open(pidFile.c_str(), O_RDWR | O_CREAT, S_IRUSR | S_IWUSR |
        S_IRGRP | S_IWGRP);
      if (fd < 0) {
        ERROR("open %s failed, error:%s", pidFile.c_str(), strerror(errno));
        return false;
      }
      int ret = lockf(fd, F_TEST, 0);    // 傳回 0 表示未加鎖或被當前處理程序加鎖,傳回 -1
                                         // 表示被其他處理程序加鎖
      if (ret < 0) {
        ERROR("lock %s failed, error:%s", pidFile.c_str(), strerror(errno));
        return false;
      }
      ret = lockf(fd, F_TLOCK, 0);    // 嘗試為檔案加鎖,加鎖失敗時直接傳回錯誤碼,而
                                      // 不是一直阻塞
      if (ret < 0) {
        ERROR("lock %s failed, error:%s", pidFile.c_str(), strerror(errno));
        return false;
      }
      ftruncate(fd, 0);          // 清空檔案內容
      lseek(fd, 0, SEEK_SET);    // 移到檔案開頭
      char buf[1024] = {0};
      sprintf(buf, "%d", getpid());
      RobustIo robustIo(fd);
      robustIo.Write((uint8_t *)buf, strlen(buf));    // 寫入處理程序的 pid
      INFO("lock pidFile[%s] success. pid[%s]", pidFile.c_str(), buf);
      return true;
    }
};    // 命名空間 ServiceLock
}    // 命名空間 Common
```

ServiceLock 類別的 lock 函數首先呼叫 open 函數開啟指定的檔案,然後嘗試為檔案加鎖。如果檔案加鎖成功,就清空檔案內容,最後向檔案中寫入當前處理程序的 pid。在寫入 pid 的過程中,我們使用了之前介紹的 RobustIo 類別。

11 公共程式提煉

11.16 本章小結

　　本章對常用的公共程式進行了抽象和封裝，它們可以幫助我們更加高效率地完成程式設計任務。透過這些封裝好的函數和類別，我們可以避免重複撰寫相似的程式，提高程式的重複使用性和可維護性。這些公共程式涉及日誌的寫入、設定檔的讀取、命令列參數解析、單例範本、堅固的 I/O、百分位數計算、時間處理、socket 選項等。

　　這些公共程式經過了專案實踐的檢驗，具有良好的堅固性和可靠性，可以幫助我們避免一些常見的錯誤和問題。使用這些公共程式，我們可以更加專注於上層邏輯的實現，而不必過多關注底層細節的處理。這有助我們提高編碼效率和程式品質，使我們的程式更加堅固、高效和易於維護。

12

應用層協定
設計與實現

應用層協定在網路通訊中扮演著至關重要的角色，不同的協定適用於不同的場景和需求。在標頭網際網路公司內部，通常會定義用於內部通訊的應用層協定，這是為了提高通訊效率，並保證通訊的安全性和穩定性。而在對外開放的平臺上，通常會使用知名的通訊協定，比如 HTTP，這是為了方便不同系統之間互動和通訊。

12 應用層協定設計與實現

絕大部分研發人員在工作中，基本上沒有機會從頭到尾去設計並實現一套完整的應用層協定，這是因為應用層協定的設計與實現，涉及很多複雜的技術細節和要點，需要有一定的經驗和技術儲備才能夠完成。因此，很多公司的基礎架構部門會提供封裝好的應用層協定和框架，供業務研發人員直接使用。

網際網路中充斥著各種不同的協定，比如 HTTP、SMTP、RESP 等。掌握應用層協定是成為後端資深研發人員或架構師的基本功，就好比打通任督二脈才能成為武林高手。只有深入學習和掌握各種協定的原理和特點，我們才能夠應對複雜場景和問題，提高技術和創新能力。

在本章中，我們將為 RPC 框架 MyRPC（在第 13 章會介紹）設計並實現一個應用層協定，將會涉及各種技術細節和要點，包括協定的設計原則、協定格式、資料的序列化和反序列化、錯誤處理和傳輸效率等。透過本章的學習，我們將能夠更進一步地理解和應用應用層協定，為後續設計與實現 RPC 框架 MyRPC 打下堅實的基礎。

12.1 協定概述

協定是為了實現**通訊**而設計的一系列關於**訊息格式**和訊息**互動模式**的約定。

掌握通訊協定將讓你步入一個全新的世界。舉例來說，當資料庫對敏感資訊表或欄位做了加密時，你知道如何為加密的資料庫實現解密代理；當需要在 HTTP 代理層給請求增加原始用戶端 IP 位址的標頭時，你知道如何對 HTTP 請求進行加工；當你想在一個通訊埠上同時支援多種協定時，比如在 80 通訊埠上同時支援 HTTP 和 HTTPS，你知道如何辨識不同的協定；當需要對 TCP 連接進行重複使用時，你知道如何在 TCP 連接上建構多筆通訊隧道。

任何應用層協定都需要解決三個核心問題：通訊、訊息格式和互動模式。通訊需要是跨主機、跨作業系統、跨程式語言的；訊息格式需要能高效實現位元組流和記憶體物件之間的相互轉換，也就是常說的序列化和反序列化，並需要具備可擴充性；互動模式需要支援請求/應答、單向訊息和快速回應封包這三種常見的互動形式。

12.2 協定分類

目前,對於協定的分類,主要有兩種不同的方式。一種是按照編碼方式進行分類,另一種是按照邊界劃分方式進行分類。

12.2.1 按編碼方式對協定進行分類

1. 二進位協定

二進位協定是指使用二進位資料作為通訊內容的協定,TCP 是最常見的二進位協定。TCP 的相關欄位都是以二進位形式進行編解碼的,比如 TCP 標頭中的來源通訊埠、目的通訊埠、協定標頭長度、訊息標識位元等欄位。

雖然協定本體資料部分的有效荷載,可能是應用層的文字協定資料,但這對 TCP 來說是透明的,TCP 不會對有效荷載的協定本體資料部分進行任何的編解碼。TCP 只負責將應用層的資料分割成合適的資料封包進行傳輸,並保證資料的可靠性和有序性。

在實際應用中,二進位協定具有高效、靈活、可靠的特點,能夠滿足各種複雜的通訊需求。但是,二進位協定也存在一些缺點,比如可讀性差、擴充性差等。

2. 文字協定

文字協定是指協定中的資料全部為可見字元的協定,易於閱讀。常見的文字協定有應用層的 HTTP、SMTP 等。其中,HTTP 規定協定中的所有資料都是明文的可見字元,包括請求標頭、回應標頭和訊息本體等內容。

文字協定具有可讀性好、易於偵錯等優點,能夠方便地進行協定的開發和偵錯。但是,文字協定也存在一些缺點,比如安全性差、擴充性差等。

3．混合協定（二進位協定 + 文字協定）

蘋果公司早期的 APNs（Apple Push Notification service）推送協定是一種混合協定。其中，payload 部分使用文字協定，而其他部分（如 device token、command、notify id）使用的是二進位協定。

具體來說，APNs 推送協定採用了二進位格式的訊息標頭，包括 device token、command、notify id 等欄位，這些欄位都是以二進位形式進行編解碼的。而 payload 部分則採用了明文的文字格式，可以包含推送訊息的具體內容，比如文字、圖片等。

採用混合協定可以兼顧二進位協定的高效性和文字協定的可讀性，既能夠保證資料的傳輸效率，又能夠方便地進行協定的開發和偵錯。不過，混合協定也需要注意安全性問題，避免敏感資訊洩露。

12.2.2 按邊界劃分方式對協定進行分類

1．固定邊界的協定

對固定邊界的協定，我們能夠明確獲得一筆完整的協定訊息的長度，從而使協定更易於解析。舉例來說，在 IP 資料封包中，IP 標頭中攜帶了整個 IP 資料封包的總長度，這樣可以方便地確定 IP 資料封包的邊界，從而更容易地進行資料的解析和處理。

透過明確協定訊息的長度，可以避免出現資料截斷或資料遺失的情況，保證資料的完整性和準確性。同時，也可以提高協定的解析效率和資料的傳輸效率，從而更進一步地滿足實際應用的需求。

2．模糊邊界的協定

對於模糊邊界的協定，則無法明確獲得一筆完整的協定訊息的長度，這樣的協定解析較為複雜，通常需要透過某些特定的位元組來界定協定訊息是否結束。以知名的應用層協定 HTTP 為例，它的每個訊息標頭都使用「\r\n」作為結束標識，訊息標頭集合和訊息本體之間則使用「\r\n」進行分隔。

對模糊邊界的協定，通常需要採用特定的解析方法和工具來進行解析和處理。舉例來說，對於 HTTP，可以使用專門的 HTTP 解析器來進行解析，從而更進一步地處理 HTTP 的模糊邊界問題。

12.3 協定評判

每一個應用層協定都是經過權衡後做出的設計決策，沒有完美的設計，只有合適的設計，不同的設計決策是為了滿足不同的核心訴求，我們可以從不同的維度來評判協定的優劣，具體如表 12-1 所示。

▼ 表 12-1 協定的評判維度

維度	優秀的協定	拙劣的協定
序列化與反序列化	易於序列化與反序列化，CPU 佔用率較低	煩瑣的序列化與反序列化，CPU 佔用率較高
資料壓縮	高壓縮率，能夠有效地對資料進行壓縮	無法對資料進行壓縮，處理後的資料甚至適得其反
易讀性	易於理解和閱讀，便於進行協定的開發和偵錯	無法直接被人理解和閱讀
擴充性	易於擴充，能夠方便地進行協定的升級和演進	難以擴充或無法擴充
相容性	向前向後都相容，便於進行協定的升級和演進	無法做到向前或向後相容
安全性	能夠保證資料的完整性，以及防止資料被篡改和監聽	難以保證資料的完整性，容易被監聽和篡改

12.4 自訂協定的優缺點

任何事物都有兩面性，自訂協定亦如此。自訂協定也可以稱為「私有協定」，它具有以下優缺點。

12.4.1 優點

- 通訊更安全：自訂協定可以增強資料通信的安全性，駭客需要先破解協定，才能對服務發起滲透和攻擊，從而增加了攻擊的成本和難度。
- 擴充性更好：自訂協定可以根據業務需求和發展的需要擴充自己的協定，更加自由和靈活。

12.4.2 缺點

- 設計難度高：自訂協定需要考慮易擴充性，最好能向前向後都相容，這增加了協定的設計難度。
- 實現起來煩瑣：自訂協定需要自己實現序列化和反序列化，這增加了協定的實現難度。

12.5 協定設計

從本節開始，我們將正式設計自己的應用層協定，我們把協定命名為 My Service Protocol，簡稱 MySvr。本節介紹 MySvr 的訊息格式和設計上的權衡。

12.5.1 協定訊息格式

我們設計的 MySvr 訊息格式如圖 12-1 所示。

12.5 協定設計

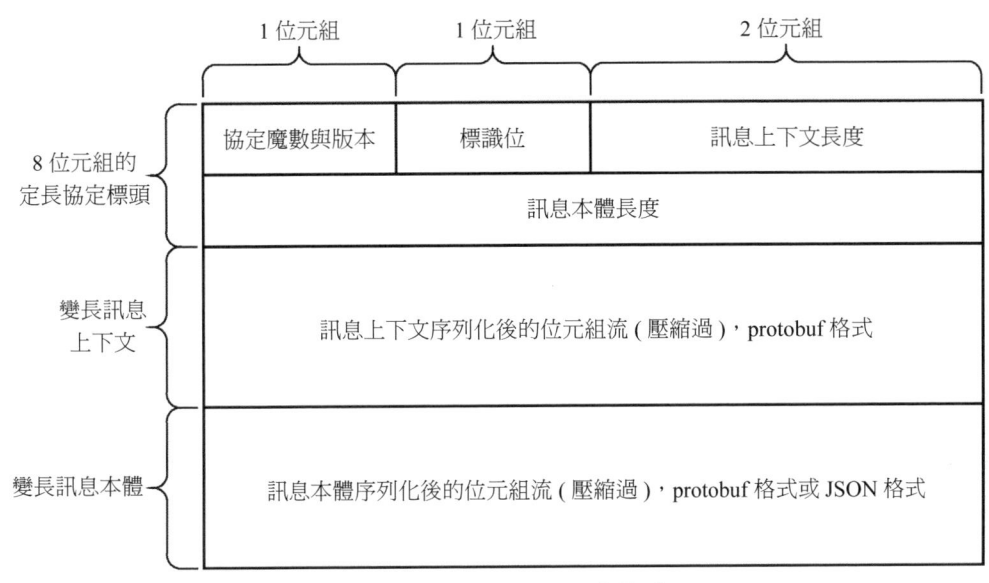

```
                    1 位元組      1 位元組         2 位元組

            ┌──────────────┬─────────────┬─────────────────────┐
8 位元組的  │ 協定魔數與版本│   標識位    │   訊息上下文長度    │
定長協定標頭├──────────────┴─────────────┴─────────────────────┤
            │                  訊息本體長度                    │
            ├──────────────────────────────────────────────────┤
變長訊息    │                                                  │
上下文      │  訊息上下文序列化後的位元組流 ( 壓縮過 )，protobuf 格式 │
            ├──────────────────────────────────────────────────┤
變長訊息本體│ 訊息本體序列化後的位元組流 ( 壓縮過 )，protobuf 格式或 JSON 格式 │
            └──────────────────────────────────────────────────┘
```

▲ 圖 12-1 MySvr 訊息格式

1 · 協定魔數與版本

協定魔數和協定版本各佔 4 位元，協定魔數在前，協定版本在後。協定魔數為一個特定的值，用於對網路請求的合法性做出初步的、簡單的快速判斷，對於魔數值不匹配的網路請求，可以立即關閉網路連接。協定版本編號用於標識不同版本的協定，目前的協定版本編號為 1。

2 · 標識位元

目前只啟用了 3 位元，第 1 位元表示 body 是否為 JSON 格式，第 2 位元表示是否為 oneway（單向）訊息，第 3 位元表示是否為 fast-resp（快速回應封包）訊息。

3 · 訊息上下文長度

佔用 2 位元組，長度單位為位元組，需要特別說明的是，這個長度是經過壓縮後的長度。

4．訊息本體長度

佔用 4 位元組，長度單位為位元組，需要特別說明的是，這個長度也是經過壓縮後的長度。

5．變長訊息上下文

變長的訊息上下文用於儲存訊息的中繼資料，比如服務名稱、介面名稱、分散式呼叫追蹤等資訊，訊息上下文使用的是 protobuf 格式。

6．變長訊息本體

變長的訊息本體則是具體的訊息內容，用於儲存請求、回應或推送的資料，訊息本體同時支援 JSON 格式和 protobuf 格式。

12.5.2 協定設計權衡

我們的協定採用了固定邊界、混合編碼、壓縮訊息上下文和訊息本體的設計，這是基於以下幾點進行權衡的。

- 採用固定邊界的設計，可以使協定易於程式解析，避免解析過程中的錯誤和不必要的計算。

- 採用 JSON 格式或 protobuf 格式，可以使協定具備向前和向後的相容性，並且擴充性也強，可以方便地進行協定的升級和演進。

- 8 位元的標識位元，只啟用了 3 位元，預留了 5 位元用於後續的擴充，這樣可以為協定的擴充提供更多的可能。

- 壓縮訊息：對訊息上下文和訊息本體進行了預設的資料壓縮，可以提高資料傳輸的效率，減少網路傳輸的時間和頻寬消耗。

- 序列化和反序列化：採用 JSON 格式或 protobuf 格式的訊息本體以及 protobuf 格式的訊息上下文，利用通用的序列化和反序列化功能，降低了協定序列化和反序列化的難度，提高了協定的好用性。

12.6 預備知識

在開始程式實作我們的應用層協定之前，下面先介紹相關的技術細節和知識要點，這樣大家在後續的程式實作過程中，就能更快地掌握相關程式。

12.6.1 大小端

電腦系統在記憶體中儲存各種資料型態的變數時，起始位址是高位址還是低位址，就是大小端的區別。大端的系統從高位址開始儲存，小端的系統從低位址開始儲存。一個 uint32_t 類型的 data 變數，假設它的值為「0 + (1 << 8) + (2 << 16) + (3 << 24)」，那麼它在大小端系統下的記憶體分配如圖 12-2 所示。

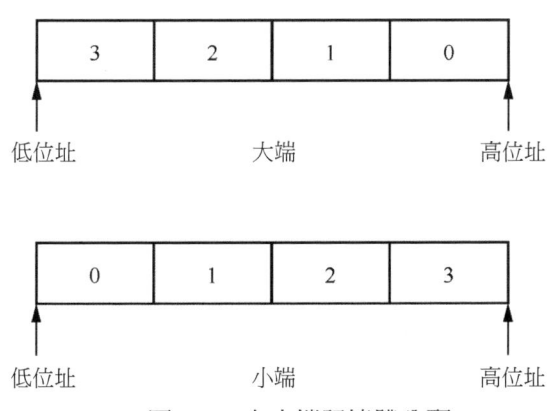

▲ 圖 12-2 大小端記憶體分配

既然電腦系統存在大小端之分，那麼在編碼層面，我們如何判斷一個系統是大端的還是小端的呢？我們可以利用 C 語言中聯合體的所有變數，共用一塊記憶體空間的特性來做出判斷，對應的程式如程式清單 12-1 所示。

→ 程式清單 12-1　原始檔案 bigsmallcheck.cpp

```
#include <stdint.h>
#include <iostream>
bool IsSmall() {
  union Check {
    uint8_t bytes[4];
```

```
    uint32_t data;
  };
  Check check;
  for (int i = 0; i < 4; i++) {
    check.bytes[i] = i;
  }
  std::cout << "data = " << check.data << std::endl;
  uint8_t* data = (uint8_t*)&check.data;
  return data[0] == 0 && data[1] == 1 && data[2] == 2 && data[3] == 3;
}
int main() {
  if (IsSmall()) {
    std::cout << "small" << std::endl;
  } else {
    std::cout << "big" << std::endl;
  }
  return 0;
}
```

我們定義了一個名為 Check 的聯合體，該聯合體包含一個 32 位元的無號整數變數 data 和一個長度為 4 的無號字元陣列 bytes。在 IsSmall 函數中，將 bytes 陣列中的每個元素賦值為對應的下標值，並將變數 data 的位址強制轉為無號字元類型的指標 data，然後判斷指標 data 指向的記憶體中的值，以確定系統的大小端情況。

12.6.2 位元組序

位元組序和大小端在本質上是一樣的，指的都是在記憶體中表示多位元組類型的資料時，位元組的排列順序。在網路通訊中，由於不同機器的本機位元組序可能不同，為了保證資料的正確傳輸，需要將資料轉為網路位元組序，也就是統一採用大端模式。這樣接收端就可以將網路位元組序轉為本機位元組序，以正確地解析資料。下面我們來看一下如何檢查網路位元組序和本機位元組序的大小端情況，對應的程式如程式清單 12-2 所示。

12.6 預備知識

→ **程式清單 12-2　原始檔案 byteordercheck.cpp**

```cpp
#include <arpa/inet.h>
#include <stdint.h>
#include <iostream>
bool IsSmall(uint32_t value) {
  union Check {
    uint8_t bytes[4];
    uint32_t data;
  };
  Check check;
  check.data = value;
  std::cout << "data = " << check.data << std::endl;
  uint8_t* data = (uint8_t*)&check.data;
  return data[0] == check.bytes[0] && data[1] == check.bytes[1] &&
    data[2] == check.bytes[2] && data[3] == check.bytes[3];
}
int main() {
  uint32_t hostValue = 666888;
  bool hostValueIsSmall = false;
  hostValueIsSmall = IsSmall(hostValue);
  if (hostValueIsSmall) {
    std::cout << "host byte order is small" << std::endl;
  } else {
    std::cout << "host byte order is big" << std::endl;
  }
  uint32_t netValue = htonl(hostValue);
  if (netValue != hostValue) {
    if (hostValueIsSmall) {
      std::cout << "net byte order is big" << std::endl;
    } else {
      std::cout << "net byte order is small" << std::endl;
    }
  } else {
    if (hostValueIsSmall) {
      std::cout << "net byte order is small" << std::endl;
    } else {
      std::cout << "net byte order is big" << std::endl;
    }
  }
}
```

12-11

12 應用層協定設計與實現

```
    return 0;
}
```

在 main 函數中,我們首先定義了一個 32 位元的無號整數變數 hostValue,並將其賦值為 666 888。然後呼叫 IsSmall 函數,判斷本機位元組序的大小端情況,並將結果儲存在 hostValueIsSmall 變數中。接下來,將 hostValue 轉為網路位元組序,並將結果儲存在 netValue 變數中。如果 netValue 不等於 hostValue,則說明網路位元組序與本機位元組序不同。此時,再次判斷本機位元組序的大小端情況,並輸出網路位元組序的大小端情況。如果 netValue 等於 hostValue,則說明網路位元組序與本機位元組序相同。此時,再次判斷本機位元組序的大小端情況,並輸出網路位元組序的大小端情況。

12.6.3 位元組序的互轉

在網路通訊中,需要做本機位元組序和網路位元組序互轉的 C/C++ 資料型態,主要是 16 位元、32 位元和 64 位元的整數。Linux 系統中的網路 API 只提供了 16 位元和 32 位元整數在本機位元組序和網路位元組序之間互轉的函數,它們的函數原型分別如下。

```
#include <arpa/inet.h>
// 將本機位元組序的 uint32_t 轉換成網路位元組序的 uint32_t
uint32_t htonl(uint32_t hostlong);
// 將本機位元組序的 uint16_t 轉換成網路位元組序的 uint16_t
uint16_t htons(uint16_t hostshort);
// 將網路位元組序的 uint32_t 轉換成本機位元組序的 uint32_t
uint32_t ntohl(uint32_t netlong);
// 將網路位元組序的 uint16_t 轉換成本機位元組序的 uint16_t
uint16_t ntohs(uint16_t netshort);
```

64 位元整數的位元組序互轉需要我們自行實現,這相對比較簡單,只需要結合我們之前撰寫的 IsSmall 函數即可實現,對應的程式如程式清單 12-3 所示。

➜ 程式清單 12-3 標頭檔 byteorderconvert.hpp

```
#include <stdint.h>
inline bool IsSmall() {
```

12.6 預備知識

```cpp
  union Check {
    uint8_t bytes[4];
    uint32_t data;
  };
  Check check;
  for (int i = 0; i < 4; i++) {
    check.bytes[i] = i;
  }
  uint8_t *data = (uint8_t *)&check.data;
  return data[0] == 0 && data[1] == 1 && data[2] == 2 && data[3] == 3;
}
inline uint64_t htonll(uint64_t hostLongLong) {
  if (not IsSmall()) {
    return hostLongLong;
  }
  uint64_t netLongLong;
  uint8_t *net = (uint8_t *)&netLongLong;
  uint8_t *host = (uint8_t *)&hostLongLong;
  // 將本機位元組序轉換成網路位元組序
  net[7] = host[0];
  net[6] = host[1];
  net[5] = host[2];
  net[4] = host[3];
  net[3] = host[4];
  net[2] = host[5];
  net[1] = host[6];
  net[0] = host[7];
  return netLongLong;
}
inline uint64_t ntohll(uint64_t netLongLong) {
  if (not IsSmall()) {
    return netLongLong;
  }
  uint64_t hostLongLong;
  char *net = (char *)&netLongLong;
  char *host = (char *)&hostLongLong;
  // 將網路位元組序轉換成本機位元組序
  host[0] = net[7];
  host[1] = net[6];
  host[2] = net[5];
```

```
  host[3] = net[4];
  host[4] = net[3];
  host[5] = net[2];
  host[6] = net[1];
  host[7] = net[0];
  return hostLongLong;
}
```

12.6.4 記憶體物件與版面配置

任何變數，不管是堆積變數還是堆疊變數，都對應著作業系統中的一塊記憶體。記憶體對齊這一要求導致程式中的變數並不是緊湊儲存的，以 C/C++ 中的結構 Test（如程式清單 12-4 所示）為例，它在記憶體中可能的版面配置如圖 12-3 所示。

➡ 程式清單 12-4　結構 Test

```
struct Test {
  uint8_t a;
  uint8_t b;
  uint32_t c;
};
```

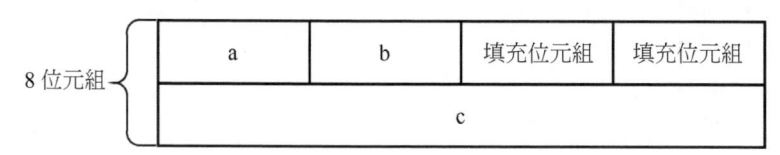

| | a | b | 填充位元組 | 填充位元組 |
| 8 位元組 | c ||||

▲ 圖 12-3　結構在記憶體中可能的版面配置

12.6.5 指標類型的本質

不同的指標類型表示對同一塊記憶體的起始位址執行不同的解析方式，這是因為指標類型決定了編譯器如何解析指標所指向的記憶體區域。

舉例來說，一個 32 位元的不帶正負號的整數既可以用一個 uint32_t 類型的指標來解析，也可以用一個 uint8_t 類型的指標來解析。如果用一個 uint32_t 類

12.6 預備知識

型的指標來解析,則該指標指向的記憶體區域被解釋為一個 32 位元的不帶正負號的整數;如果用一個 uint8_t 類型的指標來解析,則該指標指向的記憶體區域被解釋為一個長度為 4 位元組的無號字元陣列。

下面讓我們來看一個具體的例子,對應的程式如程式清單 12-5 所示,指標的解析如圖 12-4 所示。

→ 程式清單 12-5 原始檔案 pointer.cpp

```
#include <malloc.h>
#include <stdint.h>
#include <string.h>
#include <iostream>
int main() {
  void *p = malloc(5);   // 申請 5 位元組大小的堆積記憶體
  memset(p, 66, 5);      // 把每一位元組的內容設置成 66
  char *pC = (char *)p;  // 宣告一個 char 類型的指標 pC,它指向所分配記憶體的起始位址
  uint32_t *pUint32 = (uint32_t *)p;   // 宣告一個 uint32_t 類型的指標 pUint32,它
                                       // 指向所分配記憶體的起始位址
  if (*pC == 66) {      // 從起始位址開始,取 1 位元組的記憶體去解析成 char 變數
    std::cout << "char yes" << std::endl;
  }
  if (*pUint32 == 66 + (66 << 8) + (66 << 16) + (66 << 24)) {  // 從起始位址
                              // 開始,取 4 位元組的記憶體去解析成 uint32_t 變數
    std::cout << "int32 yes" << std::endl;
  }
  return 0;
}
```

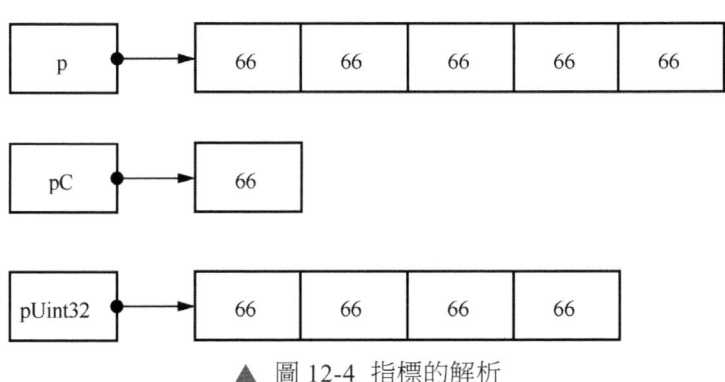

▲ 圖 12-4 指標的解析

12.6.6 序列化與反序列化

序列化是將電腦語言中的記憶體物件轉為網路位元組流的過程，以便在網路上傳輸和儲存。在序列化過程中，需要將記憶體物件中的各個成員變數按照一定的順序和格式轉為位元組流，並將位元組流發送到網路上。

反序列化則是將網路位元組流轉為電腦語言中的記憶體物件的過程，以便接收端正確地解析資料。在反序列化過程中，需要將接收到的位元組流按照一定的順序和格式轉為記憶體物件中的各個成員變數，並將其儲存到記憶體中。

舉例來說，要將 C/C++ 語言中的結構 Test 序列化為一個長度為 6 的位元組流，我們可以按照一定的順序將該結構中的各個成員變數轉為位元組流，並將其儲存到一個 uint8_t 類型的陣列中。反序列化則是指將該陣列中的位元組流按照一定的順序和格式轉為結構 Test 中的各個成員變數，並將其儲存到記憶體中。

下面我們來看一個序列化和反序列化的範例，對應的程式如程式清單 12-6 所示，序列化與反序列化的過程如圖 12-5 所示。

→ 程式清單 12-6 原始檔案 codec.cpp

```
#include <arpa/inet.h>
#include <stdint.h>
#include <stdio.h>
#include <iostream>
struct Test {
  uint8_t a;
  uint8_t b;
  uint32_t c;
  bool operator==(const Test &right) {
    return this->a == right.a && this->b == right.b && this->c == right.c;
  }
};
// 序列化
void struct_to_array(Test *test, uint8_t *data) {
  *data = test->a;   // 從 data 指向位址處寫入 1 位元組到網路位元組流中
  data++;   // 將 data 指標向前移動 1 位元組
  *data = test->b;   // 從 data 指向位址處寫入 1 位元組到網路位元組流中
```

```
    data++;    // 將 data 指標向前移動 1 位元組
    *(uint32_t *)data = htonl(test->c);    // 從 data 指向位址處寫入 4 位元組，即網路位元組
                                            // 序的 uint32_t
}
// 反序列化
void array_to_struct(uint8_t *data, Test *test) {
    test->a = *data;    // 從 data 指向位址處讀取 1 位元組並寫入 a 中
    data++;    // 將 data 指標向前移動 1 位元組
    test->b = *data;    // 從 data 指向位址處讀取 1 位元組並寫入 b 中
    data++;    // 將 data 指標向前移動 1 位元組
    // 將 data 指標指向的網路位元組流後的 4 位元組的網路位元組序的 uint32_t 轉換成本機位元組序的
    //uint32_t
    test->c = ntohl(*(uint32_t *)data);
}
int main() {
    Test test;
    Test testTwo;
    uint8_t data[6];
    test.a = 10;
    test.b = 11;
    test.c = 12;
    struct_to_array(&test, data);
    array_to_struct(data, &testTwo);
    if (test == testTwo) {
        std::cout << "equal" << std::endl;
    }
    return 0;
}
```

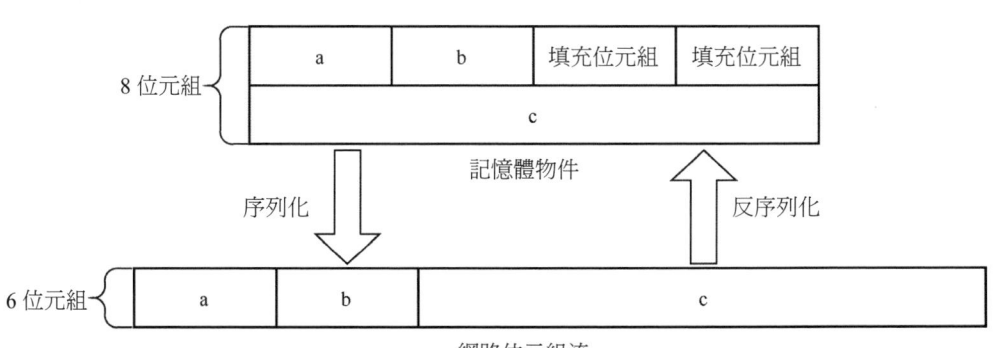

▲ 圖 12-5 序列化與反序列化的過程

12-17

12 應用層協定設計與實現

在進行序列化和反序列化時，需要注意位元組序的問題，以確保不同機器上資料的正確傳輸和解析。同時，為了方便處理序列化和反序列化的問題，可以使用相關的函數庫。

12.7 其他協定

在實現 MySvr 之前，我們先來看看其他兩個知名的協定——HTTP 和 RESP（REdis Serialization Protocol）。這兩個協定在後續的內容中會用到。透過 HTTP，我們可以提供易於偵錯的介面，因為有許多現成的 HTTP 偵錯工具和軟體可供使用。而透過 RESP，我們可以存取 Redis 實例。HTTP 和 RESP 既是文字協定，也是模糊邊界的協定。下面讓我們來看一下它們的協定訊息格式。

12.7.1 HTTP 訊息格式

HTTP 的請求和應答都有各自的格式。HTTP 請求由三部分組成，即請求行、請求標頭集合和請求本體。HTTP 應答也由三部分組成，即狀態行、回應標頭集合和回應本體。HTTP 訊息格式如圖 12-6 所示。

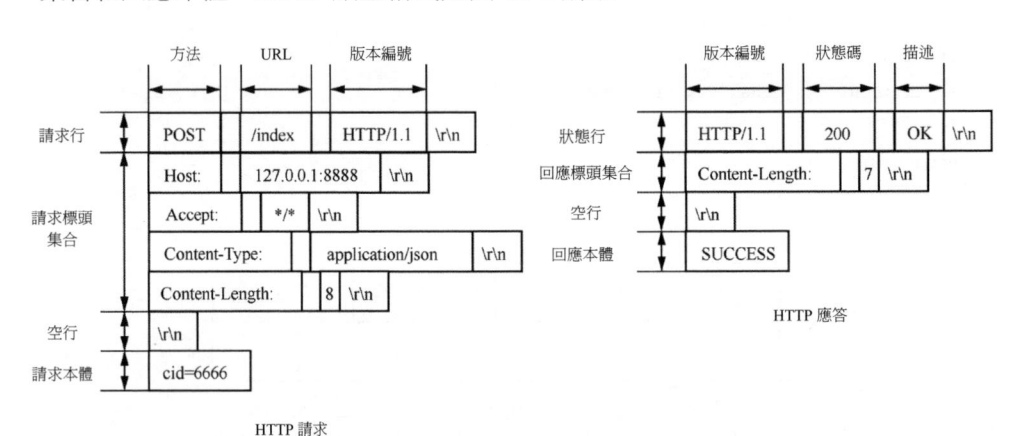

▲ 圖 12-6 HTTP 訊息格式

12-18

1．請求行

請求行由三部分組成，即方法、URL 和版本編號。常見的方法有 GET、POST、HEAD、PUT 和 DELETE，URL 則是所要操作資源的唯一標識。

2．狀態行

狀態行也由三部分組成，即版本編號、狀態碼以及狀態碼所對應的描述。狀態分碼為 5 類，1×× 表示臨時回應，2×× 表示成功，3×× 表示重定向，4×× 表示請求錯誤，5×× 表示伺服器錯誤。

3．標頭集合（請求標頭集合和回應標頭集合）

標頭集合中的每個標頭都是一個鍵 - 值對，鍵的後面跟著一個「:」，常見的標頭有 Content-Type、Content-Length、Host 和 Connection。

4．請求本體 / 應答本體

請求本體和應答本體是 HTTP 主要的 payload，常見的格式有 JSON、由「&」分隔的鍵 - 值對和 XML。

12.7.2　RESP 訊息格式

RESP 是一種文字協定，具有易於實現、解析快速和易讀的特點。RESP 支援 5 種資料型態，包括簡單字串、錯誤資訊、整數、大容量字串和陣列。在 RESP 中，可以透過第一個位元組來辨識不同的資料型態。簡單字串以「+」開頭，錯誤資訊以「-」開頭，整數以「:」開頭，大容量字串以「$」開頭，而陣列以「*」開頭。接下來，我們將詳細介紹這 5 種資料型態的格式。

1．RESP 支援的 5 種資料型態

（1）簡單字串

以「+」開頭，後跟字串，字串中不能包含分行符號，最後以「\r\n」結尾。舉個例子，「+OK\r\n」是 Redis 中常見的應答。

（2）錯誤資訊

以「-」開頭，後跟錯誤描述字串。在 Redis 的使用慣例中，「-」之後的第一個單字（直到第一個空格或分行符號）表示傳回的錯誤類型。在解析時，可以根據不同的錯誤類型拋出不同的例外，也可以只是簡單地傳回表示錯誤類型的字串。

（3）整數

以「:」開頭，以「\r\n」結尾，中間是整數，例如「:666\r\n」。傳回的整數必須保證在 int64 整數的範圍內。

（4）大容量字串

以「$」開頭，以「\r\n」結尾，中間是字串。大容量字串可以用於表示長度達到 512MB 的大字串。空串在大容量字串格式中使用「$0\r\n\r\n」來表示，null 字串則使用「$-1\r\n」來表示。在解析時，我們需要能夠區分大容量字串的空值和 null 值。

（5）陣列

用戶端使用陣列格式向伺服器端發送請求命令，而伺服器端在某些命令下也使用陣列來傳回應答資料。陣列以「*」開頭，以「\r\n」結尾，中間是陣列的大小，後跟對應的陣列元素。陣列元素可以是相同的資料型態，也可以是不同的資料型態。陣列可以是空的，也可以是巢狀結構的，還可以包含 null 元素。空陣列使用「*0\r\n」來表示，null 陣列使用「*-1\r\n」來表示。

2．用戶端和伺服器端的互動模式

用戶端向伺服器端發送只包含大容量字串的陣列類型的請求資料，伺服器端則根據不同的請求類型傳回任何有效資料型態的資料作為應答。

12.8 協定實現

我們實現了 HTTP、RESP 和 MySvr 這三種協定的編解碼。由於協定的編解碼存在共通性，我們首先對協定編解碼的類別進行了抽象，並設計了相關類別之間的關係。這樣的設計可以提高程式的重用性和可維護性，使得程式更加堅固和可靠。協定編解碼核心類別關係簡圖如圖 12-7 所示。

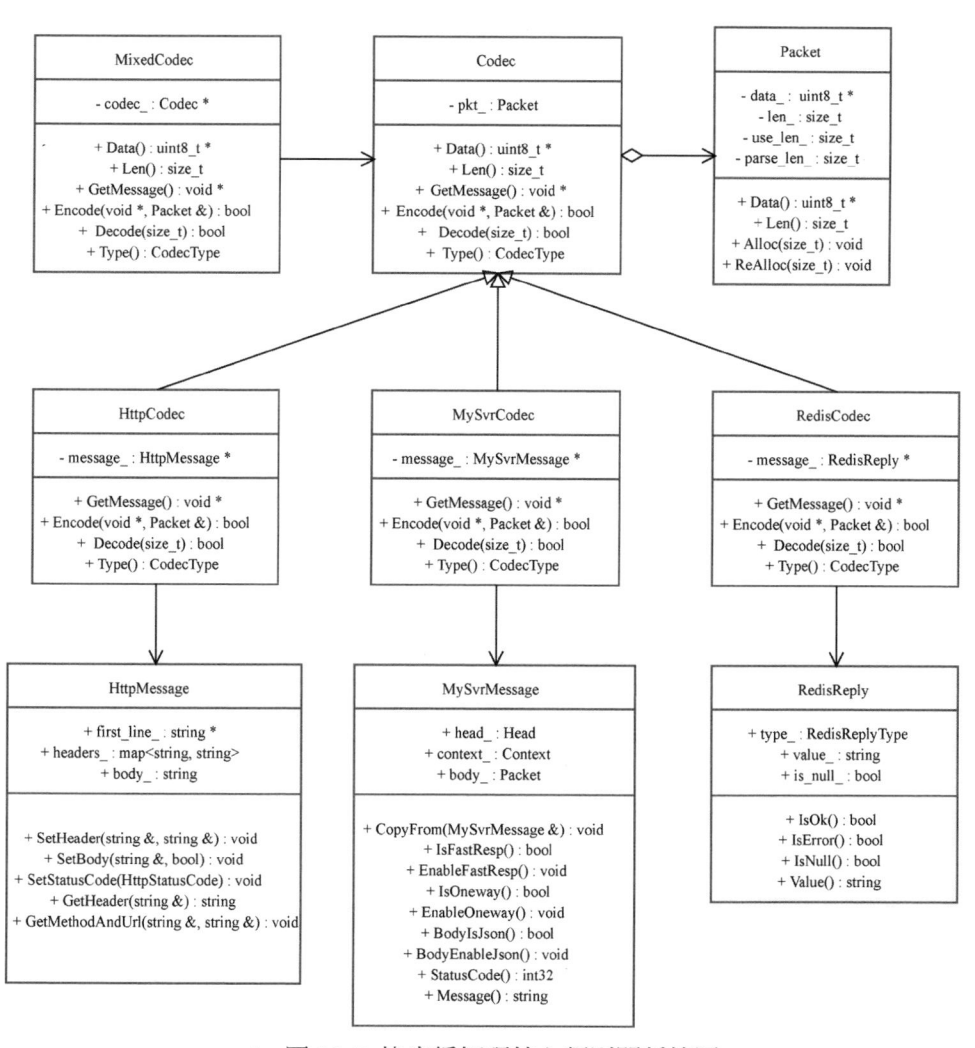

▲ 圖 12-7 協定編解碼核心類別關係簡圖

12 應用層協定設計與實現

12.8.1 協定編解碼抽象

在介紹 Codec 類別之前，我們需要先介紹 Packet 類別。Packet 類別不僅是簡單的二進位緩衝區的封裝，它還支援流式解析。Packet 類別有一個成員變數 parse_len_，用於標識當前緩衝區中已經完成解析的位元組數。Packet 類別實現了二合一（即資料讀取緩衝區＋流式解析緩衝區）的功能。這樣做的好處在於不用分配兩塊記憶體緩衝區（一塊作為讀取緩衝區，另一塊作為流式解析緩衝區），因而也就不用在兩塊緩衝區之間進行資料拷貝，從而減少了記憶體佔用和 CPU 佔用。Packet 類別對應的程式如程式清單 12-7 所示。

→ 程式清單 12-7 標頭檔 packet.hpp

```
#pragma once
#include "base.pb.h"
namespace Protocol {
class Packet {  //二進位套件
 public:
  ~Packet() {
    if (data_) free(data_);
  }
  void Alloc(size_t len) {
    if (data_) free(data_);
    data_ = (uint8_t *)malloc(len);
    len_ = len;
    use_len_ = 0;
    parse_len_ = 0;
  }
  void ReAlloc(size_t len) {
    if (len < len_) {
      return;
    }
    data_ = (uint8_t *)realloc(data_, len);
    len_ = len;
  }
  void CopyFrom(const Packet &pkt) {
    data_ = (uint8_t *)malloc(pkt.len_);
    memmove(data_, pkt.data_, pkt.len_);
    len_ = pkt.len_;
```

12.8 協定實現

```cpp
        use_len_ = pkt.use_len_;
        parse_len_ = pkt.parse_len_;
    }
    uint8_t *Data() { return data_ + use_len_; }      // 緩衝區可以寫入的開始位址
    uint8_t *DataRaw() { return data_; }              // 原始緩衝區的開始位址
    uint8_t *DataParse() { return data_ + parse_len_; } // 需要解析的開始位址
    size_t NeedParseLen() { return use_len_ - parse_len_; }// 需要解析的長度
    size_t Len() { return len_ - use_len_; }          // 快取區中還可以寫入的資料長度
    size_t UseLen() { return use_len_; }              // 緩衝區已經使用的容量
    void UpdateUseLen(size_t add_len) { use_len_ += add_len; }
    void UpdateParseLen(size_t add_len) { parse_len_ += add_len; }

public:
    uint8_t *data_{nullptr};   // 二進位緩衝區
    size_t len_{0};            // 緩衝區的長度
    size_t use_len_{0};        // 緩衝區使用長度
    size_t parse_len_{0};      // 完成解析的長度
};
}  // 命名空間 Protocol
```

由於 Packet 類同時實現了讀取緩衝區和流式解析緩衝區的功能，因此它需要提供更多的介面。Alloc、ReAlloc 和 CopyFrom 函數是與記憶體分配相關的函數；Data 和 Len 函數用於配合 I/O 讀取函數向緩衝區中寫入讀取到的資料；DataParse 和 NeedParseLen 函數用於傳回需要解析的資料；DataRaw 和 UseLen 函數用於傳回緩衝區中使用的記憶體資料。這些介面的實現使得 Packet 類別可以在讀取和解析資料時更加靈活和高效。

Codec 類別相依於 Packet 類別，因為需要對協定解析的資料，可以透過 Data 和 Len 函數直接寫入 Packet 物件中。因此，你可以看到，Decode 函數的宣告中只有需要解析的位元組數作為入參，而沒有對應的資料緩衝區。這樣的設計使得資料解析更加高效。Codec 類別對應的程式如程式清單 12-8 所示。

➔ 程式清單 12-8 標頭檔 codec.hpp

```cpp
#pragma once
#include "packet.hpp"
namespace Protocol {
```

12 應用層協定設計與實現

```
enum CodecType {    // 編解碼協定類型
  UNKNOWN = 0,
  HTTP = 1,
  MY_SVR = 2,
  REDIS = 3,
};
class Codec {       // 協定編解碼基礎類別
 public:
  virtual ~Codec() {}
  uint8_t *Data() { return pkt_.Data(); }
  size_t Len() { return pkt_.Len(); }
  virtual void *GetMessage() = 0;
  virtual bool Encode(void *msg, Packet &pkt) = 0;
  virtual bool Decode(size_t len) = 0;
  virtual CodecType Type() = 0;
 protected:
  Packet pkt_;
};
}   // 命名空間 Protocol
```

Codec 類別的抽象十分簡單,它有一個 Packet 類別的成員變數。除了剛剛提到的函數,Codec 類別還抽象出了 Encode 函數用於編碼,GetMessage 函數用於獲取當前解析出的記憶體物件,Type 函數則用於傳回當前使用的編解碼協定類型。透過協定編解碼的抽象,我們可以更加靈活地實現不同協定的編解碼。下面讓我們來看一下如何實現不同協定的編解碼。

12.8.2 MySvr 實現

我們使用 MySvrMessage 物件作為 MySvr 解析後的記憶體物件,MySvr-Message 類別對應的程式如程式清單 12-9 所示。

➔ 程式清單 12-9 標頭檔 mysvrmessage.hpp

```
#pragma once
#include "../common/statuscode.hpp"
#include "packet.hpp"
namespace Protocol {
// 協定中使用的常數
```

12.8 協定實現

```cpp
constexpr uint8_t PROTO_MAGIC = 1;         // 協定魔數
constexpr uint8_t PROTO_VERSION = 1;       // 協定版本
constexpr uint32_t PROTO_HEAD_LEN = 8;     // 固定 8 位元組的標頭
constexpr uint8_t PROTO_FLAG_IS_JSON = 0x1;        //body 是否為 JSON 格式
constexpr uint8_t PROTO_FLAG_IS_ONEWAY = 0x2;      // 是否為 oneway 訊息
constexpr uint8_t PROTO_FLAG_IS_FAST_RESP = 0x4;   // 是否為 FastResp 訊息
constexpr uint8_t PROTO_MAGIC_AND_VERSION = (PROTO_MAGIC << 4) | PROTO_VERSION;
typedef struct Head {   // 協定標頭
  uint8_t magic_and_version_{PROTO_MAGIC_AND_VERSION};   // 協定魔數和協定版本
  uint8_t flag_{0};          // 協定的標識位元
  uint16_t context_len_{0};  // 訊息上下文序列化後的長度（壓縮過）
  uint32_t body_len_{0};     // 訊息本體序列化後的長度（壓縮過）
} Head;
typedef struct MySvrMessage {   // 協定訊息
  void CopyFrom(const MySvrMessage &message) {
    head_ = message.head_;
    context_.CopyFrom(message.context_);
    body_.CopyFrom(message.body_);
  }
  bool IsFastResp() { return head_.flag_ & PROTO_FLAG_IS_FAST_RESP; }
  void EnableFastResp() { head_.flag_ |= PROTO_FLAG_IS_FAST_RESP; }
  bool IsOneway() { return head_.flag_ & PROTO_FLAG_IS_ONEWAY; }
  void EnableOneway() { head_.flag_ |= PROTO_FLAG_IS_ONEWAY; }
  bool BodyIsJson() { return head_.flag_ & PROTO_FLAG_IS_JSON; }
  void BodyEnableJson() { head_.flag_ |= PROTO_FLAG_IS_JSON; }
  int32_t StatusCode() { return context_.status_code(); }
  std::string Message() { return STATUS_CODE.Message(context_.status_code()); }

  Head head_;        // 訊息標頭
  MySvr::Base::Context context_;   // 訊息上下文
  Packet body_;      // 根據訊息上下文的服務名稱和介面名稱可以反序列化成具體的記憶體物件
} MySvrMessage;
}  // 命名空間 Protocol
```

　　MySvrMessage 類別有三個成員變數，head_ 對應長度為 8 位元組的協定標頭，context_ 對應變長的訊息上下文，body_ 對應變長的訊息本體。其中，context_ 的類型是 MySvr::Base::Context，定義在 base.proto 檔案中，base.proto 檔案的內容如程式清單 12-10 所示。

12 應用層協定設計與實現

➡ 程式清單 12-10 base.proto 檔案的內容

```
syntax = "proto3";
import "google/protobuf/descriptor.proto";
extend google.protobuf.ServiceOptions {
  int32 Port = 50001;   // 擴充服務選項，新增 Port 欄位，用於設置服務監聽的通訊埠
}
extend google.protobuf.MethodOptions {
  /* 擴充方法選項
  * 1 表示 RR(Request-Response) 模式，此為預設模式
  * 2 表示 oneway( 單向呼叫，無回應封包 ) 模式
  * 3 表示 FR(Fast-Response) 模式
  */
  int32 MethodMode = 50001;
}
package MySvr.Base;
message TraceStack {
  int32 parent_id = 1;      // 呼叫方分散式呼叫堆疊 id
  int32 current_id = 2;     // 被調方分散式呼叫堆疊 id
  string service_name = 3;  // 服務名稱
  string rpc_name = 4;      //RPC 名稱
  int32 status_code = 5;    //RPC 執行結果
  string message = 6;       //RPC 執行結果的描述
  int64 spend_us = 7;       // 介面呼叫耗時，單位為微秒 ( 也就是千分之一毫秒 )
  bool is_batch = 8;        // 是否批次執行
}
message Context {
  string log_id = 1;               // 請求 id，用於唯一標識一次請求
  string service_name = 2;         // 要呼叫服務的名稱
  string rpc_name = 3;             // 要呼叫介面的名稱
  int32 status_code = 4;           // 傳回的狀態碼，在應答資料時使用
  int32 current_stack_id = 5;      // 當前分散式呼叫堆疊 id
  int32 parent_stack_id = 6;       // 上游分散式呼叫堆疊 id
  int32 stack_alloc_id = 7;        // 當前分散式呼叫堆疊分配的 id，初始值為 0
  repeated TraceStack trace_stack = 8;  // 分散式呼叫堆疊資料，用於還原分散式呼叫
}
message OneWayResponse {}   // 空 message 用於 oneway 模式下的 response 佔位
message FastRespResponse {} // 空 message 用於 FR 模式下的 response 佔位
```

12.8 協定實現

除了定義 Context，base.proto 檔案還定義了 TraceStack、OneWayResponse 和 FastRespResponse。其中，TraceStack 用於記錄分散式呼叫中每一次 RPC 呼叫的結果，我們會在後續的內容中做詳細介紹。而 OneWayResponse 和 FastRespResponse 這兩個空的 message，則分別用於 oneway 模式和 Fast Response 模式下的 response 佔位。

base.proto 是使用 protobuf 語法撰寫的基礎型態宣告，它對服務和方法選項進行了擴充，支援定義服務的監聽通訊埠和模式。在介紹 protobuf 之前，我們需要先了解一下它的作用。protobuf 是 protocol buffers 的簡稱，是由 Google 開發的資料描述語言。除了支援資料的描述，它還支援 RPC 服務的描述，並附帶序列化和反序列化的功能。protobuf 是一種語言無關、平臺無關、擴充性良好的資料格式，非常適合作為網路通訊協定中的 payload（資料酬載）。

在 protobuf 中，最基本的資料單元是 message。message 中的每個成員都有一個欄位編號，編號從 1 開始且不可重複。message 支援巢狀結構。除了 message，protobuf 還支援一些基本的資料型態，比如 int32、int64、string 等，並且可以定義列舉。使用 service 關鍵字可以宣告一個服務，在服務中使用 rpc 關鍵字可以宣告這個服務提供的介面。protobuf 還有許多其他的細節，這裡不再展開，大家可以自行查看相關文件。

下面讓我們來看一下如何實現 MySvr 的編解碼，對應的程式如程式清單 12-11 所示。

→ 程式清單 12-11　標頭檔 mysvrcodec.hpp

```
#pragma once
#include <arpa/inet.h>
#include <snappy.h>
#include <string>
#include "codec.hpp"
#include "mysvrmessage.hpp"
namespace Protocol {
constexpr uint32_t MY_SVR_MAX_CONTEXT_LEN = 64 * 1024;        // 上下文最大長度
constexpr uint32_t MY_SVR_MAX_BODY_LEN = 20 * 1024 * 1024;    // 訊息本體最大長度
enum MySvrDecodeStatus {   // 解碼狀態
    MY_SVR_HEAD = 1,       // 訊息標頭
```

```cpp
    MY_SVR_CONTEXT = 2,    // 訊息上下文
    MY_SVR_BODY = 3,       // 訊息本體
    MY_SVR_FINISH = 4,     // 完成訊息解析
};
class MySvrCodec : public Codec {    // 協定編解碼
 public:
  MySvrCodec() { pkt_.Alloc(PROTO_HEAD_LEN); }    // 第一次分配協定標頭大小的空間
  ~MySvrCodec() {
    if (message_) delete message_;
  }
  CodecType Type() { return MY_SVR; }
  void *GetMessage() {
    if (nullptr == message_) return nullptr;
    if (decode_status_ != MY_SVR_FINISH) return nullptr;
    MySvrMessage *result = message_;
    message_ = nullptr;
    decode_status_ = MY_SVR_HEAD; // 訊息被取出之後，將解析狀態設置為 MY_SVR_HEAD
    return (void *)result;
  }
  void SetLimit(uint32_t maxContextLen, uint32_t maxBodyLen) {
    max_context_len_ = maxContextLen;
    max_body_len_ = maxBodyLen;
  }
  bool Encode(void *msg, Packet &pkt) {
    MySvrMessage &message = *(MySvrMessage *)msg;
    std::string body((const char *)message.body_.DataRaw(), message.body_
      .UseLen());
    std::string context;
    std::string compressBody;
    std::string compressContext;
    if (not message.context_.SerializePartialToString(&context)) return false;
    snappy::Compress(body.data(), body.size(), &compressBody);
    snappy::Compress(context.data(), context.size(), &compressContext);
    message.head_.context_len_ = compressContext.size();  // 設置上下文的長度
    message.head_.body_len_ = compressBody.size();        // 設置訊息本體的長度
    size_t len = PROTO_HEAD_LEN + message.head_.context_len_ + message.
      head_.body_len_;    // 計算封包的總長度
    pkt.Alloc(len);       // 分配空間
    encodeHead(message, pkt);    // 打包訊息標頭
```

12.8 協定實現

```cpp
    pkt.UpdateUseLen(PROTO_HEAD_LEN);
    // 打包訊息上下文
    memmove(pkt.Data(), compressContext.data(), compressContext.size());
    pkt.UpdateUseLen(compressContext.size());
    // 打包訊息本體
    memmove(pkt.Data(), compressBody.data(), compressBody.size());
    pkt.UpdateUseLen(compressBody.size());
    return true;
}
bool Decode(size_t len) {
    pkt_.UpdateUseLen(len);
    uint32_t decodeLen = 0;
    uint32_t needDecodeLen = pkt_.NeedParseLen();
    uint8_t *data = pkt_.DataParse();
    if (nullptr == message_) message_ = new MySvrMessage;
    while (needDecodeLen > 0) {   // 只要還有未解析的網路位元組流,就持續解析
        bool decodeBreak = false;
        if (MY_SVR_HEAD == decode_status_) {       // 解析訊息標頭
            if (not decodeHead(&data, needDecodeLen, decodeLen, decodeBreak)) {
                return false;
            }
            if (decodeBreak) break;
        }
        if (MY_SVR_CONTEXT == decode_status_) {   // 解析完訊息標頭,解析上下文
            if (not decodeContext(&data, needDecodeLen, decodeLen, decodeBreak)) {
                return false;
            }
            if (decodeBreak) break;
        }
        if (MY_SVR_BODY == decode_status_) {      // 解析完上下文,解析訊息本體
            if (not decodeBody(&data, needDecodeLen, decodeLen, decodeBreak)) {
                return false;
            }
            if (decodeBreak) break;
        }
    }
    if (decodeLen > 0) pkt_.UpdateParseLen(decodeLen);
    if (MY_SVR_FINISH == decode_status_) {
        pkt_.Alloc(PROTO_HEAD_LEN);    // 釋放空間,並重新申請協定標頭需要的空間
```

12 應用層協定設計與實現

```
    }
    return true;
}
private:
 void encodeHead(MySvrMessage &message, Packet &pkt) {
    uint8_t *data = pkt.Data();
    *data = message.head_.magic_and_version_;   // 設置協定魔數和協定版本
    ++data;
    *data = message.head_.flag_;                // 設置標識位元
    ++data;
    *(uint16_t *)data = htons(message.head_.context_len_);  // 設置訊息上下文長度
    data += 2;
    *(uint32_t *)data = htonl(message.head_.body_len_);   // 設置訊息本體長度
 }
 bool decodeHead(uint8_t **data, uint32_t &needDecodeLen, uint32_t
    &decodeLen, bool &decodeBreak) {
    if (needDecodeLen < PROTO_HEAD_LEN) {
        decodeBreak = true;
        return true;
    }
    uint8_t *curData = *data;
    message_->head_.magic_and_version_ = *curData;
    if (message_->head_.magic_and_version_ != PROTO_MAGIC_AND_VERSION)
        return false;   // 魔數和版本編號不一致，解析失敗
    curData++;
    message_->head_.flag_ = *curData;                       // 解析標識位元
    curData++;
    message_->head_.context_len_ = ntohs(*(uint16_t *)curData); // 解析上下文長度
    curData += 2;
    message_->head_.body_len_ = ntohl(*(uint32_t *)curData);    // 解析訊息本體長度
    if (message_->head_.context_len_ > max_context_len_) return false;
    if (message_->head_.body_len_ > max_body_len_) return false;
    // 更新剩餘待解析資料長度、已經解析的資料長度、緩衝區指標的位置以及當前解析的狀態
    needDecodeLen -= PROTO_HEAD_LEN;
    decodeLen += PROTO_HEAD_LEN;
    (*data) += PROTO_HEAD_LEN;
    decode_status_ = MY_SVR_CONTEXT;
    // 重新分配記憶體空間，這樣解析一筆訊息最多分配兩次記憶體
    pkt_.ReAlloc(PROTO_HEAD_LEN + message_->head_.context_len_ + message_
```

12-30

```cpp
        ->head_.body_len_);
    return true;
  }
  bool decodeContext(uint8_t **data, uint32_t &needDecodeLen, uint32_t
    &decodeLen, bool &decodeBreak) {
    uint32_t contextLen = message_->head_.context_len_;
    if (needDecodeLen < contextLen) {
      decodeBreak = true;
      return true;
    }
    std::string context;
    std::string compressContext((const char *)*data, (size_t)contextLen);
    snappy::Uncompress(compressContext.data(), compressContext.size(),
      &context);
    if (not message_->context_.ParseFromString(context)) {
      return false;
    }
    // 更新剩餘待解析資料長度、已經解析的資料長度、緩衝區指標的位置以及當前解析的狀態
    needDecodeLen -= contextLen;
    decodeLen += contextLen;
    (*data) += contextLen;
    decode_status_ = MY_SVR_BODY;
    return true;
  }
  bool decodeBody(uint8_t **data, uint32_t &needDecodeLen, uint32_t
    &decodeLen, bool &decodeBreak) {
    decodeBreak = true;   // 不管能否完成解析，都跳出迴圈
    uint32_t bodyLen = message_->head_.body_len_;
    if (needDecodeLen < bodyLen) {
      return true;
    }
    std::string body;
    std::string compressBody((const char *)*data, (size_t)bodyLen);
    snappy::Uncompress(compressBody.data(), compressBody.size(), &body);
    message_->body_.Alloc(body.size());
    memmove(message_->body_.Data(), body.data(), body.size());
    message_->body_.UpdateUseLen(body.size());
    // 更新剩餘待解析資料長度、已經解析的資料長度、緩衝區指標的位置以及當前解析的狀態
    needDecodeLen -= bodyLen;
```

```cpp
        decodeLen += bodyLen;
        (*data) += bodyLen;
        decode_status_ = MY_SVR_FINISH;    // 解析狀態流轉,更新為完成訊息解析
        return true;
    }
  private:
    MySvrDecodeStatus decode_status_{MY_SVR_HEAD};    // 當前解析狀態
    MySvrMessage *message_{nullptr};                  // 當前解析的訊息物件
    uint32_t max_context_len_{MY_SVR_MAX_CONTEXT_LEN};
    uint32_t max_body_len_{MY_SVR_MAX_BODY_LEN};
};
}    // 命名空間 Protocol
```

MySvrCodec 類別實現了 MySvr 的編解碼。這裡有一個小技巧,就是在 MySvrCodec 類別的建構函數中,先申請一塊協定標頭大小的空間。等解析完協定標頭的資料之後,再重新分配一次剩餘需要的記憶體空間。這樣解析一筆訊息就只需要分配兩次記憶體。這種做法既可以減少記憶體分配次數,又可以提高解析效率。

Decode 函數實現了協定的解碼。它的入參是每次要解析的資料長度。只要還有未解析的位元組流,就持續解析,直到無法再繼續解析為止。整個解析的過程是一個有限狀態機的流轉,從最開始的 MY_SVR_HEAD 狀態流轉到最後的 MY_SVR_FINISH 狀態。MySvr 標標頭、協定訊息上下文和協定訊息本體都對應一個解析函數。這些解析函數都有 4 個入參,分別代表要解析的資料緩衝區起始位址、需要解析的資料長度、已經解析的資料長度和是否中斷解析過程。由於 MySvr 的訊息上下文和訊息本體都預設使用 snappy 演算法進行壓縮,因此在解析時也需要使用 snappy 演算法進行解析壓縮。

Encode 函數實現了協定的編碼。它的入參是要編碼的訊息和用於輸出編碼結果的 Packet 物件。首先對訊息上下文和訊息本體進行序列化,然後使用 snappy 演算法進行壓縮(該演算法在 Google 內部被廣泛使用,比如在 MapReduce 和 Google 內部的 RPC 系統中)。接下來計算協定標頭中的欄位,最後進行協定標頭、協定訊息上下文和協定訊息本體的編碼,並將它們寫入 Packet 物件中。

SetLimit 函數用於設置對應協定訊息上下文和訊息本體的最大長度限制。

12.8.3 HTTP 實現

HTTP 是一個知名的應用層協定，許多程式語言都內建支援 HTTP 的編解碼。在這裡，我們使用 C++ 來實現 HTTP 的編解碼，並且只實現 HTTP 的子集。我們使用 HttpMessage 物件作為 HTTP 解析後的記憶體物件。HttpMessage 類別的程式如程式清單 12-12 所示。

➡ 程式清單 12-12　標頭檔 httpmessage.hpp

```cpp
#pragma once
#include <map>
#include <string>
namespace Protocol {
enum HttpStatusCode {   // 目前只支援 4 個狀態碼
  OK = 200,              // 請求成功
  BAD_REQUEST = 400,     //body 只支援 JSON 格式，非 JSON 格式傳回狀態碼 400
  NOT_FOUND = 404,       // 請求失敗，未找到相關資源
  INTERNAL_SERVER_ERROR = 500,  // 內部服務錯誤
};
typedef struct HttpMessage {   //HTTP 訊息
  void SetHeader(const std::string &key, const std::string &value) {
    headers_[key] = value;
  }
  void SetBody(const std::string &body) {
    body_ = body;
    SetHeader("Content-Type", "application/json");
    SetHeader("Content-Length", std::to_string(body_.length()));
  }
  void SetStatusCode(HttpStatusCode statusCode) {
    if (OK == statusCode) {
      first_line_ = "HTTP/1.1 200 OK";
    } else if (BAD_REQUEST == statusCode) {
      first_line_ = "HTTP/1.1 400 Bad Request";
    } else if (NOT_FOUND == statusCode) {
      first_line_ = "HTTP/1.1 404 Not Found";
    } else {
```

```cpp
      first_line_ = "HTTP/1.1 500 Internal Server Error";
    }
  }
  std::string GetHeader(const std::string &key) {
    if (headers_.find(key) == headers_.end()) return "";
    return headers_[key];
  }
  void GetMethodAndUrl(std::string &method, std::string &url) {
    int32_t spaceCount = 0;
    for (size_t i = 0; i < first_line_.size(); i++) {
      if (first_line_[i] == ' ') {
        spaceCount++;
        continue;
      }
      if (spaceCount == 0) method += first_line_[i];
      if (spaceCount == 1) url += first_line_[i];
    }
  }
  std::string first_line_;    // 對請求來說是 request_line，對應答來說是 status_line
  std::map<std::string, std::string> headers_;
  std::string body_;
} HttpMessage;
}  // 命名空間 Protocol
```

　　HttpMessage 類別是對 HTTP 請求和回應的抽象。它有 3 個成員變數：first_line_，對請求來說是 request_line，對回應來說是 status_line；headers_ 是請求標頭或回應標頭的集合；body_ 是請求本體或回應本體。HttpMessage 類別實現了 SetHeader、SetBody、SetStatusCode 等屬性設置函數，同時也實現了 GetHeader、GetMethodAndUrl 等屬性獲取函數。

　　下面讓我們來看一下如何實現 HTTP 的編解碼，對應的程式如程式清單 12-13 所示。

→ **程式清單 12-13　標頭檔 httpcodec.hpp**

```cpp
#pragma once
#include <string>
#include <unordered_map>
```

12.8 協定實現

```cpp
#include <vector>
#include "../common/log.hpp"
#include "../common/strings.hpp"
#include "codec.hpp"
#include "httpmessage.hpp"

namespace Protocol {
constexpr uint32_t FIRST_READ_LEN = 256;              // 優先讀取資料的大小
constexpr uint32_t MAX_FIRST_LINE_LEN = 8 * 1024;     //HTTP 第一行的最大長度
constexpr uint32_t MAX_HEADER_LEN = 8 * 1024;         //header 最大長度
constexpr uint32_t MAX_BODY_LEN = 1024 * 1024;        //body 最大長度
enum HttpDecodeStatus {    // 解碼狀態
    FIRST_LINE = 1,        // 第一行
    HEADERS = 2,           // 訊息標頭
    BODY = 3,              // 訊息本體
    FINISH = 4,            // 完成訊息解析
};
class HttpCodec : public Codec {    // 協定編解碼
 public:
    HttpCodec() { pkt_.Alloc(FIRST_READ_LEN); }
    ~HttpCodec() {
        if (message_) delete message_;
    }
    CodecType Type() { return HTTP; }
    void *GetMessage() {
        if (nullptr == message_ || decode_status_ != FINISH) return nullptr;
        HttpMessage *result = message_;
        message_ = nullptr;
        decode_status_ = FIRST_LINE;   // 訊息被取出之後，將解析狀態設置為 FIRST_LINE
        return result;
    }
    void SetLimit(uint32_t maxFirstLineLen, uint32_t maxHeaderLen, uint32_t
        maxBodyLen) {
        max_first_line_len_ = maxFirstLineLen;
        max_header_len_ = maxHeaderLen;
        max_body_len_ = maxBodyLen;
    }
    bool Encode(void *msg, Packet &pkt) {
        HttpMessage *message = (HttpMessage *)msg;
```

12 應用層協定設計與實現

```cpp
    std::string data;
    data.append(message->first_line_ + "\r\n");
    auto iter = message->headers_.begin();
    while (iter != message->headers_.end()) {
      data.append(iter->first + ": " + iter->second + "\r\n");
      iter++;
    }
    data.append("\r\n");
    data.append(message->body_);
    pkt.Alloc(data.length());
    memmove(pkt.Data(), data.c_str(), data.length());
    pkt.UpdateUseLen(data.length());
    return true;
}
bool Decode(size_t len) {
    pkt_.UpdateUseLen(len);
    uint32_t decodeLen = 0;
    uint32_t needDecodeLen = pkt_.NeedParseLen();
    uint8_t *data = pkt_.DataParse();
    if (nullptr == message_) message_ = new HttpMessage();
    while (needDecodeLen > 0) {       // 只要還有未解析的網路位元組流，就持續解析
      bool decodeBreak = false;
      if (FIRST_LINE == decode_status_) {                    // 解析第一行
        if (!decodeFirstLine(&data, needDecodeLen, decodeLen, decodeBreak)) {
          return false;
        }
        if (decodeBreak) break;
      }
      if (needDecodeLen > 0 && HEADERS == decode_status_) {  // 解析 headers
        if (!decodeHeaders(&data, needDecodeLen, decodeLen, decodeBreak)) {
          return false;
        }
        if (decodeBreak) break;
      }
      if (needDecodeLen > 0 && BODY == decode_status_) {     // 解析 body
        if (!decodeBody(&data, needDecodeLen, decodeLen, decodeBreak)) {
          return false;
        }
        if (decodeBreak) break;
```

```cpp
      }
    }
    if (decodeLen > 0) pkt_.UpdateParseLen(decodeLen);
    if (FINISH == decode_status_) {
      pkt_.Alloc(FIRST_READ_LEN);    // 釋放記憶體空間並重新申請
    }
    return true;
  }

private:
  bool decodeFirstLine(uint8_t **data, uint32_t &needDecodeLen, uint32_t
    &decodeLen, bool &decodeBreak) {
    uint8_t *temp = *data;
    bool completeFirstLine = false;
    uint32_t firstLineLen = 0;
    for (uint32_t i = 0; i < needDecodeLen - 1; i++) {
      if (temp[i] == '\r' && temp[i + 1] == '\n') {
        completeFirstLine = true;
        firstLineLen = i + 2;
        break;
      }
    }
    if (not completeFirstLine) {
      if (needDecodeLen > max_first_line_len_) {
        ERROR("first_line len[%d] is too long", needDecodeLen);
        return false;
      }
      pkt_.ReAlloc(pkt_.UseLen() * 2);   // 無法完成解析，擴大下次讀取的資料量
      decodeBreak = true;
      return true;
    }
    if (firstLineLen > max_first_line_len_) {
      ERROR("first_line len[%d] is too long", firstLineLen);
      return false;
    }
    message_->first_line_ = std::string((char *)temp, firstLineLen - 2);
    // 更新剩餘待解析資料長度、已經解析的資料長度、緩衝區指標的位置以及當前解析的狀態
    needDecodeLen -= firstLineLen;
    decodeLen += firstLineLen;
```

```cpp
      (*data) += firstLineLen;
      decode_status_ = HEADERS;
      return true;
    }
    bool decodeHeaders(uint8_t **data, uint32_t &needDecodeLen, uint32_t
      &decodeLen, bool &decodeBreak) {
      uint8_t *temp = *data;
      // 解析到空行
      if (needDecodeLen >= 2 && temp[0] == '\r' && temp[1] == '\n') {
        needDecodeLen -= 2;
        decodeLen += 2;
        (*data) += 2;
        decode_status_ = BODY;
        return true;
      }
      bool isKey = true;
      uint32_t decodeHeadersLen = 0;
      bool getOneHeader = false;
      // 解析每個 header 的鍵 - 值對
      std::string key, value;
      for (uint32_t i = 0; i < needDecodeLen - 1; i++) {
        if (temp[i] == '\r' && temp[i + 1] == '\n') {   // 一個完整的鍵 - 值對
          Common::Strings::trim(key);
          Common::Strings::trim(value);
          if (key != "" && value != "") message_->headers_[key] = value;
          getOneHeader = true;
          decodeHeadersLen = i + 2;
          break;
        }
        if (isKey && temp[i] == ':') {   // 第一個 ':' 才是分隔符號
          isKey = false;
          continue;
        }
        if (isKey)
          key += temp[i];
        else
          value += temp[i];
      }
      if (not getOneHeader) {
```

12.8 協定實現

```cpp
    if (needDecodeLen > max_header_len_) {
      ERROR("header len[%d] is too long", needDecodeLen);
      return false;
    }
    decodeBreak = true;
    pkt_.ReAlloc(pkt_.UseLen() * 2);    // 無法完成解析，擴大下次讀取的資料量
    return true;
  }
  if (decodeHeadersLen > max_header_len_) {
    ERROR("header len[%d] is too long", decodeHeadersLen);
    return false;
  }
  needDecodeLen -= decodeHeadersLen;
  decodeLen += decodeHeadersLen;
  (*data) += decodeHeadersLen;
  return true;
}
bool decodeBody(uint8_t **data, uint32_t &needDecodeLen, uint32_t
  &decodeLen, bool &decodeBreak) {
  auto iter = message_->headers_.find("Content-Length");
  if (iter == message_->headers_.end()) {    // 必須攜帶透過 Content-Length 標頭
    ERROR("not find Content-Length header");
    return false;
  }
  uint32_t bodyLen = (uint32_t)std::stoi(iter->second.c_str());
  if (bodyLen > max_body_len_) {
    ERROR("body len[%d] is too long", bodyLen);
    return false;
  }
  decodeBreak = true;    // 不管能否完成解析，都跳出迴圈
  if (needDecodeLen < bodyLen) {
    pkt_.ReAlloc(pkt_.UseLen() + (bodyLen - needDecodeLen));
    return true;
  }
  uint8_t *temp = *data;
  message_->body_ = std::string((char *)temp, bodyLen);
  // 更新剩餘待解析資料長度、已經解析的資料長度、緩衝區指標的位置以及當前解析的狀態
  needDecodeLen -= bodyLen;
  decodeLen += bodyLen;
```

```
    (*data) += bodyLen;
    decode_status_ = FINISH;    // 解析狀態流轉，更新為完成訊息解析
    return true;
  }
 private:
  HttpDecodeStatus decode_status_{FIRST_LINE};    // 當前解析狀態
  HttpMessage *message_{nullptr};
  uint32_t max_first_line_len_{MAX_FIRST_LINE_LEN};
  uint32_t max_header_len_{MAX_HEADER_LEN};
  uint32_t max_body_len_{MAX_BODY_LEN};
};
}    // 命名空間 Protocol
```

HttpCodec 類別實現了 HTTP 的編解碼。由於 HTTP 具有模糊的邊界，因此我們預先分配了 256 位元組大小的空間。在解析過程中，如果發現資料不完整導致解析中斷，則重新分配記憶體。新記憶體的大小為已使用記憶體大小的兩倍。透過這種策略，我們可以盡可能地減少記憶體分配次數。

HttpCodec 類別的 Decode 函數和 MySvrCodec 類別的 Decode 函數邏輯類似。只要還有未解析的位元組流，就持續解析，直到無法繼續解析為止。整個解析的過程是一個有限狀態機的流轉，從最開始的 FIRST_LINE 狀態流轉到最後的 FINISH 狀態。HTTP 的第一行、標頭集合和協定本體都對應一個解析函數。在協定解析過程中，如果發現某一部分的長度超過設置的最大值，則直接報解析失敗。

Encode 函數實現了協定的編碼。這裡的 Encode 函數相對比較簡單，只是按順序將 HTTP 的第一行、標頭集合和協定本體寫入 Packet 物件中。

12.8.4 RESP 實現

我們使用 RedisCommand 物件作為 RESP 請求的記憶體物件，並使用 RedisReply 物件作為 RESP 應答的記憶體物件。RedisCommand 類別和 RedisReply 類別對應的程式如程式清單 12-14 所示。

12.8 協定實現

➜ **程式清單 12-14 標頭檔 redismessage.hpp**

```cpp
#pragma once
#include <sstream>
#include <string>
#include <vector>
#include "codec.hpp"
namespace Protocol {
enum RedisReplyType {   // 只支援 4 種應答類型
  SIMPLE_STRINGS = 1,   // 簡單字串，回應的首位元組是 "+"，demo:"+OK\r\n"
  ERRORS = 2,           // 錯誤，回應的首位元組是 "-"，demo:"-Error message\r\n"
  INTEGERS = 3,         // 整數，回應的首位元組是 ":"，demo:":1000\r\n"
  BULK_STRINGS = 4,     // 批次字串，回應的首位元組是 "$"，demo:"$2\r\nok\r\n"
};
/* 只支援 5 種命令
  SET  // 設置鍵和值
  GET  // 獲取鍵以及對應的值
  DEL  // 刪除鍵
  INCR // 值遞增 1
  AUTH // 認證
*/
typedef struct RedisCommand {
  void makeGetCmd(std::string key) {
    params_.push_back("GET");
    params_.push_back(key);
  }
  void makeDelCmd(std::string key) {
    params_.push_back("DEL");
    params_.push_back(key);
  }
  void makeAuthCmd(std::string passwd) {
    params_.push_back("AUTH");
    params_.push_back(passwd);
  }
  void makeSetCmd(std::string key, std::string value, int64_t expireTime = 0) {
    params_.push_back("SET");
    params_.push_back(key);
    params_.push_back(value);
    if (expireTime > 0) {
      params_.push_back("EX");
```

12-41

12 應用層協定設計與實現

```cpp
      params_.push_back(std::to_string(expireTime));
    }
  }
  void makeIncrCmd(std::string key) {
    params_.push_back("INCR");
    params_.push_back(key);
  }
  void GetOut(std::string &str) {
    size_t len = params_.size();
    std::stringstream out;
    out << "*" << len << "\r\n";
    for (size_t i = 0; i < params_.size(); i++) {
      out << "$" << params_[i].size() << "\r\n";
      out << params_[i] << "\r\n";
    }
    str = out.str();
  }
  std::vector<std::string> params_;
} RedisCommand;
typedef struct RedisReply {
  bool IsOk() { return value_ == "OK"; }
  bool IsError() { return type_ == ERRORS; }
  bool IsNull() { return is_null_; }
  std::string Value() { return value_; }
  int64_t IntValue() {
    assert(type_ == INTEGERS);
    return std::stol(value_);
  }
  RedisReplyType type_;
  std::string value_;
  bool is_null_{false};
} RedisReply;
} //命名空間 Protocol
```

　　RedisCommand 類別是對大容量字串陣列的抽象，它只有一個 params_ 成員變數，僅支援 5 種命令，分別是 SET、GET、DEL、INCR 和 AUTH。RedisReply 類別有 3 個成員變數，type_ 表示不同的應答類型，value_ 是對應的應答值，is_null_ 用於標識是否為 null 值。

12.8 協定實現

下面讓我們來看一下如何實現 RESP 的編解碼，對應的程式如程式清單 12-15 所示。

➜ **程式清單 12-15 標頭檔 rediscodec.hpp**

```cpp
#pragma once
#include "codec.hpp"
#include "redismessage.hpp"
namespace Protocol {
enum ReplyDecodeStatus {    // 解析狀態
  FIRST_CHAR = 1,           // 第一個字元
  SIMPLE_VALUE = 2,         // 回覆單行值
  BULK_VALUE = 3,           // 批次字串值
  END = 4,                  // 完成訊息解析
};
class RedisCodec : public Codec {   // 協定編解碼
 public:
  RedisCodec() { pkt_.Alloc(100); }
  ~RedisCodec() {
    if (message_) delete message_;
  }
  CodecType Type() { return REDIS; }
  void *GetMessage() {
    if (nullptr == message_) return nullptr;
    if (decode_status_ != END) return nullptr;
    RedisReply *result = message_;
    message_ = nullptr;
    decode_status_ = FIRST_CHAR;   // 訊息被取出之後，將解析狀態設置為 FIRST_CHAR
    return (void *)result;
  }
  bool Encode(void *msg, Packet &pkt) {
    RedisCommand &message = *(RedisCommand *)msg;   // 大容量字串陣列
    std::string outStr;
    message.GetOut(outStr);
    size_t len = outStr.size();
    pkt.Alloc(len);
    memmove(pkt.Data(), outStr.data(), len);
    pkt.UpdateUseLen(len);
    return true;
  }
```

12-43

```cpp
  bool Decode(size_t len) {
    pkt_.UpdateUseLen(len);
    uint32_t decodeLen = 0;
    uint32_t needDecodeLen = pkt_.NeedParseLen();
    uint8_t *data = pkt_.DataParse();
    if (nullptr == message_) message_ = new RedisReply;
    while (needDecodeLen > 0) {   // 只要還有未解析的網路位元組流，就持續解析
      bool decodeBreak = false;
      if (FIRST_CHAR == decode_status_) {   // 解析第一個字元
        if (!decodeFirstChar(&data, needDecodeLen, decodeLen, decodeBreak)) {
          return false;
        }
        if (decodeBreak) break;
      }
      if (needDecodeLen <= 0) break;
      if (SIMPLE_VALUE == decode_status_) {   // 簡單字串
        if (!decodeSimpleValue(&data, needDecodeLen, decodeLen,decodeBreak)) {
          return false;
        }
        if (decodeBreak) break;
      } else {                             // 批次字串
        if (!decodeBulkValue(&data, needDecodeLen, decodeLen, decodeBreak)) {
          return false;
        }
        if (decodeBreak) break;
      }
    }
    if (decodeLen > 0) pkt_.UpdateParseLen(decodeLen);
    if (END == decode_status_) {
      pkt_.Alloc(100);    // 釋放記憶體空間並重新申請
    }
    return true;
  }
private:
  bool decodeFirstChar(uint8_t **data, uint32_t &needDecodeLen, uint32_t
    &decodeLen, bool &decodeBreak) {
    if (needDecodeLen < 1) {
      decodeBreak = true;
      return true;
```

12.8 協定實現

```cpp
  }
  char *curData = (char *)*data;
  if (*curData == '+') {
    message_->type_ = SIMPLE_STRINGS;
  } else if (*curData == '-') {
    message_->type_ = ERRORS;
  } else if (*curData == ':') {
    message_->type_ = INTEGERS;
  } else if (*curData == '$') {
    message_->type_ = BULK_STRINGS;
  } else {
    assert(0);
  }
  // 更新剩餘待解析資料長度、已經解析的資料長度、緩衝區指標的位置以及當前解析的狀態
  needDecodeLen -= 1;
  decodeLen += 1;
  (*data) += 1;
  if (BULK_STRINGS == message_->type_) {
    decode_status_ = BULK_VALUE;
  } else {
    decode_status_ = SIMPLE_VALUE;
  }
  return true;
}
bool decodeSimpleValue(uint8_t **data, uint32_t &needDecodeLen, uint32_t
  &decodeLen, bool &decodeBreak) {
  char *curData = (char *)(*data);
  bool getValue = false;
  uint32_t currentDecodeLen = 0;
  for (uint32_t i = 0; i < needDecodeLen - 1; i++) {
    if (curData[i] == '\r' && curData[i + 1] == '\n') {
      curData[i] = 0;
      currentDecodeLen = i + 2;
      message_->value_ = std::string(curData);
      getValue = true;
    }
  }
  decodeBreak = true;   // 不管能否完成解析,都跳出迴圈
  if (not getValue) {
```

12-45

12 應用層協定設計與實現

```
      pkt_.ReAlloc(pkt_.UseLen() * 2);  // 無法完成解析，擴大下次讀取的資料量
      return true;
    }
    // 更新剩餘待解析資料長度、已經解析的資料長度、緩衝區指標的位置以及當前解析的狀態
    needDecodeLen -= currentDecodeLen;
    decodeLen += currentDecodeLen;
    (*data) += currentDecodeLen;
    decode_status_ = END;
    assert(needDecodeLen == 0);
    return true;
  }
  bool decodeBulkValue(uint8_t **data, uint32_t &needDecodeLen, uint32_t
    &decodeLen, bool &decodeBreak) {
    char *curData = (char *)(*data);
    int32_t bulkLen = 0;
    bool getBulkLen = false;
    bool getBulkValue = false;
    uint32_t currentDecodeLen = 0;
    for (uint32_t i = 0; i < needDecodeLen - 1; i++) {
      if (not(curData[i] == '\r' && curData[i + 1] == '\n')) {
        continue;
      }
      if (not getBulkLen) {   // 還沒解析到長度
        getBulkLen = true;
        curData[i] = 0;
        bulkLen = std::atoi(curData);
        // 大容量字串的最大長度為 512MB
        if (bulkLen > 512 * 1024 * 1024) return false;
        curData[i] = '\r';   // 取完長度之後，需要設置回去
        if (bulkLen == -1) {   //null 值
          message_->is_null_ = true;
          currentDecodeLen = i + 2;
          getBulkValue = true;
          break;
        }
      } else {                 // 解析到具體值（空值或不可為空值）
        getBulkValue = true;
        currentDecodeLen = i + 2;
        if (0 == bulkLen) {   // 空值
```

```cpp
          message_->value_ = "";
          break;
        }
        curData[i] = 0;        // 先設置字串結束標識
        message_->value_ = std::string(curData + (i - bulkLen));  // 取字串
        curData[i] = '\r';     // 取完字串之後，需要設置回去
        break;
      }
    }
    decodeBreak = true;        // 不管能否完成解析，都跳出迴圈
    if (not getBulkValue) {
      pkt_.ReAlloc(pkt_.UseLen() * 2);  // 無法完成解析，擴大下次讀取的資料量
      return true;
    }
    // 更新剩餘待解析資料長度、已經解析的資料長度、緩衝區指標的位置以及當前解析的狀態
    needDecodeLen -= currentDecodeLen;
    decodeLen += currentDecodeLen;
    (*data) += currentDecodeLen;
    decode_status_ = END;
    assert(needDecodeLen == 0);
    return true;
  }
 private:
  ReplyDecodeStatus decode_status_{FIRST_CHAR};  // 當前解析狀態
  RedisReply *message_{nullptr};                 // 當前解析的訊息物件
};
}  // 命名空間 Protocol
```

RedisCodec 類別實現了 RESP 的編解碼。與 HTTP 類似，RESP 也具有模糊的邊界。在記憶體分配和最佳化方面，我們採用了與 HTTP 相同的策略。所不同的是，我們預先分配的記憶體空間大小為 100 位元組。

RedisCodec 類別的 Decode 函數和之前介紹的其他協定的 Decode 函數邏輯類似，也是持續解析位元組流，直到解析被中斷為止。整個解析的過程也是一個有限狀態機的流轉，從最開始的 FIRST_CHAR 狀態流轉到最後的 END 狀態。先透過 decodeFirstChar 函數獲取應答類型，再針對不同的應答類型採用不同的解析函數，如 decodeSimpleValue 和 decodeBulkValue 函數。

Encode 函數實現了協定的編碼，邏輯非常簡單。它首先將大容量字串陣列序列化成字串，然後寫入 Packet 物件中。

12.8.5 混合協定實現

混合協定實現是指同時支援多種協定的編解碼。為什麼要實現這樣的功能呢？雖然自訂的應用層協定基本上在內部系統中使用，但有時也希望它們能夠快速地對外開放。因此，混合協定就有了用武之地，混合協定使得我們可以輕鬆地控制好對內和對外的協定。

混合協定被抽象成 MixedCodec 類別，它同時支援 HTTP 和 MySvr 的解析。MixedCodec 類別有一個 codec_ 成員變數，codec_ 會根據所要解析的位元組流動態實例化成具體的解析物件，可能是 HttpCodec 物件，也可能是 MySvrCodec 物件。下面讓我們來看一下如何實現混合協定的編解碼，對應的程式如程式清單 12-16 所示。

➜ 程式清單 12-16　標頭檔 mixedcodec.hpp

```
#pragma once
#include "../common/convert.hpp"
#include "httpcodec.hpp"
#include "mysvrcodec.hpp"
namespace Protocol {
class MixedCodec {
 public:
  ~MixedCodec() {
    if (codec_) delete codec_;
  }
  CodecType GetCodecType() {
    if (nullptr == codec_) return UNKNOWN;
    return codec_->Type();
  }
  uint8_t *Data() {
    if (nullptr == codec_) return &first_byte_;   // 無法確定具體的協定，唯讀取 1 位元組
    return codec_->Data();
  }
  size_t Len() {
```

12.8 協定實現

```cpp
    if (nullptr == codec_) return 1;        // 無法確定具體的協定，唯讀取1位元組
    return codec_->Len();
  }
  void *GetMessage() {
    if (nullptr == codec_) return nullptr;
    return codec_->GetMessage();
  }
  bool Encode(void *msg, Packet &pkt) {
    if (nullptr == codec_) return false;
    return codec_->Encode(msg, pkt);
  }
  bool Decode(size_t len) {
    assert(len >= 1);
    createCodec();
    assert(codec_ != nullptr);
    return codec_->Decode(len);
  }
static void Http2MySvr(HttpMessage &httpMessage, MySvrMessage &mySvrMessage) {
  mySvrMessage.context_.set_service_name(httpMessage.GetHeader(
      "service_name"));
  mySvrMessage.context_.set_rpc_name(httpMessage.GetHeader("rpc_name"));
  mySvrMessage.BodyEnableJson();   // 將body的格式設置為JSON
  size_t bodyLen = httpMessage.body_.size();
  mySvrMessage.body_.Alloc(bodyLen);
  memmove(mySvrMessage.body_.Data(), httpMessage.body_.data(), bodyLen);
  mySvrMessage.body_.UpdateUseLen(bodyLen);
}
static void MySvr2Http(MySvrMessage &mySvrMessage, HttpMessage &httpMessage) {
  httpMessage.SetStatusCode(OK);
  httpMessage.SetHeader("log_id", mySvrMessage.context_.log_id());
  httpMessage.SetHeader("status_code", std::to_string(mySvrMessage.
      context_.status_code()));
  if (0 == mySvrMessage.context_.status_code()) {
    assert(mySvrMessage.BodyIsJson());   //body此時必須是JSON字串
    size_t len = mySvrMessage.body_.UseLen();
    httpMessage.SetBody(std::string((char *)mySvrMessage.body_.DataRaw(),
        len));
  } else {
    httpMessage.SetBody(R"({"message":")" + mySvrMessage.Message() +
```

12-49

12 應用層協定設計與實現

```cpp
        R"("})");
    }
  }
  static bool PbParseFromMySvr(google::protobuf::Message &pb, MySvrMessage
    &mySvr) {
    std::string str((char *)mySvr.body_.DataRaw(), mySvr.body_.UseLen());
    if (mySvr.BodyIsJson()) {  //JSON 格式
      return Common::Convert::JsonStr2Pb(str, pb);
    }
    return pb.ParseFromString(str);
  }
  static void PbSerializeToMySvr(google::protobuf::Message &pb, MySvrMessage
    &mySvr, int statusCode) {
    std::string str;
    bool result = true;
    if (mySvr.BodyIsJson()) {   //JSON 格式
      result = Common::Convert::Pb2JsonStr(pb, str);
    } else {
      result = pb.SerializeToString(&str);
    }
    if (not result) {
      mySvr.context_.set_status_code(SERIALIZE_FAILED);
      return;
    }
    mySvr.body_.Alloc(str.size());
    memmove(mySvr.body_.Data(), str.data(), str.size());
    mySvr.body_.UpdateUseLen(str.size());
    mySvr.context_.set_status_code(statusCode);
  }
  static void JsonStrSerializeToMySvr(std::string serviceName, std::string
    rpcName, std::string &jsonStr, MySvrMessage &mySvr) {
    mySvr.BodyEnableJson();
    mySvr.context_.set_service_name(serviceName);
    mySvr.context_.set_rpc_name(rpcName);
    mySvr.body_.Alloc(jsonStr.size());
    memmove(mySvr.body_.Data(), jsonStr.data(), jsonStr.size());
    mySvr.body_.UpdateUseLen(jsonStr.size());
  }
private:
```

12.8 協定實現

```
  void createCodec() {
    if (codec_ != nullptr) return;
    if (PROTO_MAGIC_AND_VERSION == first_byte_) {
      codec_ = new MySvrCodec;
    } else {
      codec_ = new HttpCodec;
    }
    memmove(codec_->Data(), &first_byte_, 1);   // 拷貝 1 位元組的內容
    first_byte_ = 0;
  }
private:
  Codec *codec_{nullptr};
  uint8_t first_byte_{0};   // 第 1 個位元組，用於判斷具體的協定
};
}  // 命名空間 Protocol
```

　　MixedCodec 類別的實現並不複雜。它首先透過協定位元組流的第 1 個位元組來辨識具體的協定，然後建立對應的編解碼類別。MixedCodec 類別提供了 HTTP 記憶體物件和 MySvr 記憶體物件之間互相轉換的函數 Http2MySvr 和 MySvr2Http，還提供了 PbParseFromMySvr、PbSerializeToMySvr 和 JsonStrSerializeToMySvr 三個函數，用於方便地操作 MySvr 中的訊息本體。

12.8.6 共通性總結

　　在了解了 HTTP、MySvr 和 RESP 的解析過程之後，我們可以對協定解析做一個簡單的總結。我們使用了流式解析的方式來解析協定，也就是說，來多少位元組流就解析多少位元組流。流式解析的性能和效率往往比一次性解析要高，因為它可以在接收到一部分資料後就開始解析，而不需要等待所有資料都接收完畢。流式解析協定的通用流程如圖 12-8 所示。

12-51

12 應用層協定設計與實現

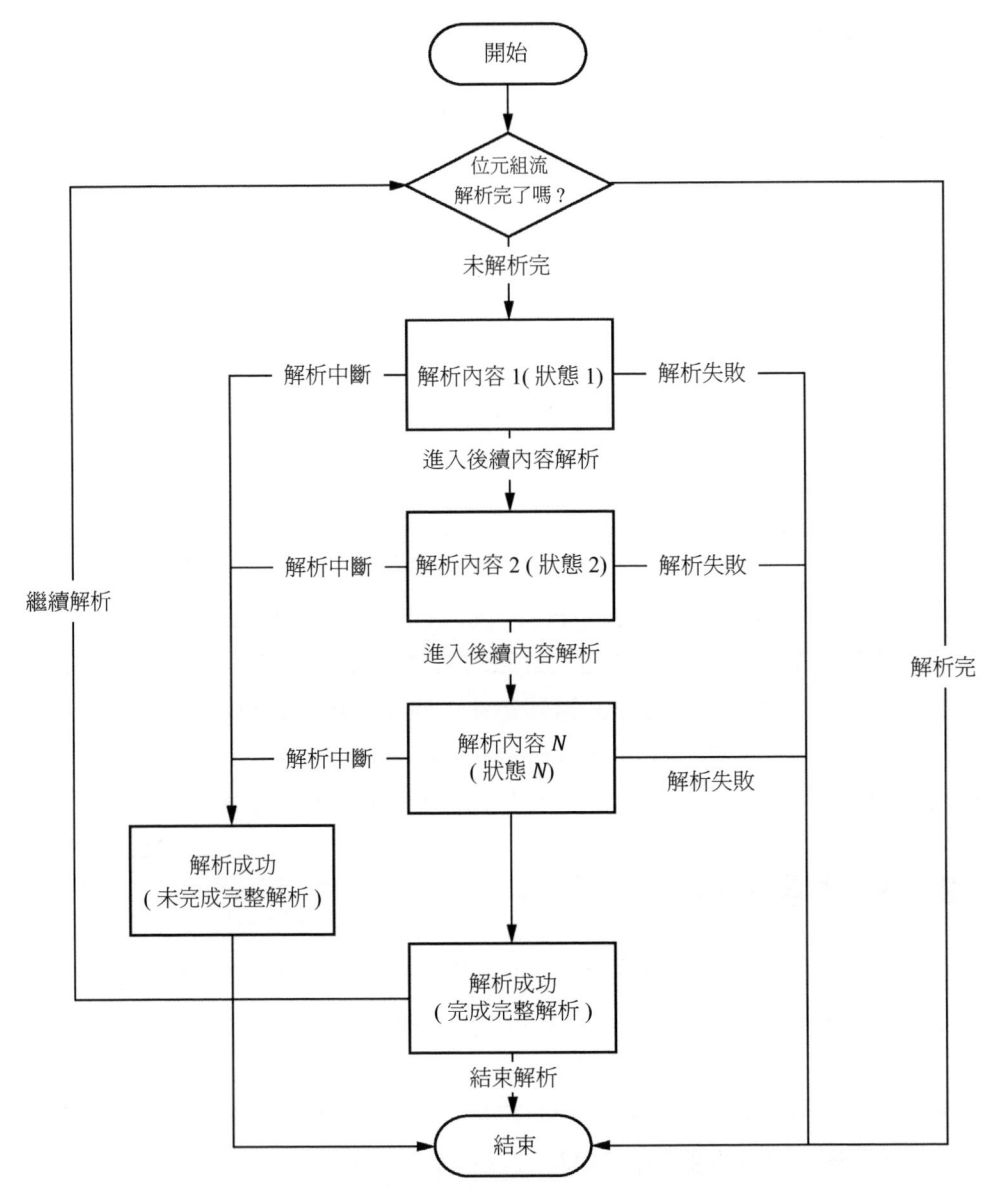

▲ 圖 12-8 流式解析協定的通用流程

12-52

流式解析協定的本質是有限狀態機的流轉。在完成一輪有限狀態機的流轉之後，也就完成了協定的解析。每個狀態的解析都會有 3 種分支：解析失敗、解析中斷，以及完成本狀態的解析並進入下一個狀態的解析。相對地，協定編碼就簡單得多了：只需要按照協定格式將資料序列化，然後寫入二進位緩衝區即可。

12.9　本章小結

　　在本章中，我們介紹了如何設計並實現應用層協定。我們詳細介紹了協定的分類、不同協定的優缺點、自訂協定 MySvr 的設計及設計權衡。為了讓大家充分掌握協定的實現，我們詳細講解了實現協定解析前需要掌握的預備知識。而後，我們介紹了協定 HTTP 和 RESP，實現了 HTTP、RESP 和 MySvr 這 3 個協定的編解碼，並對它們的共通性進行了總結。透過這 3 個協定的實現，我們加強了大家對協定解析的理解。相信透過本章的學習，大家完全可以自行設計並實現自己的應用層協定。

應用層協定設計與實現

MEMO

13

MyRPC 框架設計與實現

為了實現一個可靠的 RPC 框架,我們在前面的章節中鋪陳了很多預備知識,主要包括 shell 程式設計,程式的編譯、連結、執行與偵錯,後端服務撰寫,網路通訊,I/O 模型與併發,公共程式集合,以及應用層協定的設計與實現。在本章中,我們將綜合應用這些技術點來實現名為 MyRPC 的 RPC 框架。

13 MyRPC 框架設計與實現

13.1 框架概述

RPC（Remote Produce Call，遠端程序呼叫）被封裝成和本機呼叫一樣的方式，但實際上，RPC 需要透過網路通訊來呼叫遠端的服務介面。RPC 框架在實現分散式微服務的過程中是不可或缺的。下面介紹我們即將實現的 RPC 框架的特性。

特性 1：I/O 模型與併發。在我們的框架中，所有的網路 I/O 操作都是非阻塞的，並且使用了 epoll 這一 I/O 多工技術。為了得到高併發的服務處理能力，我們採用了處理程序池、Reactor-MS 以及程式碼協同池。不過需要注意的是，本機檔案的讀寫仍然是同步阻塞的。

特性 2：程式碼協同本機變數。我們在程式碼協同本機變數的基礎介面上，封裝了程式碼協同本機變數範本類別，以使其更易於使用。此外，我們還支援在 batch run 場景下，在不同程式碼協同之間共用程式碼協同本機變數。

特性 3：多協定支援。我們的框架在應用層使用混合協定，同時支援 HTTP 和 MySvr。透過 HTTP，我們可以提供易於偵錯的介面，因為有許多現成的 HTTP 偵錯工具和軟體可供使用。此外，我們還提供了便捷的協定切換功能，以調配內外部不同的需求。

特性 4：逾時管理。我們的框架透過計時器機制，實現了連接最大閒置時間管理、連接逾時時間管理和 socket 讀寫逾時時間管理。同時，我們還透過逾時機制來判斷連接的可用性，從而提高了框架的穩定性和可靠性。

特性 5：服務路由管理。我們的框架使用本機檔案儲存路由資訊，而不採用服務註冊和服務發現的機制。這種方式簡化了服務路由管理，使得使用者可以更加方便地管理和維護服務路由。

特性 6：連接池管理。我們的框架能夠即時計算並更新每個服務的活躍連接數的百分位數，並透過百分位數來動態調整連接池的大小，從而更加合理地管理和使用連接資源。這種方式可以提高連接資源的使用率，同時也能夠保證服務的高可用性和穩定性。

特性 7：高效的用戶端。我們的框架透過程式碼協同和非阻塞 I/O 機制，實現了高效的非阻塞用戶端。在 I/O 暫不可用時，框架會主動切換程式碼協同，在 I/O 可用時則喚醒被暫停的程式碼協同。這種方式可以提高用戶端的性能和回應速度，同時程式碼協同的切換對上層是透明的，不會對使用者造成額外的負擔。與此同時，MySvr 用戶端配合 JSON 格式的訊息本體，還可以實現用戶端的泛化呼叫。

特性 8：分散式呼叫追蹤。我們的框架透過在 MySvr 上收集每一次 RPC 的資訊，實現了對分散式呼叫的追蹤。這種方式能讓許多服務之間的呼叫關係和狀態更清晰地展現出來，介面呼叫的偵錯和分析也更加簡單。

特性 9：業務層併發。我們的框架不僅在框架層面實現了不同用戶端請求的併發處理，還透過對程式碼協同 batch 基礎介面的封裝，實現了業務層自訂的併發處理能力。這種併發處理的實現類似於 Go 語言中的 WaitGroup 特性，從而可以更加方便地管理和控制併發處理的數量及狀態。

13.2 併發模型

在第 10 章中，我們專門介紹了 I/O 模型與併發，並實現了 17 種不同的併發模型。MyRPC 框架使用 epoll 實現了 I/O 多工，並在此基礎上實現了 Reactor-MS。透過通訊埠重複使用，我們實現了處理程序池中多個處理程序的負載平衡。同時，我們透過程式碼協同池實現了業務邏輯上的串列編碼，以及執行時期和非同步回呼類似的高效網路 I/O 處理。由於程式碼協同池中的程式碼協同都在同一個執行緒中執行，因此程式碼協同池中的程式碼協同之間不存在資料競爭導致的併發存取問題。接下來讓我們看一下 MyRPC 框架簡化的併發模型，如圖 13-1 所示。

MyRPC 框架設計與實現

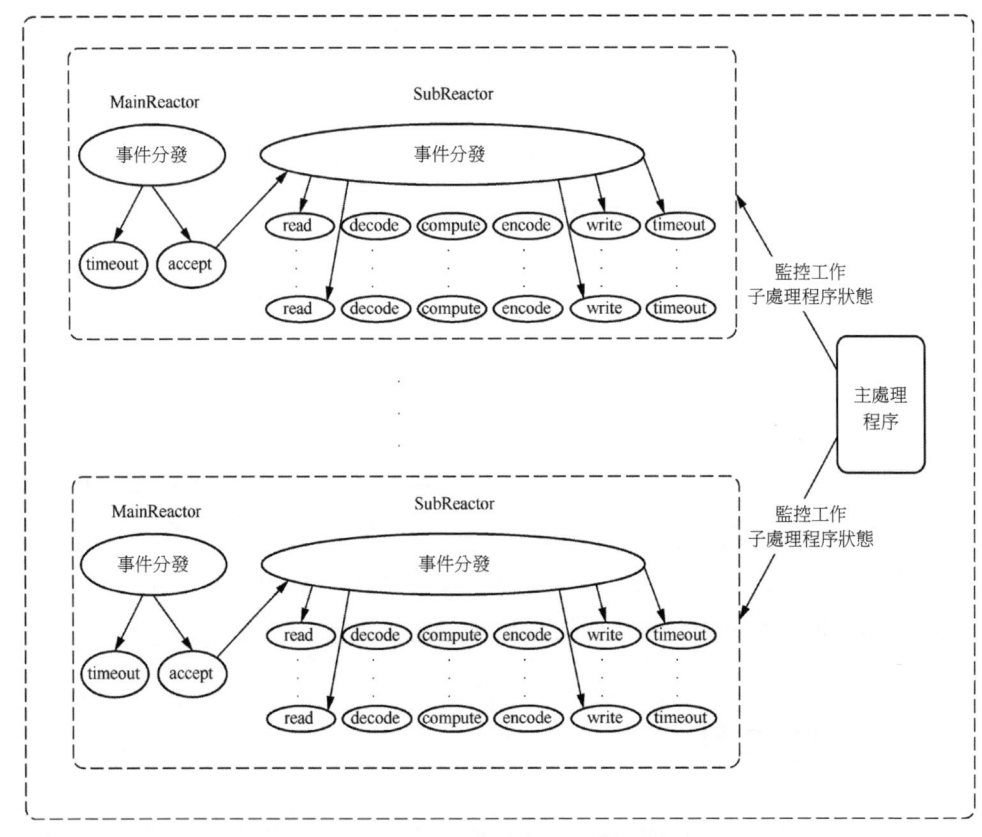

▲ 圖 13-1　MyRPC 框架簡化的併發模型

　　MyRPC 採用處理程序池模式，在服務啟動時會根據配置啟動多個處理程序。其中，主處理程序負責監控工作子處理程序的狀態，每個工作子處理程序都能獨立地處理用戶端請求。透過 Reactor-MS 和程式碼協同池，工作子處理程序能夠高效率地處理用戶端請求，實現了高性能的網路 I/O 處理。

13.3　框架具體實現

　　本節將深入程式層面，介紹框架具體實現。在此之前，讓我們先看一下 MyRPC 框架核心類別關係簡圖，如圖 13-2 所示。

13.3 框架具體實現

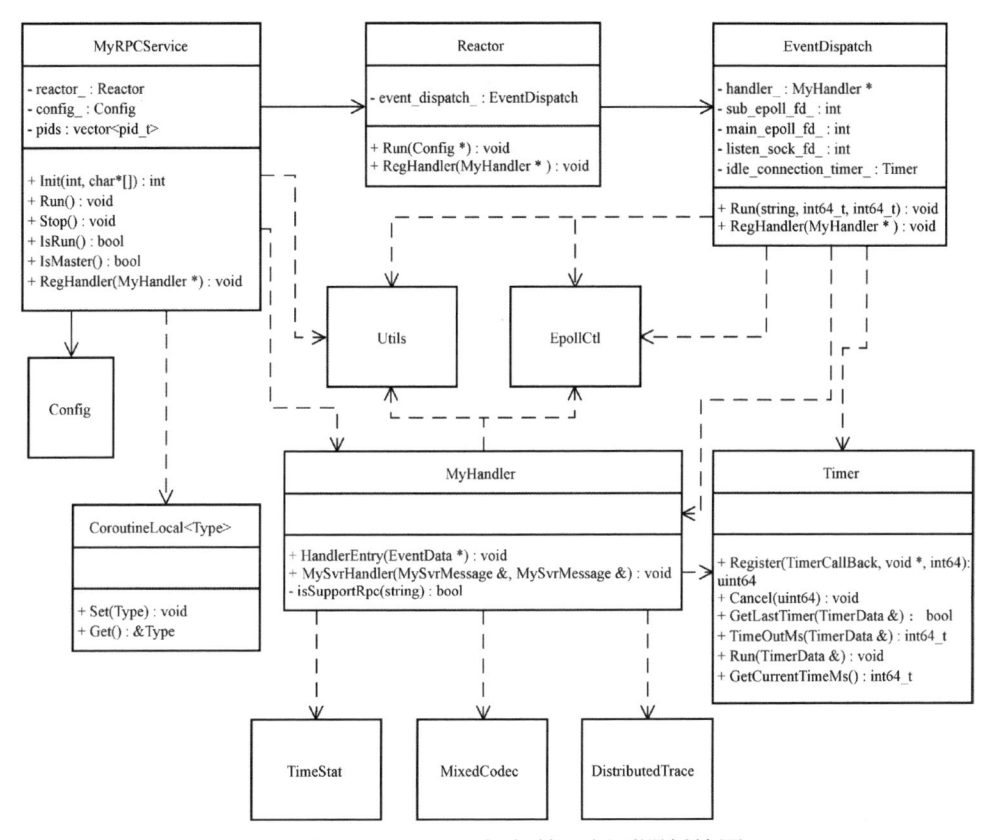

▲ 圖 13-2 MyRPC 框架核心類別關係簡圖

MyRPCService 類別是 RPC 服務啟動的入口。EventDispatch 類別透過 epoll 實現了事件（包括 I/O 事件和逾時事件）的分發。MyHandler 類別實現了事件處理的核心邏輯。Reactor 類別透過 EventDispatch 變數成員實現了 Reactor-MS。Timer 類別實現了計時器功能。CoroutineLocal 範本類別封裝了程式碼協同本機變數。EpollCtl 類別實現了事件的管理操作。TimeStat 類別實現了時間的統計。DistributedTrace 類別實現了分散式呼叫資訊的管理。其他的類別在前面的內容中已經介紹過，這裡不再贅述。

13.3.1 服務啟動流程

服務啟動流程如圖 13-3 所示。

MyRPC 框架設計與實現

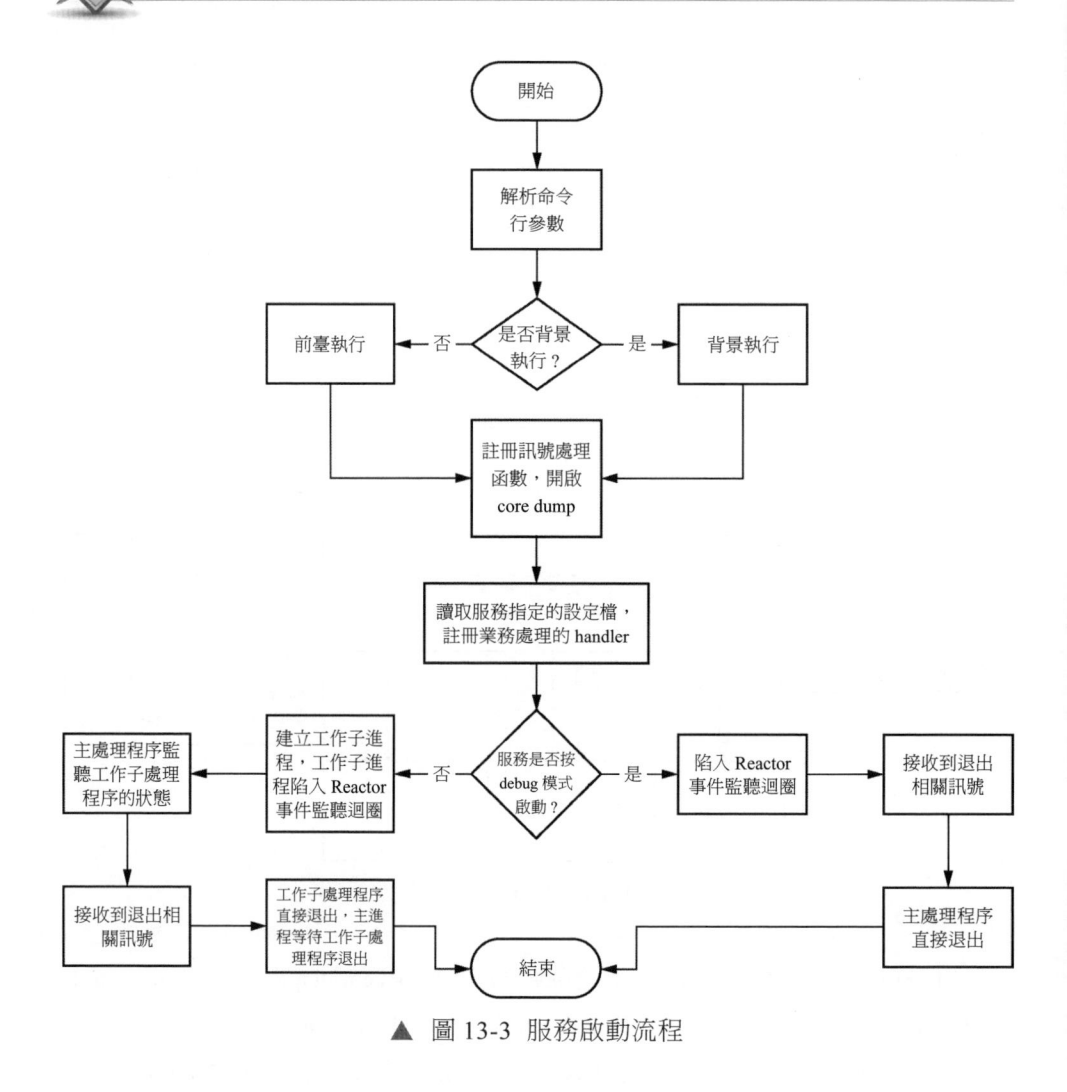

▲ 圖 13-3 服務啟動流程

　　服務啟動流程在 MyRPCService 類別中完成。首先，使用之前介紹的命令列解析程式完成命令列參數的解析，判斷是否背景執行。然後，註冊訊號處理函數並開啟 core dump。接下來，讀取服務指定的設定檔並註冊業務處理的 handler。如果服務按 debug 模式啟動，則直接陷入 Reactor 事件監聽迴圈；否則建立工作子處理程序，讓工作子處理程序陷入 Reactor 事件監聽迴圈。最後，主處理程序透過給工作子處理程序發送 0 號訊號來監控工作子處理程序的狀態。當監控到工作子處理程序異常時，主處理程序會建立新的工作子處理程序。當接收到退出相關訊號時，無論服務是否按 debug 模式啟動，都會執行對應的退出邏輯。對應的程式如程式清單 13-1 和程式清單 13-2 所示。

13.3 框架具體實現

→ **程式清單 13-1 標頭檔 service.h**

```cpp
#pragma once
#include "../common/config.hpp"
#include "../common/singleton.hpp"
#include "handler.hpp"
#include "reactor.hpp"
#define SERVICE Common::Singleton<Core::MyRPCService>::Instance()
namespace Core {
class MyRPCService {
 public:
  int Init(int argc, char* argv[]);   // 初始化，從設定檔中讀取框架相關的配置
  void Run();       // 啟動執行
  void Stop();      // 停止執行

  bool IsRun() { return is_running_; }
  bool IsMaster() { return is_master_; }
  void RegHandler(MyHandler* handler) { reactor_.RegHandler(handler); }
 private:
  static void usage();
  void monitorWorker();
  pid_t restartWorker(pid_t oldPid);
  int parseInitArgs(int argc, char* argv[]);
 private:
  bool is_master_{true};     // 是否為主處理程序
  bool is_running_{true};    // 是否執行中
  bool is_daemon_{false};    // 服務是否以守護處理程序的方式執行
  bool is_debug_{false};     // 服務是否進入偵錯模式
  Reactor reactor_;          //Reactor 類別
  Common::Config config_;    // 設定檔
  std::vector<pid_t> pids_;  // 子處理程序的 pid
};
} // 命名空間 Core
```

→ **程式清單 13-2 原始檔案 service.cpp**

```cpp
#include "service.h"
#include <signal.h>
#include <sys/types.h>
#include <sys/wait.h>
```

13 MyRPC 框架設計與實現

```cpp
#include <unistd.h>
#include "../common/cmdline.h"
#include "../common/log.hpp"
#include "../common/servicelock.hpp"
#include "../common/utils.hpp"
#include "coroutinelocal.hpp"
#include "signalhandler.hpp"
Core::CoroutineLocal<int> EpollFd;      //subReactor 連結的 epoll 實例的 fd
Core::CoroutineLocal<Core::TimeOut> RpcTimeOut;       //RPC 呼叫逾時配置
Core::CoroutineLocal<MySvr::Base::Context> ReqCtx;    // 當前請求連結的上下文
namespace Core {
int MyRPCService::Init(int argc, char* argv[]) {
  if (parseInitArgs(argc, argv) != 0) return -1;      // 解析命令列參數
  if (is_daemon_) assert(0 == daemon(0, 0));
  Core::Signal::SignalDealReg();      // 註冊訊號處理函數
  Common::Utils::CoreDumpEnable();    // 開啟 core dump
  std::string programName = Common::Utils::GetSelfName();
  const char* str = programName.c_str();
  std::string cfgFile = Common::Strings::StrFormat((char*)
    "/home/backend/service/%s/%s.conf", str, str);
  assert(config_.Load(cfgFile));    // 載入設定檔
  config_.Dump([](const std::string& section, const std::string& key,
    const std::string& value) {
    INFO("section[%s],keyValue[%s=%s]", section.c_str(), key.c_str(),
      value.c_str());
  });
  return 0;
}
void MyRPCService::Run() {
  if (not Common::ServiceLock::lock("/home/backend/lock/subsys/" +
    Common::Utils::GetSelfName())) {
    ERROR("service already running");
    return;
  }
  if (is_debug_) {
    reactor_.Run(&config_);     // 在 debug 模式下，直接啟動 Reactor，陷入事件監聽迴圈
    return;
  }
  int64_t processCount = 0;
  config_.GetIntValue("MyRPC", "process_count", processCount, Common::
```

```cpp
    Utils::GetNProcs());
  for (int64_t i = 0; i < processCount; i++) {
    pid_t pid = fork();
    if (pid < 0) {
      ERROR("call fork failed. errMsg[%s]", strerror(errno));
      continue;
    }
    if (0 == pid) {   // 子處理程序直接跳出迴圈
      is_master_ = false;
      break;
    }
    pids_.push_back(pid);
  }
  if (is_master_) {
    monitorWorker();   // 主處理程序監控子處理程序
  } else {
    reactor_.Run(&config_);   // 子處理程序啟動 Reactor，陷入事件監聽迴圈
  }
}
void MyRPCService::Stop() {
  is_running_ = false;
  for (size_t i = 0; i < pids_.size(); i++) {
    waitpid(pids_[i], NULL, 0);
  }
  INFO("service finish stop, worker count[%d]", pids_.size());
}
void MyRPCService::usage() {
  std::cout << "Usage: " << Common::Utils::GetSelfName()
            << " [-d -debug]" << std::endl;
  std::cout << std::endl;
  std::cout << "    -h,--help         print usage" << std::endl;
  std::cout << "    -d                run in daemon mode" << std::endl;
  std::cout << "    -debug            run in debug mode" << std::endl;
  std::cout << std::endl;
}
void MyRPCService::monitorWorker() {
  while (true) {
    sleep(1);   // 每 1 秒就檢查一下子處理程序的狀態
    for (size_t i = 0; i < pids_.size(); i++) {
      if (pids_[i] <= 0 || kill(pids_[i], 0) != 0) {   // 若子處理程序狀態異常，則
```

13 MyRPC 框架設計與實現

```cpp
                                            // 重新啟動子處理程序
        pids_[i] = restartWorker(pids_[i]);
      }
    }
  }
}
pid_t MyRPCService::restartWorker(pid_t oldPid) {
  pid_t pid = fork();
  if (pid < 0) {
    ERROR("call fork failed. errMsg[%s]", strerror(errno));
    return -1;
  }
  if (0 == pid) {
    is_master_ = false;
    reactor_.Run(&config_);   // 子處理程序啟動 Reactor,陷入事件監聽迴圈,不再傳回
  }
  // 只有主處理程序會執行到這裡
  INFO("worker process pid[%d] not exist, restart new pid[%d]", oldPid, pid);
  return pid;
}
int MyRPCService::parseInitArgs(int argc, char** argv) {
  Common::CmdLine::SetUsage(MyRPCService::usage);
  Common::CmdLine::BoolOpt(&is_daemon_, "d");
  Common::CmdLine::BoolOpt(&is_debug_, "debug");
  Common::CmdLine::Parse(argc, argv);
  return 0;
}
}  // 命名空間 Core
```

訊號處理相關的程式如程式清單 13-3 所示。

➔ **程式清單 13-3 標頭檔 signalhandler.hpp**

```cpp
#pragma once
#include <signal.h>
#include <unistd.h>
#include "log.hpp"
#include "service.h"
namespace Core {
typedef void (*signalHandler)(int signalNo);
```

13.3 框架具體實現

```cpp
class Signal {
 public:
  static void SignalDealReg() {
    signalDeal(SIGCHLD, SIG_IGN);    // 子處理程序退出時，觸發的訊號，這裡直接忽略這個訊
                                     // 號，子處理程序相關資源被釋放
    signalDeal(SIGTERM, signalExit);//「殺死」處理程序時，觸發的訊號
    signalDeal(SIGINT, signalExit);  // 處理程序前臺執行時期，按【Ctrl + C】複合鍵觸發的訊號
    signalDeal(SIGQUIT, signalExit);// 處理程序前臺執行時期，按【Ctrl + \】複合鍵觸發的訊號
    signalDeal(SIGHUP, signalExit);  // 連結終端退出時，觸發的訊號
    signalDeal(SIGPIPE, signalPipeBroken);   // 發生管道錯誤時，觸發的訊號
  }
 private:
  static void signalExit(int signalNo) {
    if (SERVICE.IsRun()) {
      if (SERVICE.IsMaster()) {
        INFO("catch signal[%d], master pid[%d], stop service waiting"
          " worker exit.", signalNo, getpid());
        SERVICE.Stop();   // 主處理程序等待子處理程序退出
      } else {
        INFO("catch signal[%d], worker pid[%d], stop service.",
          signalNo,getpid());
      }
      exit(0);
    }
  }
  static void signalPipeBroken(int signalNo) { WARN("pipe broken happen"); }
  static void signalDeal(int signalNo, signalHandler handler) {
    struct sigaction act;
    act.sa_handler = handler;     // 設置訊號處理函數
    sigemptyset(&act.sa_mask);    // 訊號遮罩設置為空
    act.sa_flags = 0;             // 標識位元設置為 0
    assert(0 == sigaction(signalNo, &act, NULL));
  }
};
}  // 命名空間 Core
```

Signal 類別的 SignalDealReg 函數實現了訊號處理函數的註冊。它忽略了子處理程序退出的訊號，從而避免了僵屍處理程序的產生。對於 SIGTERM、SIGINT、SIGQUIT、SIGHUP 訊號，執行退出邏輯，子處理程序直接退出，

13-11

主處理程序等待子處理程序退出後再退出。當發生管道錯誤時，只會輸出一筆日誌。

13.3.2 事件分發流程

事件的分發由 Reactor-MS 併發模型來完成。每個工作子處理程序啟動兩個執行緒，其中一個是 MainReactor 執行緒，另一個是 SubReactor 執行緒。在這兩個執行緒中，事件分發的流程分別如圖 13-4 和圖 13-5 所示。

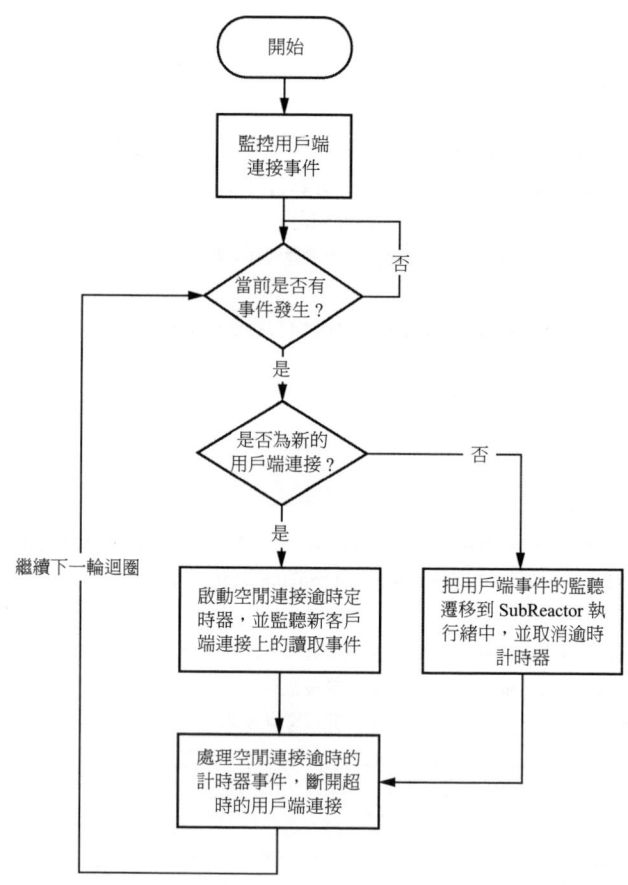

▲ 圖 13-4 MainReactor 執行緒中事件分發的流程

在 MainReactor 執行緒的事件分發流程中，並不是一監聽到新的用戶端連接，就把用戶端事件的監聽遷移到 SubReactor 執行緒中，而是先建立一個逾時的計時器事件。如果在指定的時間內用戶端連接上沒有讀取事件被觸發，就關閉這個用戶端連接。這麼做可以應對惡意連接（建立連接之後，就不發送任何資料）的攻擊，並能及時釋放被惡意佔用的連接資源。

在 SubReactor 執行緒的事件分發流程中，先初始化程式碼協同池，再陷入監聽用戶端連接上讀寫事件的迴圈中。每次先處理 I/O 事件，當事件有連結的程式碼協同時，就恢復之前程式碼協同的執行，否則建立新的程式碼協同並執行。當執行權傳回到主程式碼協同之後，接著處理程式碼協同池的 batch 任務，恢復 batch 任務相關程式碼協同的執行。最後，處理到期的計時器事件，執行設置的逾時回呼函數。

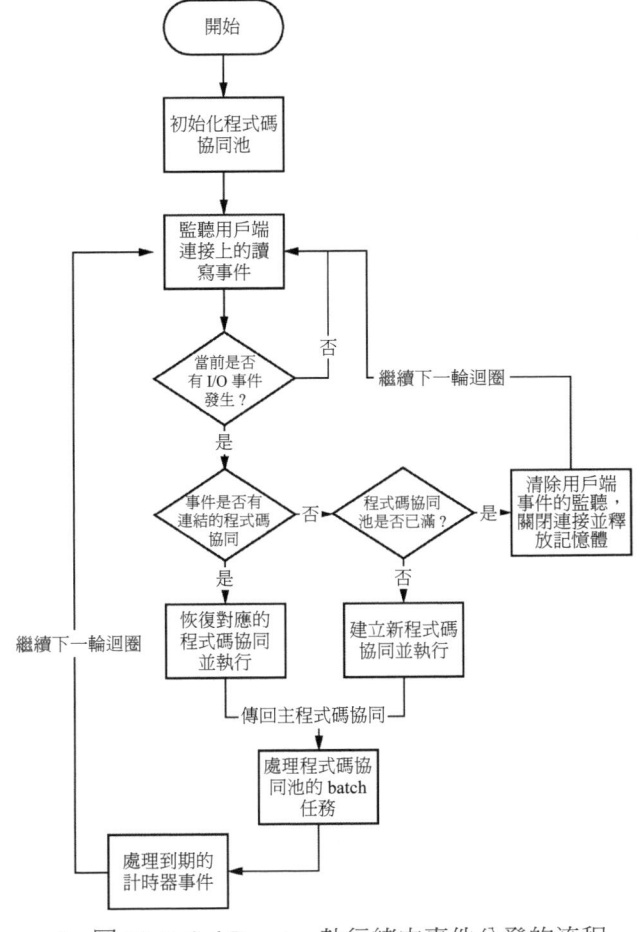

▲ 圖 13-5 SubReactor 執行緒中事件分發的流程

13 MyRPC 框架設計與實現

Reactor-MS 併發模型相關的程式如程式清單 13-4 和程式清單 13-5 所示。

➔ 程式清單 13-4 reactor.hpp 標頭檔

```
#pragma once
#include "../common/config.hpp"
#include "eventdispatch.hpp"
#include "handler.hpp"
namespace Core {
class Reactor {
 public:
  void Run(Common::Config *config) {
    int64_t port;
    std::string listenIf;
    int64_t coroutineCount;
    config->GetIntValue("MyRPC", "port", port, 0);
    config->GetStrValue("MyRPC", "listen_if", listenIf, "eth0");
    config->GetIntValue("MyRPC", "coroutine_count", coroutineCount, 1024);
    event_dispatch_.Run(listenIf, port, coroutineCount);   // 處理事件,陷入無窮迴圈
  }
  void RegHandler(MyHandler *handler) { event_dispatch_.RegHandler(handler); }
 private:
  EventDispatch event_dispatch_;                           // 事件分發器
};
}  // 命名空間 Core
```

➔ 程式清單 13-5 eventdispatch.hpp 標頭檔

```
#pragma once
#include <sys/epoll.h>
#include <condition_variable>
#include <mutex>
#include <string>
#include <thread>
#include "../common/log.hpp"
#include "../common/utils.hpp"
#include "connmanager.hpp"
#include "coroutinelocal.hpp"
#include "epollctl.hpp"
#include "handler.hpp"
```

13.3 框架具體實現

```cpp
#include "timer.hpp"
extern Core::CoroutineLocal<int> EpollFd;
namespace Core {
class EventDispatch {
 public:
  void Run(std::string listenIf, int64_t port, int64_t coroutineCount) {
    std::thread(subHandler, coroutineCount, this).detach(); // 啟動 subReactor
    mainHandler(listenIf, port);                            // 啟動 mainReactor
  }
  void RegHandler(MyHandler *handler) { handler_ = handler; }
 private:
  void waitSubReactor() {
    std::unique_lock<std::mutex> locker(mutex_);
    cond_.wait(locker, [this]() -> bool { return sub_reactor_run_; });
  }
  void subReactorNotify() {
    std::unique_lock<std::mutex> locker(mutex_);
    sub_reactor_run_ = true;
    cond_.notify_one();
  }
  static void clearEventAndDelete(void *data) {
    EventData *eventData = (EventData *)data;
    EpollCtl::ClearEvent(eventData->epoll_fd_, eventData->fd_); // 逾時清除事件
    delete eventData;  // 釋放空間
  }
  void mainHandler(std::string listenIf, int64_t port) {
    waitSubReactor();  // 等待 subReactor 程式碼協同都啟動完畢
    listen_sock_fd_ = createListenSocket(listenIf, (int)port);
    assert(listen_sock_fd_ > 0);
    epoll_event events[2048];
    main_epoll_fd_ = epoll_create(1);
    assert(main_epoll_fd_ > 0);
    EventData eventData(listen_sock_fd_, main_epoll_fd_, LISTEN);
    Common::Utils::SetNotBlock(listen_sock_fd_);
    EpollCtl::AddReadEvent(main_epoll_fd_, listen_sock_fd_, &eventData);
    int msec = -1;
    TimerData timerData;
    bool oneTimer = false;
    while (true) {
```

```cpp
      oneTimer = idle_connection_timer_.GetLastTimer(timerData);
      if (oneTimer) {
        msec = idle_connection_timer_.TimeOutMs(timerData);
      }
      int num = epoll_wait(main_epoll_fd_, events, 2048, msec);
      if (num < 0) {
        ERROR("epoll_wait failed, errMsg[%s]", strerror(errno));
        continue;
      } else if (num == 0) {    // 沒有事件了，下次呼叫 epoll_wait 大機率被暫停
        sleep(0);      // 這裡呼叫 sleep(0)，讓出 CPU
        msec = -1;     // 大機率被暫停，故這裡將逾時時間設置為 -1
      } else {
        msec = 0;      // 下次大機率還有事件，故這裡將 msec 設置為 0
      }
      for (int i = 0; i < num; i++) {
        EventData *data = (EventData *)events[i].data.ptr;
        data->events_ = events[i].events;
        mainEventHandler(data);
      }
      if (oneTimer) idle_connection_timer_.Run(timerData);    // 處理計時器
    }
  }
  static void subHandler(int coroutineCount, EventDispatch *eventDispatch) {
    epoll_event events[2048];
    eventDispatch->sub_epoll_fd_ = epoll_create(1);
    assert(eventDispatch->sub_epoll_fd_ > 0);
    eventDispatch->subReactorNotify();
    MyCoroutine::ScheduleInit(SCHEDULE, coroutineCount, 64 * 1024);
    int msec = -1;
    TimerData timerData;
    bool oneTimer = false;
    while (true) {
      oneTimer = TIMER.GetLastTimer(timerData);
      if (oneTimer) {
        msec = TIMER.TimeOutMs(timerData);
      }
      int num = epoll_wait(eventDispatch->sub_epoll_fd_, events, 2048, msec);
      if (num < 0) {
        ERROR("epoll_wait failed, errMsg[%s]", strerror(errno));
```

13.3 框架具體實現

```
        continue;
      } else if (num == 0) {    // 沒有事件了,下次呼叫 epoll_wait 大機率被暫停
        sleep(0);      // 這裡呼叫 sleep(0),讓出 CPU
        msec = -1;     // 大機率被暫停,故這裡將逾時時間設置為 -1
      } else {
        msec = 0;      // 下次大機率還有事件,故這裡將 msec 設置為 0
      }
      for (int i = 0; i < num; i++) {
        EventData *eventData = (EventData *)events[i].data.ptr;
        eventData->events_ = events[i].events;
        eventDispatch->subEventHandler(eventData);
      }
      if (oneTimer) TIMER.Run(timerData);                        // 處理計時器
      MyCoroutine::ScheduleTryReleaseMemory(SCHEDULE);   // 嘗試釋放記憶體
  }
}
static void coroutineEventEntry(void *arg) {
  EventData *eventData = (EventData *)arg;
  MyHandler *handler = (MyHandler *)eventData->handler_;
  EpollFd.Set(eventData->epoll_fd_);     // 把 epoll 實例 fd 設置為程式碼協同本機變數
  handler->HandlerEntry(eventData);
}
void subEventHandler(EventData *eventData) {
  int cid = eventData->cid_;
  if (RPC_CLIENT == eventData->type_) {
    // 喚醒之前主動讓出 CPU 的程式碼協同
    MyCoroutine::CoroutineResumeById(SCHEDULE, eventData->cid_);
  } else if (CLIENT == eventData->type_) {
    // 若沒有執行的程式碼協同與之連結,則建立程式碼協同
    if (eventData->cid_ == MyCoroutine::INVALID_ROUTINE_ID) {
      if (MyCoroutine::CoroutineCanCreate(SCHEDULE)) {
        eventData->cid_ = MyCoroutine::CoroutineCreate(SCHEDULE,
          coroutineEventEntry, eventData, 0);   // 建立程式碼協同
        cid = eventData->cid_;
      } else {   // 程式碼協同池滿了之後,直接清除事件監聽,關閉連接,釋放空間
        WARN("MyCoroutine is full");
        clearEventAndDelete(eventData);
        return;
      }
```

```cpp
        }
        MyCoroutine::CoroutineResumeById(SCHEDULE, cid);   // 喚醒程式碼協同
    }
    // 如果插入了 batch 卡點，則喚醒 batch 卡點連結的程式碼協同
    MyCoroutine::CoroutineResumeInBatch(SCHEDULE, cid);
    // 嘗試喚醒 batch 的任務都執行完之後，需要從 batch 卡點恢復執行的程式碼協同
    MyCoroutine::CoroutineResumeBatchFinish(SCHEDULE);
}
void mainEventHandler(EventData *eventData) {
    if (LISTEN == eventData->type_) {
    // 執行到這裡就說明用戶端連接到了，迴圈接收用戶端連接
        return loopAccept(2048);
    }
    // 用戶端有讀取事件，把事件監聽遷移到 SubReactor 執行緒中並取消逾時計時器
    idle_connection_timer_.Cancel(eventData->timer_id_);
    EpollCtl::ClearEvent(main_epoll_fd_, eventData->fd_, false);
    eventData->handler_ = handler_;
    eventData->epoll_fd_ = sub_epoll_fd_;
    // 監聽讀取事件，增加到 sub_epoll_fd_ 中
    EpollCtl::AddReadEvent(sub_epoll_fd_, eventData->fd_, eventData);
}
int createListenSocket(std::string listenIf, int port) {
    sockaddr_in addr;
    addr.sin_family = AF_INET;
    addr.sin_port = htons(port);
    addr.sin_addr.s_addr = Common::Utils::GetAddr(listenIf);
    int sockFd = socket(AF_INET, SOCK_STREAM, 0);
    if (sockFd < 0) {
        ERROR("socket failed. errMsg[%s]", strerror(errno));
        return -1;
    }
    int reuse = 1;
    if (setsockopt(sockFd, SOL_SOCKET, SO_REUSEPORT, &reuse, sizeof(reuse))
        != 0) {
        ERROR("setsockopt failed. errMsg[%s]", strerror(errno));
        return -1;
    }
    if (bind(sockFd, (sockaddr *)&addr, sizeof(addr)) != 0) {
        ERROR("bind failed. errMsg[%s]", strerror(errno));
```

13.3 框架具體實現

```
      return -1;
    }
    if (listen(sockFd, 2048) != 0) {
      ERROR("listen failed. errMsg[%s]", strerror(errno));
      return -1;
    }
    return sockFd;
  }
  void loopAccept(int maxConn) {  // 在呼叫這個函數之前，需要把 sockFd 設置成非阻塞的
    while (maxConn--) {
      int clientFd = accept(listen_sock_fd_, NULL, 0);
      if (clientFd > 0) {
        Common::Utils::SetNotBlock(clientFd);
        Common::SockOpt::DisableNagle(clientFd);
        Common::SockOpt::EnableKeepAlive(clientFd, 300, 12, 5);
        EventData *eventData = new EventData(clientFd, main_epoll_fd_, CLIENT);
        // 註冊計時器，30 秒逾時
        eventData->timer_id_ = idle_connection_timer_.Register
           (clearEventAndDelete, eventData, 30000);
        // 監聽讀取事件，增加到 main_epoll_fd_ 中
        EpollCtl::AddReadEvent(main_epoll_fd_, clientFd, eventData);
        continue;
      }
      if (errno != EAGAIN && errno != EWOULDBLOCK && errno != EINTR) {
        ERROR("accept failed. errMsg[%s]", strerror(errno));
      }
      break;
    }
  }
 private:
  MyHandler *handler_;    // 用於業務處理的 handler
  int sub_epoll_fd_;      //epoll 實例的 fd，用於監聽用戶端的讀寫
  int main_epoll_fd_;     //epoll 實例的 fd，用於監聽用戶端連接
  int listen_sock_fd_;    // 開啟網路監聽的 fd
  Timer idle_connection_timer_;   // 空閒連接計時器
  std::mutex mutex_;
  std::condition_variable cond_;
  bool sub_reactor_run_{false};
};
}  // 命名空間 Core
```

13-19

13 MyRPC 框架設計與實現

在程式碼協同執行的入口函數 coroutineEventEntry 中，我們使用了全域的程式碼協同本機變數 EpollFd。EpollFd 用於儲存 epoll 實例的檔案描述符號（即 fd），這樣就不用一直在不同函數之間傳遞這個檔案描述符號，從而提高了程式設計效率。在 service.cpp 中，我們定義了 3 個程式碼協同本機變數。程式碼協同本機變數範本類別的程式如程式清單 13-6 所示。

➜ 程式清單 13-6　標頭檔 coroutinelocal.hpp

```cpp
#pragma once
#include "coroutine.h"
namespace Core {
// 程式碼協同本機變數範本類別
template <class Type>
class CoroutineLocal {
 public:
  static void FreeLocal(void* data) {
    if (data) delete (Type*)data;
  }
  void Set(Type value) {
    Type* temp = new Type;
    *temp = value;
    MyCoroutine::LocalData localData{
        .data = temp,
        .freeEntry = FreeLocal,
    };
    MyCoroutine::CoroutineLocalSet(SCHEDULE, this, localData);
  }
  Type& Get() {
    MyCoroutine::LocalData localData;
    bool result = MyCoroutine::CoroutineLocalGet(SCHEDULE, this, localData);
    assert(result == true);
    return *(Type*)localData.data;
  }
};
}  // 命名空間 Core
```

CoroutineLocal 範本類別提供了 3 個介面：Set 函數用於設置，Get 函數用於獲取，FreeLocal 函數用於記憶體釋放。除了實現程式碼協同本機變數，我們

13.3 框架具體實現

還在 epoll_wait 呼叫的基礎上實現了計時器事件。當存在計時器時，使用計時器的逾時時間作為 epoll_wait 呼叫的逾時時間。epoll_wait 呼叫傳回之後，再判斷計時器是否真的逾時。如果逾時，則觸發計時器事件的回呼函數。計時器是使用優先佇列來實現的，相關的程式如程式清單 13-7 所示。

➜ 程式清單 13-7　標頭檔 timer.hpp

```cpp
#pragma once
#include <assert.h>
#include <stdint.h>
#include <sys/time.h>
#include <time.h>
#include <queue>
#include <unordered_set>
#include "../common/singleton.hpp"

#define TIMER Common::Singleton<Core::Timer>::Instance()
namespace Core {
typedef void (*TimerCallBack)(void* data);
typedef struct TimerData {
  friend bool operator<(const TimerData& left, const TimerData& right) {
    return left.abs_time_ms_ > right.abs_time_ms_;
  }
  uint64_t id_;
  void* data_{nullptr};
  int64_t abs_time_ms_{0};
  TimerCallBack call_back_{nullptr};
} TimerData;
class Timer {
 public:
  uint64_t Register(TimerCallBack callBack, void* data, int64_t timeOutMs) {
    alloc_id_++;
    TimerData timerData;
    timerData.id_ = alloc_id_;
    timerData.data_ = data;
    timerData.abs_time_ms_ = GetCurrentTimeMs() + timeOutMs;
    timerData.call_back_ = callBack;
    timers_.push(timerData);
    timer_ids_.insert(timerData.id_);
```

```cpp
      return alloc_id_;
    }
    void Cancel(uint64_t id) {
      assert(timer_ids_.find(id) != timer_ids_.end());   // 被取消的計時器必須是存在的
      cancel_ids_.insert(id);                             // 這裡只記錄 id
    }
    bool GetLastTimer(TimerData& timerData) {
      while (not timers_.empty()) {
        timerData = timers_.top();
        timers_.pop();
        // 被取消的計時器
        if (cancel_ids_.find(timerData.id_) != cancel_ids_.end()) {
          cancel_ids_.erase(timerData.id_);
          timer_ids_.erase(timerData.id_);
          continue;
        }
        return true;
      }
      return false;
    }
    int64_t TimeOutMs(TimerData& timerData) {
      // 多了 1 毫秒,以確保後續的計時器也都逾時
      int64_t temp = timerData.abs_time_ms_ + 1 - GetCurrentTimeMs();
      if (temp > 0) {
        return temp;
      }
      return 0;
    }
    void Run(TimerData& timerData) {
      if (not isExpire(timerData)) {   // 沒有過期,重新塞入佇列中並排隊
        timers_.push(timerData);
        return;
      }
      int64_t timerId = timerData.id_;
      assert(timer_ids_.find(timerId) != timer_ids_.end()); // 被取消的計時器必須是存在的
      timer_ids_.erase(timerId);
      if (cancel_ids_.find(timerId) != cancel_ids_.end()) {   // 被取消的定時器不執行
        cancel_ids_.erase(timerId);
```

```cpp
      return;
    }
    timerData.call_back_(timerData.data_);
  }
  int64_t GetCurrentTimeMs() {
    struct timeval current;
    gettimeofday(&current, NULL);
    return current.tv_sec * 1000 + current.tv_usec / 1000;
  }
 private:
  bool isExpire(TimerData& timerData) { return GetCurrentTimeMs() >=
    timerData.abs_time_ms_; }
 private:
  uint64_t alloc_id_{0};
  std::unordered_set<uint64_t> timer_ids_;
  std::unordered_set<uint64_t> cancel_ids_;
  std::priority_queue<TimerData> timers_;
};
} // 命名空間 Core
```

Timer 類別提供了 Register 函數和 Cancel 函數，用於計時器事件的註冊和登出。GetLastTimer 函數用於獲取最近到期的計時器事件。Run 函數則完成計時器事件的回呼和清理。isExpire 函數、TimeOutMs 函數和 GetCurrentTimeMs 函數則是一些輔助函數。

13.3.3 伺服器端請求處理流程

透過 13.3.2 節我們可以知道，事件的處理由 MyHandler 類別的 HandlerEntry 函數來完成。HandlerEntry 函數完成了一個請求在伺服器端的處理流程。讓我們先來看一下 HandlerEntry 函數的處理流程，如圖 13-6 所示。

HandlerEntry 函數的整體邏輯並不複雜。首先從位元組流中解析出請求的記憶體物件；然後對請求進行處理，獲取到應答的記憶體物件；接下來，對應答的記憶體物件進行序列化；最後把應答資料傳回給用戶端。當然，除了這個主分支，還有 Fast-Resp 模式和 oneway 模式的執行分支。Fast-Resp 模式在執行請

13 MyRPC 框架設計與實現

求的業務處理邏輯之前,就把預設的應答資料傳回給用戶端。而 oneway 模式在處理完請求的業務邏輯之後,不需要寫入應答資料給用戶端。

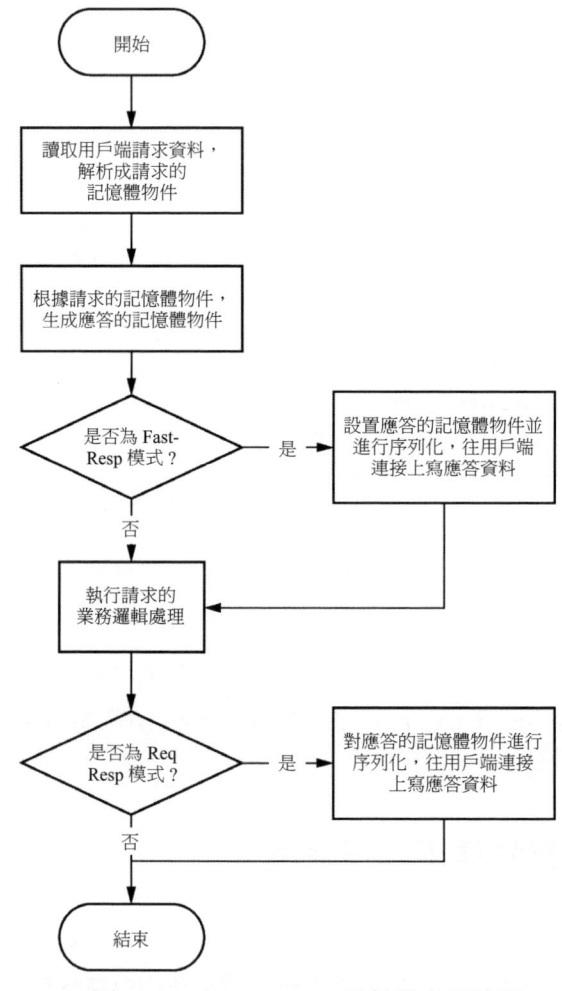

▲ 圖 13-6 HandlerEntry 函數的處理流程

伺服器端請求處理流程的程式如程式清單 13-8 所示。

➔ **程式清單 13-8 標頭檔 handler.hpp**

```
#pragma once
#include "../common/log.hpp"
#include "../common/statuscode.hpp"
```

13-24

13.3 框架具體實現

```cpp
#include "../protocol/mixedcodec.hpp"
#include "coroutineio.hpp"
#include "coroutinelocal.hpp"
#include "distributedtrace.hpp"
#include "epollctl.hpp"
#define RPC_HANDLER(NAME, HANDLER, PB_REQ_TYPE, PB_RESP_TYPE, req, resp) \
  do { \
    Context ctx = req.context_; \
    if (ctx.rpc_name() == NAME) { \
      PB_REQ_TYPE pbReq; \
      PB_RESP_TYPE pbResp; \
      bool convert = Protocol::MixedCodec::PbParseFromMySvr(pbReq, req); \
      int ret = 0; \
      if (convert) { \
        ret = HANDLER(pbReq, pbResp); \
      } else { \
        ret = PARSE_FAILED; \
      } \
      Protocol::MixedCodec::PbSerializeToMySvr(pbResp, resp, ret); \
      std::string reqJson, respJson; \
      Common::Convert::Pb2JsonStr(pbReq, reqJson); \
      Common::Convert::Pb2JsonStr(pbResp, respJson); \
      CTX_TRACE(ctx, NAME " ret[%d],req[%s],resp[%s]", ret, \
        reqJson.c_str(), respJson.c_str()); \
    } \
  } while (0)
extern Core::CoroutineLocal<Core::TimeOut> RpcTimeOut;
extern Core::CoroutineLocal<MySvr::Base::Context> ReqCtx;
namespace Core {
class MyHandler {
 public:
  void HandlerEntry(EventData *eventData) {
    auto releaseConn = [eventData](const std::string &error) {
      WARN("releaseConn %s, events=%s", error.c_str(), EpollCtl::
        EventReadable(eventData->events_).c_str());
      EpollCtl::ClearEvent(eventData->epoll_fd_, eventData->fd_);
      delete eventData;  // 釋放記憶體
    };
    Common::TimeStat timeStat;
```

13 MyRPC 框架設計與實現

```cpp
Protocol::MixedCodec codec;
void *req = nullptr;
void *resp = nullptr;
if (not readReqMessage(eventData, codec, &req, releaseConn)) {
  return;
}
auto codecType = codec.GetCodecType();
Common::Defer defer([&req, &resp, codecType, this]() {
  release(req, resp, codecType);
});
Protocol::Packet pkt;
resp = createResp(req, codecType);
if (isFastResp(req, codecType)) {   // 在 Fast-Resp 模式下，先回應 封包，再進行業務處理
  setFastRespContext(req, resp, timeStat);
  codec.Encode(resp, pkt);
  EpollCtl::ModToWriteEvent(eventData->epoll_fd_, eventData->fd_,
    eventData);   // 監聽寫入事件
  if (not writeRespMessage(eventData, pkt, releaseConn)) {
    return;
  }
}
// 每個從程式碼協同都只能有一個 I/O 事件喚醒點，但 handler 函數中可能存在其他 I/O 事件喚醒點
//（當執行其他 RPC 時），所以這裡暫時清空對用戶端 I/O 事件的監聽
EpollCtl::ClearEvent(eventData->epoll_fd_, eventData->fd_, false);
handler(req, resp, codecType, timeStat);   // 業務處理由具體的業務實現
if (isReqResp(req, codecType)) {   // 在 Req-Resp 模式下，需要在 handler 函數
                                   // 之後再回應封包
  codec.Encode(resp, pkt);
  EpollCtl::AddWriteEvent(eventData->epoll_fd_, eventData->fd_, eventData);
  if (not writeRespMessage(eventData, pkt, releaseConn)) {
    return;
  }
  //Req-Resp 模式會從寫入事件的監聽切換成讀取事件的監聽
  EpollCtl::ModToReadEvent(eventData->epoll_fd_, eventData->fd_, eventData);
} else {
  //oneway 和 Fast-Resp 模式會重新啟動讀取事件的監聽
  EpollCtl::AddReadEvent(eventData->epoll_fd_, eventData->fd_, eventData);
}
// 在處理完之後，需要將連結的程式碼協同 id 設置為無效，對於用戶端後續的請求才能建立新的程式
碼協同來處理
```

```cpp
      eventData->cid_ = MyCoroutine::INVALID_ROUTINE_ID;
    }
    virtual void MySvrHandler(Protocol::MySvrMessage &req, Protocol::
      MySvrMessage &resp) = 0;
  private:
    bool readReqMessage(EventData *eventData, Protocol::MixedCodec &codec,
      void **req, std::function<void(const std::string &error)> releaseConn
        ) {
      RpcTimeOut.Set(TimeOut());    // 這裡需要重新設置,因為在 handler 函數中可能存在
                                    //RPC 呼叫覆蓋逾時配置的情況
      while (true) {
        ssize_t ret = Core::CoRead(eventData->fd_, codec.Data(), codec.
          Len(), false);
        if (0 == ret) {
          releaseConn("peer close connection");
          return false;
        }
        if (ret < 0) {
          releaseConn(Common::Strings::StrFormat((char *)
            "read failed.errMsg[%s]", strerror(errno)));
          return false;
        }
        if (not codec.Decode(ret)) {
          releaseConn("decode failed.");
          return false;
        }
        *req = codec.GetMessage();
        if (*req) {
          return true;
        }
      }
    }
    bool writeRespMessage(EventData *eventData, Protocol::Packet &pkt,
      std::function<void(const std::string &error)> releaseConn) {
      RpcTimeOut.Set(TimeOut());    // 這裡需要重新設置,因為在 handler 函數中可能存在
                                    //RPC 覆蓋逾時配置的情況
      ssize_t sendLen = 0;
      uint8_t *buf = pkt.DataRaw();
      ssize_t needSendLen = pkt.UseLen();
      while (sendLen != needSendLen) {    // 寫入操作
```

```cpp
      ssize_t ret = Core::CoWrite(eventData->fd_, buf + sendLen, needSendLen -
        sendLen, false);
      if (ret < 0) {
        releaseConn(Common::Strings::StrFormat((char *)
          "write failed. errMsg[%s]", strerror(errno)));
        return false;
      }
      sendLen += ret;
    }
    return true;
  }
  void handler(void *req, void *resp, Protocol::CodecType codecType,
    Common::TimeStat &timeStat) {
    if (Protocol::HTTP == codecType) {
      Protocol::HttpMessage *httpReq = (Protocol::HttpMessage *)req;
      Protocol::HttpMessage *httpResp = (Protocol::HttpMessage *)resp;
      if (not httpRequestValidCheck(httpReq, httpResp)) {
        return;
      }
      Protocol::MySvrMessage mySvrReq;
      Protocol::MySvrMessage mySvrResp;
      Protocol::MixedCodec::Http2MySvr(*httpReq, mySvrReq);
      DistributedTrace::InitTraceInfo(mySvrReq.context_);
      mySvrResp.head_.flag_ = mySvrReq.head_.flag_;
      MySvrHandler(mySvrReq, mySvrResp);   // 轉換成 MySvr 的 handler 呼叫
      DistributedTrace::AddTraceInfo(timeStat.GetSpendTimeUs(), mySvrResp
        .StatusCode(), mySvrResp.Message());
      ReqCtx.Get().set_status_code(mySvrResp.StatusCode());
      mySvrResp.context_.CopyFrom(ReqCtx.Get());
      DistributedTrace::PrintTraceInfo(ReqCtx.Get(), ReqCtx.Get().
        current_stack_id(), 0);
      Protocol::MixedCodec::MySvr2Http(mySvrResp, *httpResp);
    } else {
      Protocol::MySvrMessage *mySvrReq = (Protocol::MySvrMessage *)req;
      Protocol::MySvrMessage *mySvrResp = (Protocol::MySvrMessage *)resp;
      if (not mySvrRequestValidCheck(mySvrReq, mySvrResp)) {
        return;
      }
      DistributedTrace::InitTraceInfo(mySvrReq->context_);
      mySvrResp->head_.flag_ = mySvrReq->head_.flag_;
```

```cpp
      MySvrHandler(*mySvrReq, *mySvrResp);
      DistributedTrace::AddTraceInfo(timeStat.GetSpendTimeUs(),
        mySvrResp->StatusCode(), mySvrResp->Message());
      ReqCtx.Get().set_status_code(mySvrResp->StatusCode());
      mySvrResp->context_.CopyFrom(ReqCtx.Get());
      DistributedTrace::PrintTraceInfo(ReqCtx.Get(), ReqCtx.Get().
        current_stack_id(), 0);
    }
  }
  virtual bool isSupportRpc(std::string serviceName, std::string rpcName) {
    if (service_name_ != serviceName) return false;
    if (rpc_names_.find(rpcName) == rpc_names_.end()) return false;
    return true;
  }
  bool mySvrRequestValidCheck(Protocol::MySvrMessage *request, Protocol::
    MySvrMessage *response) {
    if (not isSupportRpc(request->context_.service_name(), request->
      context_.rpc_name())) {
      response->context_.set_status_code(NOT_SUPPORT_RPC);
      return false;
    }
    return true;
  }
  bool httpRequestValidCheck(Protocol::HttpMessage *request, Protocol::
    HttpMessage *response) {
    std::string contentType = request->GetHeader("Content-Type");
    if (contentType == "" ||
      contentType.find("application/json") == std::string::npos) {
      //body 必須是 JSON 格式
      response->SetBody(R"({"message": "Content-Type not json"})");
      response->SetStatusCode(Protocol::BAD_REQUEST);
      return false;
    }
    std::string rpcName = request->GetHeader("rpc_name");
    std::string serviceName = request->GetHeader("service_name");
    if (not isSupportRpc(serviceName, rpcName)) {
      response->SetBody(R"({"message":"rpc_name or service_name not support"})");
      response->SetStatusCode(Protocol::BAD_REQUEST);
      return false;
```

```cpp
    }
    std::string method, url;
    request->GetMethodAndUrl(method, url);
    if (method != "POST") {   // 只支援 POST 請求
      response->SetBody(R"({"message":"not post request"})");
      response->SetStatusCode(Protocol::BAD_REQUEST);
      return false;
    }
    if (url != "/index") {   //URL 只支援 /index
      response->SetBody(R"({"message":"url is invalid"})");
      response->SetStatusCode(Protocol::BAD_REQUEST);
      return false;
    }
    return true;
  }
  void *createResp(void *req, Protocol::CodecType codecType) {
    if (Protocol::HTTP == codecType) return new Protocol::HttpMessage;
    Protocol::MySvrMessage *mySvrReq = (Protocol::MySvrMessage *)req;
    Protocol::MySvrMessage *mySvrResp = new Protocol::MySvrMessage;
    if (isFastResp(req, codecType)) {   // 在 Fast-Resp 模式下，body 使用預設的
                              //MySvr::Base::FastRespResponse 物件來設置
      mySvrResp->head_.flag_ = mySvrReq->head_.flag_;
      auto fastRespResponse = MySvr::Base::FastRespResponse();
      Protocol::MixedCodec::PbSerializeToMySvr(fastRespResponse, *mySvrResp, 0);
    }
    return mySvrResp;
  }
  void release(void *req, void *resp, Protocol::CodecType codecType) {
    if (Protocol::HTTP == codecType) {
      delete (Protocol::HttpMessage *)req;
      delete (Protocol::HttpMessage *)resp;
    } else {
      delete (Protocol::MySvrMessage *)req;
      delete (Protocol::MySvrMessage *)resp;
    }
  }
  bool isOneway(void *req, Protocol::CodecType codecType) {
    if (Protocol::HTTP == codecType) return false;   //HTTP 不支援 oneway 模式
    Protocol::MySvrMessage *mySvrMessage = (Protocol::MySvrMessage *)req;
```

13.3 框架具體實現

```
    return mySvrMessage->IsOneway();
  }
  bool isFastResp(void *req, Protocol::CodecType codecType) {
    if (Protocol::HTTP == codecType) return false;  //HTTP 不支援 Fast-Resp 模式
    Protocol::MySvrMessage *mySvrMessage = (Protocol::MySvrMessage *)req;
    return mySvrMessage->IsFastResp();
  }
  bool isReqResp(void *req, Protocol::CodecType codecType) {
    if (Protocol::HTTP == codecType) return true;   //HTTP 只支援 Fast-Resp 模式
    return not isOneway(req, codecType) && not isFastResp(req, codecType);
  }
  void setFastRespContext(void *req, void *resp, Common::TimeStat &timeStat) {
    Protocol::MySvrMessage *mySvrReq = (Protocol::MySvrMessage *)req;
    Protocol::MySvrMessage *mySvrResp = (Protocol::MySvrMessage *)resp;
    DistributedTrace::InitTraceInfo(mySvrReq->context_);
    DistributedTrace::AddTraceInfo(timeStat.GetSpendTimeUs(), 0, "success");
    mySvrResp->context_.CopyFrom(ReqCtx.Get());
    DistributedTrace::PrintTraceInfo(ReqCtx.Get(),
      ReqCtx.Get().current_stack_id(), 0);
  }
 protected:
  std::string service_name_;
  std::unordered_set<std::string> rpc_names_;
};
}  // 命名空間 Core
```

在 MyHandler 類別中，為了同時支援 HTTP 和 MySvr，我們使用了 MixedCodec 物件來完成資料的解析。當請求透過 HTTP 發送時，先把請求資料轉換成 MySvr 的請求物件，再使用 MySvr 的業務邏輯處理函數獲取應答物件。接下來，把 MySvr 的應答物件轉換成 HTTP 的應答物件。當請求透過 MySvr 發送時，和 HTTP 的處理流程類似，只是少了協定物件轉換的處理。但在執行業務邏輯處理之前，會對請求物件做以下參數驗證：必須是服務支援的 RPC 介面；並且 HTTP 的請求格式也是受限的，必須是 POST 請求；URL 只支援 /index；body 必須是 JSON 格式。之所以對 HTTP 的請求格式做限制，是為了簡化轉換處理邏輯。

13 MyRPC 框架設計與實現

1．事件監聽狀態的遷移

HandlerEntry 函數會根據不同的請求模式，在請求的不同階段做事件監聽狀態的調整。事件監聽的管理封裝在 epollctl.hpp 檔案中，對應的程式如程式清單 13-9 所示。

→ 程式清單 13-9 標頭檔 epollctl.hpp

```cpp
#pragma once
#include <assert.h>
#include <sys/epoll.h>
#include <unistd.h>
#include <map>
#include <string>
namespace Core {
enum EventType {   // 監聽的邏輯類型
  LISTEN = 1,      // 連接事件的監聽
  CLIENT = 2,      // 用戶端事件的監聽
  RPC_CLIENT = 3,  //RPC 用戶端事件的監聽
};
struct EventData {
  EventData(int fd, int epoll_fd, int type) : fd_(fd), epoll_fd_(epoll_fd),
    type_(type) {}
  int fd_{0};
  int epoll_fd_{0};
  int type_;              // 監聽的邏輯類型
  uint32_t events_{0};    //epoll 觸發的具體事件
  int cid_{-1};           // 連結的程式碼協同 id
  int64_t timer_id_{-1};  //mainReactor 中用於連結空閒連接逾時計時器的 id
  void *handler_{nullptr};// 用戶端初始事件的處理入口
};
class EpollCtl {
 public:
  static void AddReadEvent(int epollFd, int fd, void *userData) {
    opEvent(epollFd, fd, userData, EPOLL_CTL_ADD, EPOLLIN);
  }
  static void AddWriteEvent(int epollFd, int fd, void *userData) {
    opEvent(epollFd, fd, userData, EPOLL_CTL_ADD, EPOLLOUT);
  }
  static void ModToReadEvent(int epollFd, int fd, void *userData) {
```

```cpp
      opEvent(epollFd, fd, userData, EPOLL_CTL_MOD, EPOLLIN);
    }
    static void ModToWriteEvent(int epollFd, int fd, void *userData) {
      opEvent(epollFd, fd, userData, EPOLL_CTL_MOD, EPOLLOUT);
    }
    static void ClearEvent(int epollFd, int fd, bool isClose = true) {
      assert(epoll_ctl(epollFd, EPOLL_CTL_DEL, fd, nullptr) != -1);
      if (isClose) close(fd);
    }
    static std::string EventReadable(int events) {
      static std::map<uint32_t, std::string> event2Str = {
          {EPOLLIN, "EPOLLIN"},     {EPOLLOUT, "EPOLLOUT"},
          {EPOLLRDHUP, "EPOLLRDHUP"}, {EPOLLPRI, "EPOLLPRI"},
          {EPOLLERR, "EPOLLERR"},   {EPOLLHUP, "EPOLLHUP"},
          {EPOLLET, "EPOLLET"},     {EPOLLONESHOT, "EPOLLONESHOT"}};
      std::string result = "";
      auto addEvent = [&result](std::string event) {
        if ("" == result) {
          result = event;
        } else {
          result += "|";
          result += event;
        }
      };
      for (auto &item : event2Str) {
        if (events & item.first) {
          addEvent(item.second);
        }
      }
      return result;
    }
  private:
    static void opEvent(int epollFd, int fd, void *userData, int op,
                        uint32_t events) {
      epoll_event event;
      event.data.ptr = userData;
      event.events = events;
      assert(epoll_ctl(epollFd, op, fd, &event) != -1);
    }
};
} // 命名空間 Core
```

MyRPC 框架設計與實現

EpollCtl 類別封裝了 5 個函數，用於管理 epoll 實例上的事件監控，同時也提供了 EventReadable 函數，用於完成事件標識易讀化的轉換。EventData 結構是用於事件觸發的回呼資料，EventType 則是事件的邏輯分類。在不同的請求模式下，用戶端連接上事件監聽狀態的遷移流程如圖 13-7 所示。

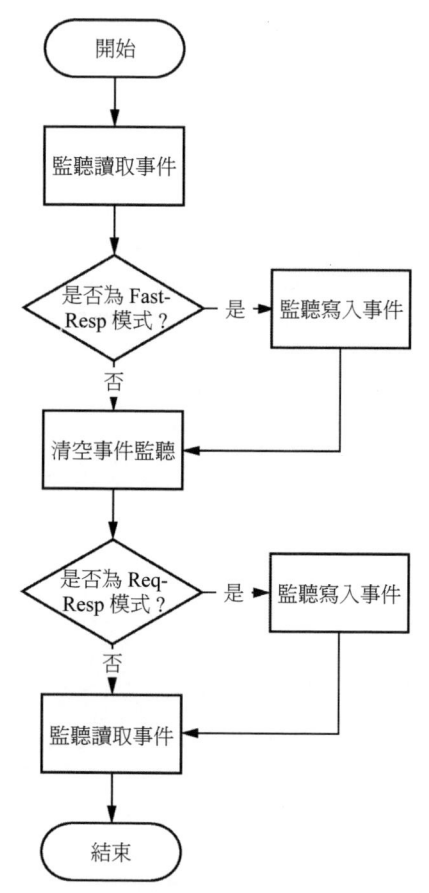

▲ 圖 13-7 用戶端連接上事件監聽狀態的遷移流程

這裡有一點需要特別說明一下，在 MyHandler 類別的 HandlerEntry 函數中，呼叫 handler 函數做業務邏輯處理之前，需要清空事件監聽。這是因為 HandlerEntry 函數已經執行在從程式碼協同的呼叫堆疊中，而一個從程式碼協同只能有一個 I/O 事件喚醒點。但在 handler 函數中，可能存在其他 I/O 事件喚醒點（比如呼叫其他服務的 RPC 介面），所以這裡需要暫時清空對用戶端 I/O 事件的監聽。

2．程式碼協同版讀寫函數的封裝

在 HandlerEntry 函數中，我們沒有看到顯式的程式碼協同切換呼叫。這是因為程式碼協同的切換被封裝在 CoRead 函數、CoWrite 函數和 CoConnect 函數中。當非阻塞的 I/O 暫不可用時，就主動讓出執行權，切換到主程式碼協同中執行。對應的程式如程式清單 13-10 所示。

➜ 程式清單 13-10　標頭檔 coroutineio.hpp

```
#pragma once
#include <errno.h>
#include <unistd.h>
#include "../common/defer.hpp"
#include "../common/log.hpp"
#include "../common/singleton.hpp"
#include "../common/sockopt.hpp"
#include "../common/timedeal.hpp"
#include "../common/utils.hpp"
#include "coroutinelocal.hpp"
#include "epollctl.hpp"
#include "routeinfo.hpp"
#include "timer.hpp"
#define SYSTEM Common::Singleton<Core::System>::Instance()
extern Core::CoroutineLocal<int> EpollFd;
extern Core::CoroutineLocal<Core::TimeOut> RpcTimeOut;
namespace Core {
class SocketIoMock {
 public:
  virtual ssize_t read(int fd, void* buf, size_t count) = 0;
  virtual ssize_t write(int fd, const void* buf, size_t count) = 0;
  virtual int connect(int sockfd, const struct sockaddr* addr, socklen_t
      addrlen) = 0;
};
class System {
 public:
  void SetIoMock(SocketIoMock* socketIoMock) { socket_io_mock_ = socketIoMock; }
  ssize_t read(int fd, void* buf, size_t count) {
    if (not socket_io_mock_) {
      return ::read(fd, buf, count);
    }
```

```cpp
    return socket_io_mock_->read(fd, buf, count);
  }
  ssize_t write(int fd, const void* buf, size_t count) {
    if (not socket_io_mock_) {
      return ::write(fd, buf, count);
    }
    return socket_io_mock_->write(fd, buf, count);
  }
  int connect(int sockfd, const struct sockaddr* addr, socklen_t addrlen) {
    if (not socket_io_mock_) {
      return ::connect(sockfd, addr, addrlen);
    }
    return socket_io_mock_->connect(sockfd, addr, addrlen);
  }
 private:
  SocketIoMock* socket_io_mock_{nullptr};
};
typedef struct TimeOutData {
  int cid_;
  bool time_out_{false};
} TimeOutData;
inline void TimeOutCallBack(void* data) {
  TimeOutData* timeOutData = (TimeOutData*)data;
  timeOutData->time_out_ = true;
  MyCoroutine::CoroutineResumeById(SCHEDULE, timeOutData->cid_);  // 逾時
                                                      // 之後，直接喚醒程式碼協同
}
inline ssize_t CoRead(int fd, void* buf, size_t size, bool useInnerEventData =
  true) {
  EventData eventData(fd, EpollFd.Get(), RPC_CLIENT);
  eventData.cid_ = MyCoroutine::ScheduleGetRunCid(SCHEDULE);
  if (useInnerEventData) {
    EpollCtl::AddReadEvent(eventData.epoll_fd_, eventData.fd_, &eventData);
  }
  TimeOutData timeOutData;
  timeOutData.cid_ = MyCoroutine::ScheduleGetRunCid(SCHEDULE);
  int64_t timerId = TIMER.Register(TimeOutCallBack, &timeOutData, RpcTimeOut.
    Get().read_time_out_ms_);
  Common::Defer defer([&timeOutData, &eventData, useInnerEventData, timerId]() {
    if (useInnerEventData) {
```

13.3 框架具體實現

```cpp
      EpollCtl::ClearEvent(eventData.epoll_fd_, eventData.fd_, false);
    }
    if (not timeOutData.time_out_) {
      TIMER.Cancel(timerId);    // 若計時器不逾時，則取消計時器
    }
  });
  while (true) {
    ssize_t ret = SYSTEM.read(fd, buf, size);
    if (ret >= 0) return ret;           // 讀取成功
    if (EINTR == errno) continue;   // 呼叫被中斷，直接重新啟動 read 呼叫
    if (EAGAIN == errno or EWOULDBLOCK == errno) {   // 暫時不讀取
      MyCoroutine::CoroutineYield(SCHEDULE);    // 切換到主程式碼協同，等待資料讀取
      if (timeOutData.time_out_) {    // 讀取逾時
        errno = EAGAIN;
        return -1;   // 讀取逾時，傳回 -1，並把 errno 設置為 EAGAIN
      }
      continue;
    }
    return ret;      // 讀取失敗
  }
}
inline ssize_t CoWrite(int fd, const void* buf, size_t size, bool
  useInnerEventData = true) {
  EventData eventData(fd, EpollFd.Get(), RPC_CLIENT);
  eventData.cid_ = MyCoroutine::ScheduleGetRunCid(SCHEDULE);
  if (useInnerEventData) {
    EpollCtl::AddWriteEvent(eventData.epoll_fd_, eventData.fd_, &eventData);
  }
  TimeOutData timeOutData;
  timeOutData.cid_ = MyCoroutine::ScheduleGetRunCid(SCHEDULE);
  int64_t timerId = TIMER.Register(TimeOutCallBack, &timeOutData, RpcTimeOut.
    Get().write_time_out_ms_);
  Common::Defer defer([&timeOutData, &eventData, useInnerEventData, timerId]() {
    if (useInnerEventData) {
      EpollCtl::ClearEvent(eventData.epoll_fd_, eventData.fd_, false);
    }
    if (not timeOutData.time_out_) {
      TIMER.Cancel(timerId);    // 若計時器不逾時，則取消計時器
    }
  });
```

13-37

```cpp
    while (true) {
      ssize_t ret = SYSTEM.write(fd, buf, size);
      if (ret >= 0) return ret;             // 寫成功
      if (EINTR == errno) continue;         // 呼叫被中斷,直接重新啟動 write 呼叫
      if (EAGAIN == errno or EWOULDBLOCK == errno) {   // 暫時不寫入
        MyCoroutine::CoroutineYield(SCHEDULE);   // 切換到主程式碼協同,等待資料寫入
        if (timeOutData.time_out_) {   // 寫入逾時
          errno = EAGAIN;
          return -1;   // 寫入逾時,傳回 -1,並把 errno 設置為 EAGAIN
        }
        continue;
      }
      return ret;      // 寫入失敗
    }
}
inline int CoConnect(int fd, const struct sockaddr* addr, socklen_t size) {
    EventData eventData(fd, EpollFd.Get(), RPC_CLIENT);
    eventData.cid_ = MyCoroutine::ScheduleGetRunCid(SCHEDULE);
    EpollCtl::AddWriteEvent(eventData.epoll_fd_, eventData.fd_, &eventData);
    TimeOutData timeOutData;
    timeOutData.cid_ = MyCoroutine::ScheduleGetRunCid(SCHEDULE);
    int64_t timerId = TIMER.Register(TimeOutCallBack, &timeOutData, RpcTimeOut.
      Get().connect_time_out_ms_);
    Common::Defer defer([&timeOutData, &eventData, timerId]() {
      EpollCtl::ClearEvent(eventData.epoll_fd_, eventData.fd_, false);
      if (not timeOutData.time_out_) {
        TIMER.Cancel(timerId);   // 若計時器不逾時,則取消計時器
      }
    });
    while (true) {
      int ret = SYSTEM.connect(fd, addr, size);
      if (0 == ret) return 0;              // 連接成功
      if (errno == EINTR) continue;        // 若呼叫被中斷,則直接重新啟動 connect 呼叫
      if (errno == EINPROGRESS) {          //TCP 三次交握進行中
        MyCoroutine::CoroutineYield(SCHEDULE);   // 切換到主程式碼協同,等待資料寫入
        if (timeOutData.time_out_) {   // 連接逾時
          TRACE("connect_time_out, connect_time_out_ms[%d]", RpcTimeOut.
            Get().connect_time_out_ms_);
          errno = EAGAIN;
          return -1;   // 連接逾時,傳回 -1,並把 errno 設置為 EAGAIN
```

```
        }
        return Common::SockOpt::GetSocketError(fd);
    }
    return ret;
  }
}
}   // 命名空間 Core
```

在封裝 CoRead 函數、CoWrite 函數、CoConnect 函數時，我們考慮了可測試性的設計。我們使用 System 類別對 read 函數、write 函數、connect 函數進行了封裝，並支援透過定義 SocketIoMock 的子類別來實現對函數的裝飾（mock），以方便進行單元測試。CoRead 函數和 CoWrite 函數在伺服器端處理用戶端請求和呼叫其他服務的 RPC 介面時會被呼叫。因此，這兩個函數支援是否自行管理事件的監聽。在呼叫 RPC 介面時，需要自行管理事件的監聽。

3．RPC_HANDLER 巨集

從 handler.cpp 的程式中，我們可以看出，介面的業務邏輯是由 MySvrHandler 函數實現的。這是一個純虛函數，需要用子類別來實現。因此，在實現具體業務服務時，只需要繼承 MyHandler 類別並實現 MySvrHandler 這個純虛函數即可。MySvrHandler 函數是請求介面的具體實現。由於 MySvrHandler 函數對不同介面的處理流程有很多共通性，我們抽象出了 RPC_HANDLER 巨集，用於快速架設不同 RPC 介面的處理流程。在 13.5 節，我們將用到這個巨集定義。

13.3.4 用戶端請求處理流程

在看具體程式之前，我們先來看一下用戶端請求涉及的核心類別之間的類別關係簡圖，如圖 13-8 所示。

1．服務發現

在用戶端發起請求之前，需要先查詢被調服務部署的實例資訊（IP 位址 + 通訊埠），然後根據負載平衡策略選擇要呼叫的具體服務實例，最後將請求發送給對應的服務實例。一般來說服務發現與服務註冊會一起使用。但是，我們

13 MyRPC 框架設計與實現

的 MyRPC 框架選擇簡化服務發現，並且沒有使用服務註冊。我們直接從設定檔中獲取服務部署的實例資訊。服務發現相關的程式如程式清單 13-11 所示。

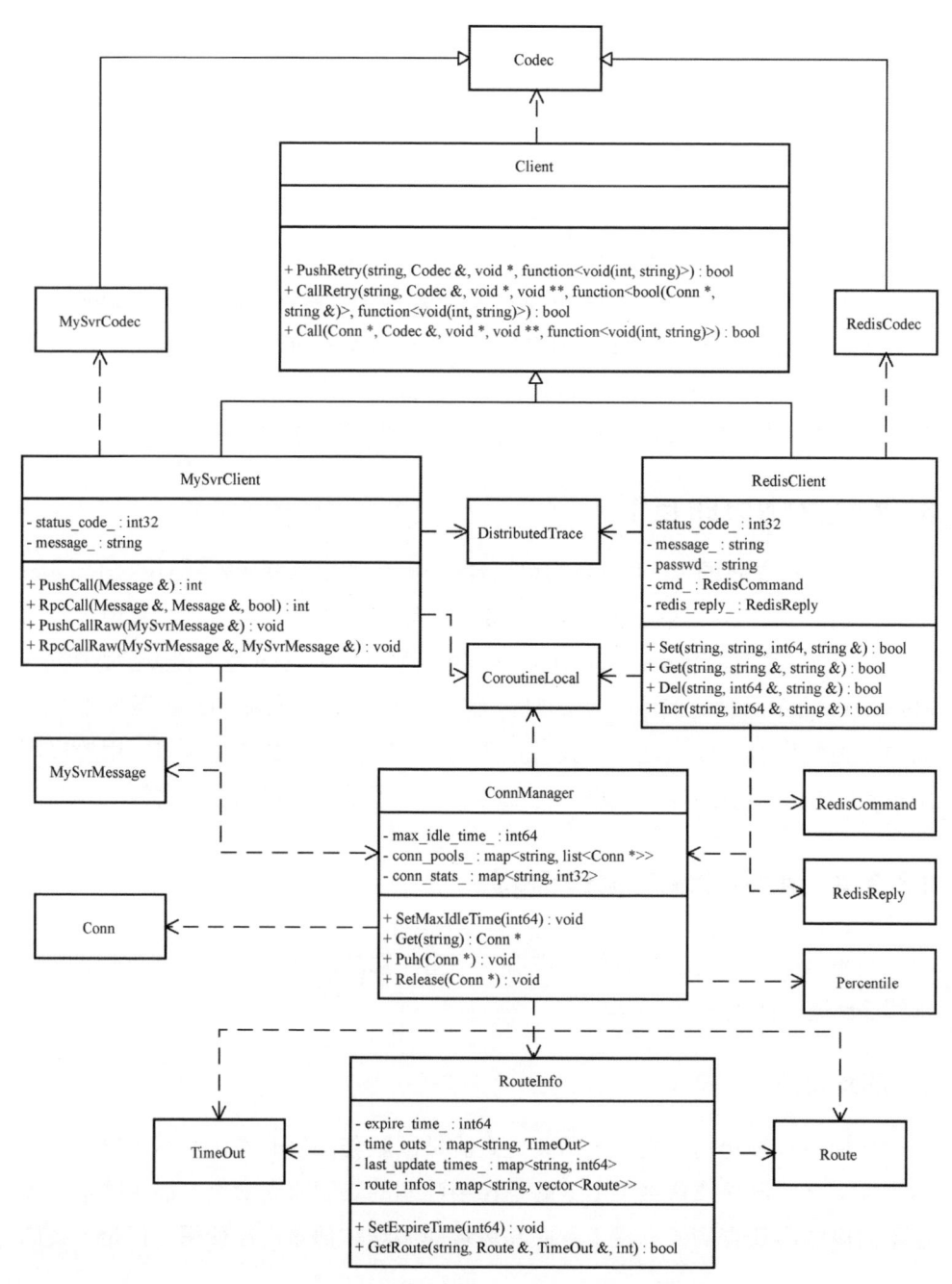

▲ 圖 13-8 用戶端請求核心類別關係簡圖

13.3 框架具體實現

➡ **程式清單 13-11 標頭檔 routeinfo.hpp**

```cpp
#pragma once
#include <map>
#include <string>
#include <vector>
#include "../common/config.hpp"
#include "../common/log.hpp"
#include "../common/singleton.hpp"
#define ROUTE_INFO Common::Singleton<Core::RouteInfo>::Instance()
namespace Core {
  typedef struct Route {
    std::string ip_;
    int64_t port_;
  } Route;
  typedef struct TimeOut {
    int64_t read_time_out_ms_{1000};
    int64_t write_time_out_ms_{1000};
    int64_t connect_time_out_ms_{50};
  } TimeOut;
  class RouteInfo {
   public:
    void SetExpireTime(int64_t expire_time) { expire_time_ = expire_time; }
    bool GetRoute(std::string serviceName, Route &route, TimeOut &timeOut,
       int index = 0) {
      Common::Strings::ToLower(serviceName);
      int64_t currentTime = time(nullptr);
      auto update_time_iter = last_update_times_.find(serviceName);
      if (update_time_iter == last_update_times_.end() || update_time_iter->
         second + expire_time_ < currentTime) {
        last_update_times_[serviceName] = currentTime;
        updateRoute(serviceName);
      }
      auto iter = route_infos_.find(serviceName);
      if (iter == route_infos_.end()) {
        ERROR("get Route failed. serviceName[%s]", serviceName.c_str());
        return false;
      }
      ERROR("get Route success. serviceName[%s]", serviceName.c_str());
      if (0 == index) index = rand();
```

13-41

```cpp
      route = iter->second[index % iter->second.size()];  // 傳回的路由資訊
      timeOut = time_outs_[serviceName];
      return true;
    }
 private:
    void updateRoute(std::string &serviceName) {
      std::string routeFile = "/home/backend/route/" + serviceName +
        "_client.conf";
      Common::Config config;
      if (not config.Load(routeFile)) {   // 載入路由檔案失敗
        ERROR("routeFile[%s] load failed.", routeFile.c_str());
        return;
      }
      config.Dump([](const std::string &section, const std::string &key,
        const std::string &value) {
        INFO("section[%s],keyValue[%s=%s]", section.c_str(), key.c_str(),
           value.c_str());
      });
      int64_t count = 0;
      config.GetIntValue("Svr", "count", count, 0);
      if (count <= 0) return;
      std::vector<Route> routeInfos;
      for (int64_t i = 1; i <= count; i++) {
        Route temp;
        std::string section = "Svr" + std::to_string(i);
        config.GetIntValue(section, "port", temp.port_, 0);
        config.GetStrValue(section, "ip", temp.ip_, "");
        routeInfos.push_back(temp);
      }
      if (routeInfos.size() <= 0) return;
      TimeOut timeOut;
      config.GetIntValue("Svr", "connectTimeOutMs",
        timeOut.connect_time_out_ms_, 50);
      config.GetIntValue("Svr", "readTimeOutMs", timeOut.read_time_out_ms_, 1000);
      config.GetIntValue("Svr", "writeTimeOutMs",
        timeOut.write_time_out_ms_, 1000);
      time_outs_[serviceName] = timeOut;
      route_infos_[serviceName] = routeInfos;
    }
```

13.3 框架具體實現

```cpp
private:
    int64_t expire_time_{300};    // 過期時間，單位為秒
    std::map<std::string, TimeOut> time_outs_;    // 逾時配置
    std::map<std::string, int64_t> last_update_times_;    // 最後更新時間，單位為秒
    std::map<std::string, std::vector<Route>> route_infos_;    // 各個模組的路由資訊
};
}    // 命名空間 Core
```

　　RouteInfo 類別用於獲取不同服務的路由和逾時配置。它支援給配置設置逾時時間，當配置過期時，重新獲取設定檔的內容以更新記憶體中的配置資料。服務的路由和逾時配置都儲存在 /home/backend/route/ 目錄下的「服務名稱」+_client.conf 檔案中。GetRoute 函數會傳回路由資訊。

2．連接管理

　　透過服務發現獲取路由資訊之後，就可以開始建立連接了。此時，我們將面臨長短連接的選擇。短連接實現簡單，每次請求前建立連接，請求結束之後釋放連接。短連接雖然簡單，但是每次請求都需要付出 3 次 TCP 交握和 4 次 TCP 揮手的成本。長連接的做法則是，在請求結束之後依然保留連接，在下次請求時取出現成的連接即可。長連接需要付出連接池管理的成本，涉及如何控制連接池的大小，以及如何維持連接的可用性等問題。連接管理對應的程式如程式清單 13-12 所示。

➜ 程式清單 13-12　標頭檔 connmanager.hpp

```cpp
#pragma once
#include <list>
#include <map>
#include <string>
#include <vector>
#include "../common/percentile.hpp"
#include "../common/singleton.hpp"
#include "coroutineio.hpp"
#include "coroutinelocal.hpp"
#define CONN_MANAGER Common::Singleton<Core::ConnManager>::Instance()
extern Core::CoroutineLocal<Core::TimeOut> RpcTimeOut;
namespace Core {
```

13 MyRPC 框架設計與實現

```cpp
typedef struct Conn {
  int fd_{-1};                        // 連接的 fd
  bool finish_auth_{false};           // 是否完成認證,需要做認證的協定,本欄位才啟用
  int64_t last_used_time_;            // 最近一次使用時間,單位為秒
  std::string service_name_;          // 連結的服務
  TimeOut time_out_;                  // 逾時配置
} Conn;
class ConnManager {
 public:
  ~ConnManager() {
    for (auto &connList : conn_pools_) {
      for (Conn *conn : connList.second) {
        deleteConn(conn);
      }
    }
  }
  void SetMaxIdleTime(int64_t max_idle_time) { max_idle_time_ = max_idle_time; }
  Conn *Get(std::string serviceName) {   // 傳回的都是完成 connect 呼叫的連接
    Conn *conn = nullptr;
    Common::Defer defer([this, &conn, serviceName]() {
      if (conn) {
        conn_stats_[serviceName] = conn_stats_[serviceName] + 1;
      }
    });
    auto iter = conn_pools_.find(serviceName);
    if (iter == conn_pools_.end()) {
      conn_pools_[serviceName] = std::list<Conn *>();
      conn_stats_[serviceName] = 0;
      conn = newConn(serviceName);
      return conn;
    }
    int count = 0;
    while (not iter->second.empty()) {
      conn = iter->second.front();
      iter->second.pop_front();
      // 當長時間沒有請求,突然有請求到來時,需要處理過期的連接
      if (conn->last_used_time_ + max_idle_time_ < time(nullptr)) {
        count++;
        if (count <= 25) {   // 每次最多釋放 25 個連接,以避免 Get 函數耗時過多
```

13-44

```cpp
          deleteConn(conn);
          conn = nullptr;    // 這裡設置為 null，否則有可能傳回一個已經被釋放的連接
          continue;
        } else {
          iter->second.push_front(conn);    // 把連接再塞回列表中
          conn = nullptr;
          break;
        }
      }
      break;
    }
    if (nullptr == conn) {        // 若無法重複使用已有的連接，則嘗試建立新的連接
      conn = newConn(serviceName);
      return conn;
    }
    if (connIsValid(conn)) {      // 連接仍然可用，直接傳回
      return conn;
    }
    // 執行到這裡說明連接不可用，需要先刪除舊的連接，再嘗試建立新的連接
    deleteConn(conn);
    conn = newConn(serviceName);
    return conn;
  }
  void Put(Conn *conn) {    // 歸還一個連接
    static Common::Percentile pct;
    assert(conn != nullptr);
    std::string serviceName = conn->service_name_;
    Common::Defer defer([this, serviceName]() {
      conn_stats_[serviceName] = conn_stats_[serviceName] - 1;
    });
    conn->last_used_time_ = time(nullptr);
    auto iter = conn_pools_.find(serviceName);
    assert(iter != conn_pools_.end());
    iter->second.push_back(conn);
    pct.Stat(serviceName, conn_stats_[serviceName]);
    double pctValue;
    if (not pct.GetPercentile(serviceName, 0.99, pctValue)) {
      return;
    }
```

```cpp
      size_t remainCnt = (size_t)pctValue;
      // 釋放多餘的連接
      while (iter->second.size() > 0 && iter->second.size() > remainCnt) {
        conn = iter->second.front();
        iter->second.pop_front();
        deleteConn(conn);
      }
    }
    void Release(Conn *conn) {
      std::string serviceName = conn->service_name_;
      assert(conn_stats_.find(serviceName) != conn_stats_.end());
      conn_stats_[serviceName] = conn_stats_[serviceName] - 1;
      deleteConn(conn);
    }
  private:
    bool connIsValid(Conn *conn) {
      // 這裡強制設置一下逾時配置，以避免程式碼協同在進入之前沒有設置的情況發生
      RpcTimeOut.Set(conn->time_out_);
      // 恢復逾時配置
      Common::Defer defer([conn]() { RpcTimeOut.Set(conn->time_out_); });
      // 付出 1 毫秒的代價，檢查連接是否已經被對端關閉
      RpcTimeOut.Get().read_time_out_ms_ = 1;
      char data;
      ssize_t ret = CoRead(conn->fd_, &data, 1);
      if (0 == ret) {   // 對端已經關閉了連接
        return false;
      }
      // 當連接可用時，read 操作會逾時，錯誤碼為 EAGAIN，從而判斷出連接當前是可用的
      if (-1 == ret && errno == EAGAIN) {
        return true;
      }
      return false;
    }
    void deleteConn(Conn *conn) {
      assert(0 == close(conn->fd_));
      delete conn;
    }
    Conn *newConn(std::string serviceName) {
      Route route;
```

```cpp
    TimeOut timeOut;
    if (not ROUTE_INFO.GetRoute(serviceName, route, timeOut)) {
      return nullptr;
    }
    int fd = socket(AF_INET, SOCK_STREAM | SOCK_NONBLOCK, 0);
    if (fd < 0) {
      ERROR("socket call failed. %s", strerror(errno));
      return nullptr;
    }
    sockaddr_in addr;
    addr.sin_family = AF_INET;
    addr.sin_port = htons(int16_t(route.port_));
    addr.sin_addr.s_addr = inet_addr(route.ip_.c_str());
    RpcTimeOut.Set(timeOut);
    int ret = CoConnect(fd, (struct sockaddr *)&addr, sizeof(addr));
    if (ret) {
      ERROR("CoConnect call failed. %s", strerror(errno));
      assert(0 == close(fd));
      return nullptr;
    }
    Conn *conn = new Conn;
    conn->fd_ = fd;
    conn->last_used_time_ = time(nullptr);
    conn->service_name_ = serviceName;
    conn->time_out_ = timeOut;
    return conn;
  }
 private:
  int64_t max_idle_time_{300};      // 連接最大閒置時間，單位為秒，預設為 300 秒
  std::map<std::string, std::list<Conn *>> conn_pools_;   // 連接池
  std::map<std::string, int32_t> conn_stats_;   // 連接使用統計
};
} // 命名空間 Core
```

　　ConnManager 類別實現了連接的管理。Get 函數用於獲取連接，Put 函數用於歸還連接給連接池，Release 函數用於釋放連接，SetMaxIdleTime 函數用於設置連接最大閒置時間。每個服務連接池的大小都是透過連接數 PCT99 百分位數來動態調整的。在連接 keep alive 方面，我們沒有採用 TCP 的 keep alive 特

13-47

性，也沒有使用應用層心跳封包（浪費網路頻寬），而是採用更簡單的連接最大閒置時間來控制。這樣，不活躍的連接就會被持續淘汰。為了判斷連接當前是否可用，我們運用了一個技巧，即嘗試從連接上讀取 1 位元組的資料。如果對端已經關閉了連接，此時讀取函數會傳回 0。如果連接可用，就會讀取逾時。connIsValid 函數就是透過這樣的邏輯來判斷當前連接是否可用的。

在連接池的使用過程中，我們還需要解決一個問題，就是當連接的服務有最大連接數限制時，如何有效控制連接池的連接數。解決方案是給連接池設置最大連接數限制，並在連接池滿時建構一個支援逾時特性的等待佇列。當有連接被歸還給連接池時，就可以喚醒這個等待佇列中的程式碼協同，選擇一個程式碼協同來獲取連接。當逾時時間已到，但仍有程式碼協同未獲取到連接時，直接傳回獲取連接失敗的資訊。由於篇幅的限制，連接池的這個特性我們留給大家自行實現。

3·用戶端基礎類別

我們對用戶端的基本操作進行了統一抽象，以支援不同協定的訊息本體的發送和接收。對應的程式如程式清單 13-13 所示。

➜ 程式清單 13-13 標頭檔 client.hpp

```
#pragma once
#include <functional>
#include "../common/statuscode.hpp"
#include "../protocol/codec.hpp"
#include "connmanager.hpp"
#include "coroutineio.hpp"
#include "coroutinelocal.hpp"
extern Core::CoroutineLocal<Core::TimeOut> RpcTimeOut;   //RPC 呼叫逾時配置
namespace Core {
class Client {
 protected:
  bool PushRetry(std::string serviceName, Protocol::Codec &codec, void
    *pushMessage, std::function<void(int, std::string)> sockErrorDeal) {
    int statusCode = 0;
    std::string error = "";
    for (int i = 0; i < 3; i++) {
```

13.3 框架具體實現

```cpp
    Conn *conn = getConn(serviceName);
    if (nullptr == conn) {
      WARN("get conn failed. serviceName[%s]", serviceName.c_str());
      statusCode = CONNECTION_FAILED;
      error = "get conn failed";
      continue;
    }
    RpcTimeOut.Set(conn->time_out_);
    if (writeMessage(codec, pushMessage, conn->fd_, statusCode, error)) {
      CONN_MANAGER.Put(conn);
      return true;
    }
    CONN_MANAGER.Release(conn);
  }
  sockErrorDeal(statusCode, error);
  return false;
}
bool CallRetry(std::string serviceName, Protocol::Codec &codec, void
  *reqMessage, void **respMessage, std::function<bool(Conn *, std::string &)>
  connCallBack, std::function<void(int, std::string)> errorDeal) {
  int statusCode = 0;
  std::string error = "";
  for (int i = 0; i < 3; i++) {
    Conn *conn = getConn(serviceName);
    if (nullptr == conn) {
      WARN("get conn failed. serviceName[%s]", serviceName.c_str());
      statusCode = CONNECTION_FAILED;
      error = "get conn failed";
      continue;
    }
    std::string connCallBackError;
    if (connCallBack && not connCallBack(conn, connCallBackError)) {
      WARN("connCallBack failed. serviceName[%s]", serviceName.c_str());
      CONN_MANAGER.Release(conn);
      statusCode = CONNECTION_FAILED;
      error = "conn call back failed. " + connCallBackError;
      continue;
    }
    RpcTimeOut.Set(conn->time_out_);
```

```cpp
      if (not writeMessage(codec, reqMessage, conn->fd_, statusCode, error)) {
        CONN_MANAGER.Release(conn);
        continue;
      }
      if (not readMessage(codec, respMessage, conn->fd_, statusCode, error)) {
        CONN_MANAGER.Release(conn);
        continue;
      }
      CONN_MANAGER.Put(conn);
      return true;
    }
    errorDeal(statusCode, error);
    return false;
  }
  bool Call(Conn *conn, Protocol::Codec &codec, void *reqMessage, void
    **respMessage, std::function<void(int, std::string)> errorDeal) {
    int statusCode = 0;
    std::string error = "";
    RpcTimeOut.Set(conn->time_out_);
    if (not writeMessage(codec, reqMessage, conn->fd_, statusCode, error)) {
      errorDeal(statusCode, error);
      return false;
    }
    if (not readMessage(codec, respMessage, conn->fd_, statusCode, error)) {
      errorDeal(statusCode, error);
      return false;
    }
    return true;
  }
 private:
  Conn *getConn(std::string serviceName) {
    for (int i = 0; i < 3; i++) { // 重試 3 次，以解決網路抖動導致的連接獲取失敗問題
      Conn *conn = CONN_MANAGER.Get(serviceName);
      if (conn) return conn;
      WARN("get conn failed. count=%d", i + 1);
    }
    return nullptr;
  }
  bool writeMessage(Protocol::Codec &codec, void *message, int fd, int
```

```
    &statusCode, std::string &error) {
  Protocol::Packet pkt;
  codec.Encode(message, pkt);
  ssize_t sendLen = 0;
  uint8_t *buf = pkt.DataRaw();
  ssize_t needSendLen = pkt.UseLen();
  while (sendLen != needSendLen) {
    ssize_t ret = CoWrite(fd, buf + sendLen, needSendLen - sendLen);
    if (ret < 0) {
      statusCode = WRITE_FAILED;
      error = std::string("CoWrite failed.") + strerror(errno);
      return false;
    }
    sendLen += ret;
  }
  return true;
}
bool readMessage(Protocol::Codec &codec, void **respMessage, int fd,
  int &statusCode, std::string &error) {
  while (true) {
    ssize_t ret = CoRead(fd, codec.Data(), codec.Len());
    if (0 == ret) {
      statusCode = READ_FAILED;
      error = "peer close connection";
      return false;
    }
    if (ret < 0) {
      statusCode = READ_FAILED;
      error = std::string("CoRead failed. ") + strerror(errno);
      return false;
    }
    if (not codec.Decode(ret)) {
      statusCode = PARSE_FAILED;
      error = "decode failed.";
      return false;
    }
    *respMessage = codec.GetMessage();
    if ((*respMessage)) {
      break;
```

```
      }
    }
    return true;
  }
};
} //namespace Core
```

我們在 Client 類別中實現了 PushRetry 函數、CallRetry 函數和 Call 函數。PushRetry 函數用於推送訊息，CallRetry 函數和 Call 函數用於介面呼叫。這 3 個函數透過指向 Codec 物件的傳址參數來實現對不同協定的支援，並且使用了支援程式碼協同的 CoRead 函數和 CoWrite 函數。這樣在執行網路 I/O 操作時，服務就不會被暫停，而是去執行其他可執行的程式碼協同，從而提升了服務的併發處理能力。帶 Retry 尾碼的函數附帶失敗重試的特性。在每次獲取連接時，也有失敗重試機制。之所以要增加失敗重試機制，是為了應對網路抖動、下游服務抖動、下游服務單機故障等異常情況，提升介面呼叫的整體成功率。

4．MySvr 用戶端

MySvr 用戶端用於不同 MyRPC 微服務之間的介面呼叫。MySvrClient 類別繼承了 Client 類別，並支援 oneway、Fast-Resp 和 Req-Resp 這 3 種模式的介面呼叫。對應的程式如程式清單 13-14 所示。

➔ 程式清單 13-14　標頭檔 mysvrclient.hpp

```
#pragma once
#include "../common/defer.hpp"
#include "../common/statuscode.hpp"
#include "../protocol/mixedcodec.hpp"
#include "client.hpp"
#include "distributedtrace.hpp"
namespace Core {
class MySvrClient : public Client {
  public:
    int PushCall(google::protobuf::Message &pbMessage) {
      Protocol::MySvrMessage mySvrMessage;
      createMySvrByPb(mySvrMessage, pbMessage);
      mySvrMessage.EnableOneway();
```

13.3 框架具體實現

```cpp
    PushCallRaw(mySvrMessage);
    return mySvrMessage.StatusCode();
}
int RpcCall(google::protobuf::Message &req, google::protobuf::Message
    &resp, bool isFast = false) {
    Protocol::MySvrMessage mySvrReq;
    Protocol::MySvrMessage mySvrResp;
    createMySvrByPb(mySvrReq, req);
    if (isFast) {
        mySvrReq.EnableFastResp();
    }
    RpcCallRaw(mySvrReq, mySvrResp);
    if (mySvrResp.StatusCode() != 0) return mySvrResp.StatusCode();
    if (not Protocol::MixedCodec::PbParseFromMySvr(resp, mySvrResp)) {
        return PARSE_FAILED;
    }
    return mySvrResp.StatusCode();
}
void PushCallRaw(Protocol::MySvrMessage &mySvrMessage) {
    status_code_ = 0;
    message_ = "success";
    Common::TimeStat timeStat;
    Common::Defer defer([&mySvrMessage, &timeStat, this]() {
        // 寫到 socket 就傳回，直接合入本機呼叫堆疊資訊
        DistributedTrace::AddTraceInfo(mySvrMessage.context_.service_name(),
            mySvrMessage.context_.rpc_name(), timeStat.GetSpendTimeUs(),
            status_code_, message_);
    });
    std::string serviceName = mySvrMessage.context_.service_name();
    auto sockErrorDeal = [&mySvrMessage, this](int status_code, std::::
        string desc) {
        status_code_ = status_code;
        message_ = strerror(errno);
        mySvrMessage.context_.set_status_code(status_code);
        CTX_ERROR(mySvrMessage.context_, "%s", desc.c_str());
    };
    Protocol::MySvrCodec codec;
    mySvrMessage.context_.set_parent_stack_id(ReqCtx.Get().current_stack_id());
    mySvrMessage.context_.set_stack_alloc_id(ReqCtx.Get().stack_alloc_id());
```

13-53

```cpp
      if (not PushRetry(serviceName, codec, &mySvrMessage, sockErrorDeal)) {
        return;
      }
    }
  }
  void RpcCallRaw(Protocol::MySvrMessage &req, Protocol::MySvrMessage &resp) {
    status_code_ = 0;
    message_ = "success";
    Common::TimeStat timeStat;
    Common::Defer defer([&req, &resp, &timeStat, this]() {
      if (0 == status_code_ && not MyCoroutine::CoroutineIsInBatch(SCHEDULE)) {
        // 非 batch 且 RPC 呼叫成功, 直接合入 RPC 呼叫堆疊資訊
        DistributedTrace::MergeTraceInfo(resp.context_);
      } else {
        //batch 或 RPC 呼叫失敗, 合入本機呼叫堆疊資訊
        DistributedTrace::AddTraceInfo(req.context_.service_name(), req.
          context_.rpc_name(), timeStat.GetSpendTimeUs(), status_code_, message_);
      }
    });
    std::string serviceName = req.context_.service_name();
    auto errorDeal = [&req, &resp, this](int status_code, std::string desc) {
      status_code_ = status_code;
      message_ = strerror(errno);
      resp.context_.set_status_code(status_code);
      CTX_ERROR(req.context_, "%s", desc.c_str());
    };
    Protocol::MySvrCodec codec;
    Protocol::MySvrMessage *respMessage = nullptr;
    req.context_.set_parent_stack_id(ReqCtx::Get().current_stack_id());
    req.context_.set_stack_alloc_id(ReqCtx::Get().stack_alloc_id());
    if (not CallRetry(serviceName, codec, &req, (void **)&respMessage,
      nullptr, errorDeal)) {
      return;
    }
    resp.CopyFrom(*respMessage);
    delete respMessage;
  }
 private:
  void getServiceNameAndRpcName(google::protobuf::Message &req, std::
    string &serviceName, std::string &rpcName) {
    /* fullName, demo:
```

```cpp
            MySvr.Echo.EchoMySelfRequest
            MySvr.Echo.OneWayMessage
     */
    std::string fullName = (std::string)(req.GetDescriptor()->full_name());
    std::vector<std::string> items;
    Common::Strings::Split(fullName, ".", items);
    serviceName = items[1];
    // 去掉尾碼 Request 或 Message
    rpcName = items[2].substr(0, items[2].size() - 7);
  }
  void createMySvrByPb(Protocol::MySvrMessage &mySvrMessage, google::
    protobuf::Message &pbMessage) {
    std::string rpcName;
    std::string serviceName;
    getServiceNameAndRpcName(pbMessage, serviceName, rpcName);
    mySvrMessage.context_.set_rpc_name(rpcName);
    mySvrMessage.context_.set_service_name(serviceName);
    mySvrMessage.context_.set_log_id(ReqCtx.Get().log_id());   // 傳遞日誌 id
    Protocol::MixedCodec::PbSerializeToMySvr(pbMessage, mySvrMessage, 0);
  }
 private:
  int32_t status_code_{0};
  std::string message_{"success"};
};
}  // 命名空間 Core
```

MySvrClient 類別中的 PushCall 函數實現了 oneway 模式的訊息推送，而 RpcCall 函數則用於支援 Fast-Resp 模式和 Req-Resp 模式的介面呼叫。這裡需要特別說明的是，getServiceNameAndRpcName 函數透過訊息的中繼資料來獲取要呼叫介面的 serviceName 和 rpcName。訊息的 fullName 需要按照特定的約定來命名。在 13.5 節，我們將介紹相關的約定。我們將透過工具來保證這些約定得到遵守。

當 MySvr 訊息的訊息本體使用 JSON 格式時，不需要下游服務提供請求和應答的定義就可以實現介面的呼叫，並獲取呼叫結果，從而實現了泛化呼叫。在後面測試工具的建構過程中，我們使用了泛化呼叫，以實現對任意 MyRPC 服務的呼叫。

5・RESP 用戶端

RESP 用戶端用於向 Redis 實例發起請求。我們封裝了 4 種常見的鍵 - 值操作，包括 Set、Get、Del 和 Incr，並支援連接的認證。對應的程式如程式清單 13-15 所示。

→ 程式清單 13-15　標頭檔 redisclient.hpp

```cpp
#pragma once
#include <string>
#include "../common/defer.hpp"
#include "../common/timedeal.hpp"
#include "../protocol/rediscodec.hpp"
#include "client.hpp"
#include "connmanager.hpp"
#include "distributedtrace.hpp"
namespace Core {
class RedisClient : public Client {
 public:
  RedisClient(std::string passwd) : passwd_(passwd) {}
  bool Set(std::string key, std::string value, int64_t expireTime, std::::
    string &error) {
    beforeExec();
    Common::TimeStat time_stat;
    Common::Defer defer([&time_stat, this]() {
      DistributedTrace::AddTraceInfo("Redis", "Set", time_stat.GetSpendTimeUs(),
        status_code_, message_);
    });
    cmd_.makeSetCmd(key, value, expireTime);
    if (not execAndCheck(error)) {
      return false;
    }
    return redis_reply_.IsOk();
  }
  bool Get(std::string key, std::string &value, std::string &error) {
    beforeExec();
    Common::TimeStat time_stat;
    Common::Defer defer([&time_stat, this]() {
      DistributedTrace::AddTraceInfo("Redis", "Get", time_stat.GetSpendTimeUs(),
```

```
      status_code_, message_);
    });
    cmd_.makeGetCmd(key);
    if (not execAndCheck(error)) {
      return false;
    }
    value = redis_reply_.Value();
    return true;
  }
  bool Del(std::string key, int64_t &delCount, std::string &error) {
    beforeExec();
    Common::TimeStat time_stat;
    Common::Defer defer([&time_stat, this]() {
      DistributedTrace::AddTraceInfo("Redis", "Del", time_stat.GetSpendTimeUs(),
        status_code_, message_);
    });
    cmd_.makeDelCmd(key);
    if (not execAndCheck(error)) {
      return false;
    }
    delCount = atol(redis_reply_.Value().c_str());
    return true;
  }
  bool Incr(std::string key, int64_t &value, std::string &error) {
    beforeExec();
    Common::TimeStat time_stat;
    Common::Defer defer([&time_stat, this]() {
      DistributedTrace::AddTraceInfo("Redis", "Incr", time_stat.GetSpendTimeUs(),
        status_code_, message_);
    });
    cmd_.makeIncrCmd(key);
    if (not execAndCheck(error)) {
      return false;
    }
    value = atol(redis_reply_.Value().c_str());
    return true;
  }
private:
  bool execAndCheck(std::string &error) {
```

```cpp
    if (not execRedisCommand(error)) {
      return false;
    }
    if (redis_reply_.IsError()) {
      error = redis_reply_.Value();
      message_ = error;
      status_code_ = EXEC_FAILED;
      return false;
    }
    return true;
  }
  bool execAuth(Conn *conn, std::string &error) {
    Protocol::RedisCodec codec;
    Protocol::RedisCommand cmd;
    cmd.makeAuthCmd(passwd_);
    Protocol::RedisReply *reply = nullptr;
    auto errorDeal = [&error, this](int status_code, std::string desc) {
      error = desc;
      message_ = desc;
      status_code_ = status_code;
    };
    if (not Call(conn, codec, &cmd, (void **)&reply, errorDeal)) {
      return false;
    }
    if (reply->IsError() || (not reply->IsOk())) {
      error = reply->Value();
      message_ = error;
      status_code_ = EXEC_FAILED;
      delete reply;
      return false;
    }
    delete reply;
    conn->finish_auth_ = true;
    return true;
  }
  bool execRedisCommand(std::string &error) {
    std::string serviceName = "redis";
    auto errorDeal = [&error, this](int status_code, std::string desc) {
      error = desc;
```

13.3 框架具體實現

```
      message_ = desc;
      status_code_ = status_code;
    };
    auto execAuthCallBack = [this](Conn *conn, std::string &callBackError)
      -> bool {
      if (conn->finish_auth_) {
        return true;
      }
      return execAuth(conn, callBackError);
    };
    Protocol::RedisCodec codec;
    Protocol::RedisReply *reply = nullptr;
    if (not CallRetry(serviceName, codec, &cmd_, (void **)&reply,
      execAuthCallBack, errorDeal)) {
      return false;
    }
    redis_reply_ = *reply;
    delete reply;
    return true;
  }
  void beforeExec() {
    status_code_ = 0;
    message_ = "success";
  }
 private:
  std::string passwd_;
  int32_t status_code_{0};
  std::string message_{"success"};
  Protocol::RedisCommand cmd_;
  Protocol::RedisReply redis_reply_;
};
} // 命名空間 Core
```

　　同樣，RedisClient 類別也繼承了 Client 類別。我們在 RedisClient 類別中封裝了 Set 函數、Get 函數、Del 函數和 Incr 函數，它們分別實現了 Set、Get、Del 和 Incr 操作。所有的操作之前都需要先完成連接的認證。RedisClient 類別透過 cmd_ 成員變數實現了 Redis 操作的生成，並透過 redis_reply_ 成員變數來獲取操作結果。

13-59

13.3.5 分散式呼叫堆疊追蹤

在將一個大服務拆分成多個小服務之後，介面呼叫就從原來的本機函數呼叫變成了分散式呼叫。這使得介面呼叫的偵錯和分析變得更加困難，特別是當存在複雜呼叫關係的介面時。

分散式呼叫和本機函數呼叫很相似。分散式呼叫只是把呼叫過程中不同函數的執行交由不同的服務來完成，但呼叫的過程和本機函數呼叫在本質上是一樣的。呼叫從開始到結束，都會形成一個後進先出的呼叫堆疊。因此，我們可以在分散式呼叫的過程中動態收集這個「呼叫堆疊」的資訊，然後在呼叫結束後，按類似呼叫堆疊的方式輸出整個分散式呼叫的過程。

在 MySvr 的訊息上下文——Context 結構中，我們使用 trace_stack 陣列來收集分散式呼叫堆疊上的資訊。讓我們回顧一下 Context 結構的具體內容（詳見第 12 章），如程式清單 13-16 所示。

➔ 程式清單 13-16　Context 結構的具體內容

```
message TraceStack {
  int32   parent_id = 1;          // 呼叫方分散式呼叫堆疊 id
  int32   current_id = 2;         // 被調方分散式呼叫堆疊 id
  string  service_name = 3;       // 服務名稱
  string  rpc_name = 4;           //RPC 名稱
  int32   status_code = 5;        //RPC 執行結果
  string  message = 6;            //RPC 執行結果的描述
  int64   spend_us = 7;           // 介面呼叫耗時，單位為微秒（也就是千分之一毫秒）
  bool    is_batch = 8;           // 是否批次執行
}
message Context {
  string log_id = 1;              // 請求 id，用於唯一標識一次請求
  string service_name = 2;        // 要呼叫服務的名稱
  string rpc_name = 3;            // 要呼叫介面的名稱
  int32  status_code = 4;         // 傳回的狀態碼，在應答資料時使用
  int32  current_stack_id = 5;    // 當前分散式呼叫堆疊 id
  int32  parent_stack_id = 6;     // 上游分散式呼叫堆疊 id
  int32  stack_alloc_id = 7;      // 當前分散式呼叫堆疊分配的 id，初始值為 0
  repeated TraceStack trace_stack = 8;   // 分散式呼叫堆疊資料，用於還原分散式呼叫
}
```

13.3 框架具體實現

Context 結構中的 service_name 和 rpc_name 是靜態的介面中繼資料資訊，而 log_id、status_code、current_stack_id、parent_stack_id 和 stack_alloc_id 則是動態設置的。另外，trace_stack 陣列用於收集一次完整分散式呼叫的全部資訊。

在 TraceStack 結構中，parent_id 用於記錄呼叫方分散式呼叫堆疊 id，這個 id 類似於函數呼叫堆疊中呼叫方的函數名稱。current_id 用於記錄被調方分散式呼叫堆疊 id，這個 id 類似於函數呼叫堆疊中被呼叫的函數名稱。service_name 和 rpc_name 用於記錄分散式呼叫介面的中繼資料。status_code、message、spend_us 和 is_batch 用於記錄分散式呼叫的執行結果。

到目前為止，我們已經完成了分散式呼叫堆疊資訊的實體設計。那麼，如何在分散式呼叫的過程中收集這些資訊呢？我們將分 3 種不同的情況來討論。

1．當前 MySvr 介面的呼叫

對於當前 MySvr 介面的呼叫，需要在執行業務邏輯處理之前，先分配當前分散式呼叫堆疊 id。執行完業務邏輯處理之後，再設置與當前介面執行結果相關的欄位。最後，將當前介面呼叫資訊增加到當前請求的 trace_stack 陣列中。

2．相依 MySvr 介面的呼叫

對於相依 MySvr 介面的呼叫，處理邏輯相對簡單。我們需要先更新當前分散式呼叫堆疊分配的 id，因為相依的下游服務也需要分配呼叫堆疊 id。之後，將相依介面請求傳回的 trace_stack 陣列合併到當前請求的 trace_stack 陣列中。

3．相依非 MySvr 介面的呼叫

我們的服務不可避免地會使用第三方提供的各種元件。由於這些元件使用的不是 MySvr，因此在收集分散式呼叫堆疊資訊時需要單獨處理。這裡的處理也相對簡單。在呼叫時，我們不需要傳遞分散式呼叫堆疊資料（也傳遞不了）。只需要在呼叫結束之後，分配呼叫堆疊 id 並設置與介面執行結果相關的欄位即可。最後，將介面呼叫資訊增加到當前請求的 trace_ stack 陣列中。

上面講了這麼多，大家有可能感到困惑。下面讓我們來看一下具體的程式以幫助理解，如程式清單 13-17 所示。

→ 程式清單 13-17 標頭檔 distributedtrace.hpp

```cpp
#pragma once
#include <assert.h>
#include <vector>
#include "../common/log.hpp"
#include "../protocol/base.pb.h"
#include "../protocol/mysvrmessage.hpp"
#include "coroutinelocal.hpp"
extern Core::CoroutineLocal<MySvr::Base::Context> ReqCtx;
namespace Core {
using namespace MySvr::Base;
class DistributedTrace {
 public:
  static void PrintTraceInfo(Context &ctx, int stackId, int depth, bool
    isLast = false, bool outputIsLog = true) {
    if (stackId <= 0) {
      WARN("invalid stackId[%d]", stackId);
      return;
    }
    std::string message;
    std::string servicePrefix = "";
    if (1 == stackId) {
      servicePrefix = "Direct.";
    }
    const TraceStack traceInfo = getTraceInfo(ctx, stackId);
    message = Common::Strings::StrFormat(
        (char *)"%s[%d]%s%s.%s-[%ldus,%d,%d,%s]",
          getPrefix(depth, isLast).c_str(),
          traceInfo.current_id(), servicePrefix.c_str(),
          traceInfo.service_name().c_str(),
          traceInfo.rpc_name().c_str(), traceInfo.spend_us(),
          traceInfo.is_batch(), traceInfo.status_code(),
          traceInfo.message().c_str());
    if (outputIsLog) {
      CTX_TRACE(ctx, "%s", message.c_str());
    } else {
      std::cout << message << std::endl;
    }
    std::vector<TraceStack> child;
```

13.3 框架具體實現

```cpp
    getChildTraceInfos(ctx, child, stackId);
    for (size_t i = 0; i < child.size(); i++) {
      PrintTraceInfo(ctx, child[i].current_id(), depth + 1,
        i == child.size() - 1, outputIsLog);
    }
  }
  static void InitTraceInfo(Context &ctx) {
    if (ctx.log_id() == "") {
      ctx.set_log_id(Common::Logger::GetLogId());
    }
    ReqCtx.Set(ctx);
    /*
     * 當沒有設置 parent_stack_id（呼叫方）時
     * 使用 stack_alloc_id 設置，此時 parent_stack_id 被設置為 0
     * stack_alloc_id 的值從 0 開始，parent_stack_id 為 0，表示該服務節點為分散式呼叫的起點
     */
    if (0 == ReqCtx.Get().parent_stack_id()) {
      ReqCtx.Get().set_parent_stack_id(ReqCtx.Get().stack_alloc_id());
    }
    // 分配的分散式呼叫堆疊 id（每次自動加 1）
    ReqCtx.Get().set_current_stack_id(ReqCtx.Get().stack_alloc_id() + 1);
    // 更新分散式呼叫堆疊 id
    ReqCtx.Get().set_stack_alloc_id(ReqCtx.Get().stack_alloc_id() + 1);
  }
  // 用於 MyRPC 框架，合入當前 RPC 介面的分散式呼叫堆疊資訊
  static void AddTraceInfo(int64_t spendTimeUs, int32_t statusCode, std::
    string message) {
    auto trace_stack = ReqCtx.Get().add_trace_stack();
    trace_stack->set_rpc_name(ReqCtx.Get().rpc_name());
    trace_stack->set_service_name(ReqCtx.Get().service_name());
    trace_stack->set_status_code(statusCode);
    trace_stack->set_message(message);
    trace_stack->set_spend_us(spendTimeUs);
    trace_stack->set_is_batch(MyCoroutine::CoroutineIsInBatch(SCHEDULE));
    trace_stack->set_parent_id(ReqCtx.Get().parent_stack_id());
    trace_stack->set_current_id(ReqCtx.Get().current_stack_id());
  }
  // 用於合入非 MyRPC 呼叫的分散式呼叫堆疊資訊，比如對 Redis 的呼叫
  static void AddTraceInfo(std::string serviceName, std::string rpcName,
```

13-63

```cpp
      int64_t spendTimeUs, int32_t statusCode, std::string message) {
    auto trace_stack = ReqCtx.Get().add_trace_stack();
    trace_stack->set_rpc_name(rpcName);
    trace_stack->set_service_name(serviceName);
    trace_stack->set_status_code(statusCode);
    trace_stack->set_message(message);
    trace_stack->set_spend_us(spendTimeUs);
    trace_stack->set_is_batch(MyCoroutine::CoroutineIsInBatch(SCHEDULE));
    trace_stack->set_parent_id(ReqCtx.Get().current_stack_id());
    trace_stack->set_current_id(ReqCtx.Get().stack_alloc_id() + 1);
    ReqCtx.Get().set_stack_alloc_id(ReqCtx.Get().stack_alloc_id() + 1);
  }
  // 用於 MyRPC 框架，合入相依的 RPC 介面的分散式呼叫堆疊資訊
  static void MergeTraceInfo(Context &ctx) {
    ReqCtx.Get().set_stack_alloc_id(ctx.stack_alloc_id());   // 更新呼叫堆疊分
                                       // 配的 id（下游會改變這個分散式呼叫堆疊 id 的值）
    for (int i = 0; i < ctx.trace_stack_size(); i++) {
      ReqCtx.Get().add_trace_stack()->CopyFrom(ctx.trace_stack(i));
    }
  }
 private:
  static std::string getPrefix(int depth, bool isLast) {
    std::string prefix = "";
    if (0 == depth) return prefix;
    depth = (depth * 2) - 1;
    while (depth--) {
      prefix += " ";
    }
    if (isLast) {
      prefix += " └ ";
    } else {
      prefix += " ├ ";
    }
    return prefix;
  }
  static const TraceStack getTraceInfo(Context &ctx, int stackId) {
    for (int i = 0; i < ctx.trace_stack_size(); i++) {
      if (ctx.trace_stack(i).current_id() == stackId) {
        return ctx.trace_stack(i);
```

```
      }
    }
    assert(0);
  }
  static void getChildTraceInfos(Context &ctx, std::vector<TraceStack>
    &childTraceInfo, int parentId) {
    for (int i = 0; i < ctx.trace_stack_size(); i++) {
      if (ctx.trace_stack(i).parent_id() == parentId) {
        childTraceInfo.push_back(ctx.trace_stack(i));
      }
    }
  }
};
}  // 命名空間 Core
```

DistributedTrace 類別對分散式呼叫堆疊的收集和輸出進行了封裝。PrintTraceInfo 函數用於輸出分散式呼叫堆疊資訊。它會根據呼叫堆疊的不同深度進行直觀的輸出，並且可以選擇將輸出資訊輸出到日誌或終端。InitTraceInfo 函數用於初始化當前 MySvr 介面的呼叫，它會分配唯一的 log_id 和呼叫堆疊 id 等資訊。AddTraceInfo 函數有兩個不同的簽名，分別用於合併當前 MySvr 介面或非 MySvr 介面的分散式呼叫堆疊資訊。MergeTraceInfo 函數用於合併相依 MySvr 介面的分散式呼叫堆疊資訊。

分散式呼叫堆疊資訊的收集分佈在不同的程式中。讀者可以回顧一下之前的程式，下面詳細列舉相關的程式位置。

- 當前 MySvr 介面的呼叫：handler.hpp 檔案中的 handler 函數和 setFastRespContext 函數。
- 相依 MySvr 介面的呼叫：mysvrclient.hpp 檔案中的 PushCallRaw 函數和 RpcCallRaw 函數。
- 相依非 MySvr 介面的呼叫：redisclient.hpp 檔案中的 Set 函數、Get 函數、Del 函數和 Incr 函數。

13.3.6 逾時管理

逾時管理是一種能夠避免資源被長久佔用並及時釋放資源的策略。因此，堅固的框架必須擁有完備的逾時管理機制。在本節中，我們將針對逾時管理這個主題進行簡單的總結，並介紹 MyRPC 框架是如何實現逾時管理的。

1．空閒連接管理

空閒連接主要分為兩類：用戶端連接以及對相依服務的連接。對於用戶端連接，在連接建立之初就建立一個逾時時間為 30 秒的計時器。如果用戶端連接在 30 秒內沒有發送請求，連接就會被強制關閉。對相依服務的連接支援動態設置連接最大閒置時間，超過這個時間之後，連接也會被強制關閉。

除了逾時策略，在管理對相依服務的連接時，我們還採用了 PCT 百分位數的策略來即時控制連接池的大小。對相依服務的連接管理表現在 MyRPC 框架的 ConnManager 類別中。大家不妨回顧相關程式。

2．連接與讀寫的逾時

在 Reactor 事件監聽迴圈中，所有連接都被設置成非阻塞的。因此，使用系統 API 函數 setsockopt 來設置 socket 連接的逾時時間是無效的。為了實現非阻塞 socket I/O 操作的逾時控制，我們在 Reactor 中提供了計時器機制。相關的程式都封裝在 coroutineio.hpp 檔案的 CoConnect 函數、CoRead 函數和 CoWrite 函數中。

13.3.7 本機程式碼協同變數管理

雖然在 MyRPC 框架的程式中，我們可以看到很多讀寫程式碼協同本機變數的程式。但實際上，我們只使用了 3 個程式碼協同本機變數。它們的宣告都在 service.cpp 中，如程式清單 13-18 所示。

➡ 程式清單 13-18 程式碼協同本機變數的宣告

```
Core::CoroutineLocal<int> EpollFd;                        //subReactor 連結的 epoll 實例 fd
Core::CoroutineLocal<Core::TimeOut> RpcTimeOut;           //RPC 呼叫逾時配置
Core::CoroutineLocal<MySvr::Base::Context> ReqCtx;        // 當前請求的上下文
```

在 service.cpp 中，我們宣告了 EpollFd、RpcTimeOut、ReqCtx 這 3 個程式碼協同本機變數，現在我們分別介紹一下它們的作用。

1．EpollFd

EpollFd 是 Reactor-MS 的 subReactor 連結的 epoll 實例 fd，在很多需要執行 socket I/O 操作的函數中都需要使用它。

2．RpcTimeOut

RpcTimeOut 是 RPC 逾時配置，在程式碼協同中，它統一管理著用戶端連接的逾時配置，同時也管理著對相依服務的連接的逾時配置。

3．ReqCtx

ReqCtx 用於儲存程式碼協同中當前請求的上下文，以及收集分散式呼叫堆疊追蹤資訊。使用程式碼協同本機變數是一種很好的設計，因為它可以確保 ReqCtx 只在當前程式碼協同中可見且不會被其他程式碼協同存取或修改。

13.3.8 業務層的併發

雖然 MyRPC 框架本身提供了併發處理請求的能力，但它在業務層並不具備自行建立併發任務的能力。在某些場景下，為了降低業務介面延遲，業務層需要併發執行多個無相依的任務。為了提供併發處理能力，我們對程式碼協同池中的 batch run 特性進行了封裝，提供了類似於 Go 語言中 sync.WaitGroup 的介面。相關的程式如程式清單 13-19 所示。

13 MyRPC 框架設計與實現

→ 程式清單 13-19 標頭檔 waitgroup.hpp

```
#pragma once
#include "coroutine.h"
namespace Core {
class WaitGroup {
 public:
  WaitGroup() { batch_id_ = MyCoroutine::BatchInit(SCHEDULE); }
  void Add(MyCoroutine::Entry entry, void* arg) {
    MyCoroutine::BatchAdd (SCHEDULE, batch_id_, entry, arg);
  }
  void Wait() { MyCoroutine::BatchRun(SCHEDULE, batch_id_); }
 private:
  int batch_id_;   // 批次執行的 id
};
}  // 命名空間 Core
```

WaitGroup 類別對外提供了兩個介面：Add 函數和 Wait 函數。其中，Add 函數用於建立併發任務，Wait 函數用於等待所有併發任務執行完畢。

13.4 範例服務 Echo

我們已經介紹完一個完整的 RPC 框架了。接下來，讓我們看一下如何在這個 RPC 框架下實現自己的業務服務。以 Echo 服務為例，建立一個業務服務主要分為 4 個步驟。

- 撰寫服務的 proto 檔案：在這一步，我們需要定義介面相關的 message，宣告服務提供的介面資訊，並生成與 proto 檔案對應的 C++ 檔案。
- 撰寫業務邏輯處理類別：在這一步，我們需要撰寫業務邏輯處理類別，該類別需要繼承 MyHandler 類別，並實現 MySvrHandler 函數。
- 撰寫 main 函數：在這一步，我們需要使用 MyRPC 框架程式進行服務的初始化。然後，我們需要註冊上一步撰寫的業務邏輯處理類別，並最終啟動服務。

- 撰寫服務設定檔：在這一步，我們需要撰寫服務設定檔、服務路由設定檔、編譯指令稿和安裝指令稿。這些檔案將幫助我們管理和配置業務服務。

以上是建立一個業務服務的主要步驟。透過這些步驟，我們可以快速建立一個基於 MyRPC 框架的業務服務，並為其他應用程式提供服務。

13.4.1 目錄結構劃分

我們來看一下 Echo 服務完整的目錄結構。

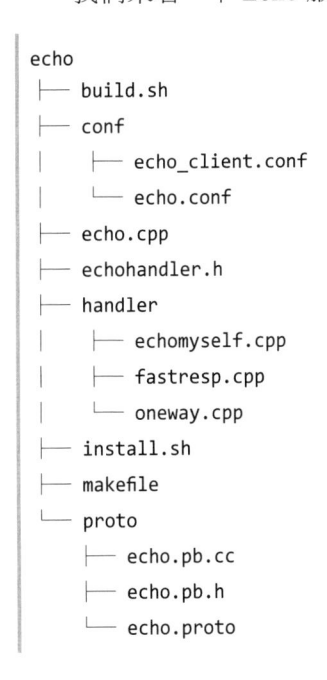

```
echo
├── build.sh
├── conf
│   ├── echo_client.conf
│   └── echo.conf
├── echo.cpp
├── echohandler.h
├── handler
│   ├── echomyself.cpp
│   ├── fastresp.cpp
│   └── oneway.cpp
├── install.sh
├── makefile
└── proto
    ├── echo.pb.cc
    ├── echo.pb.h
    └── echo.proto
```

echo 目錄是 Echo 服務的根目錄，它包含 3 個子目錄：conf、handler 和 proto。conf 子目錄用於存放服務本身設定檔和服務路由設定檔，handler 子目錄用於存放各個業務介面的處理邏輯檔案，proto 子目錄用於存放 proto 相關的檔案。此外，echo 目錄下還有其他檔案，包括 echo.cpp 作為服務啟動的入口檔案，echohandler.h 作為業務介面的管理和入口檔案，makefile 和 build.sh 用於編譯，install.sh 則是服務安裝指令稿。

13.4.2 服務描述檔案

Echo 服務提供了 3 個介面，對應 3 種模式。服務描述檔案 echo.proto 的內容如程式清單 13-20 所示。

➜ 程式清單 13-20 服務描述檔案 echo.proto

```
syntax = "proto3";
import "base.proto";
package MySvr.Echo;
message EchoMySelfRequest {
  string message = 1;   // 需要顯示輸出的訊息
}
message EchoMySelfResponse {
  string message = 1;   // 顯示輸出的訊息
}
message OneWayMessage {
  string message = 1; //oneway 訊息
}
message FastRespRequest {
  string message = 1; //FastResp 訊息
}
service Echo {
  option (MySvr.Base.Port) = 1693;
  rpc EchoMySelf(EchoMySelfRequest) returns (EchoMySelfResponse);
  rpc OneWay(OneWayMessage) returns(MySvr.Base.OneWayResponse) {
    option (MySvr.Base.MethodMode) = 2;
  };
  rpc FastResp(FastRespRequest) returns(MySvr.Base.FastRespResponse) {
    option (MySvr.Base.MethodMode) = 3;
  };
}
```

需要特別說明的是，在 echo.proto 檔案中，我們使用了 proto3 語法。後續的所有 proto 檔案也都使用了 proto3 語法。在 echo.proto 檔案中，EchoMySelf 介面對應 Req-Resp 模式，OneWay 介面對應 oneway 模式，FastResp 介面對應 Fast-Resp 模式。MyRPC 框架約定：對於 oneway 模式的介面，應答的訊息本體只能是 MySvr.Base.OneWayResponse；對於 Fast-Resp 模式的介面，應答的訊息本體只能是 MySvr.Base.FastRespResponse。

13.4.3 服務啟動

服務的啟動邏輯非常簡單，直接看程式即可。相關的程式如程式清單 13-21 所示。

→ 程式清單 13-21　原始檔案 echo.cpp

```
#include "../../core/service.h"
#include "echohandler.h"
int main(int argc, char *argv[]) {
  EchoHandler handler;
  SERVICE.Init(argc, argv);
  SERVICE.RegHandler(&handler);
  SERVICE.Run();
  return 0;
}
```

在 main 函數中，首先呼叫全域單例物件 SERVICE 的 Init 函數進行初始化，然後呼叫 RegHandler 函數進行業務處理類別物件的註冊，最後呼叫 Run 函數以啟動服務。

13.4.4 業務處理

EchoHandler 類別實現了 Echo 服務的業務處理，該類別定義在 echohandler.h 檔案中，如程式清單 13-22 所示。

→ 程式清單 13-22　標頭檔 echohandler.h

```
#pragma once
#include <set>
#include <string>
#include "../../common/log.hpp"
#include "../../common/utils.hpp"
#include "../../core/handler.hpp"
```

```cpp
#include "../../core/mysvrclient.hpp"
#include "../../protocol/base.pb.h"
#include "proto/echo.pb.h"
using namespace MySvr::Base;
using namespace MySvr::Echo;
class EchoHandler : public Core::MyHandler {
 public:
  EchoHandler() {
    service_name_ = std::string{"Echo"};
    rpc_names_ = std::unordered_set<std::string>{"EchoMySelf", "OneWay",
      "FastResp"};
  }
  void MySvrHandler(Protocol::MySvrMessage &req, Protocol::MySvrMessage
    &resp) {
    RPC_HANDLER("EchoMySelf", EchoMySelf, EchoMySelfRequest,
      EchoMySelfResponse, req, resp);
    RPC_HANDLER("OneWay", OneWay, OneWayMessage, OneWayResponse, req, resp);
    RPC_HANDLER("FastResp", FastResp, FastRespRequest, FastRespResponse,
      req, resp);
  }
  int EchoMySelf(EchoMySelfRequest &request, EchoMySelfResponse &response);
  int OneWay(OneWayMessage &request, OneWayResponse &response);
  int FastResp(FastRespRequest &request, FastRespResponse &response);
};
```

EchoHandler 類別的建構函數對服務介面中繼資料進行了初始化。MySvrHandler 函數使用 RPC_HANDLER 巨集完成了 3 個介面呼叫的分發處理。在 EchoHandler 類別的最後，我們宣告了 3 個介面所對應的處理函數。這 3 個處理函數分別在 handler 子目錄下的 oneway.cpp、fastresp.cpp 和 echomyself.cpp 檔案中實現，它們的內容如程式清單 13-23 ～程式清單 13-25 所示。

➡ 程式清單 13-23　原始檔案 oneway.cpp

```cpp
#include "../echohandler.h"
int EchoHandler::OneWay(OneWayMessage &request, OneWayResponse &response) {
  TRACE("get OneWay message[%s]", request.ShortDebugString().c_str());
  return 0;
}
```

13.4 範例服務 Echo

→ 程式清單 13-24 原始檔案 fastresp.cpp

```
#include "../echohandler.h"
int EchoHandler::FastResp(FastRespRequest &request, FastRespResponse &response) {
  TRACE("get FastResp message[%s]", request.ShortDebugString().c_str());
  return 0;
}
```

→ 程式清單 13-25 原始檔案 echomyself.cpp

```
#include "../echohandler.h"
int EchoHandler::EchoMySelf(EchoMySelfRequest &request, EchoMySelfResponse
  &response) {
  response.set_message(request.message());
  return 0;
}
```

13.4.5 配置與說明文件

Echo 服務有兩個設定檔，一個是服務設定檔 echo.conf，另一個是服務路由設定檔 echo_client.conf。

首先，讓我們來看一下 echo.conf 檔案的內容。

```
[MyRPC]
port = 1693
listen_if = any
coroutine_count = 1024
process_count = 16
```

接下來，我們再來看一下 echo_client.conf 檔案的內容。

```
[Svr]
count = 10
connectTimeOutMs = 50
readTimeOutMs = 1000
writeTimeOutMs = 1000
[Svr1]
ip = 127.0.0.1
```

13-73

```
port = 1693
[Svr2]
ip = 127.0.0.2
port = 1693
[Svr3]
ip = 127.0.0.3
port = 1693
[Svr4]
ip = 127.0.0.4
port = 1693
[Svr5]
ip = 127.0.0.5
port = 1693
[Svr6]
ip = 127.0.0.6
port = 1693
[Svr7]
ip = 127.0.0.7
port = 1693
[Svr8]
ip = 127.0.0.8
port = 1693
[Svr9]
ip = 127.0.0.9
port = 1693
[Svr10]
ip = 127.0.0.10
port = 1693
```

我們採用 makefile 的方式來編譯 Echo 服務，使用的是通用版本的 makefile。我們來看一下其中的內容。

```
TARGET =
PREFIX = /usr/local/
RPATH = $(PREFIX)jsoncpp/libs:$(PREFIX)protobuf/lib:$(PREFIX)snappy/lib
CFLAGS = -g -O2 -Wall -Werror -pipe -m64
CXXFLAGS = -g -O2 -Wall -Werror -pipe -m64 -std=c++11
LDFLAGS = -pthread -lprotobuf -L/usr/local/protobuf/lib\
  -ljson -L/usr/local/jsoncpp/libs -lsnappy -L/usr/local/snappy/lib\
```

13.4 範例服務 Echo

```makefile
    -lrt -Wl,-rpath=$(RPATH)
INCFLAGS = -I./ -I../../common -I../../protocol\
    -I/usr/local/protobuf/include -I/usr/local/jsoncpp/include\
    -I/usr/local/snappy/include
SRCDIRS = . ./handler ./proto ../../core ../../common ../../protocol
ALONE_SOURCES =
CC = gcc
CXX = g++
SRCEXTS = .c .C .cc .cpp .CPP .c++ .cxx .cp
HDREXTS = .h .H .hh .hpp .HPP .h++ .hxx .hp
ifeq ($(TARGET),)
    TARGET = $(shell basename $(CURDIR))
    ifeq ($(TARGET),)
        TARGET = a.out
    endif
endif
ifeq ($(SRCDIRS),)
    SRCDIRS = .
endif
SOURCES = $(foreach d,$(SRCDIRS),$(wildcard $(addprefix $(d)/*,$(SRCEXTS))))
SOURCES += $(ALONE_SOURCES)
HEADERS = $(foreach d,$(SRCDIRS),$(wildcard $(addprefix $(d)/*,$(HDREXTS))))
SRC_CXX = $(filter-out %.c,$(SOURCES))
OBJS = $(addsuffix .o, $(basename $(SOURCES)))
COMPILE.c   = $(CC)  $(CFLAGS)    $(INCFLAGS) -c
COMPILE.cxx = $(CXX) $(CXXFLAGS) $(INCFLAGS) -c
LINK.c      = $(CC)  $(CFLAGS)
LINK.cxx    = $(CXX) $(CXXFLAGS)
.PHONY: all objs clean help debug
all: $(TARGET)
objs: $(OBJS)
%.o:%.c
    $(COMPILE.c) $< -o $@
%.o:%.C
    $(COMPILE.cxx) $< -o $@
%.o:%.cc
    $(COMPILE.cxx) $< -o $@
%.o:%.cpp
    $(COMPILE.cxx) $< -o $@
```

```makefile
%.o:%.CPP
	$(COMPILE.cxx) $< -o $@
%.o:%.c++
	$(COMPILE.cxx) $< -o $@
%.o:%.cp
	$(COMPILE.cxx) $< -o $@
%.o:%.cxx
	$(COMPILE.cxx) $< -o $@
$(TARGET): $(OBJS)
ifeq ($(SRC_CXX),)           # C 程式
	$(LINK.c)   $(OBJS) -o $@ $(LDFLAGS)
	@echo Type $@ to execute the program.
else                         # C++ 程式
	$(LINK.cxx) $(OBJS) -o $@ $(LDFLAGS)
	@echo Type $@ to execute the program.
endif
clean:
	rm $(OBJS) $(TARGET)
help:
	@echo ' 通用版本的 makefile 用於編譯 C/C++ 程式 版本編號 1.0'
	@echo
	@echo 'Usage: make [TARGET]'
	@echo 'TARGETS:'
	@echo '  all      （相當於直接執行 make 命令）編譯並連結 '
	@echo '  objs     只編譯不連結 '
	@echo '  clean    清除目的檔案和可執行檔 '
	@echo '  debug    顯示變數，用於偵錯 '
	@echo '  help     顯示說明資訊 '
	@echo
debug:
	@echo 'TARGET       :' $(TARGET)
	@echo 'SRCDIRS      :' $(SRCDIRS)
	@echo 'SOURCES      :' $(SOURCES)
	@echo 'HEADERS      :' $(HEADERS)
	@echo 'SRC_CXX      :' $(SRC_CXX)
	@echo 'OBJS         :' $(OBJS)
	@echo 'COMPILE.c    :' $(COMPILE.c)
	@echo 'COMPILE.cxx  :' $(COMPILE.cxx)
	@echo 'LINK.c       :' $(LINK.c)
	@echo 'LINK.cxx     :' $(LINK.cxx)
```

13.4 範例服務 Echo

有了 makefile 之後，我們就可以編譯服務了。為了統一編譯和安裝，我們撰寫了編譯指令稿 build.sh 和安裝指令稿 install.sh，它們的內容如程式清單 13-26 和程式清單 13-27 所示。

→ 程式清單 13-26　指令稿 build.sh

```bash
#!/bin/bash
protoc -I./proto -I../../protocol --cpp_out=./proto echo.proto
make clean
make -j$(nproc)
```

→ 程式清單 13-27　指令稿 install.sh

```bash
#!/bin/bash
PROG=$(pwd | xargs basename)
mkdir -p /home/backend/log/${PROG}               # 建立日誌所在目錄
mkdir -p /home/backend/service/${PROG}           # 建立可執行檔和設定檔所在目錄
mkdir -p /home/backend/script                    # 建立執行指令稿所在目錄
mkdir -p /home/backend/route                     # 建立路由檔案所在目錄
cp -f ./${PROG} /home/backend/service/${PROG}    # 複製可執行檔
cp -f ./conf/${PROG}.conf /home/backend/service/${PROG}   # 複製設定檔
cp -f ./conf/${PROG}_client.conf /home/backend/route      # 發佈路由檔案
cp -f ../daemond.sh /home/backend/script/${PROG}          # 複製服務啟停指令稿
chmod +x /home/backend/script/${PROG}
chmod +x /home/backend/service/${PROG}
```

13.4.6　通用的服務啟停指令稿

為了方便服務的啟停，我們撰寫了通用的服務啟停指令稿 daemond.sh。所有的 MyRPC 服務都可以使用這個指令稿來啟停，其中的內容如程式清單 13-28 所示。

→ 程式清單 13-28　服務啟停指令稿 daemond.sh

```bash
#!/bin/bash
source /etc/init.d/functions    # 載入系統封裝好的函數
GREEN='\033[1;32m'              # 綠色
RES='\033[0m'
```

13 MyRPC 框架設計與實現

```bash
SRV=$(basename ${BASH_SOURCE})
PROG="/home/backend/service/$SRV/$SRV"        # 程式的絕對路徑
LOCK_FILE="/home/backend/lock/subsys/$SRV"    # 服務的鎖檔案
RET=0
function start() {   # 服務啟動函數
    mkdir -p /home/backend/lock/subsys
    if [ ! -f $LOCK_FILE ]; then   # 服務的鎖檔案不存在,說明服務沒有啟動
        echo -n $"Starting $PROG: "
        # 啟動服務,success 和 failure 是系統封裝的 shell 函數,用於輸出提示
        $PROG -d && success || failure
        RET=$?
        echo
    else
        LOCK_FILE_PID=$(cat $LOCK_FILE)
        # 獲取服務的處理程序 id,如果獲取成功,則表明服務已經在執行,否則啟動服務
        PID=$(pidof $PROG | tr -s ' ' '\n' | grep $LOCK_FILE_PID)
        if [ ! -z "$PID" ] ; then
            echo -e "$SRV(${GREEN}$PID${RES}) is already running…"
        else
            # 服務的處理程序 id 不存在,啟動服務
            echo -n $"Starting $PROG: "
            $PROG -d && success || failure
            RET=$?
            echo
        fi
    fi
    return $RET
}
function stop() {   # 服務停止函數
    # 服務的鎖檔案不存在,說明服務已經停止
    if [ ! -f $LOCK_FILE ]; then
        echo "$SRV is stopd"
        return $RET
    else
        echo -n $"Stopping $PROG: "
        # killproc 是系統封裝好的 shell 函數,用於停止服務
        killproc $PROG
        RET=$?
        # 刪除服務的鎖檔案
```

13.4 範例服務 Echo

```
            rm -f $LOCK_FILE
            echo
            return $RET
        fi
}
function restart() {    # 服務重新啟動函數
    stop      # 先停止服務
    start     # 再啟動服務
}
function status() {   # 服務狀態查看函數
    if [ ! -f $LOCK_FILE ] ; then
            echo "$SRV is stoped"
    else
            LOCK_FILE_PID=$(cat $LOCK_FILE)
            PID=$(pidof $PROG | tr -s ' ' '\n' | grep $LOCK_FILE_PID)
            if [ -z "$PID" ] ; then
                echo "$SRV dead but locked"
            else
                echo -e "$SRV(${GREEN}$PID${RES}) is running…"
            fi
    fi
}
case "$1" in
start)
    start
    ;;
stop)
    stop
    ;;
restart)
    restart
    ;;
status)
    status
    ;;
*)
    echo $"Usage: $0 {start|stop|restart|status}"
    exit 1
esac
exit $RET
```

13-79

我們之前已經介紹過 shell 程式設計和背景服務的啟停指令稿，這裡不再贅述 daemond.sh 的實現邏輯。

13.4.7 介面測試

在執行完 build.sh 和 install.sh 之後，服務的編譯和安裝就完成了。然後執行「/home/ backend/script/echo start」命令，就可以啟動 Echo 服務。此時，Echo 服務已經執行在背景。那麼，我們該如何測試呢？由於 MyRPC 框架同時支援 HTTP 和 MySvr，因此可以使用 HTTP 的用戶端工具來發起介面測試。對於 EchoMySelf 介面，我們可以使用 curl 命令列工具來測試。現在讓我們來看一下對應的 curl 命令。

```
curl --location --request POST 'http://127.0.0.1:1693/index' \
--header 'service_name: Echo' \
--header 'rpc_name: EchoMySelf' \
--header 'Content-Type: application/json' \
--data-raw '{
    "message": "hello world"
}'
```

在 curl 命令中，我們可以使用 header 選項來設置 HTTP 請求的標頭，並使用 data-raw 選項來設置 HTTP 請求的請求本體。雖然我們可以使用 HTTP 的用戶端工具來測試 EchoMySelf 介面，但是這種方式不支援 oneway 模式和 Fast-Resp 模式介面的測試。此外，HTTP 本身也不支援 oneway 模式和 Fast-Resp 模式的請求。因此，我們需要開發專門的工具來測試這些介面。在 13.5 節中，我們將撰寫 MySvr 的通用測試工具。

13.5 工具集合

「工欲善其事，必先利其器。」要建構複雜且堅固的系統或框架，就必須有配套工具的輔助。因此，在本節中，我們將建構 3 個工具——服務程式生成工具 myrpcc、介面測試工具 myrpct 和介面壓力測試工具 myrpcb。它們的作用分別是提升開發效率、提升測試效率和評估服務介面性能。

13.5.1　服務程式生成工具 myrpcc

從範例服務 Echo 中，我們可以看出，業務服務初始的程式、配置及指令稿的組成是固定的。因此，我們可以透過一個工具來自動生成這些程式、配置和指令稿，以提升開發效率。同時，這也使得不同服務之間能夠保持目錄結構的一致性，提升程式的易讀性，降低服務的維護成本。這個工具被命名為 myrpcc，大家可以認為它就是 MyRPC 框架的腳手架工具。

不同業務服務之間動態變化的資訊被稱為服務中繼資料，而這些資訊都可以從描述服務的 proto 檔案中獲取。因此，我們可以先解析出 proto 檔案中的服務中繼資料，再根據服務中繼資料來動態生成程式、配置和指令稿。

我們選擇使用 C++ 來撰寫 myrpcc 工具，當然也可以使用其他程式語言，只要能夠實現相關功能即可。在開始撰寫之前，我們面臨的第一個問題是，如何從 proto 檔案中解析出服務資訊？常見的 proto 解析方案是，首先透過開放原始碼的工具（如 antlr4）來完成 proto 檔案的詞法分析和語法分析，然後生成抽象語法樹（Abstract Syntax Tree，AST），並在遍歷 AST 的過程中收集服務資訊。然而，這種解析方案需要引入其他相依，實施起來較為複雜，成本也較高。因此，我們選擇自己做詞法分析，然後根據語法關鍵字來提取服務資訊。

詞法分析在本質上就是對有限狀態機的狀態遷移過程進行翻譯。因此，我們只需要整理出狀態機的狀態遷移過程，後續的編碼就是翻譯的過程。詞法分析的第一步是劃分出不同的狀態。在我們的實現中，我們將詞法分析劃分為 7 個狀態，它們的內容如程式清單 13-29 所示。

➔ 程式清單 13-29　詞法分析的 7 個狀態

```
enum ParseStatus {
    INIT = 0,            // 初始化狀態
    IDENTIFIER = 1,      // 識別字（包括關鍵字）-> syntax "proto3" package
    SPECIAL_CHAR = 2,    // 特殊字元 -> = ; { } ( ) [ ]
    ORDER_NUM = 3,       // 序號 -> 1 2 3
    COMMENT_BEGIN = 4,   // 註釋模式
    COMMENT_STAR = 5,    // 註釋模式1 -> /*
    COMMENT_DOUBLE_SLASH = 6,  // 註釋模式2 -> //
};
```

這 7 個狀態的遷移情況如圖 13-9 所示。

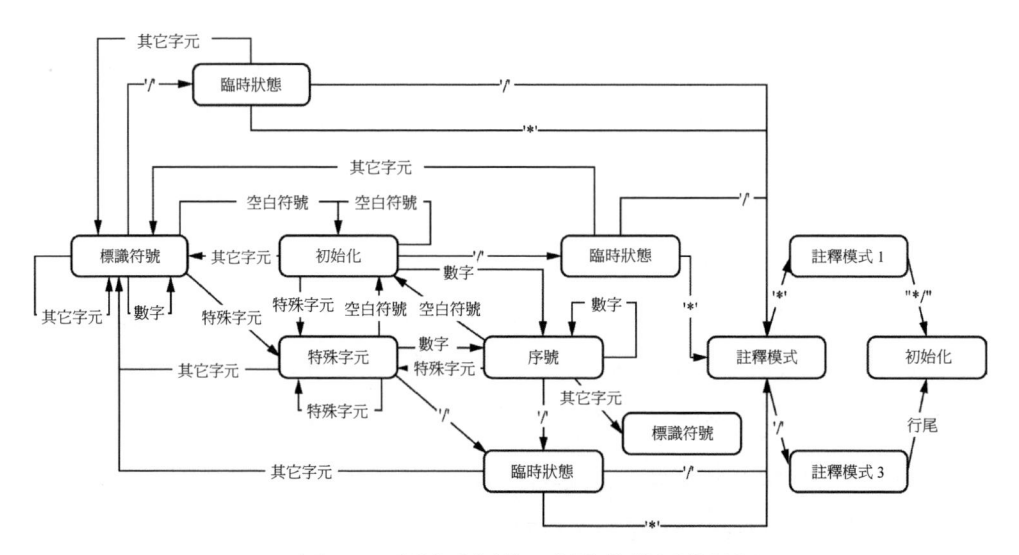

▲ 圖 13-9 詞法分析的 7 個狀態的遷移情況

在整理完詞法分析的狀態遷移之後，接下來就是程式實作。相應的程式如程式清單 13-30 所示。

→ 程式清單 13-30 標頭檔 protosimpleparser.hpp

```
#pragma once
#include <assert.h>
#include <algorithm>
#include <fstream>
#include <iostream>
#include <string>
#include <vector>
#include "../../common/strings.hpp"
#define GREEN_BEGIN "\033[32m"
#define RED_BEGIN "\033[31m"
#define COLOR_END "\033[0m"
using namespace std;
enum ParseStatus {
    INIT = 0,           // 初始化狀態
    IDENTIFIER = 1,     // 識別字（包括關鍵字）-> syntax "proto3" package
    SPECIAL_CHAR = 2,   // 特殊字元 -> = ; { } ( ) [ ]
```

13.5 工具集合

```cpp
    ORDER_NUM = 3,            // 序號 -> 1 2 3
    COMMENT_BEGIN = 4,        // 註釋模式
    COMMENT_STAR = 5,         // 註釋模式 1 -> /*
    COMMENT_DOUBLE_SLASH = 6, // 註釋模式 2 -> //
};
enum RpcMode {
    REQ_RESP = 1,    //Request-Response 模式
    ONE_WAY = 2,     //oneway 模式
    FAST_RESP = 3,   //Fast-Response 模式
};
typedef struct RpcInfo {
    string rpc_name_;
    RpcMode rpc_mode_;
    string request_name_;
    string response_name_;
    string cpp_file_name_;
} RpcInfo;
typedef struct ServiceInfo {
    std::string package_name_;
    std::string service_name_;
    std::string cpp_namespace_name_;
    std::string handler_file_prefix_;
    std::string port_;
    std::vector<RpcInfo> rpc_infos_;
} ServiceInfo;
class ProtoSimpleParser {
 public:
    static bool Parse2Token(string proto, vector<string>& tokens) {
        if (proto == "") return false;
        ifstream in;
        string line;
        in.open(proto.c_str());
        if (not in.is_open()) return false;
        std::string token = "";
        ParseStatus parseStatus = INIT;
        while (getline(in, line)) {
            parseLine(line, token, parseStatus, tokens);
        }
        return true;
```

13-83

```cpp
  }
  static void Parse2ServiceInfo(vector<string>& tokens, ServiceInfo&
    serviceInfo) {
    for (size_t i = 0; i < tokens.size(); i++) {
      // 提取 package 關鍵字後的套件名稱
      if (tokens[i] == "package" && i + 1 < tokens.size()) {
        serviceInfo.package_name_ = tokens[i + 1];
      }
      // 提取 service 關鍵字後的服務名稱
      if (tokens[i] == "service" && i + 1 < tokens.size()) {
        serviceInfo.service_name_ = tokens[i + 1];
      }
      //demo: option (MySvr.Base.Port) = 1693;
      // 提取服務監聽的通訊埠編號
      if (tokens[i] == "option" && i + 5 < tokens.size() && tokens[i + 2]
        == "MySvr.Base.Port") {
        serviceInfo.port_ = tokens[i + 5];
      }
      /* demo:
           rpc OneWay(OneWayMessage) returns(MySvr.Base.OneWayResponse) {
               option (MySvr.Base.MethodMode) = 2;
           };
       */
      if (tokens[i] == "rpc" && i + 7 < tokens.size()) {
        RpcInfo rpcInfo;
        rpcInfo.rpc_mode_ = REQ_RESP;   // 預設為 REQ_RESP 模式
        rpcInfo.rpc_name_ = tokens[i + 1];
        rpcInfo.request_name_ = tokens[i + 3];
        rpcInfo.response_name_ = tokens[i + 7];
        rpcInfo.cpp_file_name_ = rpcInfo.rpc_name_ + ".cpp";
        if (i + 15 < tokens.size() && tokens[i + 12] == "MySvr.Base.MethodMode") {
          if (tokens[i + 15] == "2") {
            rpcInfo.rpc_mode_ = ONE_WAY;
          }
          if (tokens[i + 15] == "3") {
            rpcInfo.rpc_mode_ = FAST_RESP;
          }
        }
        serviceInfo.rpc_infos_.push_back(rpcInfo);
```

```cpp
      }
    }
    preDealServiceInfo(serviceInfo);
  }
private:
  static void preDealServiceInfo(ServiceInfo& serviceInfo) {
    vector<string> items;
    Common::Strings::Split(serviceInfo.package_name_, ".", items);
    if (items.size() != 2) {
      cout << RED_BEGIN << "package_name only support secondary package."
           << COLOR_END << endl;
      exit(-1);
    }
    if (items[1] != serviceInfo.service_name_) {
      cout << RED_BEGIN << "package_name's suffix[" << items[1]
           << "] and service_name[" << serviceInfo.service_name_
           << "] not match." << COLOR_END << endl;
      exit(-1);
    }
    serviceInfo.cpp_namespace_name_ = Common::Strings::Join(items, "::");
    serviceInfo.handler_file_prefix_ = serviceInfo.service_name_;
    Common::Strings::ToLower(serviceInfo.handler_file_prefix_);
    for (auto& rpcInfo : serviceInfo.rpc_infos_) {
      Common::Strings::ToLower(rpcInfo.cpp_file_name_);
      size_t len = rpcInfo.request_name_.length();
      if (len <= 7) {
        cout << RED_BEGIN << "request_name[" << rpcInfo.request_name_
             << "] is too short" << COLOR_END << endl;
        exit(-1);
      }
      string suffix = rpcInfo.request_name_.substr(len - 7);
      if (not(suffix != "Request" || suffix != "Message")) {
        cout << RED_BEGIN << "request_name[" << rpcInfo.request_name_
             << "] is not end with Request or Message"
             << COLOR_END << endl;
        exit(-1);
      }
      if (suffix == "Request" && rpcInfo.rpc_name_ + "Request" !=
        rpcInfo.request_name_) {
```

```cpp
            cout << RED_BEGIN << "rpc_name[" << rpcInfo.rpc_name_
                << "] is not request_name[" << rpcInfo.request_name_
                << "] prefix" << COLOR_END << endl;
            exit(-1);
        }
        if (suffix == "Message" && rpcInfo.rpc_name_ + "Message" !=
            rpcInfo.request_name_) {
            cout << RED_BEGIN << "rpc_name[" << rpcInfo.rpc_name_
                << "] is not request_name[" << rpcInfo.request_name_
                << "] prefix" << COLOR_END << endl;
            exit(-1);
        }
        if (rpcInfo.rpc_mode_ == ONE_WAY && rpcInfo.response_name_ !=
            "MySvr.Base.OneWayResponse") {
            cout << RED_BEGIN
                << "oneway rpc response must MySvr.Base.OneWayResponse"
                << COLOR_END << endl;
            exit(-1);
        }
        if (rpcInfo.rpc_mode_ == FAST_RESP && rpcInfo.response_name_ !=
            "MySvr.Base.FastRespResponse") {
            cout << RED_BEGIN << "fast response rpc response"
                << " must MySvr.Base.FastRespResponse"
                << COLOR_END << endl;
            exit(-1);
        }
        vector<string> items;
        Common::Strings::Split(rpcInfo.request_name_, ".", items);
        rpcInfo.request_name_ = items[items.size() - 1];
        items.clear();
        Common::Strings::Split(rpcInfo.response_name_, ".", items);
        rpcInfo.response_name_ = items[items.size() - 1];
    }
}
static bool isSpecial(char c) {
    return c == '=' || c == ';' || c == '{' || c == '}' || c == '(' ||
        c == ')' || c == '[' || c == ']';
}
static void parseLine(string line, std::string& token, ParseStatus&
```

13.5 工具集合

```cpp
        parseStatus, vector<string>& tokens) {
    auto getOneToken = [&token, &tokens, &parseStatus](ParseStatus
        newStatus) {
        if (token != "") tokens.push_back(token);
        token = "";
        parseStatus = newStatus;
    };
    for (size_t i = 0; i < line.size(); i++) {
        char c = line[i];
        if (parseStatus == INIT) {
            if (isblank(c)) continue;
            if (isdigit(c)) {        // 數字
                token = c;
                parseStatus = ORDER_NUM;
            } else if (c == '/') {   // 註釋
                if (i + 1 < line.size() && (line[i + 1] == '*' || line[i + 1]
                    == '/')) {
                    parseStatus = COMMENT_BEGIN;
                } else {
                    token = c;
                    parseStatus = IDENTIFIER;
                }
            } else if (isSpecial(c)) {   // 特殊字元
                token = c;
                parseStatus = SPECIAL_CHAR;
            } else {   // 執行到這裡，說明是識別字
                token = c;
                parseStatus = IDENTIFIER;
            }
        } else if (parseStatus == IDENTIFIER) {
            if (isblank(c)) {
                getOneToken(INIT);
            } else if (isdigit(c)) {
                token += c;
            } else if (c == '/') {
                if (i + 1 < line.size() && (line[i + 1] == '*' || line[i + 1]
                    == '/')) {
                    getOneToken(COMMENT_BEGIN);
                } else {
```

```
          token += c;
        }
      } else if (isSpecial(c)) {
        getOneToken(SPECIAL_CHAR);
        token = c;
      } else {
        token += c;
      }
    } else if (parseStatus == SPECIAL_CHAR) {
      if (isblank(c)) {
        getOneToken(INIT);
      } else if (isdigit(c)) {
        getOneToken(ORDER_NUM);
        token = c;
      } else if (c == '/') {
        if (i + 1 < line.size() && (line[i + 1] == '*' || line[i + 1]
          == '/')) {
          getOneToken(COMMENT_BEGIN);
        } else {
          getOneToken(IDENTIFIER);
          token = c;
        }
      } else if (isSpecial(c)) {
        getOneToken(SPECIAL_CHAR);
        token = c;
      } else {
        getOneToken(IDENTIFIER);
        token = c;
      }
    } else if (parseStatus == ORDER_NUM) {
      if (isblank(c)) {
        getOneToken(INIT);
      } else if (isdigit(c)) {
        token += c;
      } else if (c == '/') {
        if (i + 1 < line.size() && (line[i + 1] == '*' || line[i + 1]
          == '/')) {
          getOneToken(COMMENT_BEGIN);
        } else {
```

```
          getOneToken(IDENTIFIER);
          token = c;
        }
      } else if (isSpecial(c)) {
        getOneToken(SPECIAL_CHAR);
        token = c;
      } else {
        getOneToken(IDENTIFIER);
        token = c;
      }
    } else if (parseStatus == COMMENT_BEGIN) {
      if (c == '*') {
        parseStatus = COMMENT_STAR;
      } else if (c == '/') {
        parseStatus = COMMENT_DOUBLE_SLASH;
      } else {
        assert(0);
      }
    } else if (parseStatus == COMMENT_STAR) {
      if (c == '*' && i + 1 < line.size() && line[i + 1] == '/') {
                          // 嘗試下一個字元
        i++;              // 跳過 '/'
        parseStatus = INIT;   // 解析狀態變成初始化
      }
    } else if (parseStatus == COMMENT_DOUBLE_SLASH) {
      if (i == line.size() - 1) {   // 雙斜線的註釋範圍到行尾結束
        parseStatus = INIT;   // 解析狀態變成初始化
      }
    } else {
      assert(0);
    }
  }
 }
};
```

　　在上述程式中，ParseStatus 列舉定義了詞法分析的 7 個不同狀態，Rpc-Mode 列舉定義了 MyRPC 的 3 種呼叫模式。RpcInfo 結構用於儲存 RPC 介面的中繼資料，ServiceInfo 結構用於儲存服務的中繼資料。Parse2Token 函數

13　MyRPC 框架設計與實現

完成了詞法分析的操作，而 parseLine 函數則完成了詞法分析狀態遷移的全過程。在完成詞法分析之後，我們需要從 token 串流中解析出服務的中繼資料。這個任務由 Parse2ServiceInfo 函數來完成，它透過關鍵字來提取服務的中繼資料。最後，我們需要對提取的服務中繼資料進行前置處理和各種驗證。舉例來說，對於 Fast-Resp 模式的介面，應答的訊息本體必須是 MySvr.Base.FastRespResponse，請求的尾碼必須是 Request 或 Message 等。所有的驗證規則都是在 preDealServiceInfo 函數中實現的。

在解決了服務中繼資料的獲取問題之後，接下來的操作就是根據提取的服務中繼資料來驅動相關程式、配置和指令稿的生成。

1．myrpcc 工具的目錄結構

我們來看一下 myrpcc 工具的目錄結構。

```
myrpcc
├── build.sh
├── genbase.hpp
├── genbuild.hpp
├── genconf.hpp
├── genhandler.hpp
├── geninstall.hpp
├── genmain.hpp
├── genmakefile.hpp
├── install.sh
├── makefile
├── myrpcc.cpp
└── protosimpleparser.hpp
```

在 myrpcc 目錄下，所有以 gen 為首碼的程式檔案都被用於生成檔案。接下來，我們將依次介紹這些程式檔案。

myrpcc 工具的入口程式儲存在 myrpcc.cpp 檔案中，如程式清單 13-31 所示。

➔ 程式清單 13-31　myrpcc 工具的入口程式

```
#include <string.h>
#include <sys/types.h>
```

```cpp
#include <sys/wait.h>
#include <unistd.h>
#include <iostream>
#include "../../common/cmdline.h"
#include "../../common/strings.hpp"
#include "genbuild.hpp"
#include "genconf.hpp"
#include "genhandler.hpp"
#include "geninstall.hpp"
#include "genmain.hpp"
#include "genmakefile.hpp"
#include "protosimpleparser.hpp"
#define GREEN_BEGIN "\033[32m"
#define RED_BEGIN "\033[31m"
#define COLOR_END "\033[0m"
using namespace std;
string proto;    //proto的定義檔案
bool debug;       // 是否輸出偵錯資訊
void usage() {
  cout << "myrpcc -proto echo.proto [-debug]" << endl;
  cout << "options:" << endl;
  cout << "    -h,--help      print usage" << endl;
  cout << "    -proto         protobuf file" << endl;
  cout << "    -debug         print debug info" << endl;
  cout << endl;
}
bool IsValidProto() {
  ifstream in;
  string line;
  string cmd = "protoc -I./proto -I../../protocol --cpp_out=./proto " + proto;
  string protoFile = "./proto/" + proto;
  in.open(protoFile.c_str());
  if (not in.is_open()) {
    cout << "open file[" << protoFile << "] failed." << strerror(errno) << endl;
    return false;
  }
  return GenBase::ExecCmd(cmd);
}
void printTokens(vector<string>& tokens) {
```

```cpp
    for (auto token : tokens) {
      cout << token << endl;
    }
  }
  void printServiceInfo(ServiceInfo& serviceInfo) {
    cout << "package=" << serviceInfo.package_name_ << endl;
    cout << "service=" << serviceInfo.service_name_ << endl;
    cout << "port=" << serviceInfo.port_ << endl;
    cout << "namespace=" << serviceInfo.cpp_namespace_name_ << endl;
    cout << "handler_file_prefix=" << serviceInfo.handler_file_prefix_ << endl;
    for (auto rpcInfo : serviceInfo.rpc_infos_) {
      cout << "rpcInfo[name=" << rpcInfo.rpc_name_ << ",mode="
           << rpcInfo.rpc_mode_ << ",req=" << rpcInfo.request_name_
           << ",resp=" << rpcInfo.response_name_ << ",rpc_file="
           << rpcInfo.cpp_file_name_ << "]" << endl;
    }
  }
  bool genMySvrFiles(ServiceInfo& serviceInfo) {
    if (not GenMakefile::Gen()) return false;
    if (not GenInstall::Gen()) return false;
    if (not GenBuild::Gen(serviceInfo)) return false;
    if (not GenMain::Gen(serviceInfo)) return false;
    if (not GenHandler::Gen(serviceInfo)) return false;
    if (not GenConf::Gen(serviceInfo)) return false;
    if (not GenBase::ExecCmd("chmod +x ./build.sh ./install.sh")) return false;
    return true;
  }
  int main(int argc, char* argv[]) {
    Common::CmdLine::StrOptRequired(&proto, "proto");
    Common::CmdLine::BoolOpt(&debug, "debug");
    Common::CmdLine::SetUsage(usage);
    Common::CmdLine::Parse(argc, argv);
    if (not IsValidProto()) {
      cout << RED_BEGIN << proto << " invalid, please check proto file."
           << COLOR_END << endl;
      return -1;
    }
    vector<string> tokens;
    if (not ProtoSimpleParser::Parse2Token("./proto/" + proto, tokens)) {
      cout << RED_BEGIN << "proto parse failed, please check proto file."
```

```
        << COLOR_END << endl;
    return -1;
  }
  if (debug) {
    printTokens(tokens);
  }
  ServiceInfo serviceInfo;
  ProtoSimpleParser::Parse2ServiceInfo(tokens, serviceInfo);
  printServiceInfo(serviceInfo);
  cout << GREEN_BEGIN << "parse Proto[" << proto << "] success"
       << COLOR_END << endl;
  if (not genMySvrFiles(serviceInfo)) {
    cout << RED_BEGIN << "gen myrpc files failed." << COLOR_END << endl;
    return -1;
  }
  cout << GREEN_BEGIN << "gen myrpc files success" << COLOR_END << endl;
  return 0;
}
```

　　myrpcc.cpp 檔案中定義了 main 函數。在 main 函數中，首先完成命令列參數的解析，然後透過 IsValidProto 函數執行 protoc 命令以驗證 proto 檔案是否符合語法規則。接下來，使用前面撰寫的 proto 解析類別解析 proto 檔案並獲取服務中繼資料資訊。最後，呼叫 genMySvrFiles 函數以實現所有檔案的自動生成。

　　myrpcc 工具支援的命令列選項非常簡單，只有兩個。一個是 proto 檔案名稱的選項，另一個是輸出偵錯資訊的開關選項。命令列參數的解析已經在前面的內容中介紹過了，這裡不再贅述。需要注意的是，proto 檔案名稱不需要帶任何路徑，myrpcc 工具只會在目前的目錄的 proto 子目錄中查詢指定的 proto 檔案。當 debug 選項被開啟時，myrpcc 工具在執行時會把解析出來的 token 串流輸出到當前的命令列終端。

　　由於檔案的生成需要執行許多通用操作，我們首先建立了一個名為 GenBase 的基礎類別。它完成了許多通用操作的封裝，相應的程式如程式清單 13-32 所示。

→ 程式清單 13-32　標頭檔 genbase.hpp

```
#pragma once
#include <sys/stat.h>
```

```cpp
#include <sys/types.h>
#include <fstream>
#include <iostream>
#include <sstream>
#include <string>
using namespace std;
class GenBase {
 public:
   static bool GenFile(string file, string content) {
     ofstream out;
     out.open(file);
     if (not out.is_open()) {
       cout << "open file[" << file << "] failed." << endl;
       return false;
     }
     out << content << endl;
     return true;
   }
   static bool ExecCmd(string cmd) {
     pid_t pid = fork();
     if (pid < 0) {
       perror("call fork failed.");
       return false;
     }
     if (0 == pid) {
       cout << "exec cmd[" << cmd << "]" << endl;
       execl("/bin/bash", "bash", "-c", cmd.c_str(), nullptr);
       exit(1);
     }
     int status = 0;
     int ret = waitpid(pid, &status, 0);     // 呼叫 waitpid 函數，等待子處理程序執行子命令結束
     if (ret != pid) {
       perror("call waitpid failed.");
       return false;
     }
     if (WIFEXITED(status) && WEXITSTATUS(status) == 0) {    // 判斷命令執行結果
       return true;
     }
     return false;
```

```
    }
    static bool IsFileExist(string file) { return ifstream(file).good(); }
    static bool Mkdir(string dir) {
      if (0 == mkdir(dir.c_str(), 0)) return true;
      if (errno == EEXIST) return true;
      return false;
    }
};
```

在 GenBase 類別中,GenFile 函數用於使用指定內容來建立檔案。ExecCmd 函數透過執行 fork 函數、execl 函數和 waitpid 函數來實現執行指定命令列的功能。IsFileExist 函數用於判斷檔案是否已經存在,Mkdir 函數則用於建立目錄。如果目錄已經存在,Mkdir 函數會直接傳回 true。

用於生成 build.sh 檔案的程式儲存在標頭檔 genbuild.hpp 中,如程式清單 13-33 所示。

→ 程式清單 13-33 標頭檔 genbuild.hpp

```
#pragma once
#include "genbase.hpp"
#include "protosimpleparser.hpp"
extern string proto;
class GenBuild : public GenBase {
 public:
    static bool Gen(ServiceInfo &serviceInfo) {
      string content = R"(#!/bin/bash
        protoc -I./proto -I../../protocol --cpp_out=./proto )" + proto + R"(
        make clean
        make -j$(nproc))";
      return GenFile("build.sh", content);
    }
};
```

上述程式非常簡單,就是將 build.sh 指令稿的內容直接輸出到檔案中。在這裡,我們使用了 C++11 的新的語法特性——字串的原始字面量 R"(str)"。原始字面量的內容不會被跳脫,而是被原樣輸出。使用原始字面量可以非常方便地建

13-95

13 MyRPC 框架設計與實現

構格式化的檔案內容並輸出到檔案中。在後續所有檔案的生成程式中，我們都使用了原始字面量。在上面生成的程式中，我們首先執行固定的 protoc 命令來編譯服務的 proto 檔案，然後使用 make 命令來編譯服務。

用於生成設定檔的程式儲存在標頭檔 genconf.hpp 中，如程式清單 13-34 所示。

→ 程式清單 13-34 標頭檔 genconf.hpp

```
#pragma once
#include "genbase.hpp"
#include "protosimpleparser.hpp"
class GenConf : public GenBase {
 public:
  static bool Gen(ServiceInfo &serviceInfo) {
    if (not ExecCmd("mkdir -p ./conf")) return false;
    if (not genConf(serviceInfo)) return false;
    if (not genClientConf(serviceInfo)) return false;
    return true;
  }
 private:
  static bool genConf(ServiceInfo &serviceInfo) {
    std::string file = "./conf/" + serviceInfo.handler_file_prefix_ +
      ".conf";
    if (IsFileExist(file)) {
      return true;
    }
    string content = R"([MyRPC]
      port = )" + serviceInfo.port_ + R"(
      listen_if = any
      coroutine_count = 10240
      process_count = 16)";
    GenFile(file, content);
    return true;
  }
  static bool genClientConf(ServiceInfo &serviceInfo) {
    std::string file = "./conf/" + serviceInfo.handler_file_prefix_ +
      "_client.conf";
    if (IsFileExist(file)) {
```

```
    return true;
  }
  string content = R"([Svr]
    count = 1
    connectTimeOutMs = 50
    readTimeOutMs = 1000
    writeTimeOutMs = 1000
    [Svr1]
    ip = 127.0.0.1
    port = )" + serviceInfo.port_;
  GenFile(file, content);
  return true;
}
```

標頭檔 genconf.hpp 用於生成預設的服務設定檔和服務路由設定檔。在生成這些設定檔之前,先在目前的目錄下建立 conf 子目錄。服務設定檔中的監聽通訊埠使用服務中繼資料的通訊埠資訊進行配置,服務預設在 0.0.0.0 位址上監聽,啟動 16 個工作子處理程序,每個工作子處理程序會建立 10 240 大小的程式碼協同池。服務路由設定檔中預設只有一個服務實例,在 127.0.0.1 位址上監聽,通訊埠也使用服務中繼資料的通訊埠資訊進行配置。服務的連接逾時時間為 50 ms,讀寫逾時時間為 1000 ms。

用於生成 handler 系列檔案的程式儲存在標頭檔 genhandler.hpp 中,如程式清單 13-35 所示。

→ 程式清單 13-35　標頭檔 genhandler.hpp

```
#pragma once
#include "genbase.hpp"
#include "protosimpleparser.hpp"
class GenHandler : public GenBase {
 public:
  static bool Gen(ServiceInfo &serviceInfo) {
    if (not ExecCmd("mkdir -p ./handler")) return false;
    for (auto rpcInfo : serviceInfo.rpc_infos_) {
      string file = "./handler/" + rpcInfo.cpp_file_name_;
      if (IsFileExist(file)) {
        continue;
```

```cpp
      }
      if (not genRpcHandler(serviceInfo, rpcInfo, file)) return false;
    }
    if (not genHandler(serviceInfo)) return false;
    return true;
  }
private:
  static bool genRpcHandler(ServiceInfo &serviceInfo, RpcInfo rpcInfo,
      string file) {
    string prefix = serviceInfo.handler_file_prefix_;
    string serviceName = serviceInfo.service_name_;
    stringstream out;
    out << R"(#include "../)" + prefix + R"(handler.h")" << endl;
    out << endl;
    out << "int " + serviceName + "Handler::" + rpcInfo.rpc_name_ +
        "(" + rpcInfo.request_name_ + " &request, " +
        rpcInfo.response_name_ + " &response) {"
      << endl;
    out << R"( //TODO)" << endl;
    out << "  return 0;" << endl;
    out << "}" << endl;
    return GenFile(file, out.str());
  }
  static bool genHandler(ServiceInfo &serviceInfo) {
    string file = serviceInfo.handler_file_prefix_ + "handler.h";
    string rpcHandler;
    string rpcHandlerStatement;
    string rpcNames;
    for (size_t i = 0; i < serviceInfo.rpc_infos_.size(); i++) {
      auto rpcInfo = serviceInfo.rpc_infos_[i];
      rpcNames += "\"" + rpcInfo.rpc_name_ + "\"";
      rpcHandler += "    RPC_HANDLER(\"" + rpcInfo.rpc_name_ + "\", " +
        rpcInfo.rpc_name_ + ", " + rpcInfo.request_name_ + "," +
        rpcInfo.response_name_ + ", req, resp);";
      rpcHandlerStatement += "  int " + rpcInfo.rpc_name_ + "(" + rpcInfo.
        request_name_ + " &request, " + rpcInfo.response_name_ +
        " &response);";
      if (i != serviceInfo.rpc_infos_.size() - 1) {
        rpcNames += ", ";
```

```cpp
            rpcHandler += "\n";
            rpcHandlerStatement += "\n";
        }
    }
    stringstream out;
    out << R"(//Generated by the MyRPC compiler v1.0.0 . DO NOT EDIT!
#pragma once
#include <set>
#include <string>
#include "../../common/log.hpp"
#include "../../common/utils.hpp"
#include "../../core/handler.hpp"
#include "../../core/mysvrclient.hpp"
#include "../../protocol/base.pb.h")"
        << endl;
    out << R"(#include "proto/)" + serviceInfo.handler_file_prefix_ +
           R"(.pb.h")" << endl;
    out << endl;
    out << "using namespace MySvr::Base;" << endl;
    out << "using namespace " << serviceInfo.cpp_namespace_name_ << ";"
        << endl;
    out << endl;
    out << R"(class )" + serviceInfo.service_name_ +
           R"(Handler : public Core::MyHandler {
public:
  )" + serviceInfo.service_name_ +
           R"(Handler() {
    service_name_ = std::string{")" + serviceInfo.service_name_ +
           R"("};
    rpc_names_ = std::unordered_set<std::string>{)" + rpcNames +
           R"(};
  }
  void MySvrHandler(Protocol::MySvrMessage &req, Protocol::MySvrMessage&resp) {
    )" + rpcHandler +
           R"(
    }
    )" + rpcHandlerStatement +
           R"(
  };)";
```

```
        return GenFile(file, out.str());
    }
};
```

標頭檔 genhandler.hpp 用於生成 MyRPC 框架介面處理函數 MySvrHandler 在服務中的分發邏輯和初始化服務介面的中繼資料邏輯。在生成 handler 系列檔案之前，首先在目前的目錄下建立 handler 子目錄。然後為每個 RPC 介面生成對應的 .cpp 檔案，每個 .cpp 檔案預設只完成一個介面的處理，介面的具體邏輯預留到後面實現。接下來，在目前的目錄下建立一個以全小寫的服務名為首碼且使用 handler 結尾的標頭檔。在這個標頭檔案中實現 Handler 類別，該類別繼承了 MyHandler 類別並實現了 MySvrHandler 函數。在 MySvrHandler 函數中，使用之前提到的 RPC_HANDLER 巨集實現 RPC 介面的分發。在 Handler 類別的建構函數中，實現服務介面中繼資料的初始化。Handler 類別的最後是每個 RPC 介面處理函數的宣告。

用於生成 install.sh 檔案的程式儲存在標頭檔 geninstall.hpp 中，如程式清單 13-36 所示。

➔ 程式清單 13-36　標頭檔 geninstall.hpp

```
#pragma once
#include "genbase.hpp"
class GenInstall : public GenBase {
 public:
  static bool Gen() {
    if (IsFileExist("install.sh")) {
      return true;
    }
    string content = R"(#!/bin/bash
    PROG=$(pwd | xargs basename)
    mkdir -p /home/backend/log/${PROG}          # 建立日誌目錄
    mkdir -p /home/backend/service/${PROG}      # 建立可執行檔和設定檔所在目錄
    mkdir -p /home/backend/script               # 建立執行指令稿所在目錄
    mkdir -p /home/backend/route                # 建立路由檔案所在目錄
    cp -f ./${PROG} /home/backend/service/${PROG}      # 拷貝可執行檔
    cp -f ./conf/${PROG}.conf /home/backend/service/${PROG}# 拷貝設定檔
    cp -f ./conf/${PROG}_client.conf /home/backend/route    # 發佈路由檔案
```

13.5 工具集合

```
        cp -f ../daemond.sh /home/backend/script/${PROG}      # 拷貝服務啟停指令稿
        chmod +x /home/backend/script/${PROG}
        chmod +x /home/backend/service/${PROG})";
    return GenFile("install.sh", content);
  }
};
```

標頭檔 geninstall.hpp 的邏輯非常簡單，因為指令稿中的內容並不需要具體的服務中繼資料，所以直接輸出通用的 install.sh 指令稿內容即可。只不過在生成檔案之前，需要判斷檔案是否已經存在，如果已經存在，就不再生成了。

用於生成服務入口檔案的程式儲存在標頭檔 genmain.hpp 中，如程式清單 13-37 所示。

→ 程式清單 13-37　標頭檔 genmain.hpp

```
#pragma once
#include "genbase.hpp"
#include "protosimpleparser.hpp"
class GenMain : public GenBase {
 public:
  static bool Gen(ServiceInfo &serviceInfo) {
    string prefix = serviceInfo.handler_file_prefix_;
    if (IsFileExist(prefix + ".cpp")) {
      return true;
    }
    string serviceName = serviceInfo.service_name_;
    stringstream out;
    out << R"(#include "../../core/service.h")" << endl;
    out << R"(#include ")" + prefix + R"(handler.h")" << endl;
    out << endl;
    out << R"(int main(int argc, char *argv[]) {
)" + serviceName + R"(Handler handler;
  SERVICE.Init(argc, argv);
  SERVICE.RegHandler(&handler);
  SERVICE.Run();
  return 0;
})";
    return GenFile(prefix + ".cpp", out.str());
```

13 MyRPC 框架設計與實現

```
    }
};
```

　　標頭檔 genmain.hpp 的邏輯也相對比較簡單，只需要生成 main 函數的入口即可，這裡僅用到少部分的服務中繼資料。在生成檔案之前，也需要先驗證檔案是否已經存在。

　　用於生成 makefile 檔案的程式儲存在標頭檔 genmakefile.hpp 中，如程式清單 13-38 所示。

➜ **程式清單 13-38　標頭檔 genmakefile.hpp**

```
#pragma once
#include "genbase.hpp"
class GenMakefile : public GenBase {
 public:
   static bool Gen() {
     if (IsFileExist("makefile")) {
       return true;
     }
     string content = R"(TARGET =
PREFIX = /usr/local/
RPATH = $(PREFIX)jsoncpp/libs:$(PREFIX)protobuf/lib:$(PREFIX)snappy/lib
CFLAGS = -g -O2 -Wall -Werror -pipe -m64
CXXFLAGS = -g -O2 -Wall -Werror -pipe -m64 -std=c++11
LDFLAGS = -pthread -lprotobuf -L/usr/local/protobuf/lib\
  -ljson -L/usr/local/jsoncpp/libs -lsnappy -L/usr/local/snappy/lib\
  -lrt -Wl,-rpath=$(RPATH)
INCFLAGS = -I./ -I../../common -I../../protocol\
  -I/usr/local/protobuf/include -I/usr/local/jsoncpp/include\
  -I/usr/local/snappy/include
SRCDIRS = . ../handler ./proto ../../core ../../common ../../protocol
ALONE_SOURCES =
CC = gcc
CXX = g++
SRCEXTS = .c .C .cc .cpp .CPP .c++ .cxx .cp
HDREXTS = .h .H .hh .hpp .HPP .h++ .hxx .hp
ifeq ($(TARGET),)
    TARGET = $(shell basename $(CURDIR))
```

```makefile
    ifeq ($(TARGET),)
        TARGET = a.out
    endif
endif
ifeq ($(SRCDIRS),)
    SRCDIRS = .
endif
SOURCES = $(foreach d,$(SRCDIRS),$(wildcard $(addprefix $(d)/*,$(SRCEXTS))))
SOURCES += $(ALONE_SOURCES)
HEADERS = $(foreach d,$(SRCDIRS),$(wildcard $(addprefix $(d)/*,$(HDREXTS))))
SRC_CXX = $(filter-out %.c,$(SOURCES))
OBJS = $(addsuffix .o, $(basename $(SOURCES)))
COMPILE.c   = $(CC)  $(CFLAGS)   $(INCFLAGS) -c
COMPILE.cxx = $(CXX) $(CXXFLAGS) $(INCFLAGS) -c
LINK.c      = $(CC)  $(CFLAGS)
LINK.cxx    = $(CXX) $(CXXFLAGS)
.PHONY: all objs clean help debug
all: $(TARGET)
objs: $(OBJS)
%.o:%.c
    $(COMPILE.c) $< -o $@
%.o:%.C
    $(COMPILE.cxx) $< -o $@
%.o:%.cc
    $(COMPILE.cxx) $< -o $@
%.o:%.cpp
    $(COMPILE.cxx) $< -o $@
%.o:%.CPP
    $(COMPILE.cxx) $< -o $@
%.o:%.c++
    $(COMPILE.cxx) $< -o $@
%.o:%.cp
    $(COMPILE.cxx) $< -o $@
%.o:%.cxx
    $(COMPILE.cxx) $< -o $@
$(TARGET): $(OBJS)
ifeq ($(SRC_CXX),)            #C 程式
    $(LINK.c)   $(OBJS) -o $@ $(LDFLAGS)
    @echo Type $@ to execute the program.
```

```makefile
else                              #C++ 程式
    $(LINK.cxx) $(OBJS) -o $@ $(LDFLAGS)
    @echo Type $@ to execute the program.
endif
clean:
    rm $(OBJS) $(TARGET)
help:
    @echo ' 通用版本的 makefile 用於編譯 C/C++ 程式 版本編號 1.0'
    @echo
    @echo 'Usage: make [TARGET]'
    @echo 'TARGETS:'
    @echo '  all         （相當於直接執行 make 命令）編譯並連結 '
    @echo '  objs        只編譯不連結 '
    @echo '  clean       清除目的檔案和可執行檔 '
    @echo '  debug       顯示變數，用於偵錯 '
    @echo '  help        顯示說明資訊 '
    @echo
debug:
    @echo 'TARGET      :'  $(TARGET)
    @echo 'SRCDIRS     :'  $(SRCDIRS)
    @echo 'SOURCES     :'  $(SOURCES)
    @echo 'HEADERS     :'  $(HEADERS)
    @echo 'SRC_CXX     :'  $(SRC_CXX)
    @echo 'OBJS        :'  $(OBJS)
    @echo 'COMPILE.c   :'  $(COMPILE.c)
    @echo 'COMPILE.cxx :'  $(COMPILE.cxx)
    @echo 'LINK.c      :'  $(LINK.c)
    @echo 'LINK.cxx    :'  $(LINK.cxx))";
    return GenFile("makefile", content);
  }
};
```

標頭檔 genmakfile.hpp 的實現也很簡單，只需要輸出通用的 makefile 檔案即可。這個通用的 makefile 檔案對 MyRPC 框架做了一些調配，例如進行 MyRPC 相依的第三方函數庫的編譯設置。同樣，在生成檔案之前，也需要先判斷檔案是否已經存在。

myrpcc 工具的安裝指令稿儲存在 install.sh 檔案中，如程式清單 13-39 所示。

13.5 工具集合

➡ 程式清單 13-39 myrpcc 工具的安裝指令稿

```bash
#!/bin/bash
mkdir -p /home/backend/bin  #請把這個路徑設置到 PATH 變數中
cp -f ./myrpcc /home/backend/bin
chmod +x /home/backend/bin/myrpcc
```

我們將 myrpcc 工具安裝到了 /home/backend/bin 目錄下，大家需要將這個目錄增加到 PATH 變數中，這樣就可以在任何地方使用 myrpcc 工具了。在 myrpcc 目錄下，還有 build.sh 和 makefile 這兩個檔案。這兩個檔案的撰寫相信大家已經學會了，我們不再介紹和展示。

2．使用 myrpcc 工具生成 Echo 服務

至此，我們已經完成了 myrpcc 工具的撰寫。現在，讓我們試著使用這個工具來生成 Echo 服務的程式。請先切換到 Echo 服務的根目錄下，然後執行以下命令。

```
[root@VM-114-245-centos echo]# myrpcc -proto echo.proto
exec cmd[protoc -I./proto -I../../protocol --cpp_out=./proto echo.proto]
[libprotobuf WARNING google/protobuf/compiler/parser.cc:562] No syntax
specified for the proto file: google/protobuf/descriptor.proto. Please use
'syntax = "proto2";' or 'syntax = "proto3";' to specify a syntax version.
(Defaulted to proto2 syntax.)
package=MySvr.Echo
service=Echo
port=1693
namespace=MySvr::Echo
handler_file_prefix=echo
rpcInfo[name=EchoMySelf,mode=1,req=EchoMySelfRequest,resp=EchoMySelfResponse,
rpc_file=echomyself.cpp]
rpcInfo[name=OneWay,mode=2,req=OneWayMessage,resp=OneWayResponse,rpc_file=
oneway.cpp]
rpcInfo[name=FastResp,mode=3,req=FastRespRequest,resp=FastRespResponse,
rpc_file=fastresp.cpp]
parse Proto[echo.proto] success
exec cmd[mkdir -p ./handler]
exec cmd[mkdir -p ./conf]
```

13 MyRPC 框架設計與實現

```
exec cmd[chmod +x ./build.sh ./install.sh]
gen myrpc files success
[root@VM-114-245-centos echo]#
```

在使用 myrpcc 工具生成 Echo 服務的程式時,首先需要執行「protoc -I./proto -I../../ protocol --cpp_out=./proto echo.proto」命令,以生成最新的 pb 檔案並驗證 echo.proto 檔案是否存在語法錯誤。接下來,myrpcc 工具會輸出 Echo 服務的中繼資料,建立其他的子目錄並生成相關檔案。最後,在目前的目錄下執行生成的 build.sh 指令稿,即可正常完成 Echo 服務的編譯。

3.如何建構腳手架

在建構腳手架時,我們需要遵循以下步驟:第 1 步是撰寫一個沒有錯誤的演示實例;第 2 步是找出結構化的中繼資料,並抽象出範本;第 3 步是確認如何獲取結構化的中繼資料;第 4 步是選擇自己擅長的程式語言來獲取結構化的中繼資料,並使用這些中繼資料和範本生成相應的檔案。

13.5.2 介面測試工具 myrpct

為了測試 oneway 模式和 Fast-Resp 模式的介面,需要為 MySvr 建構專門的介面測試工具,而 myrpct 就是這樣的介面測試工具。myrpct 的實現相對簡單,只需要組合之前封裝的基礎程式和 MySvr 相關的程式即可。由於 MySvr 的用戶端支援泛化呼叫,因此 myrpct 只需要編譯一次就可以實現對所有 MyRPC 框架服務的呼叫。當需要支援新的服務介面測試時,myrpct 無須修改或重新編譯。myrpct 相關的程式如程式清單 13-40 所示。

→ 程式清單 13-40 原始檔案 myrpct.cpp

```
#include <iostream>
#include <string>
#include "../../common/cmdline.h"
#include "../../common/robustio.hpp"
#include "../../core/distributedtrace.hpp"
#include "../../core/routeinfo.hpp"
#include "../../protocol/mixedcodec.hpp"
```

```cpp
#define GREEN_BEGIN "\033[32m"
#define RED_BEGIN "\033[31m"
#define COLOR_END "\033[0m"
using namespace std;
using namespace Core;
string serviceName;
string rpcName;
string jsonStr;
bool byAccessService;
bool printTrace;
bool printContext;
bool oneway;
bool fastResp;
void usage() {
  cout << "myrpct -service_name Echo -rpc_name EchoMySelf -json "
       << "'{\"message\":\"hello\"}' [-a] [-t] [-c]" << endl;
  cout << "options:" << endl;
  cout << "    -h,--help     print usage" << endl;
  cout << "    -service_name service name" << endl;
  cout << "    -rpc_name     rpc name" << endl;
  cout << "    -json         json message" << endl;
  cout << "    -a            by access service" << endl;
  cout << "    -t            print trace info" << endl;
  cout << "    -c            print context info" << endl;
  cout << "    -o            is oneway message mode" << endl;
  cout << "    -f            is fast response message mode" << endl;
  cout << endl;
}
int createSockAndConnect(Core::Route route) {
  string error;
  int sockFd = socket(AF_INET, SOCK_STREAM, 0);
  if (sockFd < 0) {
    error = strerror(errno);
    cout << RED_BEGIN << "create socket failed. " << error << COLOR_END
         << endl;
    return -1;
  }
  sockaddr_in addr;
  addr.sin_family = AF_INET;
```

```cpp
    addr.sin_port = htons(int16_t(route.port_));
    addr.sin_addr.s_addr = inet_addr(route.ip_.c_str());
    int ret = connect(sockFd, (struct sockaddr*)&addr, sizeof(addr));
    if (ret) {
      error = strerror(errno);
      cout << RED_BEGIN << "connect failed. " << error << COLOR_END << endl;
      return -1;
    }
    return sockFd;
  }
  Core::Route getRoute() {
    Core::Route route;
    Core::TimeOut timeOut;
    Core::RouteInfo routeInfo;
    if (byAccessService) {
      if (not routeInfo.GetRoute("access", route, timeOut)) {
        cout << RED_BEGIN << "can't get service_name[" << serviceName
             << "] route info" << COLOR_END << endl;
        exit(-1);
      }
    } else {
      if (not routeInfo.GetRoute(serviceName, route, timeOut)) {
        cout << RED_BEGIN << "can't get service_name[" << serviceName
             << "] route info" << COLOR_END << endl;
        exit(-1);
      }
    }
    return route;
  }
  void execTest() {
    Core::Route route = getRoute();
    int sockFd = createSockAndConnect(route);
    if (sockFd < 0) {
      exit(-1);
    }
    Protocol::Packet pkt;
    Protocol::MySvrCodec codec;
    Protocol::MySvrMessage reqMessage;
    //body 使用 JSON 格式
```

```
Protocol::MixedCodec::JsonStrSerializeToMySvr(serviceName, rpcName,
  jsonStr, reqMessage);
if (oneway) {
  reqMessage.EnableOneway();     // 開啟 oneway 模式的標識位元
}
if (not oneway && fastResp) {
  reqMessage.EnableFastResp();   // 開啟 Fast-Resp 模式的標識位元
}
codec.Encode(&reqMessage, pkt);
Common::RobustIo robustIo(sockFd);
if (robustIo.Write(pkt.DataRaw(), pkt.UseLen()) != (ssize_t)pkt.UseLen()) {
  cout << RED_BEGIN << "send request failed." << COLOR_END << endl;
  exit(-1);
}
if (oneway) {  // 單路訊息發送成功即可，然後直接傳回
  cout << GREEN_BEGIN << "oneway message send success" << COLOR_END << endl;
  return;
}
void* message;
while (true) {
  if (robustIo.Read(codec.Data(), codec.Len()) != (ssize_t)codec.Len()) {
    cout << RED_BEGIN << "recv response failed." << COLOR_END << endl;
    exit(-1);
  }
  if (not codec.Decode(codec.Len())) {
    cout << RED_BEGIN << "decode response failed." << COLOR_END << endl;
    exit(-1);
  }
  message = codec.GetMessage();
  if (message) {
    break;
  }
}
Protocol::MySvrMessage respMessage;
respMessage.CopyFrom(*(Protocol::MySvrMessage*)message);
string contextJsonStr;
Common::Convert::Pb2JsonStr(respMessage.context_, contextJsonStr, true);
if (printContext) {
  cout << GREEN_BEGIN << "context[" << contextJsonStr << "]"
```

```cpp
            << COLOR_END << endl;
  }
  if (printTrace) {
    int stackId = respMessage.context_.current_stack_id();
    DistributedTrace::PrintTraceInfo(respMessage.context_, stackId, 0,
      false, false);
  }
  string respJsonStr((char*)respMessage.body_.DataRaw(), respMessage.
    body_.UseLen());
  if (respMessage.IsFastResp()) {
    cout << GREEN_BEGIN << "is fast response, response is empty"
         << COLOR_END << endl;
  } else {
    cout << GREEN_BEGIN << "response[" << respJsonStr << "]"
         << COLOR_END << endl;
  }
  delete (Protocol::MySvrMessage*)message;
}
int main(int argc, char* argv[]) {
  Common::CmdLine::StrOptRequired(&serviceName, "service_name");
  Common::CmdLine::StrOptRequired(&rpcName, "rpc_name");
  Common::CmdLine::StrOptRequired(&jsonStr, "json");
  Common::CmdLine::BoolOpt(&byAccessService, "a");
  Common::CmdLine::BoolOpt(&printTrace, "t");
  Common::CmdLine::BoolOpt(&printContext, "c");
  Common::CmdLine::BoolOpt(&oneway, "o");
  Common::CmdLine::BoolOpt(&fastResp, "f");
  Common::CmdLine::SetUsage(usage);
  Common::CmdLine::Parse(argc, argv);
  execTest();
  return 0;
}
```

在 main 函數的入口,首先解析命令列選項,以獲取要測試介面的中繼資料、JSON 格式的請求資料、是否透過 access 服務(第 14 章會介紹)來存取、是否輸出分散式呼叫堆疊追蹤資訊、是否輸出請求上下文資訊、是否開啟 oneway 模式以及是否開啟 Fast-Resp 模式。接下來就是執行介面測試的邏輯了。

介面測試的執行邏輯也很簡單。首先，獲取被測服務的路由資訊。然後，建立 socket 並完成連接操作。接下來，建構請求資料並發送。最後，等待服務的應答資料並根據命令列選項進行不同的輸出。

使用 myrpct 工具執行「myrpct -service_name Echo -rpc_name EchoMySelf -json '{"message":"hello"}' -t -c」命令，對 Echo 服務的 EchoMySelf 介面進行測試。以上命令的輸出如下。

```
[root@VM-114-245-centos ~]# myrpct -service_name Echo -rpc_name EchoMySelf 
-json '{"message":"hello"}' -t -c
context[{
 "log_id": "20230329111945127000000001576380",
 "service_name": "Echo",
 "rpc_name": "EchoMySelf",
 "status_code": 0,
 "current_stack_id": 1,
 "parent_stack_id": 0,
 "stack_alloc_id": 1,
 "trace_stack": [
  {
   "parent_id": 0,
   "current_id": 1,
   "service_name": "Echo",
   "rpc_name": "EchoMySelf",
   "status_code": 0,
   "message": "success",
   "spend_us": "718",
   "is_batch": false
  }
 ]
}
]
[1]Direct.Echo.EchoMySelf-[718us,0,0,success]
response[{"message":"hello"}]
[root@VM-114-245-centos ~]#
```

13-111

我們為介面測試命令設置了 -t 和 -c 選項，這使得測試命令可以輸出請求的上下文資訊和分散式呼叫堆疊資訊。可以看到，對於 Echo 服務的 EchoMySelf 介面，耗時 718 μs。

13.5.3 介面壓力測試工具 myrpcb

在測試服務時，只提供簡單的介面測試工具是遠遠不夠的。有些問題只有在高負載的情況下才會暴露出來，例如不同介面傳回的時序問題、資料競爭導致的併發安全問題、記憶體讀寫異常問題等等。因此，壓力測試工具是必不可少的。在這裡，我們簡單建構了一個單機版的壓力測試工具 myrpcb。這個壓力測試工具的實現方式類似於第 10 章的壓力測試工具，也是透過多執行緒併發的方式來建構高併發請求。相關的程式如程式清單 13-41 所示。

→ 程式清單 13-41　原始檔案 myrpcb.cpp

```
#include <iostream>
#include <mutex>
#include <string>
#include <thread>
#include "../../common/cmdline.h"
#include "../../common/robustio.hpp"
#include "../../core/routeinfo.hpp"
#include "../../protocol/mixedcodec.hpp"
using namespace std;
#define GREEN_BEGIN "\033[32m"
#define RED_BEGIN "\033[31m"
#define COLOR_END "\033[0m"
string serviceName;
string rpcName;
string jsonStr;
bool byAccessService;
bool oneway;
bool fastResp;
int64_t sleepTime = 2;   // 預設睡眠 2 秒
int64_t totalTime;
int64_t concurrency;
typedef struct Stat {
```

```cpp
  int sum{0};
  int success{0};
  int failure{0};
  int spendms{0};
} Stat;
std::mutex Mutex;
Stat FinalStat;
int createSockAndConnect(Core::Route route) {
  string error;
  int sockFd = socket(AF_INET, SOCK_STREAM, 0);
  if (sockFd < 0) {
    error = strerror(errno);
    cout << RED_BEGIN << "create socket failed. " << error << COLOR_END << endl;
    return -1;
  }
  sockaddr_in addr;
  addr.sin_family = AF_INET;
  addr.sin_port = htons(int16_t(route.port_));
  addr.sin_addr.s_addr = inet_addr(route.ip_.c_str());
  int ret = connect(sockFd, (struct sockaddr *)&addr, sizeof(addr));
  if (ret) {
    error = strerror(errno);
    cout << RED_BEGIN << "connect failed. " << error << COLOR_END << endl;
    return -1;
  }
  struct linger lin;
  lin.l_onoff = 1;
  lin.l_linger = 0;
  // 設置在透過呼叫 close 函數關閉 TCP 連接時，直接發送 RST 封包，TCP 連接直接重置，進入 CLOSED 狀態
  if (setsockopt(sockFd, SOL_SOCKET, SO_LINGER, &lin, sizeof(lin)) != 0) {
    return -1;
  }
  return sockFd;
}
Core::Route getRoute(int index) {
  Core::Route route;
  Core::TimeOut timeOut;
  Core::RouteInfo routeInfo;
```

```cpp
  if (byAccessService) {
    if (not routeInfo.GetRoute("access", route, timeOut, index)) {
      cout << RED_BEGIN << "can't get service_name[" << serviceName
           << "] route info" << COLOR_END << endl;
      exit(-1);
    }
  } else {
    if (not routeInfo.GetRoute(serviceName, route, timeOut, index)) {
      cout << RED_BEGIN << "can't get service_name[" << serviceName
           << "] route info" << COLOR_END << endl;
      exit(-1);
    }
  }
  return route;
}
int getSpendMs(timeval begin, timeval end) {
  end.tv_sec -= begin.tv_sec;
  end.tv_usec -= begin.tv_usec;
  if (end.tv_usec <= 0) {
    end.tv_sec -= 1;
    end.tv_usec += 1000000;
  }
  return end.tv_sec * 1000 + end.tv_usec / 1000;    // 計算執行的時間，單位為毫秒
}
void UpdateFinalStat(Stat stat) {
  FinalStat.sum += stat.sum;
  FinalStat.success += stat.success;
  FinalStat.failure += stat.failure;
  FinalStat.spendms += stat.spendms;
}
bool SendRequest(int sockFd) {
  Protocol::Packet pkt;
  Protocol::MySvrCodec codec;
  Protocol::MySvrMessage reqMessage;
  Protocol::MixedCodec::JsonStrSerializeToMySvr(serviceName, rpcName,
    jsonStr, reqMessage);
  if (oneway) {
    reqMessage.EnableOneway();      // 開啟 oneway 模式的標識位元
  }
```

```cpp
    if (not oneway && fastResp) {
      reqMessage.EnableFastResp();    // 開啟 Fast-Resp 模式的標識位元
    }
    codec.Encode(&reqMessage, pkt);
    Common::RobustIo robustIo(sockFd);
    if (robustIo.Write(pkt.DataRaw(), pkt.UseLen()) != (ssize_t)pkt.UseLen()) {
      cout << RED_BEGIN << "send request failed." << COLOR_END << endl;
      return false;
    }
    return true;
  }
  bool RecvResponse(int sockFd) {
    void *message;
    Protocol::MySvrCodec codec;
    Common::RobustIo robustIo(sockFd);
    while (true) {
      if (robustIo.Read(codec.Data(), codec.Len()) != (ssize_t)codec.Len()) {
        cout << RED_BEGIN << strerror(errno) << COLOR_END << endl;
        cout << RED_BEGIN << "recv response failed." << COLOR_END << endl;
        return false;
      }
      if (not codec.Decode(codec.Len())) {
        cout << RED_BEGIN << "decode response failed." << COLOR_END << endl;
        return false;
      }
      message = codec.GetMessage();
      if (message) {
        break;
      }
    }
    Protocol::MySvrMessage *respMessage = (Protocol::MySvrMessage *)message;
    if (respMessage->context_.status_code() != 0) {
      cout << RED_BEGIN << "response.status_code = "
           << respMessage->context_.status_code() << COLOR_END << endl;
      delete respMessage;
      return false;
    }
    delete respMessage;
    return true;
```

13-115

```cpp
    }
    void client(int theadId, Stat *curStat, Core::Route route) {
        int sum = 0;
        int success = 0;
        int failure = 0;
        int spendms = 0;
        int concurrencyPerThread = concurrency / 10;   // 每個執行緒的併發數
        if (concurrencyPerThread <= 0) concurrencyPerThread = 1;
        int *sockFd = new int[concurrencyPerThread];
        timeval end;
        timeval begin;
        gettimeofday(&begin, NULL);
        for (int i = 0; i < concurrencyPerThread; i++) {
            sockFd[i] = createSockAndConnect(route);
            if (sockFd[i] < 0) {
                sockFd[i] = 0;
                failure++;
            }
        }
        auto failureDeal = [&sockFd, &failure](int i) {
            close(sockFd[i]);
            sockFd[i] = 0;
            failure++;
        };
        std::cout << "threadId[" << theadId << "] finish connection" << std::endl;
        for (int i = 0; i < concurrencyPerThread; i++) {
            if (sockFd[i]) {
                if (not SendRequest(sockFd[i])) {
                    failureDeal(i);
                }
            }
        }
        std::cout << "threadId[" << theadId << "] finish send message" << std::endl;
        for (int i = 0; i < concurrencyPerThread; i++) {
            if (sockFd[i]) {
                if (oneway) {
                    close(sockFd[i]);
                    success++;
                    continue;
```

```cpp
      }
      if (not RecvResponse(sockFd[i])) {
        failureDeal(i);
        continue;
      }
      close(sockFd[i]);
      success++;
    }
  }
  if (not oneway) {
    std::cout << "threadId[" << theadId << "] finish recv message" << std::endl;
  }
  delete[] sockFd;
  sum = success + failure;
  gettimeofday(&end, NULL);
  spendms = getSpendMs(begin, end);
  std::lock_guard<std::mutex> guard(Mutex);
  curStat->sum += sum;
  curStat->success += success;
  curStat->failure += failure;
  curStat->spendms += spendms;
}
void usage() {
  cout << "myrpcb -service_name Echo -rpc_name EchoMySelf -json "
       << "'{\"message\":\"hello\"}' -t 10 -c 1000 [-a -o -f]" << endl;
  cout << "options:" << endl;
  cout << "    -h,--help      print usage" << endl;
  cout << "    -service_name  service name" << endl;
  cout << "    -rpc_name      rpc name" << endl;
  cout << "    -json          json message" << endl;
  cout << "    -s             sleep time(unit second)" << endl;
  cout << "    -t             benchmark total time" << endl;
  cout << "    -c             benchmark concurrency" << endl;
  cout << "    -a             by access service" << endl;
  cout << "    -o             is oneway message mode" << endl;
  cout << "    -f             is fast response message mode" << endl;
}
void execBenchMark() {
  timeval end;
```

```cpp
      timeval begin;
      gettimeofday(&begin, NULL);
      int runRoundCount = 0;
      while (true) {
        Stat curStat;
        std::thread threads[10];
        for (int threadId = 0; threadId < 10; threadId++) {
          Core::Route route = getRoute(threadId + 1);
          threads[threadId] = std::thread(client, threadId, &curStat, route);
        }
        for (int threadId = 0; threadId < 10; threadId++) {
          threads[threadId].join();
        }
        runRoundCount++;
        curStat.spendms /= 10;
        UpdateFinalStat(curStat);
        gettimeofday(&end, NULL);
        std::cout << "round " << runRoundCount << " spend "
                  << curStat.spendms << " ms. " << std::endl;
        if (getSpendMs(begin, end) >= totalTime * 1000) {
          break;
        }
        sleep(sleepTime);    // 在間隔一段時間後,再發起下一輪壓力測試,這樣壓力測試結果更穩定
      }
      std::cout << "total spend " << FinalStat.spendms << " ms. avg spend "
                << FinalStat.spendms / runRoundCount
                << " ms. sum[" << FinalStat.sum << "],success["
                << FinalStat.success << "],failure[" << FinalStat.failure
                << "]" << std::endl;
    }
    int main(int argc, char *argv[]) {
      Common::CmdLine::StrOptRequired(&serviceName, "service_name");
      Common::CmdLine::StrOptRequired(&rpcName, "rpc_name");
      Common::CmdLine::StrOptRequired(&jsonStr, "json");
      Common::CmdLine::Int64Opt(&totalTime, "t", 1);
      Common::CmdLine::Int64Opt(&concurrency, "c", 1);
      Common::CmdLine::Int64Opt(&sleepTime, "s", 2);
      Common::CmdLine::BoolOpt(&byAccessService, "a");
      Common::CmdLine::BoolOpt(&oneway, "o");
```

```
    Common::CmdLine::BoolOpt(&fastResp, "f");
    Common::CmdLine::SetUsage(usage);
    Common::CmdLine::Parse(argc, argv);
    execBenchMark();
    return 0;
}
```

在 main 函數的入口，首先解析命令列選項，以獲取要壓力測試介面的中繼資料、JSON 格式的請求資料、壓力測試運行總時長、壓力測試併發量、不同批次壓力測試的間隔時長、是否透過 access 服務來存取、是否開啟 oneway 模式以及是否開啟 Fast-Resp 模式。接下來就是執行壓力測試的邏輯了。

在壓力測試運行總時長還未到期時，我們會一直進行介面的壓力測試。每個壓力測試批次都會啟用 10 個壓力測試執行緒來併發地發起介面請求。每個壓力測試執行緒都批次建立連接、發送請求並等待應答。每個壓力測試執行緒執行結束之後，各自更新壓力測試統計資料。每個壓力測試批次結束之後，更新匯總套件的壓力測試統計資料。當整體壓力測試結束之後，輸出整理的壓力測試結果。

使用 myrpcb 工具執行「myrpcb -service_name Echo -rpc_name EchoMySelf -json '{"message": "hello"}' -t 3 -c 200000」命令，對 Echo 服務的 EchoMySelf 介面進行壓力測試。以上命令的輸出如下。

```
[root@VM-114-245-centos ~]# myrpcb -service_name Echo -rpc_name EchoMySelf
-json '{"message":"hello"}' -t 3 -c 200000
threadId[2] finish connection
threadId[2] finish send message
threadId[2] finish recv message
threadId[1] finish connection
threadId[9] finish connection
threadId[4] finish connection
threadId[6] finish connection
threadId[8] finish connection
threadId[3] finish connection
threadId[5] finish connection
threadId[0] finish connection
```

```
threadId[7] finish connection
threadId[9] finish send message
threadId[1] finish send message
threadId[5] finish send message
threadId[8] finish send message
threadId[4] finish send message
threadId[3] finish send message
threadId[6] finish send message
threadId[7] finish send message
threadId[0] finish send message
threadId[9] finish recv message
threadId[1] finish recv message
threadId[5] finish recv message
threadId[8] finish recv message
threadId[4] finish recv message
threadId[3] finish recv message
threadId[6] finish recv message
threadId[7] finish recv message
threadId[0] finish recv message
round 1 spend 5010 ms.
total spend 5010 ms. avg spend 5010 ms. sum[200000],success[200000],failure[0]
[root@VM-114-245-centos ~]#
```

我們為介面壓力測試命令指定了 20 萬的併發量,並設置持續進行壓力測試 3 秒鐘。從最後的輸出中可以看出,壓力測試工具一共發起了 20 萬個請求並且全部成功,壓力測試共耗時 5010 ms。

13.6 本章小結

本章首先對 MyRPC 框架的整體特性做了綜合性總結,然後介紹了 MyRPC 框架採用的併發模型。在實現層面,我們透過由淺入深的方式,逐層遞進地介紹了服務啟動流程、事件分發流程和伺服器端請求處理流程,展示了一個請求在 MyRPC 框架中是如何被處理的。我們還從用戶端的角度介紹了如何在 MyRPC 框架中實現用戶端請求的高效處理。針對重要的特性,我們專門按主題做了總

13.6 本章小結

結，例如分散式呼叫堆疊追蹤、逾時管理、本機程式碼協同變數管理以及業務層併發。

在介紹完 MyRPC 框架的整體程式之後，我們展示了如何使用 MyRPC 框架的 Echo 服務，演示了使用 MyRPC 框架建構業務服務的全部細節。在本章的最後，我們介紹了 3 個工具——一個是 MyRPC 框架的腳手架工具（即服務程式生成工具）myrpcc，另一個是介面測試工具 myrpct，還有一個是介面壓力測試工具 myrpcb。

MyRPC 框架設計與實現

MEMO

14

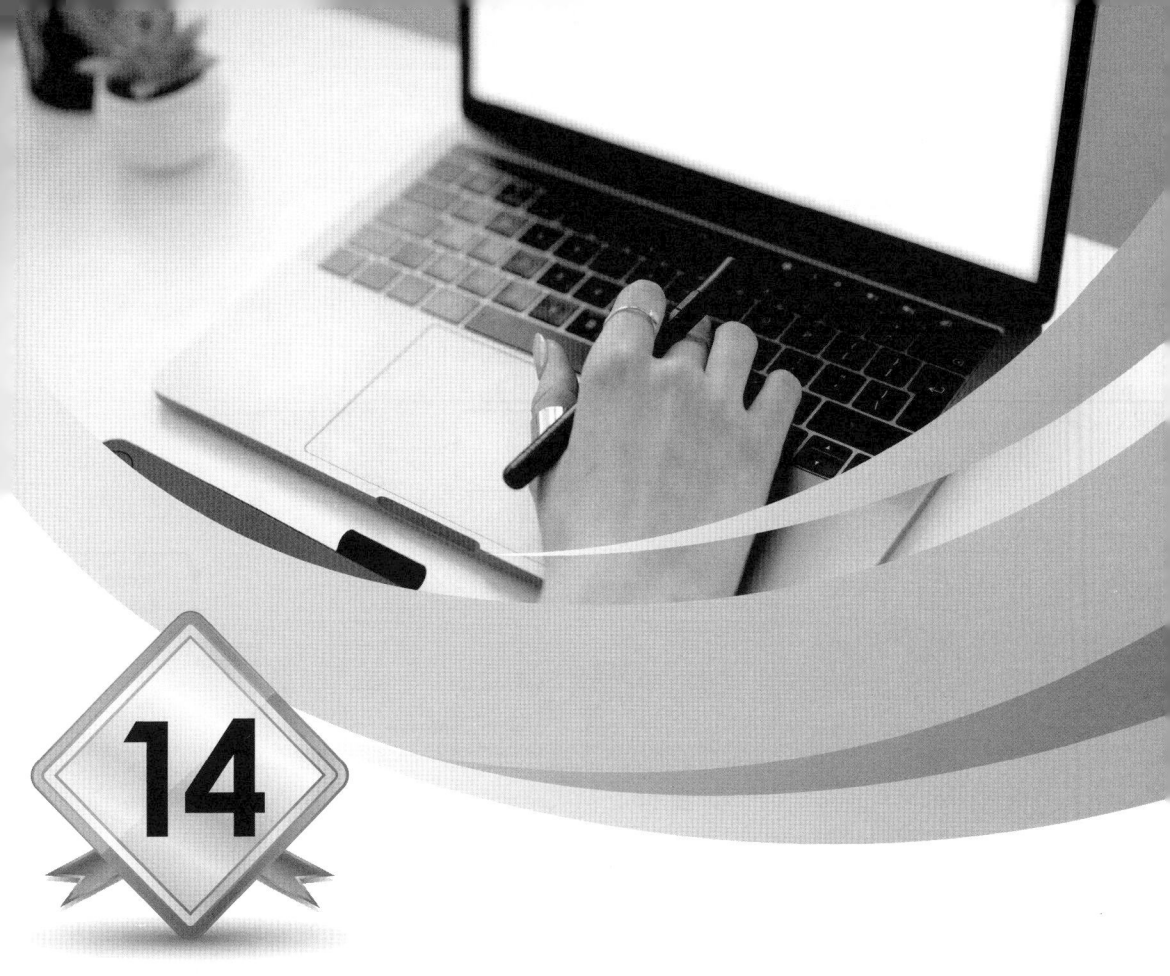

微服務叢集

　　在前面的章節中，我們已經學習了如何使用 MyRPC 框架來建構自己的服務。在本章中，我們將解決如何透過不同的服務來建構一個叢集的問題。具體來說，我們將使用 MyRPC 框架來建構微服務叢集。

14 微服務叢集

14.1 叢集架構概述

我們的微服務叢集將提供兩類服務：使用者相關服務和認證相關服務。這個叢集分為 3 層，整個叢集的架構簡圖如圖 14-1 所示。

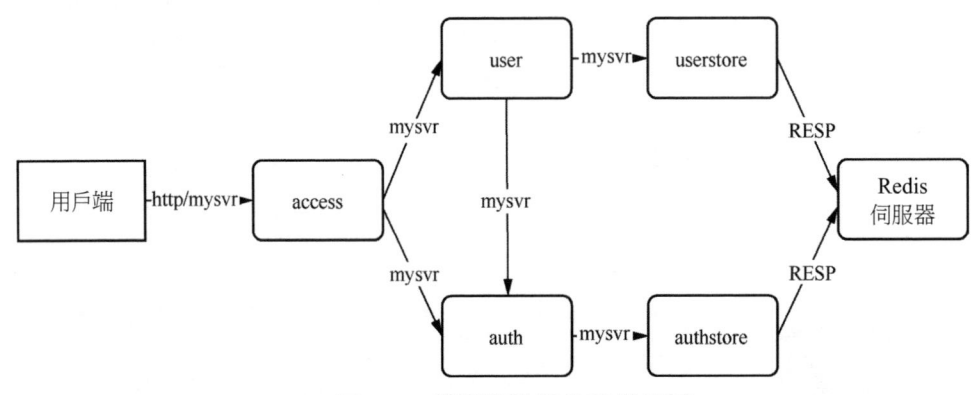

▲ 圖 14-1 微服務叢集的架構簡圖

我們的微服務叢集分為 3 層：連線層、業務邏輯層和持久化層。其中，連線層由 access 服務完成請求的連線並轉發給後面的業務邏輯層的 user 服務和 auth 服務。如果有應答資料，則將其傳回給用戶端。業務邏輯層包括 user 服務和 auth 服務，其中 user 服務提供了使用者增刪改查的功能，而 auth 服務提供了票據生成、更新和驗證的功能。持久化層由使用者實體操作服務 userstore 和認證實體操作服務 authstore 組成，它們對外遮罩了持久化層的細節。為了降低實現複雜度，我們使用 Redis 做持久化層的儲存，並只使用最簡單的鍵 - 值模型，將使用者物理資料和認證物理資料儲存在 Redis 中。

由於 user、auth、userstore、authstore 都是 MyRPC 框架的服務，它們的 makefile 檔案、編譯指令稿、安裝指令稿、服務設定檔、服務路由設定檔、main 入口檔案和業務介面分發檔案都是通用的；因此在後面的章節中，這些內容不再贅述。

14.2 持久化層

持久化層完成資料的持久化儲存，業務可以根據業務特性和需求選擇不同的儲存服務，例如關聯式資料庫或非關聯式的鍵 - 值資料庫。為了降低實現複雜度，我們選擇將 Redis 這種非關聯式的鍵 - 值資料庫作為持久化層。在第 13 章，我們已經實現了相關的用戶端，因此可以直接使用它來執行持久化操作。

14.2.1 Redis 服務

為了安裝 Redis 服務，我們需要從 Redis 官網下載最新的穩定版本的壓縮檔 redis-stable. tar.gz，下載完成後，執行下面的操作以完成 Redis 服務的編譯和啟動。

1．編譯

- 執行「tar -zxf redis-stable.tar.gz」命令，解壓原始檔案。
- 執行「cd redis-stable」命令，切換到原始檔案所在目錄。
- 執行「make -j$(nproc)」命令，對原始檔案進行編譯。

2．啟動

- 編輯目前的目錄下的 redis.conf 檔案，修改 daemonize 配置為 yes，開啟 requirepass 認證配置並設置密碼，這裡將密碼暫時設置成 backend。
- 執行「./src/redis-server ./redis.conf」命令，啟動 Redis 服務。
- 執行「ps -ef | grep redis」命令，可以看到 Redis 服務已經在正常執行了。

安裝完 Redis 服務後，我們需要將 Redis 服務的路由配置資訊發佈到 /home/backend/ route 目錄下。只有這樣，其他服務才能透過我們之前封裝的 Redis 用戶端來存取 Redis 服務。下面我們來看一下 Redis 服務的路由設定檔 redis_client.conf 的內容。

```
[Svr]
count = 1
connectTimeOutMs = 200
readTimeOutMs = 1000
writeTimeOutMs = 1000
[Svr1]
ip = 127.0.0.1
port = 6379
```

14.2.2 authstore 服務

authstore 服務提供了兩個介面。authstore 服務的 proto 檔案定義如程式清單 14-1 所示。

→ 程式清單 14-1 proto 檔案 authstore.proto

```
syntax = "proto3";
import "base.proto";
package MySvr.AuthStore;
message Ticket {
  string user_id = 1;    // 使用者 id
  string ticket = 2;     // 票據
}
message SetTicketRequest {
  Ticket ticket = 1;     // 使用者票據
  int32 expire_time = 2; // 過期時間
}
message SetTicketResponse {
  string message = 1;    // 傳回訊息，成功時為 success，失敗時為對應的錯誤訊息
}
message GetTicketRequest {
  string user_id = 1;    // 使用者 id
}
message GetTicketResponse {
  Ticket ticket = 1;     // 使用者票據
  string message = 2;    // 傳回訊息，成功時為 success，失敗時為對應的錯誤訊息
}
service AuthStore {
  option (MySvr.Base.Port) = 1692;
```

```
    rpc SetTicket(SetTicketRequest) returns (SetTicketResponse);
    rpc GetTicket(GetTicketRequest) returns (GetTicketResponse);
}
```

從上述 proto 檔案的定義中，我們可以看出，authstore 服務監聽在 1692 通訊埠。其中，SetTicket 介面用於設置票據，GetTicket 介面用於獲取票據。在完成 proto 檔案的撰寫之後，使用 myrpcc 工具生成 authstore 服務的相關檔案。我們來看一下 authstore 服務的目錄結構。

```
authstore
├── authstore.cpp
├── authstorehandler.h
├── build.sh
├── conf
│   ├── authstore_client.conf
│   └── authstore.conf
├── handler
│   ├── getticket.cpp
│   └── setticket.cpp
├── install.sh
├── makefile
└── proto
    ├── authstore.pb.cc
    ├── authstore.pb.h
    └── authstore.proto
```

在這裡，我們只需要關注 handler 子目錄下的兩個檔案：getticket.cpp 實現了 GetTicket 介面，setticket.cpp 實現了 SetTicket 介面。

1．介面實現

程式清單 14-2 和程式清單 14-3 分別實現了 GetTicket 介面和 SetTicket 介面。

→ 程式清單 14-2　原始檔案 getticket.cpp

```
#include "../../../core/redisclient.hpp"
#include "../authstorehandler.h"
int AuthStoreHandler::GetTicket(GetTicketRequest &request, GetTicketResponse
  &response) {
```

```cpp
  std::string key = "user:ticket:" + request.user_id();
  std::string value;
  std::string error;
  bool result = Core::RedisClient("backend").Get(key, value, error);
  if (not result) {
    response.set_message("failed, " + error);
    return GET_FAILED;
  }
  if (value == "") {
    response.set_message("empty value");
    return EMPTY_VALUE;
  }
  result = Common::Convert::JsonStr2Pb(value, *response.mutable_ticket());
  if (not result) {
    response.set_message("jsonStr2Pb failed");
    return SERIALIZE_FAILED;
  }
  response.set_message("success");
  return 0;
}
```

GetTicket 介面會按照約定的規則生成查詢的鍵，然後呼叫 Redis 用戶端提供的 Get 介面來獲取對應的值。在獲取到值之後，就將其反序列化為記憶體物件。

➜ 程式清單 14-3　原始檔案 setticket.cpp

```cpp
#include "../../../common/argv.hpp"
#include "../../../core/redisclient.hpp"
#include "../authstorehandler.h"
int AuthStoreHandler::SetTicket(SetTicketRequest &request, SetTicketResponse
  &response) {
  std::string key = "user:ticket:" + request.ticket().user_id();
  std::string value;
  std::string error;
  Common::Convert::Pb2JsonStr(request.ticket(), value);
  bool result = false;
  int64_t expireTime = request.expire_time();
  result = Core::RedisClient("backend").Set(key, value, expireTime, error);
```

14.2 持久化層

```
    TRACE("set key[%s], value[%s], result[%d]", key.c_str(), value.c_str(),
      result);
    if (not result) {
      response.set_message("failed, " + error);
      return SET_FAILED;
    }
    response.set_message("success");
    return 0;
  }
```

SetTicket 介面會按照約定的規則生成鍵、值和過期時間，然後透過呼叫 Redis 用戶端提供的 Set 介面來完成值的設置。

2．介面測試

使用 myrpct 工具對 SetTicket 介面和 GetTicket 介面進行測試，並輸出分散式呼叫追蹤資訊。

```
[root@VM-114-245-centos authstore]# myrpct -service_name AuthStore -rpc_name SetTicket -json '{"ticket":{"user_id":"123","ticket":"123456"},"expire_time":3600}' -t
[1]Direct.AuthStore.SetTicket-[929us,0,0,success]
 └ [2]Redis.Set-[338us,0,0,success]
response[{"message":"success"}]
[root@VM-114-245-centos authstore]#
[root@VM-114-245-centos authstore]# myrpct -service_name AuthStore -rpc_name GetTicket -json '{"user_id":"123"}' -t
[1]Direct.AuthStore.GetTicket-[401us,0,0,success]
 └ [2]Redis.Get-[261us,0,0,success]
response[{"ticket":{"user_id":"123","ticket":"123456"},"message":"success"}]
[root@VM-114-245-centos authstore]#
```

14.2.3　userstore 服務

userstore 服務一共提供了 4 個介面。userstore 服務的 proto 檔案定義如程式清單 14-4 所示。

14-7

➜ 程式清單 14-4　proto 檔案 userstore.proto

```
syntax = "proto3";
import "base.proto";
package MySvr.UserStore;
message User {
  string user_id = 1;       // 使用者 id
  string nick_name = 2;     // 昵稱
  string password = 3;      // 密碼
}
message CreateUserRequest {
  User user = 1;            // 使用者資訊
}
message CreateUserResponse {
  string message = 1;       // 傳回訊息，成功時為 success，失敗時為對應的錯誤訊息
  string user_id = 2;       // 使用者 id
}
message UpdateUserRequest {
  User user = 1;            // 使用者資訊
}
message UpdateUserResponse {
  string message = 1;       // 傳回訊息，成功時為 success，失敗時為對應的錯誤訊息
}
message ReadUserRequest {
  string user_id = 1;       // 使用者 id
}
message ReadUserResponse {
  string message = 1;       // 傳回訊息，成功時為 success，失敗時為對應的錯誤訊息
  User user = 2;            // 使用者資訊
}
message DeleteUserRequest {
  string user_id = 1;       // 使用者 id
}
message DeleteUserResponse {
  string message = 1;       // 傳回訊息，成功時為 success，失敗時為對應的錯誤訊息
}
service UserStore {
  option (MySvr.Base.Port) = 1695;
  rpc CreateUser(CreateUserRequest) returns (CreateUserResponse);
  rpc UpdateUser(UpdateUserRequest) returns (UpdateUserResponse);
```

```
    rpc ReadUser(ReadUserRequest) returns (ReadUserResponse);
    rpc DeleteUser(DeleteUserRequest) returns (DeleteUserResponse);
}
```

從上面的 proto 檔案定義中，我們可以看出，userstore 服務監聽在 1695 通訊埠。其中，CreateUser 介面用於建立使用者，UpdateUser 介面用於更新使用者資訊，ReadUser 介面用於讀取使用者資訊，DeleteUser 介面用於刪除使用者。在完成 proto 檔案的撰寫之後，使用 myrpcc 工具生成 userstore 服務的相關檔案。我們來看一下 userstore 服務的目錄結構。

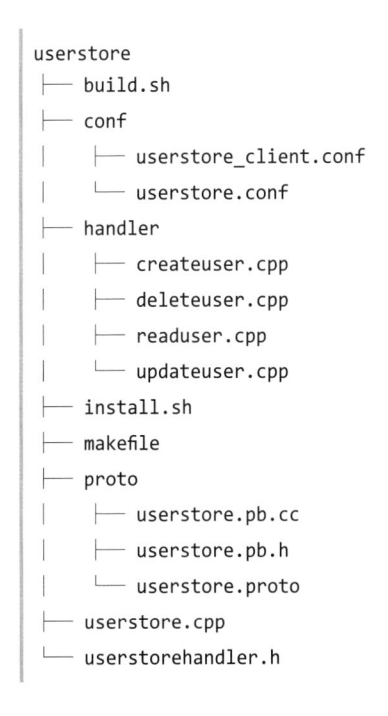

```
userstore
├── build.sh
├── conf
│   ├── userstore_client.conf
│   └── userstore.conf
├── handler
│   ├── createuser.cpp
│   ├── deleteuser.cpp
│   ├── readuser.cpp
│   └── updateuser.cpp
├── install.sh
├── makefile
├── proto
│   ├── userstore.pb.cc
│   ├── userstore.pb.h
│   └── userstore.proto
├── userstore.cpp
└── userstorehandler.h
```

在這裡，我們只需要關注 handler 子目錄下的 4 個檔案：createuser.cpp 實現了 CreateUser 介面，deleteuser.cpp 實現了 DeleteUser 介面，readuser.cpp 實現了 ReadUser 介面，updateuser.cpp 實現了 UpdateUser 介面。

1．介面實現

程式清單 14-5 ～程式清單 14-8 分別實現了 CreateUser 介面、DeleteUser 介面、ReadUser 介面和 UpdateUser 介面。

➔ 程式清單 14-5　原始檔案 createuser.cpp

```cpp
#include "../../../core/redisclient.hpp"
#include "../userstorehandler.h"
int UserStoreHandler::CreateUser(CreateUserRequest &request, CreateUserResponse
  &response) {
  std::string key = "user_alloc_id";
  std::string error;
  int64_t userId = 0;
  bool result = Core::RedisClient("backend").Incr(key, userId, error);
  if (not result) {
    response.set_message("alloc user_id failed. " + error);
    return SET_FAILED;
  }
  key = "user:" + std::to_string(userId);
  std::string value;
  request.mutable_user()->set_user_id(std::to_string(userId));
  Common::Convert::Pb2JsonStr(request.user(), value);
  result = Core::RedisClient("backend").Set(key, value, 0, error);
  if (not result) {
    response.set_message("set user failed. " + error);
    return SET_FAILED;
  }
  response.set_user_id(std::to_string(userId));
  response.set_message("success");
  return 0;
}
```

CreateUser 介面首先呼叫 Redis 用戶端提供的 Incr 介面，以分配 userId。然後，按照約定的規則生成與當前使用者資訊對應的鍵和值。最後，呼叫 Redis 用戶端提供的 Set 介面，以完成使用者資訊的儲存。

➔ 程式清單 14-6　原始檔案 deleteuser.cpp

```cpp
#include "../../../core/redisclient.hpp"
#include "../userstorehandler.h"
int UserStoreHandler::DeleteUser(DeleteUserRequest &request,
  DeleteUserResponse &response) {
  std::string key = "user:" + request.user_id();
  std::string error;
```

14-10

```cpp
  std::string value;
  bool result = Core::RedisClient("backend").Get(key, value, error);
  if (not result) {
    response.set_message("get user failed. " + error);
    return GET_FAILED;
  }
  if (value == "") {
    response.set_message("user not exist");
    return EMPTY_VALUE;
  }
  int64_t delCount = 0;
  result = Core::RedisClient("backend").Del(key, delCount, error);
  if (not result) {
    response.set_message("del user failed. " + error);
    return DEL_FAILED;
  }
  response.set_message("success");
  return 0;
}
```

　　DeleteUser 介面首先呼叫 Redis 用戶端提供的 Get 介面，以判斷使用者是否存在。如果使用者不存在，則直接傳回「使用者不存在」這一資訊；不然呼叫 Redis 用戶端提供的 Del 介面，刪除使用者資訊。

→ 程式清單 14-7　原始檔案 readuser.cpp

```cpp
#include "../../../core/redisclient.hpp"
#include "../userstorehandler.h"
int UserStoreHandler::ReadUser(ReadUserRequest &request, ReadUserResponse
  &response) {
  std::string key = "user:" + request.user_id();
  std::string error;
  std::string value;
  bool result = Core::RedisClient("backend").Get(key, value, error);
  if (not result) {
    response.set_message("get user failed. " + error);
    return GET_FAILED;
  }
  if (value == "") {
    response.set_message("user not exist.");
```

14-11

```
    return PARAM_INVALID;
  }
  result = Common::Convert::JsonStr2Pb(value, *response.mutable_user());
  if (not result) {
    TRACE("value[%s]", value.c_str());
    response.set_message("JsonStr2Pb failed. ");
    return PARSE_FAILED;
  }
  response.set_message("success");
  return 0;
}
```

ReadUser 介面首先呼叫 Redis 用戶端提供的 Get 介面，以判斷使用者是否存在。如果使用者不存在，則直接傳回「使用者不存在」這一資訊；不然呼叫反序列化介面，建構出使用者資訊並將其傳回。

→ 程式清單 14-8　原始檔案 updateuser.cpp

```
#include "../../../core/redisclient.hpp"
#include "../userstorehandler.h"
int UserStoreHandler::UpdateUser(UpdateUserRequest &request, UpdateUserResponse
  &response) {
  std::string key = "user:" + request.user().user_id();
  std::string error;
  std::string value;
  bool result = Core::RedisClient("backend").Get(key, value, error);
  if (not result) {
    response.set_message("get user failed. " + error);
    return GET_FAILED;
  }
  if (value == "") {
    response.set_message("user not exist");
    return PARAM_INVALID;
  }
  value = "";
  Common::Convert::Pb2JsonStr(request.user(), value);
  result = Core::RedisClient("backend").Set(key, value, 0, error);
  if (not result) {
    response.set_message("set user failed. " + error);
```

```
        return SET_FAILED;
    }
    response.set_message("success");
    return 0;
}
```

UpdateUser 介面首先呼叫 Redis 用戶端提供的 Get 介面，以判斷使用者是否存在。如果使用者不存在，則直接傳回「使用者不存在」這一資訊；不然呼叫 Redis 用戶端提供的 Set 介面，更新使用者資訊。

2．介面測試

使用 myrpct 工具分別對 CreateUser、ReadUser、UpdateUser 和 DeleteUser 介面進行測試，並輸出分散式呼叫追蹤資訊。

```
[root@VM-114-245-centos userstore]# myrpct -service_name UserStore -rpc_
name CreateUser -json '{"user":{"user_id":"","nick_name":"koukou",
"password":"666"}}' -t
[1]Direct.UserStore.CreateUser-[6118us,0,0,success]
 ├[2]Redis.Incr-[867us,0,0,success]
 └[3]Redis.Set-[4113us,0,0,success]
response[{"message":"success","user_id":"1"}]
[root@VM-114-245-centos userstore]#
[root@VM-114-245-centos userstore]# myrpct -service_name UserStore -rpc_
name ReadUser -json '{"user_id":"1"}' -t
[1]Direct.UserStore.ReadUser-[888us,0,0,success]
 └[2]Redis.Get-[282us,0,0,success]
response[{"message":"success","user":{"user_id":"1","nick_name":"koukou",
"password":"666"}}]
[root@VM-114-245-centos userstore]#
[root@VM-114-245-centos userstore]# myrpct -service_name UserStore -rpc_
name UpdateUser -json '{"user":{"user_id":"1","nick_name":"koukou",
"password":"888"}}' -t
[1]Direct.UserStore.UpdateUser-[5291us,0,0,success]
 ├[2]Redis.Get-[324us,0,0,success]
 └[3]Redis.Set-[4152us,0,0,success]
response[{"message":"success"}]
[root@VM-114-245-centos userstore]#
[root@VM-114-245-centos userstore]# myrpct -service_name UserStore -rpc_
```

```
name DeleteUser -json '{"user_id":"1"}' -t
[1]Direct.UserStore.DeleteUser-[8401us,0,0,success]
  ├[2]Redis.Get-[4152us,0,0,success]
  └[3]Redis.Del-[4105us,0,0,success]
response[{"message":"success"}]
[root@VM-114-245-centos userstore]#
```

14.3 業務邏輯層

業務邏輯層由具體的業務服務組成，我們的微服務叢集有兩個業務服務：auth 服務和 user 服務。auth 服務負責生成、更新和驗證票據，user 服務負責使用者的增刪改查。

14.3.1 auth 服務

auth 服務一共提供了 3 個介面。auth 服務的 proto 檔案定義如程式清單 14-9 所示。

➡ 程式清單 14-9　proto 檔案 auth.proto

```
syntax = "proto3";
import "base.proto";
package MySvr.Auth;
message GenTicketRequest {
  string user_id = 1;      // 使用者 id
  int32  expire_time = 2;  // 過期時間，單位為秒
}
message GenTicketResponse {
  string ticket = 1;       // 生成的票據
  string message = 2;      // 傳回訊息，成功時為 success，失敗時為對應的錯誤資訊
}
message VerifyTicketRequest {
  string user_id = 1;      // 使用者 id
  string ticket = 2;       // 票據
}
message VerifyTicketResponse {
```

```
    string message = 1;       // 傳回訊息,成功時為 success,失敗時為對應的錯誤資訊
}
message UpdateTicketRequest {
    string user_id = 1;       // 使用者 id
    string ticket = 2;        // 票據
}
message UpdateTicketResponse {
    string ticket = 1;        // 新的票據
    string message = 2;       // 傳回訊息,成功時為 success,失敗時為對應的錯誤資訊
}
service Auth {
    option (MySvr.Base.Port) = 1691;
    rpc GenTicket(GenTicketRequest) returns (GenTicketResponse);
    rpc VerifyTicket(VerifyTicketRequest) returns (VerifyTicketResponse);
    rpc UpdateTicket(UpdateTicketRequest) returns (UpdateTicketResponse);
}
```

　　從上面的 proto 檔案定義中可以看出,auth 服務監聽在 1691 通訊埠,auth 服務提供的 3 個介面分別是 GenTicket、VerifyTicket 和 UpdateTicket。在完成 proto 檔案的撰寫之後,使用 myrpcc 工具生成 auth 服務所需的相關檔案。我們來看一下 auth 服務的目錄結構。

```
auth
├── auth.cpp
├── authhandler.h
├── build.sh
├── conf
│   ├── auth_client.conf
│   └── auth.conf
├── handler
│   ├── genticket.cpp
│   ├── updateticket.cpp
│   └── verifyticket.cpp
├── install.sh
├── makefile
└── proto
    ├── auth.pb.cc
    ├── auth.pb.h
    └── auth.proto
```

14 微服務叢集

在這裡，我們只需要關注 handler 子目錄下的 3 個檔案：genticket.cpp 實現了 GenTicket 介面，updateticket.cpp 實現了 UpdateTicket 介面，verifyticket.cpp 實現了 VerifyTicket 介面。

1．介面實現

程式清單 14-10 ～程式清單 14-12 分別實現了 GenTicket 介面、UpdateTicket 介面和 VerifyTicket 介面。

➜ 程式清單 14-10　原始檔案 genticket.cpp

```cpp
#include "../../authstore/proto/authstore.pb.h"
#include "../authhandler.h"
int AuthHandler::GenTicket(GenTicketRequest &request, GenTicketResponse
  &response) {
  MySvr::AuthStore::SetTicketRequest setTicketReq;
  MySvr::AuthStore::SetTicketResponse setTicketResp;
  setTicketReq.mutable_ticket()->set_user_id(request.user_id());
  std::string ticket;
  for (int i = 0; i < 6; i++) {
    char temp[10]{0};
    sprintf(temp, "%02X", rand());
    ticket += temp;
  }
  setTicketReq.mutable_ticket()->set_ticket(ticket);
  setTicketReq.set_expire_time(request.expire_time());
  int ret = Core::MySvrClient().RpcCall(setTicketReq, setTicketResp);
  if (ret) {
    response.set_message("failed");
    return ret;
  }
  response.set_ticket(ticket);
  response.set_message("success");
  return 0;
}
```

GenTicket 介面的實現邏輯是，首先生成票據，然後呼叫 authstore 服務的 SetTicket 介面來完成票據的儲存，最後將生成的票據傳回給呼叫者。

➜ 程式清單 14-11　原始檔案 updateticket.cpp

```cpp
#include "../../authstore/proto/authstore.pb.h"
#include "../authhandler.h"
int AuthHandler::UpdateTicket(UpdateTicketRequest &request, UpdateTicketResponse
  &response) {
  MySvr::AuthStore::GetTicketRequest getTicketReq;
  MySvr::AuthStore::GetTicketResponse getTicketResp;
  getTicketReq.set_user_id(request.user_id());
  int ret = Core::MySvrClient().RpcCall(getTicketReq, getTicketResp);
  if (ret) {
    response.set_message("failed");
    return ret;
  }
  if (getTicketResp.ticket().ticket() != request.ticket()) {
    response.set_message("ticket is invalid");
    return -2;
  }
  MySvr::AuthStore::SetTicketRequest setTicketReq;
  MySvr::AuthStore::SetTicketResponse setTicketResp;
  setTicketReq.mutable_ticket()->set_user_id(request.user_id());
  std::string ticket;
  for (int i = 0; i < 6; i++) {
    char temp[10]{0};
    sprintf(temp, "%02X", rand());
    ticket += temp;
  }
  setTicketReq.mutable_ticket()->set_ticket(ticket);
  setTicketReq.set_expire_time(36000);
  ret = Core::MySvrClient().RpcCall(setTicketReq, setTicketResp);
  if (ret) {
    response.set_message("failed");
    return ret;
  }
  response.set_ticket(ticket);
  response.set_message("success");
  return 0;
}
```

14 微服務叢集

UpdateTicket 介面的實現邏輯是,首先呼叫 authstore 服務的 GetTicket 介面,判斷要更新的票據是否存在。如果不存在,則直接傳回票據更新失敗的資訊;不然驗證請求中的票據和 GetTicket 介面傳回的票據是否一致。如果不一致,則直接傳回票據更新失敗的資訊;不然呼叫 authstore 服務的 SetTicket 介面來完成票據的更新。

➜ 程式清單 14-12 原始檔案 verifyticket.cpp

```cpp
#include "../../authstore/proto/authstore.pb.h"
#include "../authhandler.h"
int AuthHandler::VerifyTicket(VerifyTicketRequest &request, VerifyTicketResponse
  &response) {
  MySvr::AuthStore::GetTicketRequest getTicketReq;
  MySvr::AuthStore::GetTicketResponse getTicketResp;
  getTicketReq.set_user_id(request.user_id());
  int ret = Core::MySvrClient().RpcCall(getTicketReq, getTicketResp);
  if (ret) {
    response.set_message("get ticket failed");
    return ret;
  }
  if (request.ticket() != getTicketResp.ticket().ticket()) {
    response.set_message("ticket is invalid");
    return -1;
  }
  response.set_message("success");
  return 0;
}
```

VerifyTicket 介面的實現邏輯是,首先呼叫 authstore 服務的 GetTicket 介面,然後驗證請求中的票據和 GetTicket 介面傳回的票據是否一致。

2・介面測試

使用 myrpct 工具對 GenTicket 介面、VerifyTicket 介面和 UpdateTicket 介面進行測試,並輸出分散式呼叫追蹤資訊。

```
[root@VM-114-245-centos auth]# myrpct -service_name Auth -rpc_name GenTicket
-json '{"user_id":"1","expire_time":3600}' -t
```

14-18

```
[1]Direct.Auth.GenTicket-[2732us,0,0,success]
 └[2]AuthStore.SetTicket-[794us,0,0,success]
   └[3]Redis.Set-[333us,0,0,success]
response[{"ticket":"455ED65B283869047DA2105C1FA57D3E44934AD574E16C0E",
"message":"success"}]
[root@VM-114-245-centos auth]#
[root@VM-114-245-centos auth]# myrpct -service_name Auth -rpc_name
VerifyTicket -json '{"user_id":"1","ticket":"455ED65B283869047DA2105C1FA5
7D3E44934AD574E16C0E"}' -t
[1]Direct.Auth.VerifyTicket-[1707us,0,0,success]
 └[2]AuthStore.GetTicket-[779us,0,0,success]
   └[3]Redis.Get-[310us,0,0,success]
response[{"message":"success"}]
[root@VM-114-245-centos auth]#
[root@VM-114-245-centos auth]# myrpct -service_name Auth -rpc_name
UpdateTicket -json '{"user_id":"1","ticket":"455ED65B283869047DA2105C1FA5
7D3E44934AD574E16C0E"}' -t
[1]Direct.Auth.UpdateTicket-[10306us,0,0,success]
 ├[2]AuthStore.GetTicket-[811us,0,0,success]
 │ └[3]Redis.Get-[317us,0,0,success]
 └[4]AuthStore.SetTicket-[4220us,0,0,success]
   └[5]Redis.Set-[4136us,0,0,success]
response[{"ticket":"1D0867AC43DAD1FD6E63A6582CD4BD3C2A23CADC2CE07534",
"message":"success"}]
[root@VM-114-245-centos auth]#
```

14.3.2 user 服務

user 服務一共提供了 4 個介面。user 服務的 proto 定義檔案如程式清單 14-13 所示。

➔ 程式清單 14-13 proto 檔案 user.proto

```
syntax = "proto3";
import "base.proto";
package MySvr.User;
message CreateRequest {
  string nick_name = 1;   // 昵稱
  string password = 2;    // 密碼
```

```
}
message CreateResponse {
  string user_id = 1;      // 使用者 id
  string ticket = 2;       // 生成的票據，可以用於後續的操作
  string message = 3;      // 傳回訊息，成功時為 success，失敗時為對應的錯誤資訊
}
message UpdateRequest {
  string user_id = 1;      // 使用者 id
  string nick_name = 2;    // 最新的暱稱
  string password = 3;     // 驗證的密碼，後面擴充使用
  string ticket = 4;       // 驗證的票據
}
message UpdateResponse {
  string message = 1;      // 傳回訊息，成功時為 success，失敗時為對應的錯誤資訊
}
message ReadRequest {
  string user_id = 1;      // 使用者 id
  string ticket = 2;       // 票據
}
message ReadResponse {
  string nick_name = 1;    // 暱稱
  string message = 2;      // 傳回訊息，成功時為 success，失敗時為對應的錯誤資訊
}
message DeleteRequest {
  string user_id = 1;      // 使用者 id
  string ticket = 2;       // 票據
}
message DeleteResponse {
  string message = 1;      // 傳回訊息，成功時為 success，失敗時為對應的錯誤資訊
}
message TicketRenewalRequest {
  string user_id = 1;      // 使用者 id
  string ticket = 2;       // 舊的票據
}
service User {
  option (MySvr.Base.Port) = 1694;
  rpc Create(CreateRequest) returns (CreateResponse);
  rpc Update(UpdateRequest) returns (UpdateResponse);
  rpc Read(ReadRequest) returns (ReadResponse);
```

```
    rpc Delete(DeleteRequest) returns (DeleteResponse);
}
```

從上面 proto 檔案的定義中可以看出，user 服務監聽在 1694 通訊埠，user 服務提供的 4 個介面分別是 Create、Update、Read 和 Delete。在完成 proto 檔案的撰寫之後，使用 myrpcc 工具生成 user 服務的相關檔案。我們來看一下 user 服務的目錄結構。

```
user
├── build.sh
├── conf
│   ├── user_client.conf
│   └── user.conf
├── handler
│   ├── create.cpp
│   ├── delete.cpp
│   ├── read.cpp
│   └── update.cpp
├── install.sh
├── makefile
├── proto
│   ├── user.pb.cc
│   ├── user.pb.h
│   └── user.proto
├── user.cpp
└── userhandler.h
```

1·介面實現

程式清單 14-14 ～程式清單 14-17 分別實現了 Create 介面、Update 介面、Read 介面和 Delete 介面。

➡ 程式清單 14-14　原始檔案 create.cpp

```cpp
#include "../../auth/proto/auth.pb.h"
#include "../../userstore/proto/userstore.pb.h"
#include "../userhandler.h"
int UserHandler::Create(CreateRequest &request, CreateResponse &response) {
  MySvr::UserStore::CreateUserRequest createUserReq;
```

```cpp
  MySvr::UserStore::CreateUserResponse createUserResp;
  createUserReq.mutable_user()->set_nick_name(request.nick_name());
  createUserReq.mutable_user()->set_password(request.password());
  int ret = Core::MySvrClient().RpcCall(createUserReq, createUserResp);
  if (ret) {
    response.set_message(createUserResp.message());
    return ret;
  }
  MySvr::Auth::GenTicketRequest genTicketReq;
  MySvr::Auth::GenTicketResponse genTicketResp;
  genTicketReq.set_expire_time(3600 * 24);
  genTicketReq.set_user_id(createUserResp.user_id());
  ret = Core::MySvrClient().RpcCall(genTicketReq, genTicketResp);
  if (ret) {
    response.set_message(genTicketResp.message());
    return ret;
  }
  response.set_user_id(createUserResp.user_id());
  response.set_ticket(genTicketResp.ticket());
  response.set_message("success");
  return 0;
}
```

Create 介面的實現邏輯是，首先呼叫 userstore 服務的 CreateUser 介面以建立使用者，然後呼叫 auth 服務的 GenTicket 介面以生成和建立使用者連結的票據。

→ 程式清單 14-15　原始檔案 update.cpp

```cpp
#include "../../auth/proto/auth.pb.h"
#include "../../userstore/proto/userstore.pb.h"
#include "../userhandler.h"
int UserHandler::Update(UpdateRequest &request, UpdateResponse &response) {
  MySvr::Auth::VerifyTicketRequest verifyTicketReq;
  MySvr::Auth::VerifyTicketResponse verifyTicketResp;
  verifyTicketReq.set_user_id(request.user_id());
  verifyTicketReq.set_ticket(request.ticket());
  int ret = Core::MySvrClient().RpcCall(verifyTicketReq, verifyTicketResp);
  if (ret) {
```

14.3 業務邏輯層

```cpp
    response.set_message("verifyTicket failed.");
    return ret;
  }
  MySvr::UserStore::UpdateUserRequest updateUserReq;
  MySvr::UserStore::UpdateUserResponse updateUserResp;
  updateUserReq.mutable_user()->set_user_id(request.user_id());
  updateUserReq.mutable_user()->set_nick_name(request.nick_name());
  updateUserReq.mutable_user()->set_password(request.password());
  ret = Core::MySvrClient().RpcCall(updateUserReq, updateUserResp);
  if (ret) {
    response.set_message("updateUser failed.");
    return ret;
  }
  response.set_message("success");
  return 0;
}
```

Update 介面的實現邏輯是，先呼叫 auth 服務的 VerifyTicket 介面以驗證使用者票據，等使用者票據驗證通過之後，再呼叫 userstore 服務的 UpdateUser 介面以完成使用者資訊的更新。

→ 程式清單 14-16 原始檔案 read.cpp

```cpp
#include "../../auth/proto/auth.pb.h"
#include "../../userstore/proto/userstore.pb.h"
#include "../userhandler.h"
int UserHandler::Read(ReadRequest &request, ReadResponse &response) {
  MySvr::Auth::VerifyTicketRequest verifyTicketReq;
  MySvr::Auth::VerifyTicketResponse verifyTicketResp;
  verifyTicketReq.set_user_id(request.user_id());
  verifyTicketReq.set_ticket(request.ticket());
  int ret = Core::MySvrClient().RpcCall(verifyTicketReq, verifyTicketResp);
  if (ret) {
    response.set_message("verifyTicket failed.");
    return ret;
  }
  MySvr::UserStore::ReadUserRequest readUserReq;
  MySvr::UserStore::ReadUserResponse readUserResp;
  readUserReq.set_user_id(request.user_id());
  ret = Core::MySvrClient().RpcCall(readUserReq, readUserResp);
```

14-23

```
    if (ret) {
      response.set_message("readUser failed.");
      return ret;
    }
    response.set_nick_name(readUserResp.user().nick_name());
    response.set_message("success");
    return 0;
}
```

　　Read 介面的實現邏輯是，先呼叫 auth 服務的 VerifyTicket 介面以驗證使用者票據，等使用者票據驗證通過之後，再呼叫 userstore 服務的 ReadUser 介面以獲取使用者資訊。

➜ 程式清單 14-17　原始檔案 delete.cpp

```
#include "../../../common/argv.hpp"
#include "../../../core/waitgroup.hpp"
#include "../../auth/proto/auth.pb.h"
#include "../../userstore/proto/userstore.pb.h"
#include "../userhandler.h"
void getUser(void *arg) {
  Common::Argv *getUserArgv = (Common::Argv *)arg;
  MySvr::UserStore::ReadUserRequest readUserReq;
  MySvr::UserStore::ReadUserResponse readUserResp;
  readUserReq.set_user_id(getUserArgv->Arg<std::string>("user_id"));
  int ret = Core::MySvrClient().RpcCall(readUserReq, readUserResp);
  if (ret) {
    getUserArgv->Arg<int>("getUserResult") = -1;
    return;
  }
  getUserArgv->Arg<int>("getUserResult") = 0;
}
void verifyTicket(void *arg) {
  Common::Argv *verifyTicketArgv = (Common::Argv *)arg;
  MySvr::Auth::VerifyTicketRequest verifyTicketReq;
  MySvr::Auth::VerifyTicketResponse verifyTicketResp;
  verifyTicketReq.set_user_id(verifyTicketArgv->Arg<std::string>("user_id"));
  verifyTicketReq.set_ticket(verifyTicketArgv->Arg<std::string>("ticket"));
  int ret = Core::MySvrClient().RpcCall(verifyTicketReq, verifyTicketResp);
  if (ret) {
```

14.3 業務邏輯層

```cpp
    verifyTicketArgv->Arg<int>("verifyTicketResult") = -1;
    return;
  }
  verifyTicketArgv->Arg<int>("verifyTicketResult") = 0;
}
int UserHandler::Delete(DeleteRequest &request, DeleteResponse &response) {
  Common::Argv getUserArgv;
  Common::Argv verifyTicketArgv;
  int getUserResult = 0;
  int verifyTicketResult = 0;
  getUserArgv.Set("user_id", request.mutable_user_id());
  getUserArgv.Set("getUserResult", &getUserResult);
  verifyTicketArgv.Set("ticket", request.mutable_ticket());
  verifyTicketArgv.Set("user_id", request.mutable_user_id());
  verifyTicketArgv.Set("verifyTicketResult", &verifyTicketResult);
  Core::WaitGroup waitGroup;
  waitGroup.Add(getUser, &getUserArgv);
  waitGroup.Add(verifyTicket, &verifyTicketArgv);
  waitGroup.Wait();
  TRACE("getUserResult[%d],verifyTicketResult[%d]", getUserResult,
    verifyTicketResult);
  if (getUserResult) {
    response.set_message("getUser failed.");
    return getUserResult;
  }
  if (verifyTicketResult) {
    response.set_message("verifyTicket failed.");
    return verifyTicketResult;
  }
  MySvr::UserStore::DeleteUserRequest deleteUserReq;
  MySvr::UserStore::DeleteUserResponse deleteUserResp;
  deleteUserReq.set_user_id(request.user_id());
  int ret = Core::MySvrClient().RpcCall(deleteUserReq, deleteUserResp);
  if (ret) {
    response.set_message("delete user failed");
    return ret;
  }
  response.set_message("success");
  return 0;
}
```

14 微服務叢集

Delete 介面的實現邏輯是，先使用 WaitGroup 特性發起對 userstore 服務的 ReadUser 介面和 auth 服務的 VerifyTicket 介面的併發呼叫，等到兩個請求都傳回之後，再驗證使用者是否存在，最後驗證使用者票據是否有效。如果上述驗證都通過了，就呼叫 userstore 服務的 DeleteUser 介面以完成使用者的刪除。

2 · 介面測試

使用 myrpct 工具對 Create、Update、Read 和 Delete 介面進行測試，並輸出分散式呼叫追蹤資訊。

```
[root@VM-114-245-centos user]# myrpct -service_name User -rpc_name Create
-json '{"nick_name":"xiaoai","password":"666888"}' -t
[1]Direct.User.Create-[7984us,0,0,success]
 ├[2]UserStore.CreateUser-[4904us,0,0,success]
   ├[3]Redis.Incr-[335us,0,0,success]
   └[4]Redis.Set-[4087us,0,0,success]
 └[5]Auth.GenTicket-[1608us,0,0,success]
   └[6]AuthStore.SetTicket-[731us,0,0,success]
     └[7]Redis.Set-[302us,0,0,success]
response[{"user_id":"2","ticket":"57EBE66158283BB91EF918DF1620E4DE455ED65
B28386904","message":"success"}]
[root@VM-114-245-centos user]#
[root@VM-114-245-centos user]# myrpct -service_name User -rpc_name Update
-json '{"user_id":"2","nick_name":"koukou","ticket":"57EBE66158283BB91EF
918DF1620E4DE455ED65B28386904"}' -t
[1]Direct.User.Update-[7641us,0,0,success]
 ├[2]Auth.VerifyTicket-[1267us,0,0,success]
   └[3]AuthStore.GetTicket-[473us,0,0,success]
     └[4]Redis.Get-[295us,0,0,success]
 └[5]UserStore.UpdateUser-[4869us,0,0,success]
   ├[6]Redis.Get-[265us,0,0,success]
   └[7]Redis.Set-[4111us,0,0,success]
response[{"message":"success"}]
[root@VM-114-245-centos user]#
[root@VM-114-245-centos user]# myrpct -service_name User -rpc_name Read -json
'{"user_id":"2","ticket":"57EBE66158283BB91EF918DF1620E4DE455ED65B28386904"}' -t
[1]Direct.User.Read-[3472us,0,0,success]
 ├[2]Auth.VerifyTicket-[1186us,0,0,success]
   └[3]AuthStore.GetTicket-[807us,0,0,success]
```

14-26

```
      └ [4]Redis.Get-[288us,0,0,success]
    └ [5]UserStore.ReadUser-[772us,0,0,success]
      └ [6]Redis.Get-[254us,0,0,success]
response[{"nick_name":"koukou","message":"success"}]
[root@VM-114-245-centos user]#
[root@VM-114-245-centos user]# myrpct -service_name User -rpc_name Delete
 -json '{"user_id":"2","ticket":"57EBE66158283BB91EF918DF1620E4DE455ED65B
28386904"}' -t
[1]Direct.User.Delete-[18889us,0,0,success]
  ├ [2]UserStore.ReadUser-[1166us,1,0,success]
  ├ [3]Auth.VerifyTicket-[5684us,1,0,success]
  └ [4]UserStore.DeleteUser-[8272us,0,0,success]
    ├ [5]Redis.Get-[4119us,0,0,success]
    └ [6]Redis.Del-[4108us,0,0,success]
response[{"message":"success"}]
[root@VM-114-245-centos user]#
```

14.4 連線層

顧名思義，連線層用於連接用戶端和後端叢集服務。連線層充當著用戶端和後端叢集之間的橋樑，用戶端無法感知後端叢集的變動，因此只能透過連線層來存取後端服務。

14.4.1 目錄結構

access 服務使用的是 MyRPC 框架，我們來看一下 access 服務的目錄結構。

```
access
├── access.cpp
├── accesshandler.h
├── build.sh
├── conf
│   ├── access_client.conf
│   └── access.conf
├── install.sh
└── makefile
```

access 服務本身並沒有定義介面，因此我們在上面的目錄結構中看不到 proto 子目錄。access 服務的實現也非常簡單，讓我們繼續往下看。

14.4.2 程式與配置

access 服務只需要實現 MySvrHandler 函數和 isSupportRpc 函數即可，MySvrHandler 函數實現了請求封包的轉發，isSupportRpc 函數實現了請求封包的簡單驗證。對應的程式如程式清單 14-18 所示。

➡ 程式清單 14-18 標頭檔 accesshandler.h

```
#pragma once
#include "../../common/log.hpp"
#include "../../core/handler.hpp"
#include "../../core/mysvrclient.hpp"
class AccessHandler : public Core::MyHandler {
 public:
  void MySvrHandler(Protocol::MySvrMessage &req, Protocol::MySvrMessage
    &resp) {
    if (req.IsOneway()) {
      Core::MySvrClient().PushCallRaw(req);        // 直接推送請求到下游
    } else {
      Core::MySvrClient().RpcCallRaw(req, resp);   // 直接轉發請求到下游
    }
  }
 private:
  bool isSupportRpc(std::string serviceName, std::string rpcName) override {
    if (serviceName == "Auth" or serviceName == "User") {
      return true;
    }
    return false;
  }
};
```

我們在標頭檔 accesshandler.h 中實現了 AccessHandler 類別，這個類別是 access 服務的核心處理邏輯所在。MySvrHandler 函數對用戶端的請求進行了轉

換。由於 MySvr 用戶端支援泛化呼叫，因此我們在這裡看不到要呼叫的下游服務的任何資訊。在 isSupportRpc 函數的實現中，只支援 auth 服務和 user 服務。

我們來看一下 access 服務的設定檔 access.conf。

```
[MyRPC]
port = 1690
listen_if = any
coroutine_count = 10240
process_count = 16
```

access 服務的配置如上所示，服務監聽在位址 0.0.0.0 的 1690 通訊埠，我們啟動了 16 個工作子處理程序，每個工作子處理程序都會建立大小為 10 240 的程式碼協同池。

我們再來看一下 access 服務的路由設定檔 access_cleint.conf。

```
[Svr]
count = 3
connectTimeOutMs = 50
readTimeOutMs = 1000
writeTimeOutMs = 1000
[Svr1]
ip = 127.0.0.1
port = 1690
[Svr2]
ip = 127.0.0.2
port = 1690
[Svr3]
ip = 127.0.0.3
port = 1690
```

在 access 服務的路由配置中，連接逾時、讀取逾時和寫入逾時分別被設置為 50 ms、1000 ms 和 1000 ms。我們一共配置了 3 個服務實例資訊。

14.4.3 介面測試

下面我們使用 myrpct 工具來測試 access 服務。在命令列參數中新增 -a 選項，這樣所有的請求都會被直接發送給 access 服務。如下所示，我們以建立使用者和刪除使用者為例，執行相關命令。

```
[root@VM-114-245-centos user]# myrpct -service_name User -rpc_name Create
-json '{"nick_name":"xiaoai","password":"666888"}' -t -a
[1]Direct.User.Create-[8547us,0,0,success]
  └ [2]User.Create-[8022us,0,0,success]
    ├ [3]UserStore.CreateUser-[5030us,0,0,success]
    │ ├ [4]Redis.Incr-[337us,0,0,success]
    │ └ [5]Redis.Set-[4126us,0,0,success]
    └ [6]Auth.GenTicket-[1637us,0,0,success]
      └ [7]AuthStore.SetTicket-[802us,0,0,success]
        └ [8]Redis.Set-[291us,0,0,success]
response[{"user_id":"3","ticket":"1EF918DF1620E4DE455ED65B283869047DA2105
C1FA57D3E","message":"success"}]
[root@VM-114-245-centos user]#
[root@VM-114-245-centos user]# myrpct -service_name User -rpc_name Delete
-json '{"user_id":"3","ticket":"1EF918DF1620E4DE455ED65B283869047DA2105C1
FA57D3E"}' -t -a
[1]Direct.User.Delete-[18445us,0,0,success]
  └ [2]User.Delete-[17986us,0,0,success]
    ├ [3]Auth.VerifyTicket-[1320us,1,0,success]
    ├ [4]UserStore.ReadUser-[4639us,1,0,success]
    └ [5]UserStore.DeleteUser-[8278us,0,0,success]
      ├ [6]Redis.Get-[4116us,0,0,success]
      └ [7]Redis.Del-[4115us,0,0,success]
response[{"message":"success"}]
[root@VM-114-245-centos user]#
```

14.5 本章小結

　　本章向大家展示了如何使用 MyRPC 框架和配套工具來建構一個簡單的微服務叢集，這個微服務叢集分為 3 層，它們分別是連線層、業務邏輯層和持久化層。因為 MyRPC 框架對外暴露的是簡單好用的封裝，所以使用 MyRPC 框架可以快速建構不同的服務，服務可以專注於業務邏輯本身。

MEMO

15

回顧總結

　　透過前面 14 章的內容,我們系統地介紹了 Linux 後端開發人員需要掌握的技能樹。我們首先架設了開發環境,然後學習了 Linux 系統下的命令列操作,以便能夠更進一步地進行後續的學習和開發。為了提高操作 Linux 系統的效率,我們學習了 shell 程式設計,並透過自行實現一個簡易的 shell 來加深對 shell 的理解。同時,為了更進一步地管理程式,我們還學習了分散式版本控制系統 Git。

15 回顧總結

在開始撰寫程式之後，我們學習了編譯和連結的原理，並了解了如何使用偵錯工具進行偵錯。接下來，我們學習了後端服務的標準寫法和配套的啟停指令稿。在網際網路的世界裡，通訊必須透過網路來進行，因此我們深入學習了網路通訊相關的基礎知識。為了撰寫高性能、高併發的網路服務，我們還學習了不同的 I/O 模型和併發模型，並對 17 種併發模型進行了對比。

透過前面的學習，我們已經儲備了足夠的知識，可以開始建構自己的 RPC 框架了。我們從最基礎的公共程式開始，逐步深入應用層協定，設計並實現了自己的應用層協定 MySvr。在 MySvr 和公共程式的基礎上，我們採用「處理程序池+ReactorMS+程式碼協同池」的併發模型，建構了我們自己的 RPC 框架——MyRPC。最後，我們使用 MyRPC 框架建構了一個簡單的微服務叢集。

15.1　6 種思維模式

本節總結了全書最重要的 6 種思維模式，這些思維模式是我們在 Linux 後端開發的學習和實踐中不可或缺的一部分。

15.1.1　不要被程式語言所限制

不要被程式語言所限制，因為有些程式語言可能沒有提供你所需要的特性，但這並不表示你無法完成相應的功能。相反，你可以自行實現這些特性，從而提升效率，而非用低效或容易出錯的方式來實現它們。舉例來說，Go 語言有 defer 特性，C++11 中雖然沒有提供 defer 特性，但我們可以透過 Common::Defer 類別實現對該特性的模擬。同樣，雖然我們實現的程式碼協同池中已經提供了 batch run 的能力，但並不好用，因此我們透過 Core::WaitGroup 類別對 batch run 進行了封裝，從而實現了類似於 Go 語言中的 WaitGroup 特性的好用介面。

15.1.2 掌握多種程式語言是必然的

從本質上看，makefile、ini、protobuf、HTTP、RESP 和 MySvr，以及不同的程式語言，都需要我們掌握相關的語法，然後撰寫符合語法規則的內容，才能進行應用。此外，shell 和 C/C++ 也是 Linux 後端開發人員必須掌握的技能。因此，掌握多種程式語言是必然的。

15.1.3 電腦本身就是一個狀態機

電腦本身就是一個狀態機，暫存器和記憶體中不同的值組成了獨一無二的狀態。每當 CPU 執行一行指令時，暫存器和記憶體中的值就會發生變化，從而遷移到另一個狀態。因此，電腦執行的過程就是一個狀態遷移的過程。在我們的程式中，也可以看到很多明顯使用狀態機的地方，例如我們在實現簡單 shell 時對命令列的解析、HTTP 的解析、RESP 的解析、MySvr 的解析、protobuf 描述檔案的解析，以及 socket 上事件監聽的遷移。

15.1.4 動手是最好的實踐

物理學家費曼曾說過，「凡我不能創造的我就不能理解」，這句名言也適用於硬核心的技術點。要想熟練掌握這些技術，最好的方式就是親自實現一遍。舉例來說，在工具方面，我們實現了 cat 命令、簡易 shell、arp 命令、ping 命令、traceroute 命令；在協定方面，我們實現了自訂的應用層協定 MySvr；在框架方面，我們實現了 MyRPC 框架。

15.1.5 依靠工具提高效率和品質

在撰寫一些小的函數以及實現一些簡單的功能或工具時，不需要太多工具的輔助，直接動手就行。但是，如果要建構一個複雜的系統，沒有工具的輔助，就無法建構出堅固且穩定的系統。在實現 MyRPC 框架時，我們的所有程式都經過了測試，並進行了記憶體洩漏的檢測。最後，我們還對 MyRPC 框架進行了多輪性能壓力測試，以確保其堅固性和穩定性。

15 回顧總結

15.1.6 像工匠一樣為自己創造工具

研發人員常常使用糟糕的方式或工具來完成手頭的工作，並習以為常。我們應該像工匠一樣工作，定期增加或更新工具，甚至自己創造工具。舉例來說，為了比較不同 I/O 模型和併發模型的性能差異，我們撰寫了自己的壓力測試工具；為了提高開發和自測效率，我們為 MyRPC 框架撰寫了腳手架工具 myrpcc 和介面測試工具 myrpct；為了測試 MyRPC 框架的性能，我們撰寫了介面壓力測試工具 myrpcb。

15.2 寫在最後

本書的內容旨在降低 Linux 後端開發的學習門檻，幫助不同層次的軟體工程師掌握 Linux 後端開發的核心技術要點，快速提升技術水準，完善自身的技術知識系統，並在實踐中掌握 Linux 後端開發的最佳實踐。最後，讓我們引用《荀子·修身》中的名言：「道阻且長，行則將至；行而不輟，未來可期。」願我們共同努力，不斷前行。

深智數位
股份有限公司

深智數位
股份有限公司